Mathematik Primarstufe und Sekundarstufe I + II

Herausgegeben von
Friedhelm Padberg, Universität Bielefeld, Bielefeld
Andreas Büchter, Universität Duisburg-Essen, Essen

Die Reihe „Mathematik Primarstufe und Sekundarstufe I + II" (MPS I+II) ist die führende Reihe im Bereich „Mathematik und Didaktik der Mathematik". Sie ist schon lange auf dem Markt und mit aktuell rund 60 bislang erschienenen oder in konkreter Planung befindlichen Bänden breit aufgestellt. Zielgruppen sind Lehrende und Studierende an Universitäten und Pädagogischen Hochschulen sowie Lehrkräfte, die nach neuen Ideen für ihren täglichen Unterricht suchen.

Die Reihe MPS I+II enthält eine größere Anzahl weit verbreiteter und bekannter Klassiker sowohl bei den speziell für die Lehrerausbildung konzipierten Mathematikwerken für Studierende aller Schulstufen als auch bei den Werken zur Didaktik der Mathematik für die Primarstufe (einschließlich der frühen mathematischen Bildung), der Sekundarstufe I und der Sekundarstufe II.

Die schon langjährige Position als Marktführer wird durch in regelmäßigen Abständen erscheinende, gründlich überarbeitete Neuauflagen ständig neu erarbeitet und ausgebaut. Ferner wird durch die Einbindung jüngerer Koautorinnen und Koautoren bei schon lange laufenden Titeln gleichermaßen für Kontinuität und Aktualität der Reihe gesorgt. Die Reihe wächst seit Jahren dynamisch und behält dabei die sich ständig verändernden Anforderungen an den Mathematikunterricht und die Lehrerausbildung im Auge.

Konkrete Hinweise auf weitere Bände dieser Reihe finden Sie am Ende dieses Buches und unter http://www.springer.com/series/8296

Günter Krauthausen

Einführung in die Mathematikdidaktik – Grundschule

4. Auflage

 Springer Spektrum

Günter Krauthausen
Fakultät für Erziehungswissenschaft
Universität Hamburg
Hamburg, Deutschland

Mathematik Primarstufe und Sekundarstufe I + II
ISBN 978-3-662-54691-8   ISBN 978-3-662-54692-5 (eBook)
https://doi.org/10.1007/978-3-662-54692-5

Die Deutsche Nationalbibliothek verzeichnet diese Publikation in der Deutschen Nationalbibliografie; detaillierte bibliografische Daten sind im Internet über http://dnb.d-nb.de abrufbar.

Springer Spektrum
Die früheren Auflagen dieses Werkes wurden von Prof. Dr. Günter Krauthausen und Prof. Dr. Petra Scherer verfasst und sind unter dem Titel „Einführung in die Mathematikdidaktik" erschienen.

Planung: Ulrike Schmickler-Hirzebruch

Gedruckt auf säurefreiem und chlorfrei gebleichtem Papier

Springer Spektrum ist Teil von Springer Nature
Die eingetragene Gesellschaft ist Springer-Verlag GmbH Deutschland
Die Anschrift der Gesellschaft ist: Heidelberger Platz 3, 14197 Berlin, Germany

Hinweis der Herausgeber

Dieser Band von Günter Krauthausen führt in die Mathematikdidaktik der Primarstufe ein. Der Band erscheint in der Reihe *Mathematik Primarstufe und Sekundarstufe I + II*. In dieser Reihe eignen sich insbesondere die folgenden Bände zur Vertiefung unter mathematikdidaktischen sowie mathematischen Gesichtspunkten:

- P. Bardy: Mathematisch begabte Grundschulkinder – Diagnostik und Förderung
- C. Benz/A. Peter-Koop/M. Grüßing: Frühe mathematische Bildung
- M. Franke/S. Reinhold: Didaktik der Geometrie in der Grundschule
- M. Franke/S. Ruwisch: Didaktik des Sachrechnens in der Grundschule
- K. Hasemann/H. Gasteiger: Anfangsunterricht Mathematik
- K. Heckmann/F. Padberg: Unterrichtsentwürfe Mathematik Primarstufe, Band 1
- K. Heckmann/F. Padberg: Unterrichtsentwürfe Mathematik Primarstufe, Band 2
- F. Käpnick: Mathematiklernen in der Grundschule
- G. Krauthausen: Digitale Medien im Mathematikunterricht der Grundschule
- F. Padberg/C. Benz: Didaktik der Arithmetik
- P. Scherer/E. Moser Opitz: Fördern im Mathematikunterricht der Primarstufe
- A.-S. Steinweg: Algebra in der Grundschule
- M. Helmerich/K. Lengnink: Einführung Mathematik Primarstufe – Geometrie
- F. Padberg/A. Büchter: Einführung Mathematik Primarstufe – Arithmetik
- F. Padberg/A. Büchter: Vertiefung Mathematik Primarstufe – Arithmetik/Zahlentheorie
- T. Leuders: Erlebnis Arithmetik

Bielefeld/Essen, Mai 2017   Friedhelm Padberg/Andreas Büchter

Vorwort zur 4. Auflage (2017)

Nach nunmehr zehn vergangenen Jahren seit der letzten Auflage dieses Bandes wird hiermit eine Überarbeitung vorgelegt. In den siebzehn Jahren ihres Bestehens hat diese ›Einführung‹ eine große Verbreitung und Akzeptanz in den Institutionen der Lehrerinnen- und Lehrerbildung in Deutschland, Österreich und der Schweiz gefunden.

Anlage und Ausgestaltung dieses Buches wurden seit der 1. Auflage aus dem Jahre 2000 maßgeblich durch Petra Scherer (Universität Duisburg-Essen) als Mit-Autorin geprägt. Für die vorliegende 4. Auflage stand sie zu meinem großen Bedauern leider nicht mehr zur Verfügung. Mein herzlicher Dank für die stets sehr inspirierende und produktive Zusammenarbeit (nicht nur) an diesem Buch sei daher nachdrücklich ausgesprochen!

Für zahlreiche sehr anregende Gespräche, durch welche diese Neubearbeitung spürbar profitierte, danke ich herzlich dem Kollegen Klaus Hasemann. Meinen Studierenden verdanke ich zahlreiche Rückmeldungen, Hinweise und Anregungen. Frau Bianca Alton als Projektmanagerin bei Springer Spektrum hat mir die technisch immer aufwendigeren sowie vielfältigeren Aufgaben eines Autors von Anfang an in sehr pragmatischer Weise erleichtert; auch Ihr gilt daher mein herzlicher Dank für die einfühlsame Betreuung. Hiroko Krawehl danke ich für die sprachliche Prüfung der japanisch-sprachigen Passagen in Abschn. 2.1.4.

Diese Neubearbeitung versucht die bewährte Konzeption der vorherigen Auflagen fortzuführen. Der grundsätzliche Aufbau wurde daher weitgehend beibehalten; die wesentlichsten Änderungen sind folgende:

- Die inzwischen etablierten Bildungsstandards der Kultusministerkonferenz sind ausführlicher berücksichtigt und in einem neuen ersten Kapitel vorangestellt.
- Das zweite Kapitel hält an der bisherigen Strukturierung nach Inhaltsbereichen fest, auch wenn die inhaltlichen Leitideen der Bildungsstandards hierfür eine Alternative sein mögen. Gründe dafür werden an gegebener Stelle ausgeführt. Inhaltlich wurde das Kapitel wo sinnvoll aktualisiert und v. a. im Bereich Daten/Häufigkeit/Wahrscheinlichkeit ergänzt.
- Der Abschnitt zum Computereinsatz ist in dieser Neuauflage gänzlich entfallen, weil er in einen größeren und aktuelleren Kontext ›Digitale Medien‹ ausgelagert wurde und

an anderer Stelle als eigenständiger Band in dieser Reihe erschienen ist (Krauthausen 2012).

- Und nicht zuletzt wurden im Bereich der verarbeiteten Literatur Aktualisierungen in der Hoffnung vorgenommen, dass das Buch auch weiterhin als Quelle für eine vertiefende Weiterarbeit hilfreich sein kann. Denn eine Publikation wie die vorliegende kann aufgrund ihres Handbuch-Charakters naturgemäß nur eine Auswahl an Facetten wünschenswerten Unterrichts thematisieren; und selbst die ausgewählten lassen sich dabei auch nicht annähernd erschöpfend behandeln. Daher sei immer wieder der genauere Blick in die referenzierte Primär- bzw. spezifischere Fachliteratur nachdrücklich empfohlen.

Sämtliche durch meine alleinige Überarbeitung eingeschlichenen Fehler oder Schwächen sind ausdrücklich und alleine mir als dem verbliebenen Autor zuzuschreiben!

Hamburg, im Oktober 2017   Günter Krauthausen

»*The best way to learn is to do – to ask, and to do.*
The best way to teach is to make students ask, and do.
Don't preach facts – stimulate acts.
The best way to teach teachers is to make them ask and do what they, in turn, will make their students ask and do.
Good luck, and happy teaching, to us all«
   (Halmos 1975, 469 f.).

Vorwort zur 3. Auflage (2006)

In der 3. Auflage haben wir neben kleineren Änderungen und Ergänzungen einige aktuelle Entwicklungen im Mathematikunterricht der Grundschule berücksichtigt und mehrere Unterkapitel ergänzt, wie etwa ›Bildungsstandards und Vergleichsuntersuchungen‹ (Kap. 3.1.2), ›Didaktische Gestaltung von Lernumgebungen‹ (Kap. 3.1.3) oder das Spannungsfeld ›Offene & geschlossene Aufgaben‹ (Kap. 4.5). Auch dem Thema ›Computer‹ ist nun ein umfangreicheres Kapitel gewidmet (Kap. 3.3.2).

Des Weiteren wurde eine Aktualisierung der Literatur vorgenommen. Daneben möchten wir auf einige *Sammelbände* hinweisen, die seit Erscheinen der letzten Auflage zum Mathematikunterricht der Grundschule allgemein oder zu spezifischen Aspekten erschienen sind. Dies sind u. a.:

Baum, M./Wielpütz, H. (2003, Hg.): Mathematik in der Grundschule. Ein Arbeitsbuch. Seelze

Grüßing, M./Peter-Koop, A. (2006, Hg.): Die Entwicklung mathematischen Denkens in Kindergarten und Grundschule: Beobachten – Fördern – Dokumentieren. Offenbach

Krauthausen, G./Scherer, P. (2004, Hg.): Mit Kindern auf dem Weg zur Mathematik – Ein Arbeitsbuch zur Lehrerbildung. Festschrift für Hartmut Spiegel. Donauwörth

Rathgeb-Schnierer, E./Roos, U. (2006, Hg.): Wie rechnen Matheprofis? Erfahrungsberichte und Ideen zum offenen Unterricht. München

Ruwisch, S./Peter-Koop, A. (2003, Hg.): Gute Aufgaben im Mathematikunterricht der Grundschule. Offenbach

Scherer, P./Bönig, D. (2004, Hg.): Mathematik für Kinder – Mathematik von Kindern. Frankfurt/M.

Diese Bände sind aus unserer Sicht angehenden wie auch praktizierenden Lehrerinnen und Lehrern zur Lektüre empfohlen.

Für diese Neuauflage haben wir von verschiedenen Kolleginnen und Kollegen aus Schule und Hochschule wie auch von Studierenden hilfreiche Anregungen und Hinweise erhalten. Ihnen allen sei an dieser Stelle herzlich gedankt.

Hamburg/Bielefeld, November 2006   Günter Krauthausen/Petra Scherer

Vorwort zur 2. Auflage (2002)

In der 2. Auflage wurden einige Druckfehler beseitigt, kleinere Änderungen, Ergänzungen oder Präzisierungen vorgenommen, das Literaturverzeichnis aktualisiert sowie die Qualität der Abbildungen verbessert. Wesentliche inhaltliche Anregungen verdanken wir dazu unserem Kollegen Hartmut Spiegel aus Paderborn.

Hamburg/Bielefeld, August 2002   Günter Krauthausen/Petra Scherer

Einleitung und Vorwort zur 1. Auflage (2000)

»Lehre ist immer ein *Lernangebot* und kann deswegen misslingen. Erfolgreich gelernt wird nur, wenn es dem Schüler gelingt, die äußerlich präsentierte Struktur der Information innerlich in eine adäquate Repräsentation zu überführen« (Edelmann 2000, S. 8; Hervorh. i. Orig.). Dies gilt sowohl für die Lehre in der Schule als auch in der Hochschule. In diesem Sinne ist auch das vorliegende Buch als *Angebot* zu verstehen. Für das Lernen trägt letztlich die Leserin bzw. der Leser selbst die Verantwortung. Das notwendige Selbstverständnis, dass nämlich ständiges Weiterlernen und Reflektieren zur Professionalität des Lehrberufs gehören, möchten wir ausdrücklich betonen: »Fertige Modelle oder allgemeine Strategien für das Lehren von Mathematik allein reichen nicht aus, um ein reflektierender Lehrer zu werden« (Runesson 1997, S. 164; Übers. GKr/PS).

Der vorliegende Band richtet sich primär an Studierende für das Lehramt der Primarstufe. Die Mathematik ist unter Studierenden oftmals wenig beliebt, manchmal auch gehasst (s. u.; vgl. auch Wielpütz 1999, S. 14). In der späteren Unterrichtspraxis wechselt dann häufig der Charakter dieses Faches: »Als Unterrichtsfach ist Mathematik jedoch akzeptiert bis begehrt. Alles ist klar, und es gibt viele Aufgaben. Das erleichtert manches im Alltag« (ebd., S. 14). Das hierbei vorliegende Verständnis von Mathematik, von Mathematiklernen und -lehren ist natürlich mehr als fragwürdig.

Bevor wir dieses Dilemma und die möglicherweise zugrunde liegenden Vorstellungen von der Mathematik beleuchten, möchten wir festhalten, dass für uns die Berücksichtigung der individuellen Lernbiografie der Studierenden wesentlich ist.

Hierzu haben wir in verschiedenen Veranstaltungen in Anlehnung an Fiore (1999, S. 404) folgende Aufgabe gestellt[1]:

> Schreiben Sie eine Art Kurzaufsatz (1 DIN-A4-Seite) mit dem Titel »Ich und die Mathematik«, in dem Sie die folgenden Fragen beantworten:

---

[1] Vgl. hierzu Krauthausen und Scherer 2004. Eine Ergänzung oder Alternative zur dieser Art der ›Selbstvergewisserung‹ finden Sie bei Krauthausen (2015).

- Welche Inhalte der Mathematik mögen Sie, welche nicht?
- Welche Personen haben in Ihrem ›mathematischen‹ Leben eine positive Rolle gespielt, welche eine negative?
- Beschreiben Sie Ihre guten Erfahrungen in Mathematik und Ihre schlechten!
- In welcher Art von (Lern-)Umgebung, d. h. unter welchen Rahmenbedingungen lernen Sie am besten? Welche Umgebung behindert Sie?

Zur Illustration seien hier stellvertretend zwei dieser Kurzaufsätze abgedruckt, die die unterschiedlichen Voraussetzungen der Studierenden verdeutlichen können.

4. Semester; Mathematik als weiteres Unterrichtsfach[2]*:*
»Ich studiere Mathe, weil ich es muss. Jedenfalls hatte ich immer während meiner Schulzeit (7.–10. Klasse) ein schlechtes Verhältnis zu Mathe. Meine Lehrer waren älter, und es gab nur richtig und falsch. Zwischenschritte, die in die richtige Richtung führten, waren ebenfalls falsch. In der Oberstufe wurde das Fach aber erträglicher. Ich verstand den Stoff und schrieb auch gute Noten. In der Uni ist Mathe Pflicht – jedenfalls für mich –, aber hier gab es auch ganz positive Ergebnisse. Ich habe mein Grundstudium Mathe geschafft und auch den Arithmetikschein [. . .] im letzten Semester erhalten. Mathe gelernt habe ich nie sehr gern und wenn ich musste, dann möglichst in kleinen Gruppen, mit Freunden oder in Ruhe zu Hause.
Arithmetik und Geometrie ziehe ich auf jeden Fall der Stochastik vor, mit der ich gar nichts anfangen kann. Im letzten Semester hat mir Mathe sogar manchmal Spaß gemacht – besonders wenn die Übungszettel gut ausgefallen sind. Mich interessiert, wie ich Kindern Mathe spannend und interessant vermitteln kann und wie ich Kindern, die nicht so gut im Fach sind, helfen kann, sich zu steigern.«

7. Semester; Mathematik als weiteres Unterrichtsfach
»a) Eigentlich mag ich alles, was ich bisher an Inhalten in Mathematik kennengelernt habe. Ausnahmen sind dort nur alles, was Schulstoff ab Klasse 11 ist (Funktionen, Vektoren usw.), was aber wahrscheinlich daran liegt, dass ich zu dieser Zeit andere Dinge im Leben interessanter fand und nie richtig verstanden habe, worum es bei Funktionen u. Co. geht. Besonders mag ich: Geometrie und Beweise, da sie am ehesten einem Kreuzworträtsel gleichen.
b) Personenbeeinflusst war ich nicht. Mathe fand ich so interessant genug, sogar hier an der Uni noch (Scherz!). Spaß beiseite, obwohl ich manche Mathe-Lehrer nicht mochte und teilweise heftig mit ihnen aneinander geraten bin, habe ich Mathe immer gemocht.
c) Vielleicht will ich mich nicht so sehr an Schule erinnern, aber da gab's kein besonders ›gut‹ oder ›schlecht‹ in Sachen Mathematik. Insgesamt, das habe ich auch hier in der Uni festgestellt, sind gute Erfahrungen gelöste mathematische Probleme, schlechte mein Defizit im Ausdruck, etwas zu beschreiben. Deshalb glaube ich, dass ich eine Didaktik-Klausur zu den schlechten Erfahrungen zählen könnte.
d) Am besten lerne ich entweder durch Motivation durch interessante Themen, die nicht zu langweilig nahe gebracht werden oder Druck, es tun zu müssen. Eigentlich bin ich auch eher Einzelkämpfer, da selten jemand meine Begeisterung für Mathe teilt (im Arithmetik-

---

[2] In NRW konnte Mathematik für die Primarstufe als Schwerpunktfach (42 SWS) oder wie in diesem Beispiel mit geringerem Studienumfang (22 SWS) als weiteres Unterrichtsfach studiert werden.

Kurs wurde ich von Kommilitonen schon des ›entdeckenden Lernens‹ beschimpft!). Ich lerne am besten, wenn ich ein Rätsel habe, die Werkzeuge zur Lösung erklärt bekomme, selber ausprobieren darf und dann diskutiere bzw. die richtige Lösung vorgestellt wird. Mit einem oder zwei Partnern geht das meistens am besten. Behindert haben mich eher zu viele Leute, die an einem Problem arbeiten. Da ich meine Mathe-Begeisterung ›trotz‹ Frontalunterricht behielt, gibt es für mich wohl auch keine spezielle Lernumgebung.«

In vielen Ausführungen der Studierenden zeigte sich, wie prägend die schulischen Erfahrungen, insbesondere in der S I und S II, waren. Deutlich wurde auch, dass die *Verpflichtung*, Mathematik zu studieren, in vielen Fällen Druck auslöst. Die Pflicht der Auseinandersetzung hat aber manchmal auch zu positiven Erfahrungen verholfen und das Bild von Mathematik revidiert. In unseren Augen ist das Studium der Mathematik empfehlenswert und unabdingbar, da die späteren Lehrerinnen und Lehrer dieses Fach in jedem Fall unterrichten werden.

In diesem Band stehen didaktische Probleme im Vordergrund der Diskussion. Wir möchten jedoch hervorheben und auch an einigen Stellen verdeutlichen, wie wichtig die *Fachwissenschaft* ist, um fach*didaktische* Probleme zu bewältigen und in der Folge auch methodisch angemessen agieren zu können. In verschiedenen Untersuchungen wurde gezeigt, dass Lehrerinnen und Lehrern häufig ein bereichsspezifisches Wissen (hier: Mathematik bzw. Mathematikdidaktik) fehlt, um bspw. Innovationen des Lehrplans umsetzen zu können und dass solche mangelnden Kenntnisse vermutlich in allen Ländern und unabhängig von Schul- und Beurteilungssystemen festzustellen sind (vgl. Gutiérrez und Jaime 1999, S. 254 u. die dort angegeb. Lit.).

Die Komplexität des Berufsbildes erfordert Erfahrungen in unterschiedlichen Kompetenzbereichen, die in einem ausgewogenen Verhältnis berücksichtigt werden müssen, wobei Erfahrungen im Rahmen eigenständiger, substanzieller Aktivitäten Vorrang vor bloßem Buchwissen haben müssen. Wer zukünftig in der Schule Lernende zum aktiventdeckenden Vorgehen anleiten muss, sollte selbst auf diese Weise gelernt haben. Daher sind auch (spätestens!) in der Lehrerausbildung aktiv-entdeckende Lernformen (und dazu kompatible Lehr- und Organisationsformen) notwendig – und dies umso dringlicher, je mehr die jeweilige Lernbiografie der Studierenden noch durch ›traditionelle Belehrungsmuster‹ geprägt ist. Die Forschung zeigt, dass in solchen Fällen die Tendenz besteht, in Unterrichtssituationen wieder in alte Belehrungsmuster zurückzufallen, obwohl man in universitären Veranstaltungen andere Lehr-/Lernformen kennengelernt hat (vgl. z. B. Brayer Ebby 2000, S. 70 u. die dort angegeb. Lit.; auch Wahl 1991). Brayer Ebby (2000) berichtet von einer erfolgreichen *parallelen Durchführung* von theoretischen Kursen und praktischen Unterrichts- bzw. Lehrsituationen, wobei die theoretischen Kurse durchaus Eigenaktivitäten wie das Problemlösen o. Ä. enthielten. Allein die gleichzeitigen Erfahrungen reichen aber nicht aus, es bedarf schon entsprechender Bezüge in den universitären Veranstaltungen (ebd., S. 94). In diesem Sinne verstehen auch wir dieses Buch, bei dem es um mathematikdidaktische Grundlagen aus z. T. theoretischer Perspektive geht, die aber wenn möglich in konkreten Lehrsituationen reflektiert werden sollen.

Die Beispiele in diesem Buch sind einerseits für die Unterrichtspraxis der Grundschule gedacht, andererseits für die Lehrerbildung. Die Übergänge zwischen diesen beiden Typen sind jedoch fließend, und – entsprechend aufbereitet – in beiden Lernkontexten geeignet.

Im ersten Teil des Buches werden die drei für den Mathematikunterricht der Grundschule zentralen Bereiche *Arithmetik, Geometrie* und *Sachrechnen* beleuchtet. Für die ersten beiden finden sich jeweils ihre fundamentalen Ideen, z. T. mit Konkretisierungen für den Unterricht. Diese Ausführungen sind notwendig, um einerseits spätere Beispiele einordnen und reflektieren zu können. Auf der anderen Seite kann bei den später behandelten didaktischen Themen die jeweils spezifische Rolle und Bedeutung eines Bereichs herausgearbeitet werden.

Kapitel 2 beschäftigt sich mit *Grundideen des Mathematiklernens.* Beleuchtet werden hierbei etwa ein zeitgemäßes Verständnis von Lernen und Üben mit entsprechenden Konkretisierungen (Kap. 2.1). Des Weiteren finden sich hier Ausführungen zu didaktischen Prinzipien (Kap. 2.2) und übergreifenden Zielen des Mathematikunterrichts (Kap. 2.3).

Kapitel 3 thematisiert Fragen der *Organisation von Lernprozessen* und geht zunächst auf spezifische Anforderungen ein, wie etwa die Berücksichtigung von Vorkenntnissen und Standortbestimmungen, Lernschwierigkeiten, Motivation und Differenzierung, aber auch auf die Rolle der Fachkompetenz der Lehrperson. Im zweiten Abschnitt (Kap. 3.2) finden sich Ausführungen zu Arbeitsmitteln und Veranschaulichungen inkl. der elektronischen Medien Taschenrechner und Computer (Kap. 3.3).

Das Buch schließt mit *Spannungsfeldern des Mathematikunterrichts* (*Kap. 4*). Exemplarisch wurden in diesem Kapitel, das als Schlusskapitel fungieren soll, einerseits traditionelle Aspekte wie etwa ›Anwendungs- & Strukturorientierung‹, ›Fähigkeiten & Fertigkeiten‹ herausgegriffen. Andererseits Spannungsfelder, die das veränderte Verständnis von Lernen und Lehren mit sich gebracht hat, wie etwa ›Eigene Wege & Konventionen‹ oder ›Individuelles Lernen & Leistungsbewertung‹. Zudem erfolgt ein Rückblick auf Spannungsfelder, die in den vorangegangenen Kapiteln ausgeführt wurden.

Die Ausführungen in diesem Buch sind u. a. geprägt durch jahrelange Erfahrungen in Unterricht und Lehrerbildung, eigene und die anderer Kollegen. Insbesondere möchten wir an dieser Stelle die Dortmunder Kollegen Gerhard N. Müller, Heinz Steinbring und Erich Ch. Wittmann nennen, mit denen wir viele Veranstaltungen gemeinsam durchgeführt haben und deren Ideen sich zwangsläufig an verschiedenen Stellen des Buches wiederfinden. Wir haben allen durch die gemeinsame Arbeit viel zu verdanken.

Hamburg/Bielefeld, September 2000   Günter Krauthausen/Petra Scherer

Inhaltsverzeichnis

Zum Mathematikunterricht in der Grundschule

1

1.1 Zur Einstimmung

»Einführung in die Mathematikdidaktik – Grundschule« ist der vorliegende Band betitelt. Und wer sich bislang noch nicht oder wenig mit diesbezüglichen Fragen befasst hat, mag sich über den Umfang wundern: *So viel* muss man dazu wissen? Ist es nicht in der Grundschule so, dass nahezu jede(r) den Kindern ›das bisschen Rechnen‹ beibringen kann? Man hat doch schließlich Abitur, weiß also, wie's geht, und die fachlichen Anforderungen ... ach, gibt es da wirklich nennenswerte? Die Kompetenzanforderungen des Berufsbilds der Grundschullehrerin[1] unterliegen in der öffentlichen Meinung nach wie vor und häufig höchst zweifelhaften Klischees. Und auch die Art und Weise, wie das Mathematiklernen heutzutage in der Grundschule (angeblich) vonstattengehen kann oder soll, wird nicht selten auf der Grundlage mehr oder weniger diffuser Erinnerungen an die eigene Grundschulzeit und subjektiver Überzeugungen eingeschätzt. Tatsächlich aber bedarf es nicht ohne Grund eines Studiums relevanter fachlicher, fachdidaktischer und grundschulpädagogischer *Inhalte*. Dabei ist auch die bewusste Reflexion der eigenen Lernbiografie unabdingbar, denn hier verbergen sich nicht selten unbewusste *Haltungen und Einstellungen*. Ihre Bewusstmachung ist wichtig, weil sie Auswirkungen auf das eigene Lernen und das spätere Lehren haben (vgl. Krauthausen 2015). Für zwei immer wieder erkennbare Phänomene soll anhand einführender Beispiele im Folgenden sensibilisiert werden.

Kinder denken anders als Erwachsene
Das Denken Erwachsener ist durch eine mindestens 12-jährige institutionalisierte Lernbiografie stark vorgespurt und geprägt. Unter Umständen geht dies mit dem Hang einher,

---

[1] In diesem Band wird mal die männliche, mal die weibliche Form benutzt, wobei – bedauerlicherweise – viel zu wenige Männer diesen Beruf ausüben (vgl. Faulstich-Wieland 2016). Stets ist jedenfalls das andere Geschlecht mit gemeint.

© Springer-Verlag GmbH Deutschland 2018
G. Krauthausen, *Einführung in die Mathematikdidaktik – Grundschule*,
Mathematik Primarstufe und Sekundarstufe I + II,
https://doi.org/10.1007/978-3-662-54692-5_1

in vielen Situationen Routinen abzurufen, nach Schema F vorzugehen, verfestigten Lernspuren zu folgen. Routinen können im Alltag durchaus hilfreich und entlastend sein,
schließlich macht das zum großen Teil gerade ihren Wert aus. Problematisch kann es auf
der anderen Seite sein, dass man sie kaum mehr hinterfragt: Man führt etwas aus, weiß
aber nicht, *warum* es so funktioniert (Warum darf man beim Verzehnfachen einfach eine
Null anhängen?). Daher könnte man es auch kaum jemandem, der danach fragen würde,
fachlich korrekt und intellektuell redlich erklären. Wie gesagt, wird das im *Alltag* auch
selten gefordert; es wird aber höchst relevant im Berufsalltag der Grundschullehrerin.
Denn mit einer festgelegten Denkweise hält man vieles für ganz selbstverständlich und
versteht es dann leicht als seine Aufgabe, die eigene Sicht den Kindern lediglich zu erläutern. Es kann aber für Kinder Probleme hervorrufen, wenn ihr (Anders-)Denken von der
Lehrperson nicht verstanden, nicht ernstgenommen wird und die ›wissenden Erwachsenen‹ stattdessen versuchen, ihnen ihre Fertig-Mathematik anzudienen. Selter und Spiegel
(1997) haben die Vielfalt der Situation eindrucksvoll wie folgt zusammengefasst:

>»Kinder rechnen [. . .] bisweilen anders, . . .

- als wir selbst rechnen,
- als wir es vermuten,
- als andere Kinder und
- als eben noch bei ›derselben‹ Aufgabe.« (Selter und Spiegel 1997, S. 10)

Diese Andersartigkeiten muss man nicht als Problem deuten und auf gar keinen Fall
als Ansporn, den Kindern das Denken der Erwachsenen ›beizubringen‹. Im Gegenteil: Die
Andersartigkeit, die Frische des Denkens von Kindern macht einen Großteil des Reizes
aus, den der Beruf mit sich bringt. Zudem kann man auch als Erwachsener sehr viel von
den Kindern lernen. Denn das lernbiografisch vorgespurte Denken Erwachsener ist nicht
selten dem unbekümmerten und kreativen Denken der Kinder deutlich unterlegen (zahlreiche Belege dazu in Selter und Spiegel 1997). Das folgende Beispiel soll dies illustrieren.
Aus der Mittelstufe sind Aufgaben wie diese bekannt:
   Die Summe zweier Zahlen ist 15, die Summe des Vierfachen der ersten Zahl und des
Sechsfachen der zweiten Zahl beträgt 72. Wie groß sind die beiden Zahlen?
   Wie wird der institutionell geschulte Erwachsenenkopf diese Aufgabe lösen? Er erkennt zwei Gleichungen mit zwei Unbekannten, die man durch Umformen und Einsetzen
zur Lösung bringen kann. Die begleitenden Emotionen werden aller Erfahrung nach auf
einem breiten Spektrum zu lokalisieren sein: Der eine wird die Sache routiniert und im
Ergebnis souverän ›abarbeiten‹; die andere wird sich mit den Termumformungsregeln mühen (»Wie ging noch mal Ausklammern?«); wieder andere werden schon beim bloßen
Anblick einer Variablen in Aufregung geraten. Abb. 1.1 zeigt ein Vorgehen der erstge-
nannten, routinierten Art.
   Können *Grundschulkinder* die Aufgabe auf diesem Niveau lösen? Natürlich nicht, denn
schließlich ist das Rechnen mit Variablen, Gleichungssystemen und formalen Termum-
formungen nirgendwo Bestandteil des Grundschulcurriculums. Eine Lösung liegt also

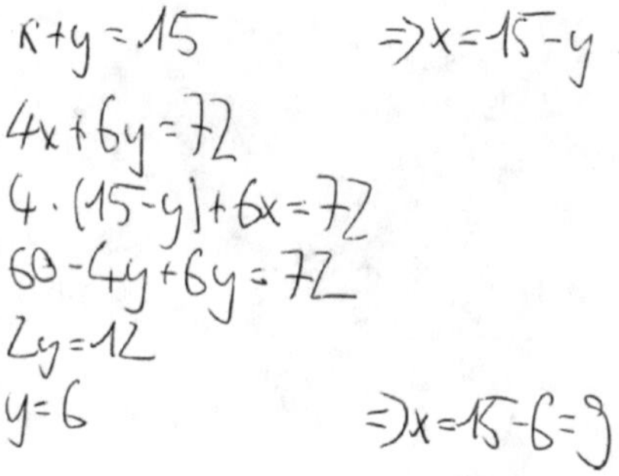

Abb. 1.1 Studentische Lösung
auf formalem Weg

$$x + y = 15 \qquad \Rightarrow x = 15 - y$$
$$4x + 6y = 72$$
$$4 \cdot (15 - y) + 6x = 72$$
$$60 - 4y + 6y = 72$$
$$2y = 12$$
$$y = 6 \qquad \Rightarrow x = 15 - 6 = 9$$

aufgrund fehlender Voraussetzungen nicht in Reichweite von Viertklässlern. Aber auch grundsätzlich nicht ...?

Gäbe es vielleicht Lösungswege anderer Art, die auf diese Vorgängerfertigkeiten gar nicht angewiesen sind? Die Frage ist offensichtlich rhetorisch gemeint. Und in der Tat muss man die Aufgabenstellung – unter Beibehaltung ihrer inhaltlichen Struktur! – nur ein wenig anders formulieren, um ihr lediglich den Formalismus zu nehmen. So geschehen in einem Schulbuch der Klasse 4 (s. Abb. 1.2). Aber welchem Erwachsenen fallen solche Lösungen der zitierten Kinder ein? Sicher nicht vielen (aus o. g. Gründen), aber viele bewundern das offen, verbunden mit dem Eingeständnis, darauf selbst niemals gekommen zu sein. Und um dieses frische, unverfälschte und von Neugier geprägte Denken der Grundschulkinder im und durch Unterricht nicht zu verschütten oder ihm keinen Raum zu geben, muss man es professionell unterstützen und produktiv fördern können. Und dazu braucht man mehr und spezifischeres Wissen aus dem Fach, der Fachdidaktik, der Pädagogik und der Lernpsychologie, als man es als Erwachsener von Haus aus mitbringt.

Besinnungs-loses Lernen
Manches wird im Laufe der Lernbiografie eher auswendig als verstehend gelernt, besonders vielleicht in der Mathematik. Wenn das Verstehen nur rudimentär gelingen will, ist man versucht, sich auf das Reproduzieren zu verlegen. Kurzfristig mag das ›Draufschaffen‹ begrenzter Inhalte bis zu einem überschaubar nahen Termin (Klausur) ja auch gelingen, aber wenig später ist alles wieder vergessen; die ganze mit der Vorbereitung verbrachte Zeit war im Grunde nutzlos investiert. Die Ebbinghaus'sche Behaltenskurve belegt das nachhaltig – und sie ist typisch für das Auswendiglernen von bedeutungslosen, unverstandenen Inhalten (vgl. Zimbardo 1992, S. 284).

Auch im Studium ist man vielleicht hin und wieder versucht zu glauben, das gewiss mühsamere ›Studieren‹ umgehen oder ersetzen zu können durch wiederholtes ›Durchlesen‹. Im Vorfeld von Klausurterminen sind gehäuft Studierende zu sehen, die dicke Stapel Karteikarten in den Händen vor- und zurückbewegen (*Flash-Card Learning*). Was aber kann man auf diese Weise am besten lernen? *Fakten* vor allem, aber die Anforderungen (ob in Klausuren oder im Beruf) zielen meist auf sehr viel mehr und anderes. Mathematik,

In einem Stall werden Pferde und Fliegen gezählt. Es sind 15 Tiere. Zusammen haben sie 72 Beine.
Wie viele Pferde und wie viele Fliegen sind es?

Janik zeichnet

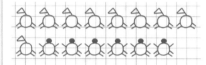

Antwort: 9 Pferde, 6 Fliegen

und erklärt:

„Es sind zusammen 15 Tiere. Also habe ich 15 Kreise gemalt. Jedes Tier hat mindestens 4 Beine. Dann bleiben noch 12 Beine übrig. Die habe ich noch an die 6 Tiere verteilt. Diese Tiere sind dann die Fliegen."

Malin rechnet

$$6+6+6+6+6+6+\overset{4}{\cancel{6}}+$$
$$4+4+4+4+4+4+4+4 = \cancel{74}$$
$$72$$

Antwort: 6 Fliegen, 9 Pferde

und erklärt:

„Zuerst hatte ich 7 Fliegen und 8 Pferde. Da waren es 74 Beine. Das waren 2 zu viel. Deshalb habe ich aus einer Fliege ein Pferd gemacht. Jetzt waren es 2 Beine weniger."

Dominik überlegt

8 Fliegen haben	48 Beine	
7 Pferde haben	28 Beine	= 76 Beine
7 Fliegen haben	42 Beine	
8 Pferde haben	32 Beine	= 74 Beine
6 Fliegen haben	36 Beine	
9 Pferde haben	36 Beine	= 72 Beine

Antwort: Es sind 6 Fliegen und 9 Pferde.

Hannah überlegt:

„Ich habe mir erst überlegt, welche Zahlen in 72 stecken. Eine Zahl aus der Viererreihe (wegen der Pferde) und eine Zahl aus der Sechserreihe (wegen der Fliegen).
Ich habe dann probiert:"

$48 + 24 = 72$ geht nicht, das wären:
8 Fliegen und 6 Pferde
oder 12 Pferde und 4 Fliegen.
$36 + 36 = 72$ geht, es sind:
6 Fliegen und 9 Pferde.

Abb. 1.2 Kreative Lösungen von Grundschulkindern. (© Wittmann und Müller 2013, S. 88)

verstanden als lebendiger Prozess und nicht als Ansammlung von Fertigprodukten, lässt sich nicht auswendig lernen.

Dazu ein metaphorisches Beispiel: Eine Schülerband hatte beschlossen, eine Cover-Version des Stücks *Je veux* der französischen Sängerin Zaz zum Besten zu geben. Da niemand in der Band Französisch sprach, musste der Text anderweitig ›gelernt‹ werden, und man verfiel darauf, ihn für sich so zu notieren, wie man ihn hörte. Abb. 1.3 zeigt links den Originaltext und rechts den ›Lern-Text‹. Vermutlich hat das fleißige Proben (Auswendiglernen) seine Wirkung bis zum Auftritt gehabt; und es mag eine durchaus beeindruckende Performance gewesen sein. Aber zweierlei dürfte nicht nur den Französisch sprechenden Leserinnen und Lesern plausibel sein: 1.) Wird der Text wenige Wochen lang nicht ge-

ORIGINAL	›LAUTSCHRIFT‹ EINER COVER-BAND
Offrez moi une suite au Ritz, je n'en veux pas!	Ofreh moa ün ßüit o Riez, sche nang wö pah
Des bijoux de chez Chanel, je n'en veux pas!	deh bieschuh dö scheh Schanell, sche nang wö pah
Offrez moi une limousine, j'en ferais quoi?	ofreh moa ün liemuhsien, schang föreh koa
Offrez moi du personnel, j'en ferais quoi?	Ofreh moa dü perßohnell, schang föreh koa
Un manoir à Neuchâtel, ce n'est pas pour moi.	öng manoach a Nöschatell, ßneh pah pur moa
Offrez moi la Tour Eiffel, j'en ferais quoi?	ofreh moa la tuch Ehfell, schang föreh koa

Abb. 1.3 Songtext von/zu *Je veux*

braucht, dürfte der ›Lern‹-Erfolg dahin sein. 2.) Französisch lernt man auf diese Weise gewiss nicht.

Will heißen: Wenn man oben *Je veux* durch *binomische Formeln* ersetzt, das fleißige Proben durch wiederholtes Hervorholen der entsprechenden Karteikarte mit den entsprechenden Formeln, dann wird man diese beim ›Auftritt‹, der zeitnah zu schreibenden Klausur, womöglich fehlerfrei reproduzieren können. Aber man wird sicher nicht der Überzeugung sein, dadurch Mathematik gelernt zu haben. Die binomischen Formeln *wie ein Gedicht* aufzusagen, gelingt vielen Erstsemestern, mehr oder weniger besinnungs-los, denn kaum jemand kann erklären, warum diese Formel gerade so aussieht und aussehen muss, wie sie hergeleitet und begründet werden kann oder wozu sie überhaupt gebraucht wird.

Die beiden exemplarisch angedeuteten Phänomene lassen sich häufig in der Lehrerausbildung beobachten. Und sie sind im Grunde ja auf ihre Weise auch erwartbar, es gibt schließlich plausible Erklärungen dafür. Daher kann es hier nicht um Studierendenschelte gehen, wohl aber darum, für die Notwendigkeit zu sensibilisieren, Bewusstmachungsprozesse in Gang zu setzen und sich an entsprechenden Stellen zu professionalisieren. Auf diesem Wege soll u. a. der vorliegende Band eine Hilfe sein.

Als Einstieg wird sich dieses erste Kapitel mit den offiziellen Vorgaben für den Mathematikunterricht in der Grundschule befassen. Zu ihrem besseren Verständnis ist ein kurzer Blick zurück sicher sinnvoll.

Bis Mitte der 1990er-Jahre gab es im deutschen Bildungssystem keine systematische Überprüfung der Qualität schulischer Bildungsprozesse. Man verfuhr stattdessen nach dem Prinzip der *Input-Orientierung*, d. h., man schaute darauf, was man in das System ›hineinstecken‹ müsste (welche Konzepte, Materialien etc.), damit guter Unterricht resultierte. Mit der *Third International Mathematics and Science Study* (TIMSS, vgl. z. B. Baumert et al. 2000; auch Bos et al. 2012), die durch z. T. unterdurchschnittliche Leistungen der deutschen Schülerinnen und Schüler einen Schock für die Bildungslandschaft mit sich brachte, wurde dann die sogenannte *empirische Wende* der Erziehungswissenschaft eingeläutet, die eine *Output-Orientierung* zur Folge hatte – jenen Zeitgeist also, der bis heute die Situation bestimmt: Das Interesse richtete sich darauf, was am Ende schulischer Bildungsprozesse tatsächlich ›herauskam‹, um dann daraus Rückschlüsse auf Reformbedarfe zu ziehen. Um diesen *Output* bestimmen zu können, bedurfte es natürlich entsprechender Maßnahmen, (Mess-)Verfahren und Instrumente, die sich folgerichtig als Konsequenz dieses Blickwinkels entwickelten und bis heute die bildungspolitische Diskussion mit den Stichwörtern Vergleichbarkeit, Leistungsbewertung und Qualitätssicherung prägen:

1. Regionale, nationale und internationale *Schulleistungsstudien* mit aufwendigen Testverfahren (TIMSS/PISA/KESS; z. B. Deutsches PISA-Konsortium 2000; Bos und Pietsch 2005; Bos et al. 2012; Jahnke 2008; Jahnke und Meyerhöfer 2006)
2. *Vergleichsarbeiten* (VERA; z. B. Brügelmann 2016, 2017; Lorenz 2005; Guth und Mues 2006; Hecker 2008, 2010; Lassek 2012; Wenzel et al. 2014; Wittmann 2011)
3. Einführung bundesweit verbindlicher *Bildungsstandards* (KMK 2005a)
4. Einführung der *Schulinspektionen* zur externen Evaluation jeder Schule (vgl. BSB/ IfBQ 2012; Kolkmann 2012; Maag Merki und Kotthoff 2010; MSW 2009; Wielpütz 2010)

1.2   Vergleichsuntersuchungen

Die gesamte, z. T. sehr kontroverse Diskussion rund um TIMSS, PISA & Co. nachzuzeichnen, würde den Umfang dieses Buch sprengen[2]. Daher wird nur ein kurzer Blick aus mathematikdidaktischer Perspektive auf diese Thematik geworfen. Die Betrachtung von Aufgabenbeispielen und Fragen der unterrichtlichen Konsequenzen bzw. der Handlungsrelevanz für Lehrende soll dabei auf die Grundschule beschränkt bleiben.

Die ersten Konsequenzen aus der TIMS-Studie waren sicherlich die Teilnahme an weiteren sowohl internationalen als auch nationalen Vergleichsstudien, wie etwa IGLU-E oder PISA (vgl. z. B. Walther et al. 2003, 2004; zur Übersicht Ratzka 2003; Van Ackeren und Klemm 2000) sowie die Einführung und Durchführung von Vergleichsarbeiten. Dies hatte auch für die Grundschule Konsequenzen, wobei gerade diese Schulform in den letzten Jahren viele Reformen erlebt hat, wie etwa die Aufnahme von Englisch als Unterrichtsfach, die flexible Eingangsstufe und nicht zuletzt all jene Fragen im Zusammenhang mit inklusiver Schule. Die Diskussionen um die Leistungen von Grundschulkindern im internationalen Vergleich wurden längst nicht so ausführlich und aufgeregt geführt wie bspw. die der Sekundarstufenschüler nach TIMSS und PISA, da hier vermeintlich geringerer Handlungsbedarf besteht, denn Leistungsvergleiche für das Fach Mathematik, nicht zuletzt als Ergebnis der Grundschulstudie IGLU/E, zeigten ein positives Bild der Grundschule: Die deutschen Grundschülerinnen und -schüler lagen deutlich oberhalb des internationalen Mittelwerts (vgl. Walther et al. 2003, S. 207). Dennoch wiesen etwa 19 % der deutschen Grundschülerinnen und -schüler am Ende des vierten Schuljahres größere

---

[2] Exemplarische Literaturhinweise: Die Themenhefte 12/2004 bzw. 3/2005 der *Grundschule*; Heft 89/2005 der Zeitschrift *Grundschulverband aktuell*; Bartnitzky und Speck-Hamdan (2004); Bender (2004); Klieme et al. 2010; Jahnke und Meyerhöfer 2006; Wittmann 2011, 2014a.

Defizite im Fach Mathematik auf (vgl. Walther et al. 2003, S. 216) und mussten im Hinblick auf ihr weiteres Mathematiklernen als gefährdet angesehen werden. In der PISA-Studie zeigte sich zudem, dass im Bereich der mathematischen Grundbildung Deutschland zu den Ländern mit besonders großer Streuung gehört (vgl. Klieme et al. 2001, S. 176; vgl. zur Problematik heterogener Lerngruppen Abschn. 4.6.1). In der letzten PISA-Erhebung aus dem Jahre 2015 hat sich das Bild nicht wesentlich verändert: Deutschland liegt zwar weiterhin im oberen Drittel der OECD-Staaten, aber ein Anschluss an die Spitzengruppe ist nicht gelungen. Allerdings hat sich die Leistungsstreuung reduziert (vgl. Reiss et al. 2016).

Ein immer wieder kritisch diskutierter Aspekt war und ist die *Wahl der Aufgaben* in Vergleichsstudien. Es soll hier keine pauschale Kritik an groß angelegten Vergleichsstudien und den jeweils gewählten Aufgaben erfolgen, andererseits sollten Aufgabentypen oder auch Methoden nicht unkritisch akzeptiert werden. Generell wären die Ergebnisse sicher vorsichtiger zu interpretieren, als es hin und wieder geschieht (Jahnke 2008; Jahnke und Meyerhöfer 2006; Bender 2004, S. 106). Des Weiteren ist eine Aufgabe nicht per se schon geeignet oder weniger geeignet, sondern der Zweck ihres Einsatzes ist mitentscheidend: »Aufgaben zur Leistungsmessung im Fach Mathematik sind nicht automatisch auch als Aufgaben für das Unterrichten von Mathematik geeignet. [...] Unterrichten und Leistungsmessung haben jeweils einen eigenen Zweck. [...] Aufgaben zur Leistungsmessung [...] sollten Aufschluss über die Fähigkeiten der Kinder geben und den Zugang zu ihrem Denken ermöglichen. Die Hauptanforderung an Aufgaben für den Unterricht besteht darin, dass sie den Kindern Gelegenheiten zum Lernen bieten« (Van den Heuvel-Panhuizen 2006, S. 16). Exemplarisch sei im Folgenden ein Aufgabenbeispiel (vgl. Ratzka 2003, S. 177) präsentiert, welches im Rahmen der TIMS-Studie für die Population der Grundschule eingesetzt wurde (zur kritischen Reflexion weiterer Beispiele vgl. z. B. Scherer 2004):

Herr Braun ging spazieren und kehrte um 7.00 Uhr zurück. Sein Spaziergang dauerte 1 h und 30 min. Um wie viel Uhr verließ er sein Haus?

Für diese Textaufgabe wird neben der Fähigkeit, die gegebenen Informationen in ein angemessenes mathematisches Modell zu übersetzen, Alltagswissen hinsichtlich des Bereichs ›Messen und Maßeinheiten‹ (hier: Zeit) benötigt (vgl. auch Abschn. 2.3.5). Ratzka (2003) setzte diese Aufgabe in ihrer Studie mit 1222 Viertklässlern ein und stellte fest, dass unter zeitlich begrenzten Bedingungen 68 % korrekte Lösungen entstanden, ohne Zeitdruck die Lösungshäufigkeit bei 75 % lag (Ratzka 2003, S. 177). Unter Zeitdruck machten 10 % der Kinder denselben Fehler »6.30 Uhr«, d. h., sie vergaßen die volle Stunde zu subtrahieren (Ratzka 2003, S. 177).

Ratzka konnte darüber hinaus durch eine Interviewstudie zeigen, dass einige Kinder die entstehende korrekte Lösung ›5.30 Uhr‹ für unrealistisch hielten: »Um 5.30 Uhr gehe niemand aus dem Haus, um spazieren zu gehen« (Ratzka 2003, S. 226). Eine kritische Interpretation von Sachverhalten und berechneten Lösungen ist also an *dieser* Stelle nicht wünschenswert und wird ggf. die Schülerinnen und Schüler zu einer falschen Lösung führen (bspw. die entstandene Lösung auf 17.30 Uhr abändern, was einige Kinder taten und ja durchaus auch plausibel erscheint; vgl. Ratzka 2003; zum Zeitfaktor vgl. auch Bender 2004).

Untersucht man die in Vergleichsstudien, Vergleichsarbeiten und Tests eingesetzten Aufgaben, so lassen sich sicherlich immer Beispiele für mehr oder weniger kritische Aufgaben finden. Es existieren Problemstellungen, bei denen die Aufgabenkonstruktion aufgrund ungeschickter Begriffe oder Formulierungen etc. mehr als fragwürdig ist (vgl. Bender 2004). Unabhängig davon können bei gleicher Aufgabenstellung und -darbietung immer auch die gegebenen Zahlenwerte – gerade für leistungsschwächere Schülerinnen und Schüler – ein beeinflussender Faktor für das Lösen oder Nichtlösen von Testaufgaben sein (vgl. z. B. Scherer 1995a, 2003b).

In der Untersuchung von Ratzka differierten je nach Auswahl der Testaufgaben bei gleichem methodischem Arrangement die Leistungen z. T. erheblich, d. h., jede der Studien (hier: TIMSS, AMI oder Rechentest) testete letztlich etwas anderes. Selbst zwei Tests, die beide aus Textaufgaben bestanden, schienen tendenziell unterschiedliche mathematische Fertigkeiten und Fähigkeiten zu überprüfen (Scherer 2003b, S. 199). Dann mag es nicht verwundern, dass ein Lehrerurteil, also die Bewertung von Leistungen im alltäglichen Mathematikunterricht, noch anders ausfallen kann.

Insgesamt sollte also immer bedacht werden, was derartige Untersuchungen leisten: »IGLU (PISA, TIMSS usw. entsprechend) misst nicht *die* Mathematik [. . .], sondern die Leistungen bei *diesem* Test unter *diesen* Bedingungen, die, wie bei jedem Test, zu einem großen Teil darin bestehen, das von den Autoren Gemeinte zu entschlüsseln« (Bender 2004, S. 101).

Die ultimativ gute Testaufgabe, an der es nichts zu diskutieren oder zu kritisieren gäbe, wird und kann es nicht geben. Dafür ist zum einen das Feld zu komplex und vielperspektivisch. Und zum anderen sollte generell vor einer Kritik stets sehr genau und bewusst unterschieden werden, ob es sich um *Implementierungsaufgaben* handelt (Aufgaben zum Lernen, Aufgaben für den Unterricht) oder um *Evaluationsaufgaben*, denn beide haben andere Intentionen und müssen daher auch differenziert betrachtet werden.

Generell bleibt festzuhalten, dass eine grundlegende Kompetenzanforderung für Grundschullehrkräfte darin besteht, die Ergebnisse solcher nationalen und internationalen Vergleichsstudien lesen und verstehen zu können – gerade wegen ihrer vielfältigen Deutungs-, Bewertungs- und Einordnungsmöglichkeiten. Denn die propagierten Folgen betreffen das Kerngeschäft des Unterrichtens unmittelbar. Das macht eine sachkundig reflektierte und kritische Auseinandersetzung mit solchen Daten unerlässlich.

1.3 Bildungsstandards

Eine weitere wesentliche Konsequenz aus den Ergebnissen von TIMSS waren Fragen der Qualitätsentwicklung und -sicherung bzw. verbindliche Standards oder tragfähige Grundlagen (vgl. z. B. Bartnitzky et al. 2003; KMK 2005a): »Die Kultusministerkonferenz sieht es als zentrale Aufgabe an, die Qualität schulischer Bildung, die Vergleichbarkeit schulischer Abschlüsse sowie die Durchlässigkeit des Bildungssystems zu sichern. Bildungs-standards sind hierbei von besonderer Bedeutung. Sie sind Bestandteile eines umfas-senden Systems der Qualitätssicherung, das auch Schulentwicklung, interne und externe Evaluation umfasst« (KMK 2005b, S. 5). Diese Bemühungen werden aber nicht unkritisch gesehen und lösen weitere bildungspolitische Diskussionen aus: »Die Tatsache, dass das deutsche Bildungswesen im internationalen Leistungsvergleich weit zurückliegt, zeugt ganz offenkundig von einem gewissen Maß an unrealistischer Selbst*ein*schätzung und trügerischer Selbst*über*schätzung. Auch die stetig wiederkehrende formelhafte Forderung nach Schulentwicklung und die fortwährende Mahnung zu Optimierung von Unterrichts-gestaltung führen nicht notwendigerweise zur Erhöhung von Bildungsqualität« (Schor 2002, S. 9; Hervorh. im Orig.). Diese als Reaktion auf PISA geäußerte Einschätzung do-kumentiert eine gewisse Unsicherheit bzgl. der Effektivität der zur Diskussion stehenden Reformbemühungen.

Mitte 2002 beschloss die KMK die Erarbeitung von Bildungsstandards, die sich auf Kernbereiche eines bestimmten Faches beziehen sollen, wobei schon damals einige Aspekte, insbesondere die geplanten bundesweiten Vergleichsuntersuchungen, skep-tisch gesehen wurden (vgl. etwa Schipper 2004). In den Jahren 2003 und 2004 wurden dann bundesweit geltende Bildungsstandards für verschiedene Fächer und verschie-dene Jahrgangsstufen beschlossen (KMK 2005b, S. 5 f.). Der KMK-Beschluss vom 15.10.2004 wurde mit Schuljahresbeginn 2005/06 in Form bundesweit verbindlicher Bildungsstandards für den Primarbereich in Kraft gesetzt (KMK 2005a), die allen Bundesländern als Grundlage dienten, um in der Folge länderspezifische[3] Bildungs-pläne/Lehrpläne/Kerncurricula o. Ä. zu entwickeln und sie entsprechend auch in die Schulentwicklung und die Lehrerbildung zu implementieren.

Für den Sekundarbereich wurde beklagt, dass in der Expertise zur Entwicklung der Standards (vgl. Klieme et al. 2003) kein Bezug auf bereits existierende Standards von 1995 genommen wurde (vgl. Sill 2006, S. 294 f.). Für den Primarbereich wurde kritisch angemerkt, dass erst »nach der Veröffentlichung der Entwurfsfassung dieser Mathematik-Standards [. . .] nachdrücklich ›Abstimmungen‹ in dem Sinne gefordert [wurden], dass sich die Grundschul-Standards den inhaltlichen und sprachlichen Vorgaben der Standards für den mittleren Bildungsabschluss anzupassen hätten« (Schipper 2004, S. 17).

Auch bei den Bildungsstandards wurden zwei Funktionen betont: Ihnen »kommt so-wohl eine Überprüfungs- als auch eine Entwicklungsfunktion zu. Mit ihrer Überprüfungs-funktion bieten Bildungsstandards die Möglichkeit, mit geeigneten Testverfahren zu un-tersuchen, in welchem Maße die in den Bildungsstandards ausgewiesenen Kompeten-zen von den Schülerinnen und Schülern erreicht werden« (KMK o.J.; vgl. auch KMK

---

[3] Die Begrifflichkeiten dieser Regelungen/Erlasse variieren von Bundesland zu Bundesland. Die In-halte sind sehr vergleichbar, auch wenn teilweise andere Terminologien benutzt werden. Die Frage, warum überhaupt jedes Bundesland eigene Pläne entwickelt – ist denn nicht die Mathematik als solche und auch der konzeptionelle rote Faden der Mathematikdidaktik bundesweit identisch? –, beantwortet sich durch die föderalistische Struktur der Bundesrepublik, wonach Bildungsfragen der Länderhoheit unterliegen.

2010). Es ist legitim und plausibel, *wenn* bundesweite Bildungsstandards verbindlich vorgeschrieben werden, ihre Umsetzung auch zu prüfen (s. o. Evaluationsaufgaben). Aber:
»Die Bildungsstandards können ihre Wirkung nur dann entfalten, wenn sie Eingang in
die alltägliche Praxis der Schulen finden. Um die Entwicklungsfunktion der Bildungsstandards zu stärken, hat die Kultusministerkonferenz eine Konzeption zur Nutzung der
Bildungsstandards für die Unterrichtsentwicklung verabredet. [...] Die Konzeption bün-
delt die bisherigen Erfahrungen in den Ländern zur Implementation der Bildungsstandards
und stellt die vielfältigen Maßnahmen zur Einführung der Bildungsstandards in einen systematischen Zusammenhang. Sie richtet sich insbesondere an Vertreterinnen und Vertreter
aus den Bildungsverwaltungen, der Schulaufsicht, der Schulleitung, der Lehrerbildung
und den Landesinstituten aller Länder.« (vgl. KMK o.J.).

Um bei der zentralen Überprüfung des Erreichens der Bildungsstandards auf der Basis
von Länderstichproben auch eine internationale Verknüpfung zu gewährleisten, wird diese in Verbindung mit den internationalen Schulleistungsuntersuchungen (PIRLS/IGLU)
durchgeführt, d. h. für den Primarbereich alle fünf Jahre. Erstmals standen dazu 2011
die Leistungen der 4. Klassen in Deutsch und Mathematik im Blickpunkt. Die zweite
Überprüfung fand Mitte Mai bis Mitte Juli 2016 mit ca. 30.000 Schülerinnen und Schülern von ca. 1500 Grundschulen statt. Da diese Ergebnisse (geplante Veröffentlichung:
Herbst 2017) bei Drucklegung dieses Bandes noch nicht vorlagen, werden hier nur zentrale Ergebnisse aus dem Ländervergleich 2011 zusammengestellt, soweit sie sich auf
das Fach Mathematik beziehen (ausführlich in Stanat et al. 2012). Generell kann festgehalten werden: Die Leistungsstände der Grundschülerinnen und Grundschüler erfüllen zu
einem überwiegenden Teil oder übertreffen gar die Anforderungen der Bildungsstandards.
Länderspezifisch besteht aber auch quantitativ unterschiedlich großer Bedarf an gezielter
Förderung für bestimmte Schülerinnen und Schüler:

- 88 % erreichen die Mindeststandards im Fach Mathematik.
- 68 % erreichen bundesweit die Regelstandards in Mathematik.
- 40 % übertreffen die Regelstandards in Mathematik.
- Schülerinnen und Schüler aus Bayern, Sachsen, Sachsen-Anhalt und Baden-Württem-
  berg erzielen in Mathematik mittlere Kompetenzstände, die signifikant über dem deutschen Mittelwert liegen.
- Nach wie vor ist ein großer Zusammenhang zwischen Sozialstatus und Kompetenzer-
  reichung festzustellen.
- Im Vergleich von Jungen und Mädchen bzgl. der Mathematikleistung ist ein Vorsprung
  der Jungen festzustellen.

Bei den Niveauanforderungen solcher Standards unterscheidet man, wie zu sehen,
zwischen ›Mindest- oder Minimalstandards‹, ›Regelstandards‹ und ›Exzellenz- oder Ma-
ximalstandards‹ (vgl. KMK 2005b, S. 8 f.). Zu entwickeln und durch Aufgabenbeispiele
zu konkretisieren waren sogenannte ›mittlere Standards‹ im Sinne von Regelstandards
(vgl. Schipper 2004). Diese beschreiben Kompetenzen, die Schülerinnen und Schüler ei-

ner bestimmten Jahrgangsstufe im Durchschnitt oder in der Regel erreichen sollen (KMK 2005b, S. 9). Diese Entwicklungsarbeit wurde in verschiedenen Gruppen unter enormem Zeitdruck aufgenommen. Dabei war es bspw. nicht möglich, die Lehrpläne der einzelnen Bundesländer zu analysieren oder einen Konsens in unterschiedlichen Auffassungen zu konkreten Zielen des Mathematikunterrichts zu erhalten (vgl. z. B. Sill 2006, S. 299; auch Schipper 2004). »Die Standards sind nicht im Resultat gründlicher wissenschaftlicher Analysen internationaler und nationaler Entwicklungen entstanden, sondern sind Ergebnis eines politisch motivierten Beschlusses auf ministerieller Ebene, der in sehr kurzer Zeit umzusetzen war« (Sill 2006, S. 299 f.).

Aber man kann auch festhalten: Diese Bildungsstandards stellen keine ›Revolution‹ dar wie etwa die ›Neue Mathematik‹ (Mengenlehre) in den 1970er-Jahren. Sie lassen sich vielmehr als Weiterentwicklung bestehender Konzepte des Grundschullernens und -lehrens verstehen (vgl. v. a. Winter 1975, 1984a, 1984b, 2016). Speziell aus *mathematikdidaktischer* Sicht führten sie somit kaum zu Irritationen, weil vieles, was nun (neu oder nachdrücklicher) betont wurde, in mathematikdidaktischen Konzepten der Grundschule – v. a. durch die genannten Arbeiten von Winter (inkl. des von ihm maßgeblich verantworteten NRW-Lehrplans von 1985) sowie Wittmann und Müller (z. B. 1990, 1992) – bereits ausgearbeitet vorlag und in der Unterrichtspraxis auch seit Jahren mehr und mehr stattfand.

Insofern sind bei vergleichender Lektüre allein auf der Begriffsebene die Ähnlichkeiten unübersehbar: Wenn es z. B. nun statt ›Allgemeine Lernziele des Mathematikunterrichts‹ (vgl. Winter 1975; KM 1985) ›allgemeine mathematische Kompetenzen‹ (KMK 2005a) heißt, dann ist damit *inhaltlich* weitgehend dasselbe gemeint (vgl. Abschn. 1.3.1). Gleichwohl handelt es sich aber auch nicht nur um ein vordergründiges Wortspiel (Kompetenzen statt Lernziele). Der Kompetenzbegriff findet sich nun durchgängig in den KMK-Standards wieder (vgl. Abschn. 1.3.1 und 1.3.3) und betrifft auch tiefergehend das Grundverständnis dessen, was guter Unterricht sein, wie er identifiziert und v. a. ›gemessen‹ werden soll (vgl. *Output-Orientierung*). Die Diskussion über den grundsätzlichen Sinn wie auch über die Folgen oder den Mehrwert des Kompetenzbegriffs wird durchaus ambivalent geführt, soll aber an dieser Stelle nicht vertieft werden (vgl. etwa Lafforgue 2007; Leuders 2008; Wittmann 2015b). Problematisch allerdings wäre eine Tendenz einzustufen, die eine *konkrete Umgangsweise* mit Kompetenzen oder Kompetenzrastern im Unterrichtsalltag betrifft und die doch sehr an die Zeit der gescheiterten *Lernzieloperationalisierung* in den 1970er-Jahren erinnert (Möller 1969, 1974; vgl. Wittmann 2011). »Die Vertreter dieser Richtung gingen von der Vorstellung aus, es sei möglich, den Unterricht durch Aufspalten des Stoffes in Fein- und Feinstlernziele und deren genau kontrolliertes Lehren und Abprüfen in den Griff zu bekommen. Das Fach Mathematik diente dabei als Paradebeispiel [. . .]. Der Ansatz ist auf der ganzen Linie gescheitert, wozu die fundamentale Kritik von Freudenthal an den ›Lernzielen vom dürren Holze‹ wesentlich beigetragen hat (Freudenthal 1978, S. 80–104). Umso erstaunlicher ist es, dass sich heute in der Bildungsforschung und empirischen Psychologie [. . .] dieser Ansatz wie ein mutierter Virus erneut verbreitet und auch in das deutsche Bildungssystem eindringt« (Wittmann 2005, S. 5). Der Autor

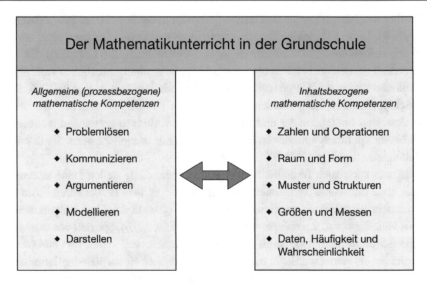

Abb. 1.4 Aufbau der Bildungsstandards. (In Anlehnung an KMK 2005a)

des vorliegenden Bandes wurde im Rahmen seiner eigenen Lehrerausbildung seinerzeit massiv mit der Idee der Lernzieloperationalisierung konfrontiert, da er zufällig an jener Hochschule studierte, an der Frau Möller (1969, 1974) seinerzeit lehrte; er erlebt nun hier im lediglich neuen begrifflichen Gewand ein entsprechendes *Déjà-vu.*

Doch wie sehen die Bildungsstandards für das Fach Mathematik in der Grundschule nun konkret aus? Zunächst wird hier ein allgemeiner Überblick über den Aufbau gegeben, um diesen dann im Weiteren auszudifferenzieren. Der Mathematikunterricht ruht auf zwei tragenden Säulen (vgl. Abb. 1.4): Neben den sogenannten *allgemeinen mathematischen (prozessbezogenen) Kompetenzen* Problemlösen, Kommunizieren, Argumentieren, Modellieren und Darstellen (KMK 2005a, S. 7 f.; vgl. auch Abschn. 1.3.1 und 1.3.2) sind *inhaltsbezogene mathematische Kompetenzen* mit folgenden Leitideen genannt: Zahlen und Operationen, Raum und Form, Muster und Strukturen, Größen und Messen sowie Daten, Häufigkeit und Wahrscheinlichkeit (KMK 2005a, S. 8 ff.).

Jede dieser Leitideen wird in der KMK-Schrift noch weiter ausdifferenziert (etwa der Bereich ›Größen und Messen‹ durch die Kompetenzen ›Größenvorstellungen besitzen‹ und ›mit Größen in Sachsituationen umgehen‹; vgl. auch Abschn. 2.3) und auch durch Aufgabenbeispiele konkretisiert. Nachfolgend das Aufgabenbeispiel 10 mit vier Teilaufgaben zu ›Größen und Messen‹ (KMK 2005a, S. 26 f.).

Lösen Sie die Teilaufgaben aus Abb. 1.5 mit grundschulgemäßen Strategien. Wo ergeben sich Mehrdeutigkeiten im Verständnis der Aufgaben, aber auch mit Blick auf die Auswertung und Bewertung der Schülerlösungen? Wo erwarten Sie Schwie-

Durchschnittlicher Wasserverbrauch pro Person / pro Tag			
Kochen, Trinken	5 Liter	Körperpflege	49 Liter
Geschirr spülen	8 Liter	Toilettenspülung	35 Liter
Blumen / Garten	5 Liter	Wäsche waschen	49 Liter
		Sonstiges	7 Liter

1. Aufgabe:

Wie viel Liter Wasser verbraucht eine Person an einem Tag durchschnittlich für Körperpflege und Wäsche waschen? *(AB I)*

2. Aufgabe:

Vervollständige das Streifendiagramm. *(AB II)*

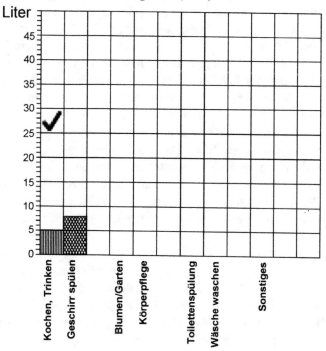

3. Aufgabe:

Wie viel Liter Wasser verbraucht eine Person insgesamt *(AB I)*

– an einem Tag?

– in einer Woche?

4. Aufgabe:

Familie Meister kommt nach 3 Wochen Urlaub nach Hause. Ute entdeckt, dass im Bad der Wasserhahn tropft. Sie stellt einen 5 Liter-Eimer unter den tropfenden Hahn. Nach 6 Stunden ist der Eimer voll. Wie viele Liter Wasser könnten während des Urlaubs verloren gegangen sein? *(AB III)*

Abb. 1.5 Aufgabenbeispiel der Bildungsstandards. (© KMK 2005a, S. 26 f.)

rigkeiten für Viertklässler? Überprüfen Sie in einem Schulbuch Ihrer Wahl für das 4. Schuljahr, ob derartige Aufgabentypen dort repräsentiert sind.

1.3.1 Allgemeine mathematische Kompetenzen

Es ist – unabhängig von dem Verständnis, das die Bildungsstandards zugrunde legen – nicht einfach, den Begriff der allgemeinen Kompetenzen zu fassen, v. a. wegen des Adjektivs *allgemein* (vgl. Krauthausen 1998d). Daher wird hier der folgende Arbeitsbegriff vorgeschlagen: Allgemeine Lernziele[4]/Kompetenzen zielen auf (auch) fachübergreifende und in gewisser Weise inhaltsunabhängige Kompetenzen, die ihre Legitimation nicht zuletzt aus einer *langfristigen* und *allgemeinen* gesellschaftspolitischen Relevanz erhalten sowie im Hinblick auf das *Individuum* in einer demokratischen Gesellschaft.

Zur Erläuterung: Die potenziell *fachübergreifende* Bedeutung schließt natürlich nicht aus, dass ihre Förderung ggf. in besonderer Weise auch durch bestimmte Fächer erfolgen kann, z. B. das *Mathematisieren* im Mathematikunterricht, die Förderung der *Ausdrucksfähigkeit* im Sprachunterricht – aber eben ausdrücklich nicht nur dort!

Die *Inhaltsunabhängigkeit* meint einerseits, dass sehr unterschiedliche Lerninhalte ein bestimmtes allgemeines Lernziel fördern können, woraus andererseits aber nicht auf eine Beliebigkeit der Inhalte geschlossen werden darf. Denn ein kleinschrittiges, vorrangig produktorientiertes Arbeiten zielt besonders auf *inhaltliche* Fertigkeiten oder Fähigkeiten, z. B. die Beherrschung von Grundaufgaben einer Rechenoperation oder die verfahrenstechnische Optimierung eines schriftlichen Rechenverfahrens. In diesem Sinne enge Aufgabenstellungen lassen naturgemäß weniger Raum für *allgemeine* Zielsetzungen als offenere Problemstellungen (vgl. auch Abschn. 5.5): So lassen sich, um im Beispiel zu bleiben, die schriftlichen Rechenverfahren auch im Sinne strukturierter Übungen bearbeiten (Wittmann und Müller 1992, S. 33 ff., 116 ff.), die, über das rein verfahrenstechnische Üben hinaus, weiter reichende und höherwertige Lernprozesse ermöglichen.

Beispiel: Bei der Übungsform *Möglichst nahe an* (vgl. Wittmann und Müller 1992, S. 120) werden aus den zehn Ziffern, repräsentiert durch ein jeweils einmal vorhandenes Ziffernkärtchen, zwei fünfstellige Zahlen gebildet, die man addieren oder subtrahieren kann. Für solche Summen bzw. Differenzen kann man nach ihrem möglichen Maximum bzw. Minimum fragen oder auch nach der Annäherung an vorgegebene Ergebniszahlen. Abb. 1.6 zeigt dies für die Zahl 50.000.

Neben dem inhaltlichen Ziel (Übung der schriftlichen Addition) eröffnen sich hier zahlreiche Chancen im Hinblick auf allgemeine Kompetenzen: So können bspw. *krea-*

---

[4] Dieser Begriff entspricht der Terminologie von Winter 1975 (vgl. auch Hasemann und Gasteiger 2014, S. 71 f.; Benz et al. 2015, S. 321 ff.), auf dessen Ausarbeitungen das Verständnis der allgemeinen mathematischen Kompetenzen der KMK-Standards (2005a) nach wie vor zurückzuführen ist. Die Winter'schen Ideen zugrunde legend, wird aber im Weiteren die aktuelle Begrifflichkeit der allgemeinen (mathematischen) Kompetenzen verwendet.

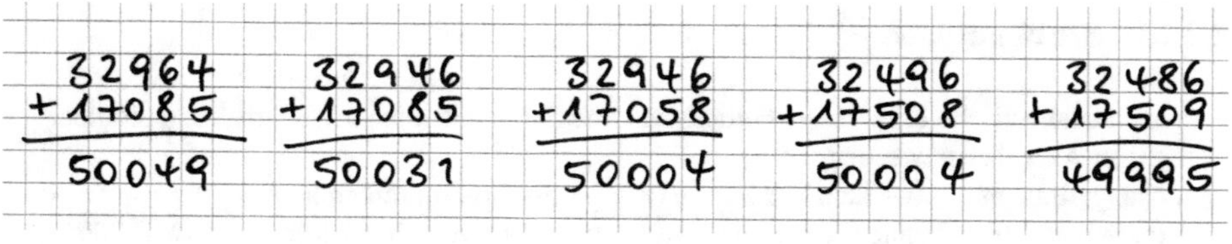

$$
\begin{array}{ccccc}
32964 & 32946 & 32946 & 32496 & 32486 \\
+17085 & +17085 & +17058 & +17508 & +17509 \\
\hline
50049 & 50031 & 50004 & 50004 & 49995
\end{array}
$$

Abb. 1.6 *Möglichst nahe an* – einige Versuche für die Zahl 50.000

tive Momente gefragt sein beim Finden einer geschickten und ökonomischen Strategie; diese will erläutert (*kommunizieren*) und dokumentiert (*darstellen*) sein; und v. a. wäre die Vermutung, dass 50.000 nicht genau erzielt werden kann, zu begründen (*argumentieren*) – und zwar allgemeingültig, unabhängig von einer endlichen Zahl an berechneten Beispielen. Auch sogenannte *substanzielle Aufgabenformate* im Sinne Wittmanns (1995b; konkrete Beispiele werden immer wieder in diesem Buch herangezogen und in unterschiedlichen Kontexten vorgestellt) bieten hier wesentlich mehr Gelegenheit zur (integrativen!) Förderung allgemeiner mathematischer Kompetenzen, sodass eine wohlüberlegte Inhaltsauswahl für diesbezüglich geeignete Lernumgebungen vonnöten ist.

Nicht zuletzt soll das Merkmal der Inhaltsunabhängigkeit auch sagen, dass die Förderung allgemeiner Kompetenzen über geeignete Inhalte hinaus insbesondere auch von der Verwirklichung einer spezifischen Unterrichts*kultur* abhängt, also einem Lernklima, in dem »Raum ist für die subjektiven Sichtweisen der Schüler, für Umwege, produktive Fehler, alternative Deutungen, Ideenaustausch, spielerischer [sic!] Umgang mit Mathematik, Fragen nach Sinn und Bedeutung sowie Raum für eigenverantwortliches Tun« (Heymann 1996, S. 31).

Die *langfristige* Perspektive grenzt sich ab von einer vorrangigen Fixierung auf *kurzfristige*, auch weitgehend operationalisierbare Lernerfolge und eine primäre Produktorientierung des Lernens. Die Relevanz der Kompetenzen bezieht sich sowohl auf die Merkmale und Erfordernisse einer funktionstüchtigen Demokratie als Ganzes wie auch auf das individuelle Zurechtfinden in einem solchen gesellschaftlichen Kontext (Wittmann 1997a).

Welche allgemeinen Kompetenzen gibt es nun? Sind die in den Standards genannten alternativlos oder vollständig? Eine Durchsicht der Literatur macht deutlich, dass es offenbar keine konsensuelle Liste gibt, zumindest keine begrifflich durchgängige Übereinstimmung, gewiss aber vergleichbare Verständnisse. Die Bandbreite der Bezeichnungen entsteht u. a. durch unterschiedliche Konkretheitsgrade, Gültigkeitsbereiche oder auch die Herkunft der Autorinnen und Autoren (vgl. etwa Abele et al. 1970; Kirsch 1976; Schütte 1989, S. 13; Winter 1975; Müller-Merbach 1996; Müller 1995; Ernst 1996, S. 165). Im Folgenden werden daher jene exemplarisch beleuchtet, die auch in den KMK-Standards zur Grundlage des Mathematikunterrichts deklariert werden.

1.3.1.1 Problemlösen

»… mathematische Kenntnisse, Fertigkeiten und Fähigkeiten bei der Bearbeitung problem-
haltiger Aufgaben anwenden,
Lösungsstrategien entwickeln und nutzen (z. B. systematisch probieren),
Zusammenhänge erkennen, nutzen und auf ähnliche Sachverhalte übertragen« (KMK 2005a,
S. 7).

So konkretisieren die Bildungsstandards die allgemeine Kompetenz Problemlösen.
Diese kann als ein Kern des Mathematiktreibens verstanden werden. Und sie ist weder
den mathematisch leistungsstärksten Kindern vorbehalten, noch kann sie erst in höheren
Jahrgangsstufen erwartet werden. Sachgerechte Problemstellungen vorausgesetzt, kann
und soll diese allgemeine Kompetenz von Anfang an gefördert und gefordert werden;
schließlich haben auch Schulanfänger bereits *vorschulische* Erfahrungen im Problemlösen!

Was aber ist ein Problem? Was für den Schulanfänger ein solches ist, mag für den Viertklässler keines mehr sein. Von daher ist die objektive Charakteristik einer Aufgabe oder
einer Anforderung kein hinreichendes Definitionsmerkmal. Nach Klix (1976) gehören zu
einem Problem stets drei Bestimmungsstücke:

1. ein bestimmter *Ausgangs-Zustand* (z. B. in Form einer Fragestellung, einer Sachsituation, einer Anforderung o. Ä.),
2. ein gegebener oder beschriebener *Ziel-Zustand*, »der aus dem ersten heraus zu erzeugen oder abzuleiten ist« (Klix 1976, S. 640). Mit dem Erreichen dieses Zielzustandes
   gilt das Problem als gelöst.
3. »Das dritte (komplexe) Merkmal eines Problems besteht darin, dass die Überführung
   des Anfangszustandes nicht oder nicht unmittelbar gelingt« (Klix 1976, S. 640).

Sind die benötigten Elemente, Werkzeuge, Mittel, Verfahren, Wege o. Ä. zur Überführung des Anfangszustandes in den Zielzustand bekannt oder verfügbar, dann ›hat man
kein Problem‹, sondern eine Aufgabe. Gerade die Suche nach den bislang noch nicht
identifizierten geeigneten Werkzeugen zur Problemlösung ist also *konstituierend* für das
Problemlösen. Ein *Hindernis*, das sich in den Weg stellt, der Widerstand, den das Problem bietet, ist also kein Problem, sondern normal, ja per Definition notwendig, um als
Problemstellung zu gelten!

Das hat direkte Auswirkungen auf Einstellungen und Haltungen – sowohl der Schülerinnen und Schüler im Unterricht als auch der Studierenden bei der Auseinandersetzung
mit neuen oder in Vergessenheit geratenen Inhalten: Manchmal werden Anforderungen
als zu schwierig deklariert, weil man sie nicht sofort (›problem-los‹!) lösen kann. Die Folge bei geringer Ausdauer: schnelles Aufgeben oder hurtig weiter zur nächsten, hoffentlich
leichteren Aufgabe. Die allgemeine mathematische Kompetenz Problemlösen bietet damit
auch Lernchancen für die ganz allgemein bedeutsame Erfahrung, dass Lernen an Anstrengung gebunden ist. Und sie kann auch Freude und Lust bereiten: »Um den Druck einer

Aufgabe genießen zu können, musst du ihr einen *Gegendruck* entgegensetzen. Du musst sie nach deinem eigenen Geschmack umstellen, abändern, zerlegen – anstatt verzweifelt die Lösung herbeizusehnen. Ist dein Gegendruck stark genug, beginnst du mit der Aufgabe zu spielen. So wird sie für dich spannend« (Gallin und Ruf 1999, S. 53; vgl. Abschn. 6.1 zur Wertschätzung für das Fach).

Die Suche nach geeigneten Werkzeugen verspricht umso erfolgreicher zu sein, je mehr dieses ›Spielen‹ mit der Aufgabe genutzt wird. So versetzt man sich in die Lage, das Problem ganzheitlicher, von einem höheren Standpunkt aus zu betrachten, denn eine Lösung erscheint nicht selten deshalb so schwierig, »weil der Lösungszustand *innerhalb* des Anfangszustandes gesucht wird; er liegt aber außerhalb [. . .]. Der Problemraum muss erweitert werden« (Klix 1976, S. 651; Hervorh. im Orig.). Einem vergleichsweise blinden (zufälligen) Versuchen ist dabei jedoch vorzuziehen (vgl. die einführende Konkretisierung des Problemlösens in den Standards), Kenntnisse, Fähigkeiten und Fertigkeiten zu nutzen, über die man grundsätzlich schon verfügt und die auch in anderen Zusammenhängen bereits nützlich waren. Auch sollen – so die Standards – *Strategien* entwickelt und genutzt sowie Zusammenhänge gesehen und übertragen werden. Auch dies resultiert aus der Theorie des Problemlösens:

Problemlösen (oder gar das Lernen) zu lernen, entspricht der Befähigung, (a) auf einen bestimmten (bereichsspezifischen) *Wissensbestand* zurückgreifen zu können (epistemische Struktur, *deklaratives* Wissen) und (b) mithilfe bestimmter *Strategien* (heuristische Struktur, *prozedurales* Wissen) eine Lösungsidee zu entwickeln (vgl. Dörner 1979). Und dazu gehört u. a., den Lösungsweg zu dokumentieren und in der Rückschau zu reflektieren – bewusst und gezielt, um dadurch *übertragbare* Strategien auszubilden und die heuristische Struktur als solche zu optimieren (vgl. Abschn. 1.3.2: Bewusstheit).

Was sind heuristische Strategien? Befragt man zur ersten Annäherung *Wikipedia* nach ›Heuristik‹, dann liest man: »(altgr. εὑρίσκω *heurísko* ›ich finde‹; von εὑρίσκειν *heurískein* ›auffinden‹, ›entdecken‹) bezeichnet die Kunst, mit begrenztem Wissen (unvollständigen Informationen) und wenig Zeit dennoch zu wahrscheinlichen Aussagen oder praktikablen Lösungen zu kommen«. Auch hier ist also die *Barriere* (begrenztes Wissen, unvollständige Informationslage), die eine unmittelbare Lösung über ein bekanntes Standardverfahren verwehrt, als konstituierend, als definitorisches Merkmal erwähnt. Heuristische Strategien sind z. B. (vgl. u. a. Polya 1995; Aebli 1981):

- zufälliges Probieren (*jedem* Grundschulkind zugänglich)
- systematisches Probieren
- Fragestellung/Rahmenbedingungen vereinfachen
- Sonderfälle betrachten
- in Teilprobleme zerlegen
- Vorwärtsarbeiten (Teilschritte strukturieren)
- Rückwärtsarbeiten (das Problem von hinten, also vom Ziel- zum Anfangszustand angehen; vgl. etwa beim *NIM-Spiel* in Abschn. 3.1.3)
- nach *ähnlichen* (analogen) Problemstellungen aus früheren Lernerfahrungen suchen

- Darstellungsform/Repräsentationsebene (enaktiv, ikonisch, symbolisch) wechseln (intermodaler Transfer), z. B. Skizze, Tabelle, Diagramme anlegen
- innerhalb einer Repräsentationsebene eine alternative Darstellung versuchen (intramodaler Transfer)
- Sortieren (nach verschiedenen Sortierkriterien)
- nach Mustern Ausschau halten
- Ausschlussverfahren (Möglichkeiten ausschließen)

Manches ist jedem Menschen, auch bereits im jungen Alter, *spontan* zugänglich (zufälliges Probieren) und kann nahezu reflexhaft erfolgen; anderes klingt unmittelbar plausibel (Skizze machen), darf aber nicht unterschätzt und etwa für selbsterklärend gehalten werden. Grundsätzlich kann man sagen: Soll die heuristische Struktur gezielt gefördert und ausgebaut werden, dann muss jede Strategie zunächst einmal zum *bewusst* thematisierten Unterrichts*inhalt* gemacht werden, bevor sie die Funktion eines *heuristischen Werkzeugs* annehmen und ausfüllen kann (vgl. Abschn. 1.3.2: Bewusstheit).

»Es gibt grundsätzlich zwei Möglichkeiten, um die Problemlösefähigkeit eines Individuums in einem bestimmten Bereich zu verbessern. Die eine liegt darin, sein *Wissen* über den entsprechenden Bereich zu verbessern, die andere liegt in der Verbesserung der *heuristischen Struktur*. Beide Möglichkeiten schließen einander nicht aus. Betrachtet man aber z. B. die zeitgenössische Pädagogik, so kann man wohl mit Recht sagen, dass der Schwerpunkt bislang auf der ersten Möglichkeit liegt. Die geistigen Fähigkeiten von Schülern versucht man vor allem dadurch zu erhöhen, dass man ihr Wissen über bestimmte Bereiche erhöht. Die Problemlösefähigkeit eines Individuums. verbessert sich aufgrund der Veränderung der Wissensstruktur deshalb, weil der ›Denkapparat‹ mit besserem Material arbeiten kann, nicht aber, weil der Denkapparat selbst sich verändert. Darin liegt der Hauptnachteil dieser Form der Verbesserung der Denkfähigkeit. Die Verbesserung ist *bereichsspezifisch*. [. . .] Es mag sogar manchmal so sein, dass gerade die hervorragende Ausbildung seiner Wissensstruktur seine heuristische Struktur verkümmern lässt« (Dörner 1979, S. 116).

Zu warnen ist aber auch vor einer Verabsolutierung der heuristischen Struktur, denn Denken ohne Inhalte, ohne Fakten ist ebenso wenig zielführend und sinnvoll. Um im Bild und aus der konkreten Erfahrung eines Anwendungsfalls zu sprechen: Wenn der Werkzeugkasten gut gefüllt ist (vgl. Abschn. 1.3.2: Bewusstheit; sowie Abb. 1.11), man aber nicht weiß, auf welche Objekte man einen Innendreikantschlüssel anwenden kann, dann wird man angesichts der blockierten Aufzugstür den oben im Türsturz versenkt eingelassenen Außendreikantzapfen kaum als Anwendungsfall identifizieren.

Die Auswahl und das Aktivieren heuristischer Strategien und damit das Problemlösen haben verständlicherweise eine große Nähe zur Kreativität – eine Fähigkeit, die auch gesellschaftlich relevant ist, nicht nur weil sie seit Jahren immer wieder von der Berufswelt explizit erwartet wird. In Winters (1975) grundlegendem Beitrag zu den allgemeinen Lernzielen des Mathematikunterrichts stand das ›schöpferische Tätigsein‹ an erster Stelle. »In der neueren psychologischen Kreativitätsforschung ist es unumstritten, dass Kreativität (sehr grob gesagt: die Fähigkeit, brauchbare Einfälle zu produzieren, lat.: creare = hervorbringen, schaffen, erschaffen, zeugen, gebären, wählen) nicht das Privileg einer elitären Minderheit (von Genies) ist, sondern – freilich in unterschiedlichen Ausrichtungen und (beeinflussbaren) Ausmaßen – zur natürlichen Ausstattung eines jeden Menschen gehört [...]. Diese Einschätzung ist einer der wichtigsten Rechtfertigungsgründe für die Forschung [sic!] nach entdeckendem Lernen« (Winter 2016, S. 218).

Das Postulat des aktiv-entdeckenden Lernens, die Förderung der Kreativität, des Problemlösens oder generell allgemeiner Kompetenzen darf also nicht den sogenannten Besserlernenden vorbehalten bleiben! Im Gegenteil: Es wäre unverantwortlich, langsamer oder mit spezifischen Schwierigkeiten lernende Kinder von vorneherein auf die Reproduktion von Verfahren und Rechenfertigkeiten zu begrenzen, nicht nur weil Schwächen bei Rechen*fertigkeiten* durchaus nicht gleichzusetzen sind mit Schwächen bei Problemlöse*fähigkeiten* (Scherer 1997a, 1997b).

Das Konstrukt der Kreativität versteht sich nach Neuhaus (1995) als Wechselwirkung zwischen dem kreativen *Produkt*, dem kreativen *Prozess*, der kreativen *Person* und der kreativen *Umwelt* (kreativitätsbeeinflussende Umweltfaktoren). Im Hinblick auf den Mathematikunterricht und seinen potenziellen Beitrag zur Förderung allgemeiner Kompetenzen kann man natürlich fragen, ob Kreativität *überhaupt* lernbar, gar lehrbar oder zumindest gezielt zu unterstützen ist – und dies insbesondere unter den Bedingungen institutionalisierter Lernprozesse. »Kreatives Denken [...] kann man nicht ›veranstalten‹, methodisieren, einüben«, meint von Hentig (1998), »das widerspricht ihrem Wesen; auch Ermutigung muss sie verfehlen; vollends lässt sie sich nicht ›in Dienst‹ nehmen. Mit anderen Worten: Wo immer wir von der Kreativität ein Wunder erwarten, werden wir es nicht bekommen« (von Hentig 1998, S. 72).

Die Skepsis von Hentigs ist durchaus nachvollziehbar: Legt man die prototypische Vierphaseneinteilung für einen kreativen Prozess zugrunde (vgl. Neuhaus 1995; Winter 2016) – 1. Präparation (Vorbereitung), 2. Inkubation (›Ausbrütung‹), 3. Illumination (Erleuchtung), 4. Verifikation (Überprüfung, Einordnung) –, und trägt man der zentralen Rolle des Unbewussten Rechnung, dann fragt man sich insbesondere im Hinblick auf die Phase der Inkubation, ob und wie es im Unterricht überhaupt möglich sein kann, auf plötzliche, nicht erwartbare Resultate unbewusster Geistestätigkeit zu warten (vgl. Winter 2016). Soll das Lernziel Kreativität nicht zum leeren Schlagwort verkommen, dann müssten praktikable und sinnvolle Rahmenbedingungen gewährleistet werden, denn *dass* Kreativität – zumindest in gewissen Grenzen – gefördert werden kann, scheint in gewissem Sinne unbestritten. Vielleicht führt der Weg dorthin aber weniger über die Konzentration auf das ›Herstellen-Wollen‹ von Kreativität, sondern eher über die Vermeidung ihrer Hindernisse.

Mit Blick auf den Mathematikunterricht meint Bruder (1999, S. 118; Hervorh. im Orig.): »Kreativ sein [...] setzt sich zusammen aus *kreativ sein dürfen, kreativ sein wollen* (intrinsische Motivation) und *kreativ sein können*«. Neben dem nötigen Fachwissen, dem Handwerk[5], den Fertigkeiten gehören sicherlich folgende Voraussetzungen oder Vorschläge dazu, die »am ehesten für theoretisch rechtfertigbar und praktisch realisierbar, wenn auch keinesfalls für trivial, wie sie möglicherweise klingen«, gehalten werden können (vgl. Winter 2016, S. 219; von Hentig 1998, S. 73):

- Das Problem wird nicht vorgegeben, sondern entwickelt sich aus Kontexten heraus (selbst) und macht dem Problemlöser selbst zu schaffen; es muss herausfordernd erscheinen, zum Fragen anreizen, wobei eine Lösung für möglich erachtet wird.
- Raum, Zeit (Pausen *zum* Denken; vgl. Abschn. 6.1) und Ermunterung zum freien Experimentieren, zum Vermuten, zum Hypothesenbilden ohne falsche Scheu vor Fehlern,
- ›offene‹ Hilfen – weniger inhaltliche (Ergebnisfindungshilfen) als mehr (z. B. strategische) Hilfen zum Selbstfinden (vgl. das Prinzip der minimalen Hilfen bei Zech 2002),
- angenehmes, akzeptanzgeprägtes Lernklima, Vorbildverhalten und Zurückhaltung in vorschnellen Bewertungen von Beiträgen, Ermutigung durch eine sachliche (nicht nur pädagogische) Anerkennung, Offenheit für ungewöhnliche Ideen und Wege,
- *Bewusstmachung* heuristischer Strategien, Metakognition und Metakommunikation über das eigene Denken, Formulieren, Darstellen, Merken, Erinnern, Vergessen, Fehlermachen, Üben ...
- Widerstand der Realität gegen eine Beliebigkeit der Einfälle (Zech 2002),
- Wissen um den Wert der *Inkubation* (die besten Ideen kommen nicht immer dann, wenn man sich gerade intensiv mit der Sache beschäftigt, sondern oft bei völlig andersartigen Tätigkeiten oder beim Tagträumen).

1.3.1.2 Kommunizieren

»... eigene Vorgehensweisen beschreiben, Lösungswege anderer verstehen und gemeinsam darüber reflektieren,
mathematische Fachbegriffe und Zeichen sachgerecht verwenden,
Aufgaben gemeinsam bearbeiten, dabei Verabredungen treffen und einhalten« (KMK 2005a, S. 8).

Diese Beschreibung der Standards ist hilfreich, um nicht der vorschnellen Einschätzung zum Opfer zu fallen, dass ja in jedem Unterricht nahezu zwangsläufig kommuniziert werde, denn einen völlig ›sprach-losen‹ Mathematikunterricht gibt es wohl nicht. Die Konkretisierung macht allerdings deutlich, dass es sich hier um sachbezogene, also mathematikbezogene Kommunikationsprozesse handelt. Das Beschreiben eigener Vorgehensweisen, das Verstehen jener von anderen und das gemeinsame Reflektieren darüber verweist zum einen auf den Prozesscharakter des Mathematiktreibens – es geht nicht nur

---

[5] Diese Voraussetzungen werden zeitgeistig leicht vergessen im Zuge der ›Herrschaft eines Kreativitäts-Dispositivs‹ (= die nicht eigens diskutierte Ideologie, dass ein jeder von Natur aus kreativ sei, auch (normativ) sein müsse, und zwar so viel wie möglich, und diese Kompetenz erwerben könne). Problematisch kann an dieser Haltung werden, dass es einer Gesellschaft unter einem Kreativitäts-Dispositiv – jeder ist ein kreativer Künstler – eher um *Quantität* (statt professionelle Qualität) geht und zudem um (imitierende) *Semi*aktivität (vgl. Ullrich 2016).

um Ergebnisse (Produkte), sondern um Wege (Prozesse) dorthin –, und zum anderen auf das Bewusstmachen (Reflexion) im Rahmen des sozialen Lernens (1. und 3. Teilkompetenz; vgl. Abschn. 3.2).

Jede Kommunikation bedient sich einer bestimmten *Sprache*. Neben der Umgangssprache, die von Haus aus von den Kindern in den Unterricht eingebracht wird, werden im Laufe der Grundschulzeit auch beeindruckend viele mathematische Fachbegriffe gelernt (zuzüglich diverser Symbole und Diagramme, wie auch die in Abschn. 4.7.6 genannte *Plättchensprache*; vgl. Wittmann 2016b), zu deren sachgerechtem Gebrauch der Unterricht anleiten soll (zu diversen sprachlichen Ebenen beim Mathematiklernen vgl. Weis 2013). »Da im Mathematikunterricht der Grundschule bis zu 500 neue Begriffe eingeführt werden und Mathematik somit als erste Fremdsprache angesehen werden kann« (Lorenz 1996, S. 25 f.; vgl. auch Lorenz 2012, S. 55 ff.), sollte man auch hier große Sorgfalt walten lassen, damit im Unterricht nicht mit leeren Worthülsen gearbeitet wird, die das Verstehen be- oder gar verhindern. Dabei können vielfältige Erfahrungen gemacht werden, z. B. dass gleiche Begriffe in verschiedenen Sprachen Unterschiedliches bedeuten können (Begriff der ›Menge‹). Bei fachsprachlichen Termini – z. B. Dreieckszahlen oder Quadratzahlen oder Stellenwerttafel – böten sich Möglichkeiten für kurze Ausflüge in die Geschichte der Mathematik: Es kann sehr motivationsfördernd sein, wenn Kinder auch einmal erfahren, wie und wann und von wem denn dieses oder jenes Konzept, das heutzutage in den Schulen gelernt wird, historisch gefunden oder entwickelt wurde (vgl. die Rechensteinchen in Abschn. 4.7.6) oder woher z. B. ein bestimmter Begriff überhaupt stammt.

Zudem ist Fachsprache nicht allein durch einzelne Begriffe charakterisiert, sondern auch durch spezifische Textsorten sowie einen typischen Sprachduktus mit syntaktischen Besonderheiten (z. B. Passivkonstruktionen, hohe Informationsdichte, geringe Redundanz; vgl. Deseniss 2015, S. 50 ff.; Weis 2013 sowie Abschn. 1.3.1.5). Dies zeigt sich u. a. auch darin, dass nicht nur Grundschulkinder Schwierigkeiten beim Verständnis von Aufgabenformulierungen aus Schulbüchern der Klassen 1 bis 4 haben können[6], sondern auch Studierende oder Eltern. Grundschulkinder wachsen da relativ schnell hinein, wenn sie sozusagen mit dieser Art Lektüre täglich umgehen – man weiß dann, wie es ›gemeint‹ ist; Erwachsene tun sich da manchmal durchaus schwerer, z. B. wenn sie an der ›falschen‹ Stelle entweder zu intuitiv denken oder etwas zu wörtlich nehmen.

Alle im Unterricht benutzten Sprachen treten dabei in zumindest zweifacher Funktion auf (vgl. Schweiger 1996; Abele 1988): Sie dienen als Instrument der Verständigung zwischen Lernenden und Lehrenden (*kommunikative Funktion*) und dem Gewinn neuer

---

[6] Ein köstliches Beispiel für eine missverstandene Arbeitsanweisung zeigt Trautmann (2015, S. 252) an einem Arbeitsblatt, auf dem diverse kleine Schweinchen zu sehen sind. Der klein gedruckte Arbeitsauftrag (an die Lehrerin) – es geht um das Erfassen und Notieren von Anzahlen – lautet: »Zahl eintragen, entsprechende Anzahl umfahren lassen«. Der Erstklässler Jon hat zusätzlich zum Abstreichen der Schweinchen (Zählhilfe) kleine Traktor-Vignetten an einige von ihnen gezeichnet. »Der Junge hat die Aufgabe in seinem Bedeutungskontext in Angriff genommen – umfährt nicht die Tiere (im Sinne des Umkreisens), sondern er fährt sie – Stück für Stück – um (Umfahren im Sinne eines Verkehrsunfalls)« (Trautmann 2015, S. 259).

Abb. 1.7   Einige Vierecke

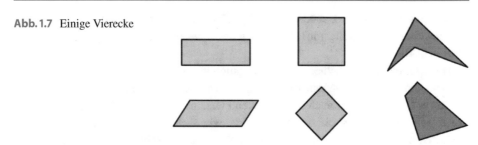

Erkenntnisse (*kognitive Funktion*). So wird man sicher zu einem kommunikativen Ergebnis kommen – im Sinne von Verständigung erzielen –, wenn man jemanden bittet, spontan »ein Viereck« auf ein Blatt zu zeichnen. Vermutlich werden besonders häufig das Rechteck und das Quadrat resultieren (oder zumindest eines mit mehr oder weniger regulären Eigenschaften; zur Systematik im *Haus der Vierecke* vgl. Heinze und Rechner 2004; Volkert 1999); die kognitive Funktion der Sprache wird dann deutlich, wenn über mögliche Unter- oder Übergeneralisierungen des Viereck-Begriffs nachgedacht wird. Für manche Kinder ist nämlich das auf einer Ecke stehende Quadrat kein Quadrat mehr. Tatsächlich aber ist weder die Lage, noch irgendeine Art von Regelmäßigkeit, noch die Farbe, noch das Merkmal konvex/nichtkonvex (einspringende Ecke) ein konstituierendes Merkmal des Begriffs, also der *Idee* des Vierecks. Und wie hoch hätten Sie die Wahrscheinlichkeit eingeschätzt, dass Sie selbst eines der Vierecke aus der *rechten* Spalte in Abb. 1.7 gezeichnet hätten ... ?

Zur weiteren Vertiefung von Fragen eines sprachsensiblen Mathematikunterrichts seien empfohlen: Deseniss 2015; Drews und Weiniger 2016; Fuchs et al. 2014; Gogolin et al. 2011; Götze 2015; Götze und Hang 2017; Grassmann 2008; Krauthausen 2007; Lorenz 2012, S. 55 ff.; Meiers 2009; Schütte 2009; Verboom 2008, 2013, 2017.

1.3.1.3   Argumentieren

»... mathematische Aussagen hinterfragen und auf Korrektheit prüfen,
mathematische Zusammenhänge erkennen und Vermutungen entwickeln,
Begründungen suchen und nachvollziehen« (KMK 2005a, S. 8).

Als eine spezielle Ausprägung von Kommunikations- oder Interaktionsprozessen kann das Argumentieren verstanden werden (vgl. auch: Beschreiben, Begründen, Beweisen von Mustern im Sinne von Regelhaftigkeiten). Argumentative Situationen sind der Ort, an dem Bedeutungen ausgehandelt werden, wozu ein Begründungsbedarf explizit angezeigt werden muss (vgl. Schwarzkopf 2000). Entdeckendes Lernen im Mathematikunterricht ist ohne derartige Aktivitäten nicht vorstellbar. »Grundlage sollten dabei die Sachinhalte und Materialien sein, die sozusagen das objektive Korrektiv der ausgetauschten Argumente darstellen« (Schütte 1989, S. 13).

Im Zuge des Paradigmenwechsels bzgl. des Lehr-Lern-Verständnisses hat auch ein verändertes Bild der Mathematik als Wissenschaft größere Bedeutung erlangt: »Erst in den letzten zwanzig Jahren ist eine Definition aufgekommen, der wohl die meisten heutigen Mathematiker zustimmen würden: Mathematik *ist die Wissenschaft von den Mustern*« (Devlin 1998, S. 3; Hervorh. im Orig.; vgl. Abschn. 1.3.3). Der Musterbegriff ist dabei nicht auf geometrische Muster begrenzt zu verstehen, sondern im Sinne von Regelhaftigkeiten, Ordnungsgesetzen oder Strukturen gemeint. Der Mathematikunterricht der Grundschule bietet dazu zahlreiche Gelegenheiten (vgl. Lüken 2012a, 2012b): Aufgedeckte Strukturen oder Muster lassen sich aber nicht nur beschreiben, sondern – gemäß den Voraussetzungen der Lernenden – auch erklären und *argumentativ begründen*, wozu unterschiedliche Mittel und Wege verfügbar sein können: sprachlich (mündlich und schriftlich), durch eine Zeichnung, durch Fortsetzen eines Musters, durch In-Beziehung-Setzen zu anderen Mustern etc. Hier findet die ausdrückliche Förderung der Argumentationsfähigkeit ein hervorragendes Betätigungsfeld.

Ausgangspunkte oder Auslöser für Argumentationen in Lehr-Lern-Situationen sind Koordinationsprobleme im Bemühen um gemeinsames Handeln, um Konsens (vgl. Krummheuer 1997). Das impliziert durchaus auch, dass Lehrerinnen dadurch Argumentationen zu initiieren versuchen, dass sie einen künstlichen Klärungsbedarf schaffen (Schwarzkopf 1999), z. B. durch eine provokative These, die Hervorhebung eines ungewöhnlichen Ergebnisses o. Ä. (vgl. auch Zech 2002, S. 190). Da Grundschulkinder einen mathematischen Sachverhalt meistens nicht von sich aus für begründungsbedürftig erachten (Mayer 2015), muss die Lehrperson hier zunächst in Stellvertretungsfunktion agieren und den argumentativen Diskurs initiieren (vgl. auch Abschn. 3.2.2 zur Notwendigkeit des sozialen Lernens sowie Abschn. 6.1). »Dazu gehören die Entwicklung von Aufgabenformaten oder Lernumgebungen, die zur Förderung der Argumentationskompetenz beitragen, sowie Anregungen zu einer begünstigenden Fragehaltung oder methodische Vorschläge« (Fetzer 2015, S. 88). Dies dient dem übergeordneten Ziel, ein individuelles, intrinsisch motiviertes Begründungsbedürfnis zu etablieren. Die Grundlagen dazu sollen und können bereits im mathematischen Anfangsunterricht gelegt und gezielt gefördert werden (Fetzer 2011a, 2011b, 2015). Ein Begründungsbedürfnis kann sich aus dem Fach heraus ergeben, wenn eine Erwartungshaltung der Kinder irritiert wird, z. B. durch ›produktive Irritationen‹ (Fetzer 2015). Dabei sollten jedoch zwei Dinge beachtet werden: a) Den so (im besten, positiven Sinne!) Irritierten müssen Möglichkeiten zur Auflösung der Irritation plausibel sein (Fetzer 2015), und b) sollte sowohl die Intention für die Irritation als auch ihre Aufklärung den Kindern in der Rückschau transparent und bewusstgemacht werden. Es ist sehr wahrscheinlich, dass sich aus solchen metakognitiven oder metakommunikativen Gesprächen auch weitere strategische Werkzeuge für den in Abschn. 1.3.2; Abb. 1.11 erwähnten ›Werkzeugkasten‹ des Problemlösens ergeben werden.

Der Maßstab des Vorgehens ist nicht sogleich der ›ideale Diskurs‹. Als ›Argumentation‹ gelten jene interaktiven Methoden, mit denen ein Kind z. B. versucht, den Geltungsanspruch seiner Aussage zu sichern und anderen (aber auch sich selbst) gegenüber zu vertreten (vgl. Krummheuer 1995). Schwarzkopf (1999) weist darauf hin, dass Argumentation als Lernziel sowohl eine Eigenfunktion hat als auch ein Schutz vor Fehlern sein kann und auch zu für den Schüler neuen mathematischen Strukturen und Einsichten führen kann (vgl. auch Schwarzkopf 2000).

Gerade die allgemeine Kompetenz Argumentieren wird gemeinhin unterschätzt, wenn man meint, dass sie gleichsam naturgemäß in jedem Unterricht enthalten sei, sobald sich die Kinder z. B. ›ihre Rechenwege erklären‹. *Dass* Kinder im Unterricht miteinander über Mathematik reden (reden sie wirklich über *Mathematik*?!), ist allerdings allein noch kein Garant für die Förderung der Argumentationsfähigkeit. Wichtig ist auch, *wie* miteinander geredet wird. Gelingt es, den Austausch von Argumenten anzuregen, einen Argumentations*gang* zu entwickeln (statt lediglich Statements aneinanderzureihen)? Gibt es eine dazu adäquate und förderliche Gesprächskultur? Gerade in der heutigen Zeit lässt sich ein erhöhter Bedarf konstatieren, den Ertrag von jahrhundertelangen Bemühungen um eine Gesprächskultur ins Bewusstsein zu heben, denn »an die Stelle der Argumentationskultur tritt im lebensweltlichen Alltag immer stärker die Positions- und Kommunikationskultur. Jeder muss über alles eine Meinung haben – notfalls mit einem Aufkleber oder Button –, und er muss sich ›verständigen können‹ und er muss seine Meinung ›einbringen‹ können. Argumentation ist dazu nicht nötig« (Rehfus 1995, S. 102). Dass es gerade die *Ausdifferenzierung der Sprache* war, welche die Entwicklung des Menschen kennzeichnet, kann angesichts heute moderner Tweets einer ausdrücklichen Erinnerung wert sein. »Fasse Dich kurz!« stand früher – wenn auch aus anderen Gründen – in den heute nicht mehr existenten öffentlichen Telefonzellen; und natürlich soll auch beim Sprechen über mathematische Zusammenhänge Prägnanz statt überbordende Redundanz das Ziel sein. Aber: »Fasse dich kurz [. . .] setzt voraus, eine Langfassung zu beherrschen« (Berg 2016, S. 55) und nicht nur mit Schlagworten zu agieren, in der Hoffnung, der andere möge schon verstehen (oder verwerflicher: sich täuschen lassen).

Der Mathematikunterricht kann hier zu Zielvorstellungen wie einer Förderung der Argumentationsfähigkeit und des sozialen Lernens (vgl. Abschn. 3.2) einen durchaus nennenswerten Beitrag leisten (zu wünschenswerten Merkmalen aus Sicht der Gesprächskultur vgl. Abschn. 3.2.4 zu Interaktions- und Kommunikationskultur; Abschn. 6.4 zu Gesprächsregeln). Denn beim Argumentieren ist naturgemäß mit abweichenden Meinungen oder temporären Verständnisproblemen zu rechnen. Diese sind aber nicht ein leidiger Begleitumstand. Sie können im Gegenteil eine willkommene Triebfeder darstellen – sowohl für die Intensivierung der Auseinandersetzung mit der Sache (inhaltliche Kompetenzen!) als auch für eine Übung in gelingender Kommunikations- und Argumentationskultur (vgl. Abschn. 6.4 bzw. ausführlicher bei Krauthausen und Scherer 2014, S. 71 f.).

1.3.1.4 Modellieren

»... Sachtexten und anderen Darstellungen der Lebenswirklichkeit die relevanten Informationen entnehmen,
Sachprobleme in die Sprache der Mathematik übersetzen, innermathematisch lösen und diese Lösungen auf die Ausgangssituation beziehen,
zu Termen, Gleichungen und bildlichen Darstellungen Sachaufgaben formulieren« (KMK 2005a, S. 8).

So bedeutsam auch innermathematische Problemkontexte sind, so wichtig ist doch zugleich der Anwendungsaspekt von Mathematik (vgl. Abschn. 2.3 und 5.1; MSJK 2003; KMK 2005a, S. 7). »Unter einer Anwendung der Mathematik auf eine bestimmte Situation der Wirklichkeit (m. a. W. unter dem *Mathematisieren der Situation*) versteht man die Beschreibung der Situation in einem mathematischen Modell« (Müller und Wittmann 1984, S. 253; Hervorh. im Orig.; vgl. Abschn. 2.3.1).

Der Prozess der Mathematisierung oder Modellbildung kann durchaus Umwege, Irrwege, Fallstricke und Rückschläge beinhalten, und all dies sollte auch die unterrichtliche Realisierung bewusst zulassen und verstehbar machen. Die formale, ›fertige‹ Mathematik in ihrer präzisen, hochökonomischen Darstellung mag zwar suggerieren, dass es ihr stets um Königswege der Problemlösung gehe, in Wirklichkeit (und historisch betrachtet) ist aber auch das professionelle Betreiben von Mathematik in der Wissenschaft ein komplexer Suchprozess; der Modellbildungskreislauf kann also durchaus auch mehrfach durchlaufen werden (vgl. Abschn. 2.3.1). Alles, was für realistische Anwendungssituationen und für den Prozess der Modellbildung charakteristisch ist, sollte daher im Unterricht auch erfahrbar werden. Die Haltung, den Kindern ihr Lernen möglichst zu erleichtern und alle Steine aus dem Weg räumen zu wollen, ist daran gemessen geradezu kontraproduktiv. Zu einer genaueren Auseinandersetzung mit dem Mathematisieren wird auf den Abschn. 2.3.1 verwiesen ...

1.3.1.5 Darstellen

»... für das Bearbeiten mathematischer Probleme geeignete Darstellungen entwickeln, auswählen und nutzen,
eine Darstellung in eine andere übertragen,
Darstellungen miteinander vergleichen und bewerten« (KMK 2005a, S. 8).

Der Begriff des *Darstellens* ist umfassend gemeint, er impliziert sowohl die Fähigkeit zum mündlichen und schriftsprachlichen Ausdruck als auch den sachgerechten Gebrauch von Notationen wie z. B. Skizzen, Tabellen, Graphen, Diagrammen usw. – also jegliche Art der Veräußerung des Denkens. All diese Fähigkeiten können gezielt gelernt und erworben werden ... und müssen es auch, denn »beim Darstellen handelt es sich wohl um das in den Schulen bislang am meisten vernachlässigte allgemeine Lernziel« (Selter 1999, S. 206).

(Mathematik-)Lernen ist immer wieder auf die Fähigkeit angewiesen, eigene Denkprozesse oder Bearbeitungswege angemessen darzustellen. Dies gilt zum einen für die *Lernenden* i. S. einer Befähigung, Teilergebnisse oder -prozesse für *sich selbst* zwischenzuspeichern, oder um sich durch eine spezifische Darstellung neue Wege überhaupt erschließen zu können – man denke z. B. daran, wie das *Sortieren* von zuvor zufällig gewonnenen Daten plötzlich zu weiterführenden Ideen führen kann. Denn eine veränderte Darstellung ist nicht nur eine visuelle Variante, sondern bekommt eine neue, eigenständige Qualität, sie wird ein neues Denkobjekt.

Zum anderen betrifft es aber auch die Interaktion mit anderen Lernenden, denen die eigenen Gedankengänge mitgeteilt werden sollen (Kooperation, soziales Lernen!): »Die kommunikative Funktion [der Sprache; GKr] dient der Verständigung, die kognitive Funktion dient dem Erkenntnisgewinn« (Schweiger 1996, S. 44), wobei erstere einen Verstärkungseffekt auf die zweite hat.

Die Förderung der *sprachlichen* Ausdrucksfähigkeit ist auch für den Mathematikunterricht ein unbestrittenes Ziel, ist doch die Sprache das übergreifende Kommunikationsmittel und Medium, mittels dessen Unterricht stattfindet (Abele 1991). Besteht der Interaktionsstil vorrangig aus einem engen Wechselspiel von (Lehrer-)Frage und (Schüler-)Antwort, dann wird die Wahrscheinlichkeit spontaner und vielgestaltiger Schüleräußerungen naturgemäß nur recht niedrig sein können (vgl. Abele 1991).

Auf dem Weg zur wünschenswerten Sprachbeherrschung sollte der (Mathematik-)Unterricht allerdings nicht vorschnell allzu formale Maßstäbe anlegen. Jede Lehrerin und jeder Lehrer kennt die bereitwilligen Versuche von Kindern, der Aufforderung zur Explikation eigener Vorgehensweisen gerecht zu werden und dabei – sei es vor Engagement oder aus anderen Gründen – nur schwer deutbare ›Sprechakte‹ zu realisieren. ›Verworren ausgedrückt‹ muss aber nicht unbedingt ›verworren gedacht‹ sein! Zwar verliert das Motto »Erst denken, dann reden« nicht seine Berechtigung, aber es lassen sich durchaus auch Gründe oder Situationen vorstellen, wo ein ›Drauflosreden‹ (durchaus mit begleitendem Denken!) kognitiv förderlich sein kann.[7] Wenn Erwachsene die Denkwege und Äußerungen von Kindern in ihrer Originalität und Kreativität auch nur schwer auf den ersten Blick erkennen mögen (Selter und Spiegel 1997; Spiegel und Selter 2003), so sollte man diese Originalität und Kreativität ausdrücklich als etwas Positives werten und erst in einem zweiten Schritt *behutsam* versuchen, die informellen Ausdrucksweisen der Kinder mit konventionellen Gepflogenheiten der Mathematik zu vereinbaren (Lampert 1990; vgl. auch Abschn. 4.4).

Die Förderung der *schrift*sprachlichen Ausdrucksfähigkeit muss und sollte sich im Mathematikunterricht möglichst nicht auf das Notieren von Aufgabenserien oder Textaufgaben beschränken. Das Schreiben ›mathematischer Texte oder Aufsätze‹[8] ist in jüngerer Zeit verstärkt in die Diskussion gebracht und erprobt worden (vgl. Link 2012), auch für Formen der Leistungsfeststellung (Stichworte: Rechenkonferenzen, Reisetagebücher, mathematische Aufsätze, Erfinderbuch, Forscherheft u. Ä.; vgl. Gallin und Ruf 1993; Hollenstein 1996a; Ruf und Gallin 1996; Schütz 1994; Selter 1996; Sundermann und Selter 2006a sowie auch Abschn. 3.2.4 und 5.6). Über das Schreiben als solches hinaus spielt auch das bewusste *Nachdenken* über die Qualität von Texten, über Gütekriterien eine wichtige Rolle (vgl. Link 2013). Wenn dabei auch über unterschiedliche *Textsorten* nachgedacht wird (z. B. Erlebnisaufsatz, Sachtext, mathematischer Text haben ihren je eigenen Sprachduktus; vgl. Abschn. 1.3.1.2), lassen sich auch überzeugende Vernetzungen mit Zielen des Aufsatzunterrichts nutzen!

---

[7] Vgl. Heinrich von Kleist (1978): *Über die allmähliche Verfertigung der Gedanken beim Reden.*
[8] Das Schreiben von Texten gehört *per se* zum Mathematiktreiben dazu, auch für Profis (vgl. Borasi und Rose 1989; Burton und Morgan 2000; Abschn. 6.4 für ein realistisches Bild des Faches).

Auch geht es nicht nur um das sachgerechte und kritische Rezipieren von Darstellungen, sondern um deren aktive und zunehmend selbstverantwortliche Nutzung zur Förderung eigener Lernprozesse. »Wir vermuten, dass das eigene Finden von Darstellungen hilft, auf der Ebene der Bedeutung und des Sinnes zu bleiben. Die Vorgabe von Mustern hilft den Kindern zwar beim ordentlichen Darstellen, aber die Gefahr besteht, dass der Sinn und die Bedeutung des Kontextes für das Rechnen ein Stück weit schwindet [sic!]« (Hubacher et al. 1999, S. 68). Um selbstständig geeignete Darstellungen zu finden, muss man sie aber zunächst einmal *kennen*. Erneut geht es um *Bewusstmachung* im Vorfeld.

Welche Darstellungsformen gibt es? Was sind Skizzen, Tabellen, Grafiken, Diagramme usw.? (Vgl. dazu Abschn. 4.7.4: Diagramme als *symbolische* Repräsentationen.) Sie sind einerseits eine typische Domäne des Mathematikunterrichts, darüber hinaus aber von genereller Bedeutung – und dies ganz besonders in einem Zeitalter der Daten und Datenverarbeitung. Wie leicht ist man doch manipulierbar durch ›geschickte‹ Darstellungen im Rahmen von Statistiken (vgl. Krämer 2015): Eine kleine Maßstabsveränderung auf der y-Achse in einem Balkendiagramm und Unterschiede in den Säulenhöhen können höchst suggestiv und verfälschend wirken (vgl. Abb. 2.56 in Abschn. 2.3.6.1). Datenkompetenz (›data literacy‹) sollte bereits früh grundgelegt werden. Sie beginnt mit dem selbstständigen Sammeln und Ordnen von Daten und umfasst »zahlreiche Teilfähigkeiten des Darstellens, Strukturierens und Interpretierens von Information« (Hancock 1995, S. 34; Hollenstein und Eggenberg 1998; vgl. Abschn. 2.3.6).

1.3.2 Zur Realisierung allgemeiner mathematischer Kompetenzen

Die allgemeinen mathematischen Kompetenzen stehen leicht in der Gefahr, für zu selbstverständlich gehalten zu werden. Wer kennt nicht die klassischen Situationen, in denen eine ausführliche schriftliche Unterrichtsplanung vorgelegt werden muss, u. a. mit einem Abschnitt zu den allgemeinen Kompetenzen (früher: allgemeinen Lernzielen) dieser Stunde, und hier dann nahezu sämtliche in den Standards genannten leichter Hand notiert werden, weil sie ja ›irgendwie immer passen‹. So angewendet mutieren sie aber zur Nullaussage, nicht nur für einen schriftlichen Unterrichtsentwurf, sondern (wichtiger!) im Hinblick auf ihre Rolle, Funktion und Wirksamkeit im Unterricht. Deshalb ist es wichtig, sich über das umgangssprachliche Verständnis hinaus die im letzten Abschnitt skizzierte *fachsprachliche* Bedeutung und deren Implikationen bewusst zu machen. Insbesondere wären die folgenden Aspekte im Blick zu behalten.

1.3.2.1 Integration von inhaltlichen und allgemeinen mathematischen Kompetenzen

Traditionell nahm man im Unterricht zunächst vorrangig die inhaltlichen Lernziele (Wissenselemente und Fertigkeiten) in den Blick, die zudem oft in reproduktiver Weise gelernt wurden. Erst in einem zweiten Schritt (wenn überhaupt) oder nur für die ›besser und schneller‹ Lernenden schien die Förderung des Denkens als ›höheres‹ Lernziel opportun.

Abb. 1.8 Ausschnitt aus der Einmaleinstafel. (© Wittmann und Müller 2012b, S. U4)

Abb. 1.9 Unterschied 1

$$
\begin{array}{lll}
1 \cdot 1 = & 1 & \\
2 \cdot 2 = & 4 & \quad 1 \cdot 3 = \;\; 3 \\
3 \cdot 3 = & 9 & \quad 2 \cdot 4 = \;\; 8 \\
4 \cdot 4 = & 16 & \quad 3 \cdot 5 = 15 \\
5 \cdot 5 = & 25 & \quad 4 \cdot 6 = 24 \\
6 \cdot 6 = & 36 & \quad 5 \cdot 7 = 35 \\
7 \cdot 7 = & 49 & \quad 6 \cdot 8 = 48 \\
8 \cdot 8 = & 64 & \quad 7 \cdot 9 = 63 \\
9 \cdot 9 = & 81 & \quad 8 \cdot 10 = 80 \\
10 \cdot 10 = & 100 & \quad 9 \cdot 11 = 99 \\
\end{array}
$$

Dabei sind diese allgemeinen Kompetenzen fundamentale Bestandteile jeder produktiven mathematischen Aktivität und müssen daher als wesentlicher Beitrag des Mathematikunterrichts zur allgemeinen Denkerziehung und zur Bildung und Lebensvorbereitung *allen* Kindern offenstehen (vgl. Hasemann und Gasteiger 2014, S. 75). In diesem Sinne müssen in einem zeitgemäßen Mathematikunterricht inhaltliche und allgemeine Kompetenzen *integriert* gefördert und gefordert werden. Dies ist nicht mit beliebigen Aufgabenstellungen möglich, sondern erfordert eine wohlüberlegte Auswahl dazu geeigneter, d. h. hinreichend komplexer und substanzieller Lernanregungen.

Die gleichzeitige Förderung inhaltlicher und allgemeiner Lernziele führt nicht, wie manchmal befürchtet, zu zusätzlichen Inhalten, die dann einen manchmal empfundenen Stoff- oder Zeitdruck noch weiter verstärken. Es geht vielmehr darum, das komplementäre Verhältnis der beiden Lernzielarten sinnvoll auszunutzen: »Rechnerische Kenntnisse und Fertigkeiten schaffen eine gute Voraussetzung für die Förderung allgemeiner Lernziele. Umgekehrt wirken sich die Fähigkeiten des Mathematisierens, Entdeckens, Argumentierens und Darstellens positiv auf das Erlernen neuer Wissenselemente und Fähigkeiten aus. Inhalte und Prozesse sind daher im aktiv-entdeckenden Unterricht untrennbar verbunden« (Wittmann 1995a, S. 22). Dazu muss der Mathematikunterricht die Kinder ermuntern – nicht hin und wieder, sondern gewohnheitsmäßig, denn es geht um den Aufbau einer *Haltung*. Ein Beispiel ist etwa die folgende Aufgabenstellung für das 2. Schuljahr. An der Einmaleinstafel (vgl. Abb. 1.8) werden die Aufgaben der Quadratzahlreihe jeweils mit den darunter stehenden Aufgaben verglichen:

In inhaltlicher Hinsicht wird durch diese Aufgabenstellung das Einmaleins geübt (es ließen sich bspw. auch andere Zeilen der Einmaleinstafel miteinander vergleichen). Bezogen auf allgemeine Kompetenzen lassen sich Muster oder Regelhaftigkeiten erkennen (vgl. Abb. 1.9) und beschreiben.

Abb. 1.10 Operativer Beweis
für den Unterschied *1*: Aus
$6 \cdot 6 = 36$ wird $5 \cdot 7 = 35$. (©
Wittmann 2016b)

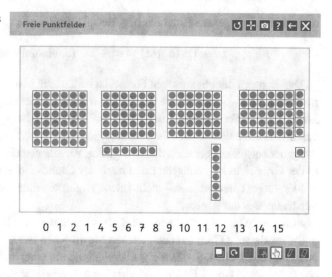

Die argumentative Begründung der *Allgemeingültigkeit* liegt in Reichweite von Grundschulkindern und dokumentiert auch die diesem Beispiel innewohnende mathematische
Substanz: Schülergemäße Begründungen derartiger Phänomene werden auf inhaltlich-an-
schaulicher Ebene möglich durch sogenannte *operative Beweise* mit Punktmustern oder
anderen geometrischen Zugängen (vgl. Besuden 1978; Krauthausen 2001; Wittmann und
Müller 1988, 1992, 2017; Wittmann 2014b; vgl. auch die 3. Funktion in Abschn. 4.7.6).
Im vorliegenden Beispiel soll ja der konstante Unterschied von *1* zwischen zwei jeweils
korrespondierenden Aufgaben begründet werden. *Unterschiede* machen *Vergleiche* notwendig, und diese lassen sich auf verschiedene Weise dokumentieren: durch simultanes
Darstellen beider Aufgaben und – falls er so erkennbar ist – Identifikation des Unterschie-
des. Oder dadurch, dass man von einer der beiden Aufgaben ausgeht, sie in die andere
überführt und schaut, was dabei geschieht (Abb. 1.10).

Wenn solche Darstellungen als (nachträglicher) Beleg für ein zuvor an Zahlen beob-
achtetes Phänomen dienen und eine entsprechende Hypothese auch ›augenscheinlich‹ zu
bestätigen scheinen, dann handelt es sich streng genommen noch nicht um einen voll-
wertigen Beweis. Hinzukommen muss noch die ›symbolische und *relationale* Struktur‹
solcher Darstellungen, damit aus den empirischen Beispielen *allgemeingültige* Begründungen werden (vgl. Scherer und Steinbring 2001 sowie Abschn. 4.7.4). In der geometrischen Struktur muss also die *Beziehung* zwischen Malaufgabe und Ergebnis herausgearbeitet, gesehen werden, und dazu dient u. a. der flexible Umgang mit Operationen des
Legens und Umlegens.

In diesem Sinne verfolgen operative Beweise »statt der *fertigen* Mathematik also die
zu verfertigende« (Freudenthal 1981, S. 103; Hervorh. GKr), und damit stellen sie zudem ausgesprochen gehaltvolle Möglichkeiten zum handgreiflichen Mathematiktreiben

dar: Algebraisch gefasst lautet das o. g. Beispiel (mit $a = 6$; vgl. Abb. 1.10) wie folgt:

$$(a - 1) \cdot (a + 1) = a^2 - 1 \quad \text{(3. binomische Formel)}$$

Das Konzept der binomischen Formel ist bedeutsam in der Mathematik und im Mathematikunterricht – insbesondere der Sekundarstufe; aber es zeigt sich, dass sie bereits *hier* in ›verdeckter‹ Form in der Grundschule[9] nachzuweisen ist (vgl. Abschn. 3.3: Spiralcurriculum, fundamentale Ideen). Es wäre natürlich wünschenswert, wenn diese Erfahrungen – Aufgabenbeispiele, aber auch die strategische Vorgehensweise von operativen Beweisen – *in* der Grundschule grundgelegt und *nach* der Grundschule, in der Sekundarstufe, auch wieder aufgegriffen würden – nicht zuletzt zugunsten eines wirklichen und nachhaltigen Verständnisses der Algebra.

»Im Vergleich zeigt sich wiederum, dass beide Beweise [operativer Beweis und symbolischer Beweis; GKr] auf den gleichen begrifflichen Beziehungen beruhen« (Wittmann und Ziegenbalg 2004, S. 42), sie werden lediglich in einer anderen, altersgerechten Sprache formuliert. Dabei wird nicht ›kindertümelnd‹ vereinfacht, sondern intellektuell redlich vorgegangen. Der Sachverhalt wird zwar *exemplarisch* konkretisiert, dennoch bleibt die Argumentation nicht auf das eine Beispiel beschränkt, denn die konkreten Muster »stehen stellvertretend für beliebige Muster dieses Typs. Sie dienen nur dazu, Operationen zu illustrieren, welche *allgemein* anwendbar sind und daher die Allgemeingültigkeit der Beweisführung sichern« (Wittmann und Ziegenbalg 2004, Hervorh. im Orig.).

1.3.2.2 Bewusstheit

Lernen hat sehr viel mit Bewusstheit zu tun. Das bedeutet auch, mit Kindern über ihre Lernprozesse (*metakognitiv*) zu sprechen. Vieles ist lange nicht so selbstverständlich, wie es zunächst scheint. Der gut gemeinte Rat »Mach dir doch eine Skizze!« (allgemeine Kompetenz Darstellen) kann dazu führen, dass Kinder detailreiche und farbenfrohe Zeichnungen elaborieren, ohne dass diese aber in naheliegender Weise etwas zum Fortgang des Lernprozesses oder zu einer tieferen Einsicht beitrügen. Was eine ›gute‹ Skizze überhaupt ausmacht, welche Kriterien und welcher Sinn ihr unterliegen, was sie von einem Bild oder Gemälde unterscheidet, das muss in den Bewusstseinshorizont gehoben werden (vgl. Eichler 2015; Rasch 2015) – zumindest einmal (damit es nicht dem Zufall überlassen bleibt, ob sich da irgendwann eine Optimierung einstellt), besser aber immer wieder, damit Gelegenheiten dafür geschaffen werden, dass Kinder über ihre eigenen Lernprozesse reflektieren und damit sukzessive Eigenverantwortung für ihre Lernprozesse übernehmen können.

Es ist ein Irrtum zu meinen, dass sich allgemeine Kompetenzen quasi von alleine und gleichsam nebenbei ›miterledigen‹ ließen (das ist auch ausdrücklich nicht mit ›integrativ‹ gemeint!). Bewusstheit des Lernens bedeutet, *gezielt* methodische Maßnahmen zu ihrer

---

[9] Natürlich wird in der Grundschule nicht schon die binomische Formel erarbeitet. Aber die gezeigte strukturelle Beziehung ist von unmittelbarer Relevanz im Hinblick auf geschicktes Rechnen – vgl. Menningers (1992, S. 18) Forderung nach einer Schulung des Zahlenblicks.

Förderung zu organisieren, und das bedeutet notwendigerweise, mit den Kindern auch Kriterien und Gründe des Gelingens oder Misslingens explizit zu thematisieren. Nicht nur im Hinblick auf kooperatives und soziales Lernen müssen solche gezielten Anstrengungen unternommen werden, sondern ebenso im Hinblick auf die Fähigkeit, das eigene individuelle Lernen in der Gemeinschaft als »Verinnerlichung von mehrstimmigen, dialogischen Denkweisen und Denkgewohnheiten beim individuellen mathematischen Arbeiten« (Hollenstein 1997a, S. 245; vgl. Abschn. 3.2.2) zu erlernen. *Eine* Möglichkeit dazu stellt das bereits erwähnte ›Reisetagebuch‹ dar, wie es Gallin und Ruf (1993) bzw. Ruf und Gallin (1996) vorgeschlagen und praktiziert haben (vgl. Abschn. 3.2.4 und 5.6). »Dabei führt die Schülerin innere Gespräche mit Tagebuchstimmen, die noch mitten ›im Sumpf der Begriffsklärung‹ stecken, und Stimmen, die den Prozess aus der sicheren Warte des abgeschlossenen Prozesses überblicken« (Hollenstein 1997b, S. 11).

Für die allgemeine Kompetenz *Problemlösen*, um ein weiteres Beispiel zu nennen, wurden zwei Attribute als relevant beschrieben (vgl. Abschn. 1.3.1.1): die epistemische Struktur (das vorhandene deklarative Wissen) und die heuristische Struktur (das prozedurale Wissen über Strategien des Problemlösens). An der Anreicherung der epistemischen Struktur wird im Unterricht traditionell gearbeitet – auch sehr bewusst, wenn man etwa die Kinder am Ende einer Unterrichtsstunde explizit das aus ihrer Sicht Relevante notieren lässt unter der Rubrik »Heute habe ich gelernt, … « (und das unterscheidbar werden lässt zu: »Heute habe ich dies oder das *getan*.«). Die *Bewusstmachung und Anreicherung der heuristischen Struktur* scheint demgegenüber noch Nachholbedarf zu haben. Aber auch hierzu sind bereits Instrumente im Grundschulunterricht, wenn auch vielleicht in anderen Zusammenhängen, implementiert und gehören zum Alltag, wie z. B. Merkplakate (für Klassenregeln o. Ä.). Ein solches ließe sich auch als Sammelplatz für heuristische Strategien denken, gleichsam ein ›Werkzeugkasten für das Mathematiktreiben‹ (Abb. 1.11).

Abb. 1.11 Mathematischer Werkzeugkasten. (Illustration © A. Eicks)

Immer dann, wenn im Rahmen eines Problemlöseprozesses eine bestimmte Strategie, die von der Lehrkraft (aus ihrer didaktischen Übersicht) als *übertragbar* (vielfältig anwendbar) identifiziert wird, erfolgreich war, wird dies ausdrücklich bei der Rückschau und Reflexion der gemeinsamen Arbeit hervorgehoben und (metakognitiv) bewusstgemacht. Und weil dieses oder jenes Werkzeug vielleicht nicht nur schon in der Vergangenheit, auf jeden Fall aber hier und heute nützlich war und vielleicht auch in der Zukunft erneut nützlich sein könnte, legt (notiert) man es – als Erinnerungsstütze – in den Mathe-Werkzeugkasten. Im Laufe der Zeit wächst die Anzahl der Werkzeuge, die Auswahl wird größer. Und es sind häufig ›dieselben Verdächtigen‹, die dann auch bald – als Folge der regelmäßigen Bewusstmachung – von den Kindern *selbstständig* erkannt oder vermutet werden, wie z. B.:

- mehr Beispiele rechnen/suchen (an zwei, drei Aufgaben lässt sich kaum ein Muster zuverlässig erkennen);
- extreme Beispiele (unter-)suchen (besonders kleine/große/glatte/... Werte, die Null, gleiche Zahlen etc.);
- gefundene Beispiele sortieren (auch nach verschiedenen Sortierkriterien);
- eine andere Darstellung nutzen (auf der gleichen oder auf einer anderen Repräsentationsebene), z. B. eine Skizze, ein Diagramm, eine Tabelle, eine (variierte) Plättchen-Darstellung oder die Aufgaben ›ausführlicher‹ notieren (unausgerechnete Terme statt ihre Ergebnisse);
- sich an ein ähnliches Problem erinnern (Was hat da geholfen?).

Taucht dann ein Hindernis im Problemlöseprozess auf, wäre gemäß dem Prinzip der minimalen Hilfe (vgl. Zech 2002, S. 315 ff.) der Verweis auf das Merkplakat eine ebenso unaufwendige wie sinnvolle Praxis: Ob eines dieser Werkzeuge auch hier, beim aktuellen Problem weiterhelfen könnte? Welches könnte eventuell Erfolg versprechend sein? Das *Sortieren* vielleicht ...? Probieren wir es aus ... Falls ja: Na bitte, mal wieder! Falls nein: Na gut, versuchen wir ein anderes ... Mit einem solchen Vorgehen realisiert sich Mathematiktreiben in mustergültiger Ausprägung!

1.3.2.3   Rolle der Inhalte

Ein letzter, besonders bedeutsamer Aspekt für die Förderung allgemeiner Kompetenzen sind die angebotenen *Inhalte* bzw. ihre unterrichtliche Organisation. Auch die vermeintlich ›trockenen‹ Themen, die ein Lehrplan vorsieht, können durchaus substanziell aufbereitet werden. Voraussetzung dazu ist allerdings eine Öffnung der Problemkontexte (Wittmann 1996), d. h., es muss für eine hinreichend große *Komplexität* gesorgt werden, anstatt schwierigkeitsisolierte Lernparzellen zu offerieren, die nur kleinschrittig abgearbeitet werden müssen (und können). Die Befunde sind inzwischen nicht mehr zu übersehen, die dies auch und gerade für Kinder mit Lernschwierigkeiten als eine effektive Vorgehensweise nahelegen (selbst in der Förderschule und damit auch für einen inklusiven Unterricht; vgl. Scherer 1995a; Moser Opitz 2000; siehe auch Ahmed 1987; Selter und Spiegel 1997). »Offene, divergente Problemstellungen lassen eine Vielfalt adäquater Lösungsstrukturen zu. Von Schülerinnen und Schülern erzeugte Lösungen unterscheiden sich meist voneinander und sind dennoch strukturell verwandt. In einem Dialog kann so Neues entstehen. [...] Offensichtlich eignen sich konvergente Problemstellungen, die im günstigen Fall bei allen Lernenden gleiche Ergebnisse nach sich ziehen, nur schlecht dazu. Immer ist da die Gewissheit, dass es die eine autoritative Stimme im Hintergrund gibt, die zu gegebener Zeit den Lösungsprozess beenden wird« (Hollenstein 1997b, S. 13).

Vor unangemessener didaktischer Zurichtung wäre demnach also zu warnen und stattdessen das Angebot substanzieller Lernumgebungen mit *Freiräumen* zur aktiv-entdeckenden Betätigung zu propagieren. »Die didaktische Stereotype vom soliden Grundwissen, auf dem dann das Denken aufbauen müsse, wird von daher angreifbar. Eine Stilisierung der Sachverhalte, die auf definitive und geschlossene Urteile und Erklärungen aus ist, gibt Schülern wie Lehrern nichts zu denken, weil sie die Materie entproblematisiert« (Rumpf 1971, S. 81). Ihre Zurückhaltung ermöglicht der Lehrerin zugleich eigene Freiräume, um die Lernprozesse ihrer Kinder zu beobachten und sich ggf. auch von ihnen durch vielleicht Unerwartetes überraschen zu lassen. So lassen sich Bedingungen schaffen, die die Aktivierung günstiger Verhaltensweisen im Hinblick auf allgemeine Lernziele nahezu *erzwingen* – nicht von Hand der Lehrerin, sondern aus der Sache heraus, und dies für *alle* Schüler.

Inhalte sind aber auch noch in anderer Hinsicht ein relevantes Stichwort, und zwar als Folge der oben geforderten *Bewusstheit* bei der Förderung allgemeiner Kompetenzen. Es geht nicht um ein Nacheinander – zuerst die Inhalte solide sichern, dann kommen die allgemeinen Kompetenzen. Geboten ist vielmehr das ständige *Wechselspiel*, die *integrative* Förderung von inhaltlichen und allgemeinen Kompetenzen. Zwar werden sich bspw. diverse Strategien (Heurismen) zur Befüllung des mathematischen Werkzeugkastens (Abb. 1.11) nahezu in natürlicher Weise durch die Sachauseinandersetzungen ergeben, es sollte aber nicht vergessen werden, dass jedes strategische Vorgehen (ähnlich wie ein neues Arbeitsmittel) zunächst einmal selbst *Lernstoff* darstellt. »Sortiert einmal eure Beispiele!« hilft als Aufforderung womöglich wenig, solange man nicht darüber gesprochen hat, wie man so etwas konkret macht, wie man sinnvolle Sortierkriterien finden kann etc. »Kannst du die Aufgaben verändern?« ist dann wenig zielführend, wenn an mehreren ›Stellschrauben‹ gleichzeitig gedreht wird, weil sich dadurch der eigentliche Verursacher für ein Muster nicht identifizieren lässt. Wie verändert man *geschickt*? Wie (ganz konkret) überprüft man eine Vermutung? Als zu thematisierender *Inhalt* kostet das zunächst natürlich auch einmal Zeit. Dann (und erst dann) kann eine Strategie aber einen *Werkzeug-Charakter* annehmen und wirksam werden – und dabei vermutlich die eingangs investierte Zeit mehr als aufwiegen.

1.3.3   Inhaltsbezogene mathematische Kompetenzen

In den offiziellen Vorgaben (Lehrpläne, Bildungspläne, Kerncurricula o. Ä.) *bis* 2005 wurde der Mathematikunterricht der Grundschule durch drei sogenannte *Inhaltsberei-che* strukturiert: Arithmetik, Geometrie, Größen und Sachrechnen (vgl. Kap. 2). Die KMK-Bildungsstandards orientieren sich demgegenüber »nur implizit an den traditionel-len Sachgebieten des Mathematikunterrichts der Grundschule: Arithmetik, Geometrie, Größen und Sachrechnen. In den Vordergrund gestellt werden vielmehr allgemeine und inhaltsbezogene mathematische Kompetenzen, die für das Mathematiklernen und die Mathematik insgesamt charakteristisch sind« (KMK 2005a, S. 6). Und für die inhaltsbe-zogenen mathematischen Kompetenzen gilt: »Die Standards orientieren sich inhaltlich an mathematischen Leitideen, die für den gesamten Mathematikunterricht – für die Grund-schule und für das weiterführende Lernen – von fundamentaler Bedeutung sind« (KMK 2005a, S. 8). Diese Leitideen (eine genauere Betrachtung erfolgt in Kap. 2) lauten:

- Zahlen und Operationen
- Raum und Form
- Muster und Strukturen
- Größen und Messen
- Daten, Häufigkeit und Wahrscheinlichkeit

Man mag leicht (und zu Recht) in der ersten Leitidee die ›traditionelle‹ *Arithmetik* er-kennen, in der zweiten Leitidee die *Geometrie* und in den beiden letzten Leitideen den bisherigen Inhaltsbereich *Größen und Sachrechnen*, wozu ja auch vor Erscheinen der Bildungsstandards bereits Daten, Häufigkeit und Wahrscheinlichkeit gehörten. Allein die Leitidee Muster und Strukturen zeigt sich etwas ›sperrig‹. Nicht weil sie wirklich neu wäre – das ist sie mit Sicherheit nicht –, sondern weil sie als eigens formulierte Leitidee einerseits eine (inhaltlich und konzeptionell gut begründbare) Aufwertung erfährt, ande-rerseits aber nicht so recht in die Systematik passen will, denn:

- Die Leitidee Muster und Strukturen repräsentiert in kompakter und pointierter Weise das moderne Selbstverständnis des *Faches* Mathematik. »Mathematik ist die Wissen-schaft von den Mustern. Der Mathematiker untersucht abstrakte ›Muster‹ – Zahlenmus-ter, Formenmuster, Bewegungsmuster, Verhaltensmuster und so weiter. Solche Muster sind entweder wirkliche oder vorgestellte, sichtbare oder gedachte, statische oder dyna-mische, qualitative oder quantitative, auf Nutzen ausgerichtete oder bloß spielerischem Interesse entspringende. Sie können aus unserer Umgebung an uns herantreten oder aus den Tiefen des Raumes und der Zeit oder aus unserem eigenen Innern« (Devlin 1998, S. 3 f.).
  Dieses Selbstverständnis des Faches Mathematik eignet sich auch gut zur Charakteri-sierung des Fach*unterrichts* Mathematik (vgl. Lüken 2012a, 2012b), enthält es doch wichtige Implikationen, die hier nur stichwortartig genannt sein sollen: Muster sind

überall (nicht nur geometrischer Natur, wie der umgangssprachliche Begriff nahelegen könnte); sie können von sehr unterschiedlicher Art sein; sie können auf Nutzen ausgerichtet sein (vgl. Anwendungsorientierung!) oder auch nur gedacht, vor dem Hintergrund spielerischen Interesses (vgl. Strukturorientierung sowie Zahlentheorie als ursprünglich zweckfreies Spiel mit Zahlen!).

- Die Definition enthält aber ebenso eine Erklärung dafür, warum die Leitidee Muster und Strukturen nicht so recht in die Systematik der Leitideen passen will: Die Vielfalt und Allgegenwart von Mustern macht plausibel, dass sie gleichermaßen in der Arithmetik *und* in der Geometrie *und* im Sachrechnen vorhanden sind und bearbeitet bzw. untersucht werden sollten. So gesehen wäre diese Leitidee ›quer‹ zu den anderen inhaltlichen Leitideen zu denken. In jedem Fall aber ist sie aufgrund ihres übergreifenden Charakters den bisherigen Inhaltsbereichen übergeordnet (vgl. Wittmann und Müller 2011a, S. 42).

Fazit: Wenn die Tatsache, dass Muster und Strukturen als eine eigene Leitidee neben anderen nicht dergestalt missverstanden wird, dass sie separat zu behandeln oder gleichsam ein eigener Inhaltsbereich wäre, dann kann man die explizite Titulierung als Leitidee als *besondere Betonung* und Hervorhebung verstehen, was auch dem Selbstverständnis des Faches und des Fachunterrichts entspricht. Dass sie ›quer‹ über alle Inhaltsbereiche zu denken ist, entspricht zudem auch dem Verständnis, dass bereits vor den Bildungsstandards, also in klassischen Lehrplänen betont wurde, dass die Inhaltsbereiche, wo immer sinnvoll, ihre *wechselseitigen Vernetzungen* erfahrbar werden lassen sollen.

1.3.4 Anforderungsbereiche

Die Bildungsstandards führen zur Konkretisierung der allgemeinen und der inhaltlichen mathematischen Kompetenzen *Aufgabenbeispiele* an (KMK 2005a, S. 12 ff.). Diese verweisen auch darauf, dass der Kompetenzerwerb auf verschiedenen *Anforderungsniveaus* (Abb. 1.12) erfolgen kann, zwischen denen grundsätzlich für alle Kinder ein fließender Übergang möglich sein muss, um jeden auf individuellem Niveau zu fördern, aber auch zu fordern – im Sinne von *herausfordern*, um ein höheres Niveau zu erreichen. Aber auch innerhalb eines Anforderungsbereichs stehen den Kindern vielfältige Möglichkeiten offen – sofern die didaktische Rahmung des Lernangebots einer ›großen Aufgabe‹ entspricht, wie es in den Standards genannt wird (s. u.). Auch müssen Schüleräußerungen nicht immer eindeutig einem bestimmten Anforderungsbereich zuzuordnen sein (vgl. die exemplarischen, schriftlich formulierten Entdeckungen von Viertklässlern zu einer Problemstellung mit Rechendreiecken in Krauthausen und Scherer 2014, S. 165 f.):

» Die [...] Aufgabenbeispiele zeigen die Bandbreite unterschiedlicher Anforderungen. Manche Aufgaben bzw. Teilaufgaben lassen sich durch Reproduzieren im Rahmen gelernter und geübter Verfahren in einem abgegrenzten Gebiet lösen. Andere verlangen den selbststän-

---

Anforderungsbereich „Reproduzieren" *(AB I)*
Das Lösen der Aufgabe erfordert Grundwissen und das Ausführen von Routinetätigkeiten.

Anforderungsbereich „Zusammenhänge herstellen" *(AB II)*
Das Lösen der Aufgabe erfordert das Erkennen und Nutzen von Zusammenhängen.

Anforderungsbereich „Verallgemeinern und Reflektieren" *(AB III)*
Das Lösen der Aufgabe erfordert komplexe Tätigkeiten wie Strukturieren, Entwickeln von Strategien, Beurteilen und Verallgemeinern.

Abb. 1.12   Drei Anforderungsbereiche. (© KMK 2005a, S. 13)

digen, kreativen Umgang mit erworbenen mathematischen Kompetenzen. Wenn die Beispielaufgaben als Repräsentanten eines bestimmten Anforderungsbereichs definiert und entsprechend gekennzeichnet sind, so handelt es sich hierbei um eine vorläufige, empirisch nicht validierte Zuordnung, die nicht immer eindeutig zu treffen ist. Es werden hier sogenannte ›große Aufgaben‹ vorgestellt, die der Leistungsheterogenität von Grundschülern dadurch Rechnung tragen, dass sie im gleichen inhaltlichen Kontext ein breites Spektrum an unterschiedlichen Anforderungen und Schwierigkeiten abdecken. Dadurch können die Aufgabenbeispiele zugleich als Muster für einen differenzierenden Unterricht fungieren, in dem alle Kinder am gleichen Inhalt arbeiten, aber nicht unbedingt dieselben Aufgaben lösen« (KMK 2005a, S. 13).[10]

Für die Organisation der Lernprozesse (Unterrichtsplanung) bedeutet das: Die Lernangebote wären u. a. auch daraufhin zu prüfen, ob sie tatsächlich alle drei Anforderungsbereiche abdecken, d. h. zumindest prinzipiell Bearbeitungsoptionen auf diesen Niveaus enthalten – unabhängig davon, ob und wie und wie viele Schülerinnen und Schüler davon tatsächlich Gebrauch machen. Und selbst wenn man den theoretischen Fall bedenkt, dass *nur ein* besonders begabtes oder langsam und mühsam lernendes Kind in der Klasse säße: Jedes Kind hat ein *Anrecht* auf ein Lernangebot, das seinen (momentanen) Fähigkeiten entspricht, und angemessen gefördert und gefordert zu werden. Wie man solche differenzierten Angebote konstruiert, wird speziell in Abschn. 4.2 und 4.6 noch im Detail ausgearbeitet.

1.4   Konsequenzen für Lehrpersonen und Unterricht

Die Bildungsstandards können prinzipiell ambivalente Konsequenzen haben, zum einen was ihre Umsetzung im konkreten Unterricht betrifft (das gilt aber für jedwede formale Vorgabe, also auch für frühere Lehrpläne), zum anderen was die Durchführung der Ver-

---

[10] Der Begriff der ›großen Aufgaben‹ kann durchaus im Sinne substanzieller Lernumgebungen (vgl. Abschn. 4.2) verstanden werden. Die potenziellen Bearbeitungsniveaus, auf denen Kinder eine ›große Aufgabe‹ angehen können, werden *nicht vorab* und *nicht durch die Lehrperson* festgelegt – zur Konkretisierung des angedeuteten Differenzierungsverständnisses vgl. Abschn. 4.6.

gleichsarbeiten betrifft. Sie sollen kein Selektionsinstrument darstellen, jedoch befürchten dies viele Lehrerinnen und Lehrer. Die kritischen Diskussionen könnten allerdings den Blick von Lehrpersonen schärfen und ihnen Argumente und Hilfen für die eigene Unterrichtstätigkeit bieten (zu diesbezüglichen Bestrebungen vgl. etwa Koch et al. 2006; s. auch KMK 2010). Es kann also nicht darum gehen, solche Studien kategorisch abzulehnen. Vielmehr sollte man sich bewusstmachen, welche Informationen einzelne Erhebungen bieten können und wie diese für den eigenen Unterricht konstruktiv zu nutzen wären. Unter anderem erscheinen die folgenden Aspekte wichtig:

Ein zeitgemäßes Verständnis von Mathematiklernen und -lehren – konkretisiert durch entdeckendes Lernen, Eigentätigkeit der Schülerinnen und Schüler, produktives Üben oder durch offenen Unterricht bzw. offene Aufgaben – wird nach wie vor häufig als schwer vereinbar mit Leistungsmessungen angesehen (vgl. auch Abschn. 5.6). Bei der oben skizzierten TIMSS-Aufgabe und bspw. den genannten Rahmenbedingungen solcher Vergleichsstudien (z. B. Zeitfaktor) kann dies durchaus zutreffen: So werden Schülerinnen und Schüler, die bei der genannten Aufgabe die Lösung kritisch hinterfragen und sie ggf. als unrealistisch verwerfen oder aber bei einer Aufgabe unterschiedliche Lösungsstrategien entwerfen und überprüfen, eher einen Nachteil für ihre Leistungsbewertung erfahren, im letzteren Fall möglicherweise aufgrund des Zeitfaktors.

Allgemein gilt aber wohl, dass Schülerinnen und Schüler auch bei Vergleichsstudien von einem eher konstruktivistischen Lehr-Lern-Verständnis ihrer Lehrpersonen profitieren, und dies unabhängig von ihrem Fähigkeitsniveau (vgl. Staub und Stern 2002). »Dieses Ergebnis spricht sehr dafür, dass Lehrer das Verstehen und Lösen von mathematischen Aufgaben beeinflussen können. Lehrer, die eigenständiges Lernen für bedeutsam halten, fördern offensichtlich ein erweitertes mathematisches Verständnis, was vor allem bei schwierigen Aufgaben von Bedeutung ist. Von der konstruktivistischen Haltung und der damit vermutlich häufig verbundenen Unterrichtsgestaltung profitieren nicht nur die ›guten Mathematiker‹ unter den Kindern, die keine prinzipiellen Schwierigkeiten mit mathematischen Aufgaben haben, auch die ›schwächeren Mathematiker‹ erzielen tendenziell bessere Leistungen« (Ratzka 2003, S. 195).

Sowohl für die Schülerinnen und Schüler als auch (bei von außen gesteuerten Erhebungen) für die Lehrerinnen und Lehrer sollten allerdings die jeweiligen Anforderungen und die jeweilige Situationsdefinition transparent sein. Kinder sollten im Mathematikunterricht einerseits Situationen erfahren, in denen das Explorieren, das Suchen nach individuellen Wegen und das kritische Diskutieren verschiedener Lösungen und Strategien wesentlich und wünschenswert ist. Sie sollten andererseits Testsituationen kennenlernen und dazu vorab erfahren, dass hierbei bspw. die für eine Lösung benötigte Zeit nicht unerheblich ist oder dass nicht unbedingt vielfältige Lösungen gefragt sind.

Der Vergleich der eigenen Klasse mit der Parallelklasse oder gleichen Jahrgängen im Schulamtsbezirk etc. ist sicherlich hilfreich, um das Niveau angemessen einzuordnen. Er darf jedoch nicht die Sicht auf das einzelne Kind vernachlässigen: »Informationen über durchschnittliche Leistungen helfen Lehrern nicht, ihren Mathematikunterricht zu verändern und die Leistungen der einzelnen Schüler zu verbessern« (Ratzka 2003, S. 42).

Positive Beispiele für einen produktiven Umgang mit den jeweiligen Rahmenbedingungen sowie auch für alternative Formen der Leistungsbewertung liegen durchaus vor (vgl. z. B. Forthaus und Schnitzler 2004; Hilf und Lack 2004; Ruwisch 2004; Sundermann und Selter 2006a, 2006b; Wälti 2007; vgl. auch Abschn. 5.6).

Hilfreich für die Implementierung der Bildungsstandards bzw. ihrer Unterrichtskultur sind sicherlich Materialien wie von Walther et al. (2011), Demuth et al. (2011) oder die Modulbeschreibungen und Handreichungen des Projekts SINUS an Grundschulen (IPN o.J.) sowie insbesondere ein reger Erfahrungsaustausch. Offen bleibt jedoch weiterhin, welche Konsequenzen das Nichterreichen solcher Standards für eine bestimmte Klasse, eine Schule oder auch eine Region hat. Bildungsstandards und Vergleichsstudien werden eher als Werkzeug von außen gesehen mit dem »Risiko einer Entkoppelung der Unterrichts- und Schulentwicklung von der schulischen Qualitätshoheit durch Einführung einer outputgesteuerten Kontrollpraxis« (Hameyer und Heckt 2005, S. 9; vgl. auch Schipper 2004; Sill 2006). Es stellt sich die Frage, ob sich dadurch langfristig nicht wünschenswerte Veränderungen des Unterrichts ergeben werden, wie etwa eine Dominanz, die Schülerinnen und Schüler primär auf die Testsituation und die entsprechenden Aufgaben vorzubereiten und zentrale Unterrichtsprinzipien aus dem Blick zu verlieren[11]. Tendenziell besteht die Gefahr, dass sich eine solche Haltung (›Teaching to the Test‹[12]) in den Köpfen der Lehrerinnen und Lehrer festsetzen kann.

---

[11] Einzuwenden wäre in diesem Zusammenhang, dass durchaus positive Beispiele für eine veränderte Testkultur existieren (›positive testing‹, vgl. z. B. Van den Heuvel-Panhuizen 1994, 1996; Van den Heuvel-Panhuizen und Gravemeijer 1991; siehe auch Abschn. 5.6).

[12] Vgl. hierzu das Themenheft 5/2006 der *Grundschule*.

Inhaltsbereiche des Mathematikunterrichts

Das folgende Kapitel behandelt nun also die *Inhalte*[1], wobei deren didaktische Zielrichtung natürlich im Vordergrund steht. Die Aufklärung der fachlichen Grundlagen eines Unterrichts versetzt Lehrpersonen erst in die Lage, gehaltvolle Lernumgebungen sachgerecht zu konzipieren und auszuschöpfen sowie die nicht selten recht kreativen und für Erwachsene nicht immer unmittelbar einleuchtenden Beiträge der Schülerinnen und Schüler (vgl. Selter und Spiegel 1997) zu verstehen, einzuordnen und für die ganze Lerngruppe fruchtbar zu machen. Damit soll zu *strukturgenetischen didaktischen Analysen* (vgl. Wittmann 2015) bei der Unterrichtsplanung und für die Lehrerausbildung angeregt werden, welche »die *Genese des Wissens* im Verlauf der Schulzeit und *Lernprozesse* unter Bezug auf unterschiedliche Lernvoraussetzungen« (Wittmann 2015, S. 250; Hervorh. im Orig.) in den Vordergrund stellen. Nicht zuletzt gilt für ein Buch, das als Einführung in die Mathematikdidaktik betitelt ist, nach wie vor die Einschätzung Oehls aus dem Jahre 1962:

> »Jedes Fach wird in seiner Struktur durch die ihm eigentümlichen Gesetzlichkeiten bestimmt. Für den Gegenstand des Rechenunterrichts sind die *mathematischen Strukturen* bestimmend. Der Rechenunterricht auf jeder Stufe muss darum *mathematischer* Unterricht sein. Aufgabe einer Didaktik des Rechenunterrichts muss es darum sein, diese mathematische Sicht der elementaren Stoffe des Volksschulrechnens zu erhellen. Aus der Sicht der Erwachsenen (Abiturienten) erscheint dieser Stoff so einfach und unkompliziert, dass durchweg alles Rechnen als reine Technik angesehen wird. ›Im elementaren Rechnen ist doch alles so selbstverständlich, dass ich mir gar nicht vorstellen kann, warum eine Rechenmethodik überhaupt notwendig ist‹, sagte mir einmal ein Student des ersten Semesters. Der Abiturient erkennt von seinem mathematischen Standpunkt aus nicht die mathematischen Strukturen in den elementaren Stoffen. Darum müssen am Anfang aller didaktischen Überlegungen *gegenstandstheoretische* und gegenstandslogische Betrachtungen (Breidenbach spricht von Sachanalyse) stehen. Die-

---

[1] Auf Entsprechungen zu den *Leitideen* der Bildungsstandards wird jeweils eingangs verwiesen, wobei die Konkretisierung nur bis zur 1. Ebene ausgewiesen wird (für weitere s. KMK 2005a).

© Springer-Verlag GmbH Deutschland 2018
G. Krauthausen, *Einführung in die Mathematikdidaktik – Grundschule*,
Mathematik Primarstufe und Sekundarstufe I + II,
https://doi.org/10.1007/978-3-662-54692-5_2

ses Zurückführen uns so selbstverständlicher rechnerischer Formen und Denkgewohnheiten auf ihre *inneren Zusammenhänge* verschafft uns didaktische Einsicht und gibt uns Fingerzeige, auf welche Momente wir bei der Behandlung besonderen Wert zu legen haben« (Oehl 1962, 11; Hervorh. GKr).

Nach mehr als einem halben Jahrhundert hat diese Beschreibung an Aktualität nichts eingebüßt. Alle Hochschullehrerinnen oder -lehrer haben wohl den einen oder die andere ihrer Studierenden den erwähnten Satz sinngemäß sagen hören. Und nicht zuletzt fasst er pointiert das zusammen, was das gesellschaftliche Image des Grundschullehramts immer noch allzu oft kennzeichnet: Erstaunte bis belächelnde Blicke kann man ernten, wenn man sagt, dass man Grundschullehramt studiere. Und diese Klischees reichen gar bis in den Beruf hinein zu manchen seiner Rollenträger. »Als Studienfach ist Mathematik wenig beliebt bis verhasst. Als Unterrichtsfach ist Mathematik jedoch akzeptiert bis begehrt. Alles ist klar, und es gibt viele Aufgaben. Das erleichtert manches im Alltag« (Wielpütz 1999, S. 14). Aber ist vielleicht auch nur deshalb oder dann alles ›klar‹, wenn das Problembewusstsein eingeschränkt ist oder fehlt und man daher, wie Oehl schreibt, von seinem mathematischen Standpunkt aus die mathematischen Strukturen in den elementaren Stoffen – und damit sowohl die ihnen innewohnenden *Lernchancen* als auch die potenziellen *stofflichen Hürde*n! – weniger gut erkennen, einordnen und handhaben kann?

2.1 Arithmetik

Vorrangige Leitideen (vgl. KMK 2005a)

»Zahlen und Operationen«: Zahldarstellungen und Zahlbeziehungen verstehen; Rechenoperationen verstehen und beherrschen; in Kontexten rechnen

»Muster und Strukturen«: Gesetzmäßigkeiten erkennen, beschreiben und darstellen; funktionale Beziehungen erkennen, beschreiben und darstellen

Angesichts einer vielfach unterstellten Plausibilität oder ›Schlichtheit‹ der arithmetischen Inhalte in der Grundschule ist es sinnvoll darauf hinzuweisen, dass der Weg zum verständigen, geläufigen und flexiblen Rechnen und Mathematiktreiben keineswegs so trivial ist, wie es zunächst scheinen mag. Schließlich werden hierbei von den Kindern Dinge erwartet, die in der Geschichte der Menschheit eine bedeutende kulturgeschichtliche Leistung darstellen und deren Entwicklung viele Jahrhunderte, ja Jahrtausende gedauert hat. Dieser Entwicklungsprozess – ebenso wie die tatsächliche Breite der fachdidaktischen Bearbeitung *in toto* – kann natürlich hier nicht im Einzelnen aufgefächert werden. Gleichwohl werden zentrale Aspekte dargestellt und ggf. entsprechende Quellen empfohlen, die sich detaillierter mit speziellen Fragen auseinandersetzen.

2.1.1 Der Zahlbereich der natürlichen Zahlen

Der Mathematikunterricht der Grundschule spielt sich (offiziell) vorrangig im Zahlbereich der natürlichen Zahlen $\mathbb{N}$ ab (vgl. Padberg et al. 1995), genauer $\mathbb{N}_o$, denn die Null gehört wesentlich mit dazu. Aber es wäre naiv zu glauben, dass Grundschulkindern andere Zahlbereiche völlig verschlossen wären: Negative Zahlen gehören ebenso zu ihrem Erfahrungsbereich (Minusgrade auf dem Thermometer, Aussteuerungsskala an Musik-Playern, …) wie alltägliche Bruchzahlen (½ l Milch, ¼ h, 0,7-Liter-Flaschen, …), sowohl in Bruch- wie in Dezimalschreibweise (vgl. Stehliková 1999). So entdeckte Kylie, ein Kindergartenkind, beim Rückwärtszählen bereits die negativen Zahlen (»underground numbers«; Abb. 2.1).

Auch Rütten (2016, S. 3 f.) zeigt an Beispielen auf, dass Grundschulkinder im Unterrichtsalltag bereits Intuitionen zu negativen Zahlen entwickeln und mit ihnen zu rechnen versuchen, auch wenn das noch nicht in allen Fällen der Konvention entspricht. Schon in der Grundschule kann also durchaus, z. T. durch die Kinder selbst, der Zahlbereich der ganzen oder auch der rationalen Zahlen – zumindest anhand gängiger Repräsentanten – in den Mathematikunterricht einbezogen werden (vgl. auch ›Zone der nächsten Entwicklung‹ in Abschn. 3.3); Unterrichtskonzepte zu einer solchen Thematisierung negativer Zahlen existieren auch (vgl. Rütten 2016, S. 3–26). Zwar sieht Rütten auf der Grundlage bestehender Curricula sowie empirischer Befunde keine Notwendigkeit für eine vorgezogene formale, lehrgangsmäßige Zahlbereichserweiterung, er hält aber sehr wohl eine ›Anbahnung‹ der negativen Zahlen bereits in der Grundschule für angemessen. »Negative Zahlen müssen dabei keine explizite unterrichtliche Thematisierung erfahren, sollten den Lernenden aber bereits implizit begegnen, um ihnen zumindest einen ersten informellen Eintritt in den Zahlbereich der ganzen Zahlen zu eröffnen« (Rütten 2016, S. 298). Hierzu schlägt er – über bekannte Unterrichtskonzepte hinaus – Leitideen vor und skizziert entsprechende konkrete Zugänge zu negativen Zahlen für Grundschulkinder.

Abb. 2.1 »underground numbers«. (© Groves 1999, S. 10)

Verfrüht wäre also nach wie vor das *formale* Operieren/Rechnen mit Bruchzahlen (Multiplizieren, Dividieren, Erweitern, Kürzen von Brüchen) oder z. B. formale Klammerregeln beim Rechnen mit negativen Zahlen[2]. Die besondere Bedeutung des Zahlbereichs $\mathbb{N}_o$ in der Grundschule darf aber nicht im Sinne von ›Abgeschlossenheit‹ verstanden werden. Wo immer sinnvoll, wäre die Einsicht in die *prinzipielle* Erweiterbarkeit zu gewährleisten bzw. Möglichkeiten zur Erweiterung ausdrücklich in den Blick zu nehmen (z. B. bei der Wahl von Arbeitsmitteln und Veranschaulichungen zur Zahldarstellung, zum Operieren mit Zahlen; vgl. Abschn. 4.7) und im Hinblick auf und zum Nutzen weiterführender Lernprozesse zur Verfügung zu stellen.

2.1.2 Zahlenräume

Der Zahlbereich der natürlichen Zahlen wird in der Grundschule i. W. durch Erschließung sukzessive immer größer werdender Zahlenräume[3] erarbeitet. Diese Zahlenraum*erweiterungen* werden traditionell wie folgt platziert:

1. Schuljahr: Zahlenraum bis 20 (und Zehnerzahlen bis 100)
2. Schuljahr: Zahlenraum bis 100
3. Schuljahr: Zahlenraum bis 1000
4. Schuljahr: Zahlenraum bis 1 Mio. (ggf. darüber hinaus)

Die so konfigurierten Zahlenräume »stellen keine Beschränkung, sondern einen Orientierungsrahmen für die einzelnen Klassenstufen dar« (MSJK 2003, S. 75; vgl. auch Abschn. 3.3 ›Zone der nächsten Entwicklung‹ oder Abschn. 4.6). Die Tatsache, dass Schulbücher in aller Regel eine solche Einteilung vornehmen und nahelegen, sollte die Lehrerin dennoch nicht daran hindern, im konkreten unterrichtlichen Vollzug flexibel auf die spezifischen Gegebenheiten *ihrer* Klasse zu reagieren (vgl. Abschn. 4.1). Schulbuchvorgaben sollten als solche keinen dogmatischen Vorrang vor den Lernbedürfnissen der Kinder haben. Schmidt (1992) weist unter Bezug auf umfangreiche Literatur darauf hin, dass empirische Studien zu den arithmetischen (Vor-)Kenntnissen und Vorgehensweisen von Kindern im Vor- und Grundschulalter ebenso wie informelle Beobachtungen deutlich machen, »dass manche ›bewährten‹ Abgrenzungen der ›Zahlenräume‹ – ›Wir rechnen jetzt (nur) bis 4 (5, 6)‹! – eher behindernd denn fördernd und motivierend wirken können« (Schmidt 1992, S. 58; vgl. auch Abschn. 3.1.1 und 4.1).

---

[2] Vgl. dazu aber die grundschulgemäße Praxis für eine Vorzeichenumkehrung in der Klammer bei einem Minuszeichen vor der Klammer in Abb. 4.23, Abschn. 4.7.4!

[3] Die Fachbegriffe ›Zahlbereich‹ und ›Zahlenraum‹ werden nicht selten verwechselt, sollten aber der begrifflichen Klarheit wegen auseinandergehalten werden, da sie in der Tat ganz Unterschiedliches bedeuten!

2.1.3 Komplexität des Zahlbegriffs (Zahlaspekte)

Eine fundamentale Aufgabe des mathematischen Anfangsunterrichts ist der Ausbau, die Festigung und Systematisierung des *Zahlbegriffsverständnisses* (vgl. Hasemann und Gasteiger 2014; Benz et al. 2015; Lorenz 2012). Aus Sicht der Mathematik als Fachwissenschaft ließe sich einfach angeben (definieren), was man unter Zahlen bzw. dem Zahlbegriff versteht (vgl. z. B. die Charakterisierung der natürlichen Zahlen mithilfe der Peano-Axiome; Padberg et al. 1995).

In der Folge mag man versucht sein anzunehmen, dass es keiner großen Mühe bedürfe, den Zahlbegriff – ›angemessen‹ elementarisiert – Kindern nahezubringen. Muss man ihnen nicht letztlich einfach nur zeigen, ›wie es geht‹?[4] Die Komplexität des Zahlbegriffs wird in der mathematikdidaktischen Literatur gemeinhin (u. a.) mit der Vielfalt der Zahlaspekte verbunden. Um den Zahlbegriff in seiner Ganzheit zu erfassen, was nicht zuletzt auch die vielfältigen Verwendungszusammenhänge der Zahlen im Alltag erfordern, ist es nötig, den Aspektreichtum der Zahlen aufzugreifen, zu systematisieren und zu vertiefen.

Es gibt in der Fachliteratur von verschiedenen Autoren unterschiedliche Listen mit Aufzählungen von Zahlaspekten. Die Tab. 2.1 bietet eine (in den Beispielen leicht veränderte) Übersicht über die Aspekte des Zahlbegriffs in Anlehnung an Radatz und Schipper (1983, S. 49; vgl. auch Neubrand und Möller 1999). Lorenz (2012, S. 154) nennt drei zusätzliche Aspekte, unter denen Zahlen im Alltag verwendet werden:

- *Geometrischer Aspekt:* »Zahlen in geometrischen Zusammenhängen. Beispiele: Dreieck, Viereck, Sechseck, räumliches Viereck (Tetraeder), räumliches Achteck (Würfel)« (Lorenz 2012, S. 154; vgl. auch den Formzahlaspekt bei Baireuther 1997).
- *Narrativer Aspekt:* »Symbolische Bedeutung von Zahlen in Märchen und fremden Kulturen, die Glück bzw. Unglück bringen, wie die 7 und 13 (im Islam sind es Glückszahlen), im Christentum besitzt die 3 (Dreieinigkeit) besondere Bedeutung; viele Kinder haben Glückszahlen« (Lorenz 2012, S. 154; vgl. Krauthausen 2009a).
- *Relationaler Aspekt:* »Zahlen in Beziehung zu anderen Zahlen, so wie wir Menschen Zahlen denken und im Kopf repräsentieren (die 18 liegt zwischen der 10 und der 20, näher an der 20); Zahlen werden hierbei in räumlich-geometrischer Beziehung zu anderen Zahlen gedacht, d. h. auf einer imaginären Zahlenlinie verortet« (Lorenz 2012, S. 154)

Es stellt sich die Frage, ob diese Zahlaspekte als eine Ergänzung der Systematik aus Tab. 2.1 zu verstehen sind (das geht aus der unkommentierten Aufstellung bei Lorenz nicht hervor) oder ob es sich um ›Anwendungen‹ des einen oder anderen der dort genannten handelt (z. B.: Viereck – Kardinalaspekt?).

---

[4] In dieser Trivialisierung – sowohl der Sache als auch der eigentlichen Anforderungen und Schwierigkeiten des Mathematiklernens wie -lehrens – liegt, sofern sie gar von (angehenden) Lehrerinnen selbst adaptiert und vertreten wird, die Ursache für manche Probleme des mathematischen Anfangsunterrichts.

Tab. 2.1 Aspekte des Zahlbegriffs

Zahlaspekte	Beschreibung	Beispiele	Addition	Subtraktion
Kardinalzahl-aspekt	Zahlen be-schreiben die Mächtigkeit von Mengen, die *Anzahl* von Elementen einer Menge	3 Äpfel, 5 Gongschläge, 9 Zahlen, 10^{13} Möglichkei-ten	Vereinigen, zu-sammenlegen	Wegnehmen, Unterschied be-rechnen, ergänzen
Ordinalzahlaspekt	*Zählzahl:* Folge der nat. Zahlen, die beim Zäh-len durchlaufen werden	»eins, zwei, drei, vier, … « »zehn, neun, acht, … «	Weiterzählen	Rückwärts zählen
	Ordnungszahl: Rangplatz in einer geordneten Reihe	»Ich bin der Fünfte im War-tezimmer.«		
Maßzahlaspekt	Maßzahlen für Größen	10 min, 2 m, 5 €	Aneinanderlegen entsprechender Repräsentanten	Abtrennen ent-sprechender Repräsentanten, Unterschied
Operatoraspekt	Bezeichnung der Vielfachheit einer Handlung oder eines Vorgangs	Noch fünfmal schlafen bis zu den Ferien[a]	Hintereinander-ausführung, nacheinander vervielfachen	Umkehroperator, wie oft noch?
Rechenzahlaspekt	*Algebraischer Aspekt:* $(IN,+)$ ist eine algebraische Struktur (mit bestimmten Ei-genschaften)	$36 + (17 + 4) =$ $(36 + 4) + 17$ Kommutativität/ Assoziativität $23 \cdot 27 = 625 - 4$ $(a - b) \cdot (a + b) =$ $a^2 - b^2$	Rechnen mit Ziffern (schriftliche Rechenverfahren) statt Rechnen mit Zahlen (halbschriftliche Strategien)	
	Algorithmischer Aspekt: Rechnen als ›Zif-fernmanipulation‹ nach festgelegten Regeln	628 $+563$ 1191		
Kodierungsaspekt	Bezeichnung von Objekten	33501 Bielefeld, Tel. 428383704, ISBN 3-8274-1019-3	(macht keinen Sinn)	

[a]Analog zur Bedeutung von ›zweimal so groß‹ ließe sich auch eine Maßzahl wie 65 kg als ›65 mal 1 kg‹ oder das 65-Fache eines Kilogramms verstehen. Dieses Beispiel zeigt: Hier wie auch in ande-ren Kontexten sind die Zahlaspekte nicht immer trennscharfe und disjunkte Kategorien.

Nach Spiegel (o. J.) umfasst der Zahlbegriff ...

- *strukturelles Wissen über Zahlen (Syntax)*: Zählzahlaspekt, Rechenzahlaspekt (algebraischer und algorithmischer Aspekt).
- *die Fähigkeit, Zahlen anzuwenden (Semantik)*: Zahlen können stehen für Quantität (Kardinalzahlaspekt), Rangplatz (Ordnungszahlaspekt (Ordinalzahlaspekt, Nummerierungsaspekt), Skalenzahlaspekt), Vervielfachungsmaß (Operatoraspekt, Maßzahlaspekt, Iterationsaspekt).
- *die Fähigkeit, Zahlen darzustellen*: Darstellungsaspekt, Codierungsaspekt.

Welche Systematik man auch immer heranzieht: Die Zahlaspekte verstehen sich als *Hintergrundwissen* der Lehrerin. Sie müssen im Mathematikunterricht zwar vollständig und angemessen repräsentiert sein, um Einseitigkeiten vorzubeugen und der Vielfalt der potenziellen Zahlverwendungssituationen gerecht werden zu können (vgl. Benz et al. 2015, S. 150 ff.). Das bedeutet jedoch nicht, dass sie als solche auch begrifflich benannt würden; die Kinder sprechen also nicht vom ›Operatoraspekt‹ oder dem ›Zählzahlaspekt‹.

2.1.4 Zählfähigkeit und Zählprinzipien

Für junge Kinder stellt das Zählen eine erste komplexe Anforderung dar. Die Entwicklung des Zählens beginnt mit etwa zwei bis drei Jahren und durchläuft verschiedene Entwicklungsstufen und Kontexte, in denen die Kinder mit Zahlwörtern konfrontiert werden (vgl. Maclellan 1997; s. auch Hasemann und Gasteiger 2014, S. 22 ff.; fünf Niveaustufen bei Lorenz 2012, S. 22 ff.):

a) Sequentieller Kontext

In einem *sequenziellen Kontext* geht es ›nur‹ um die korrekte (Re-)Produktion der sprachlichen Ausdrücke für Zahlen in der richtigen Reihenfolge (s. u. das Zählprinzip der stabilen Ordnung). Beispiele finden sich etwa in zahlreichen Abzählreimen, Kinderversen oder -liedern (vgl. auch Radatz et al. 1996, S. 59 ff.; Geering und Kunath 2006, S. 70 u. 72). In dem bekannten und in viele Sprachen übersetzten Bilderbuch *fünfter sein* aus Abb. 2.2 geht es um das Rückwärtszählen, bei dem es weniger naheliegend als in den üblichen Zählversen ist, die Zahlwortfolge nur mechanisch aufzusagen.

Bereits das Lernen der korrekten Abfolge der Zahlwörter ist für Kinder keineswegs so trivial, wie es Erwachsenen scheinen mag, die diese schon sehr lange verinnerlicht haben. (Vorschläge für Zählaktivitäten im Unterricht finden sich u. a. bei Radatz et al. 1996.) Sie selbst können einen Eindruck von dieser Schwierigkeit bekommen, wenn Sie das Zählen in einer Ihnen unbekannten Sprache, z. B. Japanisch, versuchen:

fünfter sein

tür auf	tür auf	tür auf	tür auf	tür auf
einer raus	einer raus	einer raus	einer raus	einer raus
einer rein	einer rein	einer rein	einer rein	selber rein
vierter sein	dritter sein	zweiter sein	nächster sein	tagherrdoktor

Abb. 2.2 Text aus *fünfter sein*. (© Jandl/Junge 1999)

Lernen Sie japanisch zu zählen: von 1 bis 20, von 60 rückwärts bis 45, ... Hier sind die erforderlichen Zahlwörter:

- *1: itchi; 2: ni; 3: san; 4: schi, jon; 5: go; 6: loku; 7: schitchi, nana; 8: hatchi; 9: kju; 10: dju;*
- *11: dju-itchi; 12: dju-ni; 13: dju-san; 14: dju-schi, dju-jon; 15: dju-go; 16: dju-loku; 17: dju-schitchi, dju-nana; 18: dju-hatchi; 19: dju-kju; 20: ni-dju; 21: nidju-itchi; 22: nidju-ni;*
- *30: san-dju; 40: jon-dju, schi-dju; 50: go-dju; 60: loku-dju; 70: nana-dju, schitschi-dju; 80: hatchi-dju; 90: kju-dju; 100 hjaku; 200: ni-hjaku*

Das System weist im Prinzip eine sehr konsistente linguistische Struktur der Zahlwortbildung auf (vgl. auch das Türkische oder andere asiatische Sprachen; Fuson und Kwon 1992). Besonderheiten gibt es aber durch sprachliche Beugungen der Zahlen 1 bis 3. *Ichi, ni, san* (1, 2, 3) heißt es nur beim *Rechnen* mit diesen Zahlen! Zählt man hingegen Menschen, dann heißt es: *hitori, futari, san nin.* Und beim Zählen von Dingen hängt das Zahlwort von der Beschaffenheit des Zählgegenstandes ab: Dünne und flache Gegenstände wie z. B. Papier oder Hefte zählt man: *itchi-mai, ni-mai, san-mai.* Längliche dünne Gegenstände wie Beine, Arme, Kugelschreiber oder Flaschen zählt man: *ippon, ni-hon, san-bon.* Fast alles andere wie Bonbons oder Äpfel zählt man: *ikko, ni-ko, san-ko* (vgl. WDR 2016). Wie kulturabhängig das Zählen ist, zeigt auch das lesenswerte Kapitel *Auf Isländisch bis vier zählen* aus Tammet (2014): Für die Zahlen von Eins bis Vier – danach nicht mehr! – gibt es z. B. im Isländischen eine Fülle sprachlich verschiedener Ausdrücke.

In der deutschen Sprache gibt es einige linguistische Unregelmäßigkeiten, die das Erlernen der Zahlwortreihe erschweren können. Ergebnisse der Hirnforschung belegen diesen Einfluss der Muttersprache, speziell der jeweiligen Zahlwörter. Für das Gehirn ist es offensichtlich nicht egal, in welcher Sprache gezählt oder gerechnet wird, was Leistungsunterschiede in der Zählfähigkeit bspw. zwischen europäischen, amerikanischen und chinesischen Kindern erklären soll (Fayol 2006).

Tab. 2.2 Sprachschöpfungen zu Zahlwörtern. (Vgl. Spiegel 1996; weitere bei Lorenz 2012, S. 50)

Zahlzeichen	Bezeichnung von Kindern	Mögliche Bezüge
10	einszig	vierzig
	nullzehn	vierzehn
12	zehnzwei	hundertzwei
	zweiundzehn	zweiundzwanzig
	zweizehn	dreizehn
20	zweizig	vierzig
	zweizehn	zweihundert
30	dreizehn	dreihundert
103	dreihundert	dreizehn
1000	zehnhundert	zehntausend

Im Rahmen von Vorkenntniserhebungen (vgl. Abschn. 4.1) oder bei anderen Gelegenheiten werden Kinder häufig gefragt, wie weit sie schon zählen können. Auch zum Schuljahresbeginn 2005/06 wurde frisch eingeschulten Erstklässlern diese Frage gestellt:

- *NDR-Reporterin: Wie weit kannst du schon zählen?*
- *Lena: Bis zehnhundert.*
- *NDR-Reporterin: Und du?*
- *Tanja: Ich kann richtig weit zählen … ich weiß nicht wie weit. 700, 800, 900, … [fährt sich mit der Hand durch Gesicht und Haare] … oh … Ich kann das heute nicht alles schaffen!*

Man kann also auf sehr individuelle Namen für Zahlen stoßen, ebenso wie auf eigentümliche Zählweisen; beides lässt aber keine einfachen Rückschlüsse auf das zugrunde liegende Verständnis zu. Die oben genannten Beispiele (Tab. 2.2; in Anlehnung an Spiegel 1996; vgl. auch Spiegel und Selter 2003) zeigen einige sprachliche Bezeichnungen von Kindern für bestimmte Zahlzeichen. Solche ›Sprachschöpfungen‹ mögen auf den ersten Blick als erheiternde Regelverstöße wirken; sie folgen aber durchaus einer plausiblen Systematik: Die Kinder nutzen zur Generierung neuer Zahlwörter Analogien (Bezüge) zu bereits bekannten Zahlwörtern – ein Vorgehen, das ebenso sinnvoll wie geschickt ist und nur den Nachteil hat, dass es mit den sprachlichen Konventionen der Erwachsenenwelt nicht übereinstimmt.

Und das folgende Transkript aus einem Interview, das in den ersten Schulwochen geführt wurde, offenbart ein weiteres interessantes Phänomen. Michael wurde gefragt, ob er von 79 an weiterzählen könne:

- *Michael: 76, 77, 68, …, 84*
- *Interviewerin: … oah, stopp, stopp, stopp, stopp, stopp. Du bist ja schon ganz schön weit! Kannst du denn vielleicht schon von 97 an weiterzählen?*

- *M: 97, 98, 99, 100, 101, 102, 103, 104, 105, 106, 107 . . .*
- *I: Oh . . .*
- *M: 108, 109, 110, 112, 113, 114 . . .*
- *I: Stopp, stopp, stopp!*
- *M: 115.*
- *I: Das ist ja schon ganz schön weit. Hm, weißt Du denn auch, wie es von 995 weitergeht?*
- *M: Eheh. (schüttelt verneinend den Kopf)*
- *I: Das ist schon zu weit.*
- *M: Mhm. (nickt zustimmend)*
- *I: Was meinst Du denn, wie weit Du zählen kannst?*
- *M: Hm . . . nur bis 100?*
- *I: Oh, Du hast aber eben schon über 100 gezählt.*
- *M: Ja, weil ich ja auch zwischendrin mal von 79 angefangen bin.*
- *I: Ach so, dann geht das weiter, wenn man mittendrin anfängt.*

Spiegel (1996) kommentiert diese Situation wie folgt: »Michael interpretiert die Frage ›Wie weit kannst Du zählen?‹ ganz anders, als die Interviewerin sie gemeint hatte, nämlich als: ›Welches ist die größte Zahl, bis zu der Du (theoretisch) zählen kannst?‹ Michael aber hat auch Ermüdung und Unlust im Sinn: ›Wenn ich bei 1 anfange, ist spätestens bei 100 Schluss; wenn ich erst bei 79 anfange, kann ich natürlich weiter zählen‹«. Diese Episode zeigt, dass es für Erwachsene nicht selbstverständlich ist, die Gedanken von Kindern immer sachgerecht zu deuten. Eine spezifische Sensibilität ist daher im Lehrberuf vonnöten und muss im Laufe der Lehrerbildung grundgelegt werden, um durch ein mögliches Missverstehen den Kindern nicht Unrecht zu tun.

Doch zurück zu den sprachlichen Anforderungen des Zählens: Die unregelmäßige linguistische Struktur der Zahlwortbildung im Deutschen macht es den Kindern u. U. auch schwerer, die *mathematische* Struktur bei der Zahldarstellung mithilfe strukturierter Materialien effektiv auszunutzen (vgl. Scherer 2005a, S. 128).

b) Zählkontext

Im Rahmen eines Zählkontextes werden Zahlwörter nun realen Gegenständen (Bonbons, Treppenstufen, Personen bei Abzählversen u. Ä.) zugewiesen. Auch dieser Prozess ist von großer Komplexität, denn er erfordert mehr als das bloße verbale Aufsagen von Zahlwörtern, die sich ja letztlich auch als lautliche Abfolge auswendig lernen ließen. Man hat in der Forschung sogenannte *Zählprinzipien* identifiziert (vgl. Gelman und Gallistel 1978), die als elementare Muster und Strategien beim korrekten Zählen für die weitere Entwicklung und den Ausbau/die Differenzierung des Zahlbegriffs verantwortlich sind (vgl. auch Lorenz 2012, S. 24 ff.).

Abb. 2.3 Verschiedene Zähl-
gegenstände. (Illustration
© A. Eicks)

1. Eindeutigkeitsprinzip (Eins-Eins-Prinzip; one-to-one principle):
Jedem der zu zählenden Gegenstände darf nur ein Zahlwort zugeordnet werden. Kein
Gegenstand darf vergessen oder doppelt gezählt werden; kein Zahlwort darf mehreren
Gegenständen zugeordnet werden; kein Zahlwort darf mehrfach benutzt werden (Hilfe:
Antippen oder Weglegen der gezählten Objekte).

2. Prinzip der stabilen Ordnung (stable-order principle):
Die Liste der Zahlworte hat eine feste Reihenfolge, d. h., die Abfolge der Zählzahlen muss
stets die gleiche sein.

3. Kardinalzahlprinzip (cardinal principle):
Die zuletzt benutzte Zahl im Abzählprozess gibt die Anzahl der Elemente (die ›Mächtig-
keit‹) der abgezählten Menge an. Ansonsten wäre durch das Zählen nicht entscheidbar, ob
gleich viele, mehr oder weniger Zählobjekte vorhanden sind.

4. Abstraktionsprinzip (abstraction principle):
Alle beliebigen Elemente – gleichgültig, welche Merkmale sie haben – können zu einer Menge (von ›Zähldingen‹) zusammengefasst und gezählt werden. Das heißt, die drei
zuvor genannten Zählprinzipien lassen sich auf jede beliebige Menge, auf ›alles Zählba-
re‹ anwenden: konkrete Materialien (Kastanien, Perlen, Bauklötze etc.), Personen, Tiere,
Gegenstände, Lichtsignale, Glockenschläge, Klingelzeichen usw., die in keinem inhaltlichen Bezug zueinander stehen müssen (Abb. 2.3), aber gleichwohl gezählt werden können
(13 ›Zähldinge‹). Dies ist für Kinder nicht unbedingt selbstverständlich (vgl. Strehl 2002).

**5. Prinzip der beliebigen Reihenfolge (Irrelevanz der Anordnung; order-irrelevance
principle):**
Die Reihenfolge, in der die Elemente einer Menge abgezählt werden, und die Anordnung
der zu zählenden Elemente sind für das Zählergebnis irrelevant. Die Zahlwörter sind al-

so keine Eigenschaften der Zählobjekte. Bei einer anderen Abzählreihenfolge können die Objekte jeweils andere ›Etiketten‹ (Zahlnamen) bekommen, und dennoch ergibt sich immer das gleiche Zählergebnis.

Dieses (theoretische) Wissen über die Zählprinzipien versetzt die Grundschullehrerin in die Lage, sinnvoll auf entsprechende Förderbedürfnisse von Kindern zu reagieren. Dazu muss sie die jeweils vorliegenden individuellen Ursachen für spezifische Schwierigkeiten beim Zählen diagnostizieren und dafür angemessene Übungen bereitstellen. Um ein Gefühl für solche Zusammenhänge zu bekommen, sollten Sie selbst einmal über folgende Fragen nachdenken:

- Wie könnte es sich äußern, wenn ein Kind das 1., das 2. … Zählprinzip noch nicht sicher beherrscht? Beschreiben Sie denkbare Phänomene an einem Beispiel. Wie erkennen Sie, welches Zählprinzip noch nicht verlässlich grundgelegt ist?
- Welche Fördermaßnahmen würden Sie (mit welcher Begründung) vorschlagen?

Sobald Kinder über eine flexible Zählfähigkeit verfügen, können sie nicht nur präzise Entscheidungen über Anzahlen machen, sondern sie können die Zählfähigkeit auch nutzen, um komplexere Anforderungen zu bewältigen, denen eine *Addition oder Subtraktion* zugrunde liegt (Maclellan 1997). Selbst Erfahrungen mit der *Multiplikation* können die Kinder über das Zählen machen, indem sie anzahlgleiche Gruppierungen von Objekten vornehmen und dabei evtl. erkennen, dass sie besser die Gruppen als die einzelnen Objekte zählen (= Zählen in Schritten). Am einfachsten fällt das dort, wo es sozusagen eine ›natürliche Verbindung‹ zwischen den Objekten gibt, wie bei Schuhpaaren, Fahrradreifen o. Ä. Kinder benutzen hier häufig die Finger als Anschauungshilfe, und zwar in einer durchaus elaborierten Weise, wie Anghileri (1997, S. 45 ff.) beschreibt, deren Beispiel im Folgenden zum besseren Verständnis durch Skizzen ergänzt wird:

Nachdem geklärt war, wie viele Reihen und Spalten von Münzen in einem 6 · 3-Feld zu sehen waren (Abb. 2.4), wurde die Karte umgedreht/verdeckt und es galt, das Ergebnis zu ermitteln. Jenny (8; 11 Jahre) ging wie folgt vor (nachgestellt in den Abb. 2.5 und 2.6).

1. Versuch (Abb. 2.5 links): Nachdem sie die mittleren drei Finger ihrer linken Hand gezählt hatte (»eins, zwei, drei«), streckte Jenny einen Finger ihrer rechten Hand aus als Merkhilfe (›Zählstrich‹). Dann konzentrierte sie sich wieder auf ihre linke Hand, zählte »vier, fünf, sechs«. Und erhob einen zweiten Merkfinger an ihrer rechten Hand.

Mit der Linken ging es wie zuvor weiter (»sieben, acht, neun«). Als sie den dritten Finger ihrer rechten Hand ausstreckte, wanderte ihr Blick von den drei Fingern der rechten Hand zu den drei Fingern der linken Hand und wieder zurück. Dann brach sie ihren Versuch ab – offensichtlich war sie verwirrt über die unterschiedlichen Funktionen bzw. Bedeutungen der drei Finger der linken bzw. rechten Hand.

Abb. 2.4 Felddarstellung von
6 · 3 Münzen

2. Versuch (Abb. 2.5 rechts): Jenny zählte jetzt rhythmisch jeweils drei Finger (»eins, zwei, *drei*, vier, fünf, *sechs*, … «), beginnend mit der linken Hand, weiter über die rechte Hand und wieder zurück zur linken Hand. Sie zählte in diesen ›Dreierrhythmen‹ bis zur 27 (also weit über das angestrebte Ergebnis). Die Lehrerin unterbrach und bat sie, sich doch noch einmal an die zuvor gesehene Münzdarstellung zu erinnern.

3. Versuch (Abb. 2.6): Erneut startete Jenny mit drei Fingern der linken Hand (»eins, zwei, drei«). Sie fasste sie zusammen und sagte: »ein Päckchen« (*one lot*). Dann streckte sie die restlichen zwei Finger der linken und den ersten Finger der rechten Hand aus und sagte »eins, zwei, drei … zwei Päckchen«. So fuhr sie fort mit beiden Händen, ein-

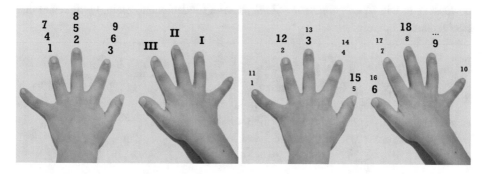

Abb. 2.5 Jennys 1. und 2. Zählversuch. (© A. Eicks)

Abb. 2.6 Jennys 3. Zählversuch. (© A. Eicks)

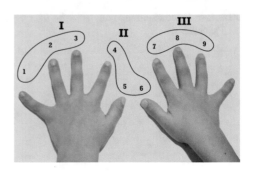

zelne Finger zählend bis zu »ein, zwei, drei . . . sechs Päckchen«. Dann ging sie an den Anfang zurück und zählte erfolgreich alle Finger zusammen, die sie zuvor ausgestreckt hatte, wobei sie sich offensichtlich noch erinnerte, wie viele es insgesamt gewesen waren. In diesem letzten erfolgreichen Versuch hatte Jenny also mentale ›Zählstriche‹ für abgearbeitete Gruppierungen benutzt und die Gesamtanzahl dann in Einerschritten ausgezählt.

Das Beispiel zeigt, um wie viel komplexer der Zählvorgang bei der Multiplikation im Vergleich zur Addition ist, denn die Zahlen haben hier unterschiedliche Bedeutungen: Zum einen repräsentieren sie die Anzahl der *Einheiten* in einer Gruppierung. Zum anderen geben sie die Anzahl solcher *Gruppierungen* an. Wenn diese Art des Zählens benutzt wird, müssen also drei konkurrierende Zählprozesse unternommen und kontrolliert werden:

Verbales Zählen:	1, 2, 3 . . .	4, 5, 6 . . .	7, 8, 9 . . .	10, 11, 12
Internes Zählen:	1, 2, 3	1, 2, 3	1, 2, 3	1, 2, 3
Zählen der Zählstriche:	1	2	3	4

Übrigens ist es kulturabhängig, wie die Menschen mit den Fingern bis Zehn zählen! Hier gibt es recht unterschiedliche Vorgehensweisen[5]: Mit welcher Hand wird begonnen? Welche Finger werden in welcher Reihenfolge ausgeklappt? Oder eingeklappt!? (Tammet 2014, S. 155 ff.; Mynewsdesk 2016)

So bedeutsam die Zählfähigkeit ist, so sehr sollte man sich aber auch ihrer *Grenzen* bewusst sein. Die *Überbetonung des Zählens* kann fundamentale Ziele, Fertigkeiten und Fähigkeiten behindern.

- Erstellen Sie eine Stichwortliste zu möglichen Behinderungen, Nachteilen oder Grenzen des Zählens im Hinblick auf das weitere Mathematiklernen.
- Vergleichen Sie Ihre Aufstellung mit jener bei Krauthausen (1995b, S. 91).
- Entwickeln Sie zu den einzelnen Aspekten jeweils ein konkretes Beispiel.

---

[5] Beobachten Sie einmal Grundschulkinder daraufhin!

2.1.5 Dekadischer Aufbau des Zahlsystems

Wir alle sind durch ›Ingebrauchnahme‹, d. h. (größtenteils unbewusste) Teilhabe an unserer Kultur in das *Zehnersystem* (dekadisches Stellenwertsystem) hineingewachsen und entsprechend sozialisiert worden, denn unsere zahlenmäßige, mathematische Umwelt basiert nahezu durchgängig auf dieser Art der Zahldarstellung. Ausnahmen bzw. Überreste anderer Zahldarstellungssysteme sind zwar auch heute durchaus noch vorhanden (s. u.), man nimmt sie häufig aber gar nicht als solche wahr, was die große Selbstverständlichkeit bezeugt, mit der die gewohnte dekadische Praxis verinnerlicht wurde. Eine Kehrseite dieser tief verwurzelten *Selbstverständlichkeit* im Gebrauch der dekadischen Struktur des Zahlsystems ist es aber gleichzeitig, dass es durchaus schwerfallen kann, die dahinterstehenden grundlegenden Prinzipien wieder in den Bewusstseinshorizont zu rufen und mit wirklichem *Verstehen* zu füllen.

Ein solides Grundlagenwissen über den dekadischen Aufbau unseres Zahlsystems ist aber unabdingbar, um Kindern die durchgängig geltenden Prinzipien des Zahlsystemaufbaus zu verdeutlichen, ihnen sinnvolle Aktivitäten dazu anzubieten und ggf. durch angemessene Übungen helfen zu können. Ganz besonders relevant ist ein solides Verständnis der fachlichen Hintergründe dann, wenn man es mit Kindern zu tun hat, deren Lernschwierigkeiten hier ihre Ursache haben (vgl. Abschn. 4.3). »Missverständnisse und Verständnislücken mit Bezug auf das Dezimalsystem haben weitreichende Konsequenzen auf den arithmetischen Kompetenzaufbau und bilden deshalb einen Kernbestandteil anhaltender Lernschwierigkeiten im Mathematikunterricht bis in die Sekundarstufe und wohl auch darüber hinaus« (Gaidoschik 2015, S. 27). Wie steht es um Ihr eigenes Verständnis vom Aufbau unseres Dezimalsystems? An der folgenden Aufgabe können Sie es erproben (weitere Gelegenheiten dazu bieten die Abb. 2.9 und die beiden darauf folgenden Aufgaben):

> Warum darf man zum Verzehnfachen einer Zahl einfach eine Null anhängen?
> Verfassen Sie einen Text mit einer detaillierten Begründung, die auf die zugrunde liegenden mathematischen Gesetzmäßigkeiten/Beziehungen verweist. Tipp: Was bedeutet eine Verzehnfachung in der Stellentafel? Stichworte: Bündeln (›Übertrag‹), Stellenwert (s. Abschn. 2.1.5.1)

Als ›Rechentrick‹ ist dieses Vorgehen sicher jedem geläufig. Um aber zu *verstehen*, warum diese Praxis des Verzehnfachens gilt (analog dem Vervielfachen mit anderen Zehnerpotenzen), d. h. auf welchen mathematischen Einsichten das beruht, »reicht es sicher nicht aus, die Regel über das ›Anhängen einer Null‹ zu lernen. Warum es am Ende so einfach geht, kann man nur einsehen, wenn man gründlicher über das Stellenwertsystem nachdenkt« (Floer 1985a, S. 113). Dass dies nicht unbedingt trivial zu sein scheint, kann man den Antwortversuchen von Studierenden mittleren Semesters entnehmen (Floer 1985a, S. 114).

2.1.5.1 Stellenwertsysteme

Grundlegend für unser heutiges dezimales Zahlsystem ist die Darstellung von Zahlen in einem *Stellenwertsystem* (zur fachwissenschaftlichen Darstellung vgl. etwa Müller und Wittmann 1984, S. 193 ff.; Neubrand und Möller 1999; Padberg und Büchter 2015). Bei der Behandlung von Stellenwertsystemen werden die Zeichen und die Art der Zahldarstellung thematisiert. Es geht also nicht in erster Linie um die Zahlen selbst, sondern um ihre Schreibfiguren. Stellenwertsysteme sind durch zwei grundlegende Prinzipien gekennzeichnet (vgl. Padberg und Büchter 2015; Radatz et al. 1998):

a) Prinzip der fortgesetzten Bündelung

›Bündeln‹ bedeutet, die Elemente einer vorgegebenen Menge (z. B. eine große Anzahl Tischtennisbälle) zu gleich großen (›gleich mächtigen‹) Gruppierungen zusammenzufassen. Wie groß diese Teilmengen sein sollen, d. h. wie viele Tischtennisbälle in jeweils einem ›Bündel‹ (einer Packung) zusammengefasst werden sollen, das schreibt die ›Basis‹ der Bündelungsvorschrift vor. Das Bündelungsprinzip zur Zahldarstellung ist also nicht auf den (Spezial-)Fall des Zehnersystems begrenzt, sondern gilt *allgemein* (s. u.). Im Zehnersystem gehören *immer zehn* einzelne Tischtennisbälle in eine ›Packung‹, im Dreiersystem beinhaltet eine Packung stets jeweils drei Bälle. Bleiben nun nach diesem Verpackungsvorgang 1. Stufe noch Bälle übrig, die keine komplette Packung füllen würden, dann werden diese einzeln (als ›Einer‹) notiert. Die komplett gefüllten Packungen sind die Zehner bzw. im Dreiersystem die Dreier oder allgemein ›Bündel 1. Ordnung‹.

Wesentlich ist nun beim Bündelungsprinzip, dass es *prinzipiell* durchgeführt werden muss, mit anderen Worten: *solange es geht*. Allgemein gilt also, dass eine der Basis b entsprechende Anzahl Bündel 1. Ordnung wiederum zusammengefasst werden muss zu einem Bündel 2. Ordnung mit jeweils b^2 Elementen, und dies solange es möglich bleibt, Bündel n-ter Ordnung zu größeren Bündeln $n+1$-ter Ordnung zusammenzufassen. Der Bündelungsprozess geht also so lange weiter, bis kein Bündel nächsthöherer Ordnung mehr gebildet werden kann.

Der Vorteil besteht darin, dass man nur zehn (allgemein: b) unterscheidbare Ziffern benötigt (0, 1, 2, 3, ..., 9), um *beliebig* große Zahlen zu notieren. Größere Anzahlen lassen sich zu Bündeln höherer Ordnung zusammenfassen und darstellen, ohne dass der Ziffernvorrat erweitert werden müsste. Als vereinbart gilt dabei für die Notation großer Zahlen, dass die einzelnen Ziffern nach dem Wert ihrer Bündel (›Stufenzahlen‹) sortiert werden, wobei die Werte von rechts nach links ansteigen (s. Tab. 2.3 und 2.4).

Für die Grundschule wird der Wert auch nichtdezimaler Bündelungsaktivitäten in der Mathematikdidaktik nicht bestritten, solange die Behandlung nicht bloß formal vonstattengeht oder eine Anwendung auf die Grundrechenarten in diesen Systemen beinhaltet. Für die Lehrerbildung hingegen stellen Übungen in nichtdezimalen Stellenwertsystemen eine gehaltvolle Gelegenheit dar, das Verständnis der grundlegenden Prinzipien zu reak-

Tab. 2.3 Zahldarstellungen in der dezimalen Stellenwerttafel

b^4	b^3	b^2	b^1	b^0
10^4	10^3	10^2	10^1	10^0
10.000er	1000er	100er	10er	1er
ZT	**T**	**H**	**Z**	**E**
3	**7**	**0**	**9**	**4**

Tab. 2.4 Zahldarstellungen in der Stellenwerttafel zur Basis 4

b^4	b^3	b^2	b^1	b^0
4^4	4^3	4^2	4^1	4^0
256er	64er	16er	4er	1er
VVVV	**VVV**	**VV**	**V**	**E**
1	**1**	**3**	**0**	**2**

tivieren oder zu vertiefen, da z. B. klassische Anforderungen für Grundschulkinder auf diese Weise strukturerhaltend auf das Niveau der angehenden Lehrerinnen hochtransformiert werden können (s. u. sowie Abschn. 2.1.7.2).

b) Stellenwertprinzip

Bei der Notation solcher Bündelungsergebnisse erhält man eine bestimmte Ziffernfolge. Dabei hat jede Ziffer neben ihrem Anzahlaspekt (»*Wie viele* dieser Bündel sind es?«) auch noch einen Stellenwert: Die Stelle oder Position (daher der Name Positions- oder Stellenwertsystem) einer Ziffer innerhalb einer Zahl gibt Aufschluss über den Wert dieser Ziffer: Die Ziffer 2 hat in den Zahlen 12, 527 oder 3209 jeweils einen anderen Wert – einmal sind es zwei Einer, im zweiten Beispiel zwei Zehner, und im dritten Beispiel ist die Ziffer 2 zwei Hunderter ›wert‹. Das dekadische wie auch alle nichtdekadischen Stellenwertsysteme unterliegen dieser gleichen Systematik. Fachlich gibt es also zunächst keinen Grund für die Bevorzugung einer bestimmten Basis.

Die einen Wert zuweisenden Stellen nennt man Stufenzahlen; sie lauten im Zehnersystem 1, 10, 100, 1000 etc., also Potenzen von 10. Die Zahl 4817 bedeutet im Zehnersystem: $4 \cdot 10^3 + 8 \cdot 10^2 + 1 \cdot 10^1 + 7 \cdot 10^0 = 4 \cdot 1000 + 8 \cdot 100 + 1 \cdot 10 + 7 \cdot 1$. Das Ganze lässt sich wie in Tab. 2.3 darstellen.

Betrachtet man die Tab. 2.3 zeilenweise von unten nach oben, so wird die zunehmende Abstraktion bzw. Verallgemeinerung deutlich. In der Grundschule ist es üblich, (große) Zahlen (= letzte Zeile der Tabelle) in die sogenannte Stellenwerttafel (= vorletzte Zeile) einzutragen, deren Spalten mit den Kürzeln für Einer, Zehner, Hunderter, Tausender, Zehntausender usw. bezeichnet sind (alternativ wird im Unterricht zunächst auch manchmal der Klartext in der mittleren Zeile benutzt). Die beiden oberen Zeilen (Potenzschreibweise des ›Spezialfalls‹ zur Basis 10 und die allgemeine, basisunabhängige Notation) sind in der Grundschule nicht üblich; gleichwohl gehören sie selbstverständlich zum Verständnis- und Handlungsrepertoire von (angehenden) Grundschullehrerinnen.

Abb. 2.7 Comic-Figuren haben vier Finger an jeder Hand. (© A. Eicks)

2.1.5.2   Dekadische und nichtdekadische Stellenwertsysteme

Handelt es sich bei den Stufenzahlen um Potenzen zur Basis 2, 3, 4, 5, ..., dann spricht man vom Dualsystem (Binärsystem, Zweiersystem), Dreiersystem, Vierersystem, Fünfersystem, ... bzw. allgemein vom b-System, wenn b die Basis des Stellenwertsystems ist. Dabei stammt der Ziffernvorrat des jeweiligen Systems aus der Menge $\{0, 1, 2, \ldots, b-1\}$. Im Sechsersystem gibt es also z. B. nur die Ziffern 0 bis 5. Für das Vierersystem ergäbe sich also Tab. 2.4[6].

Es gab in der Geschichte und gibt auch heute noch Anwendungen solcher nichtdekadischer Stellenwertsysteme (vgl. Ifrah 1991; Menninger 1990). »Sicherlich geht der fast universelle Gebrauch der Zehn als Basis auf den ›Zufall der Natur‹, die Anatomie unserer beiden Hände zurück, denn der Mensch hat nun einmal das Zählen anhand seiner zehn Finger gelernt« (Ifrah 1991, S. 55). Hätte uns die Natur beispielsweise mit sechs Fingern an jeder Hand ausgestattet, dann wäre unser Zahlsystem vermutlich ein duodezimales, also mit der Basis $b = 12$. Viele den Kindern vertraute Comic-Figuren haben etwa vier Finger an jeder Hand (Abb. 2.7).

Die Hände in Abb. 2.7 sollen eine Zifferndarstellung in einem Stellenwertsystem repräsentieren (rechts die Einer, nach links fortlaufend die nächsthöheren Stufenzahlen).

- Welche Zahl ist dargestellt, wenn es sich um das Sechser-, Siebener-, Achteroder Neunersystem handelt?
- Notieren Sie die entsprechenden Stellentafeln mit ihren jeweiligen Stufenzahlen.

Gleichwohl hat die Basis Zehn unübersehbare Vorteile (vgl. Ifrah 1991, S. 58):

- eine für das menschliche Gedächtnis gerade noch überschaubare Größenordnung (Zehn als zwei Fünfer → (Quasi-)Simultanwahrnehmung),
- es sind nur wenige Zahlwörter erforderlich (ab 13 über Analogien und Zusammensetzungen),

---

[6] V = Vierer, VV = Vierer-Vierer, VVV = Vierer-Vierer-Vierer, ...

- ein relativ überschaubares Einmaleins (bedingt durch Kommutativität und Randaufgaben; vgl. Abschn. 2.1.6.2),
- vertretbarer Darstellungsaufwand auch für große Zahlen mittels der zehn Ziffern (128 braucht im Zehnersystem drei Ziffern, im Zweiersystem aber bereits acht: 10000000_2).

Hin und wieder findet man in Schulbüchern noch eine Seite, auf der nichtdezimale Bündelungsaktivitäten angeregt werden (z. B. vier Apfelsinen in ein Netz, vier Netze in einen Karton, vier Kartons in eine Kiste). Auch Radatz et al. (1998, S. 26 ff.) schlagen solche vor, um die *Grundideen* des fortgesetzten Bündelns, des Stellenwertbegriffs und der Stellenwertschreibweise zu verdeutlichen. Man erhoffte sich davon eine bessere Einsicht in den ›Spezialfall‹ der Bündelung zur Basis 10. Ob dem tatsächlich so ist oder ob man sich über diese Grundideen besser austauschen kann, wenn man es in einer Sprache tut, in die man bereits hineingewachsen ist (die ›Zehnersprache‹), war seinerzeit die Diskussion. Die verbreiteten Vorschläge zum nichtdezimalen Bündeln und zu Übersetzungen zwischen verschiedenen nichtdezimalen Stellenwertsystemen aus den Schulbüchern der 1970er-Jahre sind heute aber mehr oder weniger verschwunden[7].

2.1.5.3 Rechnen in Stellenwertsystemen

Die Durchführung von *Rechenoperationen* in nichtdekadischen Stellenwertsystemen, also die (geläufige) Handhabung der vier Grundrechenarten, gehört ausdrücklich nicht zum Inhaltskanon der Grundschule[8]. Allerdings gibt es Kontexte (vgl. Steinweg et al. 2004), die es auch von Kindern – und daher im Vorfeld erst recht von ihren Lehrerinnen und Lehrern – verlangen, gründlicher über das Stellenwertprinzip nachzudenken und entsprechende Erfahrungen und Einsichten zu gewinnen: z. B. die schriftlichen Rechenverfahren (vgl. hierzu Scherer und Steinbring 2004b) oder die Kommaschreibweise bei Größen[9]. Auch manche Übungsaufgaben (z. B. ›Möglichst nahe an‹ bei Wittmann und Müller 1992, S. 119 f.), v. a. wenn es um die *Begründung* von Auffälligkeiten geht, beruhen auf Erklärungen, die auf eine Stellentafel als heuristisches Werkzeug (vgl. Abschn. 1.3.1.1) verweisen und bei entsprechenden Einsichten in das Stellenwertprinzip auch bereits auf Grundschulniveau Begründungen ermöglichen. Genannt sei auch die Begründung etwa von Teilbarkeitsregeln (vgl. Neubrand und Möller 1999) oder die Bedeutung von Schiebeoperationen an der Stellentafel (Wie verändert sich der Wert einer Zahl, wenn ein oder mehrere Plättchen zwischen einzelnen Spalten hin- und hergeschoben werden?), die wiederum Grundlage für gewisse Übungsaufgaben sein können (vgl. Abschn. 4.7.6 sowie die Aufgabe nach Abb. 3.19).

---

[7] Das bedeutet nicht, dass Grundschulkinder dazu nicht in der Lage wären, wie ein Unterrichtsversuch zeigte, in dessen Rahmen Grundschulkinder Zahlnotationen und -vergleiche innerhalb und zwischen dem 3er-, 4er- und 5er-System vornahmen (vgl. Krauthausen 1985).

[8] Für die Lehrerbildung ist es aber ein ausgesprochen sinnvolles Erfahrungsfeld; vgl. Ende dieses Abschnitts.

[9] Hier wird leider häufig statt des Stellenwertprinzips bzw. der Stellentafel die fatale »Fehlstrategie« angewandt (Steinbring 1997a, S. 287): ›Das Komma trennt Euro und Cent‹ (vgl. Abschn. 2.3.5).

Um das *tatsächliche* eigene Verständnis rund um Stellenwertsysteme zu überprüfen und zu identifizieren, ob man seine Anwendungen (Zahldarstellung, schriftliche Rechenverfahren etc.) zwar *kann* (Beherrschen von Durchführungsroutinen), aber möglicherweise doch nicht so *verstanden* hat, dass dieses Verständnis übertragbar bzw. unabhängig von der prinzipiell ja beliebigen Basis ist[10], folgt eine Aufgabenanregung. Versuchen Sie sie zunächst zu bearbeiten, *bevor* sie weiterlesen. Im Anschluss finden Sie dann ggf. Hilfestellungen sowie Zielsetzungen und didaktische Begründungen einer solchen Aufgabe.

- Stellen Sie die beiden Zahlen 435 und 281 im *Siebener*system dar. Dokumentieren Sie die entsprechenden ›Übersetzungsvorgänge‹ in nachvollziehbarer Weise (s. Abschn. 2.1.5.1 ›Prinzip der fortgesetzten Bündelung‹).
- Berechnen Sie die Summe aus den so erhaltenen Zahlen nach dem für die Grundschule vorgeschriebenen Algorithmus der *schriftlichen Addition*[11], allerdings im *Siebener*system.
- Beobachten Sie sich selbst: Wann und wobei treten für Sie kritische Situationen auf? Wie gehen Sie damit um? Was fällt Ihnen schwer?

Die Umrechnung einer Zahl vom Zehnersystem in ein b-System kann (vor dem Hintergrund von Abschn. 2.1.5.1) auf verschiedene Arten vonstattengehen (vgl. auch Schuppar et al. 2004):

a) Fortgesetzte Division durch b (mit Rest)
Die umzurechnende Zahl wird durch fortgesetzte Division[12] durch b (im u. g. Beispiel 7) in die jeweiligen Potenzen (Stufenzahlen des Siebenersystems) zerlegt; die jeweils auftretenden Reste ergeben die Ziffernfolge in diesem Siebenersystem. In Abb. 2.8 werden die o. g. Beispielzahlen 435 und 281 aus dem Dezimalsystem in das Siebenersystem ›übersetzt‹. Und um die Analogie bzw. die Unabhängigkeit von der konkreten Basis zu demonstrieren, wird links in der Abbildung zusätzlich die Zahl 435 aus dem Zehnersystem in das Zehnersystem übertragen, was im Prinzip natürlich keinen Sinn macht und hier nur das Prinzipielle des Vorgehens zur Gewinnung der Ziffernfolge durch Anbindung an vertraute Vorstellungen illustrieren soll.

---

[10] Für eine Begriffsbildung wäre es ja notwendig, von irrelevanten Aspekten, die für den Begriff also nicht konstituierend sind (wie die Basis für ein ›Stellenwertsystem‹ oder die Farbe/Lage für ein ›Quadrat‹), absehen und auch entsprechende Variationen handhaben zu können.
[11] Im Rahmen der Beschäftigung mit *halbschriftlichen* Strategien (Abschn. 2.1.7) kann es erneut eine wertvolle Selbsterfahrung bedeuten, auch die dort beschriebenen Hauptstrategien in einem nichtdezimalen Stellenwertsystem zu denken und durchzuführen.
[12] Es handelt sich zwar um die multiplikative Schreibweise, gleichwohl aber um eine Division.

$$435 = 10 \cdot 43 + \underline{5}$$
$$43 = 10 \cdot 4 + \underline{3}$$
$$4 = 10 \cdot 0 + \underline{4}$$

$$435 = 7 \cdot 62 + \underline{1}$$
$$62 = 7 \cdot 8 + \underline{6}$$
$$8 = 7 \cdot 1 + \underline{1}$$
$$1 = 7 \cdot 0 + \underline{1}$$

$$281 = 7 \cdot 40 + \underline{1}$$
$$40 = 7 \cdot 5 + \underline{5}$$
$$5 = 7 \cdot 0 + \underline{5}$$

Abb. 2.8 Ermittlung der Ziffernfolgen durch fortgesetzte Division

b) Auswiegen

Die Stufenzahlen des Siebenersystems lauten: 2401er | 343er | 49er | 7er | 1er. Stellt man sich diese jeweils als entsprechende Gewichtssteine vor (im Zehnersystem lägen analog Gewichte vor mit 1 g, 10 g, 100 g, 1000 g, ...), dann erhält man die Ziffernfolge im Siebenersystem über die Anzahl der jeweils benötigten Gewichtssteine, wobei die Bedingung gilt, immer möglichst große Gewichtssteine zu benutzen (analog im Zehnersystem: 100 g muss durch ein 100 g-Gewicht und darf nicht durch zehn 10 g-Gewichte aufgewogen werden). Natürlich ist das keine völlig andere Methode als unter a), wie man sich leicht klarmachen mag.

Die ›Übersetzung‹ der beiden Zahlen ins Siebenersystem sieht nun wie folgt aus: 435 besteht aus einem 343er-Gewichtsstein, wobei ein Rest von 92 bleibt; diesen Rest kann man weiter auswiegen mit einem 49er-Gewichtsstein; den jetzt verbleibenden Rest von 43 wiegt man aus mit sechs 7er-Gewichtssteinen, und übrig bleibt ein Rest von einem 1er → 1161_7. Entsprechend gilt: 281 besteht aus fünf 49ern (Rest 36), fünf 7ern (Rest 1), einem 1er → 551_7.

Mit den so erhaltenen Zahlen lässt sich nun im Siebenersystem rechnen, gemäß den Verfahrensvorschriften für schriftliche Rechenverfahren. Die Beschreibung für den Ablauf der Rechenschritte, z. B. der schriftlichen Addition, lautet dabei in jedem Stellenwertsystem (ganz unabhängig von der gewählten Basis) gleich:

- Schreibe die zu addierenden Zahlen stellengerecht untereinander.
- Ermittle stellenweise (von rechts nach links) die Summen durch Addition der Ziffern gleicher Stellenwerte.
- Beachte notwendige Überträge, falls die Summe in einem Schritt die Basis b übersteigt.

Das Lösungsprotokoll zu Abb. 2.9: Begonnen wird bei der Einerstelle (rechts). 1 plus 1 gleich 2 (wird als Ergebnis in der Einerspalte notiert) – unproblematisch, da kein Übertrag vorkam; 5 plus 6 gleich 11 (beachten Sie: Man rechnet und spricht zwangsläufig zunächst in der vertrauten ›Zehnersprache‹.), 11 bedeutet im Siebenersystem 1 Siebener und 4 Einer, daher wird die 4 als Ergebnis notiert und 1 (Siebener) als Übertrag mit in die nächste Spalte genommen; 1 (= Übertrag) plus 5 plus 1 gleich 7. Die Zahl 7 im Siebenersystem wird notiert als 10 (1 Siebener, 0 Einer); notiert wird die 0 und die 1 wird als Übertrag mit in die nächste Spalte genommen, wo sie zusammen mit der dort bereits stehenden 1 zu 2 summiert wird.

Abb. 2.9 Additionsalgorith-
mus im Siebenersystem

$$
\begin{array}{r}
1\ \ 1\ \ 6\ \ 1 \\
+\ _{1}5\ _{1}5\ \ 1 \\
\hline
2\ \ 0\ \ 4\ \ 2
\end{array}
$$

Die Kontrolle der Rechnung lässt sich u. a. durch Rückübersetzung ins Zehnersystem bewerkstelligen. Versuchen Sie dies selbst anhand der entsprechenden Stellentafel und überlegen Sie, welche anderen Kontrollmöglichkeiten es prinzipiell noch gäbe ...

Die *Multiplikation* in nichtdezimalen Stellenwertsystemen erfolgt erwartungsgemäß ebenfalls wie gewohnt. Schwierigkeiten bereitet allerdings zunächst die Tatsache, dass man das kleine Einmaleins für andere Basen nicht so verinnerlicht hat wie im Zehnersystem. Die fehlende Geläufigkeit kann den Rechenfluss erheblich bremsen: Was bedeutet $6 \cdot 5 = 30$ im Siebenersystem? 42_7 (4 Siebener + 2 Einer). Weiter unten findet sich noch die Aufgabe, eine schriftliche Multiplikation mithilfe des dafür vorgeschriebenen Verfahrens zu lösen. Das ermöglicht ausgesprochen authentische Selbsterfahrungen im Hinblick darauf, was eine solche Anforderung im Zehnersystem für Grundschulkinder bedeuten kann! Auch dort behindern häufig mangelnde Einmaleins-Kenntnisse zur Ermittlung der Teilprodukte das Aufgabenlösen und weniger das Verständnis des Verfahrens als solches. Eine mögliche Hilfestellung für den Fall, dass es im Unterricht primär auf das Multiplikations*verfahren* ankommt und die Einmaleins-Kenntnisse eher ›Werkzeugcharakter‹ haben, wäre es, den Kindern eine komplett ausgefüllte Einmaleinstafel (wie in Tab. 2.5, dann allerdings für das Zehnersystem) zur Verfügung zu stellen, aus der sie die Einmaleins-Ergebnisse für die einzelnen Teilprodukte ablesen und sich dadurch mehr auf den Algorithmus als solchen konzentrieren können. Da auch Ihnen kaum das Einmaleins im Sechsersystem geläufig sein wird, dürfte die folgende Aufgabe eine sinnvolle Hilfe für die darauf folgende Aufgabenstellung sein:

Tab. 2.5 Unvollständig ausgefüllte Einmaleins-Tabelle im Sechsersystem

·	1	2	3	4	5	10
1						
2		4				
3						
4		12				
5					41	
10						

Erstellen Sie eine Einmaleinstafel für das *Sechsersystem*, indem Sie die abgebildete Tafel (Tab. 2.5) entsprechend ergänzen.

Bereits das Erstellen dieser Tabelle vertieft die Einsichten in das Stellenwertprinzip. Für die konkrete Berechnung der folgenden Aufgabe wäre es sinnvoll, die Berechnung, wenn möglich, auch *ohne* Rückgriff auf die soeben entwickelte Hilfestellung anzugehen, denn dadurch lässt sich besonders deutlich *wirkliches* Verständnis erproben:

Berechnen Sie nach dem in der Grundschule üblichen Standardverfahren des schriftlichen Multiplikationsalgorithmus (informieren Sie sich ggf. darüber in der Fachliteratur, z. B. bei Padberg und Büchter 2015) die folgende Aufgabe im *Sechsersystem*, und kontrollieren Sie das so erhaltene Ergebnis mit einem mathematischen Verfahren Ihrer Wahl (Welche sind prinzipiell denkbar, welche liegen nahe, welche eher nicht – und warum?): $12054_6 \cdot 2304_6$

Es gibt keinerlei *prinzipielle* Unterschiede zum Vorgehen im Zehnersystem, insbesondere nicht in den Fällen, in denen es zu Stellenüberschreitungen kommt. Überträge finden nun lediglich nicht mehr bei 10 wie im Zehnersystem statt, sondern bei b, der Basis des vorgegebenen Stellenwertsystems (hier: 6 bzw. 10_6).

Es gibt verschiedene Wege, um das Ergebnis der o. g. Aufgabe selbst zu *kontrollieren*, z. B. über die Berechnung der kommutativen Aufgabe (vgl. Abschn. 2.1.6.3) oder über eine Umrechnung beider Faktoren und des Ergebnisses ins Zehnersystem (s. o.); die Probe über die Umkehraufgabe einer Division ist natürlich auch prinzipiell möglich, bietet sich hier aber weniger an, da ein mehrstelliger Divisor auftritt. Bereits ein einstelliger Divisor erfordert eine recht hohe Geläufigkeit im Einmaleins des betreffenden Stellenwertsystems, erst recht dann ein zweistelliger, denn wer hat schon das *große* Einmaleins in einem nichtdekadischen Stellenwertsystem abrufbereit im Gedächtnis?! Und warum man zwecks Probe vergeblich zum Taschenrechner griffe, können Sie ebenfalls sicher selbst erklären …

In welchen Stellenwertsystemen sind die folgenden Aufgaben richtig gelöst?

a) $14 + 2 = 21$
b) $10.101 - 100 = 10.001$
c) $2 \cdot 10 = 20$
d) $11 \cdot 11 = 1001$

Nennen Sie jeweils alle infrage kommenden Basiszahlen und begründen Sie Ihre Aussage.

Derartige Aufgaben sind natürlich nicht für die Grundschule gedacht, aber in der Grundschul-Lehrerbildung sinnvoll[13], um die *eigene Routine* mit dem Dezimalsystem aufzubrechen und sich die relevanten Prinzipien wieder bewusst zu machen, denn die Einsichten sind hier häufig auf die Fertigkeitsebene begrenzt: Man kann zwar mit dem Zehnersystem geläufig umgehen, eine Erklärung des Warum oder der dahinterstehenden Regelhaftigkeiten fällt hingegen oft schwer. Darüber hinaus ermöglichen solche Aufgaben wichtige Selbsterfahrungen, bspw. für den Umgang mit Lernschwierigkeiten von Kindern. Eine Studentin berichtete: »Ich habe beobachtet, wie wir – erwachsene Menschen! – plötzlich wieder mit Fingern rechnen; wie sich manche, fast verschämt, kleine Nebenrechnungen oder Zwischenergebnisse an den Rand des Blattes notierten; mir fiel auf einmal auf, wie störend Nebengeräusche für mich waren, als meine Nachbarinnen halblaut vor sich hin rechneten.« Solche Erfahrungen gilt es stets im Hinblick auf unterrichtliche Konsequenzen zu reflektieren. Interessant ist auch die Tatsache, dass viele Studierende in solchen Situationen offensichtlich großen Wert auf eine baldige Bestätigung von außen (Fremdkontrolle; »Ist das richtig so?«) legten. Möglichkeiten der Selbstkontrolle, obgleich in der Aufgabenstellung explizit nahegelegt, wurden nur sehr zurückhaltend genutzt.

2.1.6 Rechenoperationen und Gesetzmäßigkeiten

Im Rahmen der Grundschule sind damit die vier sogenannten Grundrechenarten gemeint: Addition, Subtraktion, Multiplikation und Division (i. W. in N_0 und den jeweiligen Zahlenräumen). Die Grundrechenarten lassen sich z. B. bei einer Beschreibung der natürlichen Zahlen über die Peano-Axiome definieren (vgl. Padberg et al. 1995, 26 f.; Walther und Wittmann 2004). Das vorliegende Kapitel wird sich aber auf ausgewählte didaktische Aspekte beschränken (vgl. darüber hinaus z. B. Padberg und Büchter 2015; Radatz et al. 1996, 1998, 1999; Schipper et al. 2000; Wittmann und Müller 1992, 2017).

2.1.6.1 Addition und Subtraktion
Die Grundlegung der Addition und Subtraktion erfolgt im 1. Schuljahr, nachdem zuvor ausgiebig sogenannte *Orientierungsübungen* im Zahlenraum stattgefunden haben sollten (vgl. Scherer 2005a, Kap. 3; Wittmann und Müller 2017, Kap. 1; s. auch Hasemann und Gasteiger 2014, S. 118 ff.), die auf die wachsende Vertrautheit mit dem strukturellen Aufbau des neuen Zahlenraums abzielen. Das Ziel ist alsdann *nicht* eine möglichst schnelle

---

[13] Zum Aspekt der Verfremdung als sinnvolle Methode für die Lehrerbildung und ein entsprechendes Beispiel zur Einspluseinstafel vgl. auch Gellert (2000).

Abb. 2.10 Darstellung der
Aufgabe »6 + 7« am Zwanzigerfeld

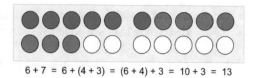

$$6 + 7 = 6 + (4 + 3) = (6 + 4) + 3 = 10 + 3 = 13$$

Beherrschung und Automatisierung isolierter Zahlensätze (Rechenfertigkeiten), bei der ausschließlich das richtige Ergebnis zählt. Vielmehr geht es darum, allen Kindern eine *Grundlegung des Operationsverständnisses* zu ermöglichen, d. h. Einsichten darüber zu gewinnen, was bspw. die Addition/Subtraktion (als mathematische *Idee*) ausmacht und wie man lernt, sie *flexibel* zu handhaben, was v. a. ein situationsbezogen *geschicktes* Rechnen unter Ausnutzung von Rechengesetzen (vgl. Abschn. 2.1.6.3) und strukturellen Regelhaftigkeiten der jeweiligen Operation meint (Rechenfähigkeit; vgl. Abschn. 5.2).

Dies geschieht *ganzheitlich* (vgl. Abschn. 3.1.1), was für das 1. Schuljahr eine Öffnung des Zwanzigerraums von Anfang an bedeutet, anstelle des schrittweisen Vorgehens zunächst bis 5, dann bis 10 und erst dann bis 20. Große Bedeutung bekommen dabei vielfältige Aktivitäten mit unstrukturierten, aber v. a. auch strukturierten Materialien (vgl. Abschn. 4.7). Am Beispiel der Addition im Zwanzigerraum wird im Folgenden gezeigt, wie mithilfe des Zwanzigerfelds[14] ein flexibles Operationsverständnis grundgelegt werden kann (Entsprechendes gilt analog auch für die Subtraktion). An dieser Stelle werden im Unterricht traditionell viel Zeit und Energie aufgewandt – und zwar für den sogenannten *Zehnerübergang*. Eine Aufgabe wie 6 + 7 wird klassischerweise am Zwanzigerfeld wie in Abb. 2.10 gelegt.

Der erste Summand belegt die obere Reihe, der zweite füllt diese Reihe zunächst auf, und ein ggf. vorhandener Rest wird in die zweite Reihe gelegt. Dieses Vorgehen trägt den Namen Teilschrittverfahren, und es ist in allen Schulbüchern zu finden. Früher war es oft auch das *einzige* Verfahren, das angeboten wurde. Die *ausschließliche* Nutzung dieses Verfahrens oder die *vorschnelle Festlegung* darauf ist aber – ungeachtet der Bedeutung auch dieses Teilschrittverfahrens – aus verschiedenen Gründen problematisch: zum einen, weil das Teilschrittverfahren mathematisch ausgesprochen anspruchsvoll ist, denn es erfordert eine Vielzahl von Überlegungen und Behaltensleistungen (Floer 1996, S. 55):

- die Ergänzung zum nächsten Zehner als sinnvolle Strategie erkennen (dies ist nicht automatisch immer der Fall, sondern ausgesprochen aufgabenabhängig!);
- die passende Ergänzung zum nächsten Zehner finden;
- den 2. Summanden demgemäß richtig zerlegen;
- die Ergänzung ausführen;
- wissen, zu welchem Zehner man dann gelangt;

---

[14] Grundsätzlich können die meisten der hier oder auch in der Literatur vorgeschlagenen Übungen ebenfalls mit anderen isomorphen, also strukturgleichen Materialien durchgeführt werden. Zur Auswahl und spezifischen Eignung alternativer Arbeitsmittel vgl. Abschn. 4.7.

- den Rest des zerlegten 2. Summanden richtig erinnern;
- diesen Rest richtig zum neu erzielten Zehner addieren.

Der zu Abb. 2.10 passende Zahlensatz (die Termdarstellung) wird zwar in dieser Kettennotation in der Grundschule nicht benutzt, er zeigt aber auf der symbolischen Ebene die entsprechenden Teilleistungen, die verständnisvoll ablaufen müssen:

$$6 + 7 = 6 + (4 + 3) = (6 + 4) + 3 = 10 + 3 = 13$$

»Alle diese Überlegungen müssen – und das ist sicher nicht die geringste Leistung – auch noch sinnvoll ›zusammengebaut‹ werden, was mit einer Fülle von Informationsverarbeitungs- und -speicherungsprozessen verbunden ist« (Floer 1996, S. 55). Man kann sich gut vorstellen, dass insbesondere Kinder mit Lernschwierigkeiten hier leicht überfordert sein können, wogegen auch die gehäufte Wiederholung des schwierigen Verfahrens allein kaum helfen wird.

Die *vorschnelle Festlegung* auf das Teilschrittverfahren ist aber auch problematisch im Hinblick auf die Zielsetzung einer flexiblen, situationsangemessenen und geschickten Rechenfähigkeit: Ignoriert werden nämlich dabei die subjektiven ›*informellen Strategien*‹ der Kinder, d. h., das vorgeschriebene Verfahren kann ein ganz anderes sein, als es das jeweilige Kind zunächst einmal *spontan von sich* aus benutzen würde (vgl. Abschn. 3.1.1 ›Eigene Wege‹). Damit *produziert* man u. U. geradezu Lernschwierigkeiten. Daher sollten stattdessen die individuellen Lösungswege der Kinder aufgegriffen und zum Ausgangspunkt für gemeinsame Überlegungen gemacht werden. »Es geht natürlich nicht darum, dass alle Kinder alle denkbaren Rechenwege beherrschen sollen, sondern darum, dass sie erkennen, auf welche Weise andere Kinder eine bestimmte Aufgabe gelöst haben, und vor allem, dass es nicht sinnvoll ist, alle Aufgaben auf die gleiche Weise lösen zu wollen« (Hasemann und Gasteiger 2014, S. 130).

Additionsaufgaben können am 20er-Feld zunächst durch mehrere *Legeweisen* repräsentiert werden. Zusätzlich sind dann die mit diesen Legeweisen verbundenen *Sichtweisen* vielfältig, wie das Beispiel der Aufgabe 6 + 7 zeigt (vgl. u. a. Krauthausen 1995b und Abb. 2.11).

Die Vielfalt der materialgestützten Lösungswege, die insbesondere das 20er-Feld ermöglicht, dient der Ausbildung und Förderung *innerer (mentaler) Bilder* von Zahlen und Operationen (vgl. Abschn. 4.7.3). Daher sollte nicht zu früh zum formalen Umgang mit Zahlen auf Kosten der Anschaulichkeit übergegangen werden. (Der unten den Bildern jeweils zugeordnete Zahlensatz dient nur der Erläuterung der Leserinnen und Leser und wird so nicht in der Grundschule notiert!) Das Ziel besteht darin (und dies kostet nun einmal Zeit!), dass die Kinder angesichts einer Rechenaufgabe wie 6 + 7 diese als mentales Bild vor ihrem *geistigen* Auge, also irgendwann auch ohne konkret vorliegendes Material sehen und ebenso die erforderlichen Handlungen an den Plättchen (später) *alleine in der Vorstellung* durchführen können, gleichsam mit geschlossenen Augen am 20er-Feld operieren (vgl. Abschn. 4.7.3). Das ist eine zentrale Voraussetzung

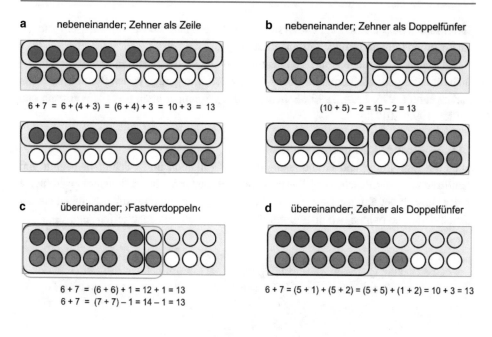

a nebeneinander; Zehner als Zeile

$6 + 7 = 6 + (4 + 3) = (6 + 4) + 3 = 10 + 3 = 13$

b nebeneinander; Zehner als Doppelfünfer

$(10 + 5) - 2 = 15 - 2 = 13$

c übereinander; ›Fastverdoppeln‹

$6 + 7 = (6 + 6) + 1 = 12 + 1 = 13$
$6 + 7 = (7 + 7) - 1 = 14 - 1 = 13$

d übereinander; Zehner als Doppelfünfer

$6 + 7 = (5 + 1) + (5 + 2) = (5 + 5) + (1 + 2) = 10 + 3 = 13$

e spaltenweise; Zehner als Doppelfünfer

$6 + 7 = (5 + 1) + (5 + 2) = (5 + 5) + (1 + 2) = 10 + 3 = 13$

Abb. 2.11 Verschiedene Lege- und Sichtweisen zur Aufgabe $6 + 7$. (In Anlehnung an Krauthausen 1995b, S. 88 f.)

für die Ablösung vom zählenden Rechnen. Wichtige Übungen sind daher, Aufgaben auf verschiedene Weisen zu legen, *operativ* abzuwandeln (Verschieben oder Umlegen), das Vorgehen zu beschreiben, zu erklären (Warum ist dieser oder jener Weg *für mich* einfacher/schwieriger?), die Lösungswege anderer nachzuvollziehen und zu verstehen (Metakognition/Metakommunikation).

Die Beispiele zeigen, dass die sogenannte ›Kraft der Fünf‹ (die Zäsur zwischen dem 5. und 6. Feld) ein effektives und wichtiges Mittel zur Vermeidung eines unangemessen langen Verweilens beim zählenden Rechnen ist (vgl. Flexer 1986; Isaacs und Carroll 1999; Krauthausen 1995b; Sugarman 1997; Thompson und Van de Walle 1984a, 1984b; Thornton und Smith 1988; Van de Walle 1994). Dem Aufbau mentaler Vorstellungsbilder kommt sie sehr entgegen. Als Unterstruktur des Zehners ist sie flexibel nutzbar, d. h. in Form verschiedener Lesarten wiederzufinden (senkrecht und waagerecht, als Doppelfünfer und Zehnerreihe). Als Unterstruktur des Zehners kann sie zudem bezogen auf *alle*

Stufenzahlen des dekadischen Zahlsystems in höhere Zahlenräume ›mitwachsen‹ und genutzt werden (Hunderterfeld, Tausenderbuch).

Zahlreiche Anregungen zur Grundlegung und Übung der Addition und Subtraktion – auch für das eigene Mathematiktreiben – finden sich, wie gesagt, in den Handbüchern von Radatz et al. (1996, 1998, 1999), Scherer (2005a), Schipper et al. (2000), Wittmann und Müller (1992, 2017).

2.1.6.2 Multiplikation und Division

Auch die Einführung und Grundlegung der Multiplikation im 2. Schuljahr beginnt mit dem Erkennen und Beschreiben diesbezüglich relevanter Sachsituationen oder -kontexte in der Umwelt der Kinder. Dazu ist es hilfreich, auch die eigene Aufmerksamkeit einmal gezielt darauf zu richten, wo überall multiplikative Strukturen anzutreffen sind.

Legen Sie eine (ggf. digitalisierte) Sammlung zu multiplikativen Strukturen in der Umwelt an: Fotos, Abbildungen, Zeitungsausschnitte, Werbeprospekte, Verpackungen, Vorschläge für diesbezügliche Unterrichtsgänge etc. (vgl. auch Selter 1994; Scherer 2005b).

Für das Identifizieren und Beschreiben multiplikativer Strukturen müssen den Kindern vielfältige Situationen angeboten werden. Diese sind ihnen in vielen Fällen nicht wirklich neu, denn häufig verfügen Zweitklässler bereits über mehr oder weniger umfangreiche Vorkenntnisse zum Verständnis der Multiplikation (vgl. Abschn. 4.1.1). Andererseits gilt es darauf zu achten, dass die angebotenen Sachsituationen die Breite der Modell- oder Grundvorstellungen der Multiplikation repräsentieren (vgl. u. a. Bönig 1995; Hasemann und Gasteiger 2014, S. 133 ff.; Radatz et al. 1998, S. 82 f.), um ein begriffliches Verständnis zu ermöglichen und zu systematisieren. So unterscheidet man drei *Modellvorstellungen der Multiplikation:*

1.) Zeitlich-sukzessives Modell

Wie der Name sagt, entsteht das Ergebnis der Multiplikation (das Produkt) in diesem Fall im Laufe einer bestimmten Zeit nach und nach (sukzessive). Beispiel (Abb. 2.12): Drei mal zwei Flaschen in einen Karton packen. In dieser Modellvorstellung tritt die Rückführung der Multiplikation auf das Verständnis einer fortgesetzten Addition deutlich zu Tage: $2 + 2 + 2 = 3 \cdot 2 = 6$. Es wird mehrfach (der 1. Faktor gibt die Häufigkeit dieses Tuns an) das Gleiche (2. Faktor) addiert. Die ›Multiplikation als wiederholte Addition‹ sollte neben den erwähnten Sachsituationen (Nachspielen) auch durch geeignete (strukturierte) Anschauungsmittel unterstützt werden.

2.) Räumlich-simultanes Modell

In diesem Fall wird das Produkt sogleich (simultan) als Ganzes dargestellt und nicht nach und nach aufgebaut (Abb. 2.13).

Abb. 2.12 Drei mal zwei Flaschen. (© Abels et al. 2010, S. 38)

Abb. 2.13 Drei mal vier Flaschen

Felddarstellungen wie in Abb. 2.13 (Rechteckfelder mit benennbarer Länge und Brei-te) eignen sich hierzu besonders (vgl. das Hunderter-Punktefeld), da bei größeren Feldern die ›Kraft der Fünf‹ (s. o.) und die dekadische Struktur (s. o.) als Orientierungen hilfreich sein können (s. u. Flexibilität im Umgang mit Einmaleins-Aufgaben). Darüber hinaus ist es sinnvoll, die Felddarstellung als konventionalisierte Darstellungsform für Malaufgaben zu verabreden[15], um sie in späteren Kontexten des Mathematiklernens z. B. als Argumen-tations- und Beweismittel, z. B. im Rahmen von Mustern in der Einmaleinstafel nutzen zu können (s. u.; vgl. auch Abb. 2.20).

Die Berechtigung, derartige Modellvorstellungen zu unterscheiden, ergibt sich aus der Anforderung, dass die Kinder lernen sollen, in den unterschiedlichsten Situationen oder Kontexten vorhandene multiplikative Strukturen aufzudecken. Anderenfalls hätten sie z. B. bei bestimmten Sachaufgaben Probleme, die anzuwendende Rechenoperation (hier: Multiplikation) zu identifizieren. Das tritt z. B. leicht auf in Fällen, die der folgenden dritten Modellvorstellung zuzurechnen sind:

---

[15] 1. Faktor = Anzahl der Zeilen; 2. Faktor = Anzahl der Spalten (Objekte einer Zeile).

3.) Kartesisches Produkt (oder Kreuzprodukt)

Hierzu tauchen in vielen Schulbüchern meist vergleichbare Standardbeispiele auf: »Gabi hat vier verschiedenfarbige Röcke und drei verschiedenfarbige T-Shirts in ihrem Kleiderschrank. Wie viele verschiedene Kombinationen kann sie anziehen?« Manchmal neigen Kinder bei solchen Aufgaben dazu, unerwartete Antworten zu geben, z. B. mit der Begründung, dass doch Braun und Blau (modisch) nicht ›zusammenpasse‹. Wie sollen sie bei einer solchen Aufgabe auch wissen, dass sie jetzt allein auf die multiplikative Struktur fokussieren sollen und ein Ernstnehmen der Kontextsituation dieses Mal nicht gefragt ist? (Vgl. das Spannungsfeld von Anwendungs- und Strukturorientierung in Abschn. 5.1.) Oftmals eignen sich daher etwas abstraktere Fragestellungen besser: »Eine Flagge mit drei Streifen soll unterschiedlich gefärbt werden. Für die Streifen stehen insgesamt vier verschiedene Farben zur Verfügung. Wie viele mögliche Flaggen kann es geben?«[16] Derartige Aufgaben werden von den Kindern manchmal nicht als multiplikativ erkannt (sie addieren dann z. B. die gegebenen Zahlenwerte), wenn sie im Unterricht nicht frühzeitig auch mit solchen kombinatorischen Fragestellungen konfrontiert werden.

Auch geeignete Darstellungsmittel sollten im Unterricht thematisiert werden. Das kartesische Produkt birgt nämlich ein spezifisches Problem: Benutzt man konkrete Materialien (wie z. B. Spielzeugautos und -anhänger), dann lässt sich die gesuchte Anzahl an Lastzügen (das Produkt) nicht komplett darstellen, da man zur Bildung eines neuen Gespanns ein bereits gebildetes wieder trennen muss (die rote Zugmaschine gibt es nur einmal und sie muss mal an den grünen, mal an den blauen Anhänger gekoppelt werden). Versucht man es mithilfe einer Tabelle, dann kann es Kinder verwirren, dass in den einzelnen Zellen (in denen die Kombinationen stehen) der blaue Anhänger mehrfach auftaucht, obwohl es ihn doch nur einmal gibt.

Geeigneter sind hier Baumdiagramme, die allerdings zuerst als solche kennengelernt werden müssen, bevor sie zu einem effektiven Werkzeug werden können. Im 2. Schuljahr soll Osterschmuck gebastelt werden (vgl. Abb. 2.14). Dazu müssen aus einem gelben, roten und blauen Ausschneidebogen jeweils drei Eier und drei ›Schleifen‹ ausgeschnitten und paarweise zusammengeklebt werden. Zur Beantwortung der Frage nach der Anzahl möglicher Schmuckeier wird ein *Baumdiagramm* genutzt, welches sich auch leicht variieren lässt, wenn eine weitere mögliche Farbe hinzukommt.

Insbesondere diese Modellvorstellung des kartesischen Produktes gilt es also sehr sorgfältig zu erarbeiten, wenn sie auch nicht unbedingt für die erste *Einführung* der Multiplikation geeignet sein mag. Aber gerade *wegen* der häufig fehlenden Vorerfahrungen bei Kindern (und auch Erwachsenen) sollte sie im weiteren Verlauf des Mathematik-

---

[16] Es geht also hier weniger um Realitätsnähe, sondern um ein Verständnis der *Modellvorstellung* des kartesischen Produktes bzw. kombinatorischer Fragestellungen. Manchmal kann ein abstrakt-struktureller Zugang einem allzu realistisch-alltagsnahen überlegen sein, und das (entgegen mancher Erwartungen) auch und gerade bei Kindern mit Lernschwierigkeiten (vgl. Hasemann und Stern 2002 sowie Abschn. 5.1).

Ordne die Eier am Plan. Erkläre, warum es genau 9 sind.

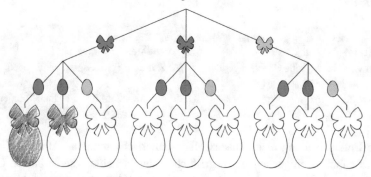

Wie viele Eier findest du, wenn eine weitere Farbe hinzukommt?

Abb. 2.14 Baumdiagramm. (© Wittmann und Müller 2012b, S. 132 f.)

lernens gezielt Berücksichtigung finden. Zudem ist das Baumdiagramm auch in später thematisierten Inhaltsbereichen von großem Nutzen als ›Werkzeug zum Denken‹ (z. B. bei kombinatorischen Fragestellungen; s. o. Flaggenaufgabe).

Auch der *Division* können unterschiedliche Situationstypen zugrunde liegen, das Aufteilen und das Verteilen (vgl. Padberg und Büchter 2015, S. 215 ff.; Radatz et al. 1998, S. 98 f.; Fromm 1995; Hefendehl-Hebeker 1982; Scherer 2005b; Spiegel und Fromm 1996), für die es früher sogar unterschiedliche Rechenzeichen[17] gab – der uns heute geläufige ›Doppelpunkt‹ (:) für das Verteilen sowie das ähnlich aussehende Zeichen ($\div$) für das Aufteilen (vgl. Kruckenberg und Oehl 1959; Oehl 1962, S. 75).

Modellvorstellungen der Division:

1. Aufteilen

Beispiel 20 : 4	Allgemeine Kennzeichnung
In einer Turnhalle sind 20 Kinder.	**Grundmenge:** vorgegeben
Es sollen Vierer-Gruppen gebildet werden.	**Elementeanzahl** der einzelnen Teilmengen: vorgegeben
Wie viele Vierer-Gruppen können gebildet werden?	**Anzahl der Teilmengen:** *gesucht*

---

[17] In den Schulen wird heute nur noch der Doppelpunkt (:) benutzt – außer im englischen Sprachraum; dort findet man i. d. R. das auch auf den meisten Taschenrechnern verbreitete Zeichen mit dem mittigen Querstrich ($\div$).

2. Verteilen

Beispiel 20 : 4	Allgemeine Kennzeichnung
In einer Turnhalle sind 20 Kinder.	**Grundmenge**: vorgegeben
Es sollen vier gleich große Gruppen gebildet werden.	**Anzahl der Teilmengen**: vorgegeben
Wie viele Kinder sind in einer Gruppe?	**Elementeanzahl** der einzelnen Teilmengen: *gesucht*

Diese Unterscheidung mag zunächst ›haarspalterisch‹ anmuten. Aber für die Kinder kommt es dabei »weniger auf ein begriffliches Unterscheiden dieser beiden Operationen als vielmehr auf das Anlegen eines breiten begrifflichen Verständnishintergrundes über vielfältige Handlungserfahrungen an« (Radatz et al. 1998, S. 97). Für Lehrpersonen hingegen ist die o. g. Systematik der beiden Modellvorstellungen als Hintergrundwissen wichtig, um bei der Auswahl entsprechender Sachsituationen bzw. Rechenanforderungen nicht einseitig vorzugehen. Kinder müssen *beide* Modellvorstellungen kennenlernen, um die Rechenoperationen flexibel und vorteilhaft nutzen zu können, Zusammenhänge zwischen verschiedenen Zahlensätzen zu erkennen und – wie letztlich bei allen Grundrechenarten gefordert – die Operationen in ihrer jeweiligen Ganzheit kennenzulernen.

Ganzheitlicher Zugang zum Einmaleins
Für die weitere Vertiefung und Übung nach dem Herausarbeiten der jeweiligen Grundvorstellungen wird seit den 1990er-Jahren in fachdidaktischen Publikationen und Erfahrungsberichten im Wesentlichen ein *ganzheitliches* Vorgehen vorgeschlagen (s. Abschn. 3.1.1), v. a. was die Behandlung des Einmaleins betrifft (Doebeli und Kobel 1999; Gaidoschik 2014; Müller 1990; Radatz et al. 1998; Röhr 1992; Scherer 2005b; Wittmann und Müller 2017 und 2012c, S. 85). Von Schulbüchern wird dies unterschiedlich konsequent umgesetzt. Traditionell haben wahrscheinlich die meisten älteren Erwachsenen aus der eigenen Grundschulzeit noch eine Praxis in Erinnerung, der zufolge die einzelnen Reihen isoliert nach und nach ›durchgenommen‹ wurden und dann recht bald auswendig gelernt werden sollten.

Vieles spricht jedoch nach heutigem Kenntnisstand deutlich für ein ganzheitliches, aktiv-entdeckendes Vorgehen, bei dem die Kinder allmählich, gemäß ihrem individuellen Vermögen und auf natürliche Weise in die Struktur des Einmaleins hineinwachsen (Abschn. 4.1.1 Vorkenntnisse; vgl. auch Selter 1994; Scherer 2002). Ein solcher Ansatz beinhaltet *naturgemäß* (= aus der Natur der Sache heraus!) vielfältigere Aktivitäten und Gelegenheiten zum denkenden Rechnen und zur inhaltlichen Diskussion als das traditionelle Vorgehen gemäß dem Prinzip der kleinen und kleinsten Schritte (vgl. Abschn. 3.1.1).

So können die Kinder bspw. am 100er-Feld und mithilfe des Einmaleins-Winkels ihnen bereits bekannte Malaufgaben darstellen, nennen und ggf. berechnen (vgl. Abb. 2.15 sowie Wittmann und Müller 2012c, S. 67 ff.). Das heißt, es wird gleich das kleine Einmaleins *in toto* für die individuelle Arbeit geöffnet. Ähnlich wie bei der sofortigen Öffnung

Abb. 2.15 Kommutativgesetz der Multiplikation

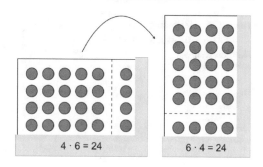

$$4 \cdot 6 = 24 \qquad 6 \cdot 4 = 24$$

des Zwanzigerraumes im 1. Schuljahr bedeutet das kein ›Muss‹ in dem Sinne, dass alle Kinder möglichst schnell alle Reihen erfassen und beherrschen sollten. Die ganzheitliche Umgebung des Einmaleins stellt vielmehr den *Orientierungsrahmen* dar, innerhalb dessen die Lernenden sich ihrem Vermögen gemäß bewegen können.

Außerdem schließt dieses ganzheitliche Vorgehen keineswegs aus, dass man sich zu gegebener Zeit an gegebener Stelle auch einmal genauer mit einzelnen Reihen beschäftigen kann und soll sowie mit den Zusammenhängen zwischen speziellen (›verwandten‹) Reihen. Interessant ist z. B. im Hinblick auf die Leitidee Muster und Strukturen (vgl. Abschn. 1.3.3) eine Fokussierung auf die Einerstellen der Ergebnisse von Einmaleins-Reihen: Welche kommen jeweils in welchen Reihen vor? In welcher Abfolge? Welche Muster, welche Verwandtschaften zwischen Reihen fallen auf? (Vgl. Schütte 2004, S. 54–57, 68–71, 76; Buschmeier et al. 2013, S. 94.)

Die Kinder können aber auch Beziehungen zwischen einzelnen Aufgaben (Reihen) erkennen, wie z. B. die Kommutativität der Multiplikation (s. Abschn. 2.1.6.3), die der Lehrerin dann nicht nur ›geglaubt‹ zu werden braucht, sondern von den Kindern selbst – wenn auch an einigen exemplarischen Fallbeispielen, so dennoch allgemeingültig begründbar – anschaulich entdeckt werden kann (Drehen des Feldes, vgl. Abb. 2.15). Hierzu sollte die o. g. konventionalisierte Leseweise von multiplikativen Punktefeldern (1. Faktor: Anzahl der Zeilen; 2. Faktor: Anzahl der Spalten) im Vorfeld verabredet sein. Solange man den Kindern geeignete Arbeitsmittel und Veranschaulichungen als Stützen bereitstellt (z. B. 100er-Feld), ist die Befürchtung vor einer evtl. Überforderung i. d. R. unbegründet, da ja nicht zuletzt die *Kinder* entscheiden, wie weit sie sich vorwagen möchten.

»Wichtigstes Ziel bei der Behandlung des ›Kleinen 1 × 1‹ muss es sein, dass die Kinder Grundvorstellungen des multiplikativen Rechnens gewinnen, die es ihnen ermöglichen, den Sinn der Multiplikation zu erfassen, Zusammenhänge und Strukturen von Aufgaben zu erkennen sowie Rechenstrategien zu entwickeln und zu nutzen. Die wichtigsten Rechenstrategien ergeben sich aus der Anwendung von Rechengesetzen. Erst wenn diese Grundvorstellungen zur Multiplikation aufgebaut sind, kann man mit Automatisierungsübungen zur gedächtnismäßigen Verankerung des 1 × 1 beginnen« (Röhr 1992, S. 26).

Ein verfrühter Übergang zum Auswendiglernen kann sich also (mit durchaus langfristigen Folgen!) negativ auf das Verständnis des strukturellen Beziehungsreichtums auswirken.

Abb. 2.16 Herleitung von
Einmaleins-Aufgaben aus den
›kurzen Reihen‹

$1 \cdot$	n	Aufgabe der ›kurzen Reihe‹
$2 \cdot$	n	Aufgabe der ›kurzen Reihe‹
$3 \cdot$	$n = 1 \cdot n + 2 \cdot n$	
$4 \cdot$	$n = 2 \cdot n + 2 \cdot n$	
$5 \cdot$	n	Aufgabe der ›kurzen Reihe‹
$6 \cdot$	$n = 5 \cdot n + 1 \cdot n$	
$7 \cdot$	$n = 5 \cdot n + 2 \cdot n$	
$8 \cdot$	$n = 10 \cdot n - 2 \cdot n$	
$9 \cdot$	$n = 10 \cdot n - 1 \cdot n$	
$10 \cdot$	n	Aufgabe der ›kurzen Reihe‹

Systematische Einsichten in die Gesamtstruktur des Einmaleins

Nachdem Malaufgaben wie beschrieben gelegt und benannt worden sind, beginnt die systematische Erarbeitung der Gesamtstruktur und der Reihen. Die sogenannten ›kurzen Reihen‹ (vgl. Wittmann und Müller 2012b, S. 72) sind hierzu besonders wichtig. Es handelt sich um die Aufgaben $1 \cdot n$, $2 \cdot n$, $5 \cdot n$ und $10 \cdot n$. Sie sollten als Erstes gedächtnismäßig verfügbar gemacht werden. Der Grund dafür liegt zum einen darin, dass sie leicht zu merken sind, denn sie bestehen aus den ›trivialen‹ Multiplikationen mit 1 und 10 sowie aus der Verdopplung der ersten und der Halbierung der letzten dieser einfachen Aufgaben; das Verdoppeln und Halbieren wiederum sollte den Kindern bereits aus früheren Aktivitäten wohlbekannt sein[18].

Zum anderen liegt die Bedeutung der ›kurzen Reihen‹ in ihrer hilfreichen Funktion zur Generierung weiterer bzw. der übrigen Aufgaben des Einmaleins: Aufgaben, die als schwieriger empfunden werden, lassen sich nämlich auf Aufgaben der ›kurzen Reihen‹ bzw. Kombinationen aus diesen zurückführen. Die überschaubaren Aufgaben der ›kurzen Reihen‹ können unterschiedlich kombiniert werden, um alle übrigen Aufgaben der vollständigen Einmaleins-Reihen zu konstruieren. Hilfreich für ein ökonomisches Ableiten von zeitweise vielleicht nicht mehr erinnerten Aufgaben ist es natürlich, möglichst wenige Aufgaben der ›kurzen Reihe‹ zu benutzen, und die Lehrerin sollte zu gegebener Zeit eben dies anregen. *Eine* Möglichkeit für eine effektive Nutzung der ›kurzen Reihen‹ zeigt bspw. Abb. 2.16 (vgl. Wittmann und Müller 2012b, S. 70).

Einmaleinstafeln

Um Einsichten in die beziehungsreiche Struktur des Einmaleins zu gewinnen sowie das Argumentieren und anschauliche Begründen in diesem Rahmen zu üben, bietet sich die sogenannte Einmaleinstafel an. Sie ist in Form der Verknüpfungstabelle bereits seit Langem bekannt und allerorten im Unterricht benutzt worden (Abb. 2.17).

Randzeile und -spalte werden gebildet aus den Zahlen (Faktoren) von 1 bis 10. In den einzelnen Zellen der Tabelle stehen jeweils die Produkte aus den Faktoren im Schnittpunkt einer Zeile mit einer Spalte. Seit den 1990er-Jahren werden mehr oder weniger veränderte

---

[18] Die große Bedeutung des Verdoppelns und Halbierens spiegelt sich nicht zuletzt darin wider, dass beide in früheren Zeiten eigenständige Grundrechenarten neben den uns heute bekannten (Addition/Subtraktion/Multiplikation/Division) waren.

Abb. 2.17 Klassische Einmaleinstafel (pythagoreisches
Zahlenfeld)

·	1	2	3	4	5	6	7	8	9	10
1	1	2	3	4	5	6	7	8	9	10
2	2	4	6	8	10	12	14	16	18	20
3	3	6	9	12	15	18	21	24	27	30
4	4	8	12	16	20	24	28	32	36	40
5	5	10	15	20	25	30	35	40	45	50
6	6	12	18	24	30	36	42	48	54	60
7	7	14	21	28	35	42	49	56	63	70
8	8	16	24	32	40	48	56	64	72	80
9	9	18	27	36	45	54	63	72	81	90
10	10	20	30	40	50	60	70	80	90	100

Einmaleinstafeln benutzt. Besondere Verbreitung hat jene rautenförmige Version gefunden (Abb. 2.18), die 1990 mit der 1. Auflage des *Handbuchs produktiver Rechenübungen*
eingeführt wurde (vgl. Wittmann und Müller 2017 bzw. 2012b, S. U4). Ihre besonderen
Kennzeichen gegenüber der genannten Verknüpfungstafel sind v. a.

a) die geometrische ›Verzerrung‹ in Form einer Raute,
b) die Belegung der Zellen durch die entsprechenden Mal*aufgaben* statt durch die *Ergeb-*
   nisse,
c) die Kennzeichnung farbig hervorgehobener Aufgaben.

Abb. 2.18 Einmaleinstafel des Zahlenbuchs. (© Wittmann und Müller 2012b, S. U4)

Die Rautenform unterstützt das Erkennen impliziter Strukturen oder gehaltvoller strukturierter Übungen, wenngleich diese natürlich in der quadratischen Ausrichtung ebenso vorhanden sind (s. u.), da die strukturellen Beziehungen innerhalb des Einmaleins natürlich unabhängig vom Layout Gültigkeit behalten. Manche Zusammenhänge mögen bei dieser oder jener Form als naheliegender oder übersichtlicher empfunden werden. Für die geometrische Verformung gelten analog zur Einspluseinstafel (Wittmann und Müller 2017) folgende Argumente:

- Die Ergebnisse der Aufgaben werden in Leserichtung von links nach rechts größer.
- Die schwierigeren Aufgabenserien (beide Faktoren ändern sich) sind in den Hauptrichtungen von links nach rechts und von oben nach unten geordnet.
- Die leichteren Aufgabenserien (nur ein Faktor ändert sich) stehen in den etwas ungewohnteren Diagonalen.

In den einzelnen Zellen stehen nicht die *Ergebnisse* wie im pythagoreischen Zahlenfeld, sondern die entsprechenden *Aufgaben*. Dies hat den Vorteil, dass die Tafel als Aufgabendisplay zu benutzen ist und vielfältige strukturierte Übungen möglich werden (vgl. Wittmann und Müller 2017).

Die beziehungsreiche Struktur des Einmaleins wird auch durch eine farbliche Kennzeichnung von ›Kernaufgaben‹ unterstützt, die u. a. als Ankerpunkte zur Ableitung von ›schwierigeren‹ Aufgaben genutzt werden können. Diese Kernaufgaben sind:

- die Malaufgaben mit 1 und 10 (›Randaufgaben‹, grün gefärbt);
- die Malaufgaben mit 2 (›Verdopplungsaufgaben‹, blau gefärbt);
- die Malaufgaben mit 5 (›Kraft der Fünf‹, gelb gefärbt);
- die Malaufgaben mit gleichen Faktoren (›Quadratzahlaufgaben‹, rot gefärbt).

> Welche algebraischen Gesetze können Sie bei der Beschäftigung mit der Einmaleinstafel aus Abb. 2.18 entdecken, und wie werden diese in der Tafel repräsentiert?

Radatz et al. (1998) schlagen eine quadratische Version vor, die sie ›Multiplikationstabelle‹ nennen (Abb. 2.19). Der Vergleich mit der rautenförmigen Einmaleinstafel zeigt Folgendes:

- Diese Multiplikationstabelle greift die bekannte quadratische Form des pythagoreischen Zahlenfeldes auf.
- Sie stellt eine Verknüpfungstafel dar, deren Randzahlen jeweils die einzelnen Faktoren ausweisen.
- Wie in der o. g. Einmaleinstafel stehen in ihren Zellen keine Ergebnisse, sondern die Mal*aufgaben*.

Abb. 2.19 Eine weitere Einmaleinstafel. (In Anlehnung an Radatz et al. 1998, S. 89)

·	0	1	2	3	4	5	6	7	8	9	10
0	0·0	0·1	0·2	0·3	0·4	0·5	0·6	0·7	0·8	0·9	0·10
1	1·0	1·1	1·2	1·3	1·4	1·5	1·6	1·7	1·8	1·9	1·10
2	2·0	2·1	2·2	2·3	2·4	2·5	2·6	2·7	2·8	2·9	2·10
3	3·0	3·1	3·2	3·3	3·4	3·5	3·6	3·7	3·8	3·9	3·10
4	4·0	4·1	4·2	4·3	4·4	4·5	4·6	4·7	4·8	4·9	4·10
5	5·0	5·1	5·2	5·3	5·4	5·5	5·6	5·7	5·8	5·9	5·10
6	6·0	6·1	6·2	6·3	6·4	6·5	6·6	6·7	6·8	6·9	6·10
7	7·0	7·1	7·2	7·3	7·4	7·5	7·6	7·7	7·8	7·9	7·10
8	8·0	8·1	8·2	8·3	8·4	8·5	8·6	8·7	8·8	8·9	8·10
9	9·0	9·1	9·2	9·3	9·4	9·5	9·6	9·7	9·8	9·9	9·10
10	10·0	10·1	10·2	10·3	10·4	10·5	10·6	10·7	10·8	10·9	10·10

- Es wurden, anders als bei der o. g. Einmaleinstafel, auch Aufgaben mit dem Faktor Null aufgenommen.
- Auch hier wird Kernaufgaben (hier: Königsaufgaben) eine herausgehobene Stellung zugesprochen.
- Im Gegensatz zu der Kennzeichnung der Kernaufgaben mit unterschiedlichen Farben in der Einmaleinstafel (s. o.) werden in der Multiplikationstabelle *alle* Königsaufgaben einheitlich farbig unterlegt, wobei die Quadratzahldiagonale in einem dunkleren Farbton noch zusätzlich betont wird.

Man mag irritiert sein angesichts unterschiedlicher Realisierungen oder Bezeichnungen an sich vergleichbarer Sachverhalte (eine weitere Variante findet sich bei Geering 2004) und sich fragen, welche Einmaleinstafel man denn nun nehmen solle. Welche ist ›besser‹? Warum gibt es überhaupt unterschiedliche Begriffe für denselben Sachverhalt (Kernaufgaben/Königsaufgaben/Schlüsselrechnungen)? Verwirrt das nicht auch die Kinder? Muss man sich vorab grundsätzlich für das eine und gegen das andere entscheiden? Nach welchen Kriterien soll man sich entscheiden?

Aus solchen Situationen, vor die man in der Unterrichtsrealität durchaus häufiger gestellt wird, lässt sich lernen, dass es eigener fachlicher, fachdidaktischer und pädagogischer Kompetenzen bedarf, um sich an solchen Stellen eine begründete Meinung zu bilden, eine eigene Position zu beziehen und letztlich eine vertretbare Entscheidung für

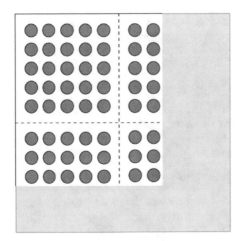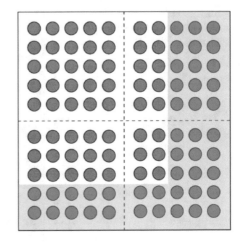

Abb. 2.20 Verschiedene Sichtweisen einer multiplikativen Darstellung

die eigene Klasse zu fällen (vgl. Abschn. 4.7)[19]. Ein solcher Kompetenzerwerb benötigt zweifellos eine Reihe spezifischer Erfahrungen und mithin Zeit. Kontraproduktiv hingegen wäre, auf der Basis erster diffuser ›Eindrücke‹ eine voreilige Meinung zu zementieren oder gar von ›höherer Autorität‹ zu erwarten, dass man gesagt bekommt, dieses oder jenes ›sei besser‹.

Flexibilität im Umgang mit Einmaleins-Aufgaben

Flexibilität im hier gemeinten Sinne bedeutet mehr und beginnt bereits sehr viel früher als beim Rechnen auf der symbolischen Ebene. Von Anfang an sollen Kinder erfahren, dass es unterschiedliche Wege zur Ergebnisermittlung und auch bereits unterschiedliche Sichtweisen für ein und dieselbe Aufgabe geben kann (vgl. Rathgeb-Schnierer 2006, 2010, 2011). Der Wert der Vielfalt besteht u. a. darin, dass sie eine Verknüpfung von konkreten Handlungen (Aufgaben zum Legen), ikonischen Darstellungen (Punktebilder) und symbolischen Zahlensätzen (Malaufgaben) leistet und dabei (auf allen diesen Ebenen) Regelhaftigkeiten, Strukturen und Rechengesetze transparent und verstehbar machen kann.

Am Beispiel von »8 · 7 = 56« soll dies exemplarisch gezeigt werden (Abb. 2.20).

Die *Aufgabe* kann (gemäß Konvention) z. B. am 100er-Punktfeld mit dem Einmaleins-Winkel dargestellt werden (8 Zeilen à 7 Punkte). Zur *Ergebnisermittlung* gibt es nun unterschiedliche Wege, jeweils bedingt durch variable Sichtweisen der so dargestellten Aufgabe, genauer: ihrer einzelnen Teilbereiche, in die sich die Darstellung optisch gliedern lässt. Jede Sichtweise oder jeder Weg zum Ergebnis lässt sich durch einen zu-

---

[19] Auf der anderen Seite wäre es hilfreich, wenn Autoren auch die Bezüge zu jenen Materialien, Darstellungen oder Vorgehensweisen häufiger explizieren würden, die ihren eigenen Vorschlägen im genannten Sinne ähneln. Nicht selten liegt eine mehr oder weniger andersartige Darstellung auch einfach in Fragen des Copyrights begründet.

gehörigen Zahlensatz (Term) repräsentieren und damit interpretieren. Welche Sichtweise liegt demnach folgenden Termen zugrunde?

- 25 + 10 + 15 + 6: Die vier Teilergebnisse repräsentieren hier die Punktebereiche der vier ›Quadranten‹, die sich durch die Begrenzungen des Einmaleins-Winkels und der gestrichelten Linie des 100er-Feldes (Fünferzäsur) ergeben. Die Felddarstellung der Aufgabe »8 · 7« wird also mittels ›Kraft der Fünf‹ (Abschn. 2.1.6.1) in vier (Teil-)Punktebereiche gegliedert, was einer distributiven Zerlegung von 8 · 7 entspricht (Rechengesetz: Distributivität der Multiplikation bzgl. der Addition, vgl. Abschn. 2.1.6.3):
$$8 \cdot 7 = (5+3) \cdot (5+2) = 5 \cdot 5 + 5 \cdot 2 + 3 \cdot 5 + 3 \cdot 2 = 25 + 10 + 15 + 6$$
Auf der Ebene der Zahlzeichen ist diese distributive Struktur des Zusammenhangs zwischen Einmaleins-Aufgaben für Kinder nur schwer nachvollziehbar und kaum begründbar; mit dem 100er-Punktefeld hingegen lässt sie sich exemplarisch (und dennoch allgemeingültig) verdeutlichen.
- 25 + 25 + 6: In diesem Fall wird das Ergebnis aus drei Teilaufgaben zusammengesetzt, was einem Blick auf drei Punktebereiche entspricht: Der *geübte* Blick – und Mathematiklernen heißt vielfach auch ›sehen lernen‹![20] – erkennt nicht nur den oberen linken Quadranten (ein viertel 100er-Feld, 5 · 5 = 25), sondern auch, dass sich der rechte obere und der linke untere zu einem weiteren kompletten Quadranten, also einem weiteren 25er, ergänzen. Beide Quadranten können durch *mentales* Drehen/Umlegen vor dem geistigen Auge zu einem 25er zusammen-gedacht werden. Das dritte Teilergebnis liefert der vierte Quadrant mit dem 3 · 2-Feld.
- 100 – 30 – 14: Bei manchen Aufgaben liegt es nahe (Bei welchen eigentlich? Suchen Sie ein noch prägnanteres Beispiel und führen Sie das entsprechende Prozedere selbst durch!), das Distributivgesetz der Multiplikation auch bzgl. der *Subtraktion* auszunutzen, also das Punktefeld der Aufgabe bezogen auf das komplette 100er-Feld (ergänzt) zu sehen bzw. vom 100er-Feld die nicht benötigten Punkte-Teilfelder zu subtrahieren (vgl. den rechten Teil der Abb. 2.20). Für diesen Fall ist es günstig, den Einmaleins-Winkel in einer transparenten Version (Folien-Winkel) zu benutzen, sodass die Aufgabe *und* das gesamte 100er-Feld, aber auch in Relation zueinander betrachtet werden können. Der o. g. Zahlensatz ist dann wie folgt zu deuten: Vom 100er-Feld wird zunächst der (durch den Folien-Winkel bedeckte) senkrechte Teil (10 · 3) subtrahiert und dann der noch verbleibende waagerechte Teil am unteren Rand (2 · 7). Eng verwandt mit dieser Sichtweise, aber dennoch eine für sich eigenständige Wahrnehmungsleistung ist die folgende:
- 100 – 30 – 20 + 6: Der Vorteil gegenüber der vorigen Variante (vgl. wiederum den rechten Teil der Abb. 2.20) liegt darin, dass man ausschließlich glatte Zehner zu subtrahieren hat (die Addition der Einer kann ebenso als problemlos gelten). Auf der Handlungsebene begeht man dabei zunächst – bewusst, weil aus strategischen Gründen –

---

[20] »Nur der lernt vorteilhaft rechnen, der diesen *Zahlenblick* entwickelt« (Menninger 1992, S. 18; Hervorh. i. Orig.).

einen ›Fehler‹: Nimmt man (wie oben) den $10 \cdot 3$-Streifen rechts weg und anschließend den $2 \cdot 10$-Streifen unten, dann hat man damit das $2 \cdot 3$-Feld in der unteren rechten Ecke *zweimal* weggenommen. Um dies zu korrigieren, muss es *einmal* wieder zurückgelegt werden ($+6$). Die entsprechende distributive Zerlegung auf der Ebene der Zahlzeichen lautet dann:

$$8 \cdot 7 = (10-2) \cdot (10-3) = 10 \cdot 10 - 10 \cdot 3 - 2 \cdot 10 + 2 \cdot 3 = 100 - 30 - 20 + 6$$

Hier wird – vielleicht noch mehr als im zuvor betrachteten Fall – deutlich, welche ›Handlung‹[21] der formalen, möglicherweise unverstandenen arithmetischen Regel (»Minus mal Minus gibt Plus, Minus mal Plus gibt Minus.«) entspricht bzw. warum diese Regel überhaupt gilt.

Das folgende Transkript stammt aus einer Sitzkreis-Runde zum Beginn einer Mathematikstunde. Gewohnheitsmäßig wird in dieser Klasse einer Grundschule aus Hamburg-Altona das ›Fünf-Minuten-Rechnen‹ praktiziert. Die Kinder stellen sich selbst Kopfrechenaufgaben aus der (rautenförmigen) Einmaleinstafel, die sichtbar für alle an der Wand hängt: $7 \cdot 3$, $10 \cdot 2$, $9 \cdot 9$, $1 \cdot 1$, $10 \cdot 6$, $7 \cdot 7$. Bei $6 \cdot 7$ überlegt die Runde recht lange, weshalb der Lehrer, nachdem ein Kind schließlich das Ergebnis genannt hat, behutsam eingreift, woraufhin sich folgende Szene ohne sein weiteres Zutun entwickelt:

- S1: 42
- L: Und wie hast du das gerechnet … ?
- S1: Ich hab erst mal $5 \cdot 7$; dann die Hälfte von 70, das ist 35; und dann noch 'ne 7 dazu. [*formal:* $6 \cdot 7 = (5+1) \cdot 7 = 5 \cdot 7 + 7 = (10 \cdot 7) : 2 + 7 = 35 + 7 = 42$]
- S2: [unaufgefordert] Man kann es auch so rechnen, die einfache Aufgabe, die wir auch schon oft hatten: $3 \cdot 7$; und das Doppelte von 21 ist ja auch 42. [*formal:* $6 \cdot 7 = (3 \cdot 7) \cdot 2 = 21 \cdot 2 = 42$]
- S3: [unaufgefordert] Oder man kann … also ich hab $7 \cdot 7$, das ist ja 49; und davon eine 7 weg. [formal: $6 \cdot 7 = (7-1) \cdot 7 = 7 \cdot 7 - 1 \cdot 7 = 49 - 7 = 42$]
- L: Klasse, es gibt wie so oft ganz verschiedene Möglichkeiten …

Vielfalt lässt sich als Teil der Unterrichtskultur etablieren und als Folge eines durchgängig bewussten Prozesses auch für die Kinder als hilfreich transparent machen.

Zum Zusammenhang zwischen Multiplikation und Division
Neben kontextbezogenen Sachsituationen zur Grundlegung und Durcharbeitung von Rechenoperationen bedarf es zwingend auch der innermathematischen Durchdringung und Strukturierung des Beziehungsreichtums einer Rechenoperation, aber auch zwischen Rechenoperationen (insbesondere der jeweiligen Umkehroperation). Das bedeutet hier ex-

---

[21] Das ist natürlich eine gedankliche Hilfskonstruktion, die sich nur mental, nicht aber direkt mit konkretem Material vollziehen lässt. Ein Beispiel dafür, dass es nicht nur auf das Handeln als konkretes Tun ankommt (es gibt auch ›blindes‹ Handeln), sondern auf die *Verinnerlichung* von Handlungen zu *Vorstellungen* (vgl. Aebli 1985).

emplarisch: Man muss Multiplikations- und Divisionsaufgaben ›aus beiden Richtungen‹ kennen und verständnisvoll deuten können; man muss vom Ergebnis einer Mal- oder Geteiltaufgabe ›zurückarbeiten‹ können, d. h. die Multiplikation und Division als jeweilige Umkehroperation verstehen lernen – und das nicht nur formalistisch auf der Ebene der Zahlzeichen (»Die Zahl rutscht nach da und die nach da, und dann noch das andere Rechenzeichen dazwischen.«), sondern in den vielfältigen Beziehungen und Sachbezügen, die in den möglichen Deutungen und Bedeutungen der Variablen einer Gleichung der Art $a \cdot b = c$ bzw. ihren Umkehrungen enthalten und möglich sein können. Ein Beispiel (unveröffentl. Manuskript Steinbring) zeigt, wie eine solche operative Durcharbeitung aussehen könnte und welche Fragen oder Bedeutungen die einzelnen Gleichungstypen implizieren (s. Abschn. 3.3 ›Operatives Prinzip‹):

$$\_ \cdot 6 = 42$$

Wie viel mal 6 ist 42? Es handelt sich um eine *Aufteil*aufgabe (s. o.), d. h.: Wie viele 6er gibt es in 42? Oder: Wie oft passt die 6 in die 42? Man kann die gesuchte Zahl in der 6er-Reihe finden.

$$7 \cdot \_ = 42$$

7 mal wie viel ist 42? Es handelt sich um eine *Verteil*aufgabe (s. o.), d. h.: Wie groß ist das ›Stück‹ oder wie viele Punkte hat die Punktereihe, die versiebenfacht 42 ergibt? 42 Ballons werden an 7 Kinder verteilt: Wie viele bekommt jedes Kind? Man kann die gesuchte Zahl finden, indem man mit dem Lineal im Einmaleins-Plan (vgl. Wittmann und Müller 2017) die 42 abdeckt und dann die Reihe sucht, bei der die 42 gerade das 7-Fache ist.

$$\_ \cdot \_ = 42$$

Alle Aufgaben mit dem Ergebnis 42: Man kann im Einmaleins-Plan das Lineal (senkrecht) auf die 42 legen und in allen Reihen nachschauen, wo es auf (ganzzahlige) Vielfache trifft.

$$\_ \cdot 6 = \_$$

Alle Ergebnisse der 6er-Reihe → die 6er-Reihe erkunden.

$$7 \cdot \_ = \_$$

Alle Ergebnisse der Multiplikationen mit 7, das 7-Fache aller Zahlen.

$$7 \cdot 6 = \_$$

Ein spezielles Ergebnis der 6er-Reihe → in der 6er-Reihe nachschauen.

Fazit: Für ein solides Verständnis der Rechenoperationen sind *beide* Grundlagen wichtig:

- *Sachkontexte,* welche die Breite der entsprechenden Modell- oder Grundvorstellungen repräsentieren und abdecken, sowie
- *strukturelle Kontexte,* die es ermöglichen, den innermathematischen strukturellen Beziehungsreichtum herauszuarbeiten.

Für wirkliches *Verstehen* reicht keine dieser beiden Ebenen allein aus; Sachbezüge können inhaltliche Vorstellungen fördern und stützen, und strukturelle Mathematisierungen ermöglichen es oftmals erst, den Sachverhalt mathematisch zu verstehen oder sogar auch neues Wissen über Sachkontexte zu erwerben. Es handelt sich also um ein sich gegenseitig stützendes, förderndes und herausforderndes Wechselspiel der Ebenen (vgl. Abschn. 5.1 ›Anwendungs-/Strukturorientierung‹ sowie Abschn. 3.3 ›Operatives Prinzip‹).

2.1.6.3 Rechengesetze

Geschicktes Rechnen beruht ganz wesentlich auf dem Ausnutzen struktureller Merkmale der konkreten Aufgabenstellung auf der Basis von Rechengesetzen (formale Beweise dazu u. a. bei Padberg und Büchter 2015). Die in diesem Abschnitt genannten werden bereits in der Grundschule thematisiert.

Stellen Sie alle im Folgenden genannten Rechengesetze oder Gesetzmäßigkeiten mit geeigneten, auch verschiedenen Arbeitsmitteln dar (Wendeplättchen, Steckwürfel, Cuisenaire-Stäbe, Punktfelder o. Ä.) und zeichnen Sie jeweils die entsprechenden ikonischen Darstellungen dazu (vgl. das Beispiel in Abb. 2.21).

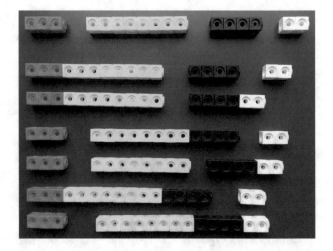

Abb. 2.21 Das Assoziativgesetz der Addition

Kommutativgesetz (Vertauschungsgesetz) der Addition/Multiplikation

Der Wert einer Summe (eines Produktes) ändert sich nicht, wenn die Reihenfolge ihrer Summanden (seiner Faktoren) vertauscht wird:

$$a + b = b + a \quad \text{bzw.} \quad a \cdot b = b \cdot a$$

Assoziativgesetz (Verbindungsgesetz) der Addition/Multiplikation

Die Summanden einer Summe bzw. die Faktoren eines Produktes dürfen beliebig zusammengefasst werden.

Dies wird üblicherweise durch Klammersetzung angedeutet. Abb. 2.21 zeigt ein Beispiel für die viergliedrige Summe $3 + 8 + 4 + 2$, dargestellt mit Steckwürfeln.

Distributivgesetz (Verteilungsgesetz)

Das Distributivgesetz beschreibt den Zusammenhang einer Punktrechnung (Multiplikation oder Division) mit einer Strichrechnung (Addition oder Subtraktion). Man sagt also z. B.: Die Multiplikation oder die Division ist distributiv *bzgl.* der Addition oder Subtraktion. Formal[22]:

$$a \cdot (b \pm c) = a \cdot b \pm a \cdot c \quad \text{bzw.} \quad (a \pm b) : c = a : c \pm b : c$$

Beispiel: $3 \cdot 8 = 3 \cdot (5 + 3) = 3 \cdot 5 + 3 \cdot 3$. Die ›schwere‹ Aufgabe $3 \cdot 8$ kann in zwei einfache Aufgaben zerlegt werden (s. o. Ableiten einer Aufgabe aus den Kurzen Reihen): Die Aufgabe mit 5 ist eine Kernaufgabe, 3 ist als Faktor < 5 leicht zu berechnen[23], indem der Faktor 8 in $5 + 3$ zerlegt wird und diese beiden neuen Faktoren jeweils mit 3 multipliziert werden.

Die allgemeinere Form einer distributiven Zerlegung (beide Faktoren etwa der Multiplikation dürfen ja zweistellig sein) ist sicher noch aus dem Zusammenhang von Aufgaben des großen Einmaleins, z. B. $14 \cdot 13$, bekannt. Auf der symbolischen Ebene werden beide Faktoren zerlegt (meist in ihre Stellenwerte), d. h., die Aufgabe lautet: $(10 + 4) \cdot (10 + 3) = ?$ Ältere Kinder rechnen dies häufig nach dem (oft unverstanden ausgeführten) Merksatz »Jedes Glied der ersten Klammer mit jedem Glied der zweiten Klammer malnehmen« aus.

---

[22] Auf die spezifischen Bedingungen, die gegeben sein müssen, wenn man in N_o arbeitet, wird hier nicht eingegangen.

[23] Vgl. das sogenannte Mini-Einmaleins (Aufgaben von $1 \cdot 1$ bis $5 \cdot 5$), das bereits Ende des 1. Schuljahres thematisiert werden kann (vgl. Tab. 2.6 in Abschn. 2.1.7, 10. Blitzrechnen-Übung).

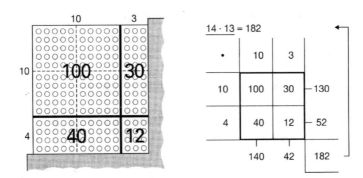

Abb. 2.22 Vom 400er-Feld zum Malkreuz (© Wittmann und Müller 1992, S. 59). Das Malkreuz ist als eine Strategie des halbschriftlichen Rechnens und als Argumentationsmittel für bestimmte Auffälligkeiten immer wieder nützlich; es sollte daher gewissenhaft und solide grundgelegt werden. (Vgl. Wittmann und Müller 1992, S. 59 ff.)

- Bevor Sie weiterlesen: Erklären Sie auf Grundschulniveau, warum diese Regel generell gelten *muss*.
- Welche Logik verbirgt sich hinter der Schülerlösung $14 \cdot 13 = 112$, und wie könnten Sie diesem Kind sinnvoll helfen? (»sinnvoll« meint: Hilfe zur Selbsthilfe, keine Erklärungsideologie!)

Die algebraische Notation des Sachverhaltes $(a + b) \cdot (c + d) = a \cdot c + a \cdot d + b \cdot c + b \cdot d$ hilft dem Kind natürlich nicht, und auch die beispielgebundene Beschreibung kann im Grunde der Lehrerin nur ›geglaubt‹ werden.

Eine anschauliche Begründung ermöglicht hingegen das 400er-Feld mit dem Malwinkel (Abb. 2.22). Der Schüler mit der Lösung $14 \cdot 13 = 112$ wird daran unschwer *selbst* erkennen können, dass er lediglich zwei dieser Teilergebnisse berücksichtigt hat: $10 \cdot 10 + 4 \cdot 3$, also den linken oberen und den rechten unteren Quadranten. Alle vier Quadranten mit einzubeziehen, ist *synonym* mit dem Merksatz, jedes Glied der ersten Klammer mit jedem Glied der zweiten Klammer zu multiplizieren und die so erhaltenen Teilprodukte zu addieren. Die Ergebnisermittlung selbst, also die Addition der vier Teilprodukte, ist insofern leicht, als es sich beim linken oberen Quadranten um ein komplettes 100er-Feld handelt (weiß man, muss nicht berechnet werden) und beim rechten oberen wie beim linken unteren Quadranten jeweils um leichte Aufgaben mit einem Faktor 10. Das einzige evtl. zu berechnende Teilprodukt birgt der rechte untere Quadrant; hier aber steht bei einer stellenweisen Zerlegung der Faktoren *immer* eine Aufgabe des *kleinen* Einmaleins. Beschriftet man die Ränder und die Teilfelder der Abbildungen in diesem Sinne, dann erkennt man die Möglichkeit für eine anschauliche Grundlegung des Malkreuzes.

Man denke sich dazu das Punktefeld und die Beschriftung auf zwei übereinanderliegenden Folien geschrieben; wird die Punktefeld-Folie nun weggezogen, dann bleibt das Malkreuz als symbolische Notation des Sachverhaltes stehen. Der Bezug auf die Felddarstellung muss aber jederzeit möglich sein; nicht zuletzt lässt sich daran ggf. zeigen, worin das Missverständnis einiger Kinder beruht, wenn sie am Malkreuz die Gesamtsumme dadurch ermitteln, dass sie die Summe aller vier Teilsummen bilden (zwei Zeilen- und zwei Spaltensummen).

Konstanzsätze (Ausgleichsgesetze, Erhaltungsregel)
Konstanzsätze gibt es für alle vier Grundrechenarten. Sie beruhen auf dem *gleichsinnigen* oder *gegensinnigen* Verändern der beiden Zahlen in einem zweigliedrigen Term (s. u.). Exemplarisch soll an einem konkreten Fall gezeigt werden, wie die einsichtsvolle Nutzung von Rechengesetzen zum geschickten Rechnen beiträgt, bzw. dass geschicktes Rechnen eben gerade durch geltende Rechengesetze erst möglich wird – und zugleich alltagsrelevant sein kann:

In der Bäckerei, so eine Zeitungsmeldung (Stammer 2013), sollte eine Kundin 5,75 € zahlen und legte dazu 20,25 € auf den Tresen, was zur fehlerhaften Rückgabe von 14,00 € führte. Nun mag ja die Subtraktion 20,25 € – 5,75 € in der Tat etwas sperrig sein. Mithilfe des Konstanzsatzes als bewusst eingesetzter Rechenstrategie (vgl. den ›mathematischen Werkzeugkasten‹ in Abschn. 1.3.1.1) ließen sich Minuend *und* Subtrahend um 25 Cent verkleinern und die Aufgabe in eine zweifellos leichtere umwandeln: 20,00 € – 5,50 €. Für eine (wie hier vorliegende) Subtraktion lautet der Konstanzsatz nämlich wie folgt: Der Wert einer Differenz bleibt gleich, wenn Minuend und Subtrahend um den gleichen Betrag vergrößert oder verkleinert werden (gleichsinniges Verändern); oder fachlich notiert:

$$(a - b) = (a \pm c) - (b \pm c)$$

Der Hinweis, dass dieser Zusammenhang bereits in der Grundschule erarbeitet und v. a. verstanden werden kann, führt in der Einführungsvorlesung regelmäßig zu Skepsis bei vielen Studierenden, v. a. angesichts des formalen Terms, obwohl dieser ja gar nicht in Reichweite von Grundschulkindern liegt und auch so natürlich nicht erwartet wird. Wohl aber gilt dies für eine anschauliche, sehr realitätsnahe Situation, welche die Struktur des Konstanzsatzes (Erhaltungsregel) völlig analog enthält:

Man stelle das kleinste und das größte Kind der Klasse nebeneinander und messe ihren Größenunterschied (die Differenz; vgl. Abb. 2.23 links). Nun werden dieses größte Kind (der Minuend) und dieses kleinste Kind (der Subtrahend) *gleichsinnig verändert*, hier: vergrößert, indem beide auf das Lehrerpult oder eine Gymnastikbank klettern (vgl. Abb. 2.23 rechts). Was bedeutet das für ihren Größenunterschied (die Differenz)? Wohl niemand wird auf die Idee kommen, dass er sich dadurch verändert hat, dass beide auf das gleiche Pult gestiegen sind (oder analog: gleich viele Stufen der Kellertreppe hinabsteigen)!

Abb. 2.23 Konstanzsatz der Subtraktion – anschaulich repräsentiert. (Illustration © A. Eicks)

Überlegen Sie nun selbst, wie die Konstanzsätze für die übrigen Grundrechenarten (Addition, Multiplikation, Division) lauten und wie man diesen Sachverhalt jeweils anschaulich darstellen könnte.

2.1.7 Rechenmethoden

In der Grundschule kommen vier grundsätzliche Methoden für die Bewältigung von Rechenanforderungen in Betracht (vgl. Plunkett 1987):

- *Kopfrechnen*, bei dem ohne eine Notation von Zwischenschritten die Lösung einer Aufgabe im Kopf erfolgt (dies geschieht unter Ausnutzung von Strategien, die – im Falle ihrer Notation – dann ›halbschriftlich‹ genannt werden; s. u.);
- *Halbschriftliches (oder gestütztes Kopf-)Rechnen*, welches durch die Notation von Zwischenschritten oder Teilergebnissen gekennzeichnet ist;
- *Schriftliches Rechnen*, welches auf konventionalisierten Verfahren (Algorithmen, Normalverfahren) beruht und auf der Grundlage des Stellenwertsystems die Ergebnisse ziffernweise ermittelt;
- *Taschenrechner*, der als Rechengerät im Alltag und auch von Kindern benutzt wird.

2.1.7.1 Kopfrechnen
Traditionell assoziiert man mit Kopfrechenübungen das Aufsagen von Einmaleins-Aufgaben, die Addition/Subtraktion zweistelliger Zahlen im Hunderterraum u. Ä. – sei es, dass diese Aufgaben in unsystematischer Weise von der Lehrerin am Stundenbeginn mündlich gestellt oder in Form diverser Rechenspiele (z. B. Eckenrechnen) angeboten werden.

Ein wichtiges Ziel des zeitgemäßen Mathematikunterrichts ist es, Kinder zu sogenannten Zahlenalphabeten zu erziehen, ihnen *number sense*, ein Gefühl für Zahlen und den

Umgang mit ihnen zu vermitteln. In diesem Zusammenhang kommt dem Kopfrechnen nach wie vor eine herausragende Bedeutung zu – auch wenn es gesellschaftlich ›cool‹ zu sein scheint, mit diesbezüglichen Defiziten öffentlich zu kokettieren[24]. Aber auch im Zeitalter der jederzeit verfügbaren Taschenrechner(-Apps) und Computer sowie des entdeckenden Lernens besteht in der Mathematikdidaktik Konsens über die schulische wie außerschulische Bedeutung solider Kopfrechenfertigkeiten und -fähigkeiten (Krauthausen 1993; Meyer 2015; Schipper 1990; Verboom 2007; Wittmann 2008; Wittmann und Müller 1992, 2011b, 2017).

So unbestritten die Begründung des Kopfrechnens in der Fachdidaktik und wohl auch in der Schulpraxis theoretisch ist, so zuverlässig haftet ihm vielfach aber immer noch das Image an, lediglich eine (z. T. ungeliebte) Pflichtübung zu sein. Dafür lassen sich verschiedene Gründe anführen:

a) *Methodische Fragen*: Wie soll das Kopfrechnen gestaltet werden? Häufig erhofft man sich bereits allein von der Regelmäßigkeit eine verstärkte Behaltensleistung. Indizien *scheint* es dafür auch zu geben – zumindest zeitweise, denn gehäuftes Üben führt hier (temporär) zu erwartbaren Reproduktionsleistungen. Da aber die Aufgabentypen vergleichsweise isoliert geübt werden und auch bald wechseln, fällt die oft dramatische Vergessenskurve u. U. kaum auf. Ein zweiter Punkt ist die Art und Weise der Abfolge, in der die Aufgaben den Kindern gestellt werden. Oft ist sie rein zufällig und entsteht aus der situativen Eingebung; systematische Abfolgen i. S. operativer Aufgabenserien werden erfahrungsgemäß in diesen Phasen seltener realisiert. Und nicht zuletzt besteht die Gefahr einer vorschnellen Ablösung von Anschauungs- und Einsichtsprozessen: Wenn Kinder gehäuft richtige Ergebnisse produzieren, mag man geneigt sein, zur Automatisierung überzugehen mit dem Ziel, verlässliche Reiz-Reaktions-Mechanismen aufzubauen. Diese muss es ab einer gewissen Stelle im Lernprozess und bzgl. bestimmter Inhalte durchaus geben (z. B. Einmaleins, Einspluseins), das Problem ist allerdings der verfrühte Übergang dorthin (s. u.).

b) *Automatisierendes Üben vs. entdeckendes Lernen*: Üben als solches, insbesondere aber das automatisierende Üben wird (fälschlicherweise!) als unverträglicher Gegensatz zu Postulaten eines zeitgemäßen Mathematikunterrichts gesehen (vgl. auch Abschn. 3.1). Aber bei aller Berechtigung der nachdrücklichen Forderung, entdeckend zu üben und übend zu entdecken (Winter 1984a, 1984b), gibt es nach wie vor – wenn auch wenige – Inhalte der Grundschulmathematik (Basiskompetenzen), die ab einer bestimmten Stelle des Lernprozesses *auch* einer Automatisierung zugeführt werden müssen (vgl. Wittmann 2008). Die zunehmende Beherrschung grundlegender Rechenfertigkeiten

---

[24] Die Gottschalks, Pilawas und Jauchs der Fernsehlandschaft führen das immer wieder vor; nur ein Beispiel unter vielen: »John Kennedy jr. wurde im November 1995 in einer Talkshow von dem bekannten Journalisten Larry King interviewt. ›Wie alt wäre Ihr Vater jetzt eigentlich?‹ fragte King. John jr.: ›Uh, er ist 1917 geboren, also wäre er jetzt … uh … uh … naja … Im Subtrahieren war ich noch nie besonders gut.‹ Daraufhin sagte King ebenfalls, dass er die Aufgabe 95 − 17 nicht lösen könne – vielleicht aus purer Höflichkeit« (Treffers und de Moor 1996, S. 17).

Tab. 2.6   Übersicht über die Übungen des Blitzrechenkurses. (© Klett Verlag 2015, S. 2)

Rechnen bis 20	Rechnen bis 100	Rechnen bis 1 000	Rechnen bis 1 000 000
Wie viele?	Wie viele? / Welche Zahl?	Einmaleins auch umgekehrt	Zahlen zeigen und nennen
Zahlenreihe	Zählen in Schritten	Verdoppeln / Halbieren im Hunderter	Ergänzen bis 1 Million
Kraft der Fünf	Ergänzen zum Zehner	Wie viele? / Welche Zahl?	Stufenzahlen teilen
Zerlegen	Ergänzen bis 100	Zählen in Schritten	Subtraktion von Stufenzahlen
Ergänzen bis 10 / 20	100 teilen	Ergänzen bis 1 000	Zahlen lesen und schreiben
Verdoppeln	Verdoppeln / Halbieren	1 000 teilen	Zählen in Schritten
Einspluseins	Einfache Plusaufgaben	Verdoppeln / Halbieren im Tausender	Verdoppeln / Halbieren im Millionraum
Einsminuseins	Einfache Minusaufgaben	Einfache Plus- und Minusaufgaben	Einfache Additions- und Subtraktionsaufgaben
Halbieren	Zerlegen	Mal 10 / durch 10	Stelleneinmaleins
Zählen in Schritten / Mini-Einmaleins	Einmaleins	Zehnereinmaleins auch umgekehrt	Einfache Multiplikations- und Divisionsaufgaben

(erworben durch vielfältiges aktiv-entdeckendes Lernen und produktives Üben) soll zu *Routinen* führen, durch die Rechenanforderungen kognitiv handhabbar werden, wodurch das Gehirn Raum gewinnt für höherwertige Denkprozesse. Von daher ist das automatisierende Üben nicht *als solches* abzulehnen (sondern nur seine traditionelle mechanische Praxis); allerdings müssen die Fragen gestellt werden, *wann* automatisiert werden soll (didaktischer Ort) und *was* für so wichtig erachtet wird, dass es eine Automatisierung wert ist.

c) *Diffuse inhaltliche Zugehörigkeit vs. didaktisch begründeter Kopfrechenkurs*: Ein weiterer Grund für die ›Sprödigkeit‹ der Kopfrechenpraxis beruht auf einer recht diffusen inhaltlichen Zugehörigkeit einzelner Fertigkeiten zum Übungsbestand. Bereits früh forderte Oehl, »gewisse grundlegende Stoffe, Zahlbeziehungen und Rechenfunktionen« (1962, S. 100) zu üben, und um deren möglichst gleichmäßige Berücksichtigung sicherzustellen, hätte die Lehrerin einen monatlichen Plan über diese Übungen anzufertigen. Trotz konkreter Beispiele (Oehl 1962) konnte aber noch nicht von einem konsistenten Kurs gesprochen werden; und so war es lange Zeit noch nicht gelungen, den Stellenwert des Kopfrechnens *integrativ* in ein Gesamtkonzept des Mathematiklernens einzubinden (Feiks et al. 1988). Darin aber, das automatisierende Üben in ein *Gesamtkonzept des Mathematiklernens* einzubinden und die zu benennenden Basiskompetenzen aus der Fachstruktur abzuleiten, sieht Wittmann (2008) den einzig Erfolg versprechenden Weg. Und mit dieser Intention wurde der sogenannte Blitzrechenkurs entwickelt (Wittmann und Müller 1992, 2011b, 2017), in dem zehn fachlich und fachdidaktisch ausgewählte Aufgabenkategorien pro Jahrgangsstufe ausgearbeitet und auf konzeptionelle Füße gestellt wurden (vgl. Tab. 2.6).

Tab. 2.7 Thematische Stränge des Blitzrechenkurses. (© Klett Verlag 2015, S. 2)

Wie viele? Welche Zahl? Zahlen zeigen, nennen und lesen
Zahlenreihe / Zählen in Schritten
Zerlegen (additiv und multiplikativ)
Ergänzen
Verdoppeln / Halbieren
Einfache Plus- und Minusaufgaben
Einmaleins und Umkehrung

Die Aufgaben decken relevante arithmetische Basiskompetenzen der jeweiligen Jahrgangsstufe ab und sind bezogen auf die fundamentalen Ideen der Arithmetik (vgl. Abschn. 3.3). Die Farbgebung markiert sieben thematische Stränge (Tab. 2.7), die durch die vier Schuljahre bzw. Zahlenräume hindurchlaufen. Innerhalb eines ›Farbstrangs‹ ist eine jeweils links stehende Übung Voraussetzung für eine weiter rechts stehende.

Jede dieser Blitzrechnen-Übungen wird im Unterricht i. S. einer ›Zwei-Phasen-Übung‹ bearbeitet und aufgebaut (vgl. Wittmann und Müller 2011b):

a) *Grundlegungsphase:* Die Übungsform wird an gegebener Stelle vorgestellt und im Unterricht erarbeitet. Vorrangiges Ziel dieser Phase ist die *Einsicht* in die jeweilige Operation – üben lässt sich nur, was vorher verstanden wurde, und solide Zahlvorstellungen sind Voraussetzung auch für blitzartig verfügbares Wissen! Ein vorschneller Übergang zur Automatisierungsphase ist also möglichst zu vermeiden, auch wenn die sich dort zunächst durchaus abzeichnenden Lernerfolge dazu verleiten mögen. Diese sind aber häufig nur vordergründiger und kurzlebiger Natur; langfristig gesehen aber untergraben sie den Aufbau verlässlicher und flexibler Rechenfähigkeiten und -fertigkeiten.

b) *Automatisierungsphase:* Ihr didaktischer Ort liegt am *Ende* der jeweiligen Lernprozesse, nachdem eine tragfähige Verständnisgrundlage sichergestellt ist. Hier kann nun unter behutsamem und bewusstem Verzicht auf anschauliche Hilfen der Übergang zum *denkenden Rechnen* in Angriff genommen werden, d. h. zu einem Rechnen mit *verinnerlichten* Vorstellungen von Zahldarstellungen und Operationen.

Der Blitzrechenkurs ist zurzeit die einzige *ausgearbeitete* und in ein Unterrichtswerk integrierte Konzeption für die Kopfrechenpraxis[25]. Unabhängig davon wird aber auch in

---

[25] Für die (auch schulbuchunabhängige) unterrichtliche Umsetzung wurde eine Karteikarten-Variante entwickelt (Basiskurs Zahlen; Wittmann und Müller 2006). Für die digitale Nutzung in der Automatisierungsphase gibt es neben einer CD-ROM-Version (Wittmann und Müller 2007a/b) inzwischen auch entsprechende Apps für iOS- und Android-Smartphones bzw. -Tablets (Wittmann und Müller 2016b).

der gesamten Mathematikdidaktik übereinstimmend und nachdrücklich die Bedeutung des Kopfrechnens betont.

2.1.7.2 Halbschriftliches Rechnen

»Halbschriftliches Rechnen ist ein flexibles, je auf die Besonderheit der vorliegenden Aufgaben und des Zahlenmaterials bezogenes Rechnen unter Verwendung geeigneter Strategien. Es werden Zwischenschritte, Zwischenrechnungen, Zwischenergebnisse fixiert bzw. Rechenwege verdeutlicht sowie Rechengesetze und Rechenvorteile ausgenützt« (Bauer 1998, S. 180). Entscheidend ist dabei, dass die Art und Weise dieser *Notation nicht festgelegt* ist, auch wenn die in manchen Schulbüchern vorzufindende Praxis der ›Musteraufgaben‹ anderes suggerieren mag. Beim halbschriftlichen Rechnen sind auch die Wege zur Lösung nicht vorgeschrieben, was dem Aufgabenlöser größere Freiräume beim Verfolgen eigener Wege erlaubt. Und da es i. d. R. stets mehrere Lösungswege gibt, besteht gerade für Grundschulkinder die Chance, ihrem eigenen Können und Zutrauen gemäß vorzugehen, anstatt vorgeschriebenen (und möglicherweise unverstandenen) Wegen folgen zu müssen.

Halbschriftliches Rechnen setzt ein solides Zahlverständnis voraus und macht, v. a. im Zusammenhang mit geschicktem Rechnen, vielfachen Gebrauch von Zahlvorstellungen, Zahlbeziehungen und Rechengesetzen. Man spricht deshalb auch von halbschriftlichen *Strategien* und nicht von *Verfahren* wie beim schriftlichen Rechnen, »da beim halbschriftlichen Rechnen keine Normalverfahren angestrebt werden, sondern es darum geht, geschickt (›strategisch‹) vorzugehen« (Wittmann und Müller 1992, S. 20).

Die Tatsache, dass Rechenweg und Notation weitgehend freigestellt sind, hat dennoch keine Willkür zur Folge; man muss also in einer Klasse nicht mit 28 verschiedenen Lösungswegen und ebenso vielen Notationsweisen rechnen. Wenn Kindern eine Aufgabe vorgelegt und die Art und Weise ihrer Bearbeitung freigestellt wird, dann lassen sich die individuellen Vorgehensweisen in aller Regel einer überschaubaren Anzahl von Kategorien zuordnen, wenn auch nicht immer nur in Reinform. Man nennt sie daher *Hauptstrategien* (Details dazu bei Wittmann und Müller 1992, S. 20 f., 58 ff.), um damit anzudeuten, dass es einerseits *spontan* bevorzugte Vorgehensweisen sind, die aber zum anderen auch fundamentalen *innermathematischen Strukturen, Beziehungen oder Gesetzen* entsprechen. Das Belegen der verschiedenen Strategien mit einem verabredeten Namen/Begriff ist für die spätere Kommunizierbarkeit hilfreich und kann für die Kinder auch das Charakteristische bestimmter Strategien immer wieder verdeutlichen (vgl. z. B. Scherer und Hoffrogge 2004).

Erfahrungsgemäß fällt es Erwachsenen/Studierenden häufig schwer, sich auf die Vielfalt möglicher Strategien so einzulassen, dass sie auch *selbst* flexibler mit ihnen umzugehen lernen und sich von einem evtl. gewohnten starren Rechenweg emanzipieren, wenn es die Aufgabenstellung nahelegen würde. Es kann daher nur sehr empfohlen werden, die halbschriftlichen Strategien nicht nur nachzuvollziehen oder zu lehren, sondern sie auch selbst flexibel nutzen zu lernen – und diesen Lernaufwand (des regelmäßigen Tuns) nicht zu unterschätzen! Der intellektuelle *Nachvollzug* der halbschriftlichen Hauptstrategien (z. B. in einer Vorlesung oder bei Lektüre der Fachliteratur) suggeriert nämlich häufig, man hätte sie (natürlich!) verstanden. Werden sie aber einmal unversehens gebraucht, dann stellt man regelmäßig fest, dass ein routinierter Gebrauch eben doch mehr Übung bedurft hätte. Daher sei exemplarisch die gewissenhafte Bearbeitung der folgenden Aufgabe empfohlen[26]:

> - Berechnen Sie die Aufgaben $710 - 645$ und $599 + 342$ mit den halbschriftlichen Strategien ›Stellenwerte extra‹, ›Schrittweise‹, ›Vereinfachen‹, ›Hilfsaufgabe‹ sowie ›Ergänzen‹ (die Strategien finden Sie z. B. bei Wittmann und Müller 1992, S. 20 f., 58 ff., oder in einer Übersicht bei Krauthausen 1995c, S. 16).
> - Übersetzen Sie die Zahlen beider Aufgaben nun ins *Neunersystem* (vgl. Abschn. 2.1.5) und wenden Sie die genannten Strategien erneut an. (Diese Verfremdung lenkt Ihren Blick besonders auf die essenziellen Aspekte.)

Weitere Übungsformen zum halbschriftlichen Rechnen finden sich u. a. bei Wittmann und Müller (1992, 2017). Radatz et al. (1998) bevorzugen übrigens statt des Begriffs halbschriftliches Rechnen den Terminus *gestütztes Kopfrechnen*, weil es sich beim halbschriftlichen Rechnen im Grunde ja um ein Kopfrechnen handelt, das durch Notationen abgestützt wird (Radatz et al. 1998, S. 42). In der Tat geht es um ein Rechnen mit »halbschriftlichen Methoden im Kopf [...]. Kopfrechnen und halbschriftliche Methoden stehen also in einem sehr engen, sich *wechselseitig* befruchtenden Zusammenhang« (Krauthausen 1993, S. 201; Hervorh. i. Orig.).

Nachdem die o. g. Aufgabe einen gewissen praktischen Erfahrungshintergrund zu den halbschriftlichen Hauptstrategien ermöglicht hat, lassen sich diese Fähigkeiten in der folgenden Aufgabe zur Analyse von Schülerdokumenten anwenden:

> Einer 4. Klasse wurde die Aufgabe gestellt: »Wie viele Stunden hat ein Jahr?« (Walther 1982; Krauthausen 1995c[27]; vgl. auch Wittmann und Müller 2013, S. 76). Die Gruppenergebnisse wurden auf Plakaten vorgestellt und führten zu den in Abb. 2.24 gezeigten Vorgehensweisen.
>
> - Studieren Sie die Strategien dieser vier Gruppen.
> - Welche Hauptstrategien (bezogen auf die Multiplikation) in der Terminologie von Wittmann und Müller lassen sich darin finden? Zeigen Sie die jeweiligen Entsprechungen und Unterschiede.

---

[26] Natürlich ist auch damit allein noch keine Handlungskompetenz oder Performanz zu erzielen, sodass Sie jede Gelegenheit nutzen sollten, eine entsprechende Geläufigkeit und Flexibilität im Gebrauch der Strategien zu erwerben.

[27] Die schriftliche Multiplikation war noch nicht eingeführt, und Erfahrungen mit einer *Vielfalt* an halbschriftlichen Strategien lagen in dieser Klasse auch nicht vor.

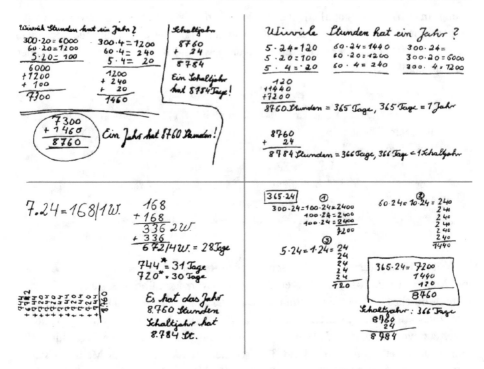

Abb. 2.24 Wie viele Stunden hat ein Jahr? – Ergebnisse von Viertklässlern. (© Krauthausen 1995c, S. 18)

2.1.7.3 Schriftliche Rechenverfahren

Beim schriftlichen Rechnen handelt es sich im Wortsinn um ›Verfahren‹ bzw. Algorithmen. Ein Algorithmus ist ein für seine spezifischen Anwendungsfälle (z. B. Multiplikationen) allgemeingültiges, in seiner Abfolge festgelegtes, eindeutig beschriebenes Verfahren, das nach endlich vielen Schritten und unabhängig von der Person, die diesen Algorithmus durchführt, zur Lösung führt (vgl. Krauthausen 1993, S. 192). Im Gegensatz zu den erwähnten halbschriftlichen Strategien sind also der Lösungsgang und auch die Notation fest vorgeschrieben, wobei es sich allerdings um Konventionen handelt. In anderen Ländern weichen diese also auch heutzutage durchaus voneinander ab (vgl. Glumpler 1986; Padberg und Büchter 2015), und auch historisch gab es andere Verfahren (vgl. Dabell 2002; Padberg und Büchter 2015; Thompson 2005; Volkert 1996). Selbst die Sprechweise, die die Kinder bei der Erstbegegnung mit schriftlichen Rechenverfahren im Unterricht erlernen, ist z. T. vorgeschrieben.

Ein weiterer Unterschied zwischen Algorithmen und halbschriftlichen Strategien besteht darin, dass bei schriftlichen Rechenverfahren mit *Ziffern* gerechnet wird, d. h., die Voraussetzungen an die Differenziertheit des Zahlverständnisses und der Zahlvorstellungen sind geringer als beim halbschriftlichen Rechnen (s. o.). Das mag auch ein Grund sein für die hohe Motivationskraft des schriftlichen Rechnens bei Kindern, die ansonsten eher zu den langsamer oder erschwerter Lernenden gezählt werden: Wer die Funktionsweise des Verfahrens nicht verstanden hat, kann es dennoch aufgrund des algorithmischen Charakters (›Rechen-Rezept‹) praktizieren, da die Regeln für die Ziffernmanipulation und die Notation vergleichsweise einfach zu behalten und die Teilaufgaben (aus dem Einmaleins oder Einspluseins) leicht zu berechnen sind. Die schriftlichen Rechenverfahren sollen allerdings unter ausdrücklicher Anbindung an das Kopfrechnen und die halbschriftlichen Strategien entwickelt werden (vgl. z. B. Scherer und Steinbring 2004b), also *verständnisgestützt* und mit Anbindung an Veranschaulichungen ausgeführt werden können (vgl. die Herleitung der Strategie Malkreuz über die Vorgehensweise mit zwei Folien und dem 400er-Feld in Abschn. 2.1.6.3, Abb. 2.22). Denn hier besteht potenziell die Gefahr einer vorschnellen Abkopplung von Einsichtsprozessen zugunsten einer verfrühten Geläufigkeitsschulung und auf Kosten des Verstehens.

Der Grad der Einsicht und Geläufigkeit, mit dem Algorithmen am Ende der Klasse 4 beherrscht werden sollen, kann sich von Bundesland zu Bundesland unterscheiden: So lauten die Kompetenzerwartungen in Nordrhein-Westfalen: Die Schülerinnen und Schüler ...

- »*erläutern* die schriftlichen Rechenverfahren der Addition (mit mehreren Summanden), der Subtraktion (mit einem Subtrahenden), der Multiplikation (mit mehrstelligen Faktoren) und der Division mit Verwendung der Restschreibweise (durch einstellige und wichtige zweistellige Divisoren, z. B. *10, 12, 20, 25, 50*), indem sie die einzelnen Rechenschritte an Beispielen in nachvollziehbarer Weise beschreiben,
- *führen* die schriftlichen Rechenverfahren der Addition, Subtraktion und Multiplikation *sicher aus*« (MSW 2008, S. 62; Hervorh. GKr).

Geläufigkeit beim Ausführen der schriftlichen *Division* wird hier also nicht erwartet, anders als z. B. in Hamburg, wo es heißt, die Schülerinnen und Schüler »verstehen Verfahren der schriftlichen Addition, Subtraktion, Multiplikation *und Division, führen diese geläufig aus* und wenden sie bei« geeigneten Aufgaben an« (BSB 2011, S. 20; Hervorh. GKr). Auch in Bayern wird die *automatisierte* Ausführung aller vier schriftlichen Rechenverfahren erwartet (BST 2014, S. 283).

Intensivere Diskussionen in der Fachdidaktik über das eine oder andere schriftliche Rechenverfahren betrafen seltener die Addition oder die Multiplikation, sondern v. a. die schriftliche Division (multiplikative oder Divisionsschreibweise, Notation von Resten; vgl. u. a. Sorger 1984; Winter 1978) sowie die schriftliche Subtraktion. Schaut man sich den Subtraktionsalgorithmus aus fachlicher Sicht an, dann gibt es zwei grundsätzlich unterschiedliche Verfahren, die auf entsprechenden Modellvorstellungen der Subtraktion beruhen, dem Abziehen und dem Ergänzen. In Fällen, bei denen eine Ziffer im Subtrahenden größer ist als die Ziffer des gleichen Stellenwertes im Minuenden, wird eine Stellenwertüberschreitung notwendig. Und hierzu gibt es drei Techniken: die Borge- oder Leihtechnik, die Erweiterungstechnik und die Auffülltechnik. Die unterschiedlichen Methoden der schriftlichen Subtraktion ergeben sich nun als Kombinationen eines *Verfahrens* mit einer *Technik* für Überträge (vgl. Wiegard 1977), d. h. theoretisch sechs, faktisch aber fünf Methoden (die Auffülltechnik macht beim Abziehverfahren keinen Sinn).

Lange Zeit war das Ergänzungsverfahren in den Lehrplänen der Bundesländer vorgeschrieben. In den 1990er-Jahren entspann sich dann eine lebhafte Diskussion um das Für und Wider der Vorgehensweisen (z. B. Bedürftig und Koepsell 1995, 1998; Lorenz 1995c; Mosel-Göbel 1988; Padberg 1994, 1998; Radatz und Schipper 1997; Wittmann 1997d, 1997e, 1998b), mündend in einem Plädoyer zur *Freigabe des Verfahrens* (Radatz und Schipper 1997). Nach Jahren verpflichtender Reglementierung des Verfahrens und der Übertragstechnik inkl. der jeweiligen Schreib- und Sprechweise sind aktuelle Lehr- oder Bildungspläne i. d. R. dazu übergegangen, den Lehrerinnen größere Entscheidungsräume zu belassen und ihnen die Wahl des Verfahrens freizustellen, so z. B. NRW, Bremen und Hamburg (MSJK 2003, S. 76; SBW 2001, S. 56, 64; BBS 2003, S. 26). Bayern hingegen scheint eher den gegenteiligen Weg zu gehen: Wurde zunächst das Abziehverfahren noch als »Richtverfahren« beschrieben und auch das Ergänzungsverfahren »in Einzelfällen« zugelassen – bei vorgeschriebener Sprechweise (BSUK 2000, S. 31) –, so ist im aktuell gültigen LehrplanPLUS für die bayerische Grundschule nur noch vom Abziehverfahren als ›verbindlichem Verfahren und Endform‹ die Rede; und auch bzgl. der Übertragstechnik ist die Leih-/Borgetechnik inkl. der Sprechweise die fest vorgeschriebene Endform (BST 2014, S. 333 f.).

Gemessen an der jeweiligen Bedeutung von halbschriftlichem und schriftlichem Rechnen in der Grundschule, die durch ein weitgehend übereinstimmendes Plädoyer zur Stärkung des ersteren und zur Relativierung des letzteren in der fachdidaktischen Diskussion gekennzeichnet ist (s. u.), gehört ein ›Streit‹ zum Pro und Kontra des Ergänzungs- vs. des Abziehverfahrens an sich nicht zu den drängendsten Fragen der Mathematikdidaktik. Daher ist auch zu befürworten, dass es den Lehrpersonen heutzutage i. d. R. freisteht, welche Methode sie in ihrem Unterricht einführen bzw. ob sie jene übernehmen wollen, die dem eingeführten Schulbuch zugrunde liegt.

Diese Freiheit geht allerdings auch einher mit größerer Verantwortung: Da die fünf Methoden sowohl mit anderen fachlichen Rahmenbedingungen/Ideen als auch mit entsprechend anderen Sprechweisen verbunden sind, ist es i. S. der Lernenden geboten, sich vorher mit den jeweiligen Implikationen vertraut zu machen. Der Beitrag von Wiegard (1977) ist dafür nach wie vor zu empfehlen, da er einen kompakten Überblick über die Verfahren, Techniken, Schreib- und Sprechweisen vermittelt.

Abschließend eine Aufgabe, mit der sich das eigene (*tatsächliche!*) Verständnis für die Funktionsweise der schriftlichen Rechenverfahren überprüfen lässt. Sie wurde bereits in Abschn. 2.1.5.3 initiiert und wird hier wie folgt erweitert:

- Führen Sie zu jeder Grundrechenart einige Berechnungen nach dem in Ihrem Bundesland vorgeschriebenen schriftlichen Verfahren durch, wobei Sie zunächst im Zehnersystem rechnen können, dann aber (zur Verfremdung und Konzentration auf das Prinzipielle) die Berechnungen in einem nichtdezimalen Stellenwertsystem vornehmen sollten (also bspw. zur Basis 5, 6, 7, oder 8).

- Berechnen Sie jeweils auch die Probe (mithilfe geeigneter Verfahren).
- Führen Sie schriftliche Subtraktionen auch nach den bei Wiegard (1977) aufgeführten alternativen Verfahren durch – wahlweise im Zehner- oder einem nichtdezimalen Stellenwertsystem.

2.1.7.4 Taschenrechner

Die Wesensmerkmale von Algorithmen begründen u. a. auch die Tatsache, dass ihre Durchführung an Maschinen delegiert werden kann. Eine *Einsicht* in die Funktionsweise, in das *Warum* ihres Funktionierens, ist also nicht zwingend erforderlich. Eine dieser heutzutage allerorten und jederzeit greifbaren Maschinen ist der Taschenrechner. Sein Einsatz kann also als eine weitere Rechenmethode verstanden werden. Da er auch als Arbeitsmittel in Grundschulen eingesetzt werden kann, widmet sich das Abschn. 4.7.8.2 dem Thema ausführlicher. Zudem wird im folgenden Abschnitt noch etwas zu seiner Einordnung bzw. seiner Beziehung zu den anderen Rechenmethoden gesagt werden.

2.1.7.5 Zum Verhältnis der vier Rechenmethoden

Mit Rückgriff auf einen Aufsatz von Plunkett (1987) und vor dem Hintergrund des Paradigmas aktiv-entdeckenden und sozialen Lernens wird bei Krauthausen (1993, 2017) der jeweilige Stellenwert diskutiert, der den o. g. Rechenmethoden traditionell und im Hinblick auf zeitgemäßes Mathematiklernen zugesprochen wird bzw. werden sollte. Demnach wird im Rahmen einer *traditionellen Sichtweise* das Kopfrechnen als Pflichtübung, das halbschriftliche Rechnen als (eher unelegante) Durchgangsstation zur Vorbereitung auf das schriftliche Rechnen beschrieben und das schriftliche Rechnen als Krönung oder Höhepunkt des Rechenunterrichts in der Grundschule bezeichnet. Konsequenterweise kann der Taschenrechner kaum anders denn als Rechenvermeidungsgerät verstanden werden, was auch seine lange Abstinenz in unterrichtlichen Zusammenhängen erklärt. Demgegenüber wird die *relativierte Sichtweise* wie folgt skizziert (vgl. Krauthausen 1993, 2017): Das Kopfrechnen ist Grundbaustein des Rechnens (insbesondere mit den Kriterien, wie sie in Abschn. 2.1.7.1 zum Blitzrechnen formuliert wurden). Die halbschriftlichen Strategien als eine ökonomische Rechenart für eine Vielzahl von Rechenanforderungen rücken ins Zentrum, und die schriftlichen Normalverfahren stellen (als *eine* weitere Rechenart) eine Abrundung dar. Der Taschenrechner erhält dann unter dem Primat der Didaktik (vgl. Abschn. 4.7.8.2) eine wichtige Hilfsmittelfunktion.

Die Vormachtstellung der schriftlichen Rechenverfahren im Rahmen der traditionellen Sichtweise lässt sich u. a. durch ihre Effizienz und ihre schulische Tradition erklären.

Gleichzeitig lassen sich aber ebenso Gründe für ihre schwindende Bedeutung angeben, wie auch im Gegenzug für eine Aufwertung des halbschriftlichen Rechnens (Näheres dazu in Krauthausen 1993). Die Forderung nach einer *Schwerpunktverlagerung* ist weitgehend konsensfähig in der fachdidaktischen Diskussion, und nahezu alle Schulbücher räumen inzwischen (wenn auch mit unterschiedlicher Konsequenz) dem halbschriftlichen Rechnen mehr Zeit und ein breiteres Spektrum ein. Bauer (1998) bringt zum Ausdruck, »dass es trotz dieser Umorientierung nach wie vor wichtige Argumente gibt, die auch künftig eine gründliche Behandlung der Normalverfahren des schriftlichen Rechnens erforderlich machen« (Bauer 1998, S. 179). Er plädiert daher dafür, »bei dem gegenwärtig stattfindenden Vorgang der Austarierung der Gewichte verschiedener Formen des Rechnens die Bedeutung der Normalverfahren des schriftlichen Rechnens nicht aus dem Auge zu verlieren, sondern angemessen zu entfalten und zu berücksichtigen« (Bauer 1998, S. 182).

Das ist auch ein Grund dafür, die schriftliche Division im Grundschulcurriculum zu belassen und sie nicht – wie hin und wieder vorgeschlagen – in die Sekundarstufe I auszulagern. Denn Algorithmen sind *auch* ein Teil der Mathematik, und die schriftlichen Rechenverfahren sind gleichsam ihre einzigen Repräsentanten in der Grundschule. Deshalb macht es Sinn, sie auch dort gemeinsam zu behandeln, d. h. ihre Funktionsweise zu erkunden (wenn auch, wie im Falle der Division, nicht unbedingt auf der Geläufigkeit ihrer Ausführung zu bestehen).

Zusammenfassend lässt sich festhalten, dass es in der Diskussion nicht um eine Eliminierung schriftlichen Rechnens aus dem Grundschulcurriculum geht, sondern um das »*Plädoyer für eine Neubestimmung des Stellenwertes* der angesprochenen Bereiche. Angesichts heutiger Erkenntnisse ist eine Revision erforderlich, die sich auf die *spezifischen* Merkmale, Zielsetzungen und Stärken der jeweiligen Methoden besinnt. In gewisser Weise ist dazu der Rückgriff auf bewährte Ideen aus der Geschichte der Rechen- bzw. Mathematikdidaktik hilfreich, weshalb hier bewusst von ›Revision‹ und nicht von ›Revolution‹ gesprochen wird« (Krauthausen 1993, S. 190; Hervorh. im Orig.; vgl. auch Krauthausen 2004b; Rathgeb-Schnierer 2010; Threlfall 2002).

Angesichts der vielfältigen Argumente (vgl. Bauer 1998), welche die unbestreitbare Bedeutung von Algorithmen (im Unterricht, in der Mathematik, für außerschulische Aspekte) darlegen, wäre aber zu bedenken, dass es auch hierbei *schulstufenspezifisch unterschiedliche Gewichtungen* geben kann. So stellen etwa schriftliche Rechenverfahren leicht zugängliche Beispiele für algorithmisches Vorgehen in der Mathematik dar, deren Analyse und auch Konstruktion im Mathematikunterricht (v. a. der Sekundarstufen) thematisiert werden sollte; in der Grundschule ist das nur mit Einschränkungen möglich. Effizienzargumente mögen auch bereits in der Grundschule in *gewissen* konkreten Anwendungszusammenhängen angebracht sein; für das *Erlernen* der schriftlichen Rechenverfahren allerdings treten sie zunächst einmal in den Hintergrund. Das berechtigte Anliegen einer Schwerpunktverlagerung oder Austarierung der Gewichte hätte also stets ihren jeweiligen didaktischen Ort und die damit verbundenen spezifischen und primären Zielsetzungen zu berücksichtigen. Gemeinsamer Fluchtpunkt aller Rechenmethoden ist ihr Beitrag zum geschickten, flexiblen Rechnen (vgl. Rathgeb-Schnierer 2006, 2010, 2011), was wie gesehen v. a. solide verfügbare Basiskompetenzen und die einsichtige Nutzung von Rechengesetzen erfordert.

- Studieren Sie die Texte von Krauthausen (1993, 2004b, 2017), Bauer (1998) und Threlfall (2002).
- Sammeln Sie Pro- und Kontra-Argumente zum halbschriftlichen Rechnen und zu den schriftlichen Normalverfahren.
- Simulieren Sie ein Streitgespräch zwischen Lehrpersonen über die in diesem Kapitel skizzierte Problematik. Nehmen Sie dazu gegensätzliche Positionen ein und führen Sie vielfältige Argumente für Ihre Position ins Feld.
- Eventuell als Zuschauer teilhabende Personen sollten anschließend das Streitgespräch kommentieren und auswerten.

2.2 Geometrie

Vorrangige Leitideen (vgl. KMK 2005a)

»Raum und Form«: sich im Raum orientieren; geometrische Figuren erkennen, benennen und darstellen; einfache geometrische Abbildungen erkennen, benennen und darstellen; Flächen- und Rauminhalte vergleichen und messen

»Muster und Strukturen«: Gesetzmäßigkeiten erkennen, beschreiben und darstellen; funktionale Beziehungen erkennen, beschreiben und darstellen

Das einleitende Beispiel dieses Kapitels soll einige zentrale Inhalte und Ziele des Geometrieunterrichts verdeutlichen. Es handelt sich um Aktivitäten am *Geobrett* (Nagelbrett), einem ebenso gehaltvollen wie wahrscheinlich unterschätzten, jedenfalls häufig vernachlässigten Arbeitsmittel (vgl. Radatz und Rickmeyer 1991; Rickmeyer 1997, 2000; Senftleben 1996a, 2001a, 2001b; Steibl 1997). Es ist in verschiedenen Größen erhältlich (z. B. 3×3, 4×4 oder 5×5; vgl. Abb. 2.25), die entweder in einer Holz- oder Kunststoffversion (auch für den Tageslichtprojektor geeignet) gekauft oder aber aus Holz selbst hergestellt werden können[28]. Benötigt werden zusätzlich noch handelsübliche Gummiringe.

Eine wesentliche Einsatzmöglichkeit ist die *Herstellung* und *Beschreibung* ebener Figuren. Mögliche Aktivitäten bspw. am 3×3-Brett wären das Spannen bestimmter Formen,

---

[28] Auch digitale Versionen (Tablet-Apps) sind erhältlich (z. B. MLC 2015; Ventura 2012a). Diese sind aber als lediglich digitalisierte Pendants nicht unbedingt dasselbe: Die Digitalisierung bringt u. U. neue Optionen oder andere Handlungsweisen mit sich, die man als ›Mehrwert‹ betrachten kann, die aber nicht zwingend auf den gleichen fachlichen/fachdidaktischen Ideen oder Konzepten beruhen (am analogen Geobrett kann man ein gespanntes Dreieck nicht in gleicher Weise drehen oder spiegeln). Hier ist also jeweils eine differenzierte Analyse und Bewertung erforderlich.

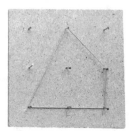

Abb. 2.25   Geobretter verschiedener Größe und Machart

z. B. Dreiecke, oder das (Nach-)Spannen vorgegebener Figuren (Abb. 2.26; vgl. auch die vielfältigen und gehaltvollen Aufgabenangebote bei Götze und Spiegel 2006a; Senftleben 1996a, 2001a, 2001b): Bezeichnet man die Nägel des Brettes (z. B. mit Buchstaben[29]), dann lassen sich diese gezielt ansprechen und damit für Spanndiktate nutzen, bei denen ein Kind den Spannverlauf durch das Diktat der entsprechenden Buchstaben vorgibt und von den anderen Kindern befolgt wird (vgl. Radatz et al. 1999, S. 148 f.).

Natürlich lässt sich Vergleichbares auch mit Raumorientierungsbegriffen wie rechts, links, waagerecht, senkrecht, diagonal, hoch, runter, schräg und/oder der Angabe von Nägel-Anzahlen bewerkstelligen. Diese Variante hat den Vorteil, dass begleitend diese wichtigen Begrifflichkeiten geübt werden, die ja in anderen (geometrischen und arithmetischen) Zusammenhängen des Grundschulunterrichts immer wieder auftauchen[30] (vgl. auch die Möglichkeit der Koordinatendarstellung).

In einem nächsten Schritt könnten *alle* (wesentlich verschiedenen) *Dreiecke* (oder auch *Vierecke*) gesucht werden (vgl. Rickmeyer 2000; Senftleben 2001a/b). Abb. 2.27 zeigt die Bearbeitung von Paško (1. Klasse), der bereits sehr systematisch vorging, indem er in

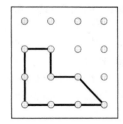
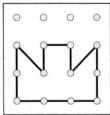
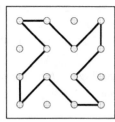
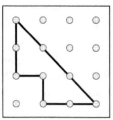

Abb. 2.26   Spanndiktate am 4 × 4-Geobrett. (© Radatz et al. 1999, S. 149)

---

[29] Handelsübliche transparente und damit für den OHP geeignete Plastikversionen des Geobrettes haben diese Buchstaben u. U. bereits aufgedruckt. Bei einer digitalen App können sie wahlweise ein- oder ausgeblendet werden.

[30] Dass es sich hierbei nicht um eine Trivialität handelt, lässt sich u. a. daran ersehen, dass auch nicht wenige Studierende häufiger die Begriffe horizontal und vertikal verwechseln (ebenso wie die Begriffe Zeile, Spalte, Diagonale – z. B. bei Beschreibungen an der Einmaleinstafel).

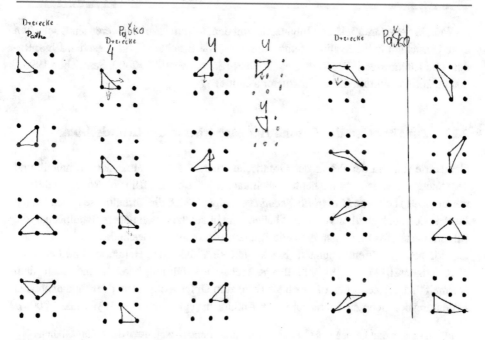

Abb. 2.27 Paškos Strategie zum Auffinden verschiedener Dreiecke (1. Klasse)

seinen Protokollskizzen durch Pfeile andeutete, dass ein Dreieck bestimmter Größe durch Verschieben verschiedene Lagen auf dem Brett einnehmen kann[31]; ähnlich ging er für Dreiecke anderer Größen oder Formen bzw. für geklappte Figuren vor.

Das Geobrett eignet sich auch für Erfahrungen zur *Symmetrie*: Hierzu können symmetrische Figuren zu einer Achse (hier: Brettkante, -mittellinie, -diagonale) gespannt oder gespannte Figuren auf Symmetrie hin untersucht werden.

Spannen Sie auf einem 3 × 3-Brett ...

- zwei wesentlich verschiedene Vierecke mit jeweils genau einer Symmetrieachse,
- zwei wesentlich verschiedene Fünfecke mit jeweils genau einer Symmetrieachse,
- zwei wesentlich verschiedene Sechsecke mit jeweils genau einer Symmetrieachse,
- ein Sechseck mit genau zwei Symmetrieachsen.

---

[31] Unter der Maßgabe, dass es sich um *wesentlich* verschiedene Dreiecke handeln soll, dürften seine abgebildeten vier Dreiecke natürlich nur als eines gezählt werden, da ›wesentlich‹ verschieden meint: dem *Wesen* nach anders. Demnach würden alle durch Drehung, Spiegelung oder Verschiebung erzeugten Dreiecke als gleich gelten.

Weitere denkbare Ziele und Inhalte, die mit dem Geobrett zu realisieren sind, betreffen erste Einsichten in Flächeninhalt und -umfang sowie Bruchteile (vgl. Besuden 1998; Radatz und Rickmeyer 1991; Radatz et al. 1998; Rickmeyer 1997, 2000; Senftleben 1996a, 2001a, 2001b; Ventura 2012a, Instructor's Guide).

2.2.1 Zur Situation des Geometrieunterrichts in der Grundschule

Geometrie führt in der Praxis des Grundschulunterrichts gegenüber der Arithmetik und dem Sachrechnen leider auch heute manchmal noch das bereits früh von Radatz und Rickmeyer (1991) beklagte *Mauerblümchendasein*, obwohl sich die Verhältnisse in den letzten Jahren doch auch spürbar verbessert haben – nicht zuletzt durch neuere Schulbücher, die Bildungsstandards und entsprechende Bildungspläne der Bundesländer sowie durch anregende neue Veröffentlichungen (Franke und Reinhold 2016; Helmerich und Lengnink 2016; Winter 2011). Gleichwohl fallen geometrische Erfahrungsbereiche und Inhalte dem (vermeintlichen) Zeitdruck oft noch als Erste zum Opfer – ungeachtet der fundamentalen Bedeutung des Geometrieunterrichts von Anfang an (vgl. Winter 1971; Wittmann 2009).

> »Dem Lehren und Lernen von Geometrie wird immer noch – zugunsten des Arithmetikunterrichts – ein geringer Stellenwert im Mathematikunterricht beigemessen. Häufig – dies kann in der gegenwärtigen Unterrichtspraxis beobachtet werden – ist es noch immer üblich, dass geometrische Inhalte sporadisch in den Mathematikunterricht eingeflochten werden. Auch und gerade ist dies in aktuellen Lehrwerken für den Mathematikunterricht für die verschiedenen Schulstufen zu entdecken. Um geometrische Kompetenzen bei Kindern und Jugendlichen in einer kontinuierlichen Weise aufbauen zu können, bedarf es kontinuierlich aufgebauter Lehrgänge« (Hellmich 2007, S. 298).

Verantwortlich für diese Situation, die man auch im Kontext der Entwicklung der Grundschulgeometrie sehen muss (vgl. Franke und Reinhold 2016, S. 5 ff.), sind v. a. die von Radatz und Rickmeyer (1991, S. 4) und Franke und Reinhold (2016, S. 4 f.) beschriebenen Gründe:

- *Vernachlässigung der Geometrie in der Lehrerausbildung:* Abgesehen von der Tatsache, dass seinerzeit für angehende Grundschullehrerinnen nicht in allen Bundesländern Mathematik zum verpflichtend zu studierenden Unterrichtsfach gehörte (was sich inzwischen zunehmend durchgesetzt hat), war (ist?) die Geometrie (inkl. ihrer Didaktik) im Veranstaltungsangebot durchaus nicht immer hinreichend breit vertreten. In Kombination mit häufig fehlenden schulischen geometrischen Hintergründen der Studierenden kann daraus zunächst eine große *fachliche* Unsicherheit resultieren, und zwar sowohl bzgl. möglicher Inhalte als auch bzgl. tragfähiger Eigenerfahrungen mit einem aktiven *Geometrietreiben*.

- Fachliche Unsicherheiten erschweren naturgemäß – v. a. angesichts des Fehlens eines Geometriecurriculums (s. u.) – die Auswahl der zu thematisierenden Inhalte, ihre sinnvolle Anordnung und Einbettung in den Jahresplan und führen letztlich auch zu *fachdidaktischen* Unsicherheiten.

- In der Folge kann es nicht verwundern, dass Geometrie nur einen ›Intermezzo-Charakter‹ hat und eher wegen ihres Unterhaltungswerts behandelt wird – z. B. zur ›Auflockerung nach anstrengender Rechenarbeit‹. Die Fülle von Anregungen und v. a. ihre geometrisch-mathematische Substanz und Bedeutung, die der Geometrieunterricht de facto ermöglichen *könnte* (vgl. Radatz und Rickmeyer 1991; Franke und Reinhold 2016; Helmerich und Lengnink 2016; Krauter und Bescherer 2013), wird aufgrund des mangelnden Hintergrundwissens nicht erkannt oder kaum gewürdigt.

- Das mag kurzfristig zu einem schlechten Gewissen führen, weil man etwas aus dem Schulbuch weggelassen hat. Das Störgefühl verliert sich aber recht schnell, weil es ja nicht die für wesentlich wichtiger erachtete Arithmetik betrifft, für die man eher geneigt ist, umfangreiche Übungsphasen einzuplanen.

- Geometrie gilt als *vergleichsweise schwer zu unterrichten*, was zum einen an dem eben genannten Verhältnis der Lehrerinnen zur Geometrie liegt, zum anderen aber ist Geometrieunterricht relativ aufwendig, da er vernünftigerweise kaum als Buchunterricht ablaufen kann, sondern den Einsatz von weiteren Materialien erfordert. Erhöhter Materialeinsatz geht aber naturgemäß auch mit größerer Lebendigkeit einher, die nicht von allen Lehrkräften gleichermaßen als normal bzw. als eine *produktive* Unruhe verstanden oder ertragen wird.

- In *Schulbüchern* stehen die Geometrieanteile möglicherweise willkürlich eingestreut und vergleichsweise isoliert von arithmetischen Fragestellungen, sinnvolle Interdependenzen werden dann zu wenig explizit gemacht und nahegelegt. Auch dies verführt zum Überspringen oder Zurückstellen der entsprechenden Seiten.

- Geometrische Leistungen der Kinder sind *schwerer abprüfbar und zensierbar* als arithmetische, wo es durch subjektive Punkteverteilungen zumindest das Gefühl einer objektiven Leistungsbeurteilung gibt (vgl. aber hierzu auch Abschn. 5.6).

Backe-Neuwald (1998, 2000) hat seinerzeit die Einschätzungen aus der fachdidaktischen Literatur durch eine Befragung von über 120 Lehrerinnen und Lehramtsanwärterinnen ergänzt, um so eine Momentaufnahme der gegenwärtigen unterrichtlichen Praxis des Geometrieunterrichts zu gewinnen. Da man vermuten kann – zumindest deuten sporadische Gespräche mit Lehrpersonen in den letzten Jahren darauf hin –, dass sich die Situation bis heute zumindest nicht signifikant geändert hat, sollen die Ergebnisse kurz dargestellt werden. Der Fragebogen umfasste die folgenden Leitfragen:

- »Welche geometrischen *Inhalte* sind den LehrerInnen besonders wichtig, welche werden in der Praxis umgesetzt?
- Wie bewerten die LehrerInnen das von ihnen eingesetzte *Schulbuch* im Hinblick auf Unterrichtsplanung und -durchführung?
- Mit welchen *Materialien* sind die LehrerInnen vertraut, und wie werden diese Materialien im Unterricht eingesetzt?
- Welche *Bedeutung* wird den *ausgewählten Zielen* ›Förderung des räumlichen Vorstellungsvermögens‹ und ›Beitrag zur Umwelterschließung‹ beigemessen?
- Gilt der Geometrieunterricht in den Augen der LehrerInnen als vernachlässigt? Wenn ja, welche *Ursachen* werden dafür verantwortlich gemacht?
- Welche geometrischen *Aktivitäten* werden in anderen Unterrichts-Fächern thematisiert?« (Backe-Neuwald 2000, S. 1; Hervorh. GKr)

Die Auswertung hat die o. g. Einschätzung der Geometrie im Mathematikunterricht der Grundschule bestätigt. Die Befragten verstehen sie in der Tat eher als einen Nebenschauplatz des Mathematikunterrichts. »Hier erscheint Rechtfertigungsbedarf hinsichtlich der fundamentalen Ideen des Geometrieunterrichts, die trotz Zeitnot und Themenfülle wert sind, im Unterricht berücksichtigt zu werden« (Backe-Neuwald 2000, S. 2; vgl. Abschn. 2.2.2).

Ebenso bestätigt werden konnte das vergleichsweise isolierte Nebeneinander von Geometrie und Arithmetik. Auch wurden die Einflüsse negativer Erfahrungen mit Geometrie aus der eigenen Schulzeit der Befragten offenkundig: »Zu befürchten ist die Gefahr der ›Infizierung‹, indem die eigene emotionale Ablehnung der Geometrie von der Lehrperson auf die Kinder übertragen wird« (Backe-Neuwald 2000, S. 3), und das kann u. U. auch unbewusst geschehen oder aber dadurch, dass man den Kindern entsprechende Angebote vorenthält.

Offensichtlich erfreuten sich v. a. Inhalte des 1./2. Schuljahres besonderer Beliebtheit, wohingegen solche der 3./4. Klasse eher vernachlässigt wurden, wofür u. a. die evtl. fehlende Fachkompetenz ein Erklärungsmuster sein mag. Dennoch stimmten knapp 80 % der Befragten der These zu, dass der Geometrieunterricht in der Grundschule vernachlässigt würde. Die Hauptursachen wurden zu 90 % in der Dominanz arithmetischer Inhalte und dem damit einhergehenden Zeitproblem gesehen, aber auch in der Materialintensität des Geometrieunterrichts (63 %). 43 % nannten diese beiden Gründe kombiniert.

Backe-Neuwald kommt zu dem Schluss, dass es bis dato nicht gelungen sei, ein überzeugendes Konzept für den Geometrieunterricht vorzulegen, das die Vorzüge, Möglichkeiten und Chancen der Geometrie für die kognitive und emotionale Entwicklung von Kindern plausibel machen würde.

Wie bereits angedeutet, hat sich seit 1991, als Radatz und Rickmeyer ihre Einschätzungen formulierten, an manchen Stellen durchaus einiges getan. Um sie also nicht unreflektiert fortzuschreiben, sollten jeweils die aktuellen Bedingungen in den Blick genommen werden (Lehr-/Bildungspläne, Schulbücher, Materialien, Fachliteratur, Angebote in der

Lehrerbildung). Gleichwohl kann weiterhin von Optimierungsbedarf für die Situation des Geometrieunterrichts an der Grundschule ausgegangen werden.

Im Unterschied zur Arithmetik ist die Geometrie in der Grundschule nicht als Lehrgang konzipiert und wird daher nicht so systematisch entwickelt. Es wird vielmehr der propädeutische Charakter des Geometrieunterrichts in der Grundschule betont. In *gewissem* Sinne ist er eine Vorbereitung und Grundlage für den systematischen Geometrieunterricht in der Sekundarstufe I. Dies ist aber gemeint i. S. des Spiralcurriculums (vgl. Abschn. 3.3) und nicht als Vorwegnahme inhaltlicher Systematik, Begrifflichkeiten oder formalerer Betrachtungsweisen und Berechnungen der Sekundarstufe, die möglicherweise in einen bloßen ›Figuren-Erkennungsdienst‹ oder das ›Abhandeln des Würfels‹ ausartet (De Moor und Van den Brink 1997, S. 16). Der Geometrieunterricht in der Grundschule hat also durchaus eine eigenständige Bedeutung: Er soll konkrete Handlungserfahrungen ermöglichen, Raumerfahrungen vertiefen und geometrische Verfahren und Techniken, das Geometrietreiben, erproben lassen. Das ist nicht gleichbedeutend mit anspruchslosen ›Spielereien‹:

> »Leitziel für den Geometrieunterricht auf der Grundschule sei es, dass Geometrie unterrichtet werde [...] Wird das ›ich sehe es so‹ durch Stammeln des Schülers oder durch auferlegte Erklärungen des Lehrers ersetzt, so ist man didaktisch keinen Schritt weiter. Jeder, der zu unterrichten hat, prüfe bei sich selber, wie schwer es sein kann, das, was man klar und deutlich sieht, auch noch zu begründen« (Freudenthal 1978, S. 267).

Kehrseite der Medaille eines fehlenden Lehrgangs ist allerdings die dann mögliche Beliebigkeit der Inhalte. Es wäre also darüber nachzudenken, ob das Fehlen eines Lehrgangs – oder wenigstens einer plausiblen und stärkeren Strukturierung des geometrischen Programms in der Grundschule – z. T. nicht auch *mitverursachend* für die genannten Probleme wirken kann. De Moor und Van den Brink (1997, S. 16) lehnen zwar einen stark strukturierten Lehrgang ab, wollen damit aber nicht so verstanden werden, »dass wir nicht zumindest eine globale Beschreibung des Programms benötigen«. Wittmann (1999b) wagt die Behauptung, »dass der Hauptgrund für die schwache Position der Geometrie im Unterricht aller Stufen im Fehlen eines stufenübergreifenden didaktischen Konzeptes zu suchen ist, das den fachlichen Strukturen der Geometrie, den jeweiligen psychologischen Voraussetzungen der Lernenden und auch den Erfordernissen der Lehrerinnen und Lehrer gleichermaßen gerecht wird« (Wittmann 1999b, S. 209). So gesehen bestünde hier nach wie vor ein nichttriviales Aufgabengebiet für die zukünftige mathematikdidaktische Entwicklungsforschung ...

Eine denkbare Strukturierung böte sich etwa an durch eine konsequentere Ausrichtung und Orientierung an den *fundamentalen Ideen der Geometrie* (vgl. Abschn. 2.2.2; Wittmann 2009). Diese ließen sich in natürlicher Weise entfalten, würde man »zunächst eher von schönen, motivierenden Beispielen und Aktivitäten ausgehen, die sozusagen eine *paradigmatische Wirkung* haben können« (De Moor und van den Brink 1997, S. 17; Hervorh. GKr). Zu ›*Kernbereichen*‹ in dieser Hinsicht zählen die Autoren: Orientieren & Anvisieren; Anvisieren & Abbilden; Praktisches anschauliches Denken und ›Beweisen‹; Transformieren; Konstruieren & Messen (De Moor und van den Brink 1997, S. 16 f.).

In vergleichbarer Absicht schlagen Radatz und Rickmeyer (1991, S. 9 f.) die folgenden neun ›*Rahmenthemen*‹ vor:

- *Geometrische Qualitätsbegriffe*: Adjektive wie dick, dünn, hoch, spitz, schief etc. sind i. d. R. mehrdeutig. Hier liegt auch ein Vergleich von Umgangs- und Fachsprache unter geometrischen Aspekten nahe.
- *Räumliche Beziehungen*: dahinter, daneben, links/rechts von …, gegenüber usw.
- *Ebene Figuren und Formen:* Quadrate, Rechtecke, Dreiecke, Kreise, (Haus der) Vierecke erkennen, legen, herstellen, Eigenschaften untersuchen, …
- *Körperformen*: Würfel, Quader, Kugeln in der Umwelt finden, ihre Eigenschaften beschreiben, als Modelle herstellen, …
- *Symmetrieeigenschaften*: Achsensymmetrie, aber auch die im Unterricht oft weniger berücksichtigte Dreh- und Schubsymmetrie (Bandornamente, Muster, …)
- *Abbildungen und Bewegungen*: an und mit Objekten wie vergrößern/verkleinern, drehen, verschieben, klappen, … (vgl. Besuden 1985b: Kippbewegungen der Streichholzschachtel o. Ä.)
- *Netze und Wege, Strecken und Linien*: beschreiben und zeichnerisch darstellen; (unikursale) Durchlaufbarkeit von Netzen
- *Geometrische Größen*: Messen von Strecken, Flächen und Rauminhalten; Vermessen von Körpern
- *Geometrisches Zeichnen*: sachgerechter Umgang mit Lineal, Geodreieck, Zirkel, Schablonen; frühzeitiges Anleiten zum Freihandzeichnen geometrischer Figuren

---

- Studieren Sie die soeben skizzierten Vorschläge zur Strukturierung des Geometrieunterrichts der Grundschule, d. h. die fünf ›Kernbereiche‹ bei De Moor und Van den Brink (1997), die neun ›Rahmenthemen‹ bei Radatz und Rickmeyer (1991, S. 9 f.) sowie die ›fundamentalen Ideen der Geometrie‹ bei Wittmann und Müller (2012d, S. 160) bzw. in Abschn. 2.2.2.
- Konkretisieren Sie die einzelnen Vorschläge durch selbst gewählte geeignete Unterrichtsbeispiele (geometrische Aktivitäten).
- Vergleichen Sie die Vorschläge der drei Autorenteams im Hinblick darauf, wo sie sich decken, wo sie miteinander vereinbar sind oder sich ggf. voneinander unterscheiden.

Ohne Zweifel gibt es zwingende Gründe für eine bewusste(re) Förderung geometrischer Fähigkeiten (vgl. u. a. Benz et al. 2015, S. 165 ff.; Franke und Reinhold 2016; Radatz und Rickmeyer 1991; Winter 1971):

1. Der Geometrie kommt eine fundamentale Bedeutung für die generelle geistige Entwicklung zu

Raumvorstellung wird in psychologischen Theorien als ein Primärfaktor für Intelligenz gesehen (vgl. Franke und Reinhold 2016, S. 61). Das Denken entwickelt sich durch die Verinnerlichung von Handlungen, d. h. in der aktiven Auseinandersetzung des Menschen mit seiner räumlichen Umwelt (Piaget). Begriffsbildung erfolgt dabei nicht durch das Ablesen relevanter Eigenschaften, sondern durch konkretes Umgehen mit Materialien im realen Raum. Das schlägt sich nicht zuletzt in unserer Sprache nieder, die mit zahlreichen geometrischen Bildern durchsetzt ist (vgl. u. a. Winter 1971): zurück*greifen* auf, da machst du dir keine *Vorstellung* von, *vorder*gründige Argumentation, *oberflächliches* Denken, *Höhen*flug der Gedanken, *Dreiecks*verhältnis, *Kreis*lauf, *Parallel*schwung, *Stoß*kante, *kugelrund*, *Außen*stürmer, *Dreh*wurm, *Über*fall, *Wendel*treppe, *Mittel*wert, *Kreuz*gang, *Netz*werk, *Rund*weg, *hoch*trabend, *tief*gründig usw.

Zentral für die Stellung des Geometrieunterrichts ist v. a. die Tatsache, dass sich geometrische Fähigkeiten der Kinder gerade während ihrer Grundschulzeit *besonders stark* entwickeln. Es wäre ausgesprochen bedauerlich, ja unverantwortlich, würde man ausgerechnet diese sensible Phase ungenutzt lassen, denn es ist sehr wahrscheinlich, »dass wir etwas [...] unwiderruflich verpassen, wenn wir Kinder im Grundschulalter nicht der Geometrie zuführen« (Freudenthal 1978, S. 265). Auch Clements und Sarama (2000) betonen, dass etwa die Fähigkeit, geometrische Muster spontan zu ›sehen‹, nicht der *Beginn*, sondern das *Ergebnis* geometrischer Wissensentwicklung sei; der Beginn liege in der frühen aktiven Einwirkung auf die uns umgebende Welt, und von daher sollte die geometrische Unterweisung frühzeitig beginnen. »Unsere Forschung [...] zeigt, dass sich die konzeptionellen Vorstellungen von geometrischen Formengebilden bei jungen Kindern im Alter von 6 Jahren stabilisieren, wobei diese Konzepte nicht notwendigerweise korrekt sein müssen. Als Lehrerinnen und Lehrer können wir daher eine Menge dafür tun, um Lehrplanvorgaben stützend zu ergänzen, weil diese häufig nicht die Lösung, sondern Teil des Problems sind« (Clements und Sarama 2000, S. 487 u. die dort angegebene Literatur; Übers. GKr).

2. Die Geometrie leistet einen bedeutsamen Beitrag zur Umwelterschließung

Unsere Umwelt ist allerorten geometrisch strukturiert und strukturierbar. Grundlegende Fähigkeiten der Raumvorstellung, der Orientierung im Raum, der visuellen Informationsaufnahme und -verarbeitung sind unerlässlich, um sich in der Umwelt zurechtzufinden. Hierzu bedarf es gezielter Anregungen und Förderung. Dabei können Anwendungs- und Strukturorientierung (vgl. Abschn. 5.1) in natürlicher und naheliegender Weise integriert werden. Geht es doch darum, sowohl aus Umweltsituationen geometrische Ideen zu abstrahieren als auch geometrische Sachverhalte auf Phänomene in der Umwelt zu beziehen und diese dadurch aufklären zu helfen (vgl. Franke und Reinhold 2016, S. 2).

3. Inhaltliche und allgemeine mathematische Kompetenzen

Beide Arten von Kompetenzen (vgl. Abschn. 1.3.1 und 1.3.3) können besonders gut im Geometrieunterricht integrativ verfolgt werden, z. B. durch Tätigkeiten des Vergleichens, Ordnens, Sortierens, Argumentierens und Begründens, durch Kreativ-sein und soziales Lernen etc. Bei Franke und Reinhold (2016, S. 17 ff.) ist umfassend konkretisiert, wie ein zeitgemäß gestalteter, inhaltsreicher Geometrieunterricht überzeugend zur Förderung der allgemeinen Kompetenzen Problemlösen, Argumentieren, Kommunizieren, Darstellen und Modellieren (vgl. Abschn. 1.3.1) beitragen kann – ebenso wie zur inhaltlichen Öffnung des Unterrichts (nicht nur, aber auch gegenüber anderen Fächern), zur Einlösung didaktischer Prinzipien (operatives Prinzip, Spiralprinzip; vgl. Abschn. 3.3) und zur Akzentuierung der Grundideen des Mathematiklernens (Franke und Reinhold 2016, S. 27 ff.; vgl. Kap. 3).

4. Geometrie als Voraussetzung zum Verständnis arithmetischer Kontexte und Veranschaulichungen

Geometrisches und arithmetisches Denken stehen in einem engen wechselseitigen Zusammenhang. Daraus erklären sich u. a. manche spezifischen Schwierigkeiten beim Mathematiklernen (gleichzeitig lassen sich aus dieser Erkenntnis aber auch geeignete Fördermaßnahmen ableiten): Im Arithmetikunterricht werden immer wieder geometrische Raumordnungsbegriffe und Gebilde, Darstellungen, Diagramme u. Ä. benutzt, um Zahlen, Zahlbeziehungen und Operationen zu veranschaulichen (Zahlenstrahl, Pfeildiagramme, Tabellen, Zahlentafeln …). Die geometrischen Grundlagen, welche zu einer adäquaten Nutzung erforderlich sind, werden oft (bewusst oder unbewusst) als selbstverständlich vorausgesetzt, wenn man meint, das Kind könne die gemeinte Beziehung ja einfach sehen, denn das Bild erkläre sich doch selbst, was solle man daran missverstehen? Tatsächlich gehen dem aber vielfach begriffliche Voraussetzungen im geometrischen Denken voraus.

Nicht immer sind diese Grundlagen bei den Schulanfängern hinreichend ausgebildet oder tragfähig. Das bedeutet u. U., dass solche Kinder durch die in guter Absicht angebotenen Veranschaulichungen und Materialien in Wirklichkeit permanent überfordert werden können. Sie stellen somit nicht nur keine Hilfe für das Lernen dar, sondern können sogar eine zusätzliche Erschwernis bedeuten. Was als ›Werkzeug‹ gedacht war, ist tatsächlich ein zusätzlicher Lerninhalt. Werden diese Ursachen oder Schwächen nicht erkannt, dann können sich die Probleme verfestigen, ausweiten und schließlich auf das ganze Mathematiklernen bzw. gar das Verhältnis zum Lernen überhaupt ausstrahlen.

Fördermöglichkeiten und -erfordernisse (konkrete Beispiele in Radatz und Rickmeyer 1991; Franke und Reinhold 2016) beziehen sich daher z. B. auf …

- das Speichern visueller Informationen (visuelles Gedächtnis),
- das visuelle Operieren (Umstrukturieren im Kopf),
- Übungen zur Rechts-links-Orientierung,
- das Abzeichnen von Figuren und Mustern, Fortsetzen von Folgen (vgl. Wollring 2006).

Auf jeden Fall sollten die beiden Bereiche Arithmetik und Geometrie, wo immer es sinnvoll und möglich ist, explizit aufeinander bezogen und ihre wechselseitige Befruchtung und Stützung bewusstgemacht werden.

5. Die Geometrie schult die Funktionen der rechten Gehirnhälfte
Die Erkenntnisse der Gehirnforschung haben gezeigt, dass die rechte Hälfte des menschlichen Gehirns v. a. auf ganzheitliches, anschauliches, intuitives und kreatives Denken spezialisiert, die linke Gehirnhälfte hingehen für das formal-analytische, digitale, sprachlich-symbolische und regelhafte Denken prädestiniert ist. Hier könnte der Geometrieunterricht ein sinnvolles Gegengewicht bieten zu einem Unterricht, der traditionell eher die Fähigkeiten und Bereiche der linken Gehirnhälfte beansprucht.

6. Positive Einstellung zum Fach
Gerade über den Geometrieunterricht und v. a. das konkrete Geometrietreiben lässt sich eine positive Einstellung zum Fach vermitteln. Förderlich hierfür sind die zahlreichen Möglichkeiten konkreten Handelns, der spielerische Charakter vieler Aufgabenstellungen oder die oft kurze Lösungsdauer der gestellten Probleme. Des Weiteren können kompensatorische Effekte wirksam werden: Kinder mit Schwierigkeiten im Bereich der Arithmetik können hier häufig zu besonderen, von der Lehrerin oder den Mitschülern unerwarteten Erfolgserlebnissen kommen, was ihr Selbstwertgefühl – auch vor der Klasse – steigern kann; derartige Erfolgserlebnisse und das damit verbundene Selbstbewusstsein können wiederum zurückwirken auch auf jene Bereiche, in denen diese Kinder bislang als schwächer galten (vgl. die Rolle des Selbstkonzeptes in Abschn. 4.3).

2.2.2 Fundamentale Ideen der Elementargeometrie

Analog zur Arithmetik (vgl. Wittmann und Müller 2012d, S. 160) wurden auch fundamentale Ideen für den Bereich der Geometrie ausgearbeitet (vgl. auch Wittmann 1999b). An diesen lassen sich Auswahlentscheidungen (im Sinne eines ›Weniger ist mehr‹) für die zu thematisierenden Unterrichtsinhalte ausrichten und strukturieren (vgl. Abschn. 3.3). Zu jeder Idee (in der Formulierung und Erläuterung angelehnt an Wittmann und Müller 2012d) wird im Folgenden jeweils ein Unterrichtsbeispiel i. S. der erwähnten motivierenden Aktivitäten mit paradigmatischer Wirkung (De Moor und Van den Brink 1997, S. 17) angeboten.

1. Geometrische Formen und ihre Konstruktion: Der Anschauungsraum enthält Formgebilde unterschiedlicher Dimension (Punkte, Linien, Flächen und Körper), die sich auf vielfältige Weise konstruktiv erzeugen lassen.

Abb. 2.28 Herstellen regelmäßiger *n*-Ecke mit der Zeichenuhr

Ein ergiebiges Unterrichtsbeispiel hierzu ist die Herstellung der Platonischen Körper mithilfe der Zeichenuhr[32] (vgl. Winter 1986b, 2011; Wittmann und Müller 2013b, S. 86 f.): Hierbei geht es zunächst um das Zeichnen regelmäßiger Vielecke (Dreieck, Quadrat, Fünfeck) mithilfe einer kreisförmigen Zeichenschablone, die wie das Ziffernblatt einer Uhr in 60 Einheiten unterteilt ist (Abb. 2.28). Sie eignet sich gut zur Herstellung regelmäßiger Vielecke, weil die Zahl 60 über recht viele (ganzzahlige) Teiler verfügt, die zu regelmäßigen Vielecken führen, wenn man regelmäßig verteilte Teilstriche der Zeichenuhr verbindet. Aus solchen regelmäßigen Vielecken können dann die fünf *Platonischen Körper*[33] hergestellt werden (Tetraeder, Hexaeder bzw. Würfel, Oktaeder, Dodekaeder und Ikosaeder). Bei Wittmann und Müller (2013, S. 87) wird angeregt, daraus ein Mobile der Platonischen Körper zu bauen.

Diese *Polyeder* (Vielflächner) können sodann bzgl. der Anzahl ihrer Ecken, Flächen und Kanten verglichen werden. Hier lässt sich auf anschauliche Weise der *Euler'sche Polyedersatz* erfahren, demzufolge bei konvexen[34] Polyedern die Anzahlen der Ecken und Flächen stets der Kantenanzahl plus 2 entsprechen (bzw.: $E + F - K = 2$; vgl. Wittmann 1987, S. 270 ff.; Helmerich und Lengnink 2016, S. 91 f.).

---

[32] Zur Herstellung der Platonischen Körper bieten sich verschiedene, auch für Grundschulkinder geeignete Möglichkeiten und Materialien an, z. B. das Effektsystem (Maier 1999; Haupt 2014).

[33] Platonische Körper sind Polyeder (Vielflächner) mit Seitenflächen aus regelmäßigen *n*-Ecken gleichen Typs und gleicher Größe (regelmäßige oder reguläre Polyeder). Werden zwei verschiedene Arten von regelmäßigen *n*-Ecken als Seitenflächen zugelassen, dann handelt es sich um halbreguläre oder archimedische Polyeder, wobei das wohl bekannteste Beispiel der sogenannte Europa-Fußball ist (bestehend aus 12 regulären Fünfecken und 20 regulären Sechsecken; vgl. Gerecke 1984; Haupt 2014; Herfort 1986; Ludwig 2014; Wittmann 1987; Beutelspacher 1996, S. 71 ff., wo sich auch ein entsprechender Bastelbogen findet).

[34] Eine Figur ist dann konvex, wenn für je zwei beliebig anzunehmende Punkte der Figur auch alle Punkte ihrer kürzesten Verbindungslinie Element der Figur sind. Anders ausgedrückt: Ein konvexes Vieleck kann man auf jede seiner Seiten stellen, einen konvexen Polyeder auf jede seiner Seitenflächen (es gibt also keine einspringenden Ecken wie etwa bei dem oberen roten Dreieck in Abb. 1.4). Für einen grundschulgemäßen Zugang zum Begriff der Konvexität vgl. Müller und Wittmann (1984, S. 99–105).

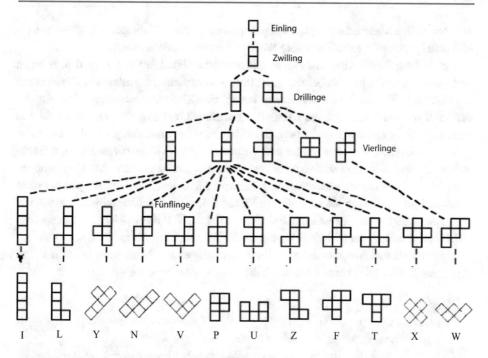

Abb. 2.29 Induktive Konstruktion von Polyominos

2. Operieren mit Formen: Geometrische Gebilde lassen sich bewegen (verschieben, drehen, spiegeln), in ihrer Größe verändern (verkleinern, vergrößern), zerlegen, überlagern etc., wodurch vielfältige Beziehungen entstehen.

Ein Unterrichtsbeispiel hierzu stellen die sogenannten *Polyominos* (Mehrlinge) dar, die insbesondere der Schulung des kombinatorischen und räumlichen Denkens dienen (Müller und Wittmann 1984, S. 79 ff.). Als Material werden kleine Pappquadrate gleicher Größe und Tesafilm zum Zusammenkleben benötigt. Der einfachste Mehrling ist der Einling (Monomino), er besteht aus einem einzigen Quadrat. Zwillinge (Dominos) bestehen aus zwei gleich großen Quadraten, Drillinge (Tetrominos) entsprechend aus drei gleich großen Quadraten usw. Für die Begriffsklärung muss die Regel sichergestellt werden, dass die Quadrate jeweils mit einer kompletten Kante aneinander liegen müssen. Bei den Drillingen gibt es erstmals mehr als eine Möglichkeit (vgl. Abb. 2.29). Setzt man an jeden dieser beiden Drillinge regelkonform ein weiteres Quadrat an, so erhält man einen Vierling, wobei dieses angesetzte vierte Quadrat um den jeweiligen bisherigen Drilling herumwandern kann und so zu weiteren Vierlingen führt (drei von ihnen sind als sogenannte Winkelplättchen bekannt, zu denen es zahlreiche Aktivitäten gibt; vgl. Besuden 2004, 2005a, 2005b; Köhler 1999). Jene Figuren, die sich durch Drehung oder Spiegelung als deckungsgleich herausstellen (sie lassen sich bündig aufeinanderlegen), sollen als überzählige Mehrfachexemplare ausgeschlossen werden. Ohne solche Dopplungen erhält man dann fünf wesentlich (ihrem Wesen nach) verschiedene Vierlinge.

Ein Auftrag für die Kinder ist es nun, alle möglichen Fünflinge zu finden, d. h. zu legen und zusammenzukleben, wobei das geschilderte Vorgehen, das zusätzliche Quadrat um die bisherigen Formen herumwandern zu lassen, eine kindgemäße Strategie darstellt. An der Tafel werden schließlich die Exemplare gesammelt, auf Dopplungen untersucht und diese (jeweils begründend) aussortiert. Es bleiben zwölf Formen übrig. Um sie sich besser merken zu können, schlagen Müller und Wittmann (1984) vor, Assoziationen mit Buchstaben auszunutzen; diese sind so naheliegend, dass sie bei unterrichtlichen Umsetzungen dieses Vorgehens immer wieder von den Kindern selbst und spontan ins Spiel gebracht wurden. Und wie lassen sie sich merken? Es kommen die Buchstaben von T bis Z vor (vgl. Abb. 2.29). »Für die restlichen Buchstaben F, I, L, N, P ist vielleicht die Eselsbrücke NILPF (als Anfang von ›Nilpferd‹) geeignet« (Müller und Wittmann 1984, S. 81).

Einer möglichen Anschlussfrage (weitere Anregungen zur Bearbeitung bei Müller und Wittmann 1984, S. 83) können Sie durch die folgende Aufgabe nachgehen:

- Ermitteln Sie mit der angedeuteten induktiven Konstruktionsmethode[35] die Anzahl der wesentlich verschiedenen *Sechslinge*.
- Wie viele von diesen Sechslingen sind *Würfelnetze*, d. h.: Aus welchen Sechslingen kann man durch Zusammenfalten Würfel bauen?
- Übertragung in den Raum: Wie viele verschiedene *Würfelfünflinge* gibt es? (vgl. hierzu etwa Spiegel und Spiegel 2003)

3. Koordinaten (Zahlenstrahl, kartesische Koordinaten): Koordinatensysteme ermöglichen die Lagebeschreibung von Punkten, Linien, Flächen und im Raum. Sie sind eine Grundlage u. a. für die spätere grafische Darstellung von Funktionen sowie die analytische Geometrie.

Bereits für das Lesen von Tabellen, die im Unterricht vielfach (zu) selbstverständlich benutzt werden (vgl. z. B. auch Abschn. 2.3), sind Fähigkeiten vonnöten, wie sie das Lesen von Koordinaten ausmachen. Die Orientierung und das Auffinden von Straßen in Stadtplänen sind ein weiterer Zusammenhang von unmittelbarer Relevanz, der auch im folgenden Beispiel zum Koordinatengitter aufgegriffen wird (vgl. *Gitter-City* in Radatz und Rickmeyer 1991, S. XI, oder *Eckenhausen* in Wittmann und Müller 2012b, S. 104 f. und 2013, S. 99).

Gefördert wird das vorstellungsmäßige Bewegen im Raum bzw. auf einem rechtwinklig angelegten (Straßen-)Plan. Es können Wege von einer hervorgehobenen Stelle zur

---

[35] Die Methode mag sehr aufwendig anmuten, gleichwohl gibt es im Grunde keine Alternative, denn bis heute ist keine allgemeine Formel bekannt, mit deren Hilfe man für beliebige n-linge (n-ominos) durch Einsetzen von n ihre Anzahl berechnen könnte. Die hier gesuchte Anzahl der Sechslinge ist aber noch recht überschaubar (zur Orientierung: Die korrekte Anzahl liegt zwischen 30 und 40.).

Abb. 2.30 Der Straßenplan von Eckenhausen. (© Wittmann und Müller 2013, S. 99.)

anderen beschrieben werden (Abb. 2.30). Grundbegriffe wie links und rechts werden thematisiert und in ihrer Relativität erfahren; liegt der Plan z. B. im Sitzkreis der Klasse, werden ihn die Kinder aus verschiedenen Blickrichtungen betrachten, was bei Wegbeschreibungen erfordert, die jeweilige Perspektive zu berücksichtigen. Bezeichnet man die Straßen mit Zahlen und Buchstaben, dann lassen sich Kreuzungen durch die Angabe einer Koordinate wie (B I 4) leicht benennen. Wo wohnt etwa Eva? An welcher Kreuzung liegt die Post? Was findet man an der Kreuzung (F I 3)?

Weitere Aktivitäten mit reichhaltigem mathematischem Hintergrund ergeben sich bei der Suche nach *kürzesten* Wegen in quadratischen Gitternetzen. Abb. 2.31 zeigt eine abstraktere Version des Plans von Eckenhausen[36]. In der linken unteren Ecke wird der Nullpunkt vereinbart. Zudem sind ausschließlich Bewegungen nach rechts oder nach oben erlaubt. Gesucht ist die mögliche Anzahl verschiedener Wege vom Nullpunkt zu einem beliebigen anderen Gitterpunkt im Raster.

- Bestimmen Sie die Anzahl aller Möglichkeiten, um vom Punkt (0 I 0) zu den Punkten (B I 3), (E I 2), (D I 4) zu gelangen (erlaubte Bewegungen: nur nach rechts oder oben).

---

[36] Mögliche Wege in diesem Netz laufen über die schwarzen Linien, also nicht diagonal.

Abb. 2.31 Kürzeste Wege im
Gitternetz

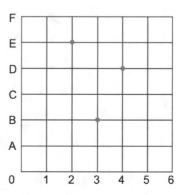

- Notieren Sie an jedem Kreuzungspunkt die entsprechende Anzahl der auf diese
  Weise zu ihm führenden Wege. Was fällt auf? In welcher Beziehung stehen die
  eingetragenen Zahlen zueinander?[37]

4. Maße und Formeln: Maßeinheiten ermöglichen das Messen von Längen, Flächen,
Volumina, Winkeln. Aus gegebenen Maßen lassen sich andere (z. B. Inhalte) nach bestimmten Formeln berechnen.

   Das Unterrichtsbeispiel ›Meterquadrate‹ (Abb. 2.32), vorgeschlagen im *Zahlenbuch* für
das 3. Schuljahr (Wittmann und Müller 2012e, S. 14), verdeutlicht exemplarisch, was mit
dieser Grundidee gemeint ist (vgl. auch Radatz et al. 1998, S. 141 ff. und 1999, S. 153 f.;
Ruwisch 2000): Wenn die Kinder selbst Meterquadrate herstellen und zum Ausmessen
von Flächen verwenden, können sie ein Gefühl für die Flächeneinheit 1 m² entwickeln –

Abb. 2.32 Selbst hergestelltes Meterquadrat. (© Wittmann und Müller 2012e, S. 14)

---

[37] Stichwort: Pascal'sches Dreieck (vgl. Enzensberger 1997; Gerdiken 2000; Jäger 1985; Schönwald
1986; Schupp 1985; Selter 1985).

Abb. 2.33 Meterquadrate und Einmaleins-Aufgaben am Punktfeld

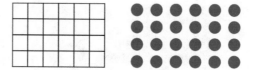

als Bezugsgröße (s. u. Standard-Repräsentanten) eine wichtige Grundlage für das *Schätzen* von Flächeninhalten.

Das Auslegen von Flächen mit Meterquadraten stellt gleichzeitig eine gute Übungsmöglichkeit für das Einmaleins dar (Vernetzung von Geometrie, Sachrechnen und Arithmetik!), weil der Inhalt eines Rechtecks das Produkt von Länge mal Breite ist (Abb. 2.33). Beim genannten Unterrichtsbeispiel geht es jedoch nicht primär um die Berechnung von Flächeninhalten, sondern um die geometrische Anordnung und die Anzahl der Meterquadrate mittels Multiplikation.

Beim Auslegen von Flächen (z. B. des Klassenraums, des Kinderzimmers etc.) sollten nicht nur jene berücksichtigt werden, die sich tatsächlich vollständig auslegen lassen, sondern auch solche, bei denen dies (z. B. durch unverrückbare Möbel) nur partiell möglich ist; hier bietet es sich dann an, die komplette Anzahl der Meterquadrate *gedanklich* zu ergänzen (woran kann man sich dabei orientieren?). Auch für Flächen, die nicht als Rechteckform auftreten, kann die Anzahl benötigter Meterquadrate herausgefunden werden, indem Teilflächen geschickt (d. h. zu einem Meterquadrat) zusammengefasst werden (Abb. 2.34; vgl. hierzu auch die Möglichkeiten im Zusammenhang mit dem Tangram, das als weiteres Unterrichtsbeispiel zur folgenden Grundidee genannt wird).

Was die angestrebte Fähigkeit betrifft, Flächengrößen sachgerecht abschätzen zu können, so ist es weiterhin hilfreich (wie auch bei anderen Größen, z. B. 100 g wiegt eine Tafel Schokolade ...), Repräsentanten von Standardgrößen zu kennen bzw. kennenzu-

Abb. 2.34 Versuche zum Auszählen mit (auch unvollständigen) Meterquadraten

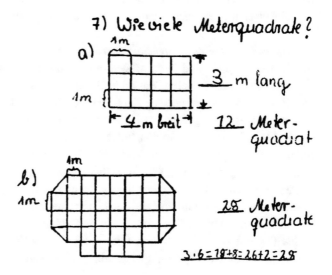

Abb. 2.35　Der Meterwürfel und sein konstruktiver Aufbau. (© Wittmann und Müller 2013, S. 128)

lernen (vgl. Abschn. 2.3.5.2). Wie viele Meterquadrate messen die Wandtafel aus, wie viele einen durchschnittlichen Klassenraum? Wie viele Meterquadrate entsprechen einem Bett, der Stellfläche für ein Auto (Parkbucht) usw.? Derartige Übungen sind nicht zuletzt deshalb von besonderer Bedeutung, da es erfahrungsgemäß auch Erwachsenen häufig schwerfällt – schwerer etwa als beim Schätzen von Längen/Entfernungen –, realistische Angaben für die Größe von Flächen zu machen (vgl. die u. g. Aufgabe). Noch schwieriger wird es übrigens, wenn auch die dritte Dimension hinzukommt, d. h. beim Schätzen von Rauminhalten (vgl. die Aufgabenstellung am Ende des Abschn. 2.3.5.2).

In diesem Zusammenhang sei auf die mögliche Fortführung des Unterrichtsbeispiels Meterquadrate im 4. Schuljahr hingewiesen, wo es um die Erarbeitung des Meterwürfels (Kubikmeter) mit entsprechenden Zielsetzungen geht (Abb. 2.35).

5. Geometrische Gesetzmäßigkeiten und ›Muster‹: Durch Beziehungen zwischen geometrischen Gebilden und ihren Maßen entstehen Gesetzmäßigkeiten und Muster (i. S. von Strukturen), deren tiefere Zusammenhänge in geometrischen Theorien systematisch entwickelt sind (z. B. euklidische Geometrie der Ebene und des Raumes).

Zur Konkretisierung diene das Unterrichtsbeispiel ›Tangram‹ (vgl. Floer 1989, 1990a; Gross 2011; Köhler 1998; Möller 2000; Radatz et al. 1996, S. 137 ff., 1998, S. 145 ff.; Steibl 1997, S. 25 ff.; Wittmann und Müller 2012b, 30 f.; Wittmann 1997b, 2003; Carniel et al. 2002; Knapstein et al. 2005). Das chinesische Tangram ist ein Legepuzzle mit sieben festgelegten Teilen (Basisformen); sie entstehen aus einer spezifischen Unterteilung des Quadrates, wobei die Halb-doppelt-Beziehung eine zentrale Rolle spielt (Abb. 2.36).

Das mittlere Dreieck (unten rechts in der Abbildung), das Parallelogramm und das kleine Quadrat sind flächengleich (hier: zwei Flächeneinheiten) und alle mit den beiden kleinen Dreiecken (je eine Flächeneinheit) auszulegen. Die beiden großen Dreiecke

Abb. 2.36 Die Teile des chinesischen Tangrams und die Größenverhältnisse seiner Teile

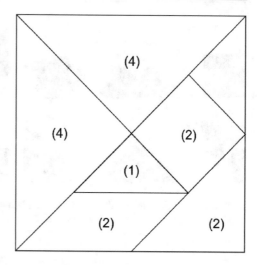

(vier Flächeneinheiten) haben den doppelten Flächeninhalt wie das Quadrat, das Parallelogramm oder das mittlere Dreieck; folglich ist ein großes Dreieck durch vier Exemplare des kleinsten auslegbar. Dann muss die gesamte Tangram-Fläche 16 der kleinen Dreiecke entsprechen. Schwierigkeiten beim Auslegen von Figuren (s. folgende Aufgabe) entstehen häufig durch das Parallelogramm, denn es ist als einzige Grundform nicht spiegelsymmetrisch. Die Teile des Tangrams lassen sich in der Klasse selbst herstellen[38], am einfachsten durch Zerschneiden einer vorbereiteten Schablone (wie Abb. 2.36).

Das chinesische Wort für Tangram wurde bereits in der Chu-Zeit nachgewiesen (740–330 v. Chr.), Ende des 18. Jahrhunderts wurden die ersten Tangram-Bücher gedruckt (vgl. Elffers 1978). Der Sinn des Spiels besteht darin, aus den genannten sieben Grundformen bestimmte geometrische Figuren oder auch figürliche Darstellungen zu legen. »Bei den Chinesen heißt das Tangram ›Weisheitsbrett‹ oder ›Sieben-Schlau-Brett‹. Beide Namen sind zutreffend, denn ohne etwas Überlegung und eine gewisse Intelligenz kann man es nicht spielen« (Elffers 1978, S. 12). Die wichtigste Bedingung beim Tangram besteht darin, dass für jede (überlappungsfrei) zu legende Figur *alle sieben* Basisformen benutzt werden müssen.

Im Jahre 1942 bewiesen die beiden Chinesen Fu Traing Wang und Chuan-Chih Hsiung, dass nicht mehr als 13 verschiedene konvexe[39] Formengebilde aus den sieben

---

[38] Wer mag, wird auch mit dem Suchbegriff Tangram in einschlägigen App Stores zahlreiche digitale Varianten für Tablets finden – je nach Einsatzort möglicherweise hilfreich (vgl. Becker 2017); das eigenhändige Herstellen der Formen sollte dadurch aber nicht ersetzt werden, da es in vielerlei Hinsicht einen Eigenwert besitzt und wertvolle Lernchancen bereithält.

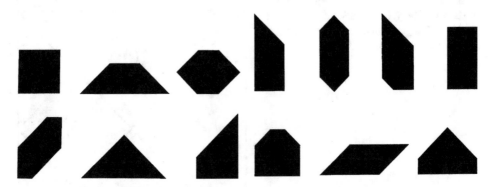

Abb. 2.37 Die Gesamtheit aller 13 möglichen konvexen Tangram-Formen. (© Joost Elffers Books LLC, New York, NY. Used with permission from Joost Elffers/Elffers 1978, S. 124 f.)

Tangram-Teilen gelegt werden können (Abb. 2.37; Elffers 1978; vgl. auch Wittmann 1997b). Legen Sie diese abgebildeten Formen mit einem Tangram nach.

Alle diese Figuren sind naturgemäß flächengleich, da sie aus den gleichen sieben Grundformen hergestellt wurden (Begriff der Zerlegungsgleichheit).[40] Die in der Beschreibung der 5. Grundidee erwähnten Theorien der Geometrie oder geometrischen Lehrsätze können also bereits in der Primarstufe vorbereitet und grundgelegt werden. Als Zielperspektive bzw. mathematische Endformen der Aktivitäten in der Grundschule seien als exemplarische Konzepte genannt: Achsensymmetrie, Punktsymmetrie (synonym mit einer Drehung um 180°), Flächeninhalt, Kongruenz, Winkel, (rationale und irrationale) Längen, Ähnlichkeit. Einen besonders schönen Zusammenhang stellt der Weg von ersten Falt-, Schneide- und Legeübungen (1. Klasse) zum Satz des Pythagoras dar (vgl. Wittmann 1997b).

- Nehmen Sie ein handelsübliches Tangram-Spiel zur Hand oder stellen Sie sich ein solches selbst her.
- Leiten Sie mithilfe dieser Tangram-Teile die allgemeine Flächeninhaltsformel für ein Parallelogramm her.
- Schreiben Sie eine entsprechende Handlungsanweisung, die auch eine Begründung für dieses Vorgehen enthält.

---

[39] Vgl. Fußnote 34.
[40] S. o. zur 4. Grundidee ›Auslegen von Flächen mit Teilflächen‹ (Abb. 2.34).

Bei den vielfältigen Aktivitäten, die das Tangram ermöglicht, werden immer wieder die o. g. Beziehungen aktiviert und Zusammenhänge zwischen Flächen, Längen und Größenverhältnissen der Basisformen bewusstgemacht. Zahlreiche Hinweise und Anregungen für eine unterrichtliche Realisierung finden sich in der o. g. und weiterer Tangram-Literatur.

6. *Formen in der Umwelt:* Reale Gegenstände lassen sich durch geometrische Begriffe, z. T. angenähert oder idealisiert, beschreiben (z. B. Erdkugel, Tischtennisball, Tür als Rechteck, Sechskantmutter, Schultüte . . .). Funktionale Aspekte der Geometrie liegen der Herstellung geometrischer Formen zugrunde, ästhetische Aspekte den vielfältigen Möglichkeiten der Kunst (vgl. z. B. Winter 1976).

Regelhaftigkeiten (z. B. Symmetrien) bei geometrischen Gebilden entsprechen zum einen dem *ästhetischen* Empfinden des Menschen. Gleichwohl sollten bei der unterrichtlichen Thematisierung von zwei- oder dreidimensionalen Gebilden auch Unregelmäßigkeiten berücksichtigt werden, nicht zuletzt i. S. der Kontrastierung mit dem Regelfall. Auch für die Begriffsbildung (vgl. Franke und Reinhold 2016, S. 21, 141 ff.) ist es wichtig, dass z. B. die nicht konstituierenden Merkmale von Formen *variiert* werden, damit bspw. Kinder ein Quadrat auch dann noch als solches identifizieren, wenn es auf einer Spitze statt auf einer seiner Seiten steht. Farbe, Form, Größe sind unerheblich für das ›Quadrat-Sein‹ (und müssen daher variiert erlebt werden), nicht aber die vier gleich langen Seiten und die vier rechten Winkel.

Vielfach werden auch die handelnden Aktivitäten der Kinder als bereits hinreichend für die Begriffsbildung erachtet. Diese sind zwar notwendig, aber nicht hinreichend. »Praktische Erfahrungen müssen vielmehr auch sprachlich reflektiert werden, um entdeckte Sachverhalte und Zusammenhänge ›dingfest‹ zu machen und sie in nachfolgenden Argumentationen nutzen zu können« (Franke und Reinhold 2016, S. 21). Hier wie auch bereits beim Problemlösen, Argumentieren und überhaupt den allgemeinen mathematischen Kompetenzen (vgl. Abschn. 1.3.1) können Werkzeuge zur Bewusstmachung eingesetzt werden, die in der Grundschule per se weit verbreitet sind, wie z. B. Plakate mit sogenannten Wortspeichern (vgl. Steinau 2011). Franke und Reinhold (2016, S. 22) zeigen ein Beispiel mit ersten Notizen und Repräsentanten für einen Wortspeicher zum Thema Rechtecke (vgl. auch die Beispiele bei Fuchs et al. 2014, S. 12 ff.; Anders und Laurenz 2013; Claaßen 2014; Verboom 2013).

Betrachtet man handelsübliche Materialien/Arbeitshefte für den Bereich der geometrischen Formen oder auch ihre Repräsentationen in Schulbüchern, dann kann man den Eindruck gewinnen, dass den Kindern oft die vermeintlich prägnantesten Beispiele präsentiert werden sollen, also jene, die (nur) die konstituierenden Merkmale besonders markant hervorheben: Rechtecke sind meistens horizontal/vertikal ausgerichtet, Dreiecke häufig gleichschenklig, gleichseitig oder rechtwinklig und stehen auf einer horizontalen Grundseite, ebenso wie Quadrate; Vierecke kommen meist nur in der konvexen Variante vor usw. Clements und Sarama (2000) empfehlen, Kindern dabei zu helfen, solche Begrenzungen zu durchbrechen, indem man ihnen ein breites Spektrum von Beispielen und Gegenbeispielen anbietet: Man variiere Größe, Material und Farbe, Ausrichtung, Typus;

Abb. 2.38 »The Tricky Tri-
angles Sheet«. (Nach Clements
und Sarama 2000, S. 486)

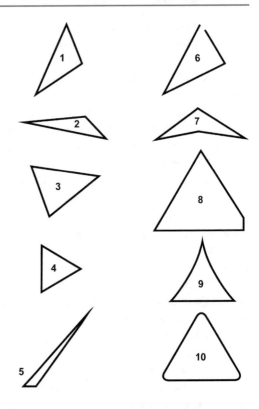

man berücksichtige ungleiche Seiten und stumpfe Winkel, Konvexität und Nichtkonvexi-
tät (einspringende Ecken) bei Vierecken; man kontrastiere Beispiele und Gegenbeispiele
(bis hin zu besonders prägnanten Grenzfällen, s. u.), um die Aufmerksamkeit auf die konstituierenden Merkmale zu lenken (s. Abb. 2.38 und 2.40). »Wir sollten uns selbst stets
fragen, was Kinder *sehen*, wenn sie eine geometrische Form betrachten. Wenn wir ›Quadrat‹ sagen, mögen sie uns z. B. bei klassischen Prototypen zustimmen und können doch
etwas ganz Anderes meinen« (Clements und Sarama 2000, S. 482; Hervorh. u. Übers.
GKr; vgl. hierzu auch die gespannten Figuren am Geobrett in Abschn. 2.2).

Besonders Bedeutung kommt dabei den *Grenzfällen* zu, also jenen Beispielen, bei denen nicht auf Anhieb zu entscheiden ist, ob die bestimmenden Merkmale tatsächlich erfüllt
sind: ein ganz leicht zum Parallelogramm geschertes Quadrat oder ein Rechteck, das ein
Fast-Quadrat darstellt. Interessant sind auch ›Extremisten‹, d. h. geometrische Gebilde,
bei denen etwa ein Maß im Vergleich zu anderen extrem gesteigert wird: ein Blatt Papier
als extremer Repräsentant eines Quaders; ein Haar, eine Gitarrenseite oder eine Münze
(ein Wendeplättchen) als Extremfälle eines Zylinders usw.

Die folgende Aufgabe soll in gewisser Weise simulieren, wie der Begriffsbildungs-
prozess auf der Grundlage von Merkmalsbetrachtungen vonstattengeht. Gesucht wird die
›Definition‹ des (Fantasie-)Begriffs ›VierDrei‹:

Abb. 2.39 Definition eines
›VierDreis‹. (© A. Eicks nach
O'Daffer und Clemens 1992,
S. 38)

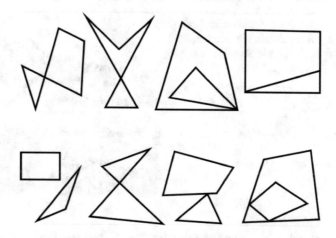

Alle Figuren in der oberen Reihe der Abb. 2.39 sind ›VierDreis‹. Keine der Figuren
in der unteren Reihe der Abb. 2.39 ist ein ›VierDrei‹.

- Nutzen Sie diese Information, um die Definition für ein ›VierDrei‹ aufzuschreiben.
- Vergleichen Sie Ihre Definition mit denen von anderen und einigen Sie sich auf eine gemeinsame Definition.
- Welche Fragen würden Sie stellen, um sicherzugehen, dass Ihre gemeinsame Definition richtig ist?

Ein weiterer Aspekt sind *Idealisierungen*, die in reale Objekte unserer Umwelt ›hineingedacht‹ werden: Man spricht von Spiel*würfeln* und Zucker*würfeln*, obwohl beide im geometrischen Sinne keine Würfel sind (abgerundete Ecken beim Spielwürfel[41]; Zucker-*Quader*). Den Zuckerhut (abgerundete Spitze) für den Glühwein, die Leitkegel zur Absperrung von Straßenbaustellen (abgeschnittene Spitze zum Einstecken einer Lampe) oder die Eiswaffel bezeichnet man als ›Kegel‹ und meint damit streng genommen eine kegel-*ähnliche* Form. Hier bieten sich nicht zuletzt Betrachtungen zu Unterschieden zwischen Umgangssprache und Fachsprache an (Bis wann ist man noch geneigt, von ›Quader‹ zu

---

[41] Selbst der sogenannte Präzisionswürfel (*perfect dice*), der in Spielcasinos zum Einsatz kommt und dessen Ecken deutlich weniger abgerundet sind als bei einem ›normalen‹ Spielwürfel, ist kein *geometrisch* idealer Würfel. Dies und sehr viel mehr Spannendes (auch für den Unterricht) rund um den Würfel findet sich bei Vogt 2012.

Abb. 2.40 Wirklich ein Dreieck, ein Kreis, ein Quadrat, ein Rechteck, ein Sechseck, ein Dreieck …?

sprechen, wann und warum wird diese Vorstellung schwieriger?[42] Vgl. die o. g. Extremisten.).

Auch der *Funktionalität* geometrischer Aspekte wäre Beachtung zu schenken (vgl. Winter 1976): Warum haben Bausteine die Form eines Quaders und nicht eines Würfels? Warum ist in der Natur die Symmetrie eines der beherrschenden Prinzipien (vom Körperbau des Menschen bis zum Aufbau von Kristallen; vgl. auch das Beispiel zur Symmetrie in Abb. 5.1)? Wie symmetrisch ist eigentlich der Mensch (s. Spiegelungen von fotografierten Gesichtshälften; vgl. die Beispiele bei Krauthausen 2012, S. 209 f.)? Was würde geschehen, wenn ein Vogel zwei unterschiedlich lange Flügel hätte? Ist analog die Symmetrie – z. B. der Tragflächen bei Flugzeugen – funktional notwendig oder nur (aus welchen Gründen?) ›praktisch‹? Ein amerikanischer Konstrukteur entwarf ein fünfsitziges Passagierflugzeug mit zwei Tragflächen, »die genauso asymmetrisch sind wie fast alles an dem Flugzeug« (DER SPIEGEL 1997, S. 196). Ein Flügel ist um 1,50 m kürzer als der andere, und auch nur eine der Tragflächen trägt ein den Nasenpropeller ergänzendes Antriebsaggregat, das zudem noch mit dem hinteren Leitwerk verbunden ist (Abb. 2.41).[43]

7. Übersetzung in die Zahl- und Formensprache (Geometrisierung räumlicher Situationen, z. B. Karten, Pläne, Risse, Fotos, Modelle …): Sachsituationen lassen sich durch arithmetische und geometrische Begriffe in die Zahlen- und Formensprache übersetzen (modellieren), mithilfe arithmetischer und geometrischer Verfahren lösen und in praktische Folgerungen überführen.

---

[42] In der Umwelt entspricht kein Objekt wirklich den mathematischen Begriffsdefinitionen, was ja auch in diesen Zusammenhängen gar nicht von Bedeutung ist. Ein jeder wird die beiden äußeren Verkehrszeichen in der 1. Reihe von Abb. 2.40 auch trotz der abgerundeten Ecken als ›Dreieck‹ benennen und akzeptieren können. Lässt man Kinder geometrische Formen in der Umwelt aufsuchen – eine Standardaktivität in diesem Zusammenhang –, dann sollten solche Aspekte aber durchaus in Betracht gezogen werden.

[43] Die Testpiloten äußerten sich enthusiastisch über das Flugverhalten: »Ich habe keine Ahnung, wie ein so ungefüges Flugzeug so gefügig fliegen kann. […] Ob mit einem oder zwei Motoren – es fliegt immer geradeaus« (Testpilot Mike Melvill in DER SPIEGEL 13/1997, S. 196).

Abb. 2.41 Symmetrie als notwendige Bedingung des Fliegens? (© DER SPIEGEL 13/1997, S. 196)

Beispiele hierzu wurden bereits angesprochen, auf weitere Stellen sei daher verwiesen (vgl. *Schauen und Bauen* in Abschn. 3.2.1; ›Zeichnen und Überlegen‹ sowie die ›Buchaufgabe‹ in Abschn. 3.1.1).

Zum Abschluss dieses Abschnitts noch ein Aufgabenangebot, das eine Fülle von Aktivitäten zur Mathematisierung eines Alltagsproblems beinhaltet. Sie haben mehr von der Aufgabe, wenn Sie den Sachverhalt zunächst ausgiebig *selbst* erforschen und ausloten. Erst als *anschließende* Lektüre sei der Aufsatz von Schoemaker (1984) empfohlen.

Sie möchten im Flur Ihrer neuen Wohnung (an einer vertikalen Wand) einen Spiegel aufhängen, in dem Sie sich komplett sehen können (vom Scheitel bis zu den Schuhsohlen; vgl. Abb. 2.42).

- Wie hoch muss dieser Spiegel sein? Begründen Sie Ihre Entscheidung!
- In Ihrem schmalen Flur können Sie nicht sehr weit vom Spiegel wegtreten. Hängt die Höhe des gewünschten Spiegels vom Abstand des Betrachters vor dem Spiegel ab? Begründen Sie, warum oder warum nicht!
- Mit welchen (fachlichen) geometrischen Konzepten werden Sie in dieser Aufgabe konfrontiert?
- Welche der o. g. fundamentalen Ideen lassen sich sinnvollerweise mit der Aufgabe verbinden?

Abb. 2.42 Wie hoch muss der
Wandspiegel sein? (Illustration
© A. Eicks)

2.2.3 Verteilung der Inhalte

Die im Unterricht zu thematisierenden Inhalte wollen ausgewählt und auf die verfügbaren Schulwochen verteilt werden – nicht zufallsgesteuert, sondern abgewogen und begründet. In Anbetracht der Tatsache, dass es derzeit kein lehrgangsmäßiges Curriculum für den Geometrieunterricht in der Grundschule gibt, bleibt es den Lehrkräften überlassen, hier sinnvolle Entscheidungen zu treffen. Als Leitlinien oder Auswahlkriterien stehen diverse Quellen zur Verfügung.

Zum einen machen im Grunde alle Schulbücher Vorschläge über die zeitliche Verteilung der Inhalte (›Stoffverteilungspläne‹ in den Begleitbänden); darauf soll hier nicht näher eingegangen werden. Auch die o. g. sieben Grundideen der Elementargeometrie können wie gesagt als roter Faden für den Geometrieunterricht dienen, ähnlich wie die Grundideen der Arithmetik als roter Faden für den Rechenunterricht (vgl. Abschn. 3.3).

In den offiziellen Vorgaben wird man in unterschiedlichem Ausmaß fündig: Die Bildungsstandards (KMK 2005a) bieten (angesichts ihrer anders gelagerten Intention) nur eine sehr knappe Konkretisierung der Leitidee Raum und Form und wenige Unterrichtsbeispiele. Die aktuellen Bildungspläne der Bundesländer gehen ebenfalls unterschiedlich weit in den Konkretisierungen; und auch sie beschreiben ja (bewusst) nur jene Kompetenzen, die am Ende der Grundschulzeit erreicht sein sollen, und kein Curriculum im Sinne einer Stoffverteilung.

Die folgende Auflistung für den Geometrieunterricht orientiert sich exemplarisch an einem früheren Lehrplan Mathematik für das Land Nordrhein-Westfalen (KM 1985, S. 30f.), der bis heute als beispielgebend gilt, u. a. weil er erstmals das entdeckende

Lernen festschrieb[44]. Auch solche Dokumente können, obwohl sie formal nicht mehr in Kraft sind, natürlich weiterhin inhaltliche Leitlinien darstellen.

Raumorientierung und Raumvorstellung: Gewinnen von Raumerfahrungen und -vorstellungen durch Bewegung im Raum inkl. der Kenntnisse verschiedener Lagebeziehungen (1. Schuljahr); Differenzierung dieser Raumerfahrungen (2. Schuljahr); Orientierung im Raum (Himmels- und Bewegungsrichtung, 3. Schuljahr)

Geometrische Grundformen: Bauen, Nachbauen, Zerlegen oder Nachlegen von geometrischen Formen (1. Schuljahr); Erkennen geometrischer Grundformen (etwa Quadrat, Rechteck, Dreieck, Kreis, Quader) in der Umwelt und Herstellen entsprechender Modelle (2. Schuljahr); Gewinnen von Erfahrungen zu ebenen und räumlichen Figuren sowie Vergrößern und Verkleinern ebener Figuren (4. Schuljahr)

Muster und Parkette: Zeichnen einfacher Muster, auch mit Schablone (1. Schuljahr); Zeichnen und Ausmalen von Parkettmustern (2. Schuljahr); Zeichnen von Schmuckfiguren (3. Schuljahr); Herstellen von Parkettierungen mit Erfahrungen zum Messen von Flächen (4. Schuljahr)

Symmetrie: Entdecken, Nachbauen und Nachzeichnen achsensymmetrischer Figuren und Erkennen der Zweckmäßigkeit der Symmetrie (3. Schuljahr)

Zeichnen: Zeichnen einfacher Muster, auch mit Schablone (1. Schuljahr, s. o.); Zeichnen von Parkettmustern (2. Schuljahr, s. o.); Zeichnen von Strecken (2. Schuljahr); Zeichnen von achsensymmetrischen Figuren und Schmuckfiguren (3. Schuljahr, s. o.); Ausbauen der zeichnerischen Fertigkeiten (4. Schuljahr)

Hinzu kommen des Weiteren die *geometrischen Größen*, die sich seinerzeit unter der Kategorie ›Größen‹ fanden (vgl. KM 1985, S. 30 f.; vgl. dazu Abschn. 2.3.5.1).

An dieser Auflistung und Zuordnung wird schon deutlich, dass die zentralen Inhalte nicht innerhalb eines Schuljahres abgehandelt werden, sondern einen spiraligen Aufbau aufweisen (vgl. Spiralprinzip in Abschn. 3.3), bei dem die einzelnen Themenbereiche im Verlauf der Grundschulzeit immer wieder aufgegriffen, ausdifferenziert und vertieft werden.

---

[44] Er wird hier wie an anderen Stellen nicht zuletzt auch deshalb zitiert, weil er in der Vergangenheit wegweisend war und »dank Heinrich Winter schon 1985 die Forderungen realisiert hat, die heute aus den Ergebnissen von TIMSS gezogen worden sind« (Wittmann 1999a, S. 3).

Vergleichen Sie diese relativ detaillierte Auflistung mit jenen Angaben in aktuellen Bildungsplänen Ihres Bundeslandes.

- Was fällt auf?
- Welche Gründe sind dafür denkbar?
- Welche Konsequenzen hat das für die Lehrperson?

Der Bereich der *Kopfgeometrie* war in der Inhaltsübersicht des 1985er NRW-Lehrplans nicht explizit enthalten; im darauffolgenden wurde er nur kurz in Klammern erwähnt (MSJK 2003, S. 79), im nächsten (MSW 2008) taucht der Begriff nicht auf. Im Hamburger Bildungsplan nehmen die Schülerinnen und Schüler »in der Vorstellung an Figuren Veränderungen vor und beschreiben die Endform (Kopfgeometrie)« (BSB 2011, S. 25 – Wie sieht es in den Vorgaben Ihres Bundeslandes aus?). Es ist zu vermuten, dass die Kopfgeometrie auch im Unterrichtsalltag bislang noch keine deutlich größere Rolle spielt. Sie ist zwar, wie Kroll (1996, S. 6) anmerkte, »zum Gegenstand aktueller Forschung avanciert« (vgl. u. a. Gimpel 1992; Senftleben 1995, 1996b, 1996c, 1996d, 2008a, 2008b, 2008c). Inzwischen erschienene Vorschläge versuchen das Feld zu strukturieren (vgl. die Klassifikation von Senftleben) oder konzeptionell grundzulegen. Das betrifft sowohl die Begriffsbestimmung (Was genau ist eigentlich Kopfgeometrie?), die mit ihr verbundenen Zielsetzungen als auch die Frage, welche spezifischen Aufgabenstellungen hierzu geeignet sind (vgl. Franke und Reinhold 2016, S. 109). Kroll äußert sich eher kritisch zu einer *vorschnellen Analogie zum ›Kopfrechnen‹*:

»Tatsächlich hat sich im Laufe von mehr als hundert Jahren die Kopfgeometrie zu einem ›didaktischen Artefakt‹ entwickelt, motiviert durch das Bedürfnis, die Raumgeometrie als der Arithmetik ebenbürtig erscheinen zu lassen, begründet allerdings und durchaus plausibel mit raumgeometrischen Argumenten. Es ist hier nicht der Raum, die begrifflichen Anstrengungen nachzuzeichnen oder die Aufgaben näher zu beschreiben, die für die Zwecke der Kopfgeometrie erfunden wurden. Manche von ihnen sind sehr sinnreiche Übungen, die hier und da durchaus einmal in den Unterricht eingestreut werden können. Von einem didaktischen Muss kann aber keine Rede sein. Zunächst hält die Analogie nicht, was die Bezeichnung unterstellt. Kopfrechnen ist nur möglich, weil die Aufgabenformulierungen spontan erfasst werden können, ohne dass weitere Hilfsmittel oder zusätzliche Erklärungen nötig sind, weil die Aufgaben mehr oder minder *schematisch nach eingelernten Algorithmen* bearbeitet werden können, wobei die Lösungsschritte zur Kontrolle leicht verbal abrufbar sind. Und Kopfrechnen wird durchgeführt, weil Automatisierung ein sinnvolles Ziel ist. Für ›Kopfgeometrie‹ trifft dies alles nicht zu. Darüber hinaus ist Raumvorstellung bei allen Aufgaben der Raumgeometrie erforderlich, die nicht schematisches Abarbeiten oder ›blindes Basteln‹ zum Ziel haben. Ein zwanghaftes Bemühen nach dem Motto ›Kopfgeometrie als Unterrichtsprinzip‹ schadet der Raumgeometrie, weil es die Kräfte in die falsche Richtung lenkt« (Kroll 1996, S. 6 f.; Hervorh. im Orig.).

In Analogie zum Kopfrechnen in der Arithmetik (*Blitzrechnen – Basiskurs Zahlen*; Wittmann und Müller 2006) haben die gleichen Autoren auch den *Basiskurs Formen: Geometrie im Kopf* entwickelt (Wittmann und Müller 2007c). Machen Sie sich mit diesem Konzept und dem Material vertraut und diskutieren Sie es vor dem Hintergrund der o. g. Einschätzungen Krolls aus dem Jahre 1996 sowie der anderen o. g. Quellen.

Wie auch immer: Zu warnen wäre davor, das Kind mit dem Bade auszuschütten. Es besteht (hoffentlich auch in der Unterrichtspraxis) so weit Konsens, dass der Geometrieunterricht kein Buchunterricht sein kann und darf. Von daher sollten stets die konstruktiven Aktivitäten, also Handlungserfahrungen der Kinder kennzeichnend sein. Dass neben solchen Operationen an konkretem, handgreiflichem Material aber auch manche dazu geeignet und anzuraten sind, auch in der *Vorstellung* unternommen zu werden (mentales Operieren), sollte dabei nicht vergessen werden. Ob man dies dann Kopfgeometrie nennt, scheint in diesem Zusammenhang eine eher sekundäre Frage zu sein.

Abschließend soll – exemplarisch – noch auf einige geometrische Aktivitäten hingewiesen, die in anderen Zusammenhängen im Rahmen dieses Buches angesprochen wurden und die sich hervorragend auch dazu eignen, vielfältige Zusammenhänge zwischen Geometrie und Arithmetik zu entdecken, nämlich Aktivitäten im Zusammenhang mit *Würfelbauwerken*. Zahlreiche Anregungen und Hintergründe dazu finden sich in der Fachliteratur, u. a. bei: Götze und Spiegel 2006b; Gysin 2010; Möller und Woita 2012; Radatz und Schipper 1983; Radatz und Rickmeyer 1991; Radatz et al. 1996, 1998, 1999; Carniel et al. 2002; Franke und Reinhold 2016, S. 175 ff.; Scherer und Wellensiek 2012; Spiegel und Spiegel 2003; Thöne und Spiegel 2003; Thöne 2006; eine *digitale* Experimentalumgebung bei Etzold 2015.

Insgesamt ist der Fundus auch an weiteren Unterrichtsideen für die Geometrie in der fachdidaktischen Literatur (Zeitschriftenbeiträge) durchaus beeindruckend. Ein sehr umfangreiches Angebot bietet zudem die Neubearbeitung von Franke und Reinhold (2016), wo es auf rund 200 Seiten um folgende, ganz konkrete thematische Vorschläge geht, die hier nur kurz zusammengefasst und dort weiter ausdifferenziert zu finden sind:

- *Räumliche Objekte und Aktivitäten im dreidimensionalen Raum*: Körperformen erkennen und unterscheiden; Bauen und Bauwerke; Würfel; Quader; weitere Körperformen; Orientierung im Raum
- *Ebene Figuren*: Legen; Falten; Spannen; Lernumgebungen zu ausgewählten Grundformen
- *Symmetrie in der Ebene und im Raum*: Symmetrie im Alltag und im Unterricht; Spiegelungen als Kongruenzabbildungen; Entwicklung des Symmetriebegriffs; verschiedene Zugänge zur Achsensymmetrie; Anregungen zur Drehsymmetrie; Erfahrungen zur räumlichen Symmetrie

- *Muster, Bandornamente und Parkette*
- *Messen geometrischer Objekte*: Längen; Flächeninhalt; Umfang; Beziehung zwischen Umfang und Flächeninhalt; Rauminhalt
- *Zeichnen*: Zeichnen räumlicher Objekte; Zeichnen ebener Figuren; Zeichnen von Linien

2.3 Sachrechnen

Vorrangige Leitideen (vgl. KMK 2005a)

»Größen und Messen«: Größenvorstellungen besitzen; mit Größen in Sachsituationen umgehen

Der Bezug zu Sachsituationen ist seit jeher zentral beim Mathematiklernen. Dabei ging es in der historischen Entwicklung überwiegend um Polarisierungen zwischen der *Mathematik* (zunächst eigentlich nur das Rechnen), der *Umwelt* (zunächst die Sache, das praktische Leben, dann die gegenständliche und auch soziale Umwelt des Kindes) und dem *Kind* (als eine gesellschaftliche, eine soziale Person, dann als eine psychische oder kognitionspsychologische Person). Das Nachzeichnen der verschiedenen Strömungen, der Dominanz der jeweils einen oder anderen Position, würde hier zu weit führen (vgl. hierzu etwa Radatz und Schipper 1983, S. 26 ff.); an dieser Stelle kann lediglich festgehalten werden, dass die Mathematikdidaktik davon ausgeht, dass die drei Bereiche (Mathematik, Umwelt, Kind) nicht beziehungslos nebeneinanderstehen (können). Ähnlich wie bei der Zahlbegriffsentwicklung ist es auch nicht so, dass einer der drei Bereiche, bspw. die Mathematik, der feste Ausgangspunkt ist, von dem ausgehend man die beiden anderen Bereiche eindeutig ableiten könnte. Vielmehr findet erst durch das *Wechselspiel*, also die gegenseitige Befruchtung der drei Bereiche, erfolgreiches Lernen statt.

Auch wenn sich in den letzten Jahren die Praxis des Sachrechnens weiterentwickelt hat, so ist sie möglicherweise in der Erinnerung vieler vorrangig verbunden mit dem Lösen von Textaufgaben. Der Abschn. 2.3.3 wird zeigen, dass der Umgang mit Sachaufgaben sowie die Art der Aufgaben weitaus vielschichtiger sind. Bei der Bewältigung von Sachsituationen spielt zunächst einmal die Übersetzung zwischen Sachsituation und Mathematik – die *Mathematisierung* oder *Modellbildung* – eine entscheidende Rolle (vgl. Abschn. 2.3.1). Zur Einstimmung soll aber der Umgang mit einer exemplarischen Sachaufgabe betrachtet werden, um zu verdeutlichen, dass es um mehr als eine arithmetische Lösung geht. Es handelt sich um eine Beispielaufgabe für das 4. Schuljahr (aus Bender 1980[45] und mit nur leichter Änderung der Daten; vgl. Fußnote 50):

---

[45] Der Abschn. 4.3 wird auf mögliche Schwierigkeiten beim Lösen solcher Aufgaben noch eingehen.

Die Weihnachtsferien begannen am 23.12.1977. Das war der erste Ferientag. Sie en-
deten am 08.01.1978. Das war der letzte Ferientag. Wie lange dauerten die Weihnachts-
ferien?

Bevor Sie weiterlesen: Notieren Sie zunächst *eigene* Lösungsansätze und Lösungen.
Denken Sie anschließend über unterschiedliche Strategien und mögliche Schwierigkeiten nach, die Grundschulkinder Ihrer Einschätzung nach haben könnten.

Wenn lediglich die arithmetischen Ergebnisse im Blickwinkel des Mathematikunterrichts
liegen und allenfalls die gefundenen Resultate verglichen werden, wird im Hinblick auf
die Sache kaum ein Lerneffekt zu erwarten sein.

Aus der Aufgabe ergeben sich aber durchaus vielfältigere Fragen und Informationen
(vgl. dazu auch Winter 1985a):

- Worum geht es in dieser Aufgabe? (*Berechnen der Ferienlänge*)
- Was ist in der Aufgabe gegeben? (*Datum des Ferienbeginns und -endes*)
- Was gibt es an interessanten Sachinformationen, an mathematischen Aspekten, an Größen etc.? (*Wie wird üblicherweise ein bestimmtes Datum notiert? Weihnachtsferien*
  beinhalten einen Monats- und sogar einen Jahreswechsel etc.)
- Welche zusätzlichen Kenntnisse über Sachinhalte und über Größen müssen bzw. können erkundet werden? (*Wie viele Tage hat der Dezember? An welchem Wochentag*
  begannen/endeten die Weihnachtsferien 1977? (Freitag/Sonntag) Wie ist es in diesem
  Jahr? Sind die Weihnachtsferien in diesem Jahr genauso lang? Etc.)

Man kann interessante Sachinformationen erkennen – bekannte, aber auch neue. Zudem können weitere Informationen über die Sache erschlossen werden, und dies *speziell*
mithilfe der Mathematik. Es gibt in solchen Sachaufgaben – wie oben aufgelistet – *Sach-*
informationen, *Größen* und auch *mathematische Aspekte* wie etwa Zahlen, Vergleiche
oder (versteckte) Operationen. Diese verschiedenen Bereiche greifen ineinander und sind
nicht immer scharf voneinander zu trennen.

Um bei der Lösung von Sachaufgaben zu weiteren Erkenntnissen bzgl. der Sachsituation zu kommen, könnte man sich in Lexika, Fachbüchern, Internet etc. weitere Sachinformationen verschaffen. Dennoch wird man nicht auf alle Fragen dort auch entsprechende
Antworten erhalten. Offenbar kann man nicht allein durch Lesen einer Sachinformation
die korrekten Antworten herausbekommen. Die Beziehung/Übersetzung zwischen der *Sa-*
che und der *Mathematik* ist nicht so trivial, wie sie möglicherweise auf den ersten Blick
erscheint, was der folgende Abschnitt zeigen wird.

2.3.1 Mathematisierung und Modellbildung

Das Mathematisieren, das Übersetzen von Kontextsituationen auf die Ebene der Mathematik, gehört zu den *allgemeinen mathematischen Kompetenzen* (vgl. Abschn. 1.3.1.4). Der Unterricht soll mathematische Begriffsbildungen und Verfahren mit Situationen aus der Lebenswirklichkeit der Kinder in Zusammenhang bringen. Diese als Anwendungsorientierung bezeichnete Forderung muss in zwei Richtungen verlaufen:

a) Vorhandenes Alltagswissen wird ausgenutzt, um mathematische Ideen darzustellen.
b) Durch *Mathematisierung* wird neues Wissen über die Wirklichkeit entwickelt (vgl. auch Abschn. 5.1).

Der Prozess des Mathematisierens oder Modellbildens stellt sich schematisch wie unten gezeigt dar (Abb. 2.43)[46].

Das einführende Beispiel hat bereits verdeutlicht, dass die Beziehung zwischen Sache und Mathematik keine einfache Identität darstellt. Man kann weder aus der Sache die Mathematik herleiten, noch kann man mit der Mathematik allein die Sache direkt verstehen und erklären. »Auf jeden Fall werden, wenn man die Sache ernst nimmt, Diskontinuitäten zwischen Lebenswelt und arithmetischen Begriffen sichtbar, die grundsätzlicher Natur sind [...] In der Didaktik ist bisher das Verhältnis zwischen innen und außen, zwischen rein und angewandt allzu harmonisch-optimistisch eingeschätzt worden« (Winter 1994, S. 11). Es gilt, sowohl in der Sachsituation als auch in der Mathematik Strukturen und Beziehungen herauszufinden und diese miteinander zu vergleichen (vgl. auch Steinbring 1997a). Diese Beziehungen sind keine direkten, unmittelbaren Abbilder, sondern Modelle und Idealisierungen.

Wie könnte nun die Modellbildung bzw. die Lösung der o. g. Einführungsaufgabe aussehen (Abb. 2.44)?

Eine erste Teilaufgabe, das Berechnen der Zeitspanne zwischen dem 1. und dem 8. Januar, liefert das Ergebnis 8 Tage. Analog erhält man 9 Tage für die Spanne vom 23. bis 31. Dezember, also insgesamt 17 Tage für die Länge der Ferien[47]. Man sieht hier, dass die Lösung der Aufgabe nicht zwingend auf rein arithmetische Operationen beschränkt ist, sondern auch auf der zeichnerischen Ebene erfolgen kann (hier an der Zeitleiste, allgemein mithilfe eines Diagramms).

---

[46] In der Literatur finden sich, je nach Erkenntnisinteresse, vereinfachte, aber auch differenziertere Varianten des Modellbildungskreislaufs. Welches man auch zugrunde legt: Oftmals wird der Prozess von Schülerinnen und Schülern nicht vollständig durchlaufen. Sie sind bspw. vorrangig auf das Finden/Lösen einer Rechnung fixiert. Dies zeigt sich insbesondere beim mechanischen Bearbeiten von sogenannten Kapitänsaufgaben (Kapitänssyndrom; vgl. Hollenstein 1996a). Hollenstein und Eggenberg (1998, S. 120) nennen diesen unvollständigen Modellbildungsprozess »kurzgeschlossenes Schema«.

[47] Man beachte: Eine vorschnelle ›rechnerische‹ Abarbeitung ohne adäquate Berücksichtigung der Modellierung kann sogar zu falschen Ergebnissen führen: $8 - 1 \rightarrow 7$ Tage; $31 - 23 \rightarrow 8$ Tage, also zusammen 15 Tage (vgl. hierzu Spiegel 1989).

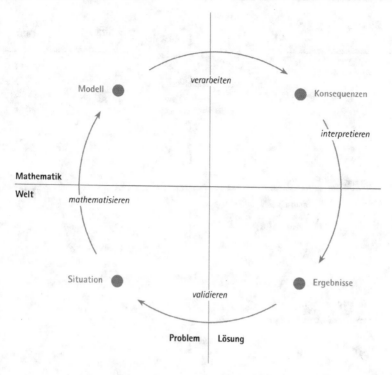

Abb. 2.43 Modellbildungskreislauf. (© Klieme et al. 2001, S. 144)

Alsdann folgt die Phase der Interpretation der erhaltenen Resultate, die eine Rückübersetzung auf die Sachebene erforderlich macht (Abb. 2.45). Ein Blick in den Kalender
zeigt, dass der 08.01.1978 ein *Sonntag* war und somit das Ergebnis 17 Tage nicht neu
gedeutet werden muss.[48]

Des Weiteren ist es nötig, die erhaltenen Ergebnisse zu überprüfen, zu validieren, ob es
sich bspw. um ein realistisches Ergebnis handelt oder ob die Sachsituation möglicherweise
eine weitere arithmetische Operation erforderlich macht, wie etwa das Auf- oder Abrun-
den bei einer erhaltenen Dezimalzahl (vgl. u. a. die Schneckenaufgabe in Abschn. 3.1.1,
Abb. 3.4 und 3.5). Das Bewältigen von Sachsituationen ist also charakterisiert durch ein
wechselweises Arbeiten auf den Ebenen der Sache und der Mathematik.

»Das ständige Wechselspiel [. . .] zwischen Umweltphänomenen und mathematischem Modell, zwischen Beobachten und Einsehen, zwischen Entwerfen und Erproben, zwischen Fragen und Nachsehen, zwischen praktischem Tun und dem Nachdenken über das Tun ist wohl
die Quelle von Erkenntnis, von Begriffsbildung überhaupt« (Winter 1977, S. 110; Hervorh.
i. Orig.).

---

[48] Im Unterricht wird man natürlich auf *aktuelle* Ferienpläne zurückgreifen und die Kinder prüfen
lassen, wie üblicherweise Ferienanfang und -ende angegeben werden, wenn ein Wochenende Start-
oder Endpunkt ist.

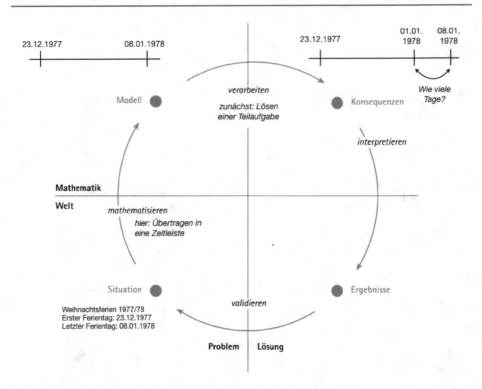

Abb. 2.44 Modellierung einer Sachaufgabe

2.3.2 Funktionen des Sachrechnens

Winter (1985a) hat für das ›Sachrechnen‹ folgende drei Funktionen herausgearbeitet:

Sachrechnen als Lernstoff

Damit sind der Aufbau des Wissens über die sogenannten bürgerlichen Größen gemeint, die Fertigkeiten im Umgang mit diesen Größen sowie elementare Verfahren und Begriffe der Statistik (vgl. Winter 1985a, S. 15 ff.). Dazu gehören bspw. das Zählen, Messen, Schätzen, Kennenlernen der Maßsysteme, der Aufbau eines Repertoires an Stützpunktvorstellungen/Standardgrößen oder die Darstellung von Größen (vgl. auch Abschn. 2.3.5.2). Ein *Beispiel* zum Messen von Zeitspannen, etwa für das Laufen einer bestimmten Strecke, lautet: »Wir messen durch langsames und gleichmäßiges Zählen. – Wir messen mithilfe eines Pendels (25 cm langer Faden: für 1 Hin- und Herschwingung braucht es eine Zeitspanne, die wir 1 s nennen). – Wir messen mithilfe von Uhren (Stoppuhr, Uhr mit Sekundenzeiger, Sanduhr, ...). – Wir schätzen Zeitspannen« (Winter 1996, S. 58).

Anhand dieser Aktivität wird deutlich, dass die Kinder einerseits mit *standardisierten*, aber auch mit *nichtstandardisierten* Werkzeugen messen sollten (vgl. Abschn. 2.3.5.3). Das Wissen über Messwerkzeuge stellt also einen expliziten Lerninhalt dar. Neben dem

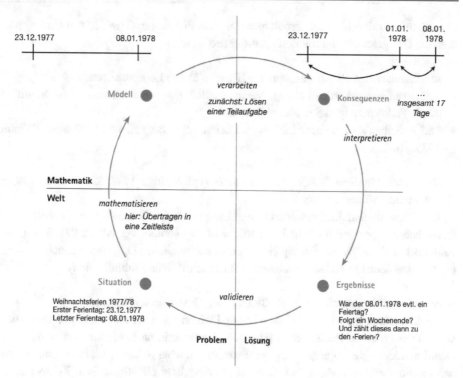

Abb. 2.45 Deutung der Modellierung einer Sachaufgabe

näherungsweisen und exakten *Messen* geht es darüber hinaus auch um das *Schätzen* und *Überschlagen* (vgl. z. B. Cottmann 2005a; French 2008; Hunke 2012; Lübke und Selter 2015; Mirwald und Nitsch 2015; Selter 2007b).

Winter weist in diesem Zusammenhang darauf hin, dass solche Aktivitäten nur dann sinnvoll sind, wenn sie in eine übergreifende pädagogische Zielvorstellung eingebettet werden, nämlich sachrechnerische Fähigkeiten im Rahmen der Denkentwicklung und zur Erschließung der Umwelt anzustreben (Winter 1985a, S. 24). Also: Sachrechnen und beteiligte Inhalte, Begriffe, Verfahrensweisen sind Lernstoff, aber immer im Hinblick auf das große, anspruchsvolle Ziel *Umwelterschließung*.

Sachrechnen als Lernprinzip

Für das Lernen mathematischer Begriffe und Verfahren sollen grundsätzlich (*prinzipiell*) Bezüge zur Realität ausgenutzt werden, um die Schüler stärker für das Lernen zu interessieren, ihr Verständnis zu fördern und ihre Kenntnisse und Fertigkeiten besser zu festigen (vgl. Winter 1985a, S. 26 ff.).

Sachrechnen steht hier im Dienste mathematischer Verständnisse, Einsichten und der Lernmotivation. Das funktioniert nicht mit schlichten Pseudo-Sachsituationen, sondern eigentlich nur mit echten Sachproblemen, im weitesten Sinne nur mit echten Umweltproblemen. Das geschieht auf mindestens dreifache Weise:

- »Sachsituationen als Ausgangspunkte (Einstiege) von Lernprozessen,
- Verlebendigung, Verdeutlichung, Veranschaulichung von mathematischen Begriffen durch Verkörperung in Sachsituationen und
- Sachaufgaben als Feld der Einübung mathematischer Begriffe und Verfahren« (Winter 1985a, S. 26).

Beispiel: »Wie viele Stunden hat ein Jahr?« (vgl. Walther 1982; Krauthausen 1995c; Wittmann und Müller 2013, S. 76)

Eine kontextgebundene Problemstellung kann einerseits als Einstieg in eine noch nicht thematisierte Operation (hier: halbschriftliche Multiplikation; vgl. Abb. 2.24) dienen. Sie kann aber auch zur Wiederholung einer bereits besprochenen Operation genutzt werden, um auf eine neue Operation vorzubereiten (hier: schriftliche Multiplikation).

Sachrechnen als Lernziel, d. h. als Beitrag zur Umwelterschließung

Diese dritte Funktion ist die umfassendste und wichtigste, aber unterrichtspraktisch auch am schwierigsten zu realisierende Funktion. Sie ist kein nachgeordnetes methodisches Detail, sondern ein anspruchsvolles, voraussetzungsreiches didaktisches Programm, in das tiefere Dimensionen pädagogischen Arbeitens eingehen: die allgemeinen Kompetenzen des Mathematikunterrichts, sein möglicher Beitrag zur Entfaltung der Kreativität und zur Sensibilisierung für die Probleme unserer Welt und das Bild, das man vom Menschen und menschlichen Lernen hat (vgl. Winter 1985a, S. 31 ff.; vgl. auch Müller 1991). Von diesem Konzept des umwelterschließenden Sachrechnens darf man aber auch eine Steigerung der Sachrechenfähigkeit erwarten.

Die anspruchsvollste Funktion ›Umwelterschließung‹ ist gerade für das Sachrechnen am fruchtbarsten. »Entscheidend ist der *Primat der Sache*. Sachsituationen sind hier nicht nur Mittel zur Anregung, Verkörperung oder Übung, sondern selbst der Stoff, den es zu bearbeiten gilt; Sachrechnen ist damit ein Stück Sachkunde« (Winter 1985a, S. 31; Hervorh. GKr). Umweltliche Situationen sollen durch *mathematisches Modellieren* klarer, bewusster und auch kritischer gesehen werden. Das schließt auch ein, die Grenzen der Mathematik zu erkennen. Die Sache hat stets viele Eigenschaften, die nicht (alleine) mit der Mathematik, sondern mit anderen Perspektiven bearbeitet werden müssen. Die Mathematik kann die Sache im Wesentlichen im Blick auf quantitative und geometrische Strukturen und Beziehungen untersuchen; das ist die Stärke der Mathematik, ihre Strukturorientierung.

Beispiel: Müller (1991, S. 229) beschreibt konkrete Aktivitäten zum Thema *Müll* in der Grundschule, speziell zum entstehenden Abfall durch mitgebrachte Trinktüten. Dabei geht es einerseits um das Beschaffen und Verarbeiten von Daten und Informationen (hier: Zählen der verbrauchten Tüten in der eigenen Klasse, der gesamten Schule; Berechnen des wöchentlichen, monatlichen, jährlichen Abfalls durch Trinktüten); um den Aufbau entsprechender Größenvorstellungen (hier u. a. Berechnen des Gewichts des Abfalls; In-Beziehung-Setzen zum Abfall einer Stadt, des Landes NRW, . . .); um das Entwickeln von Handlungsalternativen wie z. B. Mülltrennung und das Nutzen recycelbarer Materialien sowie Müllvermeidung (hier: Aktion ›Teekesselchen‹, bei der anstelle der Trinktüten selbst gekochter Tee getrunken wurde).

Das Herzstück des Sachrechnens im Dienste der Umwelterschließung besteht also darin, zu umweltbezogenen Bereichen und Fragen mathematische Modelle aufzubauen, d. h. Situationen zu mathematisieren bzw. zu modellieren (s. o. Abschn. 2.3.1).

2.3.3 Typen von Sachaufgaben

Nachfolgend werden verschiedene Typen von Sachaufgaben vorgestellt, die für den Mathematikunterricht der Grundschule relevant sind (vgl. Müller und Wittmann 1984, S. 210 ff.; Radatz und Schipper 1983, S. 130 f.). Die Terminologie in der Literatur ist nicht einheitlich. ›Sachrechnen‹ wird mal als übergeordnete Kategorie benutzt, mal als ein Aufgabentyp im engeren Sinne. Auch gibt es keine feste, allgemein verbindliche oder konventionalisierte Systematik. Abweichend von der im Weiteren zugrunde gelegten kategorisieren etwa Franke und Ruwisch (2010) Aufgaben . . .

- nach der beschriebenen Situation:
  - Sachaufgaben mit Alltagsbezug
  - Sachaufgaben ohne Alltagsbezug
- nach dem mathematischen Inhalt:
  - Sachaufgaben mit arithmetischem Inhalt
  - Sachaufgaben mit geometrischem Inhalt
  - Sachaufgaben zu funktionalen Zusammenhängen
  - Sachaufgaben zum situationsadäquaten Umgang mit Größen
  - Sachaufgaben mit stochastischem Inhalt
- nach der Repräsentationsform:
  - Sachrechnen in Echtsituationen (reale Phänomene und Projekte)
  - Sachrechnen mit authentischen Mathematisierungen
  - Sachrechnen mit Bildern
  - Sachrechnen mit Texten

Im Folgenden wird, wie gesagt, eine andere Möglichkeit der Kategorisierung benutzt, um auch einen zusätzlichen Blickwinkel anzubieten. Die folgenden Aufgabentypen werden dazu jeweils in Reinform vorgestellt; realiter können und werden die Übergänge zwischen den einzelnen Typen fließend sind. Gelegentlich ist auch nicht die Aufgabe an sich verantwortlich für eine ganz bestimmte Zuordnung, sondern die Art und Weise der Bearbeitung oder ihre Stellung im Lernprozess (und, wie gesagt, des Blickwinkels).

$$8 - \underline{\hspace{1.5em}} \qquad\qquad\qquad 10 - \underline{\hspace{1.5em}}$$

Abb. 2.46 Sachbild. (© Buschmeier et al. 2013, S. 40)

2.3.3.1 Sachbilder
Hierbei handelt es sich um standardisierte Bilder, die (vermeintlich) *eindeutig* eine Anzahl oder einen Zahlensatz bildlich darstellen sollen.

Beispiel: Abb. 2.46 zeigt eine Bus-Situation[49]. Bei solchen Sachbildern sind die Zahlen Anzahlen empirischer Dinge (hier: Kinder), die Operationen sind Hinzufügen (Kinder steigen ein/aus), Wegnehmen, Vermehren, Aufteilen, Verteilen etc., also konkrete Tätigkeiten als Äquivalent mathematischer Operationen (vgl. Seeger und Steinbring 1994; Steinbring 1994a). Die Sache selbst hat lediglich eine untergeordnete Funktion und wird auch von den Kindern möglicherweise nicht mehr untersucht und irgendwann gar nicht mehr ernst genommen: Sie bleibt äußerliches Beiwerk und wird mehr und mehr uninteressant (vgl. dazu auch Steinbring 1999a, S. 8 f.).

Ziel ist es hier, Zahlensätze und Operationen möglichst eindeutig durch vereinfachte, standardisierte bzw. schematisierte Sachbilder deuten und begründen zu können. Der mathematische Sachverhalt soll in gewisser Weise konkretisiert und veranschaulicht werden. Eindeutigkeit wird durch verschiedene Maßnahmen zu unterstützen versucht. Bestimmte Zahlen und/oder Rechenzeichen sind vorgegeben: Das Minuszeichen in Abb. 2.46 determiniert(?), was erwartet wird. ›Hilfen‹ z. B. durch Untertitelungen (vorher, nachher) suggerieren die Denkrichtung. Seiten-Markierungen wie Titelzeile (hier: Rechengeschichten – minus) oder Fußnotentexte (hier: Minuszeichen einführen) werden auch von Kindern gelesen und signalisieren die Erwartung – und schon können die Wahrnehmung und Deutungsvielfalt der Situation kanalisiert sein (entsprechende Aufgaben zur Addition finden sich elf Seiten vorher im Schulbuch). Und wenn Signale wie die genannten fehlen und das Bild mehr oder weniger für sich selbst sprechen soll, ist die intendierte Eindeutig-

---

[49] Solche Darstellungen sollen den Kindern natürlich nicht isoliert vorgelegt werden; sie wollen zu einer handlungsorientierten Einführung anregen, z. B. über Nachspielen der Situation. Denn es scheint doch »weitverbreitete Praxis [...], die Bilder in Schulbüchern nur anzusehen und über sie zu sprechen, statt sie als Anregungen für konkrete Handlungen der Kinder zu nehmen. [...] Das Wechselspiel zwischen Handlung, Bild und Symbol ist für den Lernprozess konstitutiv. Allerdings darf dieser Prozess weder als Einbahnstraße von der Handlung über das Bild zum Symbol gesehen werden, noch reicht ein einmaliger Durchlauf aus« (Radatz et al. 1996, S. 62 f.).

keit erst recht nicht gewährleistet. Eine *empirische Mehrdeutigkeit* (vgl. Steinbring 1994a sowie Abschn. 4.7.4) bleibt selbst im o. g. Beispiel bestehen, denn der nahegelegte Zahlensatz $10 - 2 = 8$ (im Bus saßen 10 Kinder, 2 steigen aus, 8 sind noch im Bus) ist nicht die einzige Deutung. Eine Untersuchung von Schipper (1982) zeigte, dass selbst solche konkreten Darstellungen lediglich von 66 % der Grundschulkinder korrekt interpretiert wurden. Leicht denkbar wären ja in der Tat auch ganz andere Zahlensätze (vgl. dazu auch Voigt 1993; Campbell 1981):

- $8 + 2 = \underline{\ \ }$ Acht Kinder sind im Bus, zwei außerhalb des Busses zu sehen; man sieht 10 Kinder.
- $8 + 0 = \underline{\ \ }$ Acht Kinder sind im Bus, zwei gehen draußen vorbei (haben aber mit dem Bus nichts zu tun); es bleiben 8 Kinder im Bus.
- $8 - 8 = \underline{\ \ }$ Acht Kinder sind (noch) im Bus, sie steigen aber jetzt aus, wie die beiden anderen schon vor ihnen; dann sind 0 Kinder im Bus.
- $10 + (2?) = \underline{\ \ }$ Zehn Kinder sind schon da – acht im Bus, zwei vor dem Bus warten (durch ihre Körperhaltung erkennbar) auf zwei(?) verspätete Kinder, damit der Bus voll ist und losfahren kann.

Ob Additions- oder Subtraktionsseite: In allen Fällen bleiben alternative Deutungen, wie oben exemplarisch genannt, denkbar. In neueren Auflagen sind Schulbücher inzwischen mehr und mehr dazu übergegangen, diese Mehrdeutigkeiten bewusst und konstruktiv zu nutzen (»Finde Plus- *oder* Minusaufgaben!« Oder: »Finde möglichst viele verschiedene Aufgaben zum Bild!«). Und dies umso mehr, je eher die beiden (wechselweisen Umkehr-)Operationen Addition und Subtraktion *integrativ* und weniger separiert behandelt werden.

2.3.3.2 Eingekleidete Aufgaben

Hierbei handelt es sich um eine in Worte gefasste Aufgabenkonstruktion bzw. Rechenoperation ohne echten Realitätsbezug (vgl. Radatz und Schipper 1983, S. 130). Es liegt zwar eine komplexere Sachsituation als bei Sachbildern vor, dennoch ist klar, wie erwartungsgerecht gerechnet werden soll, welches Ergebnis herauskommt und dass jede der Zahlen benötigt wird und keine überflüssig ist (weder unterbestimmt noch überbestimmt, d. h. vollständige und eindeutige, keine überflüssigen Daten). Der Sachinhalt ist nur scheinbar (auf der Wortebene) der Erfahrungswelt der Kinder entnommen: In Wirklichkeit spielt der Realitätsbezug keine Rolle, vielmehr könnte der Sachinhalt beliebig ausgetauscht werden, wie auch das folgende Beispiel zeigt.

Das Beispiel in Abb. 2.47 enthält drei Aufgaben: $3 \cdot 9$ (Aufgabe 2), $54 : 9 = 6$ (Aufgabe 3) und $5 \cdot 9 - 20 = 25$ (Aufgabe 4). Häufig ist zusätzlich noch das Format der relevanten Zahlensätze vorgegeben oder zumindest angedeutet (›Lückentext‹); auch zusätzliche Veranschaulichungen sind nicht unüblich. Ziel solcher eingekleideten Aufgaben ist die Anwendung und Übung von Rechenfertigkeiten und mathematischen Begriffen, die in Text

2. Mutter kauft im Supermarkt 3 Packungen Schokoküsse.

3. Für das Klassenfest braucht Herr Klein 54 Schokoküsse.

4. Alice hatte 5 Schachteln Schokoküsse. Beim Geburtstag wurden 20 Schokoküsse gegessen.

Abb. 2.47   Eingekleidete Aufgabe. (© Eidt et al. 1996, S. 103)

eingekleidet werden. Fantasie- und Kunstaufgaben können das Üben mit reinen Zahlenaufgaben bereichern (Radatz und Schipper 1983, S. 130).

2.3.3.3 Textaufgaben und Denkaufgaben

Textaufgaben bilden den Schwerpunkt des traditionellen Sachrechnens. Es handelt sich um Aufgaben in Textform, wobei die Sache nach wie vor nebensächlich und daher austauschbar ist. Die Vielfalt und die Komplexität der Sache in der Realität werden nicht wirklich berücksichtigt und oft verkürzt dargestellt (›zurechtdidaktisiert‹). Bei diesen Aufgaben müssen i. d. R. mehrere Daten/Zahlen/Größen miteinander in Verbindung gebracht werden (vgl. Radatz und Schipper 1983, S. 130). Ergänzend sei an dieser Stelle ein weiterer Aufgabentyp genannt, die Bild-Text-Aufgabe (vgl. Franke et al. 1998, S. 93): Bei der Präsentationsform handelt es sich um eine Kombination aus Bild und Text, wobei die bildliche Darstellung nicht nur schmückendes Beiwerk ist, sondern wesentliche Informationen zur Aufgabenlösung liefert. Die Aufgaben sind weiterhin eindeutig zu bearbeiten, wobei häufig Bearbeitungshilfen angeboten bzw. eingeübt werden. Klassische Bearbeitungshilfen sind Schemata wie ›Frage, Rechnung, Antwort‹ (vgl. Abb. 3.3 in Abschn. 3.1.1).

Es existieren aber auch Vorschläge für einen *alternativen* Umgang mit klassischen Textaufgaben (vgl. z. B. Nestle 1999, S. 49; Radatz und Schipper 1983, S. 131 ff.; Radatz et al. 1998, S. 171 ff.), bei denen durch Fragen, Alternativen und Handlungen neue Perspektiven entwickelt und die Vorstellungen der Schülerinnen und Schüler gefördert werden können. Ein anderes Schema, das in gewissem Sinne weiter geht, ist der Lösungsbaum oder *Rechenbaum*, der die komplexeren Rechnungen strukturieren soll. Abb. 2.48 zeigt einen solchen zu folgender Textaufgabe:

»Aline fährt mit dem Bus in die Innenstadt. Bis zur Bushaltestelle benötigt sie 3 Minuten. Sie wartet 2 Minuten auf den Bus und der Bus benötigt 9 Minuten bis zur Innenstadt. Wie lange benötigt Aline insgesamt vom Haus bis zur Innenstadt?« (Graumann 2002, S. 91).

Eigentlich muss für das Erstellen eines Rechenbaumes die Struktur der Aufgabe bereits verstanden sein, d. h., Rechenbäume helfen weniger beim Finden einer Struktur/eines Ansatzes, sondern stellen eher ein Analyse-Instrument für eine Aufgabe oder einen Lö-

Abb. 2.48 Rechenbaum.
(In Anlehnung an Graumann
2002, S. 92)

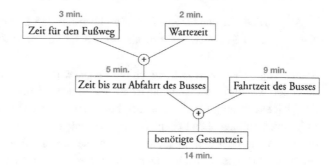

sungsweg dar (vgl. Radatz und Schipper 1983, S. 136; Graumann 2002, S. 91 f.). Sie sind in neueren Schulbüchern auch weniger anzutreffen.

Vorrangiges Ziel solcher klassischer Textaufgaben ist die Förderung mathematischer Fähigkeiten, wobei der gesamte Sachverhalt (Text) durchschaut werden muss. Bei dieser schulischen Kunstform liegt das Hauptproblem für die Kinder in der richtigen Übersetzung der Information aus der natürlichen Sprache des Textes in die Gleichungen oder Zahlensätze der mathematischen Fachsprache (vgl. Radatz und Schipper 1983; vgl. die Phase des Mathematisierens im Modellbildungskreislauf in Abb. 2.43).[50] Am Beispiel einer typischen Textaufgabe soll das kommentiert werden:

Familie Pelzer besteht aus fünf Personen. Sie bezahlt 735 € an die Stadtwerke für ihren Stromverbrauch. Wie viel € bezahlt Familie Pelzer alle zwei Monate? Wie hoch sind die Stromkosten für eine Person?

Die erste Anforderung für die Kinder besteht in der Interpretation des beschriebenen Sachverhalts: Bezeichnet der Betrag von 735 € die Stromkosten für ein Jahr?

Anmerkung: Ist das ein realistischer Strompreis? – Hier wird entsprechendes Sachwissen erforderlich.

Für die Berechnung der ersten Frage gibt es verschiedene Möglichkeiten: die Division von 735 € durch 12, um den Preis pro Monat zu erhalten (61,25 €). Eine dann erforderliche Multiplikation mit 2 liefert das gesuchte Ergebnis (122,50 €). Denkbar wäre aber auch die Verarbeitung in einem Schritt, die Division von 735 € durch 6, um gleich den Betrag für zwei Monate zu erhalten.

Anmerkung: Wiederum ist Sachwissen erforderlich, wie Dezimalzahlen in der Einheit Euro (€) dargestellt werden.

Die zweite Frage macht wiederum eine Interpretation erforderlich: Sind hier die monatlichen, zweimonatlichen oder jährlichen Kosten gemeint?

---

[50] Das schließt nicht aus, dass die Kinder im Alltag die gleiche Situation möglicherweise problemlos bewältigen (zur ›Straßenmathematik‹ vgl. Nuñes 1993).

Als jährliche Kosten für eine Person ergäben sich 735 € : 5 = 147 €; als zweimonatliche Kosten 122,50 € : 5 = 24,50 € und als monatliche Kosten 61,25 € : 5 = 12,25 €.

Anmerkung: Hier stellt sich jedoch die Frage, wozu eine solche Berechnung überhaupt durchgeführt wird. Wie sinnvoll ist es, von einer bei den o. g. Rechnungen unterstellten Gleichverteilung für die einzelnen Personen auszugehen? Hat der erhaltene Wert eine Relevanz im alltäglichen Leben? Ist die verwendete Sachsituation für diese Art von Rechnung geeignet oder sollte man sie nicht besser austauschen oder ganz auf den Kontext verzichten? Bei der kritischen Durchleuchtung einer solchen Textaufgabe bekommt man leicht den (auch nicht ganz falschen) Eindruck, dass realistische Anwendungen, authentische Situationen etc. mit dem Ziel der Anwendungsorientierung (vgl. Abschn. 5.1) eine notwendige und hinreichende[51] Voraussetzung des Sachrechnens sind.

Aber bei aller Kritik an ›zurechtdidaktisierten‹ Aufgabenkontexten: Auch sehr künstliche und unrealistische Aufgaben haben durchaus ihre Berechtigung – allerdings mit einer *anderen Zielsetzung,* z. B. in Form sogenannter *Denkaufgaben:* Diese zielen auf das Entwickeln allgemeiner Denk- und Lösungsstrategien (vgl. Polya 1995; vgl. auch Gravemeijer 1999 »vom Modell *von* einer bestimmten Situation« zum »Modell *für* eine allgemeine Klasse von Situationen«). Das Entscheidende ist dann der *Mathematisierungsprozess,* die Übersetzung des gegebenen Kontextes auf die mathematische Ebene (vgl. Toom 1999) bzw. das Entwickeln einer geschickten Lösungsstrategie. In Abschn. 3.1.1 stellt die Schneckenaufgabe dafür ein konkretes Beispiel dar, welches einerseits illustriert, was mit den intendierten allgemeinen Denk- und Lösungsstrategien gemeint ist, und andererseits die Berechtigung und Notwendigkeit solcher Aufgaben hervorhebt (vgl. auch die ›Kinoaufgabe‹ in Abschn. 5.1).

Die heftige Kritik, die häufig an Textaufgaben geübt wurde, bezieht sich neben der Realitätsferne auch auf die Art ihrer Behandlung: Wird ein Aufgabentyp eingeführt und dieser Typ anschließend an gleichartigen Aufgaben eingeübt, dann wird so das oben erwähnte Ziel der Mathematisierung sicher *nicht* realisiert (vgl. Toom 1999). Die Beispiele konkretisieren und bestätigen die eingangs erwähnten Aussagen, dass eben nicht die Aufgabe an sich, sondern die Art und Weise ihrer Bearbeitung oder ihrer Zielsetzung entscheidend ist.

»Sollte man sich deshalb auf tatsächlich ›authentische‹ Modellierungen beschränken und auf ›klassische‹ Sachaufgaben verzichten, bei denen es sich oft um in einfache Sachzusammenhänge ›verpackte‹ Mathematikaufgaben handelt? Die Antwort hierauf muss ein klares Nein sein« (Filler und Nordheimer 2015, S. 85). Die Autoren verweisen auf Funktionen von Einkleidungen bzw. auf Aufgaben, »bei denen für Schülerinnen und Schüler von vornherein klar erkennbar ist, dass ihre Lösungen keinerlei praktischen Nutzen bringen« (Filler und Nordheimer 2015, S. 86), die aber dennoch ihren didaktischen Wert für Lern- und Problemlöseprozesse haben. Dabei scheint die Tatsache, dass dies für die Ler-

---

[51] An dieser Stelle sei deutlich angemerkt, dass *allein* die Verwendung realistischen Materials ohne Beachtung der Frage, ob die zu bearbeitenden Problemstellungen überhaupt sinnvoll sind, sicherlich noch keine gute Sachrechenpraxis darstellt.

nenden von vorneherein transparent ist, nicht unerheblich zu sein, weil sich dadurch auch
für sie solche Aufgaben legitimieren können und von jenen unterscheiden lassen, bei denen man *aus anderen Gründen* die Sache nicht ernst zu nehmen gelernt hat.

2.3.3.4 Erfinden von Rechengeschichten

»Sachaufgaben, die die Kinder selbst geschrieben haben, erfüllen von sich aus den Primat
der Sache. Die Kinder identifizieren sich mit dem Sachverhalt und interpretieren ihn vor
dem Hintergrund ihrer subjektiven Erfahrungsbereiche. Das führt zu fruchtbaren Auseinan-
dersetzungen, erhöht den verbalen Anteil im Mathematikunterricht beachtlich und fördert
die Kritikfähigkeit. Die Kinder haben eine Beziehung zu den Aufgaben. [...] Die Lehrerin erfährt eine Menge über die altersgemäße Lebenswirklichkeit der Kinder« (Dröge 1995,
S. 420).

Beim Erfinden von Rechengeschichten gibt es grundsätzlich mehrere Vorgehensweisen:

- freie Themenwahl,
- vorgegebener Kontext,
- vorgegebene Rechnung,
- vorgegebene Struktur (z. B. durch einen Rechenbaum; s. o.).

Erfahrungsgemäß lassen sich die dann entstehenden Rechengeschichten der Kinder
kategorisieren und i. d. R. auf eine bestimmte Praxis des Sachrechnens im erlebten Unterricht schließen (vgl. auch Kleine und Fischer 2005 für die Sekundarstufe). So ließen
sich die von Grundschulkindern zu einem vorgegebenen Zahlensatz verfassten Rechengeschichten in folgende Typen (mit fließenden Übergängen) unterscheiden (Radatz 1993a;
vgl. Abb. 2.49):

- Rechengeschichten, die den üblichen Beispielen des Unterrichts bzw. des Schulbuchs
  entsprechen,
- Rechengeschichten, die dem zuvor genannten Typ gleichen, d. h. gleiche Struktur bzw.
  Handlungen, jedoch sind die verwendeten Sachsituationen überaus unrealistisch,
- Rechengeschichten, die (mathematisch) unlösbar sind, und
- Rechengeschichten, die kreativ und fantasievoll sind, aber nicht zum gegebenen Zah-
  lensatz passen.

An einem weiteren Beispiel zur Konstruktion von Rechengeschichten soll noch einmal
das Besondere des Sachrechnens, nämlich die unterschiedlichen Strukturen der Bereiche
Sache und Mathematik verdeutlicht werden:

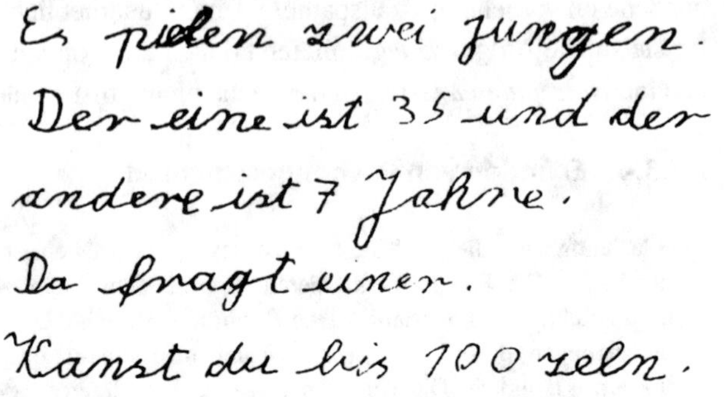

Abb. 2.49 Rechengeschichte
zum Zahlensatz 38 + 7 = 45
– Welcher Typus? (© Radatz
1993a, S. 34)

Es pielen zwei Jungen.
Der eine ist 35 und der
andere ist 7 Jahre.
Da fragt einer.
Kanst du bis 100 zeln.

Beispiel (aus Lorenz 1999, S. 30): Was könnten mögliche Sachzusammenhänge für die Aufgabe 32 : 5 sein? (Die Lösung der rein *arithmetischen Aufgabe* wäre für Grundschulkinder 6 Rest 2.)

- 32 Pfadfinder machen einen Ausflug mit Ruderbooten. In jedes passen 5 Personen. Wie viele Boote brauchen sie? (*Lösung: 7*)
- Ein Seil ist 32 m lang. Es werden immer Stücke von 5 m Länge abgeschnitten. Wie viele Stücke erhält man? (*Lösung: 6*)
- Eine Fahrradtour geht über 32 km. Es wird fünfmal Rast gemacht. (*Lösung: 6,4 km pro Etappe; natürlich unter der Annahme, dass in gleichen Abständen Rast gemacht wird und dass die 5. ›Rast‹ am Ende der Radtour erfolgt.*)
- 32 Sandwiches Tagesration für eine Gruppe von 5 Pfadfindern. Wie viele isst jeder? (*Lösung: 6 und 2/5; unter der Annahme, dass jeder gleich viel isst.*)
- 32 Pfadfinder stehen in fünf Reihen, in jeder Reihe gleich viele. (*keine Lösung*)

Möglich ist auch die Vorgabe eines Zahlensatzes *mit* dem jeweiligen Ergebnis (Treffers 1987, S. 205 f.): Erfinde Problemstellungen zur Aufgabe 6394 : 12, für die die Antwort lauten könnte: 532 oder 533 oder 532 Rest 10 oder 532 5/6 oder 532,8333.

2.3.3.5   Sachprobleme

Eine Art Mittelstellung haben sogenannte Sachprobleme, die häufig auch als Sachaufgaben bezeichnet werden (vgl. Radatz und Schipper 1983, S. 130). Hierbei werden *originale* Daten (Zahlen, Größen, Zusammenhänge) aus der Umwelt als eigenständige Angaben vorgegeben, und zu diesen Daten können unterschiedliche Fragen und Problemstellungen formuliert werden. Die *Sache* steht hier nun im Vordergrund, an sie werden Fragen herangetragen, die mithilfe der Mathematik bearbeitet und teilweise auch beantwortet werden können. Mathematik ist also hier nur Hilfsmittel zur Bearbeitung oder Erschließung des Sachverhaltes.

Beispiel: Murmeltiere[52] (vgl. Tab. 2.8): Die möglichen Fragestellungen bzw. Aktivitäten können sich einerseits auf das vorhandene Material beziehen, sollen aber ganz bewusst auch darüber hinausgehen. Es bieten sich zunächst Lese- bzw. Orientierungsübungen zu dem wichtigen gegebenen Darstellungsformat der Tabelle an:

Alter: Welches Tier erreicht das höchste/niedrigste Alter? Welche Tiere werden ungefähr gleich alt? Welche Tiere werden ungefähr so alt wie das Murmeltier?

Länge/Gewicht: Welches Tier hat das höchste/niedrigste Gewicht? Welches misst die größte/kleinste Länge? Welche Tiere sind ungefähr gleich lang/ungefähr so lang wie das Murmeltier? Welche Tiere sind ungefähr gleich schwer/ungefähr so schwer wie das Murmeltier? Hat das Tier mit dem höchsten Gewicht auch die größte Länge? (Nein. Der Eisbär ist am schwersten, aber der Tiger ist bspw. länger. Offensichtlich liegt zwischen Länge und Gewicht keine proportionale Zuordnung vor: Der Biber hat bspw. die vierfache Länge des Eichhörnchens. Bestimmt man jedoch durch Überschlagsrechnung das vierfache Gewicht des Eichhörnchens ($4 \cdot 500\,g = 2\,kg$), so weicht dies erheblich vom Gewicht des Bibers ab.)

Fragen über die Tabelle hinaus: Von welchen anderen Tieren kennst du das ungefähre Höchstalter (analog zu Gewichten und Längen)[53]? Was ist der Unterschied zwischen Winterschlaf, Winterstarre und Winterruhe? Kennst du andere Tiere, die Winterschlaf halten?

Genutzt werden könnte das Material daneben auch für *projektartigen* Unterricht (vgl. Abschn. 2.3.3.8): Ziel eines solchen Projektes könnte eine Schulausstellung mit Informationen zur Behausung der Murmeltiere und ihrer Nahrung sein (real ausgestellt oder bildlich); mit Bildern und Fotos von Murmeltieren sowie Karten, die ihre Lebensorte zeigen; mit grafischen Aufbereitungen der gegebenen Tabellen; mit einem selbst erstellten Buch ›Mein Murmeltierbuch‹ u. v. m.

Da die Sache ganz wesentlich mitdiskutiert wird, ist die Einsicht in die Zusammenhänge eine entscheidende Voraussetzung. Es handelt sich um *echte Anwendungen* mathematischen Wissens oder mathematischer Fähigkeiten in realistischen Sachsituationen,

---

[52] Ein Leser hat seinerzeit nach Erscheinen der 3. Auflage in einer Mail seiner Verwunderung darüber Ausdruck gegeben, dass in der Tabelle unter der Überschrift ›Vergleich verschiedener Säugetiere‹ die Riesenschildkröte aufgeführt sei. »Meine Befürchtung war, dass irgendein junger motivierter Lehramtsstudent die Tabelle tatsächlich als Vorlage nimmt und dann anschließend dem fragenden Kind wirklich erklärt, dass es säugende Schildkröten gibt. ;-)« (Christian S. aus Vlotho). Der Hinweis auf diesen Fehler in der Tabelle ist natürlich vollkommen berechtigt – vielen Dank dafür! –, er findet sich so aber leider im Original, das hier zitiert wird und dann auch *[sic!]* wiedergegeben werden muss. Möge also diese Fußnote der formulierten Befürchtung entgegenwirken.

[53] Eine gute Datensammlung zu derartigen Fragestellungen bieten Flindt 2000 (Daten über Tiere und Pflanzen) sowie Kunsch und Kunsch 2000 (Daten über den Menschen), vgl. auch Hack und Ruwisch (2004). Und gewiss hält auch Google zahllose derartige Informationen bereit.

Tab. 2.8 Daten zu Murmeltieren und anderen Tieren. (Fred Eggenberg/Armin Hollenstein, MO-SIMA® 3: MURMELTIERE, SCHOKOLADE, LUFT-ABLUFT Copyright © 1998, Orell Füssli Verlag AG, Schweiz/Eggenberg und Hollenstein, 1998c, S. 3)

Vergleich verschiedener Säugetiere
Höchstalter in Jahren

Feldhase	8	Maus	4
Siebenschläfer	9	Eichhörnchen	12
Igel	14	Reh	16
Murmeltier	18	Biber	25
Löwe	30	Maultier	45
Elefant	70	Wal	100
Esel	100	Riesenschildkröte	180

Maximallängen und Höchstgewichte
Längenangabe (in cm): Schnauzspitze bis After

	Länge	Gewicht		Länge	Gewicht
Murmeltier	73	8 kg	Feldmaus	12	50 g
Biber	100	30 kg	Hamster	34	500 g
Dachs	85	20 kg	Hermelin	29	450 g
Eichhörnchen	25	480 g	Siebenschläfer	19	120 g
Eisbär	251	1000 kg	Tiger	300	350 kg
Etruskerspitzmaus	4	2 g	Vielfrass	87	35 kg

Dauer des Winterschlafs (bzw. Winterstarre oder Winterruhe)
Angabe in Monaten

Blindschleiche	4–5	Hamster	2–3,5	Murmeltier	5–6
Eichhörnchen	2–3,5	Haselmaus	6–7	Ringelnatter	4–5
Erdkröte	4–5	Igel	3–4	Siebenschläfer	6–7
Fledermaus	5–6	Kreuzotter	4–5	Teichmolch	3–4
Grasfrosch	4–5	Laubfrosch	5–6	Zauneidechse	5–6

wobei nicht selten erforderliche Daten noch ergänzend selbst beschafft werden müssen. Derartige Sachaufgaben weisen auch über die Grenzen des Mathematikunterrichts hinaus in die anderen Unterrichtsfächer. Modernes Sachrechnen i. d. S. ist anwendungsorientiert, kreativ und möglichst lebensnah.

Bemerkenswert ist im Hinblick auf das methodische Vorgehen, dass auch bei solchen Aufgaben, die prinzipiell eine offenere Bearbeitung erlauben würden, in manchen Schulbüchern den Kindern doch wieder (unnötigerweise) eine *recht eindeutige Problemfrage* in den einzelnen Aufgaben vorgegeben wird, die sie dann u. U. auch noch nach dem Schema ›Frage, Rechnung, Antwort‹ kleinschrittig bearbeiten sollen, anstatt sich selbst Fragen zu stellen, die aus ihren Interessen entstanden sind und Bezüge zu ihrer persönlichen Situation enthalten.

Tiere bekommen Junge.

Eine Katze bekommt im Frühjahr und
im Herbst Junge. Manchmal bekommt sie 2,
manchmal 3 und manchmal 4 Junge.
Zu jedem Wurf gehören **durchschnittlich**
3 Junge.

	Würfe in einem Jahr	Junge pro Wurf
Katze	2	3
Maus	4	7
Eichhörnchen	3	3
Kaninchen	2	7
Hase	3	3
Ratte	5	8

Wie viele Junge bekommen
die Tiere durchschnittlich
in einem Jahr?

7) Katze: 2 · 3 K =   6 K

Maus: 4 · 7 M =

Abb. 2.50 Sachstrukturierte Übung. (© Wittmann und Müller 2012b, S. 79)

2.3.3.6 Sachstrukturiertes Üben

Eine ähnliche Mittelstellung hat das sogenannte *sachstrukturierte* Üben[54], bei dem sich
eine Serie gleichartiger Aufgaben in einen Sachzusammenhang einordnet. Die Ergebnisse
dieser Aufgaben und ihre Diskussion sollen das *sachunterrichtliche* Wissen bereichern.
Der Zusammenhang kann entweder in der Rückschau (*nach* dem Lösen) hervortreten (reflektives Üben) oder von *vorneherein* als übergeordnete Zielsetzung die Bearbeitung der
Aufgaben steuern (immanentes Üben).

Beispiel: »Vermehrungsrate von Tieren« (Wittmann und Müller 1990, S. 146, Wittmann
und Müller 2012b, S. 79)

Die Vermehrungsrate von Tieren ist auf die durchschnittliche Lebensdauer der jeweiligen Tierart abgestimmt, um einen festen Bestand der jeweiligen Tierart zu gewährleisten.
Eine kürzere Lebensdauer (u. a. bedingt durch Feinde) erfordert eine höhere Vermehrungsrate. Bei einer längeren Lebensdauer genügt zur Arterhaltung eine niedrigere Vermehrungsrate. Die Abb. 2.50 soll als Anregung zum weiteren Nachdenken über diese
Zusammenhänge (auch im Sinne eines fächerübergreifenden Unterrichts) dienen.

2.3.3.7 Sachtexte

Der Bereich der Textaufgaben wurde bereits angesprochen und es stellte sich die Frage,
ob es sich dabei um Sach*texte* im eigentlichen Sinne handelt: Zahlen und Größen müssen
entnommen und korrekt interpretiert werden, mit ihnen muss gerechnet werden, sie müs-

---

[54] Vgl. zu sachstrukturierten und/oder auch immanenten Übungen die Übungssystematik bei Wittmann (1992) bzw. in Abschn. 3.1.2.

sen mit vorhandenem Wissen in Beziehung gesetzt werden, um Informationen verstehen und einordnen zu können.

Es wurde vielfach berechtigte Kritik an üblichen Textaufgaben geäußert (vgl. insbesondere Erichson 1991): Bei den herkömmlichen Texten in Schulbüchern (Textaufgaben) wird die Umwelt systematisch verfremdet, damit Kinder die (verarmten) Texte besser verstehen, Zahlen werden ›frisiert‹, damit die Aufgaben zu berechnen sind. Gefordert wird im Gegensatz dazu, den Kindern in Sachtexten eine *realistische* Umweltsituation anzubieten, in der Zahlen und Daten eine Rolle spielen. Dies können Zeitungsmeldungen sein (vgl. Abb. 2.52) oder auch Texte aus Sachbüchern oder Lexika (positive Beispiele finden sich bspw. in Erichson 1992, 2003a).

Ein weiteres Beispiel zum Monster von Loch Ness (Abb. 2.51) wurde von E. Götz und S. Gollub (Primarstufenstudierende der Uni Dortmund) im Rahmen einer Vertiefungsveranstaltung zum Sachrechnen selbst erstellt[55].

- Überlegen Sie zunächst selbst, welche Fragen sich bspw. für ein 4. Schuljahr anbieten würden.
- Welche Begriffe und Sachinformationen müssen Ihrer Meinung nach mit Kindern geklärt werden, welche gehören möglicherweise schon zum Wissensrepertoire von Grundschulkindern?
- Welche weiteren Sachinformationen bzw. Materialien werden benötigt?

In dem ebenfalls von Studierenden erstellten Lehrerkommentar werden neben Hinweisen auf zentrale Ziele bei der Bearbeitung dieses Textes (z. B. Umgang mit ausländischen Maßen und Währungen) auch weitere Materialien (z. B. Landkarte Großbritanniens, Währungstabellen) und Anregungen für mögliche Fragen formuliert:

- *Erarbeite eine Umrechnungstabelle für die benötigten Maßeinheiten/Währungen.*
- *Wie viele m³ Wasser fasst Loch Ness? Wie viel Wasser passt in eine normale Badewanne?* (Schätzen mit Bezug zur Erfahrungswelt der Kinder; vgl. Abschn. 2.3.4) *Für wie viele Badewannenfüllungen reicht das Wasser von Loch Ness?* (Aufbau von Größenvorstellungen, insbesondere bei großen Zahlen)
- *Erfrage im Reisebüro, wie teuer eine Reise nach Loch Ness ist.* (Fragen, die deutlich über den vorliegenden Text hinausgehen)

---

[55] Man sollte allerdings nicht davon ausgehen, dass Lehrerinnen und Lehrer während ihrer alltäglichen Unterrichtspraxis *regelmäßig* eigene Sachtexte erstellen könnten. Die Studierenden haben im Rahmen dieser Veranstaltung sehr viel Zeit und Mühen aufgewendet. Auf der anderen Seite sind die Erfahrungen mit einer solchen Aktivität bezogen auf ein angemessenes Schwierigkeitsniveau der Texte sowie die Interessen und vermuteten Lernprozesse der Kinder durchaus lohnenswert, was die Studierenden auch ausdrücklich betonten.

Das Monster von Loch Ness

Die größte Insel Europas ist Großbritannien. Das Land ist aufgeteilt in Schottland, Wales und England. Ganz im Norden liegt Schottland mit den höchsten Bergen und tiefsten Seen Großbritanniens.

Der größte dieser Seen heißt Loch Ness und ist 22,4 miles lang, 0,9 miles breit und 355 yards tief. Er faßt 9740000000 cubic yards Wasser. In diesem See wohnt „Nessie", das Monster von Loch Ness. Schon 565 n. Chr. berichtet ein Bischof davon, wie das Wassermonster einen Mann im Loch Ness mit einem grausamen Schlag getötet habe. Seitdem sind Forscher, Wissenschaftler, Abenteurer und Touristen auf der Suche nach dem Untier. Die Suche ist aber sehr schwierig, da der See sehr dunkles Wasser hat, und man schon in 13,1 yards Tiefe nichts mehr sehen kann. Außerdem gibt es am Grund des Sees viele unerforschte Höhlen und eine dicke Schlammschicht. Hier hilft noch nicht einmal die Technik: auch mit Spezial-U-Booten, Infrarotkameras, Echoloten und Sonargeräten konnte Nessie nicht aufgespürt werden. Wissenschaftler haben dem Untier den Namen „*Nessiteras rhombopteryx*" gegeben und vermuten, daß sogar 20 - 50 Tiere dieser Art auf dem Grund des Sees leben könnten. Sie glauben, daß Nessie ein überlebender Plesiosaurier ist. Wer das Untier fängt, bekommt eine Belohnung von 500000 Pfund von der Guinness - Brauerei. Das ist lohnend aber gesetzwidrig, da Nessie schon seit 1934 unter Naturschutz steht.

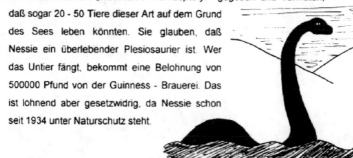

Abb. 2.51 Das Monster von Loch Ness. (© E. Götz und S. Gollub)

Es ist oft gar nicht notwendig, Sachtexte speziell für Schulkinder zu schreiben. Viele Zeitungstexte sind durchaus für den Grundschulunterricht geeignet und können direkt verwendet werden, wie der nachfolgende Eisbär-Text (Abb. 2.52) zeigt (vgl. zu diesem Sachthema auch Abschn. 4.1.3, Abb. 4.4).

Abb. 2.52 Der Eisbär. (©
Hamburger Abendblatt vom
31.03.2000)

Freitag, 31. März 2000

IM GESPRÄCH

Eisbär

Der Eisbär (Thalarctos Ursus mariti-
mus) gehört zwar zur Familie der Bä-
ren, er ist aber die einzige Art seiner
Gattung. Erstmals wurde er 1774 als
eigene Art beschrieben. Er hat mit
den Braunbären aber gemeinsame
Vorfahren. Eisbären sind mächtige
Raubtiere, nach den Kodiakbären die
zweitgrößten Fleischfresser der Erde.
Die Männchen werden 2,5 bis drei
Meter groß, die Weibchen bringen es
auf 2,5 Meter. Außerdem sind sie mit
bis zu 1000 Kilo bei fetten Männchen
ausgesprochene   Schwergewichte.
Normal wiegen die Tiere um 300 Kilo.
   Seit 1975 sind Eisbären weltweit
geschützt. Ihr Verbreitungsgebiet
liegt rund um den Nordpol. Dort wird
der Bestand auf etwa 50 000 Exemplare geschätzt. Mit seiner Supernase
kann der Räuber Beutetiere in einem
Umkreis von einem Kilometer oder
unter 90 Zentimeter dickem Eis ausmachen. Seine Lieblingsspeise sind
Robben. Die Paarungszeit erstreckt
sich von April bis Juni. Acht Monate
später kommen ein bis drei Junge zur
Welt. Sie bleiben 28 Monate bei der
Mutter. Erst dann wird das Weibchen
wieder brünstig.   jan

- Formulieren Sie zu diesem Text drei grundschulrelevante Aufgaben.
- Welche Größenbereiche und zugehörigen Einheiten werden in diesem Text an-
  gesprochen?
- In welchem Schuljahr würden Sie einen derartigen Text einsetzen? Begründen
  Sie Ihre Entscheidung mit Bezug auf den zugrunde liegenden Zahlenraum, die
  verwendeten Größen und die erforderlichen Operationen!

Abschließend sei festgehalten, dass nicht der Eindruck erweckt werden soll, der Einsatz
solcher Sachtexte sei *das* Allheilmittel für die bekannten Schwierigkeiten oder Aversionen
im Bereich des Sachrechnens. Auch bei dieser Unterrichtsform sind Schwierigkeiten zu

erwarten, bspw. im Hinblick auf das Leseverständnis. Auch wirkliches Interesse lässt sich nicht erzwingen oder garantieren.

2.3.3.8 Projekte

Projektunterricht, so Gudjons (2008, S. 6), sei »ein Thema zwischen Begriffsinflation und Hilflosigkeit (oder auch Ignoranz)« und gekennzeichnet durch eine große Unsicherheit darüber, was denn genau ›echte‹ Projektarbeit kennzeichne (vor allem unter methodischen Gesichtspunkten). Ohne hier auf die Geschichte der Projektmethode eingehen zu können (vgl. Gudjons 2008 sowie Knoll 2011), lassen sich aber doch einige typische Merkmale von Projekten (z. T. allg. für Sachsituationen) festhalten:

- *realistische* Umweltsituationen,
- fächerübergreifende Perspektive,
- Beteiligung der Schüler bei der Planung, Auswahl, Durchführung und Veröffentlichung der Projektergebnisse,
- Einbeziehung des außerschulischen Bereichs und
- soziales Handeln als Ziel und Höhepunkt des Lernprozesses (vgl. z. B. Gudjons 2008; Müller und Wittmann 1984, S. 258; Semmerling 1993).

Projektlernen geht einerseits mit besonderen Organisationsformen, andererseits auch mit einer veränderten Rolle sowohl der Schüler als auch der Lehrperson einher (vgl. Lehmann 1999).»Projektaufgaben suchen die Idee zu realisieren, dass die Schüler nicht nur als Konsumenten vorgegebenen Wissens ... angesehen werden ... Projektaufgaben heben sich also durch eine gewisse Reichhaltigkeit, Qualität und Flexibilität gegenüber ›normalen‹ Aufgaben ab« (Baumann 1998, S. 38).

Einen Eindruck von der Projektmethode soll die folgende kurze Skizze eines *Fahrradprojekts* vermitteln (vgl. Becker und Probst 1996; Probst 1997[56]). Die Unterrichtseinheit ist wie folgt aufgebaut und stellt natürlich nur eine von vielen möglichen Vorgehensweisen dar:

- *Fahrradzeichnung und Wortschatz (Sprache)*
  Ziele: Festigung und Erweiterung des Sachwortschatzes; mentale Repräsentanz der Fahrradteile/weiterer Fahrradteile
  Die Schülerinnen und Schüler werden aufgefordert, ein Fahrrad (von der Seite) zu zeichnen und entsprechende Fahrradteile zu bezeichnen.
- *Zusammengesetzte Namenwörter aus dem Wortfeld Fahrrad (Sprache)*
  z. B. Wortkarten: Rad, Träger, Blech, Gepäck, Katzen, Bremse, Ketten, Hand, Schutz, Auge, Vorder. Hierbei sind verschiedene Kombinationen möglich: Kettenschutz, Schutzblech, Handbremse, Vorderrad. Die entstandenen kombinierten Wortkarten werden bspw. einer großen Fahrradzeichnung zugeordnet.

---

[56] Weitere Beispiele u. a. in Franke 1995/1996; Igl und Senftleben 1999; Müller und Wittmann 1984, S. 115 ff.

- *Verwendung des Fahrrades in verschiedenen Ländern (Sachunterricht)*
  Anhand von Fotos aus unterschiedlichen Ländern sollen die Kinder die Zuordnung von Karten zu entsprechenden Ländernamen vornehmen. Darüber hinaus werden die Länder in einer Weltkarte gesucht. Die potenziellen Einsichten sind vielfältig: Länder, die in Afrika oder Asien liegen, sind häufig ärmer, verbunden mit einem einfacheren Leben, in dem das Fahrrad lebensnotwendig ist. Bei uns wird das Fahrrad meistens als Sportgerät bzw. in der Freizeit genutzt.
- *Rhythmische und szenische Bearbeitung eines Fahrradliedes (Musik)*
  Diese Aktivität verfolgt zwei Ziele: Klangerzeugung mit dem Fahrrad und Thematisierung des Fahrrads in Lied und Pantomime (mögliche Geräusche: z. B. Fahrradklingel). Lied: »Mein Fahrrad« (Die Prinzen); jede Strophe wird durch szenische/pantomimische Begleitung inszeniert.
- *Entwicklungsstufen des Fahrrades (Markierungen auf einer Zeitleiste/Mathematik)*
  Reale Modelle (Nachbauten) stehen in der Turnhalle zur Verfügung (z. B. Laufmaschine von Drais; die Michauline von Michaux). Die Schülerinnen und Schüler probieren aus, wie gut sie mit den einzelnen Geräten zurechtkommen. Die Abbildungen der einzelnen Geräte werden beschrieben und mit dem heutigen Fahrrad verglichen (*Was fehlt?*). Die Schüler schätzen, welches Fahrrad das älteste ist, und die jeweiligen Abbildungen werden auf eine Zeitleiste geklebt.
- *Die Fahrradkette*
  Die Schüler erhalten ein Stück Kette und ein Ritzel und passen die Zähne des Ritzels in die Kette ein. Sie machen Erfahrungen zur Gewichtskraft und Kraftübertragung; sie erkennen, dass die Kette beim Fahrrad geschlossen ist. Eine Antriebseinheit kann darüber hinaus mit *fischertechnik* nachgebaut werden.
- *Gleichgewichtsübungen (Sport)*
  Die Schülerinnen und Schüler balancieren an verschiedenen Geräten (z. B. auf einem Roller, Laufrad, Pedalo oder Fahrrad). Sie erfahren dabei, dass man auf einem Fahrzeug mit zwei Rädern nur das Gleichgewicht hält, wenn man Fahrt hat (statisches und dynamisches Gleichgewicht).
- *Abschluss-Rallye (verschiedene Fächer)*
  Mögliche Aktivitäten hierzu: Fahren mit einen Pedalo auf Zeit; Ertasten einzelner Fahrradteile in einem Fühlkino; Zuordnungen von Fotos aus verschiedenen Ländern und unterschiedlichen Funktionen des Fahrrads auf dem Globus etc.

Heutzutage würde sicher noch eine *Internet-Recherche* hinzukommen, was zur Zeit der o. g. Quellen für dieses Projektbeispiel noch keine Rolle in der Schule spielte, ebenso wenig wie die Erstellung von *Präsentationen* oder *Videos* zum Thema Fahrrad. Die Vorschläge zeigen aber auch ohne dies bereits die vielfältigen Möglichkeiten bei einem projektartigen Vorgehen: Verschiedene Interessen der Kinder können ebenso berücksichtigt werden wie die Stärken und Schwächen einzelner Kinder bspw. durch die verschiedenen Unterrichtsfächer, aber auch durch die vielfältigen Aufgaben, die innerhalb eines Bereichs auf unterschiedlichen Niveaus anfallen. Es werden Untersuchungs-, Vergleichs-,

Erkundungsaufträge vorgeschlagen, die selbst ausgeweitet, geändert, ergänzt etc. werden können; die Umweltsituation muss verstanden, erschlossen und erkundet werden – mithilfe der Mathematik. Die Fragen sind nicht eindeutig, die Operationen sind nicht eindeutig, die Ergebnisse sind nicht eindeutig, sondern vielfältig. Und auch die Berechnungsweisen und -methoden sind nicht standardisiert, sondern offen, experimentell, erprobend etc. Die Sache und ihre Erkundung stehen im Vordergrund, die Mathematik hilft bei der Erschließung und beim Verstehen der Umweltsituation und liefert neue, teils tiefere Einsichten.

Projektartiges Lernen und andere Typen von Sachaufgaben sollten nicht als unvereinbare Gegensätze gesehen werden (vgl. hierzu bspw. die Sachtexte zum Thema ›Fahrrad‹ in Erichson 1992, 2003a), vielmehr ergänzt das Projektlernen »lehrgangsgebundenes Fachlernen additiv, wenn ein von Kindern mitbestimmtes Projekt neben dem Fachunterricht durchgeführt wird, oder integrativ, wenn Fachunterricht teilweise in Handlungssituationen des Projektlernens durchgeführt wird« (Semmerling 1993, S. 201). Im obigen Beispiel handelt es sich natürlich auch um eine ideale Situationen, die nicht immer konsequent zu realisieren sein wird. Man wird versuchen, einige dieser Aspekte zu berücksichtigen, bspw. in Form sogenannter ›Mini-Projekte‹, die einen deutlich geringeren organisatorischen Aufwand aufweisen.

Das Projektlernen ist jedenfalls stärker ins Bewusstsein gerückt und wird zunehmend wichtiger, bspw. um Kindern aus unterschiedlichen Kulturkreisen gemeinsames Handeln zu eigenen Interessen zu ermöglichen oder um Aktivitäten in unterschiedlichen Lernformen auf ein projektiertes Ergebnis zu bündeln (vgl. Semmerling 1993, S. 201). Die genannten Ziele sind natürlich nicht ohne Weiteres zu realisieren, sondern naturgemäß mit Schwierigkeiten verbunden. Als problematisch erweisen kann sich bspw. die sinnvolle Zusammenführung der Einzelergebnisse, die Wahl des Projektthemas (da bspw. Probleme nicht immer im Voraus abgeschätzt werden können), der erhöhte Zeitaufwand oder die erforderliche veränderte Form der Leistungsbewertung (vgl. hierzu Lehmann 1999, S. 10 f.; Müller und Wittmann 1984, S. 258). Man sollte darüber hinaus auch immer den Stellenwert der Mathematik im Auge behalten: »Bezeichnend ist bei ganzheitlichen Lernansätzen auch in aller Regel, dass fachbezogenes Wissen – zumindest in seiner fachsystematischen Ordnung – sehr schnell in den Hintergrund gerät. Besonders hart trifft dieses Schicksal die Mathematik, die nur selten ein konstituierendes Element bei der Projektarbeit ist [. . .]; zwar wird sie in Form einer *Hilfswissenschaft* gelegentlich eingefordert, selten aber führen Projekte dazu, dass der *Bedarf nach einer Erweiterung der mathematischen Handlungskompetenz* geweckt und (als Teil des Projektes) auch entwickelt wird« (Baireuther 1996a, S. 166 f.; Hervorh. GKr).

2.3.3.9 Rückschau

Wie eingangs bereits gesagt, treten die einzelnen Aufgabentypen nicht immer in Reinform auf, und manche Aufgabentypen lassen sich nur schwer einordnen, liefern andererseits aber nicht unbedingt einen neuen Aufgabentyp: So können die in Abschn. 2.3.4 genannten *Fermi-Aufgaben* bspw. unter ›Sachprobleme‹ gefasst werden, auch wenn sie sich von den in Abschn. 2.3.3.5 genannten Beispielen unterscheiden; und die von Erichson (2006) vorgestellten ›authentischen Schnappschüsse‹ sind oftmals in Form kurzer ›Sachtexte‹ gegeben. Erinnert sei ferner daran (vgl. Abschn. 2.3.3), dass es neben der o. g. Klassifizierung in der Literatur natürlich noch andere gibt – feinere oder gröbere oder nach anderen Kriterien aufgebaute Kategorien (vgl. z. B. Franke und Ruwisch 2010).

Im Rückblick auf diese verschiedenen Typen und Klassifizierungen von Sachaufgaben bleibt festzuhalten, dass es nicht *die* optimale Sachaufgabe gibt. Es sollte auch im Unterricht nicht darum gehen, die einzelnen Typen gegeneinander auszuspielen, sondern vielmehr die jeweiligen Vor- und Nachteile zu betrachten und die jeweiligen Vorteile optimal zu nutzen (vgl. auch Müller und Wittmann 1984, S. 258). So sind klassische Textaufgaben nicht nur negativ anzusehen! Wenn sie z. B. unter dem Aspekt der ›Denkaufgabe‹ (vgl. Abschn. 2.3.3.3) eingesetzt werden, verfolgen sie andere, durchaus sehr relevante Ziele. Klassische Textaufgaben sollten also in angemessenem Rahmen vorkommen und die Schülerinnen und Schüler dazu befähigen, genau zu lesen, über den Inhalt nachzudenken und den Prozess der Mathematisierung zu üben.

Dröge (1985, S. 198 f.) stellte bei einer Schulbuchanalyse fest, dass im Durchschnitt 84 % der Sachaufgaben in damaligen Lehrwerken des 4. Schuljahres ›eingekleidete Aufgaben‹ waren.

- Nehmen Sie ein aktuelles Schulbuch Ihrer Wahl zur Hand und überprüfen Sie vergleichend, welche Typen von Sachaufgaben (1.3.3.1 bis 1.3.3.8) sich *heutzutage* finden.
- Wie sieht eine entsprechende Häufigkeitsverteilung aus?
- Welche Konsequenzen würden Sie aus Ihren Ergebnissen für Ihre spätere Unterrichtspraxis ziehen?

2.3.4 Schätzen und Überschlagen

In Abschn. 2.1.7 wurde bereits für die Arithmetik das Abschätzen und Überschlagen als eine wichtige Kompetenz herausgearbeitet. Auch für das Sachrechnen kommt dieser Kompetenz eine besondere Bedeutung zu. Zwar hat das exakte und genaue Berechnen-Können nach wie vor seine Berechtigung, aber die »Dominanz von Präzision und Exaktheit im Alltag des Mathematikunterrichts – nicht nur in der Grundschule – steht im Kontrast zu der zwangsläufigen Ungenauigkeit vieler Zahlen bzw. Größenangaben in realen Anwendungssituationen« (Bönig 2003, S. 102). Hierzu eine Online-Meldung des Verbands Deutscher Mineralbrunnen (Abb. 2.53).

Die im Text gegebenen Zahlen sind auf Durchschnittsberechnungen gerundet: 143,5 l pro Person/Jahr bzw. der Jahresabsatz aller Hersteller (10,7 Mrd./Jahr). Eine Angabe von exakteren Werten wäre hier für das Verständnis der Sache und sich möglicherweise

Mineralwasser-Konsum auf neuem Rekord

Mittwoch, 7. Januar 2015 - 11:30   Hersteller | Alkoholfrei

Mineralwasser wird in Deutschland immer beliebter. Der Pro-Kopf-Verbrauch von Mineral- und Heilwasser stieg 2014 zum vierten Mal in Folge und erzielte mit 143,5 Litern einen neuen Höchstwert. Rekordniveau erreichte zudem der Mineralwasserabsatz: Die deutschen Mineralbrunnen füllten 10,7 Mrd. l Mineral- und Heilwasser ab, was einem Absatzplus von 2,5 Prozent entspricht. Natürliches Mineralwasser bleibt damit in Deutschland der beliebteste Durstlöscher.

Abb. 2.53 Online-Meldung. (© GetränkeZeitung online vom 07.01.2015)

anschließende Überschlagsrechnungen weder zuträglich noch notwendig. (Welcher Flüssigkeitsmenge entspricht dies pro Tag? Wie vielen Kästen Mineralwasser entspricht die Menge 143,5 l? Wo ist es sinnvoll, auf eine Kommastelle zu runden?) Bezogen auf den Umgang mit Größen ist einerseits eine genaue Kenntnis der Einheiten und ihrer Beziehungen zueinander wichtig (vgl. Abschn. 2.3.5), andererseits sollte der Mathematikunterricht aber auch ganz wesentlich auf die Unterscheidungsfähigkeit abzielen, wann eine exakte und wann eine ungefähre Zahlen- bzw. Größenangabe erforderlich und sinnvoll ist. »Beide Welten beanspruchen Realität, die, wo Genauigkeit eine Tugend, und die, wo Genauigkeit ein Laster ist, und um in beiden zu Hause zu sein, muss man sie bewusst unterscheiden lernen« (Freudenthal 1978, S. 249 f.; vgl. auch z. B. Bönig 2003; Herget 1998).

Für die unterrichtliche Umsetzung eignen sich insbesondere sogenannte *Fermi-Aufgaben* (vgl. Büchter et al. 2007; Herget 2009; Kaufmann 2006; Müller 2001; Peter-Koop 2003, 2006; Ruwisch 2009a), die üblicherweise »mit einem geschätzten bzw. durch Überschlagsrechnung gewonnenen Ergebnis beantwortet werden [müssen], da eine exakte Antwort nur schwer zugänglich oder prinzipiell nicht möglich ist« (Peter-Koop 2003, S. 114 f.). Ein Beispiel aus der Erfahrungswelt von Grundschulkindern wäre die Problemstellung: ›Wie viel Wasser verbraucht ein Kind aus eurer Schule in einer Woche?‹ (vgl. Peter-Koop 2003, S. 115)

Weniger komplex sind sogenannte geöffnete Textaufgaben (Ahmed und Williams 1997, S. 10) in Form von unvollständigen Textaufgaben (Abb. 2.54). Hier müssen die Schülerinnen und Schüler selbst vernünftige bzw. sachadäquate Zahlen eintragen und verarbeiten. Das können einerseits fiktive Werte sein (z. B. Anzahl der Stifte), andererseits aber auch Preise oder Größen, bei denen durchaus nur gewisse Intervalle vernünftig sind (z. B. Gewicht eines Kindes oder Erwachsenen) und somit das Sachwissen eine wesentliche Rolle spielt (zu weiteren Aufgabenbeispielen vgl. auch Scherer 2003a, S. 156 f.).

Dass bei der Bewältigung derartiger Anforderungen die Erfahrungswelt der Kinder eine zentrale Rolle spielt und sie bspw. ihre eigene Körpergröße oder ihr eigenes Gewicht besser einschätzen können (vgl. Scherer und Scheiding 2006), verwundert nicht und sollte Hinweise für die Aufgaben- und Kontextauswahl für den Unterricht geben.

Abb. 2.54 Geöffnete Textaufgabe. (© Ahmed und Williams
1997, S. 10)

Auch an die Lehrerin stellt das Schätzen und Überschlagen neue Anforderungen: Die von den Kindern genutzte Offenheit muss sachgerecht eingeschätzt und in gewisser Weise auch bewertet werden. Dies ist bei selbst erfundenen Aufgaben ohne Vorbedingung sicherlich leicht zu bewältigen (oberes Beispiel in Abb. 2.54), bei denen die nummerische Korrektheit im Vordergrund steht. Beim unteren Beispiel ist dies gewiss schon anspruchsvoller, weil es nicht so einfach sein muss, was man noch als angemessene Schätzung akzeptieren will und was nicht. Die erschwerte Bewertung bei erhöhter Offenheit wird in Abschn. 5.6 noch beleuchtet. Das Schätzen und Überschlagen ist insbesondere auch für den Aufbau realistischer Größenvorstellungen (s. folgenden Abschnitt) von wesentlicher Bedeutung.

2.3.5 Größen

In Abschn. 2.1.3 wurde bereits die fundamentale Bedeutung der Zahlbegriffsentwicklung herausgearbeitet. Gerade auch für das Sachrechnen in der Grundschule ist es wichtig, die verschiedenen Aspekte des Zahlbegriffs zu kennen und ihre Bezüge zum Sachrechnen, d. h. auch zu den alltäglichen Erfahrungen der Kinder aus ihrer gegenständlichen und sozialen Umwelt zu verstehen und im Unterricht zu berücksichtigen. In der Umwelt bzw. in Sachsituationen kommen Zahlen häufig in Form von *Maßzahlen* vor (vgl. Abschn. 2.1.3), d. h. verbunden mit Größen. Die elementaren Größen (zur Begriffsklärung vgl. Hasemann und Gasteiger 2014, S. 202 ff.) sind zentrale ›Elemente‹ der Sachsituationen, die die Sache in einen Zusammenhang mit der Mathematik bringen können (vgl. Benz et al. 2015, S. 227).

»Neben den konkret erfahrbaren Lebensweltbezügen hat der Kompetenzbereich *Größen und Messen* im Mathematikunterricht eine besondere Rolle in Bezug auf die Verbindung von arithmetischen und geometrischen Inhalten und Kompetenzen. Größen – und vor allen das Messen – sind im Mathematikunterricht ein wichtiges Bindeglied zwischen Arithmetik (*Zahlen und Operationen*) und Geometrie (*Raum und Form*)« (Peter-Koop und Nührenbörger 2008, S. 89).

Tab. 2.9 Größenbereiche in der Grundschule (auf die Größe ›Geschwindigkeit‹, eine Kombination der beiden Größenbereiche ›Längen‹ und ›Zeit‹, wird an dieser Stelle verzichtet)

Größen	Repräsentanten	Benennungen	Äquivalenzrelation	Ordnungsrelation
Längen	Strecken, Stäbe, Kanten	km, m, dm, cm, mm	Deckungsgleich	Kürzer als/länger als
Geldwerte	Münzen, Geldscheine	€, ct, $, SFr, £	Wertgleich	Weniger als/mehr als
Gewichte (Massen)	Körper, Gegenstände	t, kg, g, mg, Zentner, Pfund	Gleich schwer	Leichter als/ schwerer als
Zeitspannen[a]	Abläufe, Vorgänge	Jahr, Woche, Tag, h, min, sec	Dauert so lange wie	Dauert kürzer als/länger als
Flächen	Flächenstücke, Meterquadrate, Platten	km^2, m^2, cm^2, ha, a	Zerlegungsgleich	Weniger/mehr Fläche als
Rauminhalte	Körper, Gefäße	m^3, dm^3, cm^3, hl, l	Inhaltsgleich	Weniger/mehr Raum als

[a]Wesentlicher Unterschied zu Zeitpunkten

2.3.5.1 Größenbereiche

Die für die Grundschulmathematik wichtigsten Größenbereiche sind in Tab. 2.9 zusammengefasst (vgl. z. T. Radatz und Schipper 1983, S. 124), in der auch die Relevanz der Geometrie (geometrische Größen) deutlich wird (vgl. Abschn. 2.2)[57].

Zwischen den *Größen* und den *Zahlen* (Maßzahlaspekt und Kardinalzahlaspekt) bestehen gewisse Analogien:

- Die *Addition* von Zahlen entspricht dem *Aneinanderfügen* der Größen bzw. dem Aneinanderfügen von Repräsentanten der Größen.
- Die *Subtraktion* von Zahlen entspricht u. a. dem *Abtrennen* der Größen bzw. dem Abtrennen von Repräsentanten der Größen (vgl. dagegen Zeitspannen oder Subtraktion als Ergänzen).
- Die *Multiplikation* von Zahlen entspricht dem *Vervielfachen* der Größen mit einer Zahl (fortgesetzte Addition der Größe) bzw. dem Vervielfachen von Repräsentanten der Größen mit einer Zahl.
- Die *Division* von Zahlen entspricht dem *Teilen* der Größen durch eine Zahl (fortgesetzte Subtraktion der Größe) bzw. dem Teilen von Repräsentanten der Größen in eine bestimmte Anzahl gleich langer Teile bzw. dem Ausmessen mit anderen Repräsentanten (vgl. hierzu auch die Unterscheidung von Aufteilen und Verteilen in Abschn. 2.1.6.2).

Beim Größenbereich *Längen* werden im Grundschulunterricht entsprechende natürliche Repräsentanten benutzt, um die Rechenoperationen zu begründen und ihnen eine

---

[57] Zu historischen Maßen vgl. bspw. Kurzweil 1999; Seleschnikow 1981; Wesseling 2010; Winter 1986a.

Abb. 2.55 Stellentafel für Geld (nicht maßstabsgerechte Darstellung)

Bedeutung zu geben. Längen, z. B. repräsentiert durch *Steckwürfel*, stellen durch das An-
einanderstecken von verschieden langen Stäben die Addition der entsprechenden Zahlen
dar (vgl. Abb. 2.21), durch Abtrennen die Subtraktion, durch bspw. 3-faches Aneinander-
stecken des gleichen Stabes die Multiplikation mit 3 und durch Abtrennen von Stäben mit
immer 4 Steckwürfeln die Division durch 4 (hier Aufteilen).

Multiplikation und Division sind nach Addition und Subtraktion nicht mehr so direkt
von Zahlen auf Größen zu übertragen: Im Regelfall werden Größen nicht mit Größen multipliziert und Größen nicht durch Größen dividiert (Ausnahmen: Geschwindigkeit km/h,
Meter mal Meter = Quadratmeter). Überwiegend werden aber die Größen mit *Zahlen* multipliziert bzw. durch *Zahlen* dividiert.

Die Größe *Geldwerte* wird oft auch in einer vereinfachten/reduzierten Form benutzt,
um den Schülern das Stellenwertsystem (scheinbar) besser zu veranschaulichen. Man
verwendet i. d. R. nur die echten Zehnerpotenzen der Geldrepräsentanten, um so die Stufenzahlen im Stellensystem darzustellen (Abb. 2.55).

Diese Art der Begründung des Stellensystems durch Vereinfachung des Geldsystems
soll konkrete Bedeutung aus der Sachsituation heraus liefern, nimmt aber die Eigenstän-
digkeit der Sache nicht ernst (vgl. Thiel 2015), sondern simplifiziert sie: Geldbeträge,
z. B. das Münzsystem, bedeuten mehr und sind interessanter einzusetzen als zur bloßen
Veranschaulichung des Stellensystems (vgl. auch das weiter unten aufgeführte Beispiel
zu Dezimalzahlen aus Steinbring 1997a). Die Beziehung zwischen Mathematik und Sache darf nicht zu vereinfacht gesehen werden: »Die Beziehung zwischen einer Größe aus
einem Sachbereich und ihrer mathematischen Symbolisierung ergibt sich nicht von selbst.
Die Herstellung eines Zusammenhangs zwischen Sache und Mathematik bedarf einer
aktiven Deutung und Interpretation der Sachelemente und der mathematischen Zeichen,
des Weiteren der Konstruktion von relationalen Netzwerken in den einzelnen Bereichen
der Sachsituation sowie der mathematischen zeichenmäßigen Modellierung, die dann zueinander in Wechselbeziehungen gesetzt werden können« (Steinbring 1997a, S. 293).
Eine zu vereinfachte Auffassung der Beziehung zwischen Sache und Mathematik widerspricht dem Prinzip der ›*Anwendungs- und Strukturorientierung*‹ der Mathematik (vgl.
Abschn. 5.1).

Tab. 2.10 Behandlung der Größen in den vier Grundschuljahren

Schuljahr	Zu behandelnde Größen
1 und 2	Geld: ct, €
	Länge: cm, m
	Zeit: Sekunde, Minute, Stunde, Tag, Woche, Monat, Jahr
3 und 4	Geld: ct, €
	Länge: mm, cm, m, km
	Zeit: s, min, h, Tag, Monat, Woche, Jahr
	Gewicht: g, kg, t
	Flächeninhalt: nicht standardisierte Maßeinheiten

Der Sachbereich mit seinen spezifischen Zusammenhängen und Strukturen und die Mathematik mit ihren Zusammenhängen, Operationen, Strukturen sind oft (gerade für die Kinder) nicht so einfach und daher in einen direkten, unmittelbaren Zusammenhang zu stellen. Die Strukturen beider Bereiche sind ähnlich und vergleichbar, aber der Bezug muss aktiv konstruiert werden und ergibt sich nicht automatisch aus der Sache und der Mathematik.

Einordnung der verschiedenen Größenbereiche in die Schuljahre
Die Bildungsstandards fordern Kenntnisse aus den Bereichen Geldwerte, Längen, Zeitspannen, Gewichte und Rauminhalte (einschließlich unterschiedlicher Schreibweisen) sowie alltagsgebräuchliche einfache Bruchzahlen im Zusammenhang mit Größen (¼, ½, ¾). Bildungspläne einzelner Bundesländer konkretisieren das, indem sie für die Behandlung der verschiedenen Größen einen spiraligen Aufbau vorsehen (Tab. 2.10).

Entsprechend der zu behandelnden Zahlenräume werden auch zugehörige Größen behandelt: So finden sich bspw. für das 2. Schuljahr (Hunderterraum) die Längen m und cm (1 m = 100 cm) oder die Zeiteinheiten h und min (1 h = 60 min). Analog werden für den Tausenderraum ab dem 3. Schuljahr bspw. die Längen km (1 km = 1000 m) oder die Gewichte kg und g (1 kg = 1000 g) hinzugenommen. Die gewählte Abfolge trägt daneben aber auch den entwicklungspsychologischen Erkenntnissen über die Entwicklung der verschiedenen Größenbereiche Rechnung (vgl. Piaget und Inhelder 1975). Abhängig von der im Unterricht thematisierten Sachsituation z. B. in Form eines Sachtextes oder eines Projektes wird – insbesondere bei Verwendung realistischer Daten – häufig ein Vorgriff erfolgen.

2.3.5.2 Größenvorstellungen
Tragfähige Vorstellungen zu bestimmten Inhalten, zu Zahlen und eben auch zu Größen sind von entscheidender Bedeutung. Folgende Aspekte gilt es hierbei zu bedenken (vgl. Grund 1992; Lorenz 1992b; Radatz und Schipper 1983, S. 125):

- Schülerinnen und Schüler bringen Vorkenntnisse in Bezug auf Größen mit. Der Übergang zum Lösen von Sachaufgaben erfolgt jedoch nicht nahtlos.
- Schülerinnen und Schüler müssen inhaltsreiche Vorstellungen von Größen, d. h. von den Repräsentanten der jeweiligen Größen haben.
- Diese sind Voraussetzung für den sicheren Umgang mit Größenangaben und das erfolgreiche Lösen von Sachaufgaben (z. B. zum Erkennen unsinniger Ergebnisse), aber auch für das Umwandeln und Rechnen mit Größen.
- Es geht nicht um das Beherrschen standardisierter Verfahren: Insbesondere die anspruchsvolle Aktivität des Schätzens ist ein zentraler Aspekt, d. h., die Schülerinnen und Schüler erfahren, dass es nicht *exakt* stimmen muss (vgl. Abschn. 2.3.4 und z. B. Peter-Koop 2000).

Deutlich spiegelt sich hier Winters Funktion ›Sachrechnen als Lernstoff‹ wider (Abschn. 2.3.2). Eine Befragung von Schülerinnen und Schülern der 6. Klasse zu verschiedenen Größen wird in Abschn. 4.1.4 (Vorkenntnisse/Standortbestimmungen) genauer vorgestellt.

Unmittelbare und mittelbare Größenvorstellungen (vgl. Grund 1992)
Zeit und Gewicht (auch Temperatur[58]) sind nicht visuell wahrnehmbar sind (i. d. R. subjektive Wahrnehmung). Daher haben die Vorstellungen über entsprechende Repräsentanten eine andere Qualität als bspw. die Vorstellung zu ›1 Meter‹. Man unterscheidet einerseits unmittelbare Größenvorstellungen (direkt wahrnehmbar) und andererseits mittelbare Größenvorstellungen (nicht direkt wahrnehmbar, z. B. 1 t):

unmittelbare Vorstellungen zu Längen (1 mm, 1 cm, 1 dm, 1 m), Flächen (1 mm^2, 1 cm^2, 1 dm^2, 1 m^2), Volumen (1 mm^3, 1 cm^3, 1 dm^3, 1 m^3, 1 l, 1 hl), Masse (1 g, 1 kg), Zeit (1 s).

mittelbare Vorstellungen zu Längen (1 km), Flächen (1 ha, 1 km^2), Masse (1 mg, 1 dt, 1 t), Zeit (1 min, 1 h).

Größen, zu denen Grundschulkinder (und nicht nur sie!) eine Vorstellung haben, d. h. entsprechende *Standard-Repräsentanten* (*Stützpunktvorstellungen*; vgl. Winter 1985a) entwickeln sollten, finden sich in verschiedenen Lehrwerken (vgl. z. B. Wittmann und Müller 2013, S. 4 f.). Für die Größenbereiche Länge, Gewicht, Rauminhalt etwa geht es um Repräsentanten von 1 mm bis 1000 km, von 1 g bis 1 t, von 1 ml bis 1000 l (z. B. 1 m → Armspanne, 1000 km → Entfernung Flensburg – Zugspitze, 100 g → 1 Tafel Schokolade, 1 t → 1 Auto, 1 ml → Inhalt einer Tintenpatrone, 100 l → Inhalt eines Aquariums).

Bei den obigen Beispielen handelt es sich immer um Einheiten (bzw. entsprechende Verzehnfachungen). Wichtig sind darüber hinaus auch Vorstellungen bzgl. der Vielfachen

---

[58] Die *Temperatur* hat in der Grundschule keinen hohen Stellenwert: Zwar sind die Grundbegriffe recht einfach, Messungen jedoch sehr komplex. Zudem ist die Temperatur keine dauerhafte, feste Eigenschaft eines Gegenstandes (vgl. Lorenz 1992b, S. 14).

bzw. Teile von Einheiten, die sich aus den Anforderungen des täglichen Lebens ergeben (*Beispiel*: ein Kinderschritt entspricht ungefähr 0,5 m; vgl. Grund 1992, S. 43).

Je größer die Zahlen, umso dünner gesät sind i. d. R. die individuell verfügbaren Stützpunktgrößen: Kennen Sie einen Repräsentanten für 30.000 l? Dieses Beispiel ist schon durch die ungewöhnlich große Zahl schwierig; zusätzlich aber auch dadurch, dass es sich um ein Volumen (dreidimensional) handelt: Flächen (= zweidimensional) lassen sich meist einfacher abschätzen und Längen sicher am einfachsten. Wie unsicher die Schätzungen werden können, lässt sich an folgender Aufgabenstellung erspüren:

Betrachten Sie einen Stadtplan von Hamburg und suchen Sie darauf die Außenalster (ersatzweise können Sie natürlich auch eine Wasserfläche, einen Platz o. Ä. einer anderen Stadt wählen).

- *Schätzen*[59] Sie, ob bspw. alle 1,8 Mio. Einwohner Hamburgs – jeder auf einer 1 m² großen Teppichfliese – auf die zugefrorene *Außenalster* passen (die zuletzt in den Wintern 1996/97, 2009/10 und 2011/12 eine geschlossene Eisdecke aufwies, was zur Freigabe der Fläche für Flaneure, Schlittschuhläufer und allerlei kreative Aktivitäten führte).
- Falls ja: Wie viele zusätzliche Gäste (mit ihren Meterquadraten; vgl. Abb. 2.32) könnten noch eingeladen werden? Falls nein: Finden Sie einen Repräsentanten für jene Anzahl, die ›draußen bleiben‹ müsste. (Würden die Überzähligen z. B. noch auf die *Binnenalster* passen?)
- Welche minimale Fläche – überlegen Sie dazu eine vorstellbare Stützpunktgröße! – würde dann die Erdbevölkerung (7,45 Mrd. Stand 3/2017) einnehmen?
- Setzen Sie nun jeden Hamburger Einwohner/jeden Erdbewohner gedanklich in einen Kubikmeter-Würfel (vgl. Abb. 2.35) und bauen Sie jeweils aus diesen Würfeln einen einzigen großen Würfel. Schätzen Sie die Kantenlänge dieses ›Hamburger-/Weltwürfels‹ und tragen diese gedanklich auf eine Ihnen bekannte Umgebung ab, z. B.: Wo befindet sich die benachbarte Ecke dieses ›Hamburger-/Weltwürfels‹, der entlang des Elbufers mit einer Ecke am Fischmarkt aufgestellt wäre?

---

[59] Natürlich könnten Sie die Fläche der Alster auch im Internet recherchieren. Es geht hier aber um die Tätigkeit des *Schätzens*, die als solche einen *Eigenwert* hat, weshalb das so selbstverständlich erscheinende Googeln der Fläche in diesem Fall eine verpasste Lernchance wäre. Und natürlich können Sie nach dem gleichen Prinzip auch Einwohner anderer Städte bzw. die Erdbevölkerung anderenorts platzieren. Staunen werden Sie vermutlich in jedem Fall ...

2.3.5.3   Zur unterrichtlichen Behandlung von Größen

Für die unterrichtliche Behandlung[60] wurde traditionell folgende Stufenfolge mit fließenden Übergängen empfohlen (vgl. Radatz et al. 1998, S. 170):

1. Erfahrungen in Sach- und Spielsituationen,
2. *direkter* Vergleich von Repräsentanten (z. B. Wiegen auf der Balkenwaage; Aneinanderlegen von zwei verschieden langen Stiften für einen Längenvergleich),
3. indirekter Vergleich mithilfe *willkürlicher* Maßeinheiten (z. B. Abmessen einer Länge mit einem Kugelschreiber, durch mehrfaches Hintereinander-Anlegen),
4. indirekter Vergleich mithilfe *standardisierter* (konventionalisierter) Maßeinheiten, Messen mit technischen Hilfsmitteln (Auswahl situationsangemessener Werkzeuge),
5. Abstrahieren von Größenbegriffen aus vielen Bereichen,
6. Verfeinern und Vergröbern der Maßeinheiten.

Im Unterricht ist – genauso wie bei der Einführung der jeweiligen Einheiten – ein entsprechendes Vorgehen weder immer möglich noch sinnvoll; sowohl die Sache als auch der Erfahrungshintergrund der Kinder lassen nicht selten einen Vorgriff ratsam erscheinen: »Welchen Sinn sollten sie auch darin sehen (vom geringen Nutzen für den Aufbau von Einheitsvorstellungen sei gar nicht gesprochen), einen Stift akkurat mit Büroklammern und nochmals mit Daumenbreiten zu messen, um schließlich konventionelle Einheitsmaße wieder zu erfinden, während Lineale mit perfekter Maßeinteilung bereits seit Beginn der ersten Klasse in ihren Etuis schlummern?« (Nührenbörger 2002, S. 49; vgl. auch Peter-Koop 2001; Peter-Koop und Nührenbörger 2008) So sinnvoll die einzelnen Stufen für sich und für gegebene Situationen auch sein mögen, so sehr sprechen Forschungsergebnisse auch dafür, sie nicht als starre Stufenfolge zu verstehen, die sukzessive – und das für jeden Größenbereich – durchlaufen werden müssen. Entscheidend sind *vielfältige* Erfahrungen zum Objektvergleich (z. B. alle Gegenstände in der Klasse zu finden, die so lang sind wie der Unterarm eines Kindes). Und dann sind Messerfahrungen wichtig, welche die Konzepte Zahl und Länge zusammenbringen. Dabei können konventionelle Messinstrumente (z. B. ein Lineal) durchaus auch parallel zu willkürlichen Einheiten (z. B. Einheitswürfel) benutzt werden (vgl. Clements 1999).

> Formulieren Sie zu den obigen sechs Schritten konkrete Aktivitäten für Grundschulkinder zum Größenbereich ›Längen‹. Überlegen Sie auch, wo bspw. eine bestimmte Sachsituation das Überspringen eines Schrittes oder das Zusammenfassen zweier Schritte erfordern könnte.

---

[60] Für den Unterricht bieten sich auch einmal historische Betrachtungen der Größen an oder bspw. ein Vergleich mit anderen Ländern, immer natürlich mit Bezug zur aktuellen Lebenswelt der Kinder (vgl. z. B. Kurzweil 1999; Seleschnikow 1981; Winter 1986a).

2.3.5.4 Dezimalzahlen

Im Grundschulunterricht werden Dezimalzahlen insbesondere im Zusammenhang mit verschiedenen Größen eingeführt und als dezimale Schreibweise von Größen interpretiert. Die Schülerinnen und Schüler sollen »die Kommaschreibweise bei Geldwerten, Längen, Gewichten und Rauminhalten situationsangemessen verwenden« (MSJK 2003, S. 84; vgl. auch MSW 2008, S. 65; BSB 2011, S. 22). Ein angemessenes Verständnis dieser Thematik ist grundlegend für das Verstehen von Dezimalbrüchen in der Sekundarstufe I; dort treten häufig Fehlvorstellungen zutage, die möglicherweise schon in der Grundschule entstanden sind (vgl. z. B. Heckmann 2005). Diese Problematik sei anhand eines Beispiels von Steinbring (1997a) beleuchtet, welches hier auf die Einheiten Euro (€) und Cent (ct) übertragen wird:

Von Bildungsplänen wird z. B. gefordert, dass Kinder »verschiedene Sprech- und Schreibweisen von benachbarten Einheiten innerhalb eines Größenbereichs (z. B. 1 € 12 Cent = 1,12 € = 112 ct)« (BSB 2011, S. 22) verwenden, und Schulbücher stellen dazu auch entsprechende Aufgabenstellungen bereit, in denen es um die ›Übersetzung‹ von einer in die andere Schreibweise geht. Kinder verstehen Dezimalzahlen bei Größen dabei oft in folgender Weise oder lernen gar explizit den Merksatz: *Das Komma trennt Euro- und Centbetrag.* Oder: *Das Komma trennt die Größen voneinander* (hier € und ct). Diese Lesart ist jedoch falsch und für ein begriffliches Verstehen der Dezimalzahlen auch hinderlich: So schreiben die Kinder möglicherweise 4 € 20 ct als 4,20 € oder 4,2 € (soweit korrekt); sie schreiben aber ggf. auch 4 € 2 ct als 4,2 €, was bezogen auf den Merksatz ebenfalls korrekt wäre. Hier tritt eine Zahlauffassung zu Tage, bei der auf die Größe der Zahl geachtet wird, nicht so sehr auf die Beziehungen der Stellenwerte der Zahl zueinander (Steinbring 1997a, S. 287 ff.). Die Beziehungen der Stellenwerte zueinander können mithilfe einer Stellentafel, die ja nicht nur nach links, sondern entsprechend auch nach rechts fortsetzbar ist, sehr viel verständlicher herausgearbeitet werden:

ZT	T	H	Z	E	z	h	t
5	7	0	8	1			
		6	0	5	7	6	

Gezielt zu üben wären daran verschiedene Interpretationen. Die oben dargestellte Zahl kann gedeutet werden als

$$5 \, ZT + 708 \, Z + 1 \, E, \text{ oder: } 57 \, T + 81 \, E, \text{ oder: } 57.081 \, E, \ldots$$

Die Stellentafel kann/muss also *flexibel* interpretiert und die Zahl auf verschiedene Stellen bezogen gedeutet. Analog trifft dies natürlich auch auf dezimale Stellen zu, also z. B.

$$605 \, E + 76 \text{ Hundertstel, oder: } 60 \, Z + 576 \text{ Hundertstel, oder: } 60.576 \text{ Hundertstel} \ldots$$

In einer Stellentafel für Größen sähe dies folgendermaßen aus:

10 km	km	100 m	10 m	m	dm	cm	mm
5	7	0	8	1			
		6		0	5	7	6

Auch hier gibt es vielfältige Deutungen der Zahlen im Kontext der Größen und der Benutzung des Kommas, z. B. als 57,081 km oder 5.708.100 cm. Entsprechend für das zweite Beispiel 605,76 m; 0,60576 km; ... In einer derartigen Sichtweise ist für Kinder auch verständlich, dass in gewissen Größenbereichen zwei Nachkommastellen angegeben werden (üblicherweise im Größenbereich *Geld*, bei Kursangaben auch mehr als zwei Nachkommastellen), in anderen Bereichen aber auch standardmäßig drei Nachkommastellen zu finden sind (z. B. im Größenbereich *Gewicht*: 4,785 kg).

Zum Abschluss noch eine Aufgabe, die verdeutlicht, dass auch in der Realität im Größenbereich *Zeit* eine flexible Verwendung der Dezimalzahlen vorkommt, die dann gedeutet werden muss. So finden sich in Sportberichten[61], bspw. zur Formel 1, Informationen wie die folgenden:

Der diesjährige Formel-1-Grand-Prix von Deutschland fand auf dem Hockenheimring statt. Die 4,574 km lange Strecke musste 67 Mal umrundet werden. Im Qualifying legte Nico Rosberg eine Rundenzeit von 1:14,070 min vor. Hamilton war um eine halbe Zehntelsekunde langsamer.

- *Frage*: Wie lautete die Rundenzeit von Hamilton?

Der Sieger des Rennens, der Mercedes-Pilot Hamilton, benötigte für das 306,458 km lange Rennen 1:27:51,693 h, der Zweite Ricciardo kam auf seinem Red Bull mit einem Rückstand von 7,2 Tausendsteln ins Ziel.

- *Frage*: Um wie viele Meter lag Ricciardo im Ziel hinter Hamilton zurück?

2.3.6 Daten, Häufigkeit, Wahrscheinlichkeit

»Daten, Häufigkeit und Wahrscheinlichkeit«[62]: Daten erfassen und darstellen; Wahrscheinlichkeit von Ereignissen in Zufallsexperimenten vergleichen

---

[61] Generell bieten Tageszeitungen allgemein eine reichhaltige Quelle für Aufgabenmaterial (vgl. z. B. Herget 2003; Herget und Scholz 1998).
[62] Zu fachlichen Hintergründen vgl. etwa Eichler und Vogel (2009) oder Kütting und Sauer (2011).

2.3.6.1 Umgang mit Daten

Fachlich gesehen ist diese Thematik der elementaren Statistik zuzuordnen, einem Teilgebiet der Mathematik, das sich in zwei Bereiche gliedern lässt: »die beschreibende oder deskriptive Statistik, deren Ziel die Erhebung, Aufbereitung und Interpretation von Daten zu bestimmten Fragestellungen ist, sowie die beurteilende oder induktive Statistik, deren Ziel das Aufstellen, Analysieren und Auswerten von Hypothesen ist« (Ruwisch 2009c, S. 40). Als ausdrücklich formulierte Leitidee in den Bildungsstandards (KMK 2005a) weist sie vielfältige Verknüpfungen mit inhaltlichen und allgemeinen mathematischen Kompetenzen auf. Interdependenzen lassen sich z. B. in folgender Hinsicht nutzen (vgl. Ruwisch 2009b):

- Realistische Zahl-/Größenvorstellungen
- Blick für Muster (beim Strukturieren und Bearbeiten von Daten)
- Funktionale Beziehungen (bei der Deutung von Preissteigerungen, Wachstumsprozessen o. Ä.)
- Darstellen (bei der Wahl der Darstellungsmittel/Diagrammarten)
- Argumentieren und Kommunizieren (bei der Interpretation von Daten)
- Modellieren (beim mündigen Umgang mit Daten)

Möglichkeiten für einen fächerverbindenden Unterricht liegen zudem auf der Hand (vgl. Cottmann 2010; Schreier 2008). Im Hamburger Bildungsplan liest sich das wie folgt (s. u. zu ›Zufall und Wahrscheinlichkeit‹):

»Zentrale Bedeutung für die Erschließung der Umwelt haben das genaue Beobachten und das Stellen von Fragen, die sich nicht nur auf den Einzelfall, sondern eine Gesamtheit beziehen. Dazu ist das Sammeln von Daten erforderlich sowie deren strukturierte Darstellung z. B. in Strichlisten, Tabellen oder Diagrammen. Hinzu kommt die Einsicht, dass es Ereignisse gibt, die vom Zufall bestimmt werden. Schülerinnen und Schüler erfahren an einfachen Zufallsexperimenten, dass es auch in unsicheren Situationen Möglichkeiten der mathematischen Beschreibung bzw. Modellierung gibt« (BSB 2011, S. 26).

Ruwisch (2009c) beschreibt die tangierten fachlichen Konzepte und Begrifflichkeiten der beschreibenden Statistik (absolute und relative Häufigkeit; qualitative und quantitative Merkmale; Merkmalsausprägungen; Skalenniveaus und die auf ihnen erlaubten Operationen) sowie typische Fehlerquellen bei der Datenerhebung und bei der Datenverarbeitung. »Es kann nicht davon ausgegangen werden, dass die Kinder in einer Unterrichtseinheit all diese Aspekte erfahren und behalten können. Doch wenn Sie kontinuierlich immer wieder Daten und Diagramme unter die Lupe nehmen lassen, werden Sie den Kindern nicht nur einen Zugang zur beschreibenden Statistik eröffnen, sondern sie auf ihrem Weg zu mündigen Bürgerinnen und Bürgern maßgeblich unterstützen« (Ruwisch 2009c, S. 43).

Es wird deutlich: Auch Schulcurricula reagieren auf den gesellschaftlichen Bedarf, sich zur wachsenden Informations- und Datenflut des 21. Jahrhunderts so zu verhalten, dass Schülerinnen und Schüler auf die Anforderungen der Informationsgesellschaft angemessen vorbereitet werden. Denn Daten und Kennzahlen werden zunehmend herangezogen,

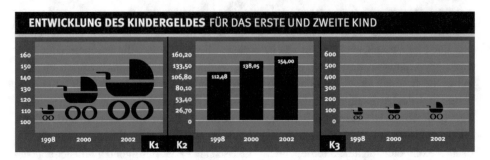

Abb. 2.56 Meinungsmanipulation durch Diagramme? (© Bach et al. 2006, S. 28)

um die Glaubwürdigkeit von Aussagen zu belegen – mit potenziell unterschiedlichen Interessen. Der Umgang mit Daten zielt häufig auf Meinungen und ermöglicht auch deren Manipulation (vgl. Bach et al. 2006; Krämer 2015), ob bewusst oder unbewusst, denn auch das ist nicht immer eindeutig zu unterscheiden. Oder wie würden Sie das oben gezeigte Beispiel (Abb. 2.56) einordnen, das immerhin vom Presse- und Informationsamt der Bundesregierung stammt (*Antworten zur agenda 2010*, November 2003, S. 45).

In der genannten Broschüre wollte das Finanzministerium den Anstieg des Kindergeldes zwischen 1998 und 2002 darstellen. Statt eines konventionellen Balkendiagramms wählte man ›anschaulichere‹ Kinderwagen, um den (scheinbar) enormen Anstieg zu symbolisieren. Übrigens ein Vorgehen, das auch in vielen Unterrichtsbeispielen praktiziert wird, wenn Stichproben in Diagrammen[63] dokumentiert werden sollen (vgl. die allgemeine mathematische Kompetenz *Darstellen* in Abschn. 1.3.1.5) und man zu ›anschaulichen‹ Repräsentanten greift. Worin besteht das Problem?

»Damit der Anstieg richtig zur Geltung kommt, hat der Grafiker den lästigen Teil unter 100 Euro weggelassen, die Skala geht von 100 bis 160. Genaugenommen müsste die Überschrift statt *Entwicklung des Kindergeldanteils . . .* also lauten: *Entwicklung des Kindergeldanteils über 100 Euro . . .* Wollte man die Entwicklung maßstabgerecht darstellen, müsste man zumindest die Skala ändern. Das sähe zunächst wie in der Grafik K2 aus. Aber hier fehlt noch das schöne Bild von den Kinderwagen. Denn wenn man die vergrößert, vergrößert man sie nicht nur in der Höhe, sondern auch in der Breite. Die Veränderung des Kindergeldes spiegelt sich für den Betrachter in der Veränderung des Flächeninhaltes wider. Wenn man davon ausgeht, dass die Fläche des ersten Kinderwagens für 112,48 Euro steht, ergeben sich daraus im Verhältnis die Flächen für 2000 und 2002 wie in der Grafik K3« (Bach et al. 2006, S. 28).

---

[63] Digitale Applikationen zur Diagrammerstellung nutzen häufig sogar dreidimensionale Darstellungen und verschärfen dann das Problem insofern, als eine doppelte Kantenlänge eine Verachtfachung des Volumens bedeutet (vgl. auch Ruwisch 2009c, S. 42 f.). »Kinder können gar nicht früh genug dazu angehalten werden, lieber klare und einfache Diagramme zu verwenden als die durch einen einfachen Knopfdruck zu erzeugenden dreidimensionalen ›Spielereien‹ ohne größere Aussagekraft« (Ruwisch 2009c, S. 43).

In Cottmann (2005b) wird beschrieben, wie bereits in der Grundschule für die Effekte unterschiedlicher Maßstäbe bei Diagrammachsen sensibilisiert werden kann. Ziel muss es nämlich sein, Daten wie statistische Informationen kritisch zu lesen, zu interpretieren und zu bewerten. Das ist in der Grundschule – auch entwicklungsbedingt (s. u.) – noch nicht umfassend möglich, kann und sollte aber bereits dort begonnen und grundgelegt werden, was sich in aktuellen Bildungsplänen auch widerspiegelt (vgl. etwa die Regelanforderungen in BSB 2011, S. 26). Nicht zuletzt deshalb rechtfertigt es sich auch, dass die Bildungsstandards das Thema als eine eigene Leitidee ausweisen.

Zahlreiche Unterrichtsvorschläge sind in der Fachliteratur zu finden, die sich mit dem Sammeln von Daten aller Art, ihrer Zuordnung zu Fragestellungen, ihrer Darstellung und Auswertung befassen. Auch »die Zusammenhänge von Fragestellung, Datenerhebung und passender Darstellungsform lassen sich ansprechen, zunächst eher implizit erfahren, nach und nach aber auch explizit der Reflexion zugänglich machen« (Ruwisch 2009b, S. 4). Ausgangspunkt sind meist Fragen aus dem Erfahrungsbereich der Kinder (s. u.). Diese Fragen führen zur Datenerhebung und münden schließlich in einer Ergebnisdarstellung unterschiedlichster Art (Strichlisten, Balkendiagramme, Kreisdiagramme). Die Unterrichtseinheit endet aber nicht mit dem Erstellen von Diagrammen. Diese müssen vielmehr Anlass und Hilfsmittel zur Beantwortung von Fragen sein, um der alltäglichen Gefahr vorzubeugen, dass statistische Darstellungen ›fraglos‹ akzeptiert werden, v. a. wenn sie von Autoritäten wie z. B. Lehrpersonen, (Schul-)Büchern, Presse/Fernsehen etc. präsentiert werden (Watson 2007).

Auch andere Autoren plädieren für breitere Zugänge über das vorrangige Sammeln von Daten hinaus. Allerdings gibt es nach Auffassung von Jones et al. (2000) noch deutlichen Forschungsbedarf, was die Konstruktion einer Theorie der Entwicklung statistischen Denkens beim Kind betrifft. Der aktuelle Kenntnisstand reiche noch nicht aus, um daraus Instrumente zum Design, zur Implementierung und zum Unterrichten abzuleiten (Jones et al. 2000, S. 35). Möglicherweise erklärt sich auch daraus die Beobachtung, dass Themen und Inhalte zur Leitidee *Daten, Zufall und Wahrscheinlichkeit* in der aktuellen Unterrichtsrealität noch eher sporadisch oder mit einer vergleichsweise zufallsgesteuerten Auswahl der Sachsituationen oder Experimentierumgebungen vorkommen. Die Lehrkräfte sind – unabhängig von der Frage, ob und wie gut sie fachlich auf die Thematik vorbereitet sind (vgl. Grassmann 2010) – auf zwar durchaus zahlreiche, als solche aber eher unsystematische, auf Einzelaspekte fokussierende Unterrichtsbeispiele angewiesen, wobei sich allerdings auch grundsätzlicher ausgerichtete Beiträge finden lassen, die u. a. im Rahmen dieses Abschnitts angeführt werden.

Eine Möglichkeit für die Einordnung und Systematisierung der Aktivitäten könnten u. a. die von Jones et al. (2000) vorgestellten *Schlüsselprozesse* auf der einen Seite und die *Stufen* der kindlichen Denkentwicklung (*thinking levels*) auf der anderen Seite sein, die sie wie folgt charakterisieren (Beispiele Jones et al. 2000):

Tab. 2.11 Statistical Thinking Framework. (In Anlehnung an Jones et al. 2000, S. 28)

Prozess/Level	Idiosynkratisch (1)	Übergangsweise (2)	Quantitativ (3)	Analytisch (4)
Daten beschreiben (B)	B1	B2	B3	B4
Daten organisieren (O)	O1	O2	O3	O4
Daten darstellen (D)	D1	D2	D3	D4
Daten analysieren (A)	A1	A2	A3	A4

- Schlüsselprozesse:
  - *Daten beschreiben/›lesen‹ (B^{64})*: Entnahme von Informationen, die explizit in einer Darstellung (einem Diagramm) erkennbar sind; implizite Konventionen von grafischen Darstellungen erkennen; Verbindungen zwischen Kontext und Daten herstellen
  - *Daten organisieren und reduzieren (O)*: Ordnen, Gruppieren, Zusammenfassen von Daten; Reduzieren von Daten durch Nutzen von Kennwerten wie Mittelwerte (arithmetisches Mittel, Median, Modalwert) und Standardabweichungen
  - *Daten darstellen (D)*: Anschauliche Darstellungen/Diagramme (kennen und) entwickeln, was u. U. auch eine Umorganisation der Daten erforderlich machen kann
  - *Daten analysieren und interpretieren (A)*: Erkennen von Mustern und Tendenzen; Ziehen von Schlussfolgerungen; datengestützte Vorhersagen machen
- Stufen der (statistischen) Denkentwicklung:
  - *idiosynkratisch (1)*: durchgängig individuelle Argumentationen, eher auf persönliche Erfahrungswerte als auf die gegebene Datenlage bezogen
  - *übergangsweise (2)*: aufkommende quantitative Sichtweisen, aber noch wenig verlässlich, sondern eher singulärer Umgang mit Zahlen
  - *quantitativ (3)*: durchgängiger Gebrauch quantitativer Argumentationen und zunehmend tragfähiges Begriffsverständnis von statistischen Kennwerten; zunehmend flexiblere Sichtweise beim Umgang mit Daten (mehrperspektivisch), aber noch kaum Interferenzen zwischen unterschiedlichen Aspekten der Daten
  - *analytisch (4)*: zuverlässiger Gebrauch sowohl analytischer als auch nummerischer Argumente bei der Datenexploration; Verbindungen zwischen verschiedenen Aspekten von Daten werden erkannt und genutzt.

Aus diesem Vorschlag ergibt sich dann ein Prozess-/Stufen-Raster (Tab. 2.11), in welches Äußerungen von Schülerinnen und Schülern eingeordnet werden können, sodass eine gezieltere Beobachtung und Förderung von Lernentwicklungen möglich wird:

An dem in Abb. 2.57 gezeigten Diagramm soll konkretisiert werden, welche exemplarischen Fragestellungen auf welche Zelle in der Tab. 2.11 verweisen. Der zugrunde gelegte Sachkontext ist folgender:

---

[64] Die Werte in Klammern sollen die Prozesse bzw. Stufen für Tab. 2.11 sowie für die weiter unten folgende Aufgabe kodieren (vgl. Tab. 2.11 und Abb. 2.57).

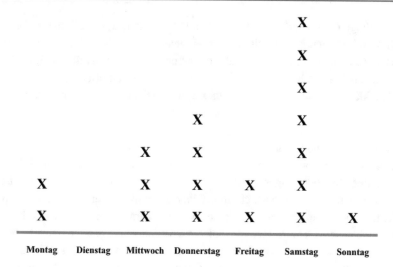

Abb. 2.57 Histogramm von Fionas Besuchern. (Nach Jones et al. 2000, S. 37)

Fiona bekam in einer Woche dieses Sommers jeden Tag Besuch zum Spielen von Kindern aus ihrer Klasse. Die Abbildung zeigt, wie viele Kinder an welchen Tagen kamen.
Fragestellungen und ihre Zuordnung zur Tab. 2.11:

B1: Was sagt dir dieses Diagramm?

B2: Wie viele Freunde kamen an den einzelnen Tagen zu Besuch?

O1: Wie viele Besucher hatte Fiona jede Woche?

O2: Wie viele Besucher hatte Fiona durchschnittlich am Tag?

D1: Kannst du das Diagramm auch anders zeichnen?

A2: Was kannst du aus diesem Diagramm nicht erfahren?

A3: An welchem Tag hatte Fiona die meisten Besucher?

A4: Wie viele Besucher hatte Fiona über die Woche?

A5: Wie viele Freunde, glaubst du, werden Fiona jede Woche während der Ferien besuchen?

A6: Wie viele Freunde, glaubst du, werden Fiona in einem Monat (4 Wochen) besuchen?

Jones et al. (2000) plädieren für einen solchen breiteren Zugang zum Umgang mit Daten. Damit der Mathematikunterricht speziell in der Grundschule aber seine volle diesbezügliche Wirkung entfalten könne, bedürfe es weiterer Forschungsanstrengungen zur Entwicklung von Lernumgebungen, mit denen die genannten Stufen des statistischen Denkens der Kinder in Verbindung gebracht werden könnten.

Auch Hasemann (2009) weist darauf hin, wie hilfreich eine theoriegeleitete Vorgehensweise im Rahmen der Kompetenzentwicklung im Bereich ›Daten und Häufigkeit‹ sein kann (vgl. auch die Stufenfolge von Copley, zitiert in Benz et al. 2015, S. 273). Denn zum einen entwickelt sich die diesbezügliche Denkentwicklung (s. o.) teils kontinuierlich, teils in Sprüngen. Zum anderen sind das Sammeln, Erkennen, Benennen und Deuten von Daten zweifellos wichtige Aktivitäten der Kinder. Um aber die Fakten auch sachgerecht einordnen zu können, bedarf es »qualitativer Sprünge« (Benz et al. 2015, S. 14). Und so schlägt Hasemann (2009) vier *Meilensteine* vor, an denen orientiert sich die Kompetenzentwicklung der Kinder im Sinne eines Spiralcurriculums (vgl. Abschn. 3.3) fördern lässt:

Meilenstein 1 – Daten sammeln

Datensammeln wird von Kindern vielfach spontan betrieben und kann daher leicht in der Klasse aufgegriffen oder angeregt werden: Wie groß sind wir, wie schnell wachsen wir, wie/wann verlieren wir unsere Milchzähne (›Wackelzahnkalender‹, vgl. Nitsch 2010), wie weit fliegen unsere Papierflieger, ist die Sechs beim Würfeln schwieriger zu erhalten, wie verteilen sich unsere Geburtstage, wie viele/welche Fahrzeuge passieren unsere Schule an einem Unterrichtsvormittag, welche Freizeitgestaltungen mit welchen Präferenzen gibt es in unserer Klasse, wie viele Geschwister haben wir? Denkbare Fragestellungen dieser Art gibt es zahllose. Der motivationale Vorteil gegenüber vorgefertigten Datensammlungen (z. B. aus Schulbüchern) liegt auf der Hand: Es sind die eigenen Daten der Kinder und die sie selbst tangierenden Fragestellungen.

Meilenstein 2 – Daten festhalten

Daten sind oft flüchtig; die vorbeifahrenden Fahrzeuge kann man nicht anhalten und in Ruhe betrachten, der Papierflieger muss nach einem Wurf und für einen neuen Versuch wieder aufgenommen werden. Es ist also sinnvoll, sie festzuhalten. Und dazu muss man erste Strukturierungen vornehmen: Welche Kategorien will man berücksichtigen – Pkw, Lkw, Motorräder, Fahrräder, Busse separat? Welche Genauigkeit ist gefragt – exakt, gerundet? Interessiert die absolute Häufigkeit (Anzahl der Fahrzeuge pro Kategorie) oder die relative Häufigkeit (Anzahl je Kategorie bezogen auf die Gesamtheit aller Fahrzeuge)?

Meilenstein 3 – Daten gezielt aufbereiten

Hier geht es u. a. um einen bewussten Sichtweisenwechsel auf die *Darstellungen*: »Während beim Sammeln und Festhalten das eigene Interesse an der Sache im Vordergrund steht, ist es beim Strukturieren, Ordnen und Darstellen das Interesse des Abnehmers, also des Lesers dieser Darstellung« (Hasemann 2009, S. 16). Die Fragen lauten nun z. B.: Welchem Zweck dient die Darstellung? Welche Darstellungen verwenden wir zweckmäßigerweise (z. B. Strichlisten bei Häufigkeiten, Balkendiagramme für Unterschiede zwischen Daten, Kreisdiagramme bei Anteilen)? Welche Genauigkeit und folglich welche Skalensegmente sind sinnvoll? Beim Betrachten und Reflektieren von unterschiedlichen Darstellungsweisen kann man nicht zuletzt ihren großen Einfluss auf die Interpretation der Darstellung erfahren, v. a. ihre Suggestivkraft (vgl. Cottmann 2005b).

Meilenstein 4 – Aus Diagrammen Informationen entnehmen

Die Informationsentnahme aus Diagrammen ist weit mehr als ein bloßes Ablesen von Offensichtlichem. Bei der Erprobung einer Aufgabenstellung in einem 6. Schuljahr gelang es 93 % der Schülerinnen und Schüler, Häufigkeitswerte für verschiedene Sportarten in ein Achsenkreuz mit vorgegebener Skalierung einzutragen; der Anteil richtiger Lösungen bei der Frage nach dem Vergleich der im Diagramm ersichtlichen Streckenlängen für zwei Sportarten betrug hingegen nur 26 % (Hasemann 2009; vgl. auch Hasemann et al. 2008). »Diagramme sind somit einerseits Veranschaulichungen und können das Interpretieren von Daten erleichtern. Sie sind andererseits aber auch ›Zeichen‹ [...]; sie müssen als solche gelesen und verstanden, d. h. mit Begriffen verbunden werden« (Hasemann 2009, S. 17). Und mit ›Zeichen‹ sind hier ›*theoretische* Begriffe‹ gemeint, die sich nicht direkt aus dem konkreten Referenzkontext ablesen lassen (vgl. Steinbring 2000). Und um eine noch bessere Einordnung des Umgangs mit Daten und der damit verbundenen Anforderungen und Implikationen zu ermöglichen, sei an das Grundsätzliche erinnert, wenn Menschen, Dinge, Zustände etc. auf Merkmale reduziert betrachtet werden: In allen Fällen ...

> »haben wir das folgende einfache (vereinfachte) Schema von Welterkenntnis: Auf der einen Seite gibt es einen realen Weltausschnitt mit unterscheidbaren Individuen, auf die Merkmale zutreffen können. Auf der anderen Seite existiert ein mehr oder minder entwickeltes sprachlich-begriffliches System, das der erkennende Mensch entwirft, um den realen Weltausschnitt zu beschreiben und zu verstehen. Gelingt dies in einem befriedigenden Ausmaß, so stellt das sprachlich-begriffliche System ein Modell des Weltausschnitts dar. Das Verhältnis von Weltausschnitt und Modell ist alles andere als einfach, seine Analyse wirft heikle erkenntnistheoretische, sprachwissenschaftliche und psychologische Probleme auf« (Winter 1985c, S. 5).

Im Rahmen des Schlüsselprozesses *Daten festhalten* (s. o.) stellt sich auch die Frage nach evtl. zu verwendenden Kennwerten, also einem Wert, der eine Menge von Werten auf *einen* ›typischen‹ Wert reduziert. Standardabweichungen sind gewiss noch nicht in Reichweite von Grundschulkindern (auch nicht in der Zone ihrer nächsten Entwicklung; vgl. Abschn. 3.3). Aber Mittelwerte lassen sich durchaus thematisieren (Neubert 2009; Spiegel 1985). Ob die Datenreduktion, die ja auch eine Vereinfachung darstellt, angemessen ist, hängt nicht zuletzt davon ab, ob der verwendete Mittelwert – denn davon gibt es mehrere[65] – der Situation angemessen ist (vgl. Blankenagel 1999). Um einen irgendwie gearteten Gesamteindruck von einer Situation zu gewinnen – und diese Intention steht ja meist hinter der Datenreduktion –, ist man meist mit folgenden Fragen konfrontiert, die auf diese unterschiedlichen Mittelwerte verweisen (vgl. Winter 1985c):

1. Welcher Wert tritt am häufigsten unter den n Werten auf? ($\to$ Modalwert; s. u.)
2. Welcher Wert liegt ›in der Mitte‹ der n Werte? ($\to$ Median oder Zentralwert; s. u.)
3. Wo liegt der Durchschnitt der n Werte? ($\to$ Arithmetisches Mittel)

Am bekanntesten ist sicher das *arithmetische Mittel* (der Durchschnitt). Es ist nicht nur im Alltag am verbreitetsten, sondern auch von Grundschulkindern leicht zu berechnen

---

[65] Geometrisches und harmonisches Mittel werden im Folgenden außer Acht gelassen, da sie in der Grundschule keine Rolle spielen.

Wie viele Blütenblätter durchschnittlich?

a) Das gelbe Körbchen eines Gänseblümchens ist von weißen Blütenblättern umgeben.
   Die Kinder einer Klasse haben von einigen Blümchen sorgfältig die Blütenblätter ausgezupft und
   gezählt. Die Liste zeigt, dass die Zahlen schwanken.
   Anzahl der Blütenblätter: 43, 46, 45, 47, 42, 44, 43, 45, 46, 47, 44, 45
   Findet durch einen Ausgleich der Anzahlen heraus, wie viele Blütenblätter eine Blüte
   durchschnittlich hat.

2a) ̶4̶3̶, 4 6, 4 5, ̶4̶7̶, 4 2, 4 4, 4 3, 4 5, 4 6, 4 7, 4 4, 4 5
      4 5   4 5

Abb. 2.58 Anbahnung eines Verständnisses für den Mittelwert. (© Wittmann und Müller 2012e,
S. 98)

(Summe der Werte dividiert durch Anzahl der Werte). Das darf aber nicht über Folgendes hinwegtäuschen: Da es sich gleichwohl »um einen vergleichsweise abstrakten
Begriff handelt, sollte er sorgfältig und breit fundiert werden. Wissen, wie man einen
Mittelwert berechnet, heißt noch nicht: Wissen, was er bedeutet, was er aussagt« (Spiegel 1985, S. 16). Man sollte es daher vermeiden, die Berechnung des arithmetischen
Mittels als eine rein formale, nahezu algorithmische Technik mit irgendwelchen Zahlenwerten zu üben. Alternativ kann der Begriff zum einen konkret handelnd entwickelt
werden (vgl. den Mittelwertabakus bei Spiegel 1985 und in Abb. 2.58). Und zum anderen
bieten sich insbesondere kindgemäße Datenkontexte im o. g. Sinne an, um die begrenzte Aussagekraft des arithmetischen Mittels zu hinterfragen. Denn »wer die Augen offen
hält, der sieht sich immer wieder mit unmöglichen, unplausiblen oder unwahrscheinlichen
Durchschnittsbildungen konfrontiert. [. . .] Beachte: Wenn irgendjemand in Deutschland
aufgrund von Aktienspekulationen 80 Milliarden Euro Gewinn macht, dann steigt dadurch
das Durchschnittseinkommen der 80 Millionen Bundesbürger um 1000 Euro« (Ziegler
2010, S. 86 f.).

   Und so können auch bereits in der Grundschule andere Mittelwerte betrachtet werden
(Neubert 2009), z. B. der *Median oder Zentralwert*. Das ist jener Wert, der an zentraler,
d. h. mittlerer Position in einer der Größe nach geordneten Werteliste steht. Im Falle einer
ungeraden Anzahl von Werten ist dieser eindeutig; bei einer geraden Anzahl von Werten
wählt man das arithmetische Mittel aus den *beiden* in der Mitte der geordneten Reihe stehenden Werten. Der Median ist immer dann besser zur Beschreibung des ›typischen Falls‹

einer Situation geeignet als das arithmetische Mittel, wenn es in der Werteliste einige wenige, gleichwohl deutliche Ausreißer nach oben oder unten gibt. Der o. g. Aktienspekulant würde also den Median nicht verändern.

Der *Modalwert*, ein weiterer Mittelwert, ist der am häufigsten vorkommende Wert in einer Werteliste. Er ist Kindern – meist unbewusst und ohne ihn als statistischen Kennwert wahrzunehmen – sehr vertraut, wenn Fragen nach der höchsten Anzahl für etwas gestellt werden: In welchem Monat haben die meisten Kinder Geburtstag? Was ist das Lieblingsgetränk in der Klasse? (vgl. Neubert 2009). Die Aussagekraft des Modalwertes hängt u. a. vom Stichprobenumfang (Anzahl der Befragten) ab: Einige wenige Befragte mehr können eine bisherige Mehrheit kippen. Irreführend oder nichtssagend kann ein Modalwert als Umfrageergebnis auch in folgendem Beispiel sein: »Wenn es z. B. heißt, der Star A sei am beliebtesten, weil er in einer Befragung von n Jugendlichen am häufigsten genannt wurde, so schließt das nicht aus, dass 2 der n Befragten ihre Stimme A gaben und die restlichen $n - 2$ Befragten lauter verschiedene Stars nannten« (Winter 1985c, S. 6).

Abschließend zu diesen Ausführungen rund um Daten noch eine Anregung (vgl. Watson 2007), um die Vielfalt des Mittelwertbegriffs konkreter zu erkunden:

- Interviewen Sie Schülerinnen und Schülern verschiedenen Alters zu der Frage wie sie das Durchschnittsgewicht der folgenden Pakete berechnen würden:
  6,3 kg | 6,0 kg | 6,0 kg | 15,3 kg | 6,1 kg | 6,3 kg | 6,2 kg | 6,15 kg | 6,3 kg
- Versuchen Sie die folgenden Phänomene den o. g. vier Stufen der Denkentwicklung nach Jones et al. (2000) zuzuordnen:
  - Es wird im Prinzip das arithmetische Mittel oder der Median oder der Modalwert benutzt, allerdings ohne eine dazu passende nummerische Antwort.
  - Das arithmetische Mittel wird korrekt berechnet, aber der offensichtliche Ausreißerwert wird nicht vernachlässigt. Oder: Der Median wird gefunden, aber ohne die Werteliste vorher zu sortieren.
  - Das arithmetische Mittel wird korrekt (ohne den Ausreißerwert) berechnet. Oder: Der Median wird korrekt in der sortierten Werteliste gefunden.
- Ihre eigenen weiteren Beobachtungen aus den Interviews ... ?

2.3.6.2 Zufall und Wahrscheinlichkeit

Wahrscheinlichkeit von Anfang an?
Die explizite Erwähnung – zumal als eigenständige Leitidee – von Zufall und Wahrscheinlichkeit mag überraschend oder neu erscheinen, jedenfalls was das Grundschulcurriculum betrifft. Allerdings wurden die Grundideen bereits vor über 30 Jahren im NRW-Grundschullehrplan (KM 1985; vgl. Wittmann 2016a) ausdrücklich formuliert: »Die Kinder sollen auch fähig werden, zufallsbehaftete Daten (Stichproben) aus ihrem Erfahrungsbereich

zu gewinnen, darzustellen und zu bewerten. Listen, Tabellen und bildliche Darstellungen sowie einfache Kennzahlen (z. B. höchster Wert) stehen dabei im Vordergrund« (KM 1985; vgl. den oben geforderten breiteren Zugang zu Daten, zur Rolle von Darstellungen und auch Kennwerten). Dass Bildungspolitik in Deutschland Ländersache ist, erklärt die Tatsache, dass dieser Themenbereich nicht gleichermaßen frühzeitig und konsequent in allen Bundesländern in den Blick genommen wurde, »und auch heute noch unterscheiden sich die einzelnen Lehrpläne und Schulbücher diesbezüglich deutlich. Es kann hier also festgehalten werden, dass diesem mathematischen Inhaltsbereich unterschiedliche Bedeutung zugemessen wurde und wird« (Benz et al. 2015, S. 268).

Fehlvorstellungen und Ziele
Um zu einer tragfähigen Einschätzung der Bedeutung zu gelangen, die der Leitidee *Zufall und Wahrscheinlichkeit* im Unterricht eingeräumt werden sollte, muss mehreres bedacht werden, z. B.:

- der Stand der Denkentwicklung bzw. Vorerfahrungen im zur Diskussion stehenden Altersbereich,
- die Ziele, die der Unterricht realistischerweise verfolgen kann und sollte,
- mögliche kind- wie fachgerechte Zugänge zur Thematik.

Im Zusammenhang mit Daten (s. o.) haben Hasemann et al. (2008) bereits darauf hingewiesen, dass die diesbezügliche Denkentwicklung naturgemäß nicht ad hoc auf ein höheres Niveau springt, sondern Zeit braucht und mal kontinuierlich, mal in qualitativen Sprüngen verläuft (Hasemann et al. 2008, S. 14). Dies spricht dafür, frühzeitig (von Anfang an, 1. Klasse) Erfahrungen zu Zufall und Wahrscheinlichkeit aufzugreifen und behutsam zu systematisieren. Darin wird die Chance gesehen, »*langfristig* zu der Überzeugung [zu] kommen, dass der Zufall kalkulierbar ist und dass zufällige Ereignisse mit mathematischen Mitteln modelliert werden können« (Hasemann et al. 2008, S. 141; Hervorh. GKr). Es geht wohlgemerkt um einen längeren Prozess und nicht um ein verfrühtes Vorziehen formaler Definitionen oder Wahrscheinlichkeitsberechnungen. *Behutsam* muss »von einer mehr informellen und qualitativen zur quantitativen, von formalen Kriterien geleiteten Sichtweise geführt werden« (Hasemann et al. 2008, S. 150). Auch Lorenz (2006) bekräftigt, dass es in der Grundschule lediglich um erste Erfahrungen mit Zufallsphänomenen geht, um Grundvorstellungen, die dann im Weiteren ausdifferenziert werden können. Dazu ist es v. a. erforderlich, die in diesem Alter (und auch später noch?) vielfach anzutreffenden klassischen Fehlvorstellungen zum Phänomen Zufall und Wahrscheinlichkeit in den Blick zu nehmen und abzubauen (s. u.). Eichler (2010, S. 10) konkretisiert solche *Fehlvorstellungen* am Beispiel des Spielwürfels wie folgt:

- Eine *6* ist schwerer zu würfeln als alle anderen Zahlen.
- Wenn dreimal hintereinander eine *6* gefallen ist, ist die *6* erst einmal ›raus‹ und die anderen Zahlen müssen an die Reihe kommen.

- Wenn die *6* gehäuft gefallen ist, fällt sie mit diesem Würfel auch künftig häufiger als andere Zahlen, weil es sich offenbar um einen ›Sechserwürfel‹ handelt.
- Der Zufall produziert stets unregelmäßige, ›zufällig aussehende‹ Ergebnisse. So ist z. B. beim Lotto die Zahlenkombination *1, 2, 3, 4, 5, 6* viel unwahrscheinlicher als die Kombination *5, 11, 18, 23, 29, 34*.
- Der Zufall ist durch Wünsche oder Handlungen (Anpusten oder Kuss auf die gewünschte Würfelseite; s. u.) beeinflussbar.

Vergleichen Sie Ihre persönlichen Überzeugungen einmal mit der genannten Auflistung: Wie weit stimmen sie überein? In welchen Situationskonstellationen sind Sie besonders geneigt, diesen Vorstellungen zuzustimmen?

Für die oben von Hasemann et al. (2008) andeutete Entwicklung von einer informellen und qualitativen zu einer mehr quantitativen, von formalen Kriterien geleiteten Sichtweise könnten dann folgende Aspekte als Zielperspektive einer wünschenswerten Grundvorstellung angesehen werden:

- »Es gibt vorhersagbare und unvorhersagbare Ereignisse.
- Wird ein Zufallsversuch mehrfach ausgeführt, kann man sein Ergebnis nicht vorhersagen. Bei jedem Versuch ist das Ergebnis vom Ausgang vorheriger Versuche völlig unabhängig.
- Man kann die Chancen des Eintretens von Ereignissen oft miteinander vergleichen.
- Hat bei Spielen eine Regel die größere Gewinnchance, dann gewinnt man auf lange Sicht häufiger.
- Wenn man mit einer Regel auf lange Sicht häufiger gewinnt, hat sie oft die bessere Gewinnaussicht.
- Dem Zufall liegt auf lange Sicht, über viele Versuche hinweg eine Gesetzmäßigkeit, ein Muster zugrunde.
- Man kann diese Gesetzmäßigkeit untersuchen, indem man zum Beispiel alle Ergebnisse ermittelt und prüft, wie viele Ergebnisse für ein Ereignis günstig sind.
- Man kann diese Gesetzmäßigkeit auch experimentell untersuchen, indem man ein Zufallsexperiment durchführt« (Eichler 2010, S. 11).

Vorkenntnisse und Vorerfahrungen

Die erwähnte frühzeitige Thematisierung von Zufall und Wahrscheinlichkeit (ab Klasse 1) muss, wie gesagt, den Stand der diesbezüglichen Denkentwicklung berücksichtigen (s. o. zu Daten). Dass die genannten Fehlvorstellungen bei Kindern dieses Alters bereits häufig etabliert sind, kann als legitimes Argument verstanden werden, hier unterrichtlich wirksam zu werden. Dafür spricht aber auch, dass bereits *Vorschulkinder*, weit vor einer bewussten oder gar institutionalisierten Fokussierung, Erfahrungen zu Zufall und Wahrscheinlichkeit gemacht haben, z. B. in Spielsituationen oder anderen Alltagserfahrungen (»Wahrscheinlich bekomme ich ein ... zum Geburtstag.«). Über solche Vorerfahrungen junger Kinder mit Phänomenen und Begrifflichkeiten rund um Daten, Zufall und Wahrscheinlichkeit berichten Benz et al. (2015, S. 272 ff.). Auch in diesem Bereich bringen Kinder also Vorkenntnisse mit (vgl. Abschn. 4.1). Im Grundschulalter, so eine Studie von Klunter und Raudis (2010), begreifen viele bereits, dass manche zufälligen Ereignisse durchaus bestimmten Gesetzmäßigkeiten unterliegen. Dabei handelt es sich natürlich keineswegs schon um ein differenziertes oder solides Phänomenverständnis. Vielmehr sind die Begriffe Zufall und Wahrscheinlichkeit noch von großer Subjektivität geprägt und auch emotional besetzt (Hasemann et al. 2008). Die Ambivalenz bei der Einschätzung entsprechender Situationen ist unverkennbar an den Äußerungen der Kinder. Sie »wissen zwar, dass gewisse Dinge vom ›Zufall‹ abhängen und man für deren Eintreten ›Glück‹ braucht, wollen dies jedoch oft nicht wahrhaben. Ein Hinterfragen der Erscheinungen erfolgt eher intuitiv« (Neubert 2011, S. 55). Vielfach ist auch das zu beobachten, was Wollring (1994) auf der Grundlage umfangreicher Studien (mithilfe verschiedener Zufallsgeneratoren; s. u.) als ›animistische Wahrscheinlichkeitsvorstellungen‹ bezeichnet hat und wie folgt definiert:

> »Als animistische Vorstellung in einer stochastischen Situation bezeichnen wir die subjektive Auffassung, dass sich im Entstehen der Versuchsergebnisse eines Zufallsexperimentes ein Wesen mit Bewusstsein autonom äußert. Derartige animistische Vorstellungen differenzieren nach Hierarchieposition und Korrespondenzformen« (Wollring 1994, S. 30).

Was bedeutet das im Einzelnen? Zunächst einmal handelt es sich um *subjektive* Auffassungen von Kindern im Rahmen von Spiel- oder Handlungssituationen; diese Auffassungen können sich mithin deutlich unterscheiden. Weiterhin vermuten die Kinder die Existenz eines *anderen Wesens*, das in der Lage ist, das Spiel- oder Handlungsergebnis zu *beeinflussen* oder zu bestimmen; dieses angenommene Wesen handelt *autonom*, d. h., es hat ein eigenes Bewusstsein und Wissen. Dieses angenommene Wesen, so fand Wollring heraus, kann für die Kinder verschiedene *Hierarchiepositionen* haben: Es kann übergeordnet sein (z. B. ein allwissendes Wesen), es kann gleichgeordnet sein (und gleichsam als Mitspieler/Gegner gesehen werden) oder es kann untergeordnet sein (und damit durch eigene Handlungen beeinflussbar oder ›domestizierbar‹ sein). Um mit diesem angenommenen Wesen in Kontakt zu treten, bedient sich das Kind bestimmter *Korrespondenzformen*: Man kann gedanklich in Kontakt treten (z. B. wünschen, fest an etwas glauben), es sind sprachliche Kontaktaufnahmen zu beobachten (bitten, fordern) oder auch gestische (z. B. durch Anpusten, Küssen einer Würfelseite). Bei Wollring (1994) findet man eine Reihe von transkribierten Interviewausschnitten, die solche Phänomene konkretisieren.

Er weist zudem darauf hin, dass solche animistischen Vorstellungen zur Wahrscheinlichkeit andere Vorstellungen nicht ausschließen, »sondern mit ihnen koexistieren oder auch argumentativ verbunden sein können, besonders in Situationen mit subjektiv hoch empfundenem Risiko« (Wollring 1994, S. 23). Auch ist nicht anzunehmen, dass sie irgendwann, z. B. als Folge einer zunehmend sachorientierten Unterrichtung, ganz überwunden werden, sondern »bis in das Erwachsenenalter hinein Wirkung zeigen und dass sie andere Fehlvorstellungen bedingen, etwa Ausgleichsunterstellungen (Lottowerbung: Es können ja nicht immer nur die Anderen Glück haben.)« (Wollring 1994, S. 30).

Was ist Wahrscheinlichkeit?
Hierzu soll nur auf einige Grundsätze und Begriffsbestimmungen eingegangen werden, sofern sie entweder *im*, v. a. aber *für* Unterricht (also als Hintergrundwissen der Lehrperson) relevant sind. Für eine tiefere Auseinandersetzung mit den fachlichen Grundlagen sei auf Kütting und Sauer (2011) verwiesen. Man unterscheidet zwei theoretische Zugänge zum Wahrscheinlichkeitsbegriff:

(1) Klassischer Wahrscheinlichkeitsbegriff: Dieser wird allein aufgrund logischer Schlüsse aufgestellt, ohne auf konkrete Experimente angewiesen zu sein (A-priori-Definition). Die Wahrscheinlichkeit eines Ereignisses ist diesem Verständnis zufolge das *Verhältnis der Zahl der günstigen Fälle zur Zahl der möglichen Fälle*. Beispiel für das Ereignis 4 beim Würfeln: mögliche Fälle sechs (die Zahlen von 1–6), günstige Fälle einer (nämlich: es fällt tatsächlich die *4*). Die Wahrscheinlichkeit beträgt dann 1/6. Vorausgesetzt ist dabei die *Gleichwahrscheinlichkeit* der Ereignisse, wovon bei einem (fairen) Würfel ausgegangen werden kann. Wenn die Gleichwahrscheinlichkeit allerdings nicht plausibel erscheint, dann versagt diese Definition, z. B. bei der Wahrscheinlichkeit, morgen zu sterben: Mögliche Ausgänge gibt es zwei (ja/nein), günstige Ausgänge nur einen; d. h., die Wahrscheinlichkeit wäre demnach ½, was offenkundig keine besonders genaue Abschätzung der ›wahren‹ Wahrscheinlichkeit darstellt.

(2) Frequentistischer Wahrscheinlichkeitsbegriff: Dieses Problem umgeht das frequentistische Wahrscheinlichkeitsverständnis. Es geht empirisch vor (A-posteriori-Definition) bzw. davon aus, dass Zufallsexperimente *auf lange Sicht* gewissen Gesetzmäßigkeiten gehorchen. Der Quotient aus der Häufigkeit der Beobachtung von günstigen Fällen und der Gesamtzahl der unternommenen Beobachtungen (Zufallsexperimente) heißt *relative Häufigkeit*.

Je mehr Beobachtungen (z. B. Würfe mit dem Würfel oder einer Münze) gemacht werden, umso mehr nähert sich diese relative Häufigkeit einem bestimmten Wert – der ›wahren‹ Wahrscheinlichkeit – an und bleibt dann annähernd konstant. Das bedeutet: Es gibt keinen ›blinden Zufall‹, da sich zufällige Ereignisse auf lange Sicht durchaus gesetzmäßig verhalten. Nur dadurch können überhaupt Spielcasinos und Versicherungsgesellschaften Geschäftsberechnungen anstellen, die letztlich ihre Existenz gewährleisten.

Die relative Häufigkeit ist also eine theoretische Größe, ein empirischer Schätzwert für die tatsächliche Wahrscheinlichkeit. Sie beruht auf Bernoullis *Gesetz der großen Zahl*: Je größer die Zahl der Beobachtungen, desto seltener wird eine Abweichung der beobachteten relativen Häufigkeit von der ›wahren‹ Wahrscheinlichkeit auftreten, sodass diese Abweichung größer ist als eine gegebene, beliebig kleine, positive Zahl. Mithilfe dieses Gesetzes lässt sich dann beispielsweise ausrechnen, wie viele Würfe man mit einem klassischen Spielwürfel durchführen muss, um bei Inkaufnahme eines akzeptierten Fehlerrisikos (z. B. 0,5 %) tatsächlich auf eine annähernde Gleichverteilung der Würfelereignisse 1–6 zu kommen – ein unterrichtlich u. U. durchaus relevantes Phänomen, wenn man nicht riskieren will, dass, wie in einer Hospitationsstunde erlebt, die Experimente am Ende nahezu das Gegenteil des eigentlich zu Zeigenden und zu Erwartenden erbringen (»*Eigentlich* müsstet ihr jetzt Folgendes sehen können ... «).

Grundschulgerechte Zugänge

Welches Verständnis von Wahrscheinlichkeit sollte nun für die Grundschule in Betracht gezogen werden? Neubert (2011, S. 69) plädiert für verschiedene Zugänge, was aber nicht als Plädoyer für den klassischen Wahrscheinlichkeitsbegriff zu verstehen ist. Vielmehr meint er damit experimentelle Erfahrungen mit *unterschiedlichen Zufallsgeneratoren*, wie z. B. Münze, Würfel und andere geometrische Körper[66], Urne, Glücksrad, deren didaktische Potenziale er in seinem Beitrag darstellt. Ein spielerisch-experimenteller Zugang, den der frequentistische Wahrscheinlichkeitsbegriff erlaubt, indem über das Ermitteln und Vergleichen von Häufigkeiten eine Abschätzung für die Wahrscheinlichkeit eines bestimmten Ereignisses gefunden wird, knüpft stärker an Vorerfahrungen der Kinder im Zusammenhang mit Spielen an. Er ist deshalb vermutlich auch überzeugender und wirksamer, wenn man Fehlvorstellungen wie den oben genannten entgegenwirken oder diese abbauen will (vgl. Neubert 2011, S. 57).

Auch Hasemann et al. (2008) empfehlen klar einen solchen Zugang – beginnend mit dem Bestimmen, Darstellen und Analysieren absoluter Häufigkeiten (s. o. Daten) – und legen auch Gründe dar, warum der klassische Wahrscheinlichkeitsbegriff für die Grundschule noch nicht unbedingt altersgemäß ist (Hasemann et al. 2008, S. 153). Sie plädieren für eine häufige, aktive Durchführung von Zufallsexperimenten, damit die Schülerinnen und Schüler die Bedeutung *zahlreicher* Versuche erfahren können. Damit bietet sich die Chance, die »Beziehung zwischen der Anzahl der Versuche und dem Eintreten des entsprechenden Ereignisses zu erleben und zu verstehen und damit zu erkennen, dass auch der Zufall berechenbar ist – zwar nicht bei jedem einzelnen Wahrscheinlichkeitsexperiment, so doch bei der Betrachtung der Gesamtheit der Experimente« (Hasemann et al. 2008, S. 153).

Zufallsexperimente

Zufallsexperimente bieten also einen grundschulgemäßen Zugang zu einem altersgerechten Zufalls-/Wahrscheinlichkeitsbegriff. Ein weiteres Argument für diesen Weg besteht auch darin, dass die Kinder dabei eine typische Arbeitsweise der Mathematik als Wissenschaft und auch ein Beispiel für ihre Grenzen kennenlernen und auch selbst praktizieren können: »Den Ausgang eines Zufallsexperiments, sei es nun Würfeln, Münzen werfen oder Kinder kriegen (ist es ein Junge oder ein Mädchen?), kann auch die Mathematik nicht bestimmen, wohl aber, wohin es tendiert, werden die Versuche nur oft genug wie-

---

[66] In Spielwarengeschäften gibt es z. B. Oktaeder-, Dodekaeder- und Ikosaeder-Würfel (mit den Zahlen von 1–8, 1–12 und 1–20).

derholt. Alle wichtigen Theoreme aus der Wahrscheinlichkeitstheorie handeln davon, was bei unendlicher Wiederholung passiert« (Blum 1999, S. 73).

Unter einem Zufallsexperiment versteht man ein Experiment mit folgenden Eigenschaften (vgl. Eichler 2010, S. 11):

- Es kann unter gleichen, definierten Bedingungen im Prinzip beliebig oft wiederholt werden.
- Es gibt mindestens zwei mögliche Versuchsausgänge (Ergebnisse).
- Das Ergebnis des Zufallsexperiments ist nicht vorhersagbar.

Als Zufallsgeneratoren kommen prinzipiell zwei verschiedene Arten infrage (vgl. Hasemann et al. 2008): (a) symmetrische, wie z. B. der Würfel oder die Münze; hier liegen stets gleich wahrscheinliche Ausgänge vor. (b) asymmetrische, wie z. B. Reißzwecke oder Streichholzschachtel, die beide ungleich verteilte Versuchsausgänge haben. Einen Überblick über mögliche Zufallsgeneratoren, ihr didaktisches Potenzial sowie Aufgabenanregungen findet man bei Neubert (2011).

Beim Übergang von qualitativen Aussagen zu zunehmend quantitativen Betrachtungen kommt, wie generell beim Mathematiklernen, der Sprache eine besondere Bedeutung zu. Dies auch, weil Begriffe wie *zufällig, wahrscheinlich, sicher* auch Teil der Umgangssprache sind und sich als solche nicht immer mit der fachsprachlichen Bedeutung decken müssen. Wie soll eine sprachliche Ausdrucksweise aussehen, die gleichermaßen altersgerecht, sachlich vertretbar und nicht formalistisch erscheint? Eine Hilfe für das Kommunizieren über Wahrscheinlichkeiten von Ereignissen haben Hasemann und Mirwald (2008) vorgeschlagen: Ihre ›Wahrscheinlichkeitsskala‹ greift das Prinzip des Rechenstrichs aus der Arithmetik auf (Abb. 2.59). Im Gegensatz zum verhältnisskalierten Zahlenstrahl verfügt

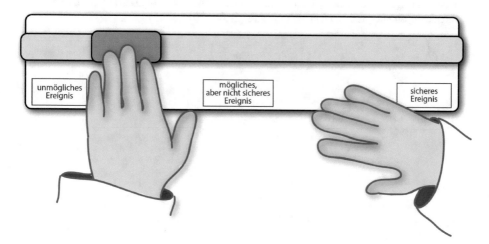

Abb. 2.59 Die Wahrscheinlichkeitsskala. (Illustration © A. Eicks in Anlehnung an Hasemann und Mirwald 2008, S. 96)

der Rechenstrich, ebenso wie die Wahrscheinlichkeitsskala, über keine Skalenstriche oder Zahlenwerte; es handelt sich lediglich um eine Rangskalierung.

Auf dem selbst hergestellten Gerät befinden sich lediglich orientierende Markierungen jeweils an den beiden Enden – für *unmögliches Ereignis* bzw. *sicheres Ereignis* – sowie eine mittige Markierung für *mögliches, aber nicht sicheres Ereignis.* Nun können »durch Verschieben eines Läufers auf einer Rangskala Aussagen zum Eintreten zufälliger Ereignisse dargestellt werden, ohne dass zunächst Angaben von Zahlenwerten notwendig sind« (Hasemann und Mirwald 2008, S. 27).

Anregungen für Unterrichtsvorhaben zu Daten, Zufall und Wahrscheinlichkeit finden sich zahlreich in der Fachliteratur; hier nur einige Hinweise auf Beiträge in *Fachzeitschriften,* jeweils unter Angabe des behandelten Sachkontextes, um damit auch das mögliche Interessenspektrum von Kindern in den Blick zu nehmen: Mein Lieblingstier (Winter 1989); Schulwege (Wessolowski 2006); Klassenbücherei (Schaffrath und Leuchter 2004); Gewichte von Kindern (Schwirtz und Begenat 2000); Geburtstagstorte (Raudies 1999); Geburtstage (Cottmann 2009); Wer wird Fußballmeister? (Ohl 2014); Wackelzähne (Nitsch 2010); Kombinatorik (Stoye 2012); Kombinatorik beim Händeschütteln (Steinmetz 2010); Mensch-ärgere-dich-nicht/Spiele (Röhrkasten 2010); Fragebogen (Krauß und Marxen 2009); Körpergröße vs. Schuhgröße (Hoffmann 2009); Stein, Schere, Papier (Eichler 2006); Würfeln mit zwei Würfeln (Krug 2006).

Zusammenfassend bleibt festzuhalten:

»Die Arbeit am Themenkreis Daten, Häufigkeit und Wahrscheinlichkeit ist sehr gut geeignet, den Erwerb inhaltsbezogener Kompetenzen mit der Entwicklung allgemeiner mathematischer Kompetenzen zu verbinden. Dazu sind immer wieder Aufgaben so einzusetzen, dass Kinder veranlasst werden zu vermuten, zu begründen, Experimente und die Erfassung der Daten zu planen, geeignete Formen der Darstellung von Daten zu finden, die Darstellungen zu kommentieren, zu interpretieren und vieles mehr« (Eichler 2010, S. 13).

Grundideen des Mathematiklernens

3

Vor einem näheren Blick auf eine zeitgemäße Konzeption des Lernens und Übens sowie auf entsprechende didaktische Prinzipien sollen vorbereitend einige der damit verbundenen Ideen an Unterrichtsbeispielen konkretisiert werden. Dies geschieht exemplarisch an *einem* zentralen Inhalt des 1. Schuljahres (Erarbeitung des Einspluseins), um zu verdeutlichen, dass die aufgeführte didaktische Konzeption *durchgängig* zu realisieren ist. Der nachfolgende Vorschlag versteht sich natürlich nur als *eine* Möglichkeit der Behandlung. Primär geht es um die dahinterstehenden Ideen, die dann im Weiteren ausgeführt werden.

1. Einstieg in den Zwanzigerraum durch Orientierungsübungen
Mit dem Spiel *Räuber und Goldschatz* (Abb. 3.1; vgl. Wittmann und Müller 2012a, S. 6; auch Scherer 2005a, S. 129 ff.) werden das Erkennen und Lesen von Zahlen im Zwanzigerraum, das Einprägen der Zahlreihe vorwärts und rückwärts, das simultane Erfassen der Würfelbilder sowie das flexible Agieren an der Zahlreihe geübt.

Folgende Geschichte liegt dem Spiel zugrunde:

In einem Wald lebten zwei Räuber in Höhlen. Sie hatten zwischen ihren Höhlen einen Weg aus Steinen gelegt und darauf die Zahlen von 1 bis 20 geschrieben. Einmal entdeckten die beiden Räuber einen Sack mit glitzernden Goldtalern. Natürlich wollten beide ihn haben und jeder behauptete, er hätte ihn zuerst gesehen. Die Räuber begannen zu streiten und zu kämpfen, aber keiner konnte den anderen besiegen. Da schlug einer der Räuber vor: »Lass uns doch auf unserem Weg um den Schatz würfeln. Wir stellen den Schatz auf die 10, würfeln abwechselnd und tragen den Schatz so viele Felder zu unserer Höhle, wie der Würfel zeigt. Wer den Schatz zuerst in seine Höhle bekommt, darf ihn behalten.«

Einer der beiden Spieler zieht den Spielstein auf der Zahlreihe vorwärts (Plus-Räuber), der andere Spieler zieht rückwärts (Minus-Räuber). Weil die 10 näher an der Höhle mit der 1 ist, darf der Plus-Räuber beginnen. Das Spiel ist beendet, wenn einer der beiden Spieler den Schatz auf Feld 1 bzw. 20 oder darüber hinaus ziehen kann.

Das Spiel trägt zu einer *ganzheitlichen* Betrachtung der Zahlreihe bei, wodurch die Vorkenntnisse der Kinder berücksichtigt werden können. Das Spiel kann auf unterschied-

© Springer-Verlag GmbH Deutschland 2018
G. Krauthausen, *Einführung in die Mathematikdidaktik – Grundschule*,
Mathematik Primarstufe und Sekundarstufe I + II,
https://doi.org/10.1007/978-3-662-54692-5_3

Abb. 3.1 Spielplan für *Räuber*
und Goldschatz. (© Wittmann
und Müller 2012a, S. 6)

lichen Niveaus gespielt werden (z. B. Setzen des Spielsteins durch einzelnes Abzählen, Zählen in Schritten, Simultanerfassung oder Rechnen; Scherer 2005a, S. 131) und ermöglicht daher eine *natürliche Differenzierung* (vgl. Abschn. 4.6). Zudem können Kinder in die *Zone der nächsten Entwicklung* (vgl. Abschn. 3.3) wechseln, wenn sie bspw. die Aufgaben durch Addition/Subtraktion lösen.

2. Einführung von Addition und Subtraktion
Bei einem modernen Verständnis des Mathematiklernens geht es vor allem darum, die Eigentätigkeit der Lernenden zu stärken: Für die Addition und Subtraktion im Zwanzigerraum bedeutet dies, *eigene Wege* zu ermöglichen, um langfristig Flexibilität im Vorgehen zu erreichen. Dazu bedarf es notwendigerweise einer entsprechenden *Komplexität*, d. h. eines ganzheitlichen Vorgehens (vgl. die in Abschn. 2.1.6.1 illustrierten Möglichkeiten und Wege für Aufgaben mit Zehnerüberschreitung).

3. Produktives Üben in Form operativer Päckchen
Unter operativen Päckchen versteht man Aufgabenserien, bei denen mehrere Aufgaben in einem operativen Zusammenhang stehen (vgl. auch Abschn. 3.1.2 ›Übungstypen‹). Die jeweiligen Päckchen umfassen zwei oder mehr Aufgaben, und als Zusammenhänge bieten sich Tausch-, Umkehr-, Nachbar- oder Zerlegungsaufgaben an, aber auch die Realisierung weiterer mathematischer Gesetzmäßigkeiten (vgl. Abschn. 2.1.6.3) wie etwa die

$$\textit{Konstanz der Summe} \quad (8 + 4 = 12 \Leftrightarrow 7 + 5 = 12) \text{ oder die}$$
$$\textit{Konstanz der Differenz} \quad (10 - 5 = 5 \Leftrightarrow 11 - 6 = 5).$$

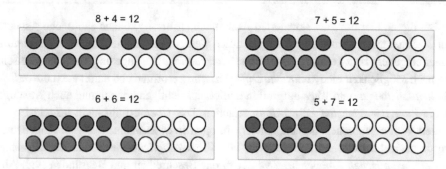

Abb. 3.2 Veranschaulichung von leicht abzuleitenden Aufgaben am 20er-Feld – gegensinniges Verändern durch Umdrehen/Umlegen von Plättchen

Hier liegt jeweils eine Veränderung um ± 1 vor (bei der Addition gegensinnig, bei der Subtraktion gleichsinnig), die gut am Zwanzigerfeld zu verdeutlichen ist (vgl. Abb. 3.2 sowie Abb. 2.23). Um der mechanischen Reproduktion einmal erkannter Muster entgegenzuwirken, sind Variationen oder auch das zufällige Einstreuen einer Aufgabe hilfreich, die das entsprechende Muster durchbricht (s. u. Störung; vgl. z. B. Wittmann und Müller 2012a, S. 57).

Weitere Beispiele: Ableiten von Aufgaben aus den (leichten) Verdopplungsaufgaben (vgl. hierzu auch das Ableiten von Multiplikationsaufgaben in Abschn. 2.1.6.2). Aus $5 + 5 = 10$ kann die Aufgabe $5 + 6 = 11$ abgeleitet werden.

Die Kinder üben die jeweiligen Operationen im Zwanzigerraum; gleichzeitig werden aber auch mathematische Gesetzmäßigkeiten thematisiert. Gerechnet wird insbesondere unter Ausnutzen von Beziehungen, d. h., das *denkende* Rechnen wird gefordert und gefördert. Die Kinder werden ermuntert, Beziehungen zwischen Aufgaben oder Aufgabenteilen zu beschreiben, wobei Veranschaulichungen helfen können (vgl. Abschn. 4.7). Häufig argumentieren Kinder lediglich an den konkreten Zahlenbeispielen der jeweiligen Ergebnisse, seltener finden sich *allgemeinere* Kommentare, die z. B. auf andere Zahlenbeispiele zu übertragen wären, oder Argumentationen an Veranschaulichungen (was langfristig zu fördern wäre).

4. Automatisierung

Nach der (operativen) Durcharbeitung der Addition im Zwanzigerraum erfolgt die Automatisierung des Einspluseins, wie eine exemplarisch ausgewählte *Blitzrechenübung* zeigt (vgl. Wittmann und Müller 2011), die das *Rechnen* thematisiert.

›*Einspluseins*‹: Einspluseins-Aufgaben werden genannt bzw. an der Einspluseinstafel gezeigt (vgl. Wittmann und Müller 2011; analog zur Einmaleinstafel in Abschn. 2.1.6.2). Zunächst geht es um die Automatisierung der *Kernaufgaben*, d. h. der farblich hervorgehobenen Felder der Einspluseinstafel. Die Automatisierung dieser Kernaufgaben stützt dann auch die Automatisierung der restlichen Aufgaben.

Bei diesen hier nur kurz skizzierten Aktivitäten (1. bis 4.) können zahlreiche Aspekte eines zeitgemäßen Lernverständnisses deutlich werden, auf die die folgenden Abschnitte näher eingehen; kurz gesagt: Man offeriert *ganzheitliche* Zugänge und Vorgehensweisen, die nach Möglichkeit eine *natürliche Differenzierung* eröffnen und damit auch die *individuellen Leistungen* und *Wege* aufgreifen und berücksichtigen können und auch Ausflüge in die *Zone der nächsten Entwicklung* erlauben. Das *Üben* erfolgt nicht losgelöst oder isoliert vom eigentlichen Lernen, sondern in *operativen Zusammenhängen*. Angedeutet wurde auch die Rolle der *Arbeitsmittel und Veranschaulichungen* sowie der *allgemeinen mathematischen Kompetenzen* wie etwa das Beschreiben und Begründen (vgl. Abschn. 4.7.6/3. Funktion).

3.1   Entdeckendes Lernen und produktives Üben

Etwa beginnend mit dem NRW-Lehrplan Mitte der 1980er-Jahre (KM 1985; auf breiterer Front dann ab den 1990er-Jahren) hat sich das Verständnis von Lernen und Lehren verändert. Man spricht von einem interdisziplinären Paradigmenwechsel. Ein zusammenfassender Vergleich von traditionellem und zeitgemäßem Lernen sowie einiger Implikationen findet sich bei Krauthausen (1998c, S. 13–40). In dieser veränderten Sichtweise von Mathematik und Mathematiklernen wird Lernen als konstruktive Aufbauleistung des Individuums gesehen. Das hat gravierende Konsequenzen für die Unterrichtsgestaltung. Während in der Vergangenheit Lernen und Üben getrennt, z. T. als Gegensätze gesehen wurden, werden sie in der modernen *Theorie der Übung* als *integrale Bestandteile des Lernprozesses* gesehen (vgl. Winter 1984a, 1987; Wittmann 1981, S. 103 ff. und Wittmann 1992). Zur Verdeutlichung beider Grundpositionen soll hier diese ursprüngliche Trennung zunächst aufgegriffen werden, um dann im Fortgang des Kapitels zu zeigen, dass sich eine Polarisierung und entsprechende Übergeneralisierungen schädlich auswirken können.

3.1.1   Lernen: kleinschrittig auf vorgegebenen Wegen *vs.* ganzheitlich auf eigenen Wegen

In einer behavioristischen Orientierung dominieren Belehrung, Kleinschrittigkeit bzw. der systematische Aufbau der Lerninhalte, verbunden mit einer extensiven Übungspraxis (vgl. Winter 1987, S. 9; Wittmann 1990, S. 154 ff.). Vorrangige Grundlage für die Belehrung ist der ›Stoff‹, also die im Curriculum (den Lehrplänen) vorgesehenen fachlichen Inhalte. Aufgabe der Lehrerin ist es, den jeweiligen Stoff der Jahrgangsstufe an die Lernenden zu vermitteln. Zu diesem Zweck plant sie Unterrichtsstunden mit vorher festzulegenden Lernzielen. Für eine möglichst reibungslose Umsetzung (Fehlern gilt es tunlichst bereits im Vorfeld vorzubeugen) werden Methoden, Steuerungs-, Kontroll- und Beurteilungsmaßnahmen bereitgehalten.

Selbst heute noch kann diese traditionelle Praxis in der Unterrichtsrealität beobachtet werden, wie sie 1955 von kultusministerieller Seite vertreten und als offizielles Postulat in Lehrplänen ausgegeben wurde. Die gestufte Erarbeitung der Zahlenräume (wie der mathematischen Inhalte überhaupt) besagte: »Rechenunterricht kann nur zum Erfolg führen, wenn er in kleinen und kleinsten Schritten vom Einfachen zum Schwierigen fortschreitet. Dieses Prinzip der kleinen Schritte gilt [...] *für alle Altersstufen* und ist somit grundlegendes Prinzip des Rechenunterrichts« (KM 1955, S. 21; Hervorh. GKr).

Das Prinzip der kleinen und kleinsten Schritte wurde im Zuge eines generellen Paradigmenwechsels bzgl. des Verständnisses von Lernen und Lehren wie gesagt seit etwa Mitte der 1980er-Jahre abgelöst durch das Prinzip des aktiv-entdeckenden und sozialen Lernens. Hierzu hieß es dann im Lehrplan:

> »Den Aufgaben und Zielen des Mathematikunterrichts wird in besonderem Maße eine Konzeption gerecht, in der das Mathematiklernen als ein *konstruktiver, entdeckender Prozess* aufgefasst wird. Der Unterricht muss daher so gestaltet werden, dass die Kinder möglichst viele Gelegenheiten zum selbsttätigen Lernen in *allen* Phasen eines Lernprozesses erhalten« (KM 1985, S. 26; Hervorh. GKr).

Käpnick (2014, S. 37) fasst die Merkmale des aktiv-entdeckenden Lernens wie folgt zusammen:

- Förderung der Eigenaktivität der Kinder
- ganzheitliche Erschließung größerer Stoffeinheiten
- Ernstnehmen und Aufgreifen von Vorkenntnissen der Kinder
- Freiräume für die Eigendynamik der Lernprozesse
- Realisierung einer natürlichen Differenzierung vom Kinde aus
- verändertes Rollenverständnis der Lehrperson
- Einsatz erprobter Arbeits- und Anschauungsmittel

Der NRW-Lehrplan von 1985 stellte insofern eine *historische Wende* dar, als er erstmals das aktiv-entdeckende Lernen festschrieb – *alternativlos*, wie es so schön heißt. Offizielle Vorgaben der Bildungsbehörden aller Bundesländer folgten und betonen bis heute nachdrücklich die Eigentätigkeit der Lernenden (MSW 2008; BSB 2011). Gleichwohl kann man bei Unterrichtshospitationen durchaus noch Phänomene beobachten, die den an sich überholten Vorstellungen zuzuordnen wären. Hier zeigt sich nicht selten die Macht der jeweiligen Lernbiografie von Lehrenden (und Studierenden), die sich im Laufe der eigenen jahrelangen Schulerfahrungen nachhaltig etabliert hat und deren Veränderung nicht trivial ist (vgl. Krauthausen 1998c, 2015; Krauthausen und Scherer 2004).

Was die Erschließung von Zahlenräumen betrifft, so bedeutet das aktiv-entdeckende Lernen eine Abkehr von der Kleinschrittigkeit zugunsten *ganzheitlicher* Zugänge. Nachdem hier das *Zahlenbuch* (Wittmann et al. 1994) eine Vorreiterrolle übernommen hatte, begann sich die veränderte Praxis zunehmend in allen Schulbüchern durchzusetzen (wenn

Tab. 3.1 Gegenüberstellung der Inhalte zweier Schulbücher für das 1. Schuljahr

Denken und Rechnen (1985)	Zahlenbuch (2012)
1. Grundlegende Erfahrungen (Gegenstände der Umwelt; Form von Gegenständen; Vergleichen, Zuordnen, Zählen)	*Entwicklung des Zahlbegriffs* (Zahlen und Formen; Zahlenreihe bis 20; Zahlen von 0–10; Mehr – weniger – gleich viel; Lagebeziehungen; Formen herstellen; Anzahlbestimmung: Zahlen auf einen Blick; Anzahlerfassung: Schöne Muster)
2. Die Zahlen bis 6 (Die Zahlen bis 6; Die Zahl 0; kleiner, gleich, größer; die Ordnungszahlen)	*Die Kraft der Fünf* (Zahlenknoten; Daten sammeln: Zählen mit Strichlisten; Zahlen am Körper; Zwei Fünfer sind Zehn; Kraft der Fünf; Geld: Münzen & Scheine bis 10 €)
3. Addieren und Subtrahieren im Zahlenraum bis 6 (Zahlenausdrücke mit Plus-Zeichen und mit Minus-Zeichen; Addieren, Zerlegen, Subtrahieren; Sachaufgaben)	*Orientierung im Zwanzigerraum* (Zehnerbündel; Die Zahlen von 10–21; Zwanzigerreihe; Zahlen in der Umwelt; Formen in der Umwelt; Menge der Zahlen von 0–20: Wendekarten; Zerlegen; Anzahlen verändern; Zwanzigerfeld; Ordnungszahlen; Münzen & Scheine bis 20 €; Messen mit dem Meterstab; Symmetrie: Was der Spiegel alles kann)
4. Die Zahlen bis 10 (Die Zahlen von 7–10; Zerlegen; Zahlenfolge; Vergleichen nach der Größe; Ungleichungen; Merkmale von Gegenständen; Die Ordnungszahlen)	*Einführung der Addition* (Verdoppeln mit dem Spiegel; Plusaufgaben; Rechenwege; Tauschaufgaben; Von einfachen zu schwierigen Plusaufgaben; Schöne Päckchen)
5. Addieren und Subtrahieren bis 10 (Addieren, Subtrahieren; Ergänzen, Zerlegen; Umkehraufgaben; Sachaufgaben)	*Einführung der Subtraktion* (Minusaufgaben; Rechenwege; Von einfachen zu schwierigen Minusaufgaben; Schöne Päckchen; Formen legen: Mini-Tangram; Formen zeichnen: Ornamente)
6. Geldbeträge (Münzen bis 10 Pfennig; Addieren von Geldbeträgen)	*Integrierende Übungen* (Plus und minus; Kleiner – gleich – größer; Kraft der Fünf; Rechendreiecke; Sachaufgaben: Erzählen & Rechnen, Legen & Überlegen, Zeichnen & Überlegen, Legen & Überlegen; Praktische Geometrie/Koordinaten/Kombinatorik: Knotenschule, Stuhlkreis, Wege im Stadtplan)
7. Geometrische Grunderfahrungen I (Körperformen in der Umwelt; Bauen; Lagebeziehungen)	*Vertiefende Übungen* (Einspluseinstafel; Kleiner – gleich – größer; Zahlenmauern; Minusaufgaben durch Ergänzen; Mit Geld rechnen; Gerade & ungerade Zahlen; Halbieren; Zählen in Schritten; Sachaufgaben: Sachrechnen im Kopf, Sachaufgaben lösen, Sachaufgaben finden)

auch in durchaus unterschiedlicher Weise und Konsequenz). Zur Illustration diene die Gegenüberstellung des Aufbaus zweier Schulbücher – eines aus dem Jahre 1985 und eines aktuellen von 2012 – jeweils für das 1. Schuljahr (Tab. 3.1).

Tab. 3.1 (Fortsetzung)

Denken und Rechnen (1985)	Zahlenbuch (2012)
8. Zahlenstrahl – Rechenvorschriften – Rechentafeln (Zahlenstrahl; Addieren und Subtrahieren am Zahlenstrahl; Rechenvorschriften (Maschinen); Rechentafeln)	*Ergänzende Übungen* (Rechendreiecke; Formen herstellen: Würfel falten; Symmetrie: Spiegelbilder; Zahlenmauern; Plusaufgaben mit gleichen Zahlen; Mini-Einmaleins; Mit Zahlen spielen: Kombinatorik; Plusquadrate & Zauberquadrate; Gleichungen & Ungleichungen; Geld: Alle Münzen, Geld wechseln)
	Mini-Projekte (Zeit: Tageszeiten, Sekunde – Minute – Stunde; Daten sammeln: Zahlen aus meiner Klasse; Formen herstellen; Kombinatorik; Zufallsexperiment)
9. Die Zahlen bis 20 (Bündeln von Gegenständen; Zehner und Einer; Die Zahlen von 11 bis 20; Zahlenfolge; Nachbarzahlen; Vergleichen nach der Größe; Der Unterschied zweier Zahlen; Die Ordnungszahlen)	*Geometrie* (Falten, schneiden, legen; Herstellung von Kugeln, Kugeln in der Umwelt)
10. Rechnen im Zahlenraum bis 20 (Die Zahl 10; Addieren und Subtrahieren im zweiten Zehner; Tauschaufgaben; Rechnen mit Geldbeträgen; Zehnerüberschreitung; Zahlenstrahl, Rechenvorschriften, Rechentafeln; Halbieren und Verdoppeln; Gerade Zahlen, ungerade Zahlen; Sachaufgaben)	*Operative Durcharbeitung der Addition und Subtraktion* (Die Einspluseinstafel; Vermischte Übungen zur Addition und Subtraktion)

> Nehmen Sie ein anderes aktuelles Schulbuch Ihrer Wahl zur Hand und fassen Sie auf einer Seite die wesentlichen Unterschiede und Veränderungen für die Mathematikinhalte des 1. Schuljahres auf der Basis dieser Gegenüberstellung zusammen. An welchen Stellen wären Sie selbst unsicher, ob das aktuelle Vorgehen für alle Kinder angemessen ist? Begründen Sie jeweils Ihre Bedenken und diskutieren Sie Ihre Skepsis mit anderen.

Bei der aktuellen Auffassung von Lernen und Lehren verändert sich natürlich auch die Aufgabe der Lehrerin (vgl. die Gegenüberstellung bei Winter 1984a/b oder die zusammenfassenden Ausführungen bei Krauthausen 1998c): Sie muss herausfordernde Anlässe finden und anbieten, ergiebige Arbeitsmittel und produktive Übungsformen bereitstellen und vor allem eine Kommunikation aufbauen und aufrechterhalten, die dem Lernen *aller*

Kinder förderlich ist. Kühnel hat mit *Leitung & Rezeptivität* vs. *Organisation & Aktivität* die paradigmatischen Unterschiede bereits 1916(!) treffend beschrieben:

»Beibringen, darbieten, übermitteln sind [...] Begriffe der Unterrichtskunst vergangener Tage und haben für die Gegenwart geringen Wert; denn der pädagogische Blick unserer Zeit ist nicht mehr stofflich eingestellt. Wohl soll der Schüler auch künftig Kenntnisse und Fertigkeiten gewinnen – wir hoffen sogar: noch mehr als früher –, aber wir wollen sie ihm nicht beibringen, sondern er soll sie sich erwerben. [...] Damit wechselt auch des Lehrers Aufgabe auf allen Gebieten. Statt Stoff darzubieten, wird er künftig die Fähigkeiten des Schülers zu entwickeln haben. Das ist etwas völlig anderes, besonders für die Gestaltung des Rechenunterrichts. Denn [dadurch; GKr] [...] werden dem Lehrer zwei Hilfsmittel aus der Hand genommen, die den meisten bisher als unentbehrlich erschienen und als kennzeichnende Merkmale höchster Lehrkunst: das Darbieten und das Entwickeln. Sie gibt ihm aber dafür zwei andere in die Hand, die zunächst unscheinbar, in ihrer Wirkung jedoch ungleich mächtiger sind: die Veranlassung der Gelegenheit und die Anregung zu eigener Entwicklung. Und das Tun des Schülers ist nicht mehr auf Empfangen eingestellt, sondern auf Erarbeiten. Nicht Leitung und Rezeptivität, sondern Organisation und Aktivität ist es, was das Lehrverfahren der Zukunft kennzeichnet« (Kühnel 1925, S. 70).

Die beiden Konzeptionen bedingen also nicht nur eine veränderte Rolle der Lehrerin, sondern auch der Schülerinnen und Schüler (vgl. Winter 1984b). Hin und wieder bestand anfangs noch Unsicherheit bzgl. der aktivistischen Position: »Die Forschungslage zu den Auswirkungen der als neuartig propagierten Lehrverfahren ist [...] absolut unübersichtlich. Dies hängt vermutlich damit zusammen, dass niemand genau sagen kann, was ein relativ selbst gesteuertes, kooperatives, problemlösendes, in authentischer Lernumgebung stattfindendes und lebenslanges Lernen eigentlich ist« (Edelmann 2000, S. 7). Für den Mathematikunterricht ist – aus heutiger Sicht und nach mehr als zwanzig Jahren fachdidaktischer Forschung – Skepsis nunmehr wenig angebracht. Wittmann selbst hatte aber auch bereits sehr früh und sozusagen im Vorgriff in seinem programmatischen Aufsatz denkbare und tatsächliche Einwände von Kritikern aufgegriffen und diskutiert (Wittmann 1992). Inzwischen sind zahlreiche Unterrichtsbeispiele und Lernumgebungen nicht mehr zu übersehen, die im Laufe der Jahre entwickelt, erprobt und veröffentlicht wurden und die konkretisieren, dass und wie aktiv-entdeckendes und soziales Lernen im Grundschulunterricht produktiv realisiert werden kann (vgl. dazu die Beispiele, u. a. in Form substanzieller Lernumgebungen; Abschn. 4.2). Zur Einordnung festzuhalten bleibt gleichwohl dreierlei:

1. Aktiv-entdeckendes Lernen ist kein Zauberstab, es funktioniert nicht voraussetzungslos (das gilt sowohl für die Lernenden als auch für die Lehrenden).
2. Weder gilt ›neu/modern = gut‹, noch gilt ›alt/traditionell = überholt‹. Didaktische Entscheidungen müssen zum einen stets in ihrem historischen Entstehungskontext verstanden werden, damit eine sachgerechte Einordnung, Würdigung und Nutzung erfolgen kann. Und zum anderen muss je nach Realisierungskontext eine differenzierte Entscheidung möglich bleiben, die auch Mischformen (allerdings überzeugend begründete) einschließen mag. Dieser relativierende Hinweis darf aber nicht als Plädoyer für überholte Unterrichtspraxis missverstanden werden. Vielmehr mahnt er zur

Vorsicht vor nur oder allzu modernistischen Tendenzen sowie vor der Wiederholung fragwürdiger Phänomene aufgrund von *Geschichtsvergessenheit*[1].

3. Aktiv-entdeckendes Lernen und Lehren ist kein algorithmisches Konzept, das sich mithilfe einiger weniger Regeln, methodischer Kniffe oder handlicher Rezepte einfach und unaufwendig umsetzen ließe. Einfachheit und minimaler Aufwand mögen Eyecatcher sein, die derzeit im Verlags-Marketing gehäuft benutzt werden (»Ohne lange Vorbereitung einzusetzen!«); mit sachgerechter Unterrichtsrealität haben sie aber wenig zu tun. Die Beschreibung der durchaus komplexen und nichttrivialen Merkmale und Postulate des entdeckenden Lernens ist potenziell mehrdeutig. Was es ist, kann oder soll und wie es sich darstellt, lässt sich folglich so oder so (miss-)verstehen. Daraus resultieren potenziell in der Unterrichtsrealität Fehlformen, die vielleicht (gut gemeint) entdeckendes Lernen für sich reklamieren, es aber faktisch nicht sind. Dies trifft auch für andere Konzepte zu, wenn sie eher als ›moderne‹ Etiketten gehandhabt werden, wie z. B. produktives Üben, natürliche Differenzierung, Individualisierung o. Ä.

Auch wenn man über verschiedene Formen der Konkretisierung also durchaus diskutieren kann, die sich hier oder dort zeigen, so besteht doch über das *Grundparadigma* eines sozial-konstruktivistischen Verständnisses von Lernen und Lehren ein allgemeiner Konsens (vgl. Hasemann und Gasteiger 2014, S. 63). Und dieser kann getrost auch als tragfähig genug verstanden werden, um auf seiner Grundlage Unterrichtsentwicklung zu betreiben. Die macht nämlich nicht erst dann Sinn, wenn zuvor ›harte‹ Daten der Bildungsforscher aus umfangreichen empirischen Untersuchungen quantifiziert vorliegen.

Das folgende Sachrechenbeispiel soll noch einmal konkretisieren, wie sich die Veränderung gemäß den beiden Grundpositionen vollzogen hat. Der Bereich des Sachrechnens galt lange Zeit als klassisches Terrain, in dem feste Lösungsschemata für hilfreich erachtet wurden und vorgegeben werden *mussten*. Das Beispiel aus einem 1. Schuljahr findet sich bei Andresen (1996; Abb. 3.3); der Vater kommentierte die Bearbeitung seines Sohnes wie folgt: »Leichte Textaufgaben kann Sebastian im Kopf in wenigen Sekunden ausrechnen. Für die Aufgabe *Ein Piratenbuch kostet 14 DM. Erich hat 8 DM gespart. Den Rest bezahlt die Oma.* brauchte er über eine halbe Stunde und hat viel dabei geweint. Sebastian hat dabei gelernt, dass er sich auf seinen gesunden Menschenverstand nicht verlassen darf und dass einfache Denkaufgaben nur sehr umständlich, kompliziert (6 Schritte) und schwierig zu lösen sind. Für mich als Vater ist dies ein schöner Beweis, wie es in der Schule gelingt, durch *gute* Didaktik den Kindern Selbstvertrauen zu nehmen, Lerneifer und Lernfreude zu zerstören und die Lust an der Schule und am Lernen, die bei jedem Erstklässler stark da sind, in Unlust und Angst zu verwandeln« (Andresen 1996, S. 196; Hervorh. i. Orig.).

---

[1] Vgl. die aktuelle Diskussion über Kompetenzraster und die Phase der Lernzieloperationalisierung in den 1970er-Jahren (Wittmann 2014a; Möller 1974). Auf der anderen Seite gilt: Theoretisch-konzeptionelle Schriften von Kühnel 1925 über z. B. Oehl in den 1960er-Jahren, Piaget, Aebli, Freudenthal – um nur einige ›Urväter‹ der Mathematikdidaktik zu nennen – sind trotz ihres ›alten‹ Datums nach wie vor fundamental und aktuell, d. h. der Lektüre sehr zu empfehlen.

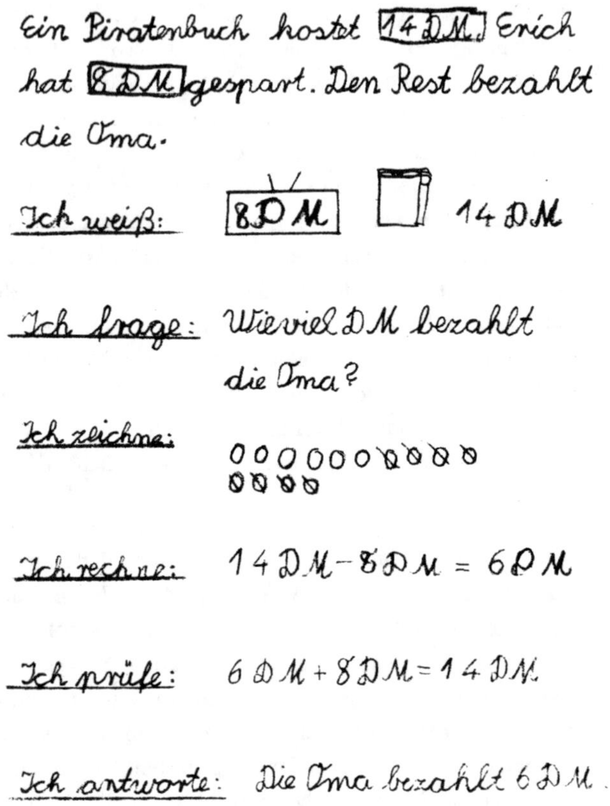

Abb. 3.3 Sebastians Lösung einer Textaufgabe. (© Andresen 1996, S. 196)

Ein Piratenbuch kostet [14 DM.] Erich hat [8 DM] gespart. Den Rest bezahlt die Oma.

Ich weiß: [8 DM]   ⬚ 14 DM

Ich frage: Wieviel DM bezahlt die Oma?

Ich zeichne: O O O O O O ⬤ ⬤ ⬤ ⬤ ⬤ ⬤ ⬤

Ich rechne: 14 DM − 8 DM = 6 DM

Ich prüfe: 6 DM + 8 DM = 14 DM

Ich antworte: Die Oma bezahlt 6 DM.

Neben diesem extremen Beispiel blieb auch generell der Erfolg von Schülerinnen und Schülern beim Lösen von Textaufgaben häufig aus, und man erkannte die Aussichtslosigkeit, »der Komplexität des Sachrechnens [...] durch Musterlösungen, durch Regeln zur Erschließung der jeweiligen Sachsituation oder durch Vorschriften für das Aufschreiben der Lösung Herr werden zu wollen, wie es die traditionelle Didaktik angestrebt hat« (Wittmann et al. 1996, S. 20). Musterlösungen (vgl. Abb. 3.3) stellen keine Hilfe dar[2]; vielmehr besteht eher das Risiko einer *gedankenlosen* Anwendung: So kann das vorgeschriebene Stichwort ›Rechnung‹ die Kinder auch zum vorschnellen Rechnen ohne wirkliches Überlegen verleiten bzw. die Gefahr beinhalten, dass die Befolgung solcher Schemata zusätzliche Anforderungen stellt oder gar zur eigentlichen Schwierigkeit wird (vgl. Wittmann et al. 1996, S. 21).

---

[2] Ein denkbarer Einwand wäre nun, dass auch bei der unten folgenden ›Schneckenaufgabe‹ Musterlösungen angeben werden. Diese erfüllen allerdings einen anderen Zweck: Zum einen wird ausdrücklich angeregt, erst *nach* der hoffentlich erfolgten eigenen Durcharbeitung die vorgeschlagenen Lösungswege zu betrachten; und dann findet sich eben auch nicht nur *eine* Lösung. Vielmehr ist die Vielfalt an Strategien zu betonen; und zum anderen, dass die Lösungswege in der vorgestellten Form nicht als immer und für jede Sachaufgabe passendes Schema verstanden werden können.

1. Tag	1. Nacht	2. Tag	2. Nacht	3. Tag	3. Nacht	4. Tag	4. Nacht	5. Tag	5. Nacht	6. Tag
5 m	3 m	8 m	6 m	11 m	9 m	14 m	12 m	17 m	15 m	ZIEL

Abb. 3.4 Wegeprotokoll zur Lösung einer Denkaufgabe

Mittlerweile wurde auch für den Bereich des Sachrechnens das Entwickeln *eigener* Lösungsstrategien und -wege als notwendig und hilfreich erkannt und bspw. für das Lösen von Sachaufgaben verschiedene Ebenen der Bearbeitung herausgearbeitet (vgl. Abschn. 2.3). Diese veränderte Sichtweise offenbart sich insbesondere auch in den verschiedenen Repräsentationsebenen, die für eine Aufgabenlösung zur Verfügung stehen: Darstellen und Überlegen (vgl. Wittmann et al. 1996, S. 21; Wittmann und Müller 2004a, S. 27; vgl. Tab. 2.1), konkret das *Legen* und Überlegen, *Zeichnen* und Überlegen, *Aufschreiben* und Überlegen bzw. *Ausprobieren* und Überlegen[3].

Exemplarisch dafür folgt eine klassische Sach- bzw. Denkaufgabe, die sich schon bei Adam Ries findet, nachzulesen bei Deschauer (1992). Sie wird aber auch für die Grundschule aufgegriffen (vgl. z. B. Rasch 2003, S. 85 f.):

Eine Schnecke in einem 20 m tiefen Brunnen will nach oben auf die Wiese. Sie kriecht am Tage immer 5 m hoch und rutscht nachts im Schlaf immer 2 m nach unten. Am wievielten Tag erreicht sie den Brunnenrand?

Für solche Aufgaben gibt es i. d. R. mehrere Ebenen und Wege zur Lösung:

- Eine erste mögliche Strategie stellt ein sogenanntes *Wegeprotokoll* dar (›Aufschreiben und Überlegen‹, Abb. 3.4). Die Kinder protokollieren den Weg der Schnecke für jeden Tag und jede Nacht. Man sieht, dass die Schnecke am 6. Tag den Brunnenrand erreicht. Ob sie nun sofort wieder hinabrutscht und somit einen siebten Tag benötigt, wäre in der Phase des ›Interpretierens‹ (vgl. Abschn. 2.3.1) zu klären (vgl. auch Rasch 2003, S. 86). Die Aufgabe selbst lässt hier Interpretationsspielraum und damit beide Lösungen zu.
- Eine andere Lösungsstrategie ist das Anfertigen einer Zeichnung (›Zeichnen und Überlegen‹, Abb. 3.5).
  Die Kinder fertigen eine Lösungsskizze an, in der die Strecken für Tag und Nacht eingezeichnet werden: Die Schnecke erreicht in diesem Fall am Ende des 6. Tages den Brunnenrand.
- Eine dritte Strategie – eher auf dem Niveau von Studierenden – wäre eine arithmetische oder algebraische Lösung, die jedoch auch Gefahren bergen kann: Um schnell und effizient zu rechnen, mag man auf die Idee kommen, die Strecken, die pro Tag und

---

[3] Dabei spiegeln sich Bruners Repräsentationsstufen (enaktiv, ikonisch, symbolisch) wider, ohne dass damit eine Hierarchie in Form einer linear zu durchlaufenden Stufenfolge gemeint ist.

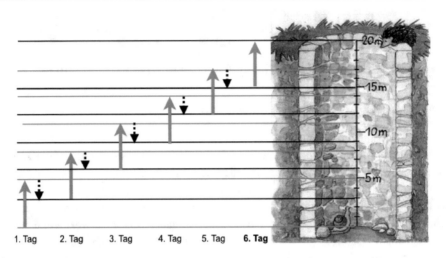

Abb. 3.5 Zeichnerische Lösung einer Denkaufgabe

Nacht überwunden werden, zusammenzufassen:

$$5\,\text{m} - 2\,\text{m} = 3\,\text{m} \Rightarrow 20\,\text{m} : 3\,\text{m} = x \Rightarrow x = 6{,}66\ldots$$

Bei diesem Lösungsweg würde man also eine ›falsche‹ Lösung erhalten, denn die Schnecke benötigt jetzt mehr als 6 Tage; man könnte leicht schlussfolgern, dass sie dann am 7. Tag den Brunnenrand erreicht.

An solchen Beispielen zeigt sich, dass ›elaborierte‹ Strategien nicht immer die besseren sein müssen: Die eigene Durchdringung solcher Aufgaben ist und bleibt also von zentraler Bedeutung. Dies schließt sowohl das Lösen auf *eigenem* Niveau als auch das Lösen auf dem Niveau der *Kinder* ein, d. h., für die Lehrerin ist auch aufgrund dieser spezifischen Anforderung des Berufs die Kenntnis *verschiedener* Repräsentationsebenen bzw. Vorgehensweisen (grundsätzlich) bedeutsam. Versuchen Sie in diesem Sinne auch die folgende Aufgabe mit unterschiedlichen Strategien zu lösen und ggf. auch über Vor- und Nachteile Ihrer eigenen Strategien zu reflektieren. Vergleichen Sie danach Ihre Wege mit jenen bei Winter (1997, S. 67 f.).

> Petra verschlang in einer Woche ein ganzes Buch mit 133 Seiten. Montags las sie einige Seiten und von da ab jeden Tag 5 Seiten mehr als am Tag davor. Am Sonntag wurde sie fertig. Wie viele Seiten las sie an den einzelnen Tagen?

Natürlich ergibt sich nicht bei jeder Textaufgabe die gleiche Vielfalt an alternativen Vorgehensweisen, aber auch nicht jede Textaufgabe kann und soll im Unterricht so ausführlich behandelt werden (weitere Aufgabenbeispiele finden Sie etwa bei Krauthausen und Winkler 2004; Rasch 2003; Spiegel 2003). Allein die Tatsache, dass die Schüler exemplarisch in dieser Form gearbeitet haben, kann schon eine gewisse Bewusstheit im Umgang mit den gegebenen Daten sowie ein Nachdenken und Reflektieren über eigene Lösungen entwickeln.

Versuchen Sie nun die folgende Aufgabe (Bestandteil der Mathematik-Olympiade für die 5. Klasse) selbst zu lösen.

Auf drei Bäumen sitzen insgesamt 56 Vögel. Nachdem vom ersten Baum sieben Vögel auf den zweiten Baum geflogen waren und vom zweiten Baum fünf Vögel auf den dritten, saßen auf dem zweiten Baum doppelt so viele Vögel wie auf dem ersten und auf dem dritten Baum doppelt so viele Vögel wie auf dem zweiten. Wie viele Vögel saßen ursprünglich auf jedem der drei Bäume?

- Lösen Sie diese Aufgabe möglichst auf unterschiedlichen Wegen mit grundschulgemäßen Mitteln.
- Lösen Sie dann die Aufgabe algebraisch.

3.1.2 Üben: Reproduktion und Quantität vs. Produktivität und Qualität

Gemäß dem traditionellen Verständnis diente das *Üben* im Mathematikunterricht vornehmlich der Festigung des Wissens. Dazu führte man ein Training von Fertigkeiten durch, die zuvor an einem oder mehreren Beispielen vorgemacht wurden. Für den Aufgabenpool isolierte man eine bestimmte Liste von Wissenselementen oder eine bestimmte Fertigkeit, um dann an sogenannten Musteraufgaben die Memorierung der Wissenselemente bzw. die Anwendung der Fertigkeit zu erarbeiten. Dann wurde diese Fertigkeit anhand einer großen Zahl gleichförmiger Übungsaufgaben unter fortwährender Kontrolle ›eingeschliffen‹ mit dem Ziel, feste Assoziationen zwischen Aufgaben und korrekten Lösungen herzustellen. In der behavioristischen Sichtweise schloss sich also erst nach einer expliziten Phase der Einführung die Phase der Übung an, die auf die geläufige und fehlerlose Verfügbarkeit abzielte.

Um dabei keine Langeweile aufkommen zu lassen, bemühte man sich, die Kinder durch mehr oder weniger geschickte, meist *sachfremde Verpackungen* zum Üben zu ›überlisten‹. Vielfach wurde und wird hier und da auch heute noch versucht, solche Bemühungen mit bedeutsam klingenden Vokabeln zu legitimieren: Die Kinder können (angeblich!) *differenziert* lernen (man setzt dazu eine Vielzahl verschiedener Arbeitsblätter für diverse angenommene Lernstände ein, die man naturgemäß dennoch nicht verlässlich ›treffen‹ kann). Die Aufgaben erlauben (angeblich!) den Kindern eine *Selbstkontrolle* – in Wirklichkeit handelt es sich meist um eine delegierte Fremdkontrolle, denn die direkte Steuerung durch die Lehrerin wird lediglich durch eine subtilere, an das Material delegierte Fernsteuerung ersetzt: Das entstehende Puzzlebild (›Bunter Hund‹) hat nichts, aber auch gar nichts mit der Aufgabenanforderung zu tun, es ist vollkommen austauschbar. Es besteht daher kein prinzipieller Unterschied darin, ob die Lehrerin dem Kind sagt, dass die Lösung richtig sei oder das Puzzlebild (vgl. hierzu Wittmann 1990). Sehr deutlich hat bereits 1962 Wilhelm Oehl das Problem beschrieben:

> »[Wir müssen] zwischen Fremdkontrolle und Selbstkontrolle unterscheiden. Sagt der Lehrer dem Schüler: ›Diese Aufgabe ist falsch‹, so handelt es sich einwandfrei um Fremdkontrolle. Aber auch in allen andern Fällen, in denen irgendein Hilfsmittel, etwa ein Ergebnisheft oder eine Prüfzahl [...] dem Schüler sagt: ›Diese Aufgabe ist falsch‹, haben wir es mit Fremdkontrolle zu tun. Das richtige Ergebnis (im Ergebnisheft) oder die Prüfzahl sind von einem ›Fremden‹ gegeben worden. Handelt es sich um eine Aufgabe aus dem praktischen Leben oder irgendeine Aufgabe, die außerhalb des Rechenbuchs gestellt wurde, so entfallen solche Hilfen; der Schüler muss jetzt durch eigenes Nachdenken, durch eigenes Anwenden mathematischer Hilfsmittel die Entscheidung treffen: falsch oder richtig. Selbstkontrolle ist immer Individualkontrolle ohne jede fremde Hilfe. Die echte Selbstkontrolle muss auf jede Aufgabe in gleicher Weise anwendbar sein und nicht nur auf die Aufgaben des Rechenbuches. Diese begriffliche Klarstellung ist notwendig, weil sich in den zurückliegenden Jahren Kontrollmethoden in unsern Schulen unter dem anspruchsvollen Etikett ›Selbstkontrolle‹ (Prüfzahlen) eingebürgert haben, die in Wirklichkeit Fremdkontrollen sind. [...] Die Selbstkontrolle verlangt von ihrem Begriff her eine erhöhte geistige Urteilskraft. Ich soll mathematische Beziehungen kontrollieren, d. h. doch, ich soll von einem übergeordneten Standpunkt aus, kraft meiner Einsicht in die Zusammenhänge, ein gültiges Urteil über richtig oder falsch abgeben. Jeder Kontrolle muss ein Denkakt zugrundeliegen, der die Kontrollmaßnahmen auslöst« (Oehl 1962, S. 33 f.).

Bei aller Kritik ist aber auch nicht zu übersehen, dass es trotz eines inzwischen wirklich vielfältigen Angebots an *produktiven* Alternativen (s. u.) sicher kein Drama ist, im Unterricht auch *gelegentlich* solche Übungen anzubieten. Problematisch ist allerdings das, was Wittmann (1990) die »*Flut* der bunten Hunde« nennt, d. h. die *ausufernde* Ausbreitung bzw. der *dominierende* Einsatz einer solchen Übungspraxis. Ein Grund für diese Gefahr liegt sicher auch darin, dass ein sachgerechtes und sinnvolles Ausschöpfen produktiver Übungsformen umso besser gelingen kann, je tiefer die Lehrerin den zu übenden Inhalt und die anzubietenden Übungsformen zuvor *selbst* durchdrungen, d. h. sich mit dem *mathematischen* Hintergrund vertraut gemacht hat (vgl. Kap. 6), der bei produktiven Übungsformen deutlich gehaltvoller ist als bei traditionellen Rechenübungen – ein nicht zu unterschätzendes Problem insbesondere bei *fachfremd* erteiltem Unterricht ...

Die traditionelle Vorstellung, dass Üben bloß eine nachträgliche, das neue mathematische Wissen festigende Aktivität ist, stützt sich auf die schon mehrfach kritisierte Auffassung vom mathematischen Wissen im Unterricht: Mathematik als ein Fertigprodukt, das von außen vorgegeben ist und von der Lehrerin – in kleinen Schritten zubereitet – den Kindern verabreicht (›beigebracht‹) wird. Geht man aber von der Vorstellung aus (z. B. Freudenthal), dass *Mathematik* ein Prozess ist, mithin *Mathematiktreiben* bedeutet, stellt man also die *aktive Tätigkeit* des lernenden Kindes in den Vordergrund, dann erhält auch das Üben unter dieser Vorstellung eine deutlich andere Interpretation.

Die psychologische Hintergrundtheorie der traditionellen Position ist die Assoziationspsychologie, insbesondere der Behaviorismus. Zugrunde liegende didaktische Prinzipien sind das Prinzip der kleinen und kleinsten Schritte, das Prinzip der Isolierung der Schwierigkeiten sowie das des gestuften Übens (vgl. hierzu Winter 1984b; Wittmann 1990).

Zu dieser traditionellen Übungspraxis lassen sich verschiedene Kritikpunkte anführen:

- Es besteht die Gefahr des nur gedankenlosen Einübens von nur oberflächlich gelernten Rezepten, was letztlich wenig erfolgreich ist (vgl. Dewey 1933, S. 250).
- Die Schülerinnen und Schüler werden zu einer eher passiven Lerneinstellung verleitet.
- Die Zersplitterung des Unterrichts in ›Schubladen‹ führt zu einer entsprechend kurzfristigen Lernperspektive und Behaltensleistung.
- Die *allgemeinen* mathematischen Kompetenzen (vgl. Abschn. 1.3.1) werden vernachlässigt: Das kleinschrittige Üben bietet keine nennenswerten Möglichkeiten zum Erkennen, Beschreiben und Begründen von Mustern und Strukturen, zur rechnerischen Durchdringung von Sachsituationen und zur Pflege der mündlichen und schriftlichen Ausdrucksfähigkeit der Schüler.

Welche Rolle, welchen Stellenwert hat das Üben demgegenüber im Kontext des aktiv-entdeckenden Lernens? Im Sinne des bereits erläuterten Paradigmenwechsels ist von Winter (1984b, 1987) und Wittmann (1992) auch eine Theorie der Übung entwickelt worden, die Übung als *integralen Bestandteil* eines aktiven Lernprozesses versteht (vgl. auch Wittmann 1981, S. 103 ff.). Im Rahmen des produktiven Übens entfällt die scharfe Trennung zwischen den Phasen der Einführung, Übung und Anwendung (vgl. Winter 1984b; Wittmann 1992). Verdeutlicht werden kann dies am ›Didaktischen Rechteck‹ (Abb. 3.6).

»Je nachdem, in welche Phase eine Unterrichtseinheit einzuordnen ist [in der Skizze jeweils unterstrichen; GKr], haben die Lernaktivitäten der Schüler einen unterschiedlichen Schwerpunkt [. . .]. Faktisch sind aber bei jeder Einheit *auch die anderen* Aktivitäten angesprochen« (Wittmann 1992, S. 178; Hervorh. im Orig.). Üben durchdringt somit den gesamten Prozess des aktiv-entdeckenden Lernens. In diesem Modell lassen sich zwei Ebenen identifizieren: die Ebene der *Lern-Aktivität der Schüler* und die Ebene der *Organisation durch die Lehrerin* (bzw. auch der zunehmenden Selbstorganisation der Lernenden), die verantwortlich ist für Lernangebote/Lernumgebungen, die dem aktiv-entdeckenden Lernen förderlich sind.

Konzeptionell ist das produktive Üben zwingend auf ein Verständnis des aktiv-entdeckenden Lernens angewiesen, das sich (vereinfachend) nach Winter in die folgenden vier Phasen gliedert:

»1. Auseinandersetzung mit einer herausfordernden Situation, Exploration, Entwicklung einer Problemstellung;
2. Simulation und Rekonstruktion mit vorhandenem Material, dabei Entwicklung neuer Begriffsbildungen oder Verfahren und evtl. Lösung des Problems;

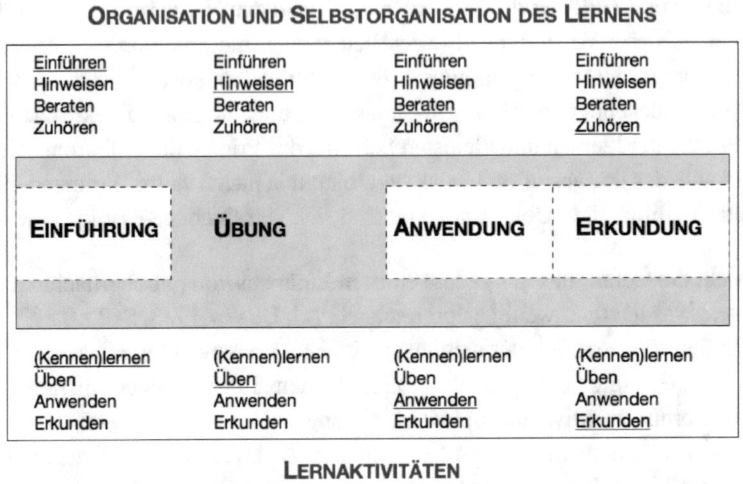

ORGANISATION UND SELBSTORGANISATION DES LERNENS

Einführen	Einführen	Einführen	Einführen
Hinweisen	Hinweisen	Hinweisen	Hinweisen
Beraten	Beraten	Beraten	Beraten
Zuhören	Zuhören	Zuhören	Zuhören

| EINFÜHRUNG | ÜBUNG | ANWENDUNG | ERKUNDUNG |

(Kennen)lernen	(Kennen)lernen	(Kennen)lernen	(Kennen)lernen
Üben	Üben	Üben	Üben
Anwenden	Anwenden	Anwenden	Anwenden
Erkunden	Erkunden	Erkunden	Erkunden

LERNAKTIVITÄTEN

Abb. 3.6 Didaktisches Rechteck. (© Wittmann 1992, S. 178)

3. Einbettung des neuen Inhalts in das vorhandene System; Ausgestaltung vielfältiger Beziehungen;
4. Bewertender Rückblick auf den neuen Inhalt und die Methode seiner Gewinnung; Thematisierung von Heurismen, bewusste Versuche des Transfers« (Winter 1984b, S. 6).

Alle vier Phasen enthalten Anteile von Übung bzw. Wiederholung, aber auch von entdeckendem Lernen, es wird »*entdeckend geübt* und *übend entdeckt*« (Winter 1984b, S. 6 f.). Üben erhält somit im Prozess des aktiv-entdeckenden Lernens eine neue, eine umfassendere und alle Phasen des Lernprozesses durchdringende Aufgabe und Funktion; es ist mehr als das Trainieren vorgegebener Fertigkeiten. Insbesondere für die 4. Phase besteht bei fragwürdigen Formen einer Individualisierung des Lernens die Gefahr der Vernachlässigung (vgl. dazu die Bedeutung des Plenums in Abschn. 6.3).

Die psychologische Hintergrundtheorie dieser Position ist der Kognitionspsychologie zuzuordnen, insbesondere der genetischen Psychologie von Piaget (vgl. hierzu Wittmann 1990). Wesentliche zugrunde liegende didaktische Prinzipien sind das Prinzip des aktiv-entdeckenden Lernens, das Prinzip des sozialen Lernens sowie das Prinzip der fortschreitenden Schematisierung (vgl. Abschn. 3.2 bzw. 3.3).

Im Zuge der Verschiebung von der traditionellen Übungspraxis zu einer Konzeption des produktiven Übens wurden auch sogenannte *substanzielle Lernumgebungen* entwickelt, die folgenden Kriterien genügen (zur näheren Erläuterung vgl. Abschn. 4.2.2):

»1. Sie repräsentieren zentrale Ziele, Inhalte und Prinzipien des Mathematikunterrichts.
2. Sie bieten reiche Möglichkeiten für mathematische Aktivitäten von Schülern.

3. Sie sind flexibel und können leicht an die speziellen Gegebenheiten einer bestimmten Klasse angepasst werden.
4. Sie integrieren mathematische, psychologische und pädagogische Aspekte des Lehrens und Lernens in einer ganzheitlichen Weise und bieten daher ein weites Potenzial für empirische Forschungen« (Wittmann 1995b, S. 528).

Konkretisierungen solcher substanziellen Lernumgebungen finden sich durchgängig an verschiedenen Stellen dieses Buches. Weitere spezifische Realisierungen in Gestalt substanzieller *Aufgabenformate* finden sich u. a. bei Hartmann und Loska 2004, 2006; Loska und Hartmann 2006; Krauthausen 1995d, 1998c, 2006, 2009b, 2016; Krauthausen und Scherer 2014; Scherer 1996c, 1997a, 2003a, 2005a, 2005b, 2006b; Scherer und Selter 1996; Scherer und Steinbring 2004a; Schwätzer und Selter 1998; Selter 1997c; Selter und Scherer 1996; Spiegel 1978; Wittmann und Müller 1992, 2017; Steinbring 1995, 1997b; Verboom 1998a, 1998b; Walther 1978. Oder recherchieren Sie im Internet und Bibliothekskatalogen nach Schlagworten wie etwa Zahlenketten, Zahlenmauern, Zahlengitter, Rechendreiecke, Mal-Plus-Häuser, Vierfeldertafeln, Würfelzahlenquadrate u. Ä.

Übungstypen

Neben den vorgestellten Überlegungen hat Wittmann (1992) auch hilfreiche Merkmale zur *Klassifizierung* von Übungen vorgeschlagen. Ein Merkmal ist die Frage nach dem *Grad der Strukturierung* von Übungen: Ist die jeweilige Übungsform *nicht* strukturiert (d. h. können die behandelten Aufgaben beliebig ausgetauscht werden, da sie in keinem Zusammenhang stehen?), *schwach/mittel* strukturiert oder *stark* strukturiert (z. B. durch die festgelegte Grundform und strukturgebende Regel eines Aufgabenformats oder durch operative Päckchen)?

Ein zweites Merkmal betrifft die *Nutzung zusätzlicher Materialien* bei der Bearbeitung der Übung: Stützen sich die Übungen auf Material oder andere Veranschaulichungen oder werden in der Übung v. a. Symbole benutzt (mündlich oder schriftlich)? Handelt es sich also um *gestützte* oder um *formale Übungen*? Daraus ergibt sich folgendes Schema bzgl. der Übungstypen (Abb. 3.7):

Die Übergänge zwischen *formal/gestützt* und *unstrukturiert/strukturiert* sind nicht ein für alle Mal festgelegt oder immer ganz eindeutig zu entscheiden. Denn eine Übungsform kann ihren Charakter wechseln, je nachdem, in welchem Zusammenhang oder an welcher Stelle des Lernprozesses sie realisiert wird. So zeigt das Beispiel des Blitzrechnens, dass in der Grundlegungsphase (Abschn. 2.1.7.1) am Zwanzigerfeld (also *gestützt*) geübt wird, in der späteren Automatisierungsphase dann *formal*. Darüber hinaus können die Aufgaben in *unstrukturierter* Weise (zufällige Abfolge) gestellt werden oder aber unter Ausnutzen operativer Zusammenhänge, d. h. *strukturiert*.

Neben dem *Grad* der Strukturierung lässt sich noch eine Unterscheidung nach der *Art* der Strukturierung machen: Strukturiertes Üben greift immer auf eine Serie von Aufgaben

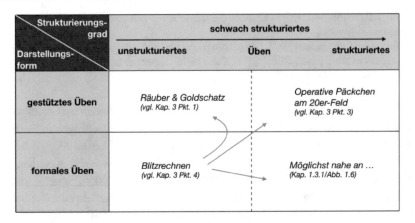

Abb. 3.7 Schema der Übungstypen. (In Anlehnung an Wittmann 1992, S. 179)

zurück. Diese stehen in einer Beziehung zueinander, die sich aus *inhaltlichen* Gesichtspunkten ergeben soll und nicht bloß durch einen *Bunten Hund* zusammengehalten wird.
Eine solche Beziehung kann durch drei Arten der Strukturierung hergestellt werden:

- *Problemstrukturierte Übung*: Die Beziehung der Aufgaben untereinander ergibt sich
  aus einer übergeordneten Frage- oder Problemstellung.
- *Operativ strukturierte Übung*: Die Beziehung der Aufgaben untereinander ergibt sich
  aus der systematischen Variation der Aufgaben und der Daten/Zahlen in den Aufgaben;
  die Ergebnisse stehen in einem gesetzmäßigen, einem operativen Zusammenhang (vgl.
  Abschn. 3.3).
- *Sachstrukturierte Übung* (vgl. Abschn. 2.3.3.6): Die Beziehung der Aufgaben untereinander ergibt sich aus einem übergeordneten *Sach*zusammenhang.

Auch diese Unterscheidung lässt sich nicht immer eindeutig treffen: Unter Umständen
stellen sich Wechselbeziehungen ein (vgl. Abb. 3.8). So kann es Übungen geben, in denen
es eine Problemstellung und einen operativen Zusammenhang zwischen den Aufgaben
gibt bzw. der sich bei der Bearbeitung herausbildet. Auch kann die Stellung im Lernprozess eine Rolle spielen: So ist es etwa beim Erstkontakt mit einem Aufgabenformat wie
Zahlenmauern zu erwarten, dass die meisten Kinder zunächst probierend an eine Problemstellung herangehen; ein systematischeres Vorgehen hingegen, wie z. B. durch gezielte
operative Variation gewisser Werte, ist erst zu einem späteren Zeitpunkt des Lernprozesses und bei entsprechenden Vorerfahrungen der Kinder zu erwarten. Es gilt also, auf die
dominanten Aspekte und die Stellung im Lernprozess (den didaktischen Ort) zu achten.
Das weist auch darauf hin, dass dieses *Analyseschema* nicht zum Selbstzweck werden
darf. Es hat v. a. die Funktion, die eigene Unterrichtsplanung vor Einseitigkeiten zu bewahren, indem es für die Vielfalt der Übungstypen sensibilisiert. Sein Sinn wäre verfehlt,

Art der Struktur Zugang zur Struktur	problem-strukturiertes Üben	operativ strukturiertes Üben	sach-strukturiertes Üben
reflektives Üben	*Zahlenketten: Finden aller Lösungen mit der Zielzahl 20* (vgl. Kap. 3.2.5 & 4.6.2/ Abb. 4.17)	*Zahlenketten: Was geschieht, wenn ...* (vgl. Kap. 3.2.5)	*Vermehrungsrate von Tieren* (vgl. Kap. 2.3.3.6)
immanentes Üben	*Zahlenketten: Erreichen der Zielzahl 20 bei 4-gliedrigen Ketten* (vgl. Kap. 3.2.5 & 4.6.2)		*Entfernungen auf der Autobahn* (vgl. Wittmann/Müller 1992, 95 f.)*

Abb. 3.8 Schema der Strukturierungstypen. (In Anlehnung an Wittmann 1992, S. 180)

wenn es als Schematismus mit dem Ziel eines ›Übungstypen-Erkennungsdienstes‹ mit allzeit eindeutigen oder festen Zuordnungen benutzt würde.

Neben der Art der Strukturierung gibt es unterschiedliche *Zugangsweisen/Arbeitsweisen mit der Struktur* der Übungen

- *reflektives Üben*: Der strukturelle Zusammenhang (operativ oder problem- oder sach-strukturiert) kommt erst nach mehreren, zunächst als unverbunden wahrgenommenen Übungen zum Vorschein. Er wird erst dann erkannt, reflektiert, in der Rückschau herausgefunden (zwei Phasen der Arbeit: zunächst ›isoliertes‹ Üben, dann Reflektieren).
- *immanentes Üben*: Der Strukturzusammenhang der Übung wird von Beginn an benutzt, z. B. in Form einer übergeordneten Frage- bzw. Problemstellung oder einer sofort deutlich gewordenen Gesetzmäßigkeit. Das Üben, z. B. die Auswahl zu berechnender Aufgaben, wird also gleich schon in übergeordnete Überlegungen eingebettet.

In der Übersicht ergibt sich für Übungsangebote das oben gezeigte Schema der *Strukturierungstypen* (Abb. 3.8):

Zur Erläuterung: Hinsichtlich des sachstrukturierten Übens sei auf Abschn. 2.3.3.6 verwiesen. Für die anderen Zellen wurde bewusst ein und dasselbe Aufgabenformat *Zahlenketten* gewählt, um auch hier zu verdeutlichen, dass nicht das Aufgabenformat an sich die Art und den Zugang zur Struktur bestimmt. Bei der Problemstellung *Zielzahl 20 treffen* wird die Aufgabe in Form einer *immanenten Übung* begonnen: Das Problem ist gegeben, die Kinder variieren – ggf. auch systematisch – die Ausgangszahlen. Beim immanenten Zugang ist nicht immer zu entscheiden, ob die Problem- oder die operative Struktur dominiert (s. o.: didaktischer Ort), sodass diese beiden Zellen nicht mit einem trennenden Strich markiert sind (Wittmann 1992, S. 180).

Sollen die Kinder anschließend *alle* Lösungen finden und deren Vollständigkeit bspw. auch begründen, dann kann dies zu einer *reflektiven* Übung werden. Kinder betrachten bspw. gefundene Lösungen, halten Ausschau nach Gesetzmäßigkeiten und Zahlbeziehungen, reflektieren also über die vorher berechneten Ketten (vgl. Abb. 3.13 und 4.19).

Eine *operative Strukturierung* kommt insbesondere durch Arbeitsaufträge wie etwa »Was geschieht, wenn ...« (hier z. B.: ›wenn ich die erste Startzahl um 1 erhöhe?‹) zum Tragen. In der Regel aber berechnen Kinder zuerst einige Beispiele und *reflektieren* anschließend über die erhaltenen Ergebnisse.

> Lesen Sie den Text von Steinbring (1995) und machen Sie sich mit dem dort vorgestellten substanziellen Aufgabenformat *Wer trifft die 50?* vertraut. Versuchen Sie, die dort genannten konkreten Fragestellungen/Variationen dem Schema der Strukturierungstypen zuzuordnen, und begründen Sie jeweils Ihre Entscheidung.

An welcher Stelle des Lernprozesses ein bestimmter Übungstyp zu realisieren ist, hängt von verschiedenen Aspekten ab. So sollten gestützte Übungen sicherlich vor formalen Übungen durchgeführt werden, und insbesondere ist vor verfrühten Übungen zur Automatisierung zu warnen. Aber nicht immer ist eindeutig zu entscheiden, ob der Einsatz eines bestimmten Übungstyps vor einem anderen erfolgen muss (vgl. die empfohlene Abfolge in Wittmann 1992, S. 181).

3.1.3 Spielerisches Lernen und Üben

Der Abschn. 3.1 schließt mit einem exemplarischen Blick auf eine in der Grundschule verbreitete und besonders mit dieser Schulform assoziierte Art des Vorgehens: das *spielerische* Lernen und Üben. Die folgende Szene hat sich zwischen knapp fünfjährigen Kindern zugetragen (vgl. Bird 1991). Am zweiten Tag in der Vorschule spielen die Kinder in der ›Wohnecke‹ (Bird 1991, S. 6; Übers. P. Scherer)[4].

Helen (4; 8) und Vanessa (4; 11) kommen ins ›Haus‹.

- Vanessa: Ich werde die Wohnung sauber machen. [*zu Helen*] Du bist draußen.
- Helen: Was meinst du mit ›ich bin draußen‹?
- Vanessa: Du bist draußen. Ich werde die Wohnung sauber machen. [*Beide Mädchen machen die Wohnung sauber und räumen verschiedene Dinge an vernünftige Stellen, wie z. B. einen Kochtopf auf den Herd, ein Puppenkleid in das Kinderbett.*]
- Helen: Ich bin Mama.
- Vanessa: Nein, ich bin Mama.

---

[4] Es handelt sich um ein Beispiel aus einem Workshop von Ahmed (1999).

- Helen: Du kannst in ein paar Minuten Mama sein. Du kannst auch an einem anderen Tag Mama sein, ja Vanessa? ... Vanessa? [*Vanessa fährt fort, sauber zu machen, ohne aufzuschauen. Dann verlassen beide Mädchen das Haus. Nach ein paar Minuten kommt Lisa (4; 5) herein, zusammen mit Helen. Dann klopft Emmaline (4; 11) an die Tür und Helen öffnet ihr.*]
- Helen: Willst du erst hereinkommen, bevor ich die Tür schließe? [*Emmaline schaut nach etwas anderem im Klassenraum.*]
- Emmaline: Ich habe diese Süßigkeiten. [*Sie hat eine Tüte voller Süßigkeiten aus dem Kaufladen der Klasse.*]
- Helen: Ich bin Mama. Seid alle leise! Du kannst Tee machen. [*Zu Emmaline:*] Wie viele Tassen?
- Emmaline: Eine für dich, eine für sie und eine für mich. [*Sie zeigt nacheinander auf Helen, Lisa und sich selbst.*]
- Helen: Und du machst besser noch eine für die andere. [*Meint sie Vanessa?*] Oh! Es kann sein, dass sie jetzt nicht kommen kann, oder?
- Emmaline: [*zu Helen*] Nimmst du Zucker oder Tee?
- Helen: Teebeutel.
- Emmaline: Das ist ein Teewärmer, oder? [*Sie hebt ein Stück Stoff auf, das sie vorher als Staubtuch und davor als Tuch zum Abwischen des Puppenpopos benutzt hat.*] Wo ist die Spüle? [*Sie nimmt den Kessel aus dem Schrank.*] Wisst ihr, wo die Spüle ist?
- Helen: Komm her und gib uns den Kessel. Ich gieße Wasser hinein. [*Helen tut so, als ob über dem Tisch ein Hahn in der Wand ist, und tut so, als ob sie den Kessel füllt. Emmaline nimmt die Töpfe vom Herd und stellt sie in den Schrank. Helen stellt den Kessel auf den Herd.*]
- Helen: Hast du den Tee gemacht?
- Emmaline: Noch nicht. Ich hänge gerade die Teebeutel hinein. [*Sie tut so, als ob sie etwas in jede der drei Tassen hängt; Anne-Marie (4; 10) und Vanessa klopfen an die Tür. Emmaline öffnet.*]
- Emmaline: Könnt ihr zwei bitte zum Laden gehen und für mich zwei Kekse holen? [*Anne-Marie und Vanessa gehen in den Klassen-Kaufladen und kommen mit zwei Keksen zurück. Emmaline nimmt die Tüte mit den Süßigkeiten, die sie vorher geholt hat, und gibt sie herum, nun als ›Kekse‹. Sie nimmt die beiden anderen Kekse von Anne-Marie.*]
- Emmaline: Danke. Hier bitte, ihr könnt diese essen. [*Ben (4; 9) kommt herein.*]
- Emmaline: Gibt's noch eine Tasse? Schau mal, ob wir noch eine Tasse haben.

Bird hebt die *Eigenaktivität* der Kinder hervor, die eine Situation *entwerfen, weiterentwickeln*, die Situation als auch sich selbst *kontrollieren* und sich ggf. *korrigieren*. Sie ergänzt, dass Kindern diese Freiheiten in der Schule zu selten zugestanden werden (Bird 1991, S. 7).

Deutlich wird an dieser Szene, dass Kinder im vorschulischen Bereich in ganz natürlicher Weise Zahlen verwenden und Objekte zählen. Des Weiteren ist bemerkenswert, welche Abstraktionen diese Vorschulkinder vornehmen: Ein Stück Stoff kann ein Staubtuch sein, im nächsten Moment schon ein Teewärmer etc., aber auch die einzelnen Personen nehmen unterschiedliche Rollen ein. Bestimmte Objekte symbolisieren in der einen Situation Kekse, in einer anderen dann Süßigkeiten, genauso wie Plättchen im Mathematikunterricht genutzt werden, um bspw. eine Anzahl von Kindern, eine Menge von Äpfeln zu symbolisieren, manchmal aber auch lediglich als Plättchen fungieren (vgl. zum ›amphibischen Charakter‹ der Materialien Wittmann 1994 und Abschn. 4.2.4).

Spielerisches Lernen ist eine wichtige Zugangsweise für Kinder im vorschulischen und außerschulischen Bereich. Kinder arbeiten im (häufig unbeobachteten) Spiel nicht selten Situationen heraus, die mathematisch relevant sind (Wheeler 1970, S. 215 ff.): So tritt die Geometrie zutage bei Springspielen, wenn Gummibänder in bestimmte, z. T. recht komplizierte Lagen gebracht werden; oder die Arithmetik in Form von Abzählreimen, z. T. eben auch ohne Verwendung von Zahlwörtern. Wheeler fragt zu Recht, warum die Kinder vollständig in das Spiel vertieft sind – eine wünschenswerte Situation für den Mathematikunterricht(!) –, und kommt zu dem Schluss, dass das Wesentliche dieser schöpferischen Aktivität die *freie Wahl der Regeln* ist: Obwohl viele Kinderspiele auf der ganzen Welt die gleichen sind, überraschen die vielfältigen und spontanen Variationen. Sind Kinder sich selbst überlassen, kreieren sie neue Regeln (Wheeler 1970, S. 216; vgl. auch die obige Szene).

Um diese *natürliche* Zugangsweise auch für den Mathematikunterricht zu nutzen, wurden zahlreiche Spiele entwickelt, die aber nicht immer nur positiv zu sehen sind: »Nicht jedes Lernen soll zum Spiel und erst recht nicht jedes Spiel zum Lernen werden« (Floer 1985b, S. 28; s. u. ›Pseudospiele‹). Es soll hier keine Grundsatzdiskussion über die vermeintlichen Gegensätze bzw. das umstrittene Begriffspaar Spielen/Lernen angestoßen (vgl. z. B. Floer 1985b), sondern auf Probleme der Unterrichtspraxis abgehoben werden.

Für den Unterricht konzipierte *Lernspiele* sind überwiegend durch bestimmte Regeln festgelegt, die oben beschriebenen Freiheitsgrade beim Spiel sind weitgehend nicht mehr gegeben: »Kinder werden die volle schöpferische Energie nur dann (in die Mathematikstunde) mitbringen, wenn sie auch Regeln aufstellen können. Dies ist nicht unproblematisch! Regeln der Kinder sind nicht unbedingt die erwarteten Regeln der Lehrerin! Wichtig ist aber, dass die Kinder immer wieder neue Herausforderungen suchen durch die wechselnde Natur der geltenden Regeln!« (Wheeler 1970, S. 217)

> Beobachten Sie Kinder einerseits im Rahmen von Praktika oder bei anderen Hospitationsgelegenheiten, andererseits in außerschulischen (freien) Situationen beim Spiel. Überprüfen Sie (bei den weiter unten vorgestellten Spielen oder anderen), ob Kinder selbst Variationen der gegebenen Spiele vornehmen, und wenn ja, welche.

Bevor konkrete Spiele betrachtet werden, einige kommentierte Thesen zum Einsatz von Lernspielen im Mathematikunterricht (aus Homann 1991, S. 4 ff.).

These 1: Lernspiele erhöhen die Bereitschaft zur Beschäftigung mit Inhalten des Mathematikunterrichts.
Entscheidend ist, dass es sich um eine Tätigkeit ohne äußeren Zwang handelt. Die Hoffnung besteht, dass Freude am Spiel das Lernen von Spielregeln begünstigt. Voraussetzung ist allerdings, dass die Kinder vorher nicht durch den Missbrauch der Bezeichnung ›Spiel‹ getäuscht wurden (und dann schnell Verdacht schöpfen), bspw. durch Pseudospiele oder die Tatsache, dass schon allein das Handeln mit Material als Spiel deklariert wird.

These 2: Lernspiele begünstigen soziales Lernen.
Wesentliche Aspekte sind etwa das Aufeinander-Hören, Aufeinander-Warten und Voneinander-Lernen sowie die Bereitschaft, gegebene Regeln zu beachten. Nicht alle Spielformen sind hierzu gleich gut geeignet.

These 3: Lernspiele regen zum Entwickeln eigener Strategien an.
Dies wird insbesondere im Rahmen von Denk- und Strategiespielen ermöglicht (s. u.).

These 4: Lernspiele ermöglichen die Entfaltung kreativer Fähigkeiten.
Man bedenke, dass sich kreative Fähigkeiten eigentlich nur in prüfungs-/zensurenfreien Situationen ungehindert entfalten können. Zu diskutieren wäre darüber hinaus generell, welcher Kreativitätsbegriff (vgl. Abschn. 1.3.1.1) jeweils zugrunde gelegt wird.

These 5: Lernspiele erleichtern das Sammeln umfangreicher Handlungserfahrungen, die für mathematische Begriffsbildung genutzt werden können.
Dies wird z. B. durch den Umgang mit Spielplänen ermöglicht, häufig gestaltet in Form von Diagrammen.

These 6: Lernspiele können Schüler zu eigenen Untersuchungen anregen.
Dies geschieht z. B. beim Aufstellen und Überprüfen mathematischer Hypothesen bei Strategiespielen (s. u.).

These 7: In der Gestalt von Lernspielen erzielen Übungen größere Aufmerksamkeit und sind damit effektiver.
Erhofft wird, dass durch eine höhere Motivierung intensiver geübt werden kann und dass in vergleichbarer Zeit mehr Schüler aktiv beteiligt sind.

Verschiedenste Erfahrungsberichte bestätigen eine erhöhte Bereitschaft, sich im Spiel mit Problemaufgaben zu beschäftigen und nicht vorzeitig aufzugeben (vgl. z. B. Floer 1985b; Schipper und Depenbrock 1997). Verwiesen sei aber darauf, dass fast alle der genannten Thesen auch bei anderen Formen der Übung zutreffen können und somit nicht zwingend nur durch Spiele realisierbar sind. So treffen sie bspw. vielfach für die in Abschn. 3.1.2 genannten *substanziellen Aufgabenformate* zu. Denn spielerisches Lernen muss nicht zwingend bedeuten, dass die infrage stehende Mathematik in einen irgendwie gestalteten außermathematischen Kontext eingekleidet oder als eine Form von Wettbewerb gestaltet wird. Das spielerische Element ist nicht als *Ablenkung* vom Lernen bzw. von der Mathematik gemeint, sondern als ein Merkmal des Lernens. So verstand sich die Zahlentheorie (›Königsdisziplin‹ der Mathematik) ursprünglich als ein vergleichsweise zweckfreies Spiel mit Zahlen, mit dem Erkunden von Zusammenhängen, dem Bedürfnis nach Strukturerkenntnis und Ästhetik. Das u. a. erklärt die immer wieder in Grundschulklassen zu beobachtende große Faszination von *rein innermathematischen* Aufgabenformaten (Zahlenmauern, Zahlengitter, Rechendreiecke etc.), für die es ja in der Tat keinerlei Anwendungskontexte im ›richtigen Leben‹ oder außerschulische Nützlichkeitserwägungen gibt. Das entscheidende Merkmal scheint also nicht die Einkleidung zu sein, sondern der Grad der enthaltenen fachlichen Substanz. Die Ausdauer und das Durchhaltevermögen der Kinder, wenn ihnen entsprechend gehaltvolle Fragestellungen angeboten werden, weisen große Parallelen zu der Beharrlichkeit, dem Gestaltungswillen und dem Engagement auf, die sich im Spiel beobachten lassen (s. o.).

Im Folgenden sollen nun exemplarisch zwei Formen des Spiels ausführlicher betrachtet werden, die eine spezielle Bedeutung haben können: erstens, weil sie ganz besonders zur Förderung *allgemeiner mathematischer Kompetenzen* geeignet sind (vgl. Abschn. 1.3.1); und zweitens, weil sie – ausufernd eingesetzt – eher negativ zu bewerten wären.

Denk- und Strategiespiele

In Abgrenzung zu den sogenannten *stochastischen Spielen*, bei denen weitgehend der Zufall den Spielausgang bestimmt (vgl. z. B. *Räuber und Goldschatz* zu Beginn dieses Kapitels), sind bei sogenannten *Denk-* oder *Strategiespielen* die einzelnen Züge nicht durch Zufallsmechanismen dominiert, vielmehr bestimmen die Spieler selbst jeden Spielzug, ggf. strategisch (vgl. Müller und Wittmann 1984, S. 230). Denk-/Strategiespiele sollen kognitive Strategien entwickeln und fördern:

> »Die Entwicklung kreativer Problemlösungsansätze in Verbindung mit kombinatorisch-logischem Denken hat in allen Wissensbereichen und Berufsfeldern grundlegende Bedeutung für überlegtes, zielgerichtetes Handeln. Die Einführung in diese Denkweise muss schon im Kindesalter erfolgen, indem an die Neugier, die kreative Fantasie und die natürliche Neigung von Kindern zum Spielen angeknüpft wird« (Müller und Wittmann 1997, S. 1, 1998).

Das Angebot an Denkspielen ist groß und seit jeher und in verschiedenen Kulturen verbreitet (vgl. z. B. Van Delft und Botermans 1998). Für den Unterricht geht es darum, das kreative Potenzial der Kinder zu entfalten. Denkspiele sind aber nicht nur für Unterricht und nicht nur für Kinder geeignet: Gute Denkspiele stellen auch für Erwachsene eine Herausforderung dar (vgl. Müller und Wittmann 1997, S. 1). Denk- und Strategiespiele gehören zur ›reinen‹ Mathematik, d. h., sie besitzen keine direkten Anwendungen. Die Grundidee des strategischen Verhaltens ist dennoch im täglichen Leben von Bedeutung und auch Grundschulkindern aus außerschulischen Spielen i. d. R. bekannt (Müller und Wittmann 1984, S. 232).

Kriterien für die Auswahl von Denkspielen und Aspekte für die Durchführung im Grundschulunterricht (mit verschiedenen Varianten) könnten bspw. die Folgenden sein (in Anlehnung an Müller und Wittmann 1997, S. 1, 1984, S. 230 ff.; auch Winter 1974, S. 422):

- Es sollte ein möglichst breites Spektrum unterschiedlicher Denkanforderungen abgedeckt werden (z. B. Legespiele oder Spiele zum Gedächtnistraining).
- Ein Spiel sollte vielfältige Handlungsmöglichkeiten eröffnen, um *allen* Kindern auf unterschiedlichen Klassenstufen einen Zugang zu ermöglichen.
- Spiele müssen nicht unbedingt Wettbewerbscharakter tragen. Auch bei strategischen Zwei-Personen-Spielen gibt es solche, bei denen beide Spieler ein ›Patt‹ erzielen können.
- Die einzelnen Spielzüge sollten leicht verständlich und an konkretem Material oder Zeichnungen durchzuführen sein (materialbezogene Spiele, die ›Denkhandlungen‹ ermöglichen). Spielzüge können dadurch leicht verfolgt (z. T. auch protokolliert und dargestellt), überdacht, korrigiert und besprochen werden.
- Durch Beobachtung während des Spielverlaufs sollten Vermutungen für strategisch kluges Spielen entwickelt, Vermutungen getestet und dabei bestätigt oder modifiziert bzw. erweitert werden.
- Die Lehrerin sollte verbal-begriffliche Beschreibungen und Begründungen nicht aufdrängen, allerdings die Kinder zu solchen Beschreibungen und Begründungen anregen und diese zur Diskussion stellen.
- Nicht zuletzt lässt sich ein derartiges Spiel häufig fortsetzen und die Analogie zu mathematischen Beweisen realisieren.

Beispiel: NIM-Spiel (Müller und Wittmann 1984, S. 230; Scherer 1996d, 2005a)
Die folgende Variante ist auf den Zahlenraum bis 10 beschränkt und wird nach folgenden Regeln[5] gespielt:

(1) Jeweils zwei Kinder spielen mit roten bzw. blauen Plättchen auf einem Spielfeld mit zehn linear angeordneten (ggf. durchnummerierten) Feldern (Abb. 3.9).
(2) Die Spieler legen abwechselnd, und zwar wahlweise ein oder zwei Plättchen fortlaufend auf die Felder, beginnend bei Feld 1.
(3) Gewonnen hat derjenige Spieler, der Feld 10 belegen kann.

Im Gegensatz zur klassischen Variante (vgl. Gnirk et al. 1970, S. 55 f.) werden hier Plättchen *gelegt* und nicht *weggenommen*. Dies hat den Vorteil, dass der gesamte Spielverlauf für die Kinder visuell verfügbar bleibt und sie auch nach einem Spiel noch einmal

---

[5] Bei den Beschreibungen bzw. Regeln von Spielen kann man hin und wieder feststellen, dass solche Texte nicht ganz eindeutig sind und daher auch bei Kindern zu Missverständnissen führen können. Ggf. muss ein Spiel vorgemacht oder beim gemeinsamen ›Probespielen‹ erklärt werden.

Abb. 3.9 10er-Reihe als
Spielplan für das *NIM-Spiel*

ihre Spielzüge kontrollieren können. Darüber hinaus kann man komplette Spielverläufe
für die Erarbeitung der Gewinnstrategie nutzen (z. B. zeichnerisch protokollieren) oder
allgemein daraufhin untersuchen, ob klug gespielt wurde (vgl. Scherer 2005a, S. 137 ff.).

Unter einer *Gewinnstrategie* wird verstanden, dass man bei ihrer bewussten Anwendung jedes dieser Spiele gewinnen kann – völlig unabhängig davon, wie der Spielpartner
agiert oder reagiert. Und dieser ›glückliche Gewinnausgang‹ ist von vorneherein und über
die gesamte Dauer des Spielverlaufs kontrollierbar und determiniert.

1. Um besser einzuschätzen, welchen Sinn ein Spiel hat und wie mögliche Spielverläufe aussehen können, empfiehlt es sich, zunächst einmal *selbst* zu spielen
   (Erkennen Sie die Gewinnstrategie?). In diesem Sinne sei – wie bei allen mathematischen Aktivitäten – an Ihre Initiative appelliert, bevor Sie sich den
   untenstehenden Aufgaben für den unterrichtlichen Einsatz zuwenden.
2. Überlegen Sie, wie Sie im Unterricht oder in einer Einzel-/Zweiersituation mit
   einem Kind/Kindern das Spiel einführen würden.
3. Wie reagieren Sie, wenn ein Kind auch nach längerem Spiel keinen Fortschritt
   auf dem Weg zur Lösung macht? Welche Tipps könnten Sie ggf. geben, ohne die
   gesamte Problemlösung vorwegzunehmen?

Im Sinne der oben genannten möglichen Fortsetzbarkeit solcher substanziellen Spiele können Sie auch die u. g. Variationen untersuchen (es gibt diverse Stellschrauben, an
denen man dazu drehen kann ...) und versuchen, jeweils eine Gewinnstrategie zu formulieren. Gibt es Erkenntnisse, die sich bzgl. der Gewinnstrategie/-positionen aus der
ursprünglichen Version auf andere Varianten übertragen lassen? Was bleibt gleich, was
ändert sich und wie?

Bearbeiten Sie also die folgenden Variationen:

- Verlängerung des Spielplans und damit verbunden eine Erweiterung des Zahlenraums (z. B. Spielplan zunächst behutsam von 1 bis 15 ausdehnen oder bis 20
  oder bis 100) bei gleich bleibender Legezahl.
- Veränderung der Legezahl: Es können bis zu drei ... (allg. k) Plättchen gelegt
  werden (bei gleich bleibender Spielplan-Länge).

- Veränderung der Legezahl (wie eben), aber mit gleichzeitig veränderter Spielplan-Länge.
- Veränderung der Spielregel: Wer das letzte Feld belegt, hat *verloren*.
- Spielen Sie auf dem Tausenderbuch/Tausenderstrahl: Es dürfen jeweils 1 bis 27 Steine gelegt werden. – Diese Variante möchte vermutlich niemand konkret durchspielen. Solche Situationen, die empirisch zu aufwendig werden, lassen sich als ›Rampe‹ verstehen, um das Problem auf grundsätzlich andere Weise, auf einer höheren Ebene anzugehen. Wie könnten Sie die Gewinnstrategie dokumentieren und erläutern? Müssen Sie *alle* Gewinnpositionen auswendig kennen?
- Und schlussendlich: Formulieren Sie die *verallgemeinerte* Gewinnstrategie für eine Spielplanlänge P und eine maximale Legeanzahl L: Wer muss warum und wie beginnen ... ?

Die angedeuteten Variationen bis hin zur Verallgemeinerung tragen dazu bei, dass man die Struktur des Spiels tatsächlich tiefgreifender und begründbar versteht, weil die gefundene Gewinnstrategie eben nicht nur für einen speziellen Fall gilt, sondern für diverse Rahmenbedingungen. Im Unterricht wird man es (jedenfalls in der Grundschule) kaum bis zur Verallgemeinerung treiben können oder wollen; für die Unterrichtsplanung aber können das relevante Aktivitäten der Lehrerin sein, da die so gewonnenen Erfahrungen als Hintergrundwissen der Lehrerin sehr hilfreich sind, um Spielerfahrungen der Kinder sachgerecht und hilfreich zu kommentieren, sie besser zu verstehen und geeignete Hilfestellungen anzubieten. Wie so oft gilt also auch hier der Satz: Nicht *im* Unterricht, aber *für* Unterricht gehört eine solide Aufklärung des Unterrichtsinhalts zu den essenziellen Anforderungen des Berufsbilds.

Pseudospiele

Bei den weit verbreiteten sogenannten Lernspielen handelt es sich – anders als bei den Denk- und Strategiespielen – häufig um Aktivitäten, die eigentlich kein Spiel sind, wohl aber den Kindern als solches suggeriert werden[6]. So gibt es eine Reihe von Beispielen, in denen das ›Spiel‹ vorrangig als *Verpackung* dient und ausschließlich zu Motivationszwecken gewählt wurde, um die Kinder mehr oder weniger zum Üben zu ›überlisten‹.

In manchen Veröffentlichungen ist man sich dieser didaktischen Bankrotterklärung[7] offensichtlich nicht einmal bewusst, denn man preist gerade diese Überlistungstaktik als das Entscheidende an: »Sind die Übungen interessant und abwechslungsreich ›verpackt‹, werden sie stets gern angenommen«. Und weiter: »Das stellt ›Spaß und Freude‹ in den

---

[6] In Zeiten digitaler Medien finden sich solche auch zuhauf im Überangebot fragwürdiger Lernprogramme oder Tablet-Apps (vgl. Krauthausen 2012, S. 19 ff., 55 ff.).

[7] Als eine solche muss man es wohl sehen, da es nicht nur zahlreiche didaktische Gegenargumente gibt, sondern auch ein breites Angebot an Alternativen, die – ohne Abstriche am Grad der Motivation – eine durchaus höhere mathematische Relevanz und Substanz aufweisen.

Abb. 3.10 Rechentier. (Illustration © A. Eicks, nach
Milbrandt 1997, S. 34)

Vordergrund. Unbewusst rechnen sie eine Vielfalt von Aufgaben. Sie stehen ihnen durch
das Interesse am Material und der Freude am erfolgreichen Spiel aufgeschlossen gegenüber« (Milbrandt 1997, S. 34; Abb. 3.10). Die oben genannten Merkmale und Vorteile des
freien Spiels werden hierbei nicht erfüllt (vgl. Geissler 1998).

> Diskutieren Sie die folgenden Aspekte mit Bezug auf relevante theoretische Kon-
> zepte (bevor Sie dann – später – im Abschn. 4.5 Näheres nachlesen können):
>
> - Pro und Kontra der Absicht, Lerninhalte ›interessant‹ zu verpacken.
> - Was verstehen Sie unter *Motivation*, und welche Motivationsarten werden durch
>   ein solches Vorgehen angesprochen? Würden Sie unterschiedliche Motivations-
>   arten unterschiedlich bewerten? Wie und warum?
> - Welche Rolle spielt eigentlich die *Bewusstheit* beim Lernen? Ist ein Lernen, das
>   man selbst gar nicht als solches wahrnimmt, schon und nur lustvoller? Und wie
>   kann man das bewerten (didaktisch, ›alltagstheoretisch‹, ...)?

Zum Ende dieses Abschnitts wieder einige Literaturempfehlungen, ohne die dort aufgeführten Beispiele zu bewerten; dies sei Ihnen als spezifische Übung selbst überlassen:
Eine allgemeine Sammlung, u. a. auch Spiele zur Geometrie, findet sich in Bobrowski
und Forthaus (1998) sowie Homann (1991). Beispiele zu Denk- und Strategiespielen u. a.
geometrischer Natur finden Sie in: Bobrowski und Forthaus 1998; Carniel et al. 2002;
Götze und Spiegel 2006a, 2006b; Gnirk et al. 1970; Müller und Wittmann 1997, 1998;
Scherer 1996d, 2005a; Schipper und Depenbrock 1997; Spiegel und Spiegel 2003; Thöne
und Spiegel 2003, 2005, 2013; Wheeler 1970, S. 218 ff. Spiele zur Wahrscheinlichkeit
thematisieren Helmerich und Tiedemann (2015) oder Röhrkasten (2010). Spiele für den
Anfangsunterricht behandeln z. B. Häsel-Weide und Kray (2015) oder Nührenbörger und
Schwarzkopf (2015).

3.2 Soziales Lernen

3.2.1 Einführendes Unterrichtsbeispiel

Das Unterrichtsbeispiel aus *Schauen und Bauen* (Müller et al. 1997) zielt auf die Beschreibung räumlicher Konfigurationen durch das wechselseitige In-Beziehung-Setzen von Grund- und Seitenrissen (Aufrissen).
Benötigt werden (vgl. Abb. 3.11)[8]:

- drei verschiedenfarbige Quader mit den Seitenverhältnissen 1:2:4;
- ein rechteckig begrenztes Quadratgitterraster;
- Aufgabenkarten, bestehend aus Grundrisskarten und dazu passenden Sets von je vier Seitenansichtskarten (mit Ansichten von Norden, Süden, Osten, Westen).

Im Begleitheft des Materials wird neben vielen anderen der Aufgabentyp *Gebäude richtig aufstellen* vorgeschlagen: Gegeben sind vier Karten mit Seitenansichten und jeweils der Angabe der Himmelsrichtung; die drei Quader sind so zu platzieren, dass alle Seitenansichten stimmig sind.

> Bearbeiten Sie die folgende Umkehrung dieser Aufgabenstellung, um ein Gefühl für die Anforderungen zu bekommen. Versuchen Sie eine Bearbeitung auch einmal ohne konkrete Quader, d. h. allein durch *mentales Operieren*:
> Gegeben sind die drei verschiedenfarbigen, aber gleich großen ($1\,cm \times 2\,cm \times 4\,cm$) Quader sowie ein quadratisches Gitterraster (Rastergröße $1\,cm \times 1\,cm$). Ordnen Sie den vier Seitenkarten a–d aus Abb. 3.12 die Himmelsrichtungen Norden, Osten, Süden und Westen so zu, dass sie zum abgebildeten Grundriss passen.

Das beschriebene Materialset und die Aufgaben werden für jeweils vier Kinder empfohlen. Die Seitenansichtskarte eines Kindes enthält immer nur eine Teilinformation zur Lösung der gesamten Problemstellung. Dies erfordert *von der Sache her* eine Koordination der Aktivitäten und Vorschläge innerhalb der Lerngruppe. Lagebeziehungen müssen von verschiedenen Seiten aus beschrieben werden, Lageveränderungen eines Quaders, die sich der Realisierung der eigenen Seitenansicht annähern, wirken sich dabei u. U. für andere Seitenansichten nicht zielführend aus. Eine erfolgreiche Lösung des Gesamtproblems ist also nur über eine erfolgreiche Kommunikation und Koordination aller am Bearbeitungsprozess Beteiligten möglich (Röhr 1995). Ausgehend von diesem Unterrichtsbeispiel sollen im nächsten Abschnitt zentrale Merkmale und Bedingungen des sozialen Lernens

---

[8] Im Folgenden wird das Material beschrieben, wie es als *Schauen und Bauen* im Klett Grundschulverlag erhältlich ist (vgl. Müller et al. 1997).

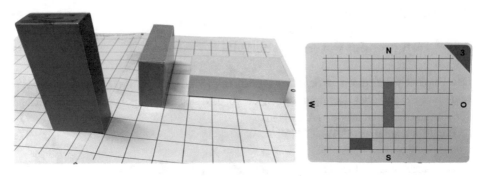

Abb. 3.11 *Schauen und Bauen* – Spielplan mit Quadern, Grundrisskarte. (© Müller et al. 1997)

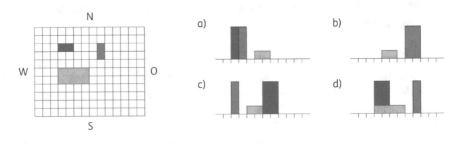

Stellt die drei Quader so auf, dass die folgenden Seitenansichten stimmen.

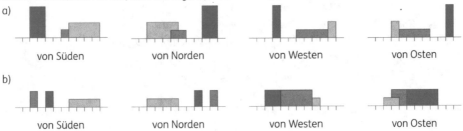

Abb. 3.12 Aufgabenstellungen zu *Schauen und Bauen*: Seitenansichten einem Grundriss zuordnen. (© Wittmann und Müller 2012e, S. 80)

in den Blick genommen werden. Dabei gilt es auch, den Begriff von folgenden Zerrformen abzugrenzen:

Es ist eine Illusion zu glauben, dass sich soziales Lernen sozusagen *von selbst* ereignet, sobald Mitglieder einer Lerngruppe etwas (was auch immer) ›miteinander‹ tun. Ansonsten wäre alles, was nicht aus Einzelarbeit bestünde, bereits soziales Lernen. Dieses sehr weite und ausgesprochen allgemeine Verständnis würde aber den Begriff als solchen aushöhlen.

Weiterhin ist von Bedeutung, wie das gemeinsame Arbeiten im konkreten Fall realisiert wird, d. h. was unter *gemeinsam* verstanden wird. Der Eindruck gemeinsamer Aktivität wird leicht dadurch suggeriert, dass zwar jedes Gruppenmitglied etwas tut; aber

Art und v. a. Substanz der einzelnen Aktivitäten können sich sehr wohl unterscheiden – von kreativer Ideengebung bis hin zu untergeordneten ›Sekretärstätigkeiten‹ wie das bloße Notieren von (Zwischen-)Ergebnissen ohne nennenswerte kognitive Aktivierung des Protokollanden. »Empirische Ergebnisse [. . .] zeigen, dass Lernende sich zwecks Aufwandminimierung dem kooperativen Prozess oft dadurch entziehen, dass sie vorschnell eine Arbeitsteilung vornehmen und nachträglich in additiver Weise die isoliert geschaffenen Elemente zusammenkleistern« (Hollenstein 1997a, S. 243). Die gruppendynamischen Prozesse, die zu solchen teilweise raschen und v. a. stabilen Rollenzuweisungen oder -übernahmen führen können, entsprechen vielfach aber keineswegs dem, was mit sozialem Lernen gemeint und angestrebt wird. Nach dieser Negativabgrenzung nun aber zu den zentralen Wesensmerkmalen des Konzepts.

3.2.2 Theoretische Hintergründe

Wissen, das sagt das konstruktivistisch orientierte Paradigma des Lernens, ist stets vom jeweiligen Lernenden *aktiv konstruiert* (vgl. Abschn. 3.1). Aber der *Erwerb von Wissen* ist auch *sozial-interaktiv* bzw. *sozial-kommunikativ*: Kommunikation mit anderen ist ein wesentlicher Zweck des Begriffsgebrauchs wie des Lernens überhaupt (vgl. Schmidt 1993, S. 15). Das lernende Individuum setzt sich nicht in einer Art Quasi-Isolierung assimilierend und akkomodierend mit seiner Lernumgebung auseinander, sondern ist dabei auf sozialen Austausch angewiesen (vgl. Schmidt 1993). Schmidt zieht daraus u. a. die Konsequenz, dass beim Mathematiklernen und -lehren mehr Gewicht auf gewisse soziale Regularien gelegt werden müsse:

> »Das Anrecht zum Erklären wie Rechtfertigen eigener Deutungen wie Lösungsvorschläge sollte seitens der Lehrerin als ein essenzielles Schülerrecht gewährleistet werden – ebenso die Möglichkeit, eigene Zustimmung oder Abweichung zu artikulieren. Veranlassungen, die Deutungen anderer mit eigenen Worten zu formulieren, können als Herausforderung dazu dienen, Sinnkonstruktionen zu Vorschlägen anderer zu versuchen. Veranlassungen, nach Alternativen zu suchen [. . .], können insbesondere dazu dienen, kognitive Konflikte bei Deutungen und Lösungsvorschläge zum Gegenstand der gemeinsamen Diskussion werden zu lassen« (Schmidt 1993, S. 47; vgl. auch Treffers 1991, S. 25, und Abschn. 1.3.1.3 zur allgemeinen Kompetenz des Argumentierens).

Beim Postulat des sozialen Lernens geht es also um deutlich mehr als bloß um eine Sozialform unter anderen oder eine *methodische* Entscheidung. Die Notwendigkeit eines gemeinsamen Diskurses begründet sich v. a. inhaltlich, aus der Sache und aus dem Selbstverständnis der Mathematik. Schülke und Söbbeke (2010) betonen, dass Mathematiklernen heute durchaus »nicht mehr als ein ausschließlich individueller, mentaler Konstruktionsprozess des Kindes angesehen wird, sondern als ein Lernprozess, in dem die soziale Interaktion und Kommunikation mit anderen zentral für die Entwicklung des mathematischen Wissens ist« (Schülke und Söbbeke 2010, S. 21; zu den methodischen

Konsequenzen vgl. Krauthausen und Scherer 2014, S. 70 ff. und S. 88–96). Und Bartnitzky konkretisiert, dass individuelles Lernen auf gemeinsames Lernen angewiesen sei,
denn: »Hier üben die Kinder ihre Lernwege und ihre Lernerfahrungen mit den Stolperstel-
len und den Erfolgen zu versprachlichen und damit zu reflektieren, aus den Reaktionen
anderer Kinder und aus deren Erfahrungen Gewinn zu ziehen« (Bartnitzky 2009, S. 214).

Mathematisch gehaltvollen, komplexen Lernumgebungen (vgl. Abschn. 3.1.2 und 4.2)
ist gemeinsam, dass durch die inhärente Substanz und Komplexität *naturgemäß* Kommu-
nikationsbedarf und -gelegenheiten gegeben sind, wie z. B. ein Austausch über Lösungswege, Bearbeitungsstrategien, Darstellungsweisen, Alternativen oder Gültigkeitsbereiche
von Ergebnissen (Argumentieren, Begründen, Beweisen; vgl. die allgemeinen mathematischen Kompetenzen in Abschn. 1.3.1). Hollenstein (1997a, S. 243) weist in Ergänzung
zu Piagets und Aeblis individualistisch gefärbtem Konstruktivismus auf die zunehmende Bedeutung eines *sozialen* Konstruktivismus hin. Das bedeutet, dass nicht der einzelne
Lerner, sondern die *Gruppe* als solche jene Einheit darstellt, die Wissen generiert, also
im kognitiven Miteinander entstehen lässt. »Lernen im Sinne des sozialen Konstruktivismus kann so verstanden werden, dass der Weg zu individuellem Lernen natürlicherweise
über kooperatives Lernen führt« (Hollenstein 1997a, S. 245). Die Auseinandersetzung
mit anderen, also der betont »mehrstimmige Dialog« (Hollenstein 1997a), ist insofern
eine *Voraussetzung* für individuelles Lernen, als solche dialogischen Denkweisen und
-gewohnheiten zunehmend vom Lernenden verinnerlicht werden (vgl. auch Krauthausen
und Scherer 2014, S. 90 ff.).

Ein ähnliches Bild der Internalisierung verschiedener Perspektiven findet sich bei
Schoenfeld (1991, S. 339): Hat sich der Lerner ein Bild von einer Sache gemacht, muss
er zunächst selbst davon überzeugt sein. Alsdann möge er jemanden zu überzeugen
versuchen, der ihm gut gesonnen sei, also einen Freund. Dann gelte es, einen Kritiker
(Advocatus Diaboli; s. u. und Abschn. 6.3) zu überzeugen, was bedeutet, dass man seine
Argumente wohlüberlegt vorbringen sollte, um gegen erwartbare Einwände und Vor-
behalte gewappnet zu sein. Und schließlich, so Schoenfeld, werde sowohl die Rolle des
Freundes als auch die des Kritikers in der Person des Lernenden verinnerlicht. Der Lernende selbst trägt also die Pros und Kontras in sich, simuliert gleichsam den zuvor äußerlich
geführten Dialog in seinem Inneren. »Etwas verstehen bedeutet, dass du deine Intuitionen
sorgfältig verteidigen kannst gegen die ausgefeiltesten Einwände, die du selbst erhebst«
(Schoenfeld 1991).[9] Individuell ablaufende Denkprozesse sind also »verinnerlichte Zwie-
gespräche« unter Beteiligung verschiedener Stimmen oder Perspektiven. *Sprechen über*
einen Lerngegenstand, über einen Lösungsweg, über eine Hypothese oder Strategie ist
damit »äußerlich wahrnehmbare Reflexion und zugleich Denken in ursprünglicher Form«
(Hollenstein 1997b, S. 3).

---

[9] Lehrveranstaltungen (insbesondere Seminare/Übungen) sollten hierfür gezielt Gelegenheiten anbieten und auch Studierende zu einer Haltung wie von Schoenfeld beschrieben anhalten und diese
selbstständig, bewusst, weitreichend und konsequent realisieren.

Mit anderen Worten: Erst durch den sozialen Prozess unterrichtlicher Interaktion und Kommunikation über Erfahrungen mit Inhalten, die alle gleichermaßen bearbeitet haben (wenngleich auf unterschiedlichen Anspruchsniveaus), wird Wissen erzeugt, das sich der Einzelne dann aneignen kann (vgl. die Bedeutung des Plenums in Abschn. 6.3). Dieser gemeinsame Prozess wird durch vielfältige Faktoren konstituiert (vgl. Bromme 1990, S. 19): die Vorkenntnisse der gemeinsam Lernenden, die Lernkultur der jeweiligen Klasse (d. h. ihre Gewohnheiten beim Lernen, ihre Interaktionsformen und Gesprächskultur etc.), die Art und Weise der Lehrerinneninterventionen und -beiträge, die Substanz der vorliegenden Aufgabenangebote oder Problemstellungen usw.

3.2.3 Begründungen des sozialen Lernens

Die Bedeutung des sozialen Lernens ist auf verschiedenen Ebenen anzusiedeln und nicht zuletzt daher ein zentrales Anliegen des (Mathematik-)Unterrichts auch bereits in der Grundschule.

Sozialkompetenz als gesellschaftspolitisch relevantes Erfordernis
Die (Grund-)Schule hat bereits seit Längerem nicht mehr nur die Aufgabe der Wissensvermittlung. Bedingt durch die veränderten gesellschaftlichen und familiären Verhältnisse werden soziale Lernerfahrungen immer wichtiger. Und die Grundschule sollte konzeptionelle Anstrengungen unternehmen, um auch ein Übungsfeld für soziale Kompetenz anzubieten. »Die demokratische Gesellschaft braucht mehr Lernorte für Mitverantwortung. Denn solche Verantwortung lernt man nur konkret: durch Übernahme von dauerhaften Aufgaben – nennen wir sie ruhig Pflichten – und durch die Konfrontation mit der Wirklichkeit in all ihren, auch belastenden, Facetten. [...] Ich ziehe daraus die Konsequenz, dass wir mehr soziale Lernorte anbieten müssen, schon weil die bisherigen natürlichen Lernorte an Bedeutung verlieren« (Herzog 1999, S. 17).

Soziales Lernen als integraler Bestandteil des Lernens kognitiver Inhalte
Es wäre zu kurz gegriffen, soziales Lernen vorrangig auf die Facette von ›Sozialtechniken‹ zu reduzieren (vgl. Valtin 1996, S. 184). Auch ist soziales Lernen weder nur ein Folge- oder gar Beiprodukt sach- und fachinhaltlicher Lernprozesse noch eine Zugabe oder unabhängiger (affektiver) Bereich neben kognitiven Leistungen. Soziales Lernen ist vielmehr naturgemäß eng an kognitive Aspekte gebunden – beide sind wechselseitig aufeinander angewiesen. Notwendigkeit und Bedeutung der *kognitiven Aspekte sozialen Lernens* (vgl. Hollenstein 1997a) sind möglicherweise in der Vergangenheit etwas aus dem Blick geraten, wenn das Allgemein-Pädagogische, der affektive Schwerpunkt sozialen Lernens die fachlichen Erfordernisse ausgeblendet hat, ohne die es aber gleichermaßen nicht geht. Das ›Stricken ohne Wolle‹, wie es einmal ein Kollege aus der Pädagogik selbstkritisch nannte, wird immer dann schwierig, wenn aus der Praxis (zu Recht) nach konkreten

wirksamen Handlungsmaximen gefragt wird. Daher ist es eine fundamentale Aufgabe der Lehrerin, geeignete Aufgabenkontexte (Lernumgebungen) bereitzustellen, die das gemeinsame Lernen im geforderten Sinne tatsächlich erlauben und nahelegen.[10] Verstehen läuft über Verständigung, ist also auf sozialen Austausch angewiesen. Soziales Lernen darf nicht einseitig als Ausdruck einer ›Kuschel- und Schmusepädagogik‹ (Rehfus 1995, S. 85) emotionalisiert, sondern muss als integrativer Bestandteil der Generierung von Wissen verstanden werden.

Soziales Lernen als unumgängliche Bedingung für den Aufbau fundamentalen Wissens

Einen weiteren Grund für die gemeinsame Arbeit an geteilten Inhalten liefert der Soziologe Miller (2006, S. 200 ff.). Er sieht im sozialen Diskurs einen zwingend notwendigen Faktor für zeitgemäße Lernprozesse. Lernen *kann* sich demnach nur dann effektiv und nachhaltig ereignen, wenn die Lernenden in einen gemeinsamen argumentativen Austausch treten (vgl. Abschn. 1.3.1.3) – und zwar über die Prozesse der Wissensgenerierung und nicht erst und nur über die fertigen Produkte (vgl. Krauthausen und Scherer 2014, S. 89). »Nur in kollektiven Argumentationen entwickeln sich für die daran Beteiligten diskursive Kontexte der Entdeckung neuer Überzeugungen und neuen Wissens [...] und zwar durch Momente gegenseitiger Differenzen, des Missverstehens und der Irritation« (Schülke und Söbbeke 2010, S. 21; vgl. auch Schülke 2013). Kumulatives Wissen, also Fakten wie z. B. Vokabeln oder Einmaleins-Sätze, können, so Miller, auch monologisch gelernt werden. Anders hingegen strukturelles oder fundamentales Wissen, das auf sozialen Austausch zwingend angewiesen ist. Und betrachtet man die beiden Wissensformen, dann wird schnell deutlich, dass Faktenlernen im Grundschulcurriculum bei Weitem unterrepräsentiert ist. Der hohe Anteil an strukturellem, fundamentalem Wissen bedingt somit bereits die Notwendigkeit sozialer Lernprozesse.

Soziales Lernen zur Stärkung des Selbstbewusstseins

Die Bedeutung des sozialen Lernens und der sozialen Kooperation ist darüber hinaus bezogen auf die psychische Verfassung der Lernenden: »Lernende dazu anzuhalten, ihre Sichtweise eines Problems und ihre eigenen vorläufigen Zugangsweisen zu diskutieren, erhöht ihr Selbstvertrauen und bietet ihnen Gelegenheiten, auch neue und vielleicht tragfähigere Strategien zu bedenken und zu generieren« (von Glasersfeld 1991, S. XIX; Übers. GKr; vgl. auch Abschn. 4.3).

Insbesondere ist vor kontraproduktiven Umsetzungen und Auswirkungen an sich zustimmungswürdiger Konzeptionen zu warnen, wie sie unter den Stichwörtern Individualisierung und Differenzierung (v. a. im Umkreis des Postulats der Inklusion) seit einiger Zeit Konjunktur haben. Wenn Individualisierung zur Vereinzelung des Lernens führt, der Ge-

---

[10] In der mathematikdidaktischen Literatur sind derartige Vorschläge gerade in den vergangenen Jahren zunehmend ausgearbeitet, in der Praxis aber vielleicht noch nicht hinreichend genug gewürdigt und ausgeschöpft worden.

fahr der Beliebigkeit und ungenutzten fachlichen Substanz erliegt, oder Materialflut und Vielfalt zum Selbstzweck werden (vgl. Krauthausen und Scherer 2014, S. 25 ff.), dann kann das geradezu die Abschaffung des sozialen Lernens zur Folge haben (vgl. Bartnitzky 2009).

3.2.4 Didaktische Folgerungen

Wie lassen sich die erwähnten Kommunikationsprozesse (intra- wie interpersonell) fördern? Was ist erforderlich, um soziales Lernen im genannten Sinne anzuregen und überdauernd zu etablieren? Notwendig ist in jedem Fall (ähnlich wie beim Verfolgen allgemeiner Lernziele; vgl. Abschn. 1.3.1) eine gezielte, d. h. auch *darauf spezifisch ausgerichtete Organisation der Lernprozesse*. Soziales Lernen kann und darf nicht dem Zufall oder dem heimlichen Lehrplan überlassen bleiben. Die gezielten Maßnahmen müssen sich auf verschiedene Ebenen erstrecken:

a) Sacherfordernisse und konkrete Aufgabenangebote
Der Lerngegenstand oder die infrage stehende Sache sollte für eine kooperative Bearbeitung *möglichst prädestiniert* sein. Dies ist z. B. dann der Fall, wenn eine individuelle Bearbeitung kaum möglich, weniger sinnvoll oder zu aufwendig wäre; oder wenn die Lernumgebung vielfältige Zugangsweisen oder Bearbeitungsstrategien erwarten lässt oder eine umfangreichere Lösungs*menge* gesucht und begründet werden soll (»Wie viele ... gibt es insgesamt?«). Gerade die *Gemeinsamkeit* einer Problemlösung im Verbund mit anderen Lernpartnern sollte den Wert des kooperativen Tuns *aus sachlichen Gründen* gegenüber individualistischem Vorgehen überzeugend hervorheben und plausibel erfahrbar werden lassen. Diese Forderung bewahrt vor Situationen, in der bspw. eine Gruppenarbeit lediglich zum Selbstzweck eines Methodenwechsels verordnet wird.

Die Unterrichtsrealität wird nun nicht voller Idealsituationen in dem Sinne sein, dass Aufgabenstellungen aus der Sache heraus *ausschließlich* von mehreren Personen gemeinsam bearbeitet werden könnten und sich jeder Art von individueller Herangehensweise entzögen. Wenn aber der Mathematikunterricht Kinder zum sozialen Lernen befähigen soll, dann gehört es zur Aufgabe der Lehrerin, *möglichst geeignete* Lernumgebungen auszuwählen und so zu gestalten, dass das gemeinsame Tun, in jedem Fall aber der gemeinsame Austausch z. B. in einem Plenum, als naheliegende und sinnvolle Alternative erlebt und als hilfreich erfahren werden kann. Das sollte übrigens an geeigneter Stelle (z. B. beim Rückblick auf die Lernprozesse) auch den Kindern *bewusstgemacht* werden – eine willkommene Gelegenheit, sich auch in *Metakommunikation* zu üben! Der Wert gemeinsamen Tuns kann z. B. dann deutlich werden, wenn unterschiedliche ›Spezial‹-Kompetenzen oder priorisierte Zugangsweisen/Problemlösestrategien unter den Lernenden vertreten sind, wenn es nicht nur *den* einen Lösungsweg oder *das* eine Ergebnis gibt (s. u.).

Für die konkreten Aufgabenangebote bedeutet dies, dass sich offene, divergente Problemstellungen, die ein Spektrum von Lösungswegen und Ergebnissen ermöglichen, besser eignen als konvergente Aufgabenstellungen (vgl. Hollenstein 1997b, S. 13): Eine Lerngruppe bringt dann in aller Regel unterschiedliche Bearbeitungen hervor, die dennoch strukturell miteinander verwandt sind. Anderen die eigenen Gedankengänge zu erläutern und durch die Lösungsvorschläge der anderen selbst wiederum angeregt zu werden, setzt den geforderten Dialog in Gang, durch den neues Wissen entstehen kann. Über Aufgabenstellungen hingegen, die (im gelungenen Fall) bei allen Schülern den gleichen Weg und das gleiche Ergebnis hervorbringen, gibt es nichts zu sprechen – außer der Frage nach einer Bestätigung über richtig/falsch, die die Lernenden häufig auf die ›übergeordnete Instanz‹ der Lehrerin projizieren, d. h. von ihr erwarten (vgl. Hollenstein 1997b).

Das Unterrichtsbeispiel *Schauen und Bauen* z. B. ist für eine Bearbeitung in der Gruppe geeigneter als in Einzelarbeit, denn zunächst einmal ist das gemeinsame Tun *entlastender*: Jeder Schüler ist primär für seine Seitenansicht verantwortlich, er muss nicht *alle vier* Seitenansichten und den Grundriss *alleine* koordinieren; gleichzeitig wird jeder Schüler aber durch die übrigen Gruppenmitglieder durchgängig daran erinnert, dass das eigene Tun (Verschiebeoperationen der Quader zur Übereinstimmung mit der eigenen Seitenansichtskarte) auch differenzierte Effekte auf Bedingungen haben kann, die in der Zuständigkeit der beteiligten Mitschüler liegen: In einem Fall werden etwa bestimmte Verschiebungen für den gegenübersitzenden Lernpartner ohne Belang sein, für die rechts und links Sitzenden aber sehr wohl. Die Entlastung besteht nun darin, dass in solchen Fällen von anderer Stelle Einspruch eingelegt werden kann, während man selbst vorrangig auf seine Blickrichtung konzentriert sein mag. Die notwendige Koordination erfolgt arbeitsteilig, aber unter *gleichwertiger kognitiver Beteiligung* aller. Bezogen auf eine differenzierte kognitive Herausforderung kann jeder der Beteiligten (seinen Fähigkeiten und seinem Zutrauen gemäß) entweder weitgehend auf *seine* Perspektive fokussieren, den eigenen Blick aber auch weiten und andere Perspektiven ggf. vorausschauend mit einbeziehen (vgl. Abschn. 4.6 ›Natürliche Differenzierung‹): Das Spektrum reicht also vom Platzieren einzelner Quader allein nach Maßgabe der eigenen Seitenansichtskarte, dem Abwarten der Reaktion der Gruppenmitglieder bis hin zum *antizipierenden* Miteinbeziehen gewisser Effekte des eigenen Tuns oder der gleichzeitigen Berücksichtigung mehrerer unterschiedlicher Perspektiven.

b) Interaktions- und Kommunikationskultur
Aktiv-entdeckendes Lernen braucht Publikum, ist also naturgemäß auf Kommunikation angewiesen. Im Sinne des sozialen Lernens ist damit die intra- und interpersonelle Kommunikation ebenso gemeint wie *systematische Metakognition*. Der Unterricht muss also nicht nur soziale Erfahrungen ermöglichen, sondern er muss auch Raum geben, diese Erfahrungen zur Sprache zu bringen (Valtin 1996, S. 184). Bauersfeld (1993, S. 246) hält das Bewusstsein, dass Wissen durch die Interaktion der Lernenden und Lehrenden konstituiert wird, für das gegenwärtig »am ehesten vernachlässigte oder unterschätzte Merkmal«. Unterrichtsmethodisch muss also gewährleistet werden, dass die Kinder ihr

soziales Lernen bewusst realisieren, sich mit anderen darüber austauschen und Wissen gemeinsam mit anderen entwickeln können. Damit sind zum einen Bereiche angesprochen wie Gesprächsregeln, Diskurs- und Lernkultur sowie allgemeine Kommunikations- und Interaktionsregeln in der Lerngruppe (vgl. Abschn. 6.3 sowie Krauthausen und Scherer 2014, S. 70 ff.).

Auf der anderen Seite geht es um methodische Werkzeuge wie etwa die von Gallin und Ruf (1993) bzw. Ruf und Gallin (1996) vorgeschlagenen ›Reisetagebücher‹[11] oder die ›Rechenkonferenzen‹[12] (Sundermann 1999; Sundermann und Selter 1995; vgl. auch Abschn. 5.6). Ein Reisetagebuch ist ein Schülerheft, das die privaten Spuren des individuellen Lernens festhält und zur Grundlage für Kommunikation und Metakommunikation macht. »Es ist mit einer Werkstatt vergleichbar, in welcher der Lernende in schriftlicher Auseinandersetzung mit dem Schulstoff am Aufbau seiner Fachkompetenz arbeitet. [...] Entscheidend ist, dass durch den Gebrauch der schriftlichen Sprache auch im Fach Mathematik das Übel des verständnislosen Hantierens mit Algorithmen an der Wurzel gepackt werden kann« (Gallin und Ruf 1993, 14 f.). Diese Idee findet sich z. B. in Gestalt von ›Entdeckerheften‹ oder ›Forschermappen‹. In einer DIN-A4-Kladde bringen Kinder zu den verschiedensten Themen oder Erkundungen ihre Erfahrungen, Hypothesen, Erklärungen, Begründungen und auch Schwierigkeiten zu Papier – jeweils auf den linken Seiten des Heftes. Sie schreiben kleine mathematische Aufsätze, illustrierten sie durch Beispielrechnungen, Skizzen, (Werte-)Tabellen oder Randbemerkungen. Die jeweils rechte Seite bietet Raum für den Austausch mit anderen – also Mitschülern oder Lehrpersonen, denen man die Hefte dazu überlässt. Über diesen interaktiven Austausch können sich neue Sichtweisen ergeben, Anregungen aufgegriffen werden, ähnliche Erfahrungen anderer genutzt und Hilfen erhalten werden.

Natürlich muss dies als Methode von allen Beteiligten zunächst gelernt werden, denn die Kommentare der Mitlernenden oder der Lehrerin sollten ja nicht lediglich die traditionelle Ergebniskontrolle in neuem Gewand sein. Es gilt zu lernen, wie man die Aufzeichnungen anderer lesen sollte, ebenso wie Formen sinnvoller Rückmeldungen. In ihrem Schulbuch, das die Reisetagebücher konzeptionell integriert, wenden sich die Autoren dazu zunächst an die Lehrenden:

> »Können fremde Leserinnen und Leser Texte aus dem Reisetagebuch überhaupt verstehen? Sicher stehen sie vor einer schwierigen Aufgabe. [...] Man darf allerdings nicht in der Rolle des geladenen Gastes verharren, der im aufgeräumten Wohnzimmer empfangen werden will. Als Leserin oder als Leser eines Reisetagebuchs betreten Sie unangemeldet und unerwartet die Werkstatt eines lernenden Menschen. Unfertige Werkstücke versperren den Weg, darunter auch Fehlerhaftes oder Misslungenes. Leicht kann der Gast stolpern, sich an einem fremdartigen Werkzeug verletzen oder durch Rauch und Dämpfe gereizt werden; leicht über-

---

[11] Sundermann (1999) nennt sie ›Rechentagebücher‹, da sie diese Form im Mathematikunterricht erprobt hat. Bei Ruf und Gallin handelt es sich dagegen um *ein* Schulbuch, in dem Sprache *und* Mathematik integriert sind, sodass der Begriff des Reisetagebuchs die allgemeinere Idee widerspiegelt.
[12] Diese wurden in Analogie zu den aus dem Sprachunterricht bekannten Schreibkonferenzen entwickelt (vgl. Spitta 1999).

sieht er Kostbarkeiten, die da und dort zufällig und vielleicht schon ein bisschen verstaubt herumstehen, und stößt sie achtlos um« (Ruf und Gallin 1996, 43).

Und so wird an gleicher Stelle die Ermahnung ausgesprochen, dass Lehrende ihre eigene (traditionelle) Rolle angesichts noch vorläufiger Zwischenstationen der Wissensgenerierung der Kinder überdenken mögen:

> »Man darf allerdings über die Begleiterscheinungen des Gebärens nicht erschrecken. Und man darf auch elementare Regeln des Respekts nicht missachten« (Ruf und Gallin 1996, S. 43). Und auch den Kindern erläutern die Autoren das Konzept:»Ganz ähnlich [wie das Logbuch bei den Seefahrern; GKr] ist es bei deinen Reisen in die Welt der Wörter und der Zahlen. Auch du bekommst von Zeit zu Zeit einen Auftrag, der dich auf eine neue Expedition schickt. Auch du wählst deinen Weg selber und schreibst deine Erlebnisse und Entdeckungen ins Tagebuch. Am Schluss deiner Reise oder bei einem Zwischenhalt bekommst du Rückmeldungen von deinen Reisegefährten. So erfährst du, wie wertvoll deine Entdeckungen für andere sind. Andere können von dir lernen oder können dir Ratschläge für neue Reisen geben« (Ruf und Gallin 1996, S. 79 f.).

Zweck der Reisetagebücher ist also zum einen die *intrapersonale* Kommunikation. Zweitens dienen sie der *interpersonellen* Kommunikation mit »Stimmen, die den Prozess aus der sicheren Warte des abgeschlossenen Prozesses überblicken« (Ruf und Gallin 1996). Und drittens bieten sie Gelegenheit zu systematischer Metakommunikation und Metakognition: Wie bin ich oder sind wir zu Ergebnissen gelangt? Wo gab es Schwierigkeiten? Was hat mir geholfen? Warum fiel mir dieses oder jenes schwer oder leicht? Habe ich meine Lernspuren geschickt dargestellt? Welche Notation, welche Skizze, welche Formulierung, welche Hilfestellung usw. wäre nützlich(er)? Nach welchen Kriterien kann ich meinen Lernprozess und mein Lernergebnis am besten für andere nachvollziehbar zusammenfassen und präsentieren?

Man mag geneigt sein, Grundschüler damit für überfordert zu halten. Aber Viertklässler können – wie mehrfach erlebt – überzeugend souverän an die Tafel, das interaktive Whiteboard oder den Overhead-Projektor treten, ein Blatt in der Hand, und ihrer Klasse von ihren Erkundungen berichteten und dabei nicht nur Ergebnisse vorlesen, sondern metakognitiv im o. g. Sinne darüber berichten. Im konkreten Fall wurde in Abschnitten innegehalten, Gelegenheit zu evtl. Nachfragen angeboten und begleitend bereits recht geschickt zentrale Gelenkstellen des kleinen ›Referates‹ an der Tafel oder per vorbereiteter Folie am OHP festgehalten. Das Kind beendete schließlich seine Präsentation damit, dass es die Diskussion für eröffnet erklärte. Sicher handelt es sich hierbei bereits um eine recht elaborierte Ausprägung des Intendierten, die aber zumindest als Zielperspektive Mut machen sollte. Denn sie zeigt, dass – bei geeigneter, d. h. bewusster und frühzeitiger Vorbereitung – bereits Grundschüler dazu in der Lage sein können[13]. »In einer Lerngruppe

---

[13] Nachdenklich machen kann der Vergleich solcher Erfahrungen mit der manchmal anzutreffenden Unsicherheit von Lehramtsstudierenden bei Moderationen/Referaten in Seminaren. Welche Gründe es auch sein mögen, die sich hier negativ auswirken (Scheu, mangelndes Selbstvertrauen, Unsicherheit in der Sache, zu vordergründige Vorbereitung o. Ä.), sie dokumentieren Lernbedarf und die Notwendigkeit geeigneter Erfahrungssituationen.

bilden sich auch didaktische Beziehungen heraus. Schüler lernen es, didaktisch zu führen und geführt zu werden – nullte Stufe der Didaktik, auf der sogar manche Lehrer ihr Leben lang bleiben. Eine höhere Stufe ist die, wo man über ausgeübte Didaktik (die eigene und die anderer) reflektiert – man sollte das doch wenigstens zukünftigen Lehrern beibringen« (Freudenthal 1974, S. 172).

In diesem Zusammenhang sei noch auf einen Ansatz der Sprachdidaktik verwiesen, der auch für die Interaktion und das soziale Lernen im Mathematikunterricht Anwendung finden könnte. Der oben angesprochene innere Dialog (vgl. Schoenfeld 1991) entwickelt sich ja nicht von selbst, sondern bedarf der zielführenden Bewusstmachung und Anleitung. Hierzu ist das ›Orchestermodell‹ hilfreich (Baer et al. 1994)[14]. Diese Metapher vergleicht das gelungene Zusammenspiel einzelner Instrumente eines Orchesters und ihre je eigenen Aufgaben und Beiträge zu einem wohlklingenden Ganzen mit einer Lerngruppe, bei der ebenfalls jeder Teilnehmer (TN) eine Stimme vertritt, die erst im Zusammenspiel mit anderen ein gelungenes Ergebnis ermöglicht:

TN 1: analysiert die für die Gruppe gegebene Problemstellung und klärt die Ziele.

TN 2: ist zuständig für die semantische Struktur beim Zusammenführen bereits bekannter Sachverhalte und kooperiert dazu stark mit anderen.

TN 3: achtet vornehmlich auf die syntaktische Struktur, also die sprachliche Fassung: Ist die Abfolge der Gedankengänge logisch, sind sie angemessen formuliert? Etc.

TN 4: verantwortet eine adäquate Darstellung der gemeinsamen Arbeit nach außen, sei es in Form von Skizzen, Texten o. Ä.

TN 5: hat stets einen kritisch evaluierenden Blick auf die gemeinsame Arbeit, mahnt zur Überprüfung oder auch zur vorwegnehmenden Sensibilität gegenüber möglichen Einwänden oder abweichenden Meinungen (vgl. die rhetorische Figur des Advocatus Diaboli in Abschn. 6.3).

TN 6: achtet auf eine profunde Aufklärung des fachlichen Gegenstandes.

TN 7: behält die emotionalen Befindlichkeiten der Gruppe im Blick.

TN 8: fokussiert auf die internale Repräsentation der Inhalte.

TN 9: koordiniert die Aktivitäten der o. g. Stimmen.

Für den Unterricht empfiehlt sich folgende Sequenzierung zur Förderung der metakognitiven Bewusstheit und eines sozialen Miteinander- und Voneinander-Lernens:

Schritt 1: Jede der genannten Stimmen bzw. Rollen wird von verschiedenen Schülerinnen und Schülern übernommen.

Schritt 2: Die Rollen wechseln, die Schülerinnen und Schüler sind nun also für eine andere Stimme als zuvor verantwortlich.

Schritt 3: Die Gruppe wird sukzessive verkleinert, indem jedes Gruppenmitglied mehrere Stimmen/Rollen gleichzeitig vertritt.

---

[14] Im Unterschied zu eher allgemeineren, gleichsam inhaltsunabhängigen Empfehlungen rücken hier fachspezifische Spezifika in den Vordergrund. Zum Vergleich mit einem eher allgemein-organisatorischen Modell (›Nummerierte Köpfe‹) vgl. Krauthausen und Scherer 2014, S. 92 ff.

Schlussendlich hat *jeder* Lernende *alle* Stimmen in seinem Denken verinnerlicht und kann dadurch Lernprozesse – individuelle und auch mit anderen im Sinne des sozialen Lernens – konstruktiv orchestrieren (Hollenstein 1996b, S. 13). Der Lehrerin kommt dabei die Aufgabe zu, die gehaltvoll grundierten Lernprozesse zu moderieren, d. h. die Vielstimmigkeit der fachlichen Dialoge zu ermöglichen und nutzbar zu machen. Das bedeutet auch, keinen vorschnellen Vorstoß zum unterrichtspraktischen Profit anzustreben, sondern Mehrdeutigkeiten und Deutungsdifferenzen, die zur Natur von Lernprozessen gehören, zuzulassen und sie keiner hurtig verordneten, ›uni-vokalen‹ Eindeutigkeit zuzuführen (vgl. Wertsch 1991, S. 76 ff.).

c) Rollenverständnisse von Lernenden und Lehrenden
Das bisher Vorgeschlagene wird umso besser zu verwirklichen sein, je mehr sich Lernende wie Lehrende von einem traditionellen Lehr-, Lern- und Rollenverständnis und seinen Implikationen emanzipiert haben (Abschn. 3.1; Näheres dazu in Krauthausen 1998c, S. 13–21). Und dies nicht nur auf der Ebene einer pragmatischen Oberfläche. Die Bereitstellung von Handlungsspielräumen führt nicht zwangsläufig dazu, dass diese auch adäquat ausgefüllt und genutzt werden. Der Sitzkreis alleine, in dem Rechenergebnisse vorgetragen und bewertet werden, macht noch keine Rechenkonferenz. Eine Lehrerin, die sich als Kontrollinstanz für die Heftführung im Reisetagebuch versteht, wird der eigentlichen Intention dieses Mediums noch nicht gerecht. Ebenso wenig wie Kinder, die die ermöglichte Freiheit zu einem Lernen durch Beliebigkeiten degradieren.

Auch wenn das Gebot der Förderung des sozialen und kooperativen Lernens als solches in der Grundschule erkannt ist, sollte abschließend noch vor einer Gefahr gewarnt werden, die mit Schoenfeld (1988) prägnant als das *Desaster des guten Unterrichts* bezeichnet werden kann: »Wenn man das Mathematiklernen versteht als das Lernen, wie man an ›social practices‹ (Solomon) teilnimmt, besteht die Gefahr, dass man ein glatt verlaufendes Unterrichtsgespräch als Anzeichen für erfolgreiche mathematische Lernprozesse bei Schülern versteht, weil die Schüler scheinbar reibungslos an Praktiken der Unterrichtskultur teilnehmen« (Voigt 1994, S. 82). Das bloße Beherrschen von Ritualen ist aber noch kein soziales oder kooperatives Lernen.

Die (zunehmende) Heterogenität von Lerngruppen wird häufig als Hindernis angeführt, welches Partnerarbeit, Gruppenarbeit, Teamarbeit, gemeinsame Gespräche im Plenum etc. erschwere oder gar verhindere. Zweifellos ist all dies nicht voraussetzungslos vorhanden, es muss – vom ersten Schultag an geduldig, aber beharrlich und mit wohlüberlegter Unterrichtsorganisation – grundgelegt oder ausgebaut werden. Insofern ist dem zuzustimmen, dass es kein leichtes Geschäft ist. Problematisch wird es aber dann, wenn die Heterogenität sozusagen als Ausschlussfaktor, als K.-o.-Kriterium herhalten soll: »In meiner Klasse geht das nun mal nicht, meine Kinder sind alle *so* verschieden . . . !« Dem wäre entgegenzuhalten (vgl. auch Abschn. 4.6): *Gerade* dann ist es lohnenswert und *gerade* dann besteht die Chance, Heterogenität auch *positiv* zu besetzen, denn erst durch sie wird größere Vielfalt wahrscheinlicher. Einfach ist das zweifellos nicht, aber auch im alltäglichen Leben treffen Kinder auf mindestens ebenso komplexe Bedingungen, und darauf sollte, ja muss die

Schule vorbereiten! Kinder müssen die Chance bekommen, mit Komplexität und Heterogenität produktiv umgehen zu lernen. Das hat auch die Wirtschaft erkannt: »Firmen, die mit bunt gemischten Teams brillieren, sind am besten gerüstet. Management by Complement heißt dies in modernen Lehrbüchern. Innovatoren gehören ebenso in die Mannschaft wie Chaoten, Analytiker oder Erbsenzähler. Nichts Schlimmeres als eine Crew, die mit dem gleichen mentalen Strickmuster daherkommt wie der Chef« (Bierach und Stelzer 1992, S. 32).

Dem Rückfall in u. U. tief verinnerlichte Gewohnheiten und Rollenbilder muss daher bei Lehrenden wie Lernenden durch spezifische Rahmenbedingungen gezielt entgegengewirkt werden. Vor allem gilt es, ›den Hebel im *Kopf*‹ der Beteiligten umzulegen, denn allein organisatorische Maßnahmen können das Gewollte nicht gewährleisten. Einstellungsänderungen sind naturgemäß schwieriger als kognitives Umlernen und können recht langsam vonstattengehen (vgl. Wahl 2005). Und um Frustrationen zu vermeiden, müssen die erwartbaren Schwierigkeiten im Umfeld einer Veränderung von Mentalitäten einkalkuliert werden.

Den angedeuteten theoretischen Postulaten wird, wie gesagt, häufig der Einwand entgegengebracht, sie seien in Klassen mit zunehmend heterogener Schülerschaft kaum zu realisieren: Wie sollen alle an einem gemeinsamen Problem arbeiten, wenn doch die Kenntnisse und Fähigkeiten z. T. drastisch auseinanderliegen?! Sicher dürfen die genannten Forderungen für soziales Lernen im Unterricht nicht leichtfertig und ohne Rücksicht auf Alltagsbedingungen aufgestellt werden, und so sind die Bedenken teilweise auch ernst zu nehmen. Zum anderen aber liegt ein entscheidender Schlüssel zur Verbesserung der unterrichtlichen Möglichkeiten in einer Aufwertung der Bedeutung einer adäquaten *Aufgabenkultur*, also der Frage von Auswahl und Organisation mathematisch substanzieller Problemstellungen, die natürliche Bedingungen für eine Förderung des sozialen Lernens ermöglichen (vgl. etwa Büchter und Leuders 2005; Krauthausen und Scherer 2014). So plädiert Hollenstein (1997a) dafür, die *kognitiven* Aspekte sozialen Lernens wieder ernsthafter in den Blick zu nehmen, beide – fachinhaltliches und soziales Lernen – als aufeinander angewiesen und nicht als mehr oder weniger getrennte Bereiche zu verstehen.

3.2.5 Ein Mut machendes Beispiel

Abschließend soll an dem bereits bekannten Unterrichtsbeispiel Zahlenketten exemplarisch gezeigt werden, dass die formulierten Bedenken zum einen nicht neu, aber auch nicht zwingend als Bedenken zu interpretieren sind. Freudenthal hat bereits 1974 deutlich darauf hingewiesen: »In einer Gruppe sollen die Schüler zusammen, aber jeder auf der ihm gemäßen Stufe, am gleichen Gegenstand arbeiten, und diese Zusammenarbeit soll es sowohl denen auf niedrigerer Stufe wie denen auf höherer Stufe ermöglichen, ihre Stufen zu erhöhen, denen auf niedrigerer Stufe, weil sie sich auf die höhere Stufe orientieren können, denen auf höherer Stufe, weil die Sicht auf die niedrigere Stufe ihnen neue Einsichten verschafft« (Freudenthal 1974, S. 167). So weit die für manche Ohren vielleicht idealistisch klingende Theorie. Aber, so Freudenthal in realistischer Einschätzung der Situation, jedoch mit wichtiger Interpretation weiter: »Im Allgemeinen werden Lernende sich nebeneinander auf verschiedenen Stufen des Lernprozesses befinden, auch wenn sie am gleichen Stoffe arbeiten. Das ist eine Erfahrung, die man in jedem Klassenunterricht beobachten kann. Man betrachtet das als eine Not, und aus dieser Not will ich eine Tugend machen, jedoch mit dem Unterschied, dass die Schüler nicht neben-, sondern miteinander am gleichen Gegenstand auf verschiedenen Stufen tätig sind« (Freudenthal 1974, S. 166). Das Unterrichtsbeispiel Zahlenketten[15] soll dies exemplarisch konkretisieren. Die Verfahrensregel lautet wie folgt:

Denke dir zwei beliebige Startzahlen und schreibe sie nebeneinander. Notiere rechts daneben ihre Summe. Wiederum rechts daneben schreibe die Summe der beiden letzten Zahlen. Verfahre noch einmal so und notiere diese letzte Summe als Zielzahl.

Beispiel (für eine 5er-Zahlenkette):

2	9	11	20	31
Startzahlen				Zielzahl

Einige Fragestellungen (vgl. Kap. 5 in Krauthausen und Scherer 2014):

1. Wähle die Startzahlen so, dass du möglichst nahe an die Zielzahl n herankommst!
2. Kannst du genau n erreichen?
3. Findest du weitere Möglichkeiten, n zu erreichen?
4. Finde *alle* Möglichkeiten, n zu erreichen! (vgl. Abschn. 6.1.1)
5. Wie kannst du herausfinden, wie viele Möglichkeiten es gibt, um n genau zu erreichen? Wie kannst du sicher sein, keine vergessen zu haben?
6. Wann ist die Zielzahl gerade, wann ist sie ungerade?

---

[15] Obwohl sich sehr zahlreiche weitere Beispiele anbieten würden, soll es bei dem hier gewählten bleiben, weil es (als solches oder in verwandter Form) in der Literatur ausgiebig bearbeitet wurde, sowohl bzgl. der theoretischen Hintergründe, der didaktischen Vorschläge als auch der unterrichtspraktischen Erprobung, sodass interessierte Leserinnen und Leser sich dort näher informieren können. Vgl. dazu etwa Krauthausen 1998c, S. 125–128; Price et al. 1991; Scherer 1996c, 1997a; Scherer und Selter 1996; Selter und Scherer 1996; Steinbring 1995; Walther 1978, 1985 oder Erfahrungsberichte wie Verboom 1998a, 1998b. Im 5. Kapitel bei Krauthausen und Scherer 2014 findet sich eine Aufklärung des fachlichen Hintergrundes, die ausführliche Planung einer ganzen Unterrichtsreihe mit verschiedenen Fragestellungen rund um das Aufgabenformat sowie die entsprechenden Verlaufspläne und Kopiervorlagen der Arbeitsblätter.
Außerdem sollen hier die Zahlenketten *mit Absicht durchgängig* in verschiedenen Zusammenhängen dieses Buches angesprochen werden (vgl. Abschn. 3.1.2, 4.2, 4.3, 4.5), um über das Spektrum der Einsatzmöglichkeiten und Zielsetzungen in exemplarischer Weise zu verdeutlichen, welche vielfältigen Bezüge bzw. Postulate bereits *eine* wohlüberlegte Lernumgebung potenziell in sich vereinigt bzw. einzulösen vermag (vgl. auch Abschn. 3.1.2). Das Aufgabenformat lässt sich durch Variation der Kettenlänge, des Zahlenraums und der Auswahl der Fragestellungen problemlos für den Einsatz vom 1. bis 4. Schuljahr (und weit darüber hinaus, bis hinein in die Lehrerbildung) anpassen.

7. Was geschieht, wenn man die erste (zweite) Startzahl um 1, 2, ... n erhöht/erniedrigt?
8. Was geschieht, wenn man beide Startzahlen um 1, 2, ... n erhöht/erniedrigt?
9. Was geschieht, wenn man beide Startzahlen vertauscht?
10. Was geschieht, wenn beide Startzahlen gleich sind?
11. Was geschieht, wenn man die Kettenlänge variiert (und die Zielzahl beibehält)?
12. Wie kann man die Auffälligkeiten, Phänomene und Erklärungen auf verschiedenen Anspruchsniveaus *begründen/beweisen*?
13. ...

Zur Umsetzung dieses Unterrichtsbeispiels liegen Erfahrungen aus der Grundschule im In- und Ausland ebenso wie aus Veranstaltungen der Lehreraus- und -fortbildung vor. Die im Folgenden herausgegriffenen Aspekte ließen sich überall gleichermaßen beobachten. Nach ersten freien Versuchen mit dem Aufgabenformat, bei denen sich die Lernenden ausgiebig mit der Regel und dem Format als solchem vertraut machen konnten, eignen sich besonders die Fragestellungen 4 und 5 für erste substanzielle Erkundungen. Arbeitsblatt oder Erkundungsauftrag können dabei für die ganze Lerngruppe identisch sein, denn alle Lernenden arbeiten am gleichen Gegenstand (s. o. Freudenthal). Naturgemäß wird durch die Heterogenität der Lerngruppe aber ein breites Spektrum der Zugangsweisen und Reichweiten zu beobachten sein. Und so sind nach einer gewissen Zeit auch unterschiedlich weit gediehene Lernergebnisse zu erwarten:

- Es wird Kinder geben, die vage eine Regelhaftigkeit *erkannt* haben, sie aber noch nicht benennen können.
- Andere sind bereits in der Lage, sie zu *beschreiben*, ohne zu wissen, warum es sich wie beschrieben verhält.
- Wieder andere haben vielleicht sogar eine Vermutung, wie das Muster zu *begründen* wäre.
- Aber es gibt gewiss auch jene Kinder, denen alleine das *Ausrechnen* der Ketten so viel Mühe bereitet, dass sie an darüber hinausgehende Auffälligkeiten des Aufgabenformats noch gar nicht denken können.

In der Regel zeigt sich aber, dass die letztgenannte Gruppe meist eine breite Auswahl an ausgerechneten Beispielketten produziert. Dies sollte nicht als minderwertige Tätigkeit abqualifiziert werden, wie weiter unten noch zu sehen sein wird ...

Das soziale Miteinander-Lernen soll nun zum einen, so die Forderung Freudenthals (s. o.), Kindern auf ›niedrigerer Stufe‹ ebenso wie jenen auf ›höherer Stufe‹ ermöglichen, ihre Stufen zu erhöhen. Dieser Effekt klingt für die ›niedrigeren Stufen‹ auch für traditionelle Ohren plausibel, denn wenn mir jemand seinen erfolgreichen Weg präsentiert, der sich mir selbst nicht erschlossen hat, dann kann ich davon lernen, ihn verstehen und vielleicht auch in mein Repertoire übernehmen. Freudenthal fordert ihn aber auch für jene auf ›höherer Stufe‹. Dies wirft schon eher Fragen auf. Wie sollen die leistungsstärkeren Kinder von den leistungsschwächeren profitieren?[16]

Zum einen durch die Tatsache, dass problemstrukturierte, offene Aufgabenformate wie das genannte Beispiel auch bei Kindern mit Lernschwierigkeiten das Selbstvertrauen und den Mut zum *Experimentieren* steigern können (vgl. Scherer 1995a). Zum anderen: »Schwierigkeiten beim Rechnen müssen nicht automatisch Schwierigkeiten beim Entdecken von Zusammenhängen, beim allgemeinen Problemlösen etc. bedeuten« (Scherer 1998, S. 114). Und der Einsatz geeigneter Lernumgebungen (z. B. Aufgabenformate) begrenzt die Aktivitäten der Kinder eben nicht auf das bloße Ausrechnen, sondern ermöglicht darüber hinaus das Erkennen und Beschreiben von Mustern, das Beschreiben und Begründen von Zusammenhängen oder allgemein das Problemlösen (Scherer 1998, S. 112). Das bedeutet für manche Kinder, dass sie über solche strukturellen Zugänge Rechendefizite ausgleichen können (abgesehen davon, dass solche Aufgabenstellungen auch immer Denkübungen darstellen und das zunehmende Verstehen von Strukturen fördern; vgl. Scherer 1998.). Und drittens gibt es ganz pragmatische inhaltliche Argumente, die den Wert der gemeinsamen Arbeit am gleichen Gegenstand verdeutlichen. Unterrichtsexperimente zeigten immer wieder: Schnelle Rechner fanden bald drei bis vier Fälle mit dem Ergebnis 100, konnten aber nicht überzeugend begründen, ob sie *alle* gefunden hatten. Und es waren nicht selten die langsameren Probierer, die dadurch aber hinreichend Material entwickelt hatten, das erst im gemeinsamen Austausch den Leistungsstärkeren über ihre Klippe substanziell hinweghelfen konnte.

Bei Studierenden ist zudem häufig zu beobachten, dass sie recht zurückhaltend in der Produktion weiterer Beispiele sind – Probieren gilt manchen als ›unmathematisch‹, *eigentlich* sucht man nach einem effektiveren Weg, womit allzu oft eine ›Formel‹ gemeint ist. Hier waren die Grundschulkinder den Erwachsenen teilweise sogar überlegen, denn wer sich diese Zurückhaltung nicht auferlegt, und – vielleicht durch die ›Freude am Funktionieren‹ der einfachen Regel und der Freiheit der selbst zu wählenden Startzahlen – eine Fülle am Beispielmaterial produzierte, der verfügte hernach über so viele Zahlenketten, dass es höchstens noch eines Impulses bedurfte, diese doch einmal zu *sortieren*, um dann die Auffälligkeit zu erkennen.

Abb. 3.13 zeigt von Zweitklässlern einer Inklusionsklasse gefundene Trefferketten (4er-Ketten) mit der Zielzahl 20 nach einem solchen Sortiervorgang. Was an der zuvor ungeordneten Sammlung kaum auffallen konnte, wurde nun augenfällig. Und so beschrieben die Kinder das Veränderungsmuster für die jeweils dritte Zahl einer 4er-Kette (immer +1) und notierten dies auch oben links für die 1. und 2. Startzahl (+2 bzw. −1). Die im Bild zu erkennenden Lücken für die noch fehlenden Ketten wurden übrigens erst später frei gemacht, ursprünglich folgten die Papierstreifen nur der größenmäßigen Ordnung der ersten Startzahl. Und spätestens das gemeinsame laute Vorlesen all dieser ersten

---

[16] Die Wirksamkeit eines wechselseitigen Mit- und Voneinander-Lernens dokumentiert sich besonders in Empfehlungen und Praxisberichten zu einem gelingenden jahrgangsübergreifenden Unterricht (Nührenbörger 2006, 2009, 2013; Nührenbörger und Verboom 2011).

Abb. 3.13 Sortierte und ergänzte Zahlenketten einer 2. (Inklusions-)Klasse

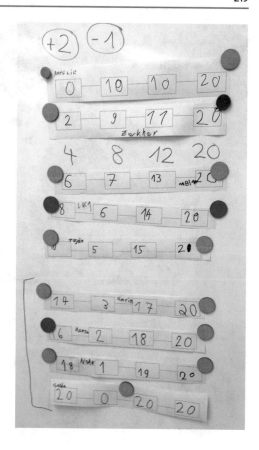

Startzahlen ließ auch den Kindern mit Förderbedarf erkennbar werden, dass da noch Lücken enthalten waren und die Reihenfolge, wie sie sagten, noch »nicht ganz schön« (= regelmäßig) war (vgl. Abb. 4.19 in Abschn. 4.6.2). Dass dann *genau diese* Kinder die identifizierten Lücken ausfüllen durften, stärkte sichtlich ihr Selbstvertrauen, denn *sie* waren es, die das Klassenergebnis erst ›schön‹ machten! Ein weiterer Beleg dafür, dass jeder auf seiner Stufe arbeiten konnte, aber alle am gleichen Gegenstand im wechselseitig befruchtenden Austausch – nur *ein* Beispiel für die kognitive Bedeutung sozialen Lernens.

3.3 Didaktische Prinzipien

Didaktische Prinzipien beschreiben – wie der Name bereits sagt – *prinzipielle*, also durchgängige Leitvorstellungen des Lernens und Lehrens. Sie spielen eine zentrale Rolle bei der Auswahl der zu thematisierenden Inhalte sowie für die Organisation und Durchführung des Unterrichts in allen Phasen (vgl. Müller und Wittmann 1984, S. 156). Sie versuchen, die in lernpsychologischen und erkenntnistheoretischen Theorien gewonnenen Erkennt-

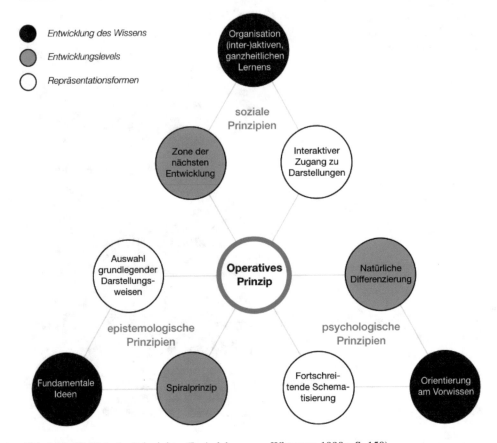

Abb. 3.14 Didaktische Prinzipien. (In Anlehnung an Wittmann 1998a, S. 150)

nisse für das (Mathematik-)Lernen im Unterricht fruchtbar zu machen und dadurch eine
Orientierung für das Unterrichtshandeln anzubieten[17].

Für den vorliegenden Rahmen soll eine Übersicht dienen (vgl. Abb. 3.14), die ebenso
wie andere denkbare eine spezifische Sicht und Auswahl darstellt, aber den Vorteil einer
für Analysezwecke hilfreichen Strukturierung hat: Sie unterscheidet zwischen sozialen,
psychologischen und epistemologischen Prinzipien und lässt damit die Bezüge zu relevanten theoretischen Konzepten deutlich werden. In Anlehnung an die grafische Aufbereitung
bei Wittmann (1998a, S. 150) sollen zunächst die Struktur des Diagramms erläutert (vgl.
Wittmann 1998a, S. 151) und dann im nächsten Schritt die einzelnen Prinzipien näher
beleuchtet werden:

---

[17] Käpnick (2014) hält die Konstruktion wie die Nutzung mathematikdidaktischer Prinzipien allerdings für »generell problematisch« (Käpnick 2014, S. 60). Darauf soll am Ende dieses Kapitels noch
näher eingegangen werden.

Die Ecken des Dreiecks (schwarz dargestellt) bilden das klassische ›didaktische Dreieck‹, bestehend aus *Sache* (Stoff), *Schüler* und *Lehrer*. Damit sind die *epistemologische* Ecke (Entwicklung von Wissen und Erkenntnis) und die *psychologische* Ecke (die individuelle Disposition des Lernenden) des Dreiecks bestimmt, und ebenso die *soziale* Ecke einschließlich des organisatorischen Auftrags jeder Lehrerin, zwischen Sache und Schüler zu vermitteln (statt Sachen zu vermitteln!), indem Lernumgebungen organisiert werden, die die Lernenden zu substanziellen Aktivitäten und zum diesbezüglichen sozialen Austausch untereinander anregen. Das *operative Prinzip*, abgeleitet aus der Epistemologie und Psychologie Jean Piagets (1972), ist hier das erkenntnistheoretisch zentrale Prinzip; und da es sowohl einen epistemologischen als auch einen psychologischen und unterrichtsorganisatorischen Aspekt hat, steht es integrierend im Zentrum des Dreiecks.

Die grau dargestellten Felder – *Spiralprinzip*, *Zone der nächsten Entwicklung* und das *Prinzip der natürlichen Differenzierung* – beziehen sich auf die potenziell unterschiedlichen Levels, auf denen die Entwicklung des Wissens stattfinden bzw. stehen kann. Die weiß dargestellten Felder – wohlüberlegte *Auswahl von Arbeitsmitteln*, das *Prinzip der fortschreitenden Schematisierung* und das *Prinzip des interaktiven Zugangs zu Darstellungsweisen* – betreffen die Repräsentation des Wissens.

Nachfolgend wird ein kurzer Einblick in die einzelnen didaktischen Prinzipien gegeben, ohne aber allzu sehr in Details gehen zu können (vgl. dazu die entsprechenden Literaturverweise).

Fundamentale Ideen Eine Grundaufgabe des mathematischen (Anfangs-)Unterrichts besteht darin, eine Passung zwischen dem *Entwicklungsstand der Kinder* und den *Strukturen des Faches* herzustellen (vgl. Abschn. 5.3). Dabei kann und soll die mathematische Theorie, die ›fertige Mathematik‹, den Kindern nicht *direkt* übermittelt oder ›beigebracht‹ werden. Das ist kein modisches Postulat, sondern kann als gesicherte Erkenntnis der fachdidaktischen wie auch lernpsychologischen Forschung gelten (vgl. zusammenfassend Krauthausen 1998c, S. 17 ff.). Andererseits soll die (konventionelle) Mathematik als solche aber auch nicht ignoriert, kindertümelnd simplifiziert werden (s. u. Bruner 1970) oder hinter pädagogischen Oberflächen verschwinden (z. B. durch z. T. fragwürdige Realisierungen von Etiketten wie Freiarbeit, Projekte o. Ä.).

Vielfach kann in der Unterrichtspraxis der Hang beobachtet werden, möglichst viel Stoff (z. B. den kompletten Jahrgangsband des eingeführten Schulbuches) in der verfügbaren Zeit eines Schuljahres zu ›schaffen‹. Dabei kann die Lehrerin evtl. ein schlechtes Gewissen bekommen, wenn sie gegen Ende des Schuljahres merkt – und jede Lehrkraft kennt dieses Gefühl –, dass die Zeit knapp wird. Mögliche Folge: Sie versucht das Tempo zu erhöhen. Einer (vermeintlichen) Vollständigkeit nachzujagen, birgt aber immer die Gefahr, die mathematische Theorie (die ›fertige‹ Mathematik) zu stark in den Vordergrund zu stellen und dadurch die Lernwege und Voraussetzungen der Kinder sowie ihre informelle Mathematik zu vernachlässigen.

Da andererseits aber auch nicht unbeschränkt Zeit zur Verfügung steht, stellt sich – wenn man das Motto *Weniger ist mehr* ernsthaft realisieren will – sofort die Frage, was als unverzichtbares Gerüst des Mathematikunterrichts gelten kann und daher besonders gründlich erarbeitet werden sollte, und was demgegenüber eher Randerscheinungen sind, auf deren Anhäufung man am ehesten verzichten könnte. Weniger relevant als Bestandteile eines solchen zentralen Grundgerüstes sind gewiss Aktivitäten von eher *lokaler* Bedeutung, also solche, die zwar interessant oder attraktiv sein mögen, mehr oder weniger punktuell an vereinzelten Stellen des Unterrichts inhaltlich passen würden, im weiteren Unterricht oder für das Ideengebäude der Mathematik aber kaum mehr aufgegriffen werden. Hingegen wären jene Dinge stärker zu berücksichtigen, die sich durch die *gesamte* Mathematik und damit auch durch den Mathematikunterricht *aller* Schulstufen und -formen hindurchziehen. Solche Konzepte, an denen sich der Unterricht also vorrangig orientieren sollte, nennt man die ›fundamentalen Ideen‹ des Faches.

> »Das entscheidende Unterrichtsprinzip in jedem Fach oder jeder Fächergruppe ist die Vermittlung der Struktur, der ›fundamental ideas‹, der jeweils zugrunde liegenden Wissenschaften und die entsprechende Wiederholung der *Einstellung* des Forschers durch den Lernenden, dessen Bemühungen, wie bescheiden sie auch sein mögen, sich *nicht der Art*, sondern nur dem Niveau nach von der in einer bestimmten Wissenschaft geforderten *Forschungshaltung* unterscheiden« (Loch, in Bruner 1970, S. 14; Hervorh. GKr).

Die Hervorhebungen in diesem Zitat sollen deutlich machen, dass der Mathematikunterricht nicht nur auf die Vermittlung von Inhalten begrenzt werden darf, sondern ganz wesentlich auch *Einstellungen* und Haltungen gegenüber dem Fach beinhaltet – eine Tatsache, die nicht nur für die Mathematik lernenden Kinder relevant ist, sondern ganz wesentlich (aus eben diesen Gründen) auch für ihre angehenden Lehrerinnen, was häufig unterschätzt wird. Bruner selbst legitimiert die genannte Forderung aus dem Vorwort seines Buches u. a. wie folgt:

> »Spezifische Sachverhalte oder Fertigkeiten zu lehren, ohne ihre Stellung im Kontext der umfassenden, fundamentalen Struktur des entsprechenden Wissensgebietes klar zu machen, ist in mehrfacher Hinsicht unwirtschaftlich. Erstens macht ein solcher Unterricht es dem Schüler sehr schwer, vom Gelernten auf das später Erfahrene hin zu verallgemeinern. Zweitens bietet ein Lernen, das nicht zur Erfassung allgemeiner Prinzipien geführt hat, wenig geistige Anregung. [...] Drittens, Kenntnisse, die man erworben hat, ohne dass eine Struktur sie genügend verbindet, sind Wissen, das man wahrscheinlich bald wieder vergisst« (Bruner 1970, S. 42 f.; vgl. auch Schweiger 1992a).

Eine Orientierung der Unterrichtsgestaltung an fundamentalen Ideen des Faches ist weder auf höhere Jahrgangsstufen noch auf ein bestimmtes intellektuelles Niveau begrenzt und demnach auch für Kinder relevant, die Schwierigkeiten beim Mathematiklernen haben: »Jedes [sic!] Kind kann auf jeder Entwicklungsstufe jeder Lehrgegenstand in einer intellektuell ehrlichen Form erfolgreich gelehrt werden. [...] Ein Kind bestimmten Alters in einem Lehrgegenstand zu unterrichten bedeutet, die Struktur dieses Gegenstandes in der Art und Weise darzustellen, wie das Kind Dinge betrachtet« (Bruner 1970, S. 44; s. u. ›Spiralprinzip‹). Und ein

»guter Unterricht, der das Gewicht auf die Struktur eines Faches legt, ist wahrscheinlich für den weniger begabten Schüler noch wertvoller als für den Begabten, denn jener wird leichter als dieser durch schlechten Unterricht aus der Bahn geworfen« (Bruner 1970, S. 23; vgl. auch Scherer 1999a).

Alsdann bleibt weiter zu konkretisieren, welche Ideen es denn nun sind, die sich durch die *gesamte* Mathematik und damit auch durch den Mathematikunterricht *aller* Schulstufen hindurchziehen (sollen). Den Versuch einer expliziten Ausarbeitung für den Grundschulunterricht bietet der Vorschlag von Wittmann und Müller (2012d) als Bestandteil der Konzeption ihres Unterrichtswerks *Das Zahlenbuch*. Möglicherweise würden andere Autoren für teilweise andere Schwerpunkte plädieren. Der genannte Vorschlag soll aber im Folgenden zugrunde gelegt werden (vgl. Abschn. 2.2), weil er ...

a) inhaltlich plausibel erscheint,
b) die bislang einzige *umfassend ausgearbeitete* Konkretisierung fundamentaler Ideen für die Grundschule darstellt,
c) bis auf jene Ebene wirksam wurde, die die Unterrichtsgestaltung ganz besonders beeinflusst (Schulbuch), und
d) als solcher mittlerweile umfassend praxiserprobt wurde.

Informieren Sie sich über die einzelnen inhaltlichen Grundideen bei Wittmann und Müller (2012d, S. 159–161) und versuchen Sie, für die einzelnen Ideen *exemplarische* Erscheinungsformen in der Grundschule, der Sekundarstufe und der Mathematik als Fachwissenschaft (›mathematische Endform‹) zu konkretisieren.

Eine Grundschullehrerin kann ihren Unterricht umso überlegter und gezielter an solchen fundamentalen Ideen ausrichten, je mehr sie in der Lage ist, über den Zaun ihres eigentlichen Arbeitsgebietes der Grundschule hinauszuschauen (vgl. Abschn. 6.1). Denn sie muss wissen, wohin die Ideen einmal führen sollen, um sie entsprechend sinnvoll grundzulegen (s. u. Spiralprinzip). »Wenn ein Begriff auf den unterschiedlichen Stufen sich nicht prinzipiell unterscheidet, sondern nur in der Art der Beschreibung, so sind die späteren Stufen rechtzeitig zu antizipieren und frühere Stufen aufzugreifen, weil sie ja den späteren Begriff auf einer niederen Stufe zum Inhalt haben« (Borovcnik 1996, S. 107).

Orientierung am Vorwissen Kinder kommen nicht als *Tabula rasa* in die Schule; sie sind zwar Schulanfänger, aber alles andere als Lernanfänger. Der Unterricht kann im Grunde nur dann erfolgreich sein, wenn er sich ernsthaft und prinzipiell darum bemüht, in allen Phasen am Vorwissen der Kinder anzusetzen, sie dort abzuholen, wo sie stehen[18]. Damit ist gemeint, dass eine bewusste und sorgfältige Erhebung der jeweiligen Lernausgangslagen erfolgen sollte (Vorkenntnisse zu einem Inhalt, *bevor* er unterrichtlich thematisiert wird; vgl. Abschn. 4.1). Dies meint aber keine Inszenierungsmuster, die man hin und wieder im Unterricht beobachten kann und die Bauersfeld und Voigt wie folgt beschreiben:

»Nach einem Einstieg, der den Schülern Gelegenheit gibt, ihre subjektiven Vorstellungen zu äußern, wird fragend-entwickelnd ein Bestandteil schulischen Wissens interaktiv hervorgebracht. Die Entwicklung des schulischen Wissens ausgehend von Schülervorstellungen erscheint dabei aber inszeniert, da der Lehrer erwartungsgemäße Schülervorstellungen aufgreift. Oft werden dabei Schüleräußerungen, die von der Erwartung des Lehrers abweichen, ›überhört‹, übergangen oder mithilfe von Plausibilitätsappellen abgelehnt. Wenn nicht rasch genug ›verwertbare‹ Beiträge kommen, formuliert er Fragen um, gibt suggestive Hinweise oder nimmt mehrdeutige Schülerbeiträge gemäß seiner Erwartung auf. Zum Teil spielen die Schüler mit Antworten, was an ein Versuch-Irrtum-Verfahren denken lässt, mit dem die Antworterwartung des Lehrers erkundet wird, oder sie geben taktisch vage Antworten« (Bauersfeld und Voigt 1986, S. 18 f.; vgl. auch Voigt 1984).

Vorkenntniserhebungen sollen demgegenüber dazu dienen, die informellen, noch vorläufigen, möglicherweise auch fehlerhaften Zugänge und Fähigkeiten der Kinder nicht nur zu konstatieren, sondern sie *ernsthaft zum Ausgangspunkt* für das (Weiter-)Lernen zu machen. Unterricht soll behutsam zwischen den Methoden der Kinder und der konventionellen Mathematik vermitteln (vgl. Abschn. 5.4), d. h. zwar auf letzteres hinführen, aber nicht vorschnell die konventionelle Endform des Lerngegenstandes stringent vermitteln (›beibringen‹). Fachliche Konzepte lassen sich nicht einfach mitteilen (vgl. Abschn. 3.1). Und auch bei aller Berechtigung fachdidaktischer Erkenntnisse und Postulate darf nicht vergessen werden, dass die Kinder *Subjekte ihres Lernens* sind und bleiben sollten und keine *Objekte von Belehrung* durch eine »mathematikdidaktische Bürokratie« (Voigt 1996, S. 440). »Die Zugänge der Schüler zur Mathematik sind so gründlich zugerichtet worden, dass die Kinder statt Mathematik oft Mathematikdidaktik lernen, weil sie lernen müssen, die Inszenierung des Mathematiklernens eines fiktiven Schülers mitzuspielen« (Voigt 1996).

Organisation aktiv-entdeckenden und sozialen Lernens in ganzheitlichen Themenbereichen Auf die Begriffe des aktiv-entdeckenden, des sozialen und des ganzheitlich ausgerichteten Lernens wurde bereits im Abschn. 3.1.1 näher eingegangen. Von daher wird diese fundamental wichtige Aufgabe der Lehrerin hier nur noch einmal in Erinnerung gerufen und ihre Bedeutung für ein erfolgreiches Mathematiklernen unterstrichen. In engem Zusammenhang hiermit steht das ›dynamische Prinzip‹ (vgl. Dienes 1970, S. 44). »Der Lehrer sollte sich darüber im Klaren sein, dass seine Instruktion wirkungslos bleibt,

---

[18] Diese weithin bekannte Floskel sollte der Vollständigkeit halber stets ergänzt werden: »... und sie dorthin zu begleiten, wo sie noch nie waren« (vgl. Otto 1998, S. 5). Dies nicht zuletzt, um einer Begrenzung der Lernprozesse durch Verabsolutierung der Schülerinteressen vorzubeugen.

wenn sie nicht durch eine aktive Konstruktion seitens des Schülers ergänzt wird. Daher müssen Aktivitäten organisiert werden, die den Schüler in eine intensive Auseinandersetzung direkt mit dem Gegenstand bringen« (Wittmann 1981, S. 77). Dies entspricht einer genetischen[19] Sicht und Organisation des Mathematiklernens, bei der Einsichten und Erkenntnisse durch aktive (Re-)Konstruktion der Lernenden erworben werden können (vgl. Selter 1997a/b). Ein genetisch angelegter Unterricht vermittelt also nicht *den Gegenstand*, sondern er vermittelt *zwischen* der Struktur des Gegenstandes (Mathematik) und der kognitiven Struktur der Lernenden, was im Diagramm ja auch zum Ausdruck kommt.

So viel zu den in Abb. 3.14 schwarz hervorgehobenen Prinzipien auf den Eckpositionen. Nun zu den grau markierten Prinzipien, die sich auf potenzielle *Entwicklungslevels* beziehen.

Spiralprinzip Dieses Prinzip (streng genommen müsste es ›Schraubenprinzip‹ heißen, weil eine Spiralfeder einen konstanten Durchmesser hat) geht zurück auf Bruner (1970), der vom Anfangsunterricht fordert, dass das Fach »mit unbedingter intellektueller Redlichkeit gelehrt werden« (Bruner (1970, S. 26) solle und mit Nachdruck das intuitive Erfassen und den Gebrauch der fundamentalen Ideen (s. o.) zu berücksichtigen habe.[20] Diese Forderung erteilt jener Praxis eine Absage, die fachliche Inhalte in (scheinbar!) kindgerechter, eigentlich in eher kindertümelnder Weise zu präsentieren versucht. Die eigentliche Sache wird dabei oft unzulässig verkürzt, auch verfälscht, was wiederum bedeuten kann, dass in späteren Phasen des Mathematiklernens früher Gelerntes zurückgenommen oder sachlich korrigiert werden muss. Intellektuell redlich würde hingegen bedeuten, dass man zu einem späteren Zeitpunkt nichts zurückzunehmen hätte, was man zu einem früheren Zeitpunkt gelernt oder gelehrt hat. Dies ist deshalb von Bedeutung, weil es ansonsten zu Brüchen im Lernprozess kommen kann oder, bildlich gesprochen, die Bruner'sche Spirale (vgl. Abb. 3.15) ansonsten einen ›Sprung‹ hätte. Beispiele sind etwa: der Gebrauch des Gleichheitszeichens (nicht nur als ›ergibt‹, sondern auch als ›gleicher Wert auf beiden Seiten‹)[21], die Bedeutung des Minuszeichens als Vorzeichen oder Operationszeichen (vgl. Steinbring 1994b), die Problematik der Dezimalzahlen (»Das Komma trennt Einheiten«; vgl. Abschn. 2.3.5.4) oder die Frage, was es mit der Division durch Null auf sich hat (»Geht nicht/ist nicht definiert/ist gleich unendlich«; vgl. Spiegel 1995; Gnirk 1999).

---

[19] Vgl. das Themenheft ›Zum genetischen Unterricht‹ der Zeitschrift ›mathematik lehren‹, Heft 83/August 1997 sowie Wittmann 1981, S. 130 ff.

[20] Bruner nennt seine Hypothese (1970, S. 44), dass jedem Kind auf jeder Entwicklungsstufe jeder Lerngegenstand in einer intellektuell ehrlichen Form erfolgreich gelehrt werden könne, zwar eine kühne Hypothese, sieht sie aber durch kein Indiz widerlegt, jedoch durch viele gestützt.

[21] »Im traditionellen Rechenunterricht wurde das Gleichheitszeichen durchgehend im Sinne von ›ergibt‹ aufgefasst. Diese funktionale Sicht ist durchaus natürlich und sollte nicht pauschal verworfen werden. Allerdings verhindert eine reine Aufgabe-Ergebnis-Deutung die algebraische Durchdringung des Rechnens, die auf jeden Fall erstrebenswert erscheint. Es sollte daher in der Primarstufe behutsam auch schon die Gleichheitsdeutung aufgebaut werden« (Winter 1982, S. 185).

Abb. 3.15 Das Spiralprinzip.
(Illustration © A. Eicks)

Die fundamentalen Ideen sollen also gemäß Bruner bereits im Anfangsunterricht kindgerecht, aber intellektuell redlich grundgelegt werden und dann auf den weiteren Stufen des Lernprozesses, also in späteren Jahrgangsstufen erneut aufgegriffen und dabei *strukturell angereichert* werden[22]. Die damit mögliche Kontinuität und Entwicklungsfähigkeit in der Auseinandersetzung der Lernenden mit den Lerngegenständen symbolisiert die Abb. 3.15:

Die durch senkrechte Linien angedeuteten fundamentalen Ideen werden an verschiedenen Stellen immer wieder aufgegriffen, und zwar a) auf einem *höheren Niveau* (die Schraubenlinie windet sich nach oben) und b) in *strukturell angereicherter* Form (die Windungen reichen weiter, sie umfassen und integrieren zunehmend mehr Konzepte, Ideen, Fertigkeiten, Fähigkeiten, Erkenntnisse u. Ä.; s. o. das Beispiel im Abschnitt ›Fundamentale Ideen‹). »Mit dem Fortschreiten auf der ›Spirale‹ werden anfangs intuitive, ganzheitliche, undifferenzierte Vorstellungen zunehmend von formaleren, deutlicher strukturierten, analytisch durchdrungenen Kenntnissen überlagert« (Müller und Wittmann 1984, S. 159).

Zone der nächsten Entwicklung Dieses Prinzip geht zurück auf den russischen Psychologen Wygotsky. »Jedes beliebige Entwicklungsniveau ist durch *zwei Entwicklungszonen* gekennzeichnet – eine Zone der aktuellen Leistung und eine Zone der nächsten Entwicklung. Während die erste durch all das bestimmt wird, was ein Heranwachsender zu einem bestimmten Zeitpunkt selbstständig bewältigen kann, umfasst die zweite Zone jene Leistungen, die aufgrund der bisherigen Entwicklung und Aneignung möglich geworden sind, aber noch nicht selbstständig realisiert werden können« (Lompscher 1997, S. 47). Dieses

---

[22] Vgl. auch das Stabilitätsprinzip bei Wittmann (1981, S. 79).

potenzielle höhere Entwicklungsniveau wird dann z. B. beim angeleiteten Problemlösen mit Erwachsenen oder in Kooperation mit weiter entwickelten Gleichaltrigen realisiert.

In der Zone der nächsten Entwicklung treffen die durchaus reichhaltigen, wenn auch noch wenig durchorganisierten, informellen Konzepte des Kindes auf die systematischeren, konventionalisierten Argumente von Personen (z. B. der Lehrerin oder älterer Kinder im Rahmen eines jahrgangsgemischten Unterrichts), die sich bereits in einer der kommenden Phasen befinden (vgl. Steele 1999). Zu den Aufgaben der Lehrerin gehört es daher, wachsam zu sein für Bedingungen und Gelegenheiten, um Lernenden Fortschritte zu ermöglichen. Und das bedeutet ausdrücklich auch, sie zu ermuntern, sich einmal auf noch unbekanntes Terrain vorzuwagen. Von daher besagt das didaktische Prinzip, die Kinder nicht nur auf ihrer momentanen Entwicklungsstufe zu fördern, sondern sie auch zu fordern. Kinder bringen bereits ein vielfältiges, wenn auch noch nicht unbedingt konventionelles oder adäquat systematisiertes Vorwissen zu unterschiedlichen Inhaltsbereichen mit, bevor diese im Unterricht offiziell thematisiert werden. Und auf eben dieser Basis können solche Grenzüberschreitungen stattfinden. Hilfreich hierfür sind ganzheitliche Zugänge, damit die unterschiedlichen bereits vorhandenen Fähigkeiten konstruktiv eingebracht werden können (vgl. Scherer 1995a). Niveaustufen vorab festzulegen und Inhalte, z. B. Zahlenräume, strikt zu begrenzen, ist hingegen eher kontraproduktiv. Kinder brauchen nicht vor größeren Zahlenräumen oder noch nicht behandelten Themen beschützt zu werden! Es gehört zu ihren natürlichen Verhaltensweisen, sich sowohl in unbekannte Gebiete hineinzuwagen als auch den geordneten Rückzug anzutreten, wenn sie feststellen, dass sie sich überfordern würden oder noch nicht über hinlängliche Kenntnisse oder Werkzeuge verfügen.

Bezogen auf das Beispiel der Zahlenräume bedeutet dies, sich bewusst zu machen, dass die Stufung bzw. Zuordnung 20er-Raum/1. Klasse, 100er-Raum/2. Klasse, 1000er-Raum/3. Klasse, Millionraum/4. Klasse nicht zuletzt auch eine didaktische Konstruktion darstellt, die sich nicht dahingehend verselbständigen darf, dass die Kinder um jeden Preis im 1. Schuljahr auf den 20er-Raum zu verpflichten und gegen den 100er-Raum abzuschotten wären. Bewusste Grenzüberschreitungen sind nicht nur nicht schädlich, sondern sogar zu empfehlen. Kinder tun dies häufig auch ganz von sich aus im Rahmen *offener Aufgabenstellungen*, wie bspw. der Erstklässler Niklas (vgl. Abb. 3.16 links) im Rahmen einer Praktikumsstunde:

Spielerisch ging er an das gerade zuvor erst kennengelernte Aufgabenformat der Zahlenmauer heran und bewegte sich dabei (vgl. untere Steinreihe) durchaus in einem aus dem Unterricht geläufigen Zahlenraum – vermutlich noch nicht ahnend, wohin dies führen würde. Wie man sieht, unterzog er sich freiwillig(!) der Mühe, 55 Plusaufgaben zu berechnen, die ihn bis nahe an die Zielzahl 5000 führten. Dass ihm dabei lediglich vier (Flüchtigkeits-)Fehler unterliefen, soll hier nur am Rande interessieren, ebenso wie die rhetorische Frage nach dem Grad der Bereitschaft, mit der ein Kind diese Vielzahl an Aufgaben wohl in Gestalt ›grauer Päckchen‹ (Wittmann 1990) absolviert hätte. Wichtiger erscheint im vorliegenden Zusammenhang der Gewinn, den Niklas hier für sein Selbstwertgefühl erzielen konnte, und v. a., dass seine Lehrerin ihn nicht auf Lehrplanvorgaben

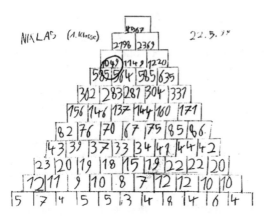

Abb. 3.16 Die Zahlenmauern der Erstklässler Niklas (*links*) und Luka (*rechts*)

Abb. 3.17 ›Unlösbare‹ Zahlenmauer im 2. Schuljahr.
(© Scherer 2007, S. 23)

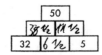

Was fällt dir auf? Erkläre!

begrenzt hat. Das bedeutet keineswegs, dass sie Niklas nun ständig mit derartigen Anforderungen konfrontieren würde, und erst recht nicht, dass sie die Ansprüche auch für andere
Kinder der Klasse so hochschrauben würde. Gewähren lassen, echtes Interesse zeigen und
beobachten, auch Stolpern akzeptieren und zulassen (im Vertrauen, nicht wirklich alleine
gelassen zu werden) – das sind die Gebote in solchen Situationen, und kein hektisches
Abbrechen nach dem Motto ›Das lernen wir erst später!‹, ›Das kannst du noch nicht!‹
(was Niklas ja schließlich sachlich widerlegt hat) oder noch unglücklicher: ›Das können
wir noch nicht!‹

Ähnliches wie für die Zahlen*räume* gilt für die Zahl*bereiche*: Auch die natürlichen Zahlen sollten nicht künstlich gegen die rationalen Zahlen, die positiven ganzen Zahlen nicht
gegen die negativen ganzen Zahlen usw. abgeschottet werden (vgl. Scherer und Selter
1996 sowie Abschn. 2.1.1). Zweitklässler können das Aufgabenformat ›Unlösbare Zahlenmauern‹ durch Grenzüberschreitungen in eine lösbare Aufgabenstellung überführen,
auch wenn noch lange kein systematischer Einstieg in die Bruchrechnung stattgefunden
hat (vgl. Abb. 3.17; vgl. Scherer 1997a; Scherer 2007). Und selbst dass dies »sehr schwierig« gewesen ist, konnte sie nicht abhalten.

Prozesse wie die skizzierten »entwicklungsgerecht und entwicklungsförderlich zu gestalten, setzt voraus, dass die Lehrenden die jeweilige Zone der aktuellen Leistung bei
ihren Schülern differenziert diagnostizieren und vor allem die daraus möglich werdenden
Potenzen weitergehender Anforderungsbewältigung möglichst genau erkennen. Dadurch

können einerseits den Lernvoraussetzungen angemessene erweiterte Lernangebote gemacht und neue Bereiche erschlossen werden und andererseits Anforderungen so variiert
und Anleitungen so gestaltet werden, dass sie sich zunehmend selbst überflüssig machen,
d. h. Selbstständigkeit erzeugen. Natürlich ist das kein linearer Zusammenhang und Auto-
matismus« (Lompscher 1997, S. 47).

Natürliche Differenzierung Hier sei auf das Abschn. 4.6 verwiesen, in dem die Notwendigkeit und Probleme der Differenzierung, aber auch Möglichkeiten einer sogenannten
natürlichen Differenzierung näher dargestellt werden. Eine weitaus umfassendere Behandlung dieses Themas (inkl. Unterrichtsplanungen und Praxisberichten) findet sich zudem
bei Krauthausen und Scherer 2014.

Im Folgenden seien nun jene didaktischen Prinzipien betrachtet, die sich auf die *Re-
präsentationsweisen* beziehen (weiße Felder in Abb. 3.14).

Überlegte Auswahl von Arbeitsmitteln Diesem Prinzip wird sich ausführlicher noch
der Abschn. 4.7, insbesondere Abschn. 4.7.7 widmen. Dort finden sich Überlegungen zu
Funktionen und Einsatzformen von Arbeitsmitteln, Begründungen für die grundsätzliche
Notwendigkeit, aus dem umfassenden Angebot der Arbeits- und Anschauungsmittel eine
Auswahl zu treffen (Quantität bedeutet nicht auch schon Qualität), und auch Hilfen, um
eine solche Auswahl didaktisch begründet vorzunehmen.

Interaktiver Zugang zu Darstellungsweisen Es kann grundsätzlich nicht davon ausgegangen werden, dass konkrete und visuelle Darstellungsformen in direkter Weise zu Verständnis führen, die intendierte Information also daraus abzulesen wäre (vgl. Abschn. 4.7).
Arbeitsmittel sprechen nicht für sich, sondern bedürfen zunächst der gemeinsamen, interaktiven Exploration (vgl. Wittmann 1998a, S. 151; Schipper 1982; Lorenz 1992a). Für
detailliertere Ausführungen sei erneut auf den Abschn. 4.7 verwiesen und für den engen
Bezug zum sozialen Lernen auf den Abschn. 3.2.

Fortschreitende Schematisierung Dieses Prinzip geht zurück auf den holländischen
Mathematikdidaktiker Adri Treffers, der in seinem Aufsatz von 1983 das Vorgehen am
Beispiel der schriftlichen Multiplikation und Division beschreibt (vgl. auch Treffers 1987,
1991).[23] Er spricht von horizontaler und vertikaler Mathematisierung: *Horizontale Mathematisierung* bezieht sich auf die Beschreibung eines Sachproblems in einer mathematischen Ausdrucksweise, um es mit mathematischen Mitteln lösen zu können. Es geht also
um den Prozess der Modellierung (vgl. Abschn. 2.3.1), der Übersetzung von Umweltsituationen in die Sprache mathematischer Symbole. *Vertikale Mathematisierung* bezieht sich
auf das Niveau der eigenen mathematischen Aktivität, die von vorläufigen, informellen

---

[23] Wenn dieses Prinzip dort auch am Beispiel des Übergangs vom halbschriftlichen zum schriftlichen Rechnen illustriert wird, so darf das nicht darüber hinwegtäuschen, dass sein Anwendungsbe-
reich ein sehr viel allgemeinerer ist.

Ansätzen ausgehend zu konventionalisierten Verfahren oder Techniken führt. Vertikale Mathematisierung zielt auf den Ausbau von Wissen und Fertigkeiten innerhalb der Fachstrukturen und -systematik. Der Prozess der fortschreitenden Mathematisierung (so müsste das hier behandelte didaktische Prinzip eigentlich umfassender heißen), der es den Lernenden erlaubt, Mathematik zu (re-)konstruieren, beinhaltet beides – die horizontale und die vertikale Komponente (vgl. Gravemeijer und Doorman 1999). Und dieses Verständnis ist auch gemeint, wenn im Folgenden der Terminus der fortschreitenden Schematisierung benutzt wird, der in der deutschsprachigen Literatur üblicher ist.

Ein Beispiel: Der traditionelle Zugang zur schriftlichen Multiplikation folgte eher dem Prinzip der fortschreitenden Komplizierung. Dieser ist charakterisiert durch kleine und kleinste Schritte, vom Einfachen zum Schweren, z. B. durch folgende Stufung: dreistellige Zahlen mal einstellige, vierstellige Zahlen mal einstellige, dreistellige Zahlen mal zweistellige, vierstellige Zahlen mal zweistellige usw. – wohlgemerkt zunächst noch konsequent ohne den Fall vorhandener Überträge. Diese kommen erst in einem nächsten Schritt hinzu: zunächst nur ein Übertrag, dann auch mehrere in einer Aufgabe. Und zum Schluss enthalten die Aufgaben auch eine oder mehrere Nullen, die für besonders problematisch erachtet werden. Auf diese Weise kommt es zu einer von der Lehrerin recht eng geführten sukzessiven Annäherung an den Algorithmus, also das lehrplankonforme vorgeschriebene schriftliche Verfahren für *alle* Fälle. Erst dann, in einem letzten Schritt und meist zum Üben dieses Verfahrens, erfolgt die Anwendung auf Sachsituationen (eingekleidete Aufgaben, Textaufgaben; vgl. Abschn. 2.3.3.2 und 2.3.3.3).

Einem aktiv-entdeckenden, ganzheitlich orientierten Grundparadigma des Mathematiklernens entspricht nun eher das Prinzip der fortschreitenden Schematisierung; es ist durch folgende Merkmale gekennzeichnet:

> Analysieren Sie die Kinderlösungen aus Treffers (1983, S. 16): Untersuchen Sie die einzelnen Strategien im Hinblick auf die Kompetenzen, die die Kinder hierbei jeweils einbringen.

- *Einstieg über Sachkontexte und Sachsituationen*: Bereits der Einstieg erfolgt über eine Sachsituation, denn Kontextaufgaben helfen den Kindern, die Rechenanforderung und die jeweils eingeschlagenen Rechenhandlungen mit Bedeutung zu füllen (Treffers 1983, S. 20).[24]
  Im weiteren Fortgang des Schematisierungsprozesses treten die Kontextbezüge immer mehr in den Hintergrund, und schließlich sind die Kinder in der Lage, entsprechende Aufgaben auch rein formal und gemäß der konventionellen Notationsweise zu lösen.

---

[24] So hat bspw. Selter (1994, S. 125 ff.) dokumentiert, dass und wie Kinder die sogenannte Bonbonaufgabe (»In einer Tüte sind 24 Bonbons. Drei Kinder teilen sich diese Bonbons.«) kontextbezogen lösen können, obwohl die gleiche Anforderung auf dem formalen Niveau von Zahlensätzen noch nicht in ihrer Reichweite lag. Vgl. auch Abschn. 4.1 sowie Hengartner 1999a.

- *Sogleich komplexe Anforderungen*: Im Gegensatz zum schrittweisen Ausbau der Einzelschwierigkeiten beinhalten die Einstiegsaufgaben bereits die ganze Komplexität. Überträge werden also nicht künstlich zurückgehalten. Der denkbare Einwand, dass dies (v. a. für lernschwache Kinder) eine Überforderung bedeuten müsse, beruht zum einen auf einer Verwechslung von Komplexität und Kompliziertheit (dies ist aber nicht zwingend dasselbe) und ist zum anderen vielleicht eher ein Mentalitätsproblem von Erwachsenen. Es scheint ja so natürlich zu sein: Das Schwierigere kommt erst dann an die Reihe, wenn das Einfachere recht gut beherrscht wird (vgl. Treffers 1983, S. 17), und abgesehen davon ist es die Lehrerin, die entscheidet, was einfach und was schwierig ist (obwohl Schwierigkeit ein subjektiver Begriff ist und bleibt!).
  Aber gerade Kinder mit Lernschwierigkeiten benötigen zunächst einmal einen Überblick über den ganzen Zusammenhang, um sich dann darin orientieren und auch Einzelaspekten widmen zu können. Wie Donaldson (1991, S. 117) plausibel erläutert hat, darf man nicht das prinzipielle Verstehen eines Systems (vermittelt durch einen ersten Überblick über das Ganze) verwechseln mit dem Beherrschen aller innerhalb dieses Systems gegebenen Detailbeziehungen und Teilfertigkeiten. Zu Letzterem ist zweifellos eine geraume Zeit notwendig. Und Donaldson stellt dazu die Frage, ob das nicht besser gelänge, wenn davor erst einmal ein Überblick stünde, eine Information über das, was letztlich auf einen zukommen wird. Das Zerlegen in kleine und kleinste Schritte, »didaktisches Vereinfachen, Elementarisieren und Zurichten«, wie Hengartner (1992, S. 15) es nennt, zerstört den Sinn und verführt zu unverstandenem Rezeptlernen (vgl. auch Scherer 1995a).
- *Vom Singulären zum Regulären*: Die Kinder sollen im Rahmen der komplexeren Kontextsituationen Gelegenheit erhalten, zunächst *ihre spontanen* Lösungswege und Darstellungsweisen zu entwickeln und miteinander zu vergleichen. Ausgangspunkt für weiteres unterrichtliches Handeln sind also die informellen Methoden der Kinder. Der Weg führt dabei von diesen informellen, noch vorläufigen und vielleicht (gemessen an ökonomischeren) auch etwas umständlichen Methoden (dem Singulären) langsam zum Regulären, den konventionellen Gepflogenheiten der Mathematik bzw. des Mathematikunterrichts (Gallin und Ruf 1990; Lampert 1990). Im wechselseitigen Austausch über die eigenen Methoden – hier eröffnet das Prinzip der fortschreitenden Schematisierung auch besondere Chancen für soziales Lernen! (vgl. Abschn. 3.2) – lernen die Kinder auch die Lösungswege anderer zu verstehen, Strategien zu verändern und ggf. auch zu übernehmen. Wichtig ist, dass dieser Übergang vom Singulären zum Regulären insofern keine Wertfrage ist, als dass nun das Singuläre ein für alle Mal überwunden wäre. Abstraktionen und Verallgemeinerungen sowie die Übernahme von Konventionen profitieren davon, wenn ihr Erwerb von singulären Konzepten der Lernenden ausgeht; aber die informelle Ebene sollte auch jederzeit reaktivierbar bleiben.
- *Fortschreitende Schematisierung*: Der Weg zum Regulären ist also ein Prozess zunehmender Verallgemeinerung, Verkürzung, Optimierung und Annäherung an Konventionen. Und es ist ein durchaus natürliches Bedürfnis auch von Kindern, in ihren Rechenwegen und Notationen zunehmend ökonomischere (schematischere) Verfah-

ren anzustreben. Bei der wechselseitigen Erläuterung der Vorgehensweisen erfahren die Kinder, wie andere an die Aufgaben herangegangen sind. Von diesen Erfahrungen können sie lernen, indem sie eigene und andere Wege vergleichen und im Verlauf dessen auch z. B. ökonomischere Notationen (verständnisgebunden) übernehmen. Die Kinder (auch solche mit Lernschwierigkeiten; vgl. Baroody 1987) nutzen auf diese Weise Möglichkeiten, um ihre Rechenstrategien zu verkürzen. Und so gelangt man, ggf. unter Mithilfe der Lehrerin[25], letztendlich zu den vorgeschriebenen Strategien und Notationsformen.

Ein Ernstnehmen und längeres Verweilen bei den informellen Methoden der Kinder lässt natürlich den Einwand erwarten, dass dies doch viel mehr Zeit koste als das traditionelle Vorgehen. In der Tat wird man an dieser Stelle dann länger verweilen – allerdings aus guten Gründen. Die zeitlichen Vorsprünge, die man sich anderenfalls (vermeintlich) erarbeitet, sollten dann aber auch kritisch beleuchtet werden. Denn erstens kann es mit den erhofften Effekten so weit nicht her sein, wenn die Verfahren (bleiben wir einmal beim Beispiel der schriftlichen Algorithmen) in der unteren Sekundarstufe offenbar häufig wieder vergessen, jedenfalls nur unzureichend beherrscht werden, wie Sekundarstufenlehrer nicht selten berichten (die Grundschule erfährt dies dann nur meistens nicht mehr). Und zum anderen hat Treffers (1983) selbst einen Vergleich ausgewertet, wonach ein Vorgehen nach dem Prinzip der fortschreitenden Schematisierung unter dem Strich keineswegs schlechter abschneidet (Treffers 1983, S. 18).

Nun fehlt noch das Zentrum des Schemas in Abb. 3.14, jenes didaktische Prinzip, das sowohl einen epistemologischen als auch einen psychologischen und einen unterrichtsorganisatorischen Aspekt hat.

Operatives Prinzip Dieses Unterrichtsprinzip geht zurück auf Piagets Theorie der Operation (Piaget 1969), wonach sich das Denken aus dem Wahrnehmen und Handeln des Kleinkindes entwickelt, bzw. in seiner weiteren Ausarbeitung auf Aebli (1966, 1968, 1976, 1985). Eine zentrale Rolle spielen hier Handlungen an konkreten Objekten (was nicht zuletzt den Einsatz von Arbeitsmitteln und Materialien im Mathematikunterricht begründet; vgl. Abschn. 4.7), »und man kann mit einer gewissen Vereinfachung sagen, dass das operative Prinzip einen Unterricht leitet, der das Denken im Rahmen des Handelns weckt, es als ein System von Operationen aufbaut und es schließlich wieder in den Dienst des praktischen Handelns stellt« (Aebli 1985, S. 4). Wichtig an dieser Formulie-

---

[25] Gerade im Fall der schriftlichen Rechenverfahren wird es ohne die Lehrperson kaum zu den vorgeschriebenen Endformen kommen, da es sich hierbei um *Konventionen* handelt, die man als solche nicht entdecken kann oder die naturgemäß entstehen müssten. Sie müssen ggf. mitgeteilt werden – als eine weitere Möglichkeit neben jenen, die von den Kindern entwickelt wurden. Die Notwendigkeit zur Konventionalisierung ist eine Sache, die man ebenfalls mit den Kindern thematisieren kann (Stichwort: ein authentisches Bild des Faches gewinnen), sodass nicht das Gefühl aufkommen muss, die eigenen Wege wären nur ein didaktisches Vorspiel, bevor die Lehrerin dann preisgäbe, wie es ›richtig‹ geht (vgl. Abschn. 5.4; auch Scherer und Steinbring 2004b).

rung ist die Tatsache, dass es sich nicht um einzelne Operationen, sondern um ein *System von Operationen* handelt. Der Unterricht muss also auf die Konstruktion von Operationen und ihren ›Gruppierungen‹ abzielen. Unabdingbar hierfür ist eine *Verinnerlichung* der Handlungen (vgl. Aebli 1976; vgl. auch Kap. 2/Fußnote 22), d. h., sie müssen auch allein vorstellungsmäßig verfügbar werden. Die Organisation der Operationen in Gruppierungen gewährleistet die erwünschte Beweglichkeit des Denkens.

Gruppierungen sind gekennzeichnet durch bestimmte Eigenschaften, denen die Handlungsausführungen bzw. verinnerlichten Vorstellungsbilder dieser Handlungen genügen müssen. Am Beispiel der Aufgabe $6+8$ soll dies erläutert werden:

- Die Eigenschaft der *Reversibilität* ermöglicht es, eine Handlung auch wieder rückgängig zu machen: Die Addition von 8 zur Ausgangszahl 6 ist umkehrbar durch die Subtraktion von 8 und führt auf die Ausgangszahl zurück: $6+8=14 \Leftrightarrow 14-8=6$.
- Die *Kompositionsfähigkeit* als weiteres Merkmal besagt, dass eine Handlung aus mehreren Teilhandlungen zusammengesetzt werden kann: Die Addition der 8 kann z. B. in zwei Schritten vorgenommen werden: $6+4+4 \Leftrightarrow 6+8$.
- Die *Assoziativität* besagt, dass es möglich ist, auf verschiedene Weisen Teilhandlungen zusammenzuführen, um zum gleichen Ergebnis zu kommen: $6+8=6+(4+4)=(6+4)+4$ oder $6+8=(7-1)+(7+1)=7+7$ oder $6+8=(5+1)+(5+3)=(5+5)+(1+3)=10+4$ (vgl. Abschn. 2.1.6.3 und Abb. 2.21).
- Die *Identität* bezieht sich auf eine Handlung, die am Ausgangszustand des Objektes nichts verändert: $7+0=7$ (die Null ist im Rahmen der Addition ›neutrales Element‹).
- Und schließlich die *Tautologie*, die dann vorliegt, wenn sich die mehrfache Hintereinanderausführung einer Operation nicht von ihrer einmaligen Ausführung unterscheidet: Bei der Addition einer Zahl besteht eine Wirkung auf die Ausgangszahl darin, dass sie größer wird; das ist so bei einmaliger Addition und bleibt so auch bei mehrfach ausgeführter Addition.

Vor dem Hintergrund der genannten theoretischen Überlegungen zur Entwicklung des Denkens zeigt sich manchmal ein Missverständnis (vgl. Abschn. 2.1.6.2 und dort Fußnote 22): Konkretes Handeln *als solches* ist noch nicht hinreichend für das angestrebte Verstehen, denn es können auch unverstandene Handlungen sein (vgl. Abschn. 4.7.4). »Das Eigentliche einer Operation ist nicht die Art ihres – innerlichen oder äußerlichen – Vollzugs, sondern ihre logische Struktur, das *System der Beziehungen*, das sich in der Operation ausdrückt« (Aebli 1976, S. 142; Hervorh. GKr). Am Beispiel einer einfachen arithmetischen Operation macht Aebli dies wie folgt deutlich: »Es berührt den Kern des Überschreitens eines Zehners ($7+5=12$) nicht, ob ich die Handlung wirklich ausführe oder sie mir nur denke. Entscheidend ist die Struktur dieser Operation, die Idee des Auffüllens des Zehners und der Zerlegung des zweiten Summanden in einen Teil, der den Zehner ergänzt, und in einen anderen Teil, der ihn überschreitet, sowie die jeweils ins Spiel tretenden Zahlenverhältnisse« (Aebli 1976). Entscheidend ist also die *Idee* des Lösungsweges, die *Strategie* für ein *grundsätzliches* Vorgehen bei allen Aufgaben dieser

Kategorie; und das ist etwas anderes und mehr als eine rezepthaft durchgeführte Handlung an konkretem Material (vgl. die unterschiedlichen Varianten zur Zehnerüberschreitung in Abschn. 2.1.6.1 und ihr Bezug zu o. g. Eigenschaften einer Gruppierung).

Im Abschn. 4.7 wird u. a. vor der Gefahr einer nur mechanischen Handhabung von Arbeitsmitteln gewarnt. In diesem Sinne *sinn-lose* Aktivitäten stellen also eher Aktionismus dar und sind dem eigentlichen Ziel, der zu erwerbenden Einsicht, wenig förderlich.[26]

»Manipuliert der Schüler nun sinnlos, versteht er nicht, was er tut, durchschaut er die *Struktur* der Handlung nicht, so nützt es ihm auch nichts, sich die Manipulationen, die er vollzogen hat, vorzustellen. Diese Tatsache zeigt vielleicht am allerdeutlichsten, dass die sinnvolle, verstandene Ausführung einer Operation nicht etwa dadurch charakterisiert ist, dass ihr ein Vorstellungsprozess parallel läuft. Es ist möglich, unverstandene Manipulationen auch innerlich zu vollziehen. Ein Schüler, der nicht begriffen hat, was bei der Überschreitung eines Zehners vor sich geht, [...] kann nicht nur lernen, alle diese Manipulationen auswendig auszuführen, er kann auch lernen, sich ihre Abfolge vorzustellen: deswegen braucht er dem Verständnis keinen Schritt näherzukommen. Entscheidend ist also bei der effektiven wie bei der innerlichen Ausführung einer Operation das Bewusstsein der im Spiele stehenden *Beziehungen*, die *Einsicht in die Struktur des geistigen Aktes*, die Synthese der Elemente zur Totalität der Operationsgestalt« (Aebli 1976, S. 142 f.; Hervorh. GKr).

Welches sind die unterrichtlichen Konsequenzen des Prinzips? Wittmann (1985) hat in einem viel zitierten Aufsatz, dessen Titel gleichsam den Kern des Prinzips stichwortartig beschreibt (›Objekte – Operationen – Wirkungen‹), u. a. Beispiele[27] operativer Vorgehensweisen aus Alltag und Schule beschrieben und darauf bezogen das operative Prinzip der Mathematikdidaktik wie folgt formuliert:

»*Objekte* erfassen bedeutet, zu erforschen, wie sie *konstruiert* sind und wie sie sich *verhalten*, wenn auf sie *Operationen* (Transformationen, Handlungen, ...) ausgeübt werden. Daher muss man im Lern- oder Erkenntnisprozess in systematischer Weise

(1) untersuchen, welche *Operationen* ausführbar und wie miteinander verknüpft sind,
(2) herausfinden, welche *Eigenschaften* und *Beziehungen* den Objekten durch Konstruktion *aufgeprägt* werden,
(3) beobachten, welche *Wirkungen* Operationen auf *Eigenschaften* und *Beziehungen* der Objekte haben (Was geschieht mit ..., wenn ...?)« (Wittmann 1985, S. 9; Hervorh. i. Orig.)

Dazu ein einfaches Unterrichtsbeispiel, *Verdoppeln mit dem Spiegel* (vgl. Wittmann und Müller 2012a, S. 48): Vorgegeben sind verschiedene Anzahlen in Form von Punkt-

---

[26] Auch manches ›Tätigsein‹ im Rahmen sogenannter Rechenspiele müsste kritischer daraufhin untersucht werden, ob es zu Recht die Zuschreibung einer Aktivität i. S. enaktiven Tuns erfüllt (vgl. Abschn. 3.1.3).

[27] Sie verkörpern damit einen der o. g. Aspekte der Piaget'schen Theorie: »Das erkennende Subjekt wirkt durch seine Handlungen auf Gegenstände ein und beobachtet die Wirkungen seiner Handlungen [...]. Bekannte Wirkungen werden antizipierend zur Erreichung bestimmter Ziele eingesetzt [...]. Wissen ist keine vorgefertigte Sache, sondern wird vom erkennenden Subjekt in Wechselwirkung mit der Realität konstruiert« (Wittmann 1985, S. 7).

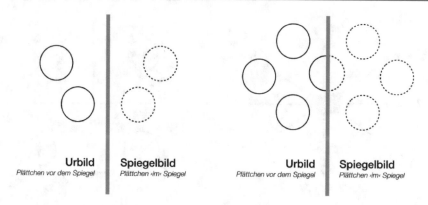

| **Urbild** | **Spiegelbild** | **Urbild** | **Spiegelbild** |
| *Plättchen vor dem Spiegel* | *Plättchen ›im‹ Spiegel* | *Plättchen vor dem Spiegel* | *Plättchen ›im‹ Spiegel* |

Abb. 3.18 Verdoppeln mit dem Spiegel

mustern (z. B. mit Wendeplättchen gelegt; s. Abb. 3.18). Durch Spiegeln an der einge-
zeichneten Spiegelachse (bzw. durch entsprechendes Aufstellen/Verschieben eines Hand-
spiegels) lassen sich unterschiedliche Anzahlen bestimmen (Summe von Plättchen *vor*
und *im* Spiegel). Auch lassen sich gezielt Anzahlen herstellen, je nachdem, wie der Spiegel außerhalb oder auch *innerhalb* des Musters platziert wird.

Bezogen auf das operative Prinzip lassen sich folgende Zuordnungen vornehmen:

Objekte	Operationen	Wirkungen
Plättchen *vor* dem Spiegel, *im* Spiegel und *Gesamtanzahl*	Versetzen oder Verschieben des Spiegels	Wie ändert sich die Anzahl der Plättchen?

Ziel dieser Aktivität ist es, dass die Kinder beobachten, welche Wirkungen bestimmte Veränderungen der Spiegelpositionierung auf die Anzahlen haben, bis hin zu gezielten
Fragestellungen wie z. B.: Kann man den Spiegel so stellen, dass (als Gesamtanzahl der
Punkte vor und im Spiegel) genau 3, 4, 5, ... Plättchen zu sehen sind? Welches ist die
kleinste, welches die größte Anzahl, die man auf diese Weise herstellen kann (Wirkung
kennen, Operation gesucht)? Gibt es für eine bestimmte Anzahl mehrere (*wesentlich* verschiedene) Möglichkeiten (Invarianz)?

Zentral ist also der Zusammenhang zwischen den möglichen Handlungen (Operationen), die auf gegebene Objekte angewandt werden, und den daraus resultierenden Wirkungen. Dies zeigt auch das folgende Beispiel aus dem 2. Schuljahr, bei dem es um die
operative Durcharbeitung des Einmaleins geht, hier durch die vorgegebene Ausgangsauf-
gabe $8 \cdot 7$:

Objekte	Operationen	Wirkungen
Produkte $a \cdot b$	Verändern der Faktoren a, b (Vergrößern, Verkleinern, Vertauschen, Zerlegen)	Was geschieht mit dem Wert des Produktes?

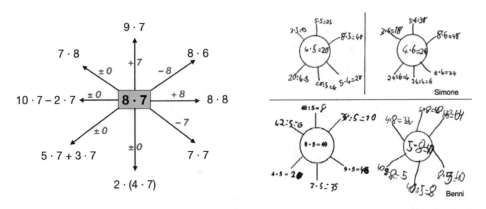

Abb. 3.19 Operative Durcharbeitung bei Einmaleins-Aufgaben. (Rechts: © Selter 1994, S. 172)

Abb. 3.19 zeigt links das Beziehungsnetz der Aufgaben, die durch operative Variationen gewonnen werden können. Dieses Aufgabengeflecht gilt es für die Kinder anzustreben, um ihnen zunehmende Flexibilität zu ermöglichen. Der rechte Teil der Abbildung zeigt entsprechende Beispiele von Kindern, die zu bestimmten Einmaleins-Aufgaben deren ›verwandte‹ Aufgaben gesucht haben:

Mit der folgenden Aufgabenanregung können Sie selbst einmal operative Variationen systematisch untersuchen[28]:

Operative Übungen an der Stellentafel[29]

- Wie viele verschiedene Zahlen kann man in einer dreispaltigen Stellentafel (H│Z│E) mit einem, mit zwei und mit drei Plättchen darstellen? Wie kann man sichergehen, keine Zahl vergessen zu haben?
- Stellen Sie eine beliebige Zahl in einer vierspaltigen Stellentafel dar (T│H│Z│E). Verschieben Sie nun ein beliebiges Plättchen in andere Spalten und beobachten Sie die Wirkung auf die Wertveränderung der Zahl. Was fällt auf?
- Finden Sie alle prinzipiellen Möglichkeiten, ein Plättchen in einer vierspaltigen Stellentafel zu verschieben! Was bedeuten diese Verschiebungen jeweils arithmetisch (für den Wert der Zahlen)?

---

[28] Beachten Sie die Verbindungen zu Abschn. 4.7.6 (Arbeitsmittel zur Zahldarstellung und als Argumentations- und Beweismittel) und zu Abschn. 2.1.5.1.

[29] Solche Lege- und Schiebeübungen sind kein Selbstzweck oder gar Spielerei! Ihr Wert liegt nicht nur im Verständnis des Stellenwertsystems und des Aufbaus unserer Zahlen; er zeigt sich auch später wieder in anderen Zusammenhängen (auch bereits der Grundschulmathematik), die nur dann

Wie in Fußnote 17 (Abschn. 3.3) angekündigt, soll dieser Abschnitt beschlossen werden mit einer grundsätzlicheren Diskussionsanregung: Käpnick (2014) hält die Konstruktion und Nutzung didaktischer Prinzipien generell für problematisch und stellt daher grundsätzlich infrage, dass sie die ihnen zugedachte Orientierungsfunktion überhaupt erfüllen können.

Setzen Sie sich (bevor sie unten weiterlesen und am besten in einer Kleingruppe) nach entsprechender Lektüre mit Käpnicks Argumenten (2014, S. 60) auseinander, die da lauten:

- Die Wirkung und die Relevanz didaktischer Prinzipien in der Schulpraxis sind bislang empirisch kaum untersucht.
- Sie sind nicht immer eindeutig, sondern sehr breit interpretierbar.
- Bei ihrer Generalisierung besteht die Gefahr, dass die individuellen Unterschiede der Kinder einer Lerngruppe außer Acht gelassen werden.

Vielleicht hat Ihre Diskussion auch das eine oder andere Argument der folgenden Kommentierung[30] der Thesen Käpnicks enthalten:

1.) Unterschiedliche Hintergrundtheorien, wie z. B. verschiedene Auffassungen von Lernen und Lehren, könnten zu unterschiedlichen und auch widersprüchlichen didaktischen Prinzipien führen.
Das ist vielleicht eher weniger ein Problem, sondern naturgemäß der Fall. Bereits vor über 50 Jahren hat Oehl dies benannt und konstruktiv gewendet. Denn selbst mit einem konsistenten Hintergrundverständnis sind didaktische Prinzipien nicht immer zwingend widerspruchsfrei. Vielmehr ist davon auszugehen, »dass ein didaktisches Prinzip niemals dogmatische Bedeutung erreichen darf und kann. Im Unterrichtsablauf kommt es immer wieder zu Situationen, in denen sich verschiedene Prinzipien entgegenstehen, obwohl jedes Prinzip, für sich betrachtet, ›richtig‹ ist. Es ist dann der Urteilsfähigkeit des Lehrers überlassen, welchem Prinzip er in der jeweiligen Situation den Vorrang geben muss« (Oehl 1965, S. 42). So versteht sich dann wohl auch die Aufgabe für die Leserinnen und Leser, zu der Käpnick (2014, S. 61) eine Seite später anregt, wenn er schreibt: »Welche mathematikdidaktischen Prinzipien können als Orientierung für Ihren Mathematikunterricht

---

gehaltvoll durchgearbeitet werden können, wenn auf solide Vorerfahrungen etwa aus der o. g. Aufgabenstellung zurückgegriffen werden kann: Begründungen zur (Nicht-)Lösbarkeit von Aufgaben im Rahmen von Übungen zu schriftlichen Rechenverfahren etwa greifen darauf zurück (vgl. die Übungsform *Möglichst nahe an* in Wittmann und Müller 1992, S. 119 f. bzw. auch in Abschn. 1.3.1) oder die Neunerprobe, bei der Teilungsreste eine Rolle spielen, zur Durchdringung und Begründung von Teilbarkeitsregeln, insbesondere Quersummenregeln (vgl. Padberg und Büchter 2015; Winter 1983, 1985b).

[30] Die Kommentierungen verstehen sich ausdrücklich nicht als letzte Antworten, sondern als Diskussionsbeitrag und Rampe für weitere argumentative Diskurse.

dienen? Begründen Sie Ihre Auswahl.« Wäre diese Frage nicht obsolet, wenn didaktische
Prinzipien tatsächlich die ihnen zugedachte Orientierungsfunktion nicht erfüllen können?

**2.) Wirkung und Relevanz didaktischer Prinzipien seien in der Schulpraxis bislang
empirisch kaum untersucht.**
Bei diesem Einwand fragt sich zum einen, welche empirische Untersuchungspraxis gemeint oder erwartet wird. Keines der Prinzipien hängt insofern ›in der Luft‹, als dass
es keine Diskussion und Erfahrungsberichte in der Literatur gäbe. Und falls *quantitative*
Wirksamkeitsbelege gemeint sein sollten, so wäre die Frage, wie diese zustande kommen
könnten. Wie misst man die Wirksamkeit der Zone der nächsten Entwicklung? Und welche Aussagekraft hätte das Ergebnis (wenn man bedenkt, mit welchen Verlusten man beim
Prozess des Messbarmachens rechnen muss)? Abgesehen davon: Wo stünde der Mathematikunterricht der Grundschule heute, wenn man stets auf operationalisierte Messwerte
und quantitative Belege gewartet hätte oder warten würde?

**3.) Didaktische Prinzipien seien nicht immer eindeutig, sondern sehr breit
interpretierbar.**
Auch dies scheint in der Natur der Sache zu liegen, weil didaktische Prinzipien nicht als
unmissverständliche Handlungsanweisungen formuliert sind. Am Beispiel der natürlichen
Differenzierung (vgl. Abschn. 4.6), einem vergleichsweise jungen Konzept, lässt sich bei
einem Blick in die Lehrerzeitschriften leicht ablesen, dass offenkundig *sehr* unterschiedliches Unterrichtshandeln gleichermaßen mit diesem Etikett versehen wird. In Anlehnung
an einen bekannten Werbespruch gilt auch hier: Nicht überall, wo natürliche Differenzierung draufsteht, ist auch natürliche Differenzierung drin. Aber soll man die fehlende
Eindeutigkeit und die potenzielle Mehrdeutigkeit, die naturgemäß jeder nicht eindimensionalen, sondern komplexen Idee eigen ist, als K.-o.-Argument verstehen und sie daher
erst gar nicht als Prinzip formulieren? Und zu Ende gedacht: Was würde es bedeuten, generell und gänzlich auf die Formulierung didaktischer Prinzipien zu verzichten? Was wäre
die Alternative?

**4.) Bei ihrer Generalisierung bestünde die Gefahr, dass die individuellen
Unterschiede der Kinder einer Lerngruppe außer Acht gelassen würden.**
Diese befürchtete Gefahr ist vermutlich mit jedweder Generalisierung (wessen auch immer) verbunden. Die Frage wäre dann: Wie groß ist diese Gefahr ..., v. a. solange man
davon ausgeht, dass didaktische Prinzipien in den Händen professioneller Lehrerinnen und
Lehrer genutzt und wirksam werden? Diese werden auch wissen, dass solche Prinzipien
nicht das einzige Bezugssystem für ihren Unterricht darstellen und integrativ mit Theori-
en und Erkenntnissen auf anderen Ebenen, aus anderen Bereichen zu sehen und verstehen
sind. Wie oben bereits von Oehl zitiert: Didaktische Prinzipien sind kein Dogma. Aber sie
können – wohlverstanden und genutzt! – eine durchaus hilfreiche Orientierungsfunktion
wahrnehmen. Das schließt zum einen die genannten Probleme naturgemäß mit ein, und
zum anderen entlässt es die Lehrperson nicht aus der Verantwortung, selbst nachzudenken
und sach- wie kindgerechte Entscheidungen zu treffen.

Organisation von Lernprozessen

Lernprozesse sach- *und* adressatengerecht zu organisieren, bedeutet weitaus mehr als eine themenfixierte Planung am grünen Tisch und die methodische Ablauforganisation einer Unterrichtsstunde (Gruppenarbeit, Einzelarbeit? Welche Arbeitsblätter und andere Materialien?). Schließlich ist die Metapher des *Beibringens*, das ist Konsens in der fachdidaktischen Forschung, nicht nur überholt (vgl. Kap. 3), sondern – wenn man genauer hinschaut, auf Nachhaltigkeit des Lernens Wert legt und sich nicht von Oberflächenphänomenen blenden lässt – auch unwirksam. Weder reicht es aus, noch ist es faktisch möglich, im Sinne der *broadcast*-Metapher Wissenselemente aus dem Kopf der Lehrperson in die Köpfe der Lernenden zu transferieren (vgl. Krauthausen 1998c).

Die Komplexität der involvierten Aspekte für das, was in diesem Kapitel *Organisation von Lernprozessen* genannt wird, liegt in der Natur der Sache. Folglich führt ihre Simplifizierung, z. B. in Gestalt allzu vereinfachender Rezepte, zu erwartbaren Einschränkungen – für die Authentizität und Sachrichtigkeit des Lerngegenstandes und/oder für die Effizienz und Nachhaltigkeit der Lernmotivation sowie des Lernerfolgs bei Schülerinnen und Schülern.

Komplexität bedeutet weiterhin, dass es im Hinblick auf Entscheidungen eine Fülle von Einflussfaktoren gibt – erwartbare, planbare, aber auch situative und spontan überraschende. Letztere müssen keineswegs bedauernd zur Kenntnis oder hingenommen werden, denn sie haben einen nicht geringen Anteil an der Tatsache, dass der Lehrberuf ausgesprochen viel und lange Freude, Lebendigkeit und Erfüllung für diejenigen Lehrkräfte bereithalten kann, die sich dieser Komplexität stellen und produktiv mit ihr umgehen wollen/können (›Beruf-ung‹). Eine Beschränkung auf schlichte methodische Rezeptologien birgt hingegen die Gefahr baldiger beruflicher Unzufriedenheit und Frustration (die schnell auf die Kinder abfärbt!).

Gleichzeitig kann diese Fülle an Einflussfaktoren aber auch zu der Einsicht führen, dass man sie von außen (als Lehrkraft, die für Lernende Unterricht und Lernprozesse plant) naturgemäß(!) niemals vollends kontrollieren kann. Lernen lässt sich nie von außen determinieren, wohl aber kann man durchaus manches dafür tun, um die Wahrscheinlichkeit

G. Krauthausen, *Einführung in die Mathematikdidaktik – Grundschule*,
Mathematik Primarstufe und Sekundarstufe I + II,
https://doi.org/10.1007/978-3-662-54692-5_4

dafür zu erhöhen, dass sich wünschenswerte Lernprozesse ereignen können. Das klingt zugegebenermaßen bescheiden, sehr bescheiden, ist aber vermutlich eine realistische Perspektive. Niemand wird wohl (wann auch immer) an den Punkt gelangen, von dem aus man nur noch ›perfekten‹ Unterricht (Was ist das … ?) erteilt. Es ist, wie Heinrich Winter einmal anmerkte, wie mit der Forderung, ein guter Mensch zu sein: Man wird es nicht *in Gänze* erreichen, man kann immer nur auf dem Weg dahin sein. Entscheidend dabei ist aber, dass man sich überhaupt und tatsächlich auf den Weg macht …

Bei all dem liegt es natürlich auch auf der Hand, dass in einem Kapitel mit der o. g. Überschrift bei Weitem nicht alle relevanten Aspekte dieses Titels Erwähnung finden können. Die Unterabschnitte stellen also eine Auswahl dar, die entweder unter dem Blickwinkel potenzieller bzw. beobachteter Realisierungsschwierigkeiten im alltäglichen Unterricht erfolgte oder aufgrund der gewachsenen Bedeutung durch den Paradigmenwechsel im Verständnis von Lernen und Lehren.

4.1 Standortbestimmungen/Vorkenntnisse

4.1.1 Ein Einführungsbeispiel

Zur Einführung in diese Thematik mögen exemplarisch einige Ergebnisse einer Untersuchung dienen, die im Kindergarten vor dem offiziellen Schulbeginn durchgeführt wurde (vgl. Hasemann 2001; Hasemann und Gasteiger 2014, S. 26 ff.). Ausgewählt sind hier zwei Aufgaben aus einem umfangreicheren Test, der insgesamt die folgenden Kompetenzen überprüfte: qualitatives Vergleichen, Klassifizieren, Eins-zu-eins-Zuordnung, Erkennen von Reihenfolgen, Gebrauch von Zahlwörtern, Zählen mit Zeigen, Zählen ohne Zeigen und einfaches Rechnen (vgl. Hasemann und Gasteiger 2014)[1].

Abb. 4.1 zeigt eine Aufgabe zur multiplen Seriation, bei der die Hunde größenmäßig den passenden Stöcken zugeordnet werden sollten. Aufgaben dieses Bereichs wurden im Juni vor Schulbeginn von ca. 54 % der Kinder korrekt gelöst ($N = 306$; vgl. Hasemann 2001).

Abb. 4.2 zeigt eine Aufgabe zur Eins-zu-eins-Zuordnung, hier die Zuordnung von Kerzen und Kerzenhaltern. Derartige Problemstellungen lösten ca. 72 % der Kindergartenkinder korrekt (Van Luit et al. 2001).

Warum werden Kindergartenkindern derartige Aufgaben gestellt? Sicherlich nicht, um zu überprüfen, ob der Kindergarten ihnen zu diesen Kenntnissen verholfen hat, sozusagen als Überprüfung der Kindergartenarbeit. Vielmehr geht es hierbei um die Erforschung von *Vor*kenntnissen, um die Frage, über welches Wissen Kinder *vor* einer offiziellen Behand-

---

[1] Die deutsche Fassung dieses im Original holländischen Tests ist 2001 als OTZ (Osnabrücker Test zur Zahlbegriffsentwicklung) erschienen (vgl. Van Luit et al. 2001).

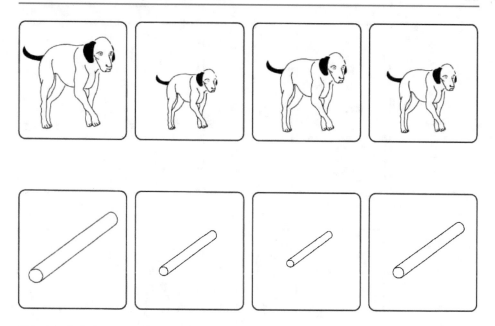

Abb. 4.1 Aufgabe zur multiplen Seriation. (© Van Luit et al. 2001)

lung im Unterricht schon verfügen. Derartige Untersuchungen haben in der Vergangenheit gezeigt, dass Kindergartenkinder durchaus mit schulischen Inhalten angemessen umgehen können (vgl. z. B. Fragnière et al. 1999; Franke und Reinhold 2016, S. 148 ff.; Steinweg 1996): »Das Erstaunliche an meinen Erfahrungen ist, dass Kinder im Vorschulalter fähig und willens sind, sehr komplizierten, abstrakten, mathematischen Gedankengängen begeistert zu folgen. Jedoch gibt es eine wesentliche Einschränkung: Die Phasen der extremen und bewundernswerten Konzentration sind äußerst kurz, sie liegen im Minutenbereich« (Beutelspacher 1993, S. 277).

Die Intention der obigen Untersuchung war einerseits, die vorhandenen, aber auch die noch unzureichenden Kompetenzen mit den Anforderungen gängiger Schulbücher zu vergleichen. Es stellte sich die Frage, inwieweit die Lehrwerke und damit auch der spätere Unterricht derartige Untersuchungsergebnisse angemessen berücksichtigen. Hierbei zeigte sich nicht unbedingt eine Passung, und weitere Untersuchungen – verbunden mit entsprechenden Konsequenzen für die Konzeption von Lehrwerken – sind sicherlich wünschenswert. Der zweite Fokus der Untersuchung war die genauere Analyse von Lösungsstrategien im Vergleich leistungsschwacher und leistungsstarker Kinder: »Viele dieser Unterschiede in den Strategien der Kinder deuten nicht auf Unterschiede im Entwicklungstempo, sondern in der *Art ihres Denkens* hin« (Hasemann und Gasteiger 2014, S. 34; Hervorh. im Orig.).

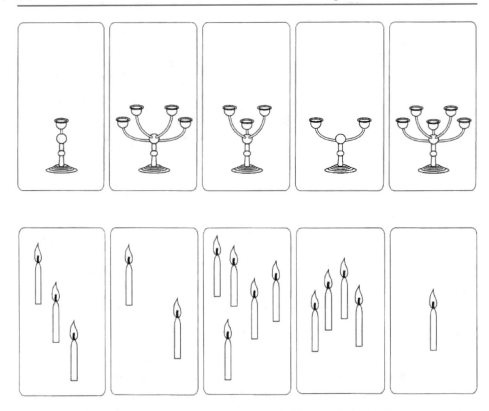

Abb. 4.2 Aufgabe zur Eins-zu-eins-Zuordnung aus OTZ. (© Van Luit et al. 2001)

4.1.2 Ziele von Standortbestimmungen und Vorkenntniserhebungen

Individuelle Förderung und ein sachgerechter Unterricht können nur dann gelingen, wenn zuvor die individuell unterschiedlichen Lernausgangslagen der Kinder bekannt sind. Zu deren Erhebung gibt es verschiedene Ansätze und Methoden, z. B. die bei Voßmeier (2012, S. 55 ff.) beschriebenen:

- Klinische Interviews
- Klassenarbeiten
- Schulleistungstests und standardisierte Tests
- Diagnostische Aufgabensätze
- Bildsachaufgaben
- Offene Aufgaben
- Diagnosematerialien der Lehrmittelverlage

Ein weiteres Instrument, die sogenannte *Standortbestimmung*, wurde in der Untersuchung von Voßmeier (2012) sowohl theoretisch als auch praktisch intensiver ausgearbeitet.

Dabei wurden explizit auch die Interessen und Erfahrungen der Schülerinnen und Schüler sowie auch der Lehrpersonen mit diesem Instrument thematisiert.

»Unter einer schriftlichen Standortbestimmung wird der Einsatz von schriftlich gestellten, systematisch ausgewählten Aufgaben verstanden, die von der ganzen Klasse gleichzeitig bearbeitet werden können und dem Lehrer einen Überblick über den aktuellen Lernstand der einzelnen Kinder bezüglich des ausgewählten Themas geben« (Voßmeier 2012, S. 1).

Welches Instrumentarium man auch einsetzen mag: Warum bzw. wozu ist die Erforschung von Vorkenntnissen so relevant? Einerseits sicherlich, weil Kinder häufig anders vorgehen, als Erwachsene es gewohnt sind, als Erwachsene es von Kindern vermuten, aber auch weil Kinder anders als andere Kinder vorgehen, ja sogar anders als sie selbst gerade eben noch bei ein und derselben Aufgabe (vgl. Selter und Spiegel 1997, S. 10). Zum anderen ist auch durch den Paradigmenwechsel im Verständnis von Lernen und Lehren das vorhandene Wissen eines Individuums bewusster in den Blick gelangt. Im Sinne des genetischen Prinzips ist Lernen immer nur ein Weiterlernen, und daher ist es sinnvoll, bereits vorhandenes Wissen (und sei es noch so rudimentär und tentativ) aufzugreifen und daran anzuknüpfen. »Standortbestimmungen [...] dienen dem Ermitteln bereits erworbener Kenntnisse und Fähigkeiten in einem Rahmenthema, dessen Behandlung im Unterricht bevorsteht« (Hengartner 1999a, S. 15). Dabei sind die individuellen Leistungsstände, Vorerfahrungen und Denkweisen für jede Art von Lernprozess wesentlich.

Ist es aber dann nicht widersprüchlich, dass es Lehrwerke und Unterrichtsvorschläge gibt, an denen sich die Lehrerin orientieren soll? Vorgaben wie Bildungspläne, Bildungsstandards oder das jeweilige Schulbuch (als Leitmedium) sind Anhaltspunkte, sie spiegeln *im Durchschnitt* erwartbare/erwartete Leistungen wider und sind als Orientierungsgrundlage auch notwendig. Sie müssen jedoch nicht zwingend den *tatsächlichen* Leistungsstand der Klasse und einzelner Schülerinnen und Schüler wiedergeben, können u. U. sogar stark abweichen. In Abschn. 4.1.2 wurden bereits Untersuchungsergebnisse bei Schulanfängern angedeutet (zu Übersichten über entsprechende Untersuchungsergebnisse zur Zählfähigkeit, Ziffernkenntnis o. Ä. vgl. Aubrey 1997; Padberg und Benz 2011, S. 17 ff.; Radatz und Schipper 1983, S. 48; Schmidt 1982a, 1982b; Schmidt und Weiser 1982).

In Untersuchungen mit sehr großen Schülerzahlen – z. B. von Van den Heuvel-Panhuizen (1990), repliziert u. a. von Selter (1995b) – wurden darüber hinaus auch für andere Teilbereiche mathematische Vorerfahrungen erkennbar. Es zeigte sich, dass die Vorkenntnisse heutiger Schulanfänger (im statistischen Durchschnitt) so groß sind, dass die Annahme, am Schulanfang *beginne* der eigentliche Erstkontakt der Kinder mit der Mathematik und eventuelles Vorwissen sei eher marginal, zumindest keine tragfähige Basis für das schulische Mathematiklernen mehr ist. Darüber hinaus haben diese Untersuchungen auch immer wieder zu dem nachdenkenswerten Ergebnis geführt, dass die Vorabbefragung von Lehrenden über die *vermutete* Leistungsfähigkeit ihrer Kinder angesichts der ihnen anschließend vorgelegten Aufgabenstellungen deutlich *unter* den dann erhobenen *tatsächlichen* Leistungen der Kinder lag (vgl. Selter 1995b). Einschränkend muss man jedoch sagen, dass in manchen Untersuchungen die Lehrereinschätzungen sehr heterogen und

– u. a. in Abhängigkeit von der jeweiligen Aufgabe – durchaus Überschätzungen der Schülerleistungen anzutreffen waren (vgl. z. B. Grassmann 2000, 5 f.; Grassmann et al. 2002). Insgesamt scheinen Lehrende aber dazu zu neigen, die Vorkenntnisse und die Leistungsfähigkeit ihrer Kinder eher zu *unter*schätzen als zu überschätzen. Dies ist insofern bemerkenswert, als daraus leicht die Gefahr einer Unterrichtsorganisation resultieren kann, die Kinder tendenziell auch *unter*fordert, was wiederum bedenkliche Effekte für Motivation und Lernverhalten dieser Kinder wahrscheinlicher macht.

Untersuchungen wie diese können – sachgerecht interpretiert – v. a. für einen unvoreingenommenen Blick auf die *tatsächlichen* Gegebenheiten und Erfordernisse einer spezifischen Lerngruppe sensibilisieren. Es hieße sie aber überzuinterpretieren, würde man in eine unkritische ›Kompetenzeuphorie‹ verfallen, »die überall ›kleine Genies‹ vermutet« (Selter 1995b, S. 18). Die Ergebnisse können aber dabei helfen, »neben dem diffusen – keinesfalls zu niedrig anzusetzenden – Kompetenzprofil der eigenen Schulklasse eine differenziertere Einschätzung zu erhalten, die der Heterogenität der Leistungen einzelner Schüler in hinreichendem Maße Rechnung trägt« (Selter (1995b). Schipper (1998) weist deutlich relativierend auch auf die Gefahr hin, mögliche Probleme des Untersuchungsdesigns solcher Umfragen und damit v. a. der Interpretationen der Ergebnisse aus den Augen zu verlieren oder zu unterschätzen.

Hier wie überhaupt, so kann man wohl zusammenfassen, sind eine sachgerechte Interpretation und Bewertung von Untersuchungsergebnissen sowie die Rahmenbedingungen ihrer Erhebung zu beachten; vor Übergeneralisierungen ist zu warnen. Bei allen berechtigten Einschränkungen ist aber die Botschaft als solche wohl inzwischen konsensfähig, dass die Unterrichtsgestaltung (und dies nicht nur am Schulanfang) stärker und bewusster als manchmal geschehen an den *tatsächlichen* Vorerfahrungen der Lernenden auszurichten ist; und dazu sind differenzierte diagnostische Verfahren und entsprechende Kompetenzen der Lehrenden erforderlich.

Der mathematische Anfangsunterricht sollte also nicht der ›Fiktivität der Stunde Null‹ (Selter 1995b) erliegen. Er muss vielmehr die individuellen oder informellen Vorerfahrungen der Lernenden ernst nehmen und sie als hilfreichen und effektiven Ausgangspunkt für weitere, dann auch systematischere Lernprozesse nutzbar machen. Eine verfrühte Orientierung am Maßstab der ›offiziellen‹ Mathematik als Fertigprodukt kann sich kontraproduktiv auf das weitere Lernen auswirken, und der vermeintliche Zeitvorteil durch schnelles Durchstarten zu dem, wie es einmal ›richtig gekonnt‹ sein soll, wird sich mit großer Wahrscheinlichkeit in sein Gegenteil verkehren, da immer wieder neu angesetzt, aufgegriffen oder grundgelegt werden muss, was vorher vielleicht zu sehr unterschätzt wurde.

Zahlreiche Untersuchungen sind in der Vergangenheit (neben den bereits genannten) zu den verschiedensten arithmetischen Kompetenzen von Grundschulkindern durchgeführt worden (u. a. Spiegel 1979; Selter 1995b; Hengartner (Hg.) 1999; Hengartner und Röthlisberger 1994; Grassmann 2000; Grassmann et al. 2002, 2005; Grüssing 2009; Moser Opitz 1999). Hinsichtlich geometrischer Inhaltsbereiche stehen umfangreiche Untersuchungen noch aus (vgl. aber Deutscher 2012); am Ende dieses Abschnitts werden aber einige noch Erwähnung finden.

Standortbestimmungen sollten übrigens nicht nur zum Schuleintritt durchgeführt werden, etwa in Form von Schulreifetests, sondern immer wieder im Verlaufe der Grundschulzeit im Vorfeld neu zu behandelnder Themenbereiche. Denn Standortbestimmungen liefern Informationen zu . . .

- Vorkenntnissen, d. h. über Wissen, das *vor* der offiziellen Thematisierung bereits vorhanden ist.
- Defiziten oder möglichen Fehlvorstellungen. Von Vorteil ist dabei, dass solche Fehlvorstellungen früh erkannt und damit auch früh korrigiert werden können.
- empfehlenswerten unterrichtlichen Vorgehensweisen wie z. B. Förder- und Differenzierungsangeboten.

Prinzipiell ist bei Standortbestimmungen, seien sie nun als Tests oder Interviews[2] durchgeführt, wichtig, dass den Kindern bewusst ist, dass es sich hierbei nicht um Lernkontrollen handelt: Man möchte erfahren, was die Kinder *schon* wissen (vgl. Scherer 1999b, 2005a) und welche eigenen, informellen Strategien sie verwenden. Es geht nicht um das Abprüfen gelernter Vorgehensweisen oder Aufgabentypen!

4.1.3 Methodische Überlegungen

Standortbestimmungen können mit sehr unterschiedlichen Methoden durchgeführt werden. Je nach Intention oder Erkenntnisinteresse der Erhebung, aber auch in Abhängigkeit von den gegebenen Möglichkeiten wird man die eine oder andere Methode wählen. So ist manchmal eine Realisierung von Einzeltests oder -interviews zeitlich oder aus anderen Gründen kaum oder gar nicht möglich, auch wenn man gerne individuelle Informationen gewinnen möchte; in diesen Fällen wird man auf Gruppentests zurückgreifen müssen. Darüber hinaus besteht die Möglichkeit informeller Erhebungsmethoden, die integriert im Rahmen des alltäglichen Unterrichts realisiert werden können.

Zur Illustration diene ein Beispiel, das sich am Ende eines 2. Schuljahres ereignete. Die Lehrerin sagte den Kindern, dass sie bald in die 3. Klasse kommen und ihnen dort noch größere Zahlen begegnen werden. Auf die Frage, ob sie schon größere Zahlen kennen, waren die Kinder kaum zu halten und nannten etwa *200, 300, 400, 500,* aber auch *155, 166, 190* oder *9900, 9999, 9.999.999* (Wieland 1997, S. 57). Aber nicht nur zu Zahlen, sondern auch zu Zahloperationen konnten sich die Kinder frei äußern (vgl. Abb. 4.3):

Ollis Arbeit zeigt Aufgaben zu unterschiedlichen Operationen, hin und wieder mit kleinen Rechenfehlern. Insgesamt aber sind seine Fähigkeiten erstaunlich, nicht zuletzt

---

[2] Zu verschiedenen Methoden der Vorkenntniserhebung vgl. Voßmeier (2012, S. 49 ff.), speziell zu klinischen Interviews vgl. auch Abschn. 4.3.3 sowie Selter und Spiegel 1997, S. 100 ff.

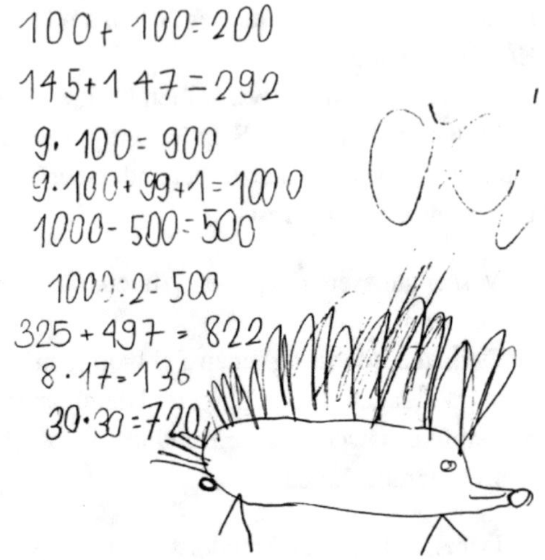

Abb. 4.3 Ollis selbst gewählte Aufgaben am Ende des
2. Schuljahres. (© Wieland
1997, S. 59)

$$100 + 100 = 200$$
$$145 + 147 = 292$$
$$9 \cdot 100 = 900$$
$$9 \cdot 100 + 99 + 1 = 1000$$
$$1000 - 500 = 500$$
$$1000 : 2 = 500$$
$$325 + 497 = 822$$
$$8 \cdot 17 = 136$$
$$30 \cdot 30 = 720$$

auch seine verbalen Erklärungen der Rechenstrategien, exemplarisch für die Aufgabe
$325 + 497$: »Zuerst 300 und 400. Das gibt 700. Dann habe ich 97 und drei genommen.
Das gibt dann 800. Dann war es ganz leicht. Von den 25 habe ich drei weniger genom-
men, weil ich bei den 97 drei mehr genommen habe. Das sind dann 822« (Wieland 1997,
S. 57, S. 59). Und Wieland kommentiert: »Hand aufs Herz. Wer von uns Erwachsenen
wäre auf die Idee gekommen, so zu rechnen?« (Wieland 1997, S. 57, S. 59) Dass solche
Ergebnisse kein Einzelfall sind, zeigen auch andere Untersuchungen bzw. Erfahrungsberichte, z. B. Hengartner (Hg.) 1999; Piechotta 1995; Selter 1994, S. 140 ff.

Recht häufig werden bei Standortbestimmungen auch Kontextaufgaben eingesetzt, die
eine Reihe von Vorteilen bieten (vgl. Van den Heuvel-Panhuizen 1996, S. 93 ff.): Nutzt
man zur Präsentation bildliche Darstellungen, so kann man die oft mühevolle Textbewäl-
tigung vermeiden[3]. Hinzu kommt, dass ein Kontext oftmals unterschiedliche Strategien
provoziert und auch auf diese Weise das vorhandene Leistungsvermögen besser widerspiegelt. Zur Illustration sei kurz das *Eisbärproblem* (Abb. 4.4) mit einigen Lösungsstrategien
von Grundschulkindern skizziert (vgl. Van den Heuvel-Panhuizen 1996, 94 f.).

Mit dem Aufgabenblatt wurde den Kindern folgende Frage vorgelesen: »Ein Eisbär
wiegt 500 kg. Wie viele Kinder wiegen genauso viel wie ein Eisbär? Notiere deine Lösung
im freien Kästchen. Wenn du willst, kannst du das Schmierpapier benutzen.« Denkbar
wäre natürlich, dass die Kinder zunächst das ungefähre Gewicht eines Eisbärs schätzen;
hier ging es jedoch um das Schätzen des eigenen Körpergewichts bzw. das eines Kindes
und die sich anschließenden Rechenstrategien.

---

[3] Damit soll nicht der Einsatz von Textaufgaben abgewertet werden. Man sollte sich jedoch bewusst
sein, dass der Einsatz von Textaufgaben in hohem Maße auch Text- und Sprachverständnis abtestet
und nicht nur die Fähigkeit, arithmetische Anforderungen und Kontextsituationen zu bewältigen.

Abb. 4.4 Das Eisbärproblem.
(© Van den Heuvel-Panhuizen
1996, S. 94)

Abb. 4.5 zeigt verschiedene Strategien von Drittklässlern, die zunächst einmal die verschiedenen Schätzungen für das Gewicht eines Kindes offenbaren (von 25 bis 35 kg, vgl. Van den Heuvel-Panhuizen 1996, S. 96 f.).

Bei den verwendeten Strategien überrascht möglicherweise, dass keines der Kinder die Divisionsschreibweise nutzte, obwohl diese den Drittklässlern bekannt war. Die Schüle-

Abb. 4.5 Lösungen von Drittklässlern zum Eisbärproblem.
(© Van den Heuvel-Panhuizen
1996, S. 96)

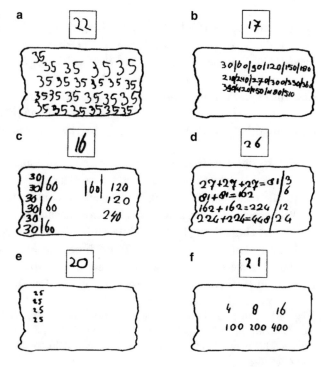

rinnen und Schüler lösten das Problem durch wiederholte Multiplikation, und dies geschah bspw. im Kopf (a), mit fortlaufender Notation des Zwischenergebnisses (b), durch Ausnutzen des Verdoppelns (c und d) oder in Form einer Verhältnistabelle (f).

4.1.4 Ausgewählte Untersuchungsergebnisse

Während also *kontextgebundene* Aufgaben recht häufig verwendet werden, um *arithmetische* Kompetenzen zu überprüfen[4], gibt es im Bereich des *klassischen Sachrechnens* (gemeint sind hier Problemstellungen, wie sie in Abschn. 2.3.3 thematisiert wurden) insgesamt nur wenige Untersuchungen zu Standortbestimmungen (vgl. Peter-Koop 2008). Ein Grund mag darin liegen, dass die Fähigkeit zur Bewältigung von Sachsituationen sehr komplex ist. Aus diesem Grund wird hier eine Untersuchung aus dem 6. Schuljahr herangezogen, in der es um einen Teilbereich des Sachrechnens, das Schätzen bzw. die Vorstellungen von Größen geht. Diese Erhebung soll zugleich deutlich machen, dass eine Standortbestimmung nicht nur positive Erkenntnisse bringen kann. Denn hierbei zeigte sich, dass das Wissen über Größen, obwohl sicherlich im Unterricht schon thematisiert, offenbar nur mangelhaft vorhanden ist.

Die Befragung von Schülerinnen und Schülern der 6. Klasse zeigte die folgenden unzureichenden *Größenvorstellungen* (Schüleräußerungen jeweils kursiv gesetzt; vgl. Grund 1992, S. 42):

Länge 1 dm: *Lehrertisch, Arm, Rasierklingenlänge, Zuckerwürfel, 2 Runden auf dem Sportplatz, Länge des Radiergummis*

Länge 1 km: *großer Raum, drei fünfstöckige Häuser, Länge eines Fußballfeldes, Stück der Autobahn, Stau*

Gewicht 1 kg: *Ei, Wasserball, Tüte Bonbons, Kalender, 10 Äpfel, Tafel Schokolade, 20 cm Wurst, 50 Briketts, Schulbank, Rennfahrer, Baby*

Gewicht 1 dt[5]:   *25 Schüler, volle Schultasche, Vase mit Blumen*

Hier können Unsicherheiten bzgl. der gefragten Einheit oder der genannten Objekte vorliegen. Solche Ergebnisse zeigen, dass weiterer Forschungsbedarf besteht und die überprüften Inhalte effektiver im Mathematikunterricht berücksichtigt werden müssten.

Weitere Erkenntnisse finden sich in den Erhebungen von Emmrich (2004), Petersen (1987) und Grassmann (1999a), bei denen Kinder zu vorgegebenen Objekten deren Gewicht oder Länge schätzen sollten. In der Erhebung von Petersen (1987) wurden Viert- und Fünftklässlern Schätzaufgaben aus dem Größenbereich *Gewicht* gestellt, die enorme Defizite offenbarten, nicht nur »bzgl. des reinen Vorstellungsvermögens, sondern auch

---

[4] Vgl. hierzu auch die Untersuchung von Krauthausen 1994, bei der Kinder innerhalb eines mathematikhaltigen, ganzheitlichen Sachkontexts mit Zahlen umgingen: Untersucht wurde bspw. die Art des Zählens, die Berücksichtigung verschiedener Zahlaspekte oder das Erkennen symmetrischer Zahlzerlegungen.

hinsichtlich der Einschätzung unmittelbar erfahrener Gewichte« (Petersen 1987, S. 18). Erkenntnisse zu anderen Größenbereichen wie etwa *Geld* oder *Zeit* finden sich bspw. für ersteres bei Scherer (2005a) und Grassmann et al. (2005), für letzteres bei Fragnière et al. (1999).

Mangelhafte Größenvorstellungen können durchaus auch bei Erwachsenen vorliegen. Sicherlich nicht in der o. g. gravierenden Weise, aber doch leicht und besonders dann, wenn man die 2. Dimension (z. B. Schätzen von Flächen) und erst recht die 3. Dimension (z. B. Schätzen von Rauminhalten) bedenkt (vgl. die Aufgabenstellung in Abschn. 2.3.5.2).

Im Folgenden werden fünf Beispiele zu verschiedenen Inhaltsbereichen und Schuljahren vorgestellt. Die ersten drei beziehen sich jeweils auf ein Schuljahr, die vierte und fünfte Untersuchung aus dem Bereich der Geometrie stellen einen Längsschnitt über die Grundschuljahre bzw. Förderschuljahre dar. Zu weiteren Beispielen aus dem Bereich der Arithmetik (kontextbezogen oder kontextfrei, für verschiedene Schuljahre) sei auf das Buch von Hengartner (Hg., 1999) verwiesen, das einen Fundus an Standortbestimmungen und kleineren Erkundungsprojekten enthält, jeweils durchgeführt von Studierenden und betreut vom Herausgeber. Die Auswahl der folgenden Beispiele erfolgte nicht nur mit Blick auf unterschiedliche Themen, sondern auch auf unterschiedliche Methoden. Dadurch soll deutlich werden, dass nicht immer umfangreiche und aufwendige Untersuchungen erforderlich sind[6], sondern auch im alltäglichen Unterricht gute Möglichkeiten bestehen.

1. Schuljahr: Multiplikation

Bei einer Nachfolgeuntersuchung zur bereits erwähnten Schulanfängererhebung (Van den Heuvel-Panhuizen 1990; Selter 1995b; in der Schweiz: Hengartner und Röthlisberger 1999) wurde den Erstklässlern neben den vorgesehenen Testaufgaben *irrtümlicherweise* schon zu Schuljahresbeginn die *Kerzenaufgabe* gestellt (Abb. 4.6; aus Van den Heuvel-Panhuizen 1990, S. 64, dort für das Ende des 1. Schuljahres vorgesehen): »*Es sollen 12 Kerzen gekauft werden. Kreuze an!*«

Dieser Testaufgabentyp ist bewusst so konzipiert, dass er unterschiedliche Lösungsmöglichkeiten bietet (vgl. Van den Heuvel-Panhuizen 1990, S. 63): Die Kinder können additiv vorgehen (z. B. $5+5+2$; $6+6$; ...) oder indem sie vier Dreierschachteln oder drei Viererschachteln ankreuzen, d. h. multiplikative Zusammenhänge ausnutzen.

Bei der genannten Untersuchung mit Erstklässlern zeigte sich, dass viele Kinder multiplikativ vorgingen. Dies führte in der Schweiz zu einer gezielten Untersuchung zur Multiplikation im 1. Schuljahr (vgl. Eichenberger und Stalder 1999). Insgesamt wurden 14 Klassen untersucht ($N=242$), die zum Zeitpunkt der Untersuchung vorwiegend im Zahlenraum bis 6, vereinzelt bis 10 rechneten. Als Methode wurde ein zeitlich begrenzter, schriftlicher Gruppentest gewählt, kombiniert mit klinischen Interviews zu ausgewählten

---

[6] Selbstverständlich sollte man Chancen nutzen, falls sich solche bspw. durch Praktika, Abschlussarbeiten oder andere Kooperationen mit der Hochschule ergeben.

Abb. 4.6 Kerzenaufgabe. (©
Van den Heuvel-Panhuizen
1990, S. 64)

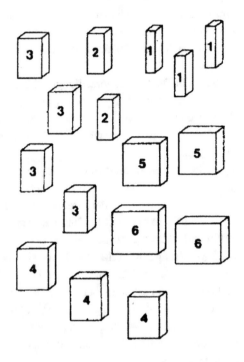

Aufgaben des folgenden Typs (vgl. auch Hengartner und Röthlisberger 1999, S. 37). Zur Abb. 4.7 wurde folgende verbale Aufgabenstellung gegeben: *»Ihr seht hier drei Eier-schachteln. In jeder Schachtel sind sechs Eier. Wie viele Eier sind in den drei Schachteln? Es sind 3 mal 6. Ihr könnt unten die richtige Zahl ankreuzen oder ins Kästchen schreiben«* (Eichenberger und Stalder 1999, S. 31).

Die Ergebnisübersicht der schriftlichen Tests (Tab. 4.1) zeigt erstaunliche Leistungen der Erstklässler, was die Autoren wie folgt kommentieren: »Die Aufgaben waren unterschiedlich schwierig. Bei allen aber kamen mehr als die Hälfte der Kinder zum richtigen Resultat. [...] Am erfolgreichsten waren die Kinder mit der Verdopplungsaufgabe 2·6 Flaschen. 89 % fanden die korrekte Antwort. [...] Entgegen der Erwartung (aufgrund der Schulanfänger-Untersuchung) zeigten sich keine nennenswerten Unterschiede zwischen Mädchen und Knaben. [...] Größere Unterschiede gab es bei den anspruchsvolleren Aufgaben (wie z. B. bei 6·6 Eiern). Da waren in der besten Klasse zwei- bis dreimal mehr Kinder erfolgreich als in der schwächsten« (Eichenberger und Stalder 1999, S. 32).

Ähnlich haben Kinder *vor* der offiziellen Thematisierung im Unterricht schon Ideen, wenn es um einfache Divisionsaufgaben geht: Die *Bonbonaufgabe* (aus Selter 1994, S. 125 ff.) lautete: »In einer Tüte sind 24 Bonbons. Drei Kinder teilen sich die Bonbons«. Es zeigten sich vielfältige Vorgehensweisen bei Zweitklässlern: Mit unterschiedlichen Strategien des Addierens, Weiterzählens, der Subtraktion, des Verdoppelns etc. sind Kinder ohne explizite Kenntnis der Multiplikation in der Lage, solche Aufgaben zu bearbeiten

Abb. 4.7 Eierschachtelaufgabe. (Elmar Hengartner (Hrsg.): Mit Kindern lernen, Klett und Balmer AG, Zug 1999/© Eichenberger und Stalder 1999, S. 31)

und dann auch richtig zu lösen. Der mit der Aufgabe gegebene Kontext, die *Sachsituation*, bietet die Möglichkeit einer sinnvollen Bearbeitung, die ansonsten, d. h. auf dem Wege der formalen Term-Schreibweise (24 : 3 = ?), wahrscheinlich nicht gelöst werden würde.

Tab. 4.1 Ergebnisse zu den zwölf Aufgaben. (Elmar Hengartner (Hrsg.): Mit Kindern lernen, Klett und Balmer AG, Zug 1999/© Eichenberger und Stalder 1999, S. 32)

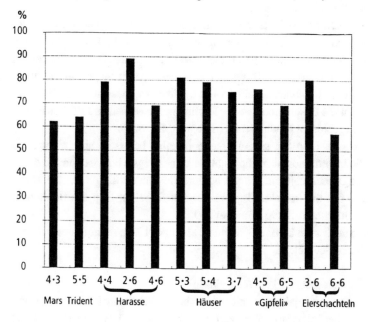

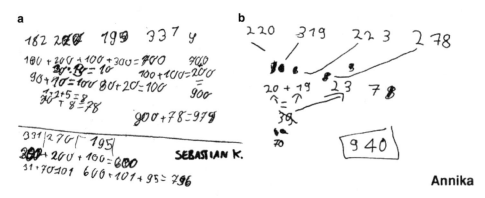

Abb. 4.8 **a, b** Lösungsstrategien von Sebastian und Annika. (© Spiegel 1993, S. 6)

3. Schuljahr: Halbschriftliches Rechnen

Ausgehend von der realen Problemstellung, ihre eigene Gesamtpunktzahl bei Bundes-jugendspielen zu berechnen, lösten Kinder zu Beginn des 3. Schuljahres individuell ver-schiedene Aufgaben (vgl. Spiegel 1993; auch Selter und Spiegel 1997, S. 65). Mitentschei-dend für die Motivation war hier erkennbar das Interesse, die *eigene* Gesamtpunktzahl zu berechnen. Die zugrunde liegende Methode: die Dokumentation einer alltäglichen Unter-richtssituation in Form schriftlicher Dokumente.

Abb. 4.8a, b zeigen exemplarisch zwei Lösungsstrategien (von Sebastian und Annika). Versuchen Sie zunächst selbst, bevor Sie weiterlesen, die Vorgehensweisen dieser beiden Kinder nachzuvollziehen und zu verstehen.

Sebastian hat eine ausführliche Notation gewählt und rechnet weitgehend nach der Strategie ›Stellenwerte extra‹. In seinem ersten Versuch addiert er die Punktzahlen 182, 270, 195 und 331, in seinem zweiten lediglich die letzten drei Zahlen. Um geschickt bei der Addition der Zehner immer ganze Hunderter zu erhalten, teilt Sebastian die 30 in 10 und 20 auf, hat »offensichtlich aber nicht gewusst, wie er so etwas aufschreiben soll. $30 = 10 + 20$, das ist nicht die Beschreibung einer Rechnung für Sebastian. Er hilft sich mit $30 : 3 = 10$, um 10 als Ergebnis zu produzieren« (Spiegel 1993, S. 6).

Mit Annikas Strategie sollten Sie sich weitgehend selbst befassen, aber nicht ohne folgende Tipps und die Information, dass die Analyse keineswegs trivial ist und Sie daher nicht allzu schnell resignieren sollten: Annika addiert die Zahlen 220, 319, 223 sowie 278 und erhält mit 940 fast das korrekte Ergebnis; und auch bei ihr liegt das Betrachten einzelner Stellenwerte zugrunde … (vgl. Spiegel 1993, S. 5).

Zum Abschluss nun noch zwei konkrete Beispiele einer Art Längsschnittuntersuchung, beide für den Bereich der Geometrie:

4. bis 7. Schuljahr (Förderschule): Würfelgebäude

Hier handelt es sich um ein Projekt, das mit elf lernbeeinträchtigten Schülerinnen und Schülern in Form klinischer Interviews durchgeführt wurde (Alter: 10 bis 13 Jahre; 4. bis

Abb. 4.9 Beispiel eines Würfelgebäudes

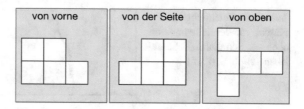

7. Jahrgangsstufe der Schule für Lernbehinderte; vgl. Junker 1999). Ausgangspunkt der Erhebung war ein geometrischer Aufgabentyp (aus De Moor 1991, S. 127), bei dem ein Würfelgebäude aus Holzwürfeln zu bauen ist, und zwar anhand vorgegebener Vorder-, Seitenansicht und Aufsicht, die keine perspektivische oder räumliche Darstellung enthalten (Abb. 4.9).

Da die Begriffe Aufsicht, Vorder- und Seitenansicht nicht bei allen Schülern als bekannt vorausgesetzt werden konnten, trugen die Karten der Ansichten die Bezeichnungen ›von oben‹, ›von vorne‹ und ›von der Seite‹; ob die linke oder rechte Seite vorlag, war dabei nicht angegeben (vgl. Junker 1999, S. 23).

> Ähnlich wie zu Beginn des Abschn. 3.2.1, bei der Sie *mental* eine Aufgabe des Unterrichtsbeispiels *Schauen und Bauen* gelöst haben, sollten Sie auch hier versuchen, sich (ohne konkretes Bauen) dieses Würfelgebäude vorzustellen, und die Anzahl der benötigten Würfel angeben! (Hinweis: Bei dieser Aufgabe gibt es zwei Lösungen.)

Die Schüler müssen bei dieser Problemstellung Informationen aus den Ansichten-Karten kombinieren. »Um die Würfelaufgaben durch räumliches Denken zu lösen, müssen zunächst die drei Ansichten einzeln analysiert und interpretiert werden. Die abstrahierten Darstellungen müssen von der Ebene in das Gebäude betreffende räumliche Informationen umgesetzt werden. [...] Eine besondere Schwierigkeit ist das Ergänzen der verdeckten Würfel. Einige Würfel *müssen* ergänzt werden, da sonst der Würfelkomplex zusammenfallen würde. Andere *können* ergänzt werden, sind aber auf den Ansichten verdeckt. So haben Würfelkomplexaufgaben nicht immer nur eine Lösung« (Junker 1999, S. 23; Hervorh. GKr). Entsprechend ihrem Leistungsvermögen wurden den Kindern bis zu elf Würfelkomplexaufgaben mit steigendem Schwierigkeitsgrad vorgelegt, u. a. auch *unlösbare* Aufgaben, die ganz besonders Sprechanlässe bieten und Denkprozesse in Gang setzen können (vgl. hierzu entsprechendes Material in: *Die Grundschulzeitschrift* Heft 12/1999, S. 29–39).

Die Lösung kann auf unterschiedlichen Wegen entstehen, auch Teillösungen sind möglich: Die jüngeren Kinder bauten z. T. zu jeder Ansicht einen eigenen Würfelkomplex und erkannten oftmals nicht, dass bereits umgesetzte Ansichten durch die Bearbeitung weiterer wieder verändert werden. Ältere Schüler lösten die Aufgabe z. T. nach dem Prinzip

Abb. 4.10 Zeichnung einer
Flasche von der Seite und von
oben – 2. Schuljahr. (© Senftleben 1996b, S. 62 ff.)

Abb. 4.11 Zeichnung einer
Flasche von der Seite und von
oben – 3. Schuljahr. (© Senftleben 1996b, S. 62 ff.)

Abb. 4.12 Zeichnung einer
Flasche von der Seite und von
oben – 4. Schuljahr. (© Senftleben 1996b, S. 62 ff.)

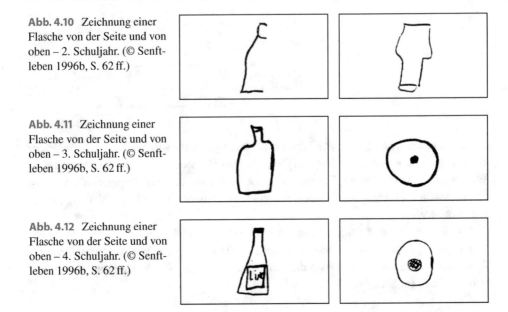

Versuch und Irrtum und bauten einen einzigen Würfelkomplex zu den drei Ansichten.
Bei noch älteren Schülern stand vor der Manipulation der Würfel der gedankliche Umgang mit den räumlichen Inhalten, was sie gezielt zur Lösung nutzten. Insgesamt war bei
den Schülern mit ansteigendem Alter eine Entwicklung des räumlichen Denkens sowie
des argumentativen Verhaltens zu beobachten. Auch bei diesem Projekt zeigte sich die
schon erwähnte Diskrepanz zwischen Vorabeinschätzungen der Lehrenden und den tatsächlichen Leistungen der Kinder: »Als den Klassenlehrern die Würfelkomplexaufgaben
vorgestellt wurden, zeigten sie wenig Vertrauen in die Leistungsfähigkeit ihrer Schüler.
Sie hielten vorab den Aufgabentyp für eine starke Überforderung. Anschließend waren
sie von den guten Ergebnissen begeistert« (Junker 1999, S. 24).

2. bis 4. Schuljahr: Kopfgeometrie

Ziel dieser Studie war die Erforschung der Fähigkeiten zum Lösen *kopfgeometrischer*
Aufgaben im Grundschulalter (vgl. Senftleben 1996b, S. 59 ff.). Die einzelnen Inhalte
bzw. Aufgabentypen wurden im Vorfeld der Studie nicht gezielt geübt. Exemplarisch wer-
den im Folgenden einige Aufgaben zum Zeichnen bestimmter Objekte nach vorgegebenen
Ansichten vorgestellt. Die Abb. 4.10, 4.11 und 4.12 zeigen einige typische Lösungen von
Grundschulkindern in den jeweiligen Klassenstufen[7].

Es zeigte sich u. a., dass den Kindern das *Zeichnen* von Gegenständen besonders dann
schwerfiel, wenn sie in unüblichen oder nicht alltäglichen Lagen gezeichnet werden sollten (Senftleben 1996b, S. 68). Bezogen auf die obige Aufgabe zeigte sich auch einmal

---

[7] Den Kindern wurden die verschiedenen Aufgaben innerhalb des Unterrichts gestellt.

mehr die Schwierigkeit, die Aufgabenstellung zu verstehen: »Bestimmte Begriffe wurden von den Kindern falsch gedeutet bzw. interpretiert (beim Zeichnen eines Gegenstandes aus einer Seitenansicht wurde der Gegenstand z. B. verdreht oder sogar halbiert dargestellt)« (Senftleben 1996b, S. 68).

Zusammenfassend bleibt festzuhalten, dass die große Heterogenität der Vorgehensweisen der Kinder zugelassen, wertgeschätzt und produktiv in den Unterricht einbezogen werden sollte. Und dies gilt für *alle* Inhaltsbereiche! Erst allmählich wäre der Übergang zu effektiveren und effizienteren Methoden anzustreben. Wie bereits zuvor angesprochen, gilt jedoch auch hier: Keinen Schüler unterschätzen – aber auch keine übergeneralisierende ›Kompetenzeuphorie‹!

Abschließend noch einige weitere *exemplarische* Lesehinweise (neben den bisher genannten Untersuchungen) mit Anregungen und Aufgabenbeispielen, die sich für verschiedene Schuljahre eignen: *Geometrie*: Franke 1999; Grassmann 1999a; Kurina et al. 1999; Lafrentz und Eichler 2004; Reemer und Eichler 2005; *Addition/Subtraktion (für verschiedene Zahlenräume)*: Scherer 1995a, 1999b, 2003a, 2005a; *Multiplikation/Division*: Gloor und Peter 1999; Scherer 2005b; Selter 1994; *Große Zahlen*: Stucki et al. 1999.

4.2 Didaktische Gestaltung von Lernumgebungen

In diesem Kapitel sollen der Begriff der *Lernumgebungen* etwas genauer gefasst sowie seine Implikationen für den Mathematikunterricht beschrieben werden, weil er nicht selten recht schillernd benutzt wird.

Da ist zunächst einmal ein *pädagogisches* Verständnis der Lernumgebung, bei dem es v. a. darum geht, den Kindern eine angenehme Lernatmosphäre zu ermöglichen, also eine Situation, in der sie sich aufgehoben, angenommen, respektiert und ernst genommen fühlen. Förderlich dazu sind gewisse Rituale des Miteinander-Umgehens, der Eröffnung des gemeinsamen Unterrichtsvormittags, der Pausengestaltung usw. Die Kinder erwerben Vertrauen in die Person der Lehrerin oder des Lehrers und haben z. B. keine Probleme damit, Schwierigkeiten oder allgemeine Befindlichkeiten beim Lernen zu formulieren oder um Hilfe zu bitten.

Ein anderes Verständnis von Lernumgebung bezieht sich auf das *methodisch-organisatorische Arrangement*, also z. B. eine kindgerechte Gestaltung des Klassenraums. Der (im wörtlichen Sinne) Lern-Raum kann sich auf die Lernatmosphäre und damit auch auf den Lernprozess und die Lernergebnisse auswirken. Lehramtsstudierende können dies je nach Studienstandort auch an sich selbst erfahren, wenn sie in mehr oder weniger ›heimeligen‹ Seminarräumen in überfüllten Lehrveranstaltungen sitzen.

Diese beiden Verständnisse von Lernumgebungen sollen beileibe nicht gering geschätzt werden, sind sie doch zweifellos mitverantwortlich für erfolgreiches Lernen. Nahezu jeder wird entsprechende Erfahrungen in seiner eigenen Lernbiografie finden und für persönlich einflussreich erachten (vgl. Krauthausen und Scherer 2004). Anders verhält es sich aber mit großer Wahrscheinlichkeit beim folgenden *inhaltlichen Verständnis von Lernum-*

gebungen. Im Zuge des Paradigmenwechsels zum aktiv-entdeckenden Lernen und zur Öffnung des Unterrichts (vgl. Kap. 3 und 4) hat sich auch bzgl. der Unterrichtsplanung die Aufgabe der Lehrkräfte verändert, sie ist anspruchsvoller geworden. Kernaufgabe ist es nun, möglichst gehaltvolle *Lernumgebungen* gemäß fachdidaktisch aktuellen Standards (hier jetzt nicht i. S. von Bildungsstandards, sondern als aktueller Forschungs- und Erkenntnisstand gemeint) zu gestalten, bereitzustellen und das Lernen in diesem Rahmen angemessen zu begleiten (vgl. Kap. 6).

4.2.1 Strukturierung einer substanziellen Lernumgebung

Eine Lernumgebung in diesem Sinne ist nicht identisch mit einer Unterrichtsstunde. Eine Lernumgebung muss weder zur gleichen Zeit von der gesamten Klasse bearbeitet werden, noch ist ihre zeitliche Ausdehnung festgelegt; sie kann sich über 20 min, eine 45-Minuten-Einheit, über mehrere Unterrichtsstunden erstrecken oder gar über mehrere Tage verteilt werden. Dies erleichtert übrigens die Etablierung eines solchen Vorgehens, da auch in dieser Hinsicht auf die Vorerfahrungen einer Lerngruppe Rücksicht genommen werden kann.

Worin bestehen nun die Anforderungen an eine zeitgemäße Unterrichtsplanung? »Hauptaufgabe der Lehrerinnen und Lehrer auf allen Stufen ist es, dafür zu sorgen, dass sich die Lernenden mit mathematisch gehaltvollen Inhalten möglichst intensiv und nachhaltig befassen« (Wittmann und Müller 2017, Einleitung/Abschn. 2). Der mathematische Gehalt lässt sich v. a. durch *substanzielle Lernumgebungen* gewährleisten (s. Abschn. 4.2.2). Zur Strukturierung des Unterrichtsablaufs greifen die Autoren des neu aufgelegten Handbuchs produktiver Rechenübungen (Wittmann und Müller 2017) auf die Theorie der didaktischen Situationen von Brousseau (1997) zurück und benennen die Phasen wie folgt:

Einführung | Bearbeitung | Bericht | Begründung/Reflexion | Zusammenfassung

Jede Phase ist gekennzeichnet durch spezifische Aufgaben bzw. Aktivitäten aufseiten der Lehrerin wie auch aufseiten der Lernenden.

Betrachten Sie die o. g. Phasen-Bezeichnungen und notieren Sie Ihre Gedanken zu folgenden Fragen:

- Welches Vorverständnis haben *Sie* von den einzelnen Phasen? Füllen Sie die Schlagwörter der einzelnen Phasen mit Bedeutung.
- Welche primäre Aufgabe hat oder was v. a. tut die Lehrerin in den einzelnen Phasen?

- Welche primäre Aufgabe haben oder was v. a. tun die Kinder in den einzelnen Phasen?
- Vergleichen Sie anschließend Ihre Aufzeichnungen mit der o. g. Originalquelle.

4.2.2 Zum Begriff der substanziellen Lernumgebung

Im Rahmen des produktiven Übens (Abschn. 3.1.2) wurden bereits ›substanzielle Aufgabenformate‹ mit ihren konstituierenden Merkmalen thematisiert. Diese sind im Grunde *ein* möglicher Repräsentant einer substanziellen Lernumgebung mit dem Spezifikum, dass sie sich auf sogenannte Formate, also vorgegebene, ›formatierte‹ Gefäße beziehen, in denen Aufgaben angeboten werden können und innerhalb derer dann vielfältige Aufgaben oder Problemstellungen möglich sind (vgl. z. B. Krauthausen und Scherer 2014). Lernumgebungen sind aber darauf nicht beschränkt, sondern ebenso im Rahmen anderer Inhalte der Arithmetik, aber auch in der Geometrie, beim Sachrechnen und natürlich auch mit inhaltsübergreifenden Aspekten sinnvoll.

Daher sei noch einmal die Definition aus Abschn. 3.1.2 von Wittmann (1995b, S. 528) aufgegriffen und näher erläutert, die sich anlehnt an Wittmann (2001b, S. 2; Übersetzung GKr). Danach sind (substanzielle) Lernumgebungen durch folgende Merkmale charakterisiert:

(1) Sie repräsentieren zentrale Ziele, Inhalte und Prinzipien des Mathematiklernens *auf einer bestimmten Stufe* (hier: der Grundschule).
(2) Sie sind bezogen auf fundamentale Ideen, Inhalte, Prozesse und Prozeduren *über diese Stufe hinaus* und bieten daher reichhaltige Möglichkeiten für *mathematische* Aktivitäten.
(3) Sie sind *didaktisch flexibel* und können daher leicht an die spezifischen Bedingungen einer (heterogenen) Lerngruppe angepasst werden.
(4) Sie integrieren *mathematische, psychologische und pädagogische Aspekte* des Lehrens und Lernens von Mathematik in ganzheitlicher und natürlicher Weise und bieten daher ein reichhaltiges Potenzial für empirische Forschungen.

Das 1. Kriterium fordert die glaubwürdige Realisierung der gemeinhin bekannten und akzeptierten Ziele, Inhalte und Prinzipien aktueller Mathematikcurricula *für die Grundschule*. Gleichwohl darf diese Schulstufe aber von der Grundschullehrerin nicht als abgeschlossenes ›Biotop‹ verstanden werden, nach dessen Abschluss sie ja in Klasse 4 (bzw. in einigen Bundesländern Klasse 6) die Kinder an weiterführende Schulen abgibt. Ihre pädagogisch-didaktische Verantwortung endet also durchaus nicht hier. Denn die mathematischen Lernprozesse der *Kinder* – und auf *sie* kommt es wesentlich an – gehen ja weiter. Und damit dies möglichst harmonisch, d. h. ohne große Brüche erfolgen kann, erhöht es die Substanz und optimiert es die Gestaltung der Lernprozesse in der Grundschule, wenn die Lehrerin weiß, worauf die von ihr hier thematisierten Inhalte später, im Mathematikunterricht der Klasse 5, 6, 7 ..., einmal hinauslaufen werden.

Genau das ist gemeint, wenn das 2. Kriterium fordert, dass die Lernumgebungen in der Grundschule auf fundamentale Ideen ausgerichtet sein sollen (vgl. Abschn. 2.2.2 und 3.3). Diese sind ja naturgemäß nicht auf eine Schulstufe begrenzt, sondern ziehen sich von informellen mathematischen Lernprozessen über die verschiedenen Schulstufen bis hinein in die Fachmathematik. Dies ist *ein* Grund, warum auch die fachmathematischen Anforderungen an eine Grundschullehrerin nicht auf die Inhalte und auf das Niveau begrenzt sein dürfen, die bzw. auf dem sie diese tatsächlich unterrichtet (vgl. Krauthausen und Scherer 2004). Denn den Kindern sollen *mathematische* Aktivitäten ermöglicht werden. Und das geht schlechterdings nur dann, wenn die Lehrerin die dahinterstehende Mathematik auch für sich selbst erschlossen hat, auf einem höheren Niveau, als es dann ihre Kinder bearbeiten – »Elementarmathematik vom höheren Standpunkt« hat Freudenthal (1978, S. 63) diese Forderung genannt.

Das 3. Kriterium ist insbesondere vor dem Hintergrund heterogener Lerngruppen von Bedeutung und hat dort nicht zuletzt auch einen zeitökonomischen Vorteil für die Unterrichtsplanung: Denn es werden bei entsprechend (inhaltlich) ganzheitlichen Lernumgebungen auf recht unaufwendige Weise Formen einer natürlichen Differenzierung möglich (vgl. dazu Abschn. 4.6, konkret und ausführlicher ausgearbeitet z. B. in Krauthausen und Scherer 2014).

Das 4. Kriterium schließlich macht deutlich, dass das Mathematiklernen nicht nur Kognition oder ein Abstraktum ohne Relevanz oder Anwendung für das tägliche Leben ist. Mathematiktreiben hat auch viel mit Emotion zu tun: Ästhetik und Schönheit sind in der Mathematik häufig gebrauchte Vokabeln und über den Muster-Begriff (vgl. in Abschn. 1.3.3 die Leitidee *Muster und Strukturen* in den Bildungsstandards; KMK 2005a) auch schon im Grundschulalter zu erfahren (vgl. Lüken 2012a, 2012b). Auch die Erkenntnisse und Postulate der Lernpsychologie und der Pädagogik sind in natürlicher Weise in einer substanziellen Lernumgebung realisiert. Dies ist auch ein Grund dafür, dass sich solche Lernumgebungen hervorragend für empirische Forschungen eignen. Und dies nicht nur für die Fachdidaktik, sondern besonders auch für Studierende: Zahlreiche Bachelor-, Master- oder Semesterarbeiten an diversen Standorten bestätigen diese Eignung, indem Studierende eigene kleine Forschungsprojekte im Rahmen einer bestimmten Lernumgebung zum Gegenstand vertieften Interesses und forschender Arbeit gemacht haben.

4.2.3   Gute Aufgaben und neue Aufgabenkultur

Insbesondere im Anschluss an internationale Vergleichsstudien ist eine intensiv geführte mathematikdidaktische Diskussion v. a. zu einer veränderten Aufgabenkultur zu verzeichnen. Bardy (2002) plädierte dafür, diese Diskussion aus den Sekundarstufen auch auf den Mathematikunterricht der Grundschulen auszuweiten. »Forderungen wie z. B. weniger

Kalkül-Orientierung, mehr Verständnis-Orientierung, mehr selbstständiges und aktives Mathematiktreiben, mehr fächerübergreifendes Lernen, mehr inhaltliches Argumentieren, mehr Problemlöseaufgaben sind m. E. auch für den Grundschulunterricht, hier vor allem für die vierte Jahrgangsstufe, berechtigt« (Bardy (2002, S. 29 f.).

Es liegt auf der Hand, dass eine ganzheitlich gestaltete und den konstituierenden Merkmalen entsprechende Lernumgebung viel mit fachdidaktisch ›guten Aufgaben‹ bzw. einer entsprechenden Aufgabenkultur zu tun hat. Nicht umsonst gibt es deshalb in jüngerer Zeit auch zunehmend Publikationen mit entsprechenden Angeboten (z. B. Bardy 2002; Büchter und Leuders 2005; Hengartner und Wieland 2001; Hengartner et al. 2006; Ruwisch und Peter-Koop 2003). Es sollte aber auch nicht vergessen werden, dass es für den Mathematikunterricht speziell in der Grundschule auch bereits in Vor-TIMSS-/PISA-Zeiten *konzeptionelle* Vorschläge (und Umsetzungen) in dieser Hinsicht gab, die über gelungene Einzelbeispiele hinaus den nun besonders diskutierten ›neuen‹ Forderungen bereits entsprachen (vgl. z. B. zahlreiche Schriften von Freudenthal, Winter oder Müller und Wittmann (1984) bzw. Wittmann und Müller (1992, 2017).

Dabei zeigt sich auch, dass ›gute Aufgaben‹ nicht zwingend Anwendungsaufgaben sein müssen, die aus dem unmittelbaren physischen Erfahrungsbereich oder der Umwelt der Kinder entnommen werden – eine Verkürzung der Sichtweise, wie sie sich manchmal in der Literatur aufzudrängen scheint. So wichtig und sinnvoll eine angemessene Anwendungsorientierung ist und daher im Unterricht auch gewährleistet werden muss, so sehr sollte auch daran erinnert werden, dass Anwendungs- *und* Strukturorientierung »zentrale und eng miteinander verknüpfte Unterrichtsprinzipien sind« (MSJK 2003, S. 71; vgl. Abschn. 2.3 und 5.1). Auch dies ist keine neue Einsicht: »Außermathematische Sachverhalte bieten keine Gewähr für Problemhaltigkeit des Unterrichts« (Besuden 1985a, S. 75). Vor diesem Hintergrund lassen sich auch heute noch gewisse Sachaufgaben mit künstlichem Charakter legitimieren (vgl. Abschn. 2.3). Und nicht zuletzt sind auch rein innermathematische Phänomene (vgl. z. B. die Aufgabenformate in Abschn. 3.1.2) durchaus in der Lage, Grundschulkinder anhaltend zu faszinieren und zu ausdauernder Aktivität anzuregen.

4.2.4 Merkmale guter Aufgaben und einer sachgerechten Aufgabenkultur

Schulbuchverlage berichten auf der Basis ihrer Marktanalysen häufig, dass ›die Basis‹ stets nach *mehr* Aufgaben rufe, zu wenige stünden in den Schulbüchern. Ist es aber wirklich das zu geringe Angebot? »An Aufgaben fehlt es im Mathematikunterricht wahrlich nicht. Jedes Buch [Schulbuch; GKr] hat rund 1000 Aufgaben. [...] Die Qualität dieser Aufgaben ist sehr unterschiedlich. Dennoch werden nahezu sämtliche eingereichten Schulbücher ministeriell genehmigt« (Wielpütz 1999, S. 14). Daraus lässt sich lernen: Die Tatsache, dass eine Aufgabe in einem Schulbuch gedruckt erscheint, muss noch kein Gütemerkmal sein. Erneut kommt es wieder darauf an, wie mit den Aufgaben umgegangen wird.

»Wir sind eine Aufgaben-Wegwerfgesellschaft! Muss man länger als 3 Minuten über den Lösungsweg nachdenken, ist die Aufgabe unlösbar. Das Verweilen bei einem Problem, das Nachdenken über verschiedene Lösungswege und das Ausschöpfen der Möglichkeiten scheint zu anstrengend. [...] Wir sind eine Aufgaben-Hamstergesellschaft! [...] Schülerinnen und Schüler haben das Bedürfnis, alle Aufgabentypen vor der Prüfung zu behandeln, damit diese berechenbar wird und sich nichts Unvorhergesehenes ereignet. Im Eilzugstempo eilt man (am liebsten mit Lösungsheft) von Aufgabe zu Aufgabe« (Gächter 2004, S. 185).

Und ein weiteres Problem deckt Gächter auf: den *Feiertagscharakter* von Aufgaben, die meist nur als Intermezzo eingestreut werden, wo sie doch eigentlich Alltag sein sollten: »Neuere Lehrbücher offerieren sogenannte ›Oasen‹ oder Einschübe, wo ›Mathematik mit Spaß‹ angeboten wird. Ich bin allergisch darauf. Spannende Mathematik reduziert sich nicht auf wenige Seiten. Im Übrigen sind Oasen nur als solche erkennbar, wenn rundherum Wüste ist« (Gächter 2004).

Es ist also wohl eher nicht die Quantität, sondern die Qualität von Aufgaben, die es in den Blick zu nehmen gilt. Und daher ist und bleibt es eine zentrale Aufgabe der Lehrerin oder des Lehrers, diese Qualität sachgerecht identifizieren und sie ggf. optimieren oder variieren zu können. Wie aber kann Aufgabenqualität eingeschätzt werden? Es ist nicht einfach, abgeschlossene Definitionsmerkmale guter Aufgaben und einer entsprechenden Aufgabenkultur zu benennen, da es vielfältige Abhängigkeiten gibt. Ohne Anspruch auf Vollständigkeit seien unten nur einige, wenngleich sicher zentrale skizziert.

Was man vorab sicher feststellen kann, ist die Tatsache, dass eine Aufgabe nicht per se gut oder schlecht ist, nicht per se offen oder geschlossen. »Aufgaben sind als solche weder eine Problemaufgabe noch eine Routineaufgabe. Ob sie zu dem einen oder zu dem anderen werden, hängt davon ab, wie Lehrer und Schüler sie behandeln« (Hiebert, zit. in Gravemeijer 1997, S. 16). Und wie dies geschieht, ist wiederum abhängig von zahlreichen Faktoren wie z. B. der allgemeinen Unterrichtskultur (Wie verstehen Lernende und Lehrende ›Unterricht‹?), die in der Klasse etabliert ist, von sozialen Normen und v. a. von den Vorerfahrungen, die die Kinder einer speziellen Lerngruppe mit dieser oder jener Art von Aufgaben zu der gegebenen Zeit haben (vgl. Gravemeijer 1997).

Dennoch kann man gewisse *Essentials* benennen (vgl. u. a. Hirt und Wälti 2010; Walther 2011), die gute Aufgaben ausmachen bzw. eine wünschenswerte Aufgabenkultur befördern, denn diese muss ggf. erst (behutsam) etabliert werden. Gute Aufgaben ...

- verfügen über eine niedrige Eingangsschwelle, aber auch über ›Rampen‹ für leistungsstarke Schülerinnen und Schüler und erlauben dadurch nicht zuletzt einen effektiven Umgang mit Heterogenität;
- sind flexibel (vgl. die Definition substanzieller Lernumgebungen oben) und hinreichend komplex (das ist nicht zwingend dasselbe wie kompliziert!). Sie lassen sich variieren, wachsen mit über diverse Jahrgangsstufen, sind flexibel an wachsende Ansprüche und Möglichkeiten adaptierbar (vgl. Spiralprinzip, Abschn. 3.3), bieten verschiedene Zugänge auf unterschiedlichen Niveaus, lassen sich auf verschiedenen Wegen und mit verschiedenen Mitteln bearbeiten;

- decken ein breites Spektrum an inhaltlichen und allgemeinen Zielen des (Mathematik-) Unterrichts bzw. des Lernens allgemein ab (vgl. Winter 1985, S. 21);
- schaffen Diskussionsbedarf und fördern damit die Argumentations- und Begründungsfähigkeit;
- fördern und fordern tragfähige Rechenfertigkeiten und -fähigkeiten, (übertragbare) Problemlösestrategien und ein tragfähiges Verständnis mathematischer Konzepte;
- bieten eine klare fachliche Rahmung und einen entsprechend reichhaltigen mathematischen Gehalt, den die Lehrenden zuvor für sich ausgiebig erkundet und auf höherem Niveau durchdrungen haben (sollten); innerhalb dieser fachlichen Rahmung besteht Offenheit für die Lernenden gemäß ihren individuellen Anspruchs- und Leistungsniveaus;
- erfordern eine positive Haltung und Einstellung von Lehrenden und Lernenden gegenüber der Mathematik und dem Mathematiktreiben. Diese beinhaltet auch eine Absage an eine verkürzte Übungs- und Erklärungsideologie, der zufolge gehäuftes Üben durch die Kinder und ›gutes Erklären‹ seitens der Lehrerin bereits erfolgreiches Lernen garantiere;
- vermitteln den Lernenden ein sachgerechtes Bild von Mathematik als Wissenschaft und etablieren vor diesem Hintergrund eine adäquate Lernkultur für das Mathematiktreiben (Frage*haltung*);
- erfordern bei den Lernenden Geduld, Ausdauer, Konzentration und Anstrengungsbereitschaft. Hindernisse im Lernprozess sind kein Anlass abzubrechen oder den Inhalt bis zur Trivialität zu vereinfachen, sondern zur selbstständigen Entwicklung von Lösungsstrategien. Dass nicht der kürzeste oder schnellste Weg zum richtigen Ergebnis wertgeschätzt wird, kann für viele Kinder neu sein. Deshalb müssen diese veränderten Arbeitsweisen den Kindern erläutert werden. Eine unkommentierte und forcierte Umstellung des Unterrichts könnte ansonsten zu Verunsicherung und Entmutigung führen. Das probierende, explorierende Vorgehen kann durchaus spielerischen Charakter haben (vgl. Verboom 2002, S. 15) – hier zielgerichtet und sachbezogen gemeint, nicht als Aktionismus;
- erfordern Lehrende, die den Lernenden hinreichend Zeit, Raum und sachgerechte Hilfe (zur Selbsthilfe) ermöglichen, einschließlich der Möglichkeit von Irrwegen und Fehlern. Lehrerinnen müssen dafür sorgen, dass die Dinge ›frag-würdig‹ bleiben, solange sie noch Vermutungen oder mutige Behauptungen sind. »›Der Zweifel ist der Weg zur Erkenntnissicherung‹. Solche Vermutungen dürfen auch noch unvollkommen oder fehlerhaft vom Schüler formuliert sein, so dass dann noch an der Präzisierung oder Korrektur gearbeitet werden muss« (Besuden 1985a, S. 76).

Gute Aufgaben haben keinen (lediglich umgedrehten) Absolutheitsanspruch gegenüber anderen Aufgabenarten. Anstatt bspw. einseitig nur offene Aufgaben zu propagieren, sollte auf eine gesunde Mischung der Verhältnisse geachtet werden (vgl. Abschn. 5.5). Dies bedeutet, dass es in bestimmten Bereichen und an bestimmten Stellen des Lernprozesses auch ein ›Pflichtprogramm‹ geben sollte, in dem z. B. die Basisfertigkeiten gefördert werden (Einspluseins, Einmaleins, Kopfrechnen u. Ä.).»Vor diesem Hintergrund vermeiden wir es auch, von *schlechten* Aufgaben zu sprechen. Aufgaben, die im obigen Sinne nicht das Prädikat *gut* erhalten, können durchaus andere wichtige Ziele wie z. B. die Routinisierung des Kleinen Einmaleins oder das gezielte Üben anderer Kenntnisse und Fertigkeiten verfolgen. Zur Abgrenzung von guten Aufgaben sprechen wir in diesen Fällen von *anderen Aufgaben«* (Walther o.J., S. 10; Hervorh. i. Orig.).

Das Angebot an guten Aufgaben für gehaltvolle Lernumgebungen ist in den letzten 10–15 Jahren deutlich gewachsen. Zu allen Inhalten kann man also leicht fündig werden. Daher gibt es keinen Grund, zugunsten weniger gehaltvoller Aufgabenstellungen auf sie zu verzichten. Wichtig ist bei einer Umsetzung jedoch, auch sich selbst und die Kinder nicht mit überambitionierten Zielen zu überfordern. Da substanzielle Lernumgebungen mit guten Aufgaben nicht als punktuelle Belohnung, als Abwechslung oder nur für ›die besser Lernenden‹ etabliert werden sollten, sondern für *alle* Kinder und im alltäglichen Unterricht (vgl. etwa Scherer 2003a, 2005a), muss davon ausgegangen werden, dass eine solche Veränderung Zeit braucht – mehr oder weniger, je nachdem, von welchem Punkt aus man startet. Wichtig aber ist, sich überhaupt auf den Weg zu machen. »Die ersten offeneren Aufgaben, die ich anbot, verursachten Tränen und Beschwerden, denn meine Schüler verstanden nicht, warum sie etwas erklären und begründen sollten, wo sie die Antwort doch *einfach wussten«* (Leathem et al. 2005, S. 416; Übers. u. Hervorh. GKr). Die Veränderungen mögen also stellenweise auch einmal schwierig sein, aber sie sind *möglich*, wie die zahlreichen und an vielen Schulen erprobten Lernumgebungen von Hengartner et al. (2006) oder Hirt und Wälti (2010) oder anderen überzeugend verdeutlichen. Und sie sind *nötig*, denn im Grunde sind die Prinzipien substanzieller Lernumgebungen durch offizielle Vorgaben und ebenso durch ein zeitgemäßes Lehr-Lern-Verständnis gedeckt und gefordert.

4.3   Fehler und Lernschwierigkeiten

Mit der aufgekommenen Bedeutung des sozialen Konstruktivismus und der Fokussierung auf individuelle Lernprozesse (vgl. Abschn. 3.1) hat sich auch der Umgang mit Fehlern und Lernschwierigkeiten gewandelt, wie das folgende Beispiel verdeutlicht:

Ali, ein Schüler mit großen Schwierigkeiten im Mathematikunterricht, sollte Zerlegungen der 100 mithilfe des Hunderterpunktefelds finden (vgl. Scherer 1995a, S. 204 ff.). Der Zahlenraum bis 100 war erst vor Kurzem offiziell im Unterricht thematisiert worden. Ali notierte insgesamt fünf Aufgaben (Abb. 4.13), darunter eine doppelte Aufgabe (50 + 50 = 100) und eine, die nicht unbedingt dem Arbeitsauftrag entsprach (100 + 100 = 2000). Er wählte für ihn vermutlich leichte 10er-Zerlegungen. Beim nochmaligen Aufschreiben der ersten Aufgabe unterlief ihm ein *Notations*fehler (zu unterscheiden von *Rechen*fehlern[8]).

---

[8] Generell wäre zwischen Konventionsverstößen, Rechenfehlern und Denkfehlern zu unterscheiden. In der Folge sind dann jeweils auch unterschiedliche Hilfen und Fördermaßnahmen notwendig.

Abb. 4.13 Alis selbst gewählte Aufgaben. (© Scherer
1995a, S. 205)

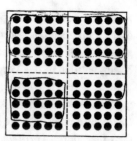

Finde selbst Aufgaben!
Das Ergebnis soll 100 sein!

$$50 + 50 = 100$$
$$40 + 60 = 100$$
$$50 + -50 = 100$$
$$70 + 30 = 100$$
$$100 + 900 = 2000$$

Seine letzte Aufgabe entsprach – unter negativer Perspektive betrachtet – nicht dem Arbeitsauftrag. Positiv betrachtet zeigte sich hier das bewusste Überschreiten der offiziellen Grenzen (vgl. Abschn. 3.3 ›Zone der nächsten Entwicklung‹), indem Ali die für ihn große Zahl 100 als Summand verwendet. Sein Ergebnis 2000 könnte man – wiederum eher negativ – deuten als Unkenntnis dieses neuen Zahlenraums (über 100). Aus positiver Sicht ließe sich aber erkennen, dass Ali hier möglicherweise eine Regel vermutet hat: Wenn ich zwei glatte 10er-Zahlen (d. h. Zahlen mit einer Null) addiere, hat das Ergebnis eine Null mehr. Folgerung für ihn: Wenn ich zwei 100er-Zahlen (d. h. Zahlen mit zwei Nullen) addiere, hat das Ergebnis wiederum eine Null mehr, d. h. in diesem Fall drei Nullen[9]. Bei Alis Bearbeitung ist deutlich festzuhalten, dass er seinen Fehler bei einer noch nicht behandelten Thematik gemacht hat. Vorrangig sollte daher das Selbstvertrauen honoriert werden, sich an eine solche Aufgabe heranzuwagen, statt etwaige Fehler in den Mittelpunkt zu rücken! Bei solchen Fehlern handelt es sich nicht um *Rechen*fehler (Verrechnen, Ermitteln eines *falschen Ergebnisses*).

Man sieht an diesem Beispiel oder auch bei den schriftlichen Rechenverfahren (vgl. Abschn. 4.3.1), dass hinter bestimmten Fehlern oft eine *kohärente Strategie* stehen kann. Sie können also *stabile Ursachen* haben und entstehen nicht zufällig oder gar aus Böswilligkeit der Schülerinnen und Schüler (vgl. Lorenz und Radatz 1993, S. 59 ff.; Radatz 1980). Das gilt auch für sogenannte rechenschwache Kinder: Auch sie »haben sich bemüht, sie sind einen Lösungsweg gegangen, der zwar nicht der gewünschte war und nicht

---

[9] Ob diese Erklärung tatsächlich zutrifft, ließe sich in einem Gespräch mit Ali möglicherweise klären. Es geht hier aber v. a. um Bewusstmachung der potenziell unterschiedlichen Perspektiven auf ein Phänomen.

zum richtigen Ergebnis führte, aber sie haben angestrengt gedacht. Es ist sinnvoll, ihnen dies zu unterstellen und nicht zu glauben, rechenschwache Kinder hätten einen Zufallsgenerator im Kopf, der nach Gutdünken Zahlen ausspucke« (Lorenz 2003, S. 17). Doch häufig wurden in der Vergangenheit (und z. T. auch noch aktuell) Fehler im Mathematikunterricht gerade wie folgt gedeutet: Die Mathematik ist per se klar und übersichtlich aufgebaut und strukturiert, daher sind Fehler eigentlich prinzipiell vermeidbar. Einer solchen Sichtweise unterliegt die sogenannte Erklärungsideologie: »Sie besteht in der Annahme, dass man durch *klare und saubere Erklärungen* Verständnisschwierigkeiten weitgehend ausräumen und Fehler vermeiden kann« (Malle 1993, S. 26; Hervorh. i. Orig.). Und weiter: »Dieser Ansatz muss heute wohl als gescheitert betrachtet werden. [...] Wie kommt es, dass gerade ein Ansatz scheitert, der so viel Wert auf Klarheit und Hilfestellung durch saubere Erklärungen legt?« (Malle 1993, S. 29). Malle nennt folgende *Irrtümer der Erklärungsideologie*:

> »*Irrtum 1*: Saubere Erklärungen ersetzen eigenes Tun. [...]
> *Irrtum 2*: Wer das Prinzip verstanden hat, kann es in jedem Einzelfall anwenden. [...]
> *Irrtum 3*: Was klar und sauber erklärt wird, wird als sinnvoll erkannt. [...]
> *Irrtum 4*: Man kann alle Eventualfälle in der Theorie vorweg erklären. [...]« (Malle 1993, S. 29; Hervorh. i. Orig.).

Gemäß einer solchen Erklärungsideologie sind Fehler immer Mängel des Individuums, Defizite der Lernenden. Mittlerweile hat sich dieses Bild jedoch gewandelt, und da individuelle Sichtweisen, d. h. die Subjektivität des Verstehens angenommen wird, werden solche individuellen, jedoch nicht konventionellen Sichtweisen nicht als *nur* falsch angesehen. Dennoch sei an dieser Stelle die unterschiedliche Toleranz gegenüber Fehlern in verschiedenen Bereichen erwähnt:

> »Man hält ein Kind sehr leicht für unbegabt, wenn sich seine ersten Zahlkenntnisse nicht glatt einstellen. Nach meiner Überzeugung ist das ein gründlicher Irrtum, wie schon die sehr lange Zahlbegriffsentwicklung bei den Naturvölkern zeigt. Alle motorischen und geistigen Fertigkeiten des Menschen benötigen zu ihrer Entfaltung ihre Zeit. Dies wird besonders an der Sprachentwicklung deutlich. Es dauert sehr lange, bis ein Kleinkind einen einzigen artikulierten Laut hervorbringen kann, und die ersten Versuche sind noch sehr unvollkommen. Die Erwachsenen müssten dieselbe Nachsicht und dieselbe Bewunderung, mit der sie die Sprachentwicklung von Kindern gewöhnlich begleiten, auch für die Entwicklung des mathematischen Denkens aufbringen. Aber leider ist dies oft nicht der Fall. Vielmehr hält man ein Kind sehr leicht für unbegabt, wenn sich seine ersten Zahlkenntnisse nicht glatt einstellen. Die ersten unbeholfenen Versuche des Kleinkindes, ›Papa‹ und ›Mama‹ auszusprechen, werden jubelnd begrüßt, als wenn sich darin eine vielversprechende Rednerbegabung ausdrückte. Die ersten Versuche des kleinen Zahlenrechners dagegen, der überlegt, ob ›6 + 5‹ das Ergebnis 13, 8, 7 oder 10 haben könnte und nicht gleich zielgerichtet auf die 11 zusteuert, wecken bei Erwachsenen oft ganz und gar nicht die Vision auf einen späteren Nobelpreisträger und werden keineswegs mit Sympathie verfolgt. Im Gegenteil, das Kind erntet mehr oder weniger leisen Tadel, weil es angeblich unaufmerksam ist oder sich dumm anstellt. Bei der *Sprachentwicklung* lernt das Kind *selbst gesteuert*. Es nimmt die *beiläufigen* Verbesserungen seiner Sprechversuche von den Erwachsenen produktiv auf und gelangt so unfehlbar zum Erfolg.

Bei der *mathematischen Entwicklung* hingegen lassen sich die Erwachsenen dazu verleiten, das Kind *zu belehren*, und zwar mit Methoden, die keineswegs immer Erfolg versprechend sind. Irritiert oder gar genervt durch offensichtliche Misserfolge ihrer Belehrung neigen Erwachsene dazu, ungeduldig zu werden und ihre anfangs wohlwollende Haltung aufzugeben. Das Kind, das solche atmosphärischen Veränderungen außerordentlich sensibel wahrnimmt, wird dadurch gründlich verunsichert und entmutigt. Es gewinnt schließlich den Eindruck, die Schuld für den fehlenden Lernfortschritt liege bei ihm selbst anstatt im didaktischen Ungeschick der Erwachsenen« (de Morgan 1833, zit. in Wittmann et al. 1994, S. 95 f.; Hervorh. i. Orig., Übers. E. Ch. Wittmann).[10]

Es wird im Unterricht immer Kinder geben, denen das Lernen allgemein oder speziell das Mathematiklernen schwerfällt, und dies sollten sich (angehende) Lehrerinnen und Lehrer bewusstmachen und z. B. auch bei der Unterrichtsvorbereitung stets berücksichtigen (vgl. Graeber 1999, S. 192). Dieses Bewusstsein ist notwendig, da häufig in Unterrichtssituationen die Tendenz besteht, Signale auftretender Schwierigkeiten nicht wahrzunehmen (vgl. Cooney 1999, S. 194). Hilfreich ist es für Studierende wie auch für Lehrerinnen und Lehrer, sich Wissen über Schwierigkeiten bei den verschiedensten Inhalten anzueignen und sich darüber auszutauschen, nicht zuletzt um ggf. eigene existierende Schwierigkeiten und Fehlvorstellungen zu erkennen und zu überwinden (vgl. Graeber 1999, S. 199; vgl. hierzu auch Kap. 6). Im vorliegenden Kapitel kann die gesamte Thematik naturgemäß nur überblicksartig angeboten werden, verbunden mit Verweisen auf entsprechende weiterführende Literatur (vgl. z. B. Lorenz und Radatz 1993; Scherer 1995a, 2005a). Vier Aspekten soll nun im Folgenden nachgegangen werden:

- der Frage nach speziellen Themenbereichen der Grundschulmathematik, die Kindern Probleme bereiten,
- der Frage, wie sich Lernschwierigkeiten äußern und
- welche Möglichkeiten der Diagnose sich anbieten, sowie
- der Frage nach Folgerungen für Förderung und Unterricht.

4.3.1 ›Fehleranfällige‹ Lernbereiche

Fragt man Lehrerinnen und Lehrer oder auch Studierende nach speziellen Bereichen, in denen Fehler und Lernschwierigkeiten bevorzugt auf ein grundlegendes Verstehensproblem hinweisen, so trifft man häufig auf bestimmte Vorstellungen über ›schwierige Bereiche‹. Bei Studierenden sind diese i. d. R. mit der selbst erlebten Schulpraxis als Schülerinnen und Schüler und weniger mit dem beobachteten Lernen von Kindern verbunden. Genannt werden häufig neben dem *Rechnen mit der Null* (vgl. Anthony und Walshaw 2004) oder dem *Zehnerübergang* im 20er-Raum folgende Bereiche:

---

[10] Auch im schulischen Bereich existiert i. d. R. eine unterschiedliche Toleranz gegenüber Fehlern beim Vergleich der Lernbereiche Sprache und Mathematik (vgl. hierzu Steinbring 1999a und die dort aufgeführten Beispiele).

Textaufgaben im Rahmen des Sachrechnens

In einer Befragung von Grundschullehrerinnen und -lehrern zu verschiedenen Aspekten des Mathematikunterrichts (Radatz 1983) wurde u. a. gefragt: »Bei welchen Inhalten/Themen des Mathematikunterrichts der Klassen 2 bis 4 haben viele Schüler Schwierigkeiten?« Hier wurden mit einer relativen Häufigkeit von 83 % Sachrechnen/Textaufgaben genannt, weit vor allen anderen Themenkreisen. Das schlechte Abschneiden der deutschen Schülerinnen und Schülern in neueren Vergleichsstudien, insbesondere bei komplexeren Kontextproblemen (vgl. z. B. Walther et al. 2004, S. 216 f.), scheint diese Annahme bis heute zu bestätigen.

Die Schwierigkeiten sind nicht verwunderlich, denn Defizite im Bereich der Sprache und des Lernens verursachen häufig »im Bereich des Sachrechnens Schwierigkeiten mit der Eingebundenheit von mathematischen Operationen in einen situativen Kontext, mit der Beziehungsstiftung zwischen sachrechnerischen Größen und mit dem Erkennen von Fragestellungen« (Troßbach-Neuner 1998, S. 15; zu kritischen Anmerkungen bzgl. der Art von Aufgaben vgl. Abschn. 2.3). Vernachlässigt werden sollte hierbei auch nicht der Aspekt der Lerneinstellung: »Die Einstellung der Schüler gegenüber Sachaufgaben – und darüber hinaus gegenüber Schulmathematik schlechthin – scheint jedoch eine der Hauptursachen für Lehr- und Lernschwierigkeiten beim Sachrechnen zu sein« (Dröge 1985, S. 207).

Schriftliche Algorithmen (Normalverfahren)

Hier werden Subtraktion und Division häufiger genannt als Addition und Multiplikation. Ein Beispiel zur schriftlichen Addition (vgl. Radatz 1980, S. 56, 76):

$$
\begin{array}{r}
563 \\
+545 \\
\hline
118
\end{array}
\qquad
\begin{array}{r}
623 \\
+551 \\
\hline
184
\end{array}
\qquad
\begin{array}{r}
243 \\
+526 \\
\hline
769
\end{array}
$$

Bevor Sie weiterlesen, versuchen Sie zunächst selbst, die zugrunde liegende Fehlerstrategie herauszufinden!

Sie werden festgestellt haben, dass in algorithmischer Art und Weise (Schritt-für-Schritt-)Regeln benutzt wurden: Alles, *was* gerechnet wurde, ist korrekt; das Problem ist, *wie* gerechnet wurde (vgl. auch die Aufgabenanregung zu Martins Fehlerstrategie in Abschn. 6.1.2). Das Kind hat (vermutlich) die Zahlen von links nach rechts abgearbeitet; bei entstehenden Überträgen wird die Zehnerziffer notiert, die Einerziffer übertragen, möglicherweise analog zur schriftlichen Division. Hinzu kommt, dass dieser individuelle Algorithmus für eine Reihe von Aufgaben ja durchaus funktioniert und korrekte Ergebnisse liefert – so auch für das dritte Beispiel. Ein bestimmtes unterrichtliches Vorgehen ›Erst

Abb. 4.14 Veranschaulichungen im 1. Schuljahr. (©
Schipper 1982, S. 108)

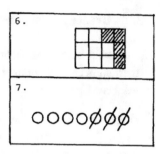

die einfachen Fälle (meint: ohne Überträge) und ausschließlich diese‹ könnte die Kinder
dazu verleiten, sich derartige Regeln anzueignen bzw. überzugeneralisieren, daher: »Why
blame the kids? We teach mistakes!« (vgl. Jencks et al. 1980). Die Ursache dieses Fehler-
musters ist im vorliegenden Einzelfall letztlich nicht eindeutig, es ist aber eine durchaus
gängige Beobachtung, dass Kinder sich häufig nur einzelne Schritte eines Verfahrens
merken und diese abarbeiten. Wird möglicherweise im Unterricht auch nicht mehr von
ihnen gefordert? Für die Kinder bleibt aber die Schwierigkeit, verschiedene Verfahren zu
vergleichen bzw. zu erkennen, warum die eine Strategie falsch und die andere richtig ist.

Lesen und Gebrauch von Diagrammen und Anschauungsmitteln
In einer Untersuchung von Schipper (1982) wurden Erstklässlern verschiedene Veranschaulichungen der Addition und Subtraktion vorgelegt, zu denen sie Rechengeschichten
erfinden sollten. Zur Illustration zeigt die Abb. 4.14 zwei Darstellungen aus dieser Untersuchung:

> Welche Operation und welche Aufgabe sind Ihrer Meinung nach bei diesen Abbil-
> dungen jeweils gemeint? Welche anderen Deutungen wären ebenfalls sinnvoll?

Die genannte Untersuchung zeigte, dass das Verstehen dieser Veranschaulichungen den
Kindern erhebliche Probleme bereitete: Alle Veranschaulichungen, die zu mehr als 50 %
richtig identifiziert wurden, kamen in dem von den Kindern benutzten Schulbuch auch
vor. Aber auch diese Darstellungen haben durchschnittlich ein Drittel bzw. mehr der Kinder nicht verstanden. Auffällig war dabei auch die systematische Fehlinterpretation von
*Subtraktions*darstellungen (bspw. die Deutung von Aufgabe 7 in Abb. 4.14 als $4 - 3 = 1$).
Schipper folgert aus diesen Ergebnissen, dass Veranschaulichungshilfen für die Mehrzahl
der Kinder »keine aus sich heraus ›sprechenden Bilder‹ [sind,] sondern Unterrichtsstoff,
wie jeder andere« (Schipper 1982 S. 109; zu dieser Problematik der Mehrdeutigkeit bzw.
Fehlinterpretation vgl. auch Radatz 1995a und Abschn. 4.7).

4.3.2   Ursachen von Lernschwierigkeiten

Für den Mathematikunterricht sind insbesondere folgende Merkmale von Bedeutung (z. T. festgestellt in Untersuchungen zu Rechenleistungen; vgl. Scherer 1995a, S. 21 f. u. die dort angegebene Literatur):

- eingeschränkte und weniger differenzierte Wahrnehmungsleistungen,
- verminderte und strukturell vereinfachte Vorstellungstätigkeit,
- verminderte, nach Zeit und Intensität wechselnde Konzentration, vor allem in komplexen Situationen und bei abstrakten Inhalten; dadurch häufig mitbedingt ein geringes Arbeitstempo,
- verminderte Leistungen des Kurzzeit- und des Langzeitgedächtnisses,
- Beeinträchtigung der kognitiven Verarbeitungsprozesse (Abstrahieren, Begriffsbildung, Urteilsbildung, produktives und reproduktives Denken, Transfer, Gestaltung),
- mechanisches Abarbeiten der Rechenvorgänge,
- weniger ausgeprägte Eigensteuerung und Selbstkontrolle, verringertes Ausmaß an Leistungsmotivation und Durchhaltevermögen,
- vermindertes Selbstvertrauen und Versagensängste,
- Beeinträchtigung der Sprache,
- Beeinträchtigung des Sozialverhaltens.

Als speziell inhaltlich diagnostizierbare Hinweise für eine möglicherweise beginnende Rechenschwäche[11] (Dyskalkulie) nennt Gaidoschik (zit. nach Hasemann und Gasteiger 2014, S. 151):

- basale Teilleistungsstörungen;
- Schwierigkeiten im Klassifizieren;
- Unklarheit über die Begriffe ›gleich viel‹, ›mehr‹ und ›weniger‹;
- fehlende Eins-zu-eins-Zuordnung, Zählfehler;
- einseitig ›ordinales‹ Zahlverständnis: Zahlen als ›Rangplätze‹ gedacht;
- zählen statt rechnen;
- unzureichendes Operationsverständnis;
- Schwierigkeiten mit zweistelligen Zahlen;
- Wahrnehmung der Zehner-Zahlen bis 100 als ›noch eine Reihe zum Merken‹

Auch Schipper (2005, 2011) formuliert vergleichbare Symptome:

- vor allem das verfestigte zählende Rechnen,
- dann eine unsichere Fähigkeit zur sicheren Unterscheidung von rechts und links,
- Schwierigkeiten beim Wechsel zwischen den Repräsentationsebenen enaktiv, ikonisch, symbolisch (Intermodalitätsprobleme),
- einseitige Zahl- und Operationsvorstellungen.

---

[11] Zu diversen Begrifflichkeiten und Begriffsverständnissen vgl. Schipper 2005, S. 16 ff.

Eine solche Auflistung ist natürlich nicht so zu verstehen, dass ein Kind all diese Merkmale in sich vereinigt. Beeinträchtigungen sind oftmals nur partiell oder temporär festzustellen, und sie wirken sich unterschiedlich stark in verschiedenen mathematischen Bereichen aus: Störungen im Wahrnehmungsbereich werden möglicherweise eher im Umgang mit Arbeitsmitteln und Veranschaulichungen oder im Bereich der Geometrie offensichtlich, während sich eingeschränkte Gedächtnisleistungen bspw. besonders beim Kopfrechnen zeigen, wenn Kinder die verbal gestellten Aufgaben vergessen, bevor sie die Rechnung in Angriff nehmen. Lernschwächen sind in vielen Fällen veränderbar. Kutzer (1983, S. 11) konstatiert dazu, dass die erlangten und feststellbaren Lernleistungen mitunter auch auf die (z. T. ungeeignete) Unterrichtspraxis zurückzuführen, also didaktisch miterzeugt sind und somit keinen Maßstab für die Lern*möglichkeiten* der Kinder darstellen (vgl. auch Winter 1984b, S. 28; Gaidoschik 2009; Scherer 1999a).

Die Abhängigkeit von der Art der Unterrichtspraxis, insbesondere auch von der Person der Lehrerin bzw. des Lehrers, wird von Schülern häufig als Grund für ihre Lernschwierigkeiten genannt (»Der Lehrer konnte im Mathematikunterricht nicht gut erklären. Bei einem anderen Lehrer hätte ich es bestimmt verstanden.«). In einer veränderten Konzeption des Lehrens und Lernens, in der die *Eigentätigkeit* der Lernenden im Vordergrund steht (vgl. Abschn. 3.1), tritt dieser Aspekt der *Erklärung* oder des *Vormachens* stärker in den Hintergrund. Dazu müssen die Kinder natürlich Gelegenheiten zur Eigentätigkeit erhalten. Eine weitere, häufiger von Schülern formulierte Ursache ihrer Lernprobleme ist der fehlende Sinn der Inhalte des Mathematikunterrichts: »Ich weiß gar nicht, wozu ich das brauche.« In der Folge sinken dann häufig Motivation und Interesse, und die Schüler begnügen sich bspw. mit der völlig unverstandenen Anwendung von Formeln. Diese Tendenz ist in der Sekundarstufe I stärker als in der Grundschule festzustellen und wird an dieser Stelle nicht weiter ausgeführt. Die Problematik sollte im Unterricht dennoch immer bedacht werden. Und schließlich hat sie in der Vergangenheit auf der einen Seite auch zur erfolgreichen Entschlackung der Grundschullehrpläne und Konzentration auf fundamentale Inhalte geführt. Andererseits sollte nicht nur der *direkte Nutzen,* die möglichst unmittelbare oder wenigstens absehbare Anwendbarkeit alleiniges Kriterium für die Auswahl der Unterrichtsinhalte sein. Denn es gehört ausdrücklich mit zum Bildungsauftrag des Mathematikunterrichts, einen Beitrag zur *allgemeinen Denkerziehung*[12] zu leisten (Winter 1995). Und dies kann u. a. auch (und z. T. besser) durch innermathematische Problemstellungen besonders gut gefördert werden (vgl. Abschn. 5.1).

Generell gilt für alle Formen von Lernschwierigkeiten oder Lernstörungen, dass eine effektive, d. h. sachgerechte und individuelle Förderung umso aussichtsreicher verlaufen kann, je früher die Schwierigkeiten erkannt werden. Dazu sind zum einen hilfreiche diagnostische Methoden und zum anderen gut ausgebildete Lehrkräfte erforderlich. Diese müssen insbesondere . . .

---

[12] Stichworte wie strukturiertes, systematisierendes Vorgehen, Fragehaltung, Begründungsbedürfnis, Argumentationslogik, Ausdauer u. v. m. sind nicht nur charakteristisch für das Betreiben von Mathematik, sondern von großem Nutzen weit über das Fach hinaus.

- über solides Fachwissen zu den Unterrichtsinhalten verfügen,
- wissen, wie wünschenswerte, ›normale‹ Lernprozesse verlaufen,
- vielfältige Schwierigkeiten beim Lernen sachgerecht einordnen können,
- diagnostische Methoden kennen und anwenden können sowie
- daraus abgeleitete sachgerechte Fördermaßnahmen kennen und anwenden können.

4.3.3   Diagnostik

Ein angemessener Umgang mit Lernschwierigkeiten, aber auch allgemein mit heterogenen Leistungen setzt solche (und weitere) Kompetenzen der Lehrerinnen und Lehrer voraus (vgl. auch Kap. 6). Diagnostische Kompetenzen stellen neben Fachwissen, den didaktisch-methodischen Fähigkeiten und der Fähigkeit zur Klassenführung einen von vier Kompetenzbereichen dar, die erfolgreiche Lehrerinnen und Lehrer auszeichnen (vgl. Schrader und Helmke 2001, S. 49 und die dort genannte Literatur), und dies gilt für jedes Leistungsniveau und jede Art von Lehr- und Lernsituation. Die genannten Kompetenzbereiche sind nicht getrennt voneinander zu sehen, sie sollten möglichst integrativ mit wechselnden Schwerpunktsetzungen zur Anwendung kommen.

Die diagnostische Kompetenz von Lehrerinnen und Lehrern ist bspw. für den Bereich *Lesen* in der PISA-Studie infrage gestellt worden: »Die von den Lehrkräften vorab als ›schwache Leser‹ benannten Schülerinnen und Schüler bilden nur einen kleinen Teil der Risikogruppe. Der größte Teil der Schülerinnen und Schüler der Risikogruppe [die die niedrigste Kompetenzstufe nicht erreichen; GKr] wird von den Lehrkräften nicht erkannt« (Artelt et al. 2001, S. 120). Die Diagnose mathematischer (Minder-)Leistungen ist sicherlich differenzierter zu betrachten. So wurden bei der PISA-Studie die Mathematikleistungen nicht so direkt von den Lehrerinnen und Lehrern eingeschätzt. Im Rahmen von PISA durchgeführte Lehrerbefragungen deuten jedoch an, dass die Schwierigkeiten im mathematischen Bereich besser eingeschätzt werden können.

Vielleicht existiert vielerorts das Bild, dass im *Mathematik*unterricht Schwierigkeiten selbstverständlicher identifiziert werden können. Der Eindruck täuscht jedoch, denn es geht um weitaus mehr als um eine Entscheidung über ›richtig‹ oder ›falsch‹. Die diagnostischen Methoden sind auch im Mathematikunterricht kritisch zu reflektieren (einen Überblick bieten Fritz et al. 2017). Insgesamt ist die diagnostische Kompetenz von Lehrerinnen im Hinblick auf mathematische Leistungen auf umfassende fachliche und fachdidaktische Kompetenzen angewiesen, um differenziert und detailliert Schwierigkeiten von Kindern zu erkennen bzw. ihre vorhandenen Kompetenzen feststellen zu können (vgl. auch Woodward und Baxter 1997, S. 386).

Neben der Frage der diagnostischen Methode stellt sich die Frage des Zeitpunkts und der zugrunde liegenden Intention: Die ausschließliche Durchführung lehrzielorientierter Tests (die Zielüberprüfung *nach* Abschluss einer Unterrichtseinheit, eines Themengebietes) birgt die Gefahr der *Defizit*orientierung, die Fokussierung auf das, was die Kinder *nicht* können. Für den Bereich der Diagnostik sind aber auch *kompetenz*orientierte Methoden unabdingbar, die die vorhandenen *Fähigkeiten* der Kinder im Blick haben (vgl. Scherer 1996b, 2005a; Van den Heuvel-Panhuizen und Gravemeijer 1991). Für den Unterricht bedeutet dies, diagnostische Überprüfungen auch *vor* der Behandlung einer neuen Thematik durchzuführen, um einerseits besser an die vorhandenen Kenntnisse anzuknüpfen (vgl. Abschn. 4.1) und andererseits die möglichen Schwierigkeiten der Kinder besser zu berücksichtigen (vgl. auch Scherer 1995a).

Neben der Kompetenzorientierung ist auch eine *Prozessorientierung* wichtig (Wartha et al. 2014), die nicht v. a. die Ergebnisse im Blick hat, sondern auf die diagnostische Aussagekraft der Prozesse, also der Herangehensweisen und Bearbeitungswege der Schülerinnen und Schüler achtet.

Für die Unterrichtspraxis bieten sich einige methodische Möglichkeiten für die Analyse von Schülerfehlern und Lernschwierigkeiten an, die sich ergänzen können (vgl. Lorenz und Radatz 1993, S. 60 f.; Radatz 1980, S. 64 ff.; Grüßing et al. 2007; Scherer und Moser Opitz 2010; Voßmeier 2012; Bräuning 2016):

Fehleranalyse

Eine Fehleranalyse anhand schriftlich vorliegender Aufgabenlösungen (Tests, Klassenarbeiten, Übungsaufgaben, selbstständig gelöste Hausaufgaben u. a.) ist leicht anwendbar und gut in den alltäglichen Unterricht zu integrieren. Manche Fehler(-Ursachen) sind aber mit dieser Methode nicht analysierbar (vgl. das Beispiel zu schriftlichen Rechenverfahren in Abschn. 4.3.1), und abgesehen davon kann es zu ein und demselben Fehlermuster durchaus unterschiedliche Fehlertechniken geben (nach wie vor empfehlenswert zur Sensibilisierung für dieses Phänomen: die Beispielaufgaben aus Radatz 1980).

Daneben gibt es zu bestimmten Themenbereichen diagnostische Aufgabensätze bzw. Tests, die speziell für die Analyse von Fehlern entwickelt worden sind. Zu nennen sind hier etwa diagnostische Aufgabensätze von Gerster (1982) zu den schriftlichen Rechenverfahren (vgl. auch Gerster 2017), von Klauer (1994) zu Rechenfertigkeiten im 2. Schuljahr oder von Wagner und Born (1994) zu Basisfähigkeiten im Zahlenraum bis 20. Werden diagnostische Aufgabensätze von der ganzen Klasse bearbeitet, kann die Lehrerin einen Überblick über die häufigsten Fehler gewinnen, indem sie einen Fehler-Klassenspiegel[13] zu einem bestimmten Anforderungsbereich erstellt.

Lautes Denken

Während der Bearbeitung einer Aufgabe sollten die Kinder ermutigt werden, laut zu denken, d. h. ihre Lösungsstrategie begleitend zu verbalisieren. Hierbei wie auch beim diagnostischen Interview müssen jedoch gewisse Schwierigkeiten einkalkuliert werden, »weil die Fähigkeiten der Introspektion über das eigene Denken noch nicht ausreichend entwickelt sind, weil die Sprachgewandtheit für das Verbalisieren der eigenen Gedanken-

---

[13] ›Klassenspiegel‹ ist hier in seiner *diagnostischen* Funktion gemeint und nicht i. S. der sozialen Norm der Leistungsbeurteilung (vgl. Abschn. 5.6).

gänge nicht ausreicht oder weil manche Schüler nicht gleichzeitig rechnen (bzw. denken) und sprechen können« (Lorenz und Radatz 1993, S. 61).

Diagnostisches Gespräch/Klinisches Interview
Gute Möglichkeiten bietet auch ein diagnostisches Gespräch zwischen Lehrerin und Schüler (vgl. Bräuning 2016). Es kann als Ergänzung zur Analyse eines Fehlers aus schriftlich vorliegenden oder mündlichen Lösungen geschehen. Die Methode des klinischen Interviews geht auf Piaget zurück und verfolgt das Ziel, etwas über die Denkprozesse zu erfahren, die sich hinter richtigen oder falschen Lösungen der Kinder verbergen. Gerade für die Diagnostik müssen Fehler unter *qualitativen* Gesichtspunkten analysiert werden (vgl. auch Wittmann 1982, S. 22). Das wohl größte Problem dieser Methode liegt in der Gefahr, dass die Lehrerin durch ihre Denkanstöße und Fragen das Kind in eine Richtung verleitet bzw. zu einer Erklärung bringt, die es von sich aus nicht gegeben hätte. Ein solches diagnostisches Gespräch, welches Aufschluss über vorhandenes Wissen geben soll, ›mutiert‹ dann zum Unterricht, dem Kind wird etwas in den Mund gelegt, suggeriert oder gar beigebracht. Für Lehrerinnen und Lehrer kann dies hin und wieder schwierig sein: Sie müssen sich nämlich immer wieder bewusstmachen, dass es nicht um eine Lehr-Lern-Situation geht (vgl. Hunting 1997, S. 148).

Während die ursprüngliche Methode in starkem Maße vom sprachlichen Vermögen des Kindes abhängt (s. o.), eröffnet die revidierte klinische Methode weitere Möglichkeiten (vgl. Ginsburg und Opper 1991, S. 153): Die Kinder können Aufgaben mithilfe von Materialien lösen oder Strategien materialgestützt erläutern. Hinweise zur Durchführung klinischer Interviews finden sich etwa bei Scherer (1995a, 2005a) oder Selter und Spiegel (1997). Allgemeines über Grundlagen, Techniken und Besonderheiten zu Interviews mit Kindern findet sich ausführlicher bei Trautmann (2010).

Die Durchführung von Fehleranalysen oder der Einsatz diagnostischer Aufgabensätze ist zunächst einmal sehr ökonomisch, denn der zeitliche Aufwand eines (kompletten) Interviews gegenüber Tests ist natürlich deutlich höher. Die Informationen, die die Lehrerin in einem Interview erhält, sind aber auch weitaus zahlreicher und detaillierter, nicht zuletzt durch die Möglichkeit des Nachfragens (*echte* Verständnisfragen, keine suggestiven!). Häufig erweist sich eine Kombination aus verschiedenen Methoden am sinnvollsten (vgl. Scherer 1996b).

Beobachtung im Unterricht
Nicht immer mag es möglich sein, mit der ganzen Klasse ein diagnostisches Testverfahren durchzuführen (zeitlich oder auch inhaltlich bedingt). Und auch wenn meist nicht die Notwendigkeit besteht, mit *allen*, sondern vielleicht nur mit besonders auffälligen Kindern ein diagnostisches Gespräch oder klinisches Interview zu führen, so bleibt dies doch – so lohnenswert es sein kann – mit einem unvermeidbaren zeitlichen Aufwand verbunden. Nicht vergessen werden sollte daher die Bedeutung einer unterrichtsbegleitenden Beobachtung. Denn der alltägliche Unterrichtsablauf bietet immer wieder Gelegenheiten zu einer geziel-

ten Beobachtung von Lernvoraussetzungen, Lernschwierigkeiten und Lernfortschritten. Einige exemplarische Situationen finden sich bei Hasemann und Gasteiger (2014, S. 153).

Welche Methode man auch anwendet, Diagnostik ist außerordentlich wichtig für den weiteren Unterricht und mögliche Fördermaßnahmen (s. Abschn. 4.2; vgl. auch Scherer 2005a; Wember 2005): Nur mit der detaillierten und soliden Kenntnis vorhandener Kompetenzen *und* möglicher Defizite und Schwierigkeiten lässt sich der weitere Unterricht sinnvoll planen und durchführen. Zu warnen ist jedoch vor einer allzu einseitigen und festgelegten Interpretation solcher Erhebungen: Die durch ein Interview gewonnenen Erkenntnisse stellen einen *momentanen* Leistungsstand in einer *spezifischen* Interviewsituation dar[14]. Ergänzt werden sollten diese Daten also möglichst durch die genannten Beobachtungen während des Unterrichts oder bspw. außerunterrichtlicher Situationen. Grundsätzlich wäre der Blick für Entwicklungsperspektiven stets offen zu halten und durch ein entsprechendes Lernangebot zu gewährleisten.

4.3.4 Folgerungen für Förderung und Unterricht

Welche weiteren Folgerungen ergeben sich nun für den Unterricht? Zunächst stellt sich die Frage nach der organisatorischen Form. So besteht die Möglichkeit, auftretenden Schwierigkeiten durch Therapien oder Einzelförderungen zu begegnen. Es erscheint aber wenig sinnvoll, Maßnahmen zu konzipieren, die lediglich in einem spezifischen Organisationsrahmen zu realisieren sind. Wünschenswert wären allgemeine Anregungen und konkrete inhaltliche Vorschläge für den *regulären Unterricht*, die sich daneben auch in Einzel- oder Kleingruppenförderung einsetzen lassen.

Eine zweite Frage stellt sich nach dem zugrunde liegenden Lehr- und Lernkonzept. Es bleibt festzuhalten, dass es nicht *das* Konzept, Material oder Lehrwerk gibt, welches (alle) Lernschwächen verhindert und den Lernerfolg garantiert. Welches Vorgehen also ist zu empfehlen?

Traditionell wurde (und wird) Fehlern und Lernschwierigkeiten mit vermehrter Übung (oft im Sinne reiner Wiederholung) begegnet. Falls erforderlich, wurden darüber hinaus Inhalte reduziert sowie den Kindern feste Lösungsstrategien und Verfahren als (vermeintliche) Hilfen vorgegeben. Möglichkeiten des aktiv-entdeckenden Lernens hingegen wurden (und werden) für lernschwache Schülerinnen und Schüler vielfach recht skeptisch gesehen in der Angst, diese Kinder zu überfordern. Forschungen zeigen jedoch, dass *gerade* diese Schülerinnen und Schüler von einer solchen Unterrichtskonzeption profitieren (vgl. Ahmed 1987; Moser Opitz 2000; Scherer 1995a; Scherer und Moser Opitz 2010).

---

[14] Erfahrungsgemäß gibt es Kinder, die im Interview eher bessere Leistungen als im Unterricht zeigen, da sie hier bspw. weniger stark abgelenkt werden. Für andere Kinder kann eine Interviewsituation aber sehr starken Bewertungscharakter haben, wodurch Leistungsdruck entstehen mag, der die Leistung negativ beeinflussen kann.

Zudem bieten gerade *eigenständige* Lernformen die Möglichkeit, im Rahmen von alltäglichen Lernprozessen diagnostische Informationen zu erhalten. Dies ist nicht der Fall, wenn Kindern lediglich rein *reproduktive* Leistungen abverlangt werden. Hinzu kommt, dass die *Selbstständigkeit* als oberstes Ziel von Schule, das auch für Kinder mit Lernschwierigkeiten gilt, sich nur über selbstständiges Lernen erreichen lässt. Folgende Aspekte sollten daher im Mathematikunterricht besondere Berücksichtigung finden[15]:

Differenzierungsmaßnahmen aufgrund der Heterogenität der Schülerschaft
Um sowohl Über- als auch Unterforderung zu vermeiden, muss der Unterricht die Festlegung eines einheitlichen oder angenommenen Anspruchsniveaus vermeiden. Eine von der *Lehrerin* zugewiesene Differenzierung kann naturgemäß Fehleinschätzungen beinhalten und birgt die Gefahr der Festlegung. Daher müssen Differenzierungsangebote flexibel gestaltet werden. Hierzu sind etwa Formen der *natürlichen Differenzierung* sinnvoll (Wittmann 1990, S. 159; Krauthausen und Scherer 2014; vgl. Abschn. 4.6), bei denen die Schüler – innerhalb einer fachlichen Rahmung durch die Lehrperson – *selbst* ihr Anspruchsniveau bestimmen und damit den individuellen Fähigkeiten eher entsprochen werden kann (offene Aufgaben; ganzheitliche Zugänge zu neuen Lerninhalten; vgl. auch Abschn. 3.1). Viele Aufgabenformate (vgl. Abschn. 3.1.2) erlauben Differenzierungen sowohl in *quantitativer* als auch in *qualitativer* Hinsicht.

Veränderung des negativen Selbstkonzepts
Misserfolgserlebnisse oder ein inadäquates Anspruchsniveau bewirken, dass lernschwache Schüler dem Unterricht häufig gleichgültig oder ablehnend gegenüberstehen, und diese Haltung kann letztlich wieder ein Auslöser für weitere Schwierigkeiten sein. Je länger dieser Zustand andauert, desto größer werden die Motivationsschwierigkeiten. Notwendig sind also geeignete Maßnahmen zur Veränderung des negativen Selbstkonzepts, z. B. durch die Vermeidung von Überforderung, was allerdings vielfach auch zu fragwürdigen Konsequenzen führen kann: Denn das völlige Vermeiden von Misserfolgen ist weder möglich noch wünschenswert. Darüber hinaus bewahrt die Vermeidung von Misserfolgen um jeden Preis zwar einerseits vor Frustrationen, sie kann aber andererseits zu einer erhöhten Bereitschaft führen, Schwierigkeiten tunlichst zu umgehen. Mögliche Konsequenz einer permanenten Unterforderung ist, dass die Kinder sehr leicht bei drohendem Misserfolg aufgeben bzw. mit Versagenserlebnissen nicht produktiv umzugehen lernen. Es ist daher erforderlich, dass der Unterricht zu einem positiven Selbstkonzept beiträgt, bspw. durch eigenständiges Lernen, offene Aufgaben (s. o.; vgl. z. B. Knollmann und Spiegel 1999; Scherer 2005a) oder selbstständiges Problemlösen und nicht zuletzt durch einen bewertungsfreien Raum, d. h. *bewusste* Phasen, in denen Kinder explorieren und erkunden, wobei Fehler naturgemäß erlaubt sind.

---

[15] Weitere Hinweise zur konkreten Vorgehensweisung einer Förderung finden sich z. B. bei Hasemann und Gasteiger 2014, S. 155 ff.

Verwendung sach- und schüleradäquater Arbeitsmittel und Veranschaulichungen
Da lernschwache Schüler verschiedene Beeinträchtigungen aufweisen (z. B. Sprache, kognitive Verarbeitungsprozesse s. o.), kommt den Veranschaulichungen im Mathematikunterricht besondere Bedeutung zu. Viele Schüler werden zu *zählenden Rechnern* aufgrund ungeeigneter Arbeitsmittel und zu kurzer Phasen des Arbeitens mit Materialien und
Darstellungen (vgl. Abschn. 4.7). Der Unterricht muss daher bemüht sein, Veranschaulichungen anzubieten, die der Vorstellung nützlich sind und zum Aufbau mentaler Bilder
beitragen (vgl. Lorenz 1992a; Menne 1999; Scherer 1996a).

Besonderer Stellenwert der Übung
Im Mathematikunterricht zeigt sich im Vergleich zu anderen Unterrichtsfächern ein besonders hoher Übungsbedarf; dies ist gleichzeitig ein Charakteristikum des Lernens schwä-
cherer Schüler. Da der hohe Übungsbedarf zu Langeweile und Motivationsverlust führen
kann, liegt die Forderung nach einer abwechslungsreichen Übungspraxis auf der Hand –
häufig allerdings konkretisiert durch *äußere Anreize*, die jedoch kaum (wünschenswerte)
längerfristige Auswirkungen haben (vgl. Abschn. 3.1.2): Die *Motivation aus der Sache
heraus* ist also auch und gerade für lernschwache Schüler besonders wichtig (vgl. hierzu auch Abschn. 4.5)! Übung ist als integraler Bestandteil des Lernprozesses und nicht
als Gegensatz zu einsichtsvollem Lernen zu sehen. Um den vorher beschriebenen Erfordernissen gerecht zu werden, muss auch hier die *Selbsttätigkeit* im Vordergrund stehen.
Dies lässt sich durch eine *produktive* Übungspraxis realisieren (z. B. durch substanzielle Aufgabenformate): Neben den bereits erwähnten offenen Aufgaben bieten sich bspw.
auch operativ- oder problemstrukturierte Übungen an (vgl. Abschn. 3.1.2). Neben den
Rechenfertigkeiten werden bei solchen Übungsformen vor allem auch die *allgemeinen
Kompetenzen* gefordert und gefördert, die gerade bei lernschwachen Kindern nicht vernachlässigt werden dürfen.

Zum Abschluss soll ein konkretes Fallbeispiel die Möglichkeit bieten, einige der vorab
ausgeführten Aspekte anzuwenden. Der Ausschnitt stammt aus einem Interview mit Julia,
die im Unterricht im 20er-Raum rechnet:

– I: [*gibt Julia das Aufgabenblatt*; vgl. Abb. 4.15]
– Julia: Das Letzte.
– I: Genau.
– Julia: Das ist mehr. [*zeigt auf 4*]
– I: Ja. Kannst du mir die Aufgabe einmal vorlesen, was da steht?
– Julia: [*greift nach dem 20er-Rahmen auf dem Tisch*] Acht und eins.
– I: Steht da ›und‹?
– Julia: Minus.
– I: Ja. Kannst du die auch ausrechnen?
– Julia: Höchstens damit. [*zeigt auf den 20er-Rahmen*]
– I: Ja, kannst du damit machen.

Abb. 4.15 Testaufgabe für Julia. (Aus: Produktives Lernen für Kinder mit Lernschwächen: Fördern durch Fordern. Band 1: Zwanzigerraum, Petra Scherer. © Persen Verlag, Hamburg – AAP Lehrerfachverlage GmbH/Scherer 2005a, S. 120)

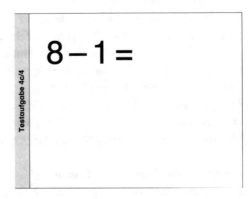

- Julia: Eins, zwei, drei, vier, fünf, sechs, sieben, acht [*schiebt acht Kugeln in der oberen Reihe von links nach rechts*] ... und eins [*schiebt eine Kugel in der unteren Reihe von links nach rechts*]. Eins, zwei, drei, vier, fünf, sechs, sieben, acht, neun [*zählt alle Kugeln von links nach rechts, beginnend in der oberen Reihe*].
- I: Hm. Hast du jetzt plus oder minus gerechnet?
- Julia: Minus.
- I: Zeigst du mir noch einmal, wie du gerechnet hast?
- Julia: Eins, zwei, drei, vier, fünf, sechs, sieben, acht, neun [*zählt alle Kugeln in der gleichen Weise wie vorher*].
- I: Hm. Und das ist acht minus eins?
- Julia: ... Kommt die neun da hin.
- I: Dann schreib das einmal auf.
- Julia: [*notiert 9 unter der Aufgabe; nicht spiegelverkehrt wie in einer Aufgabe zuvor*]

- Welche Kompetenzen werden durch die genannte Aufgabe überprüft?
- Welche Schwierigkeiten und welche vorhandenen Fähigkeiten werden bei Julias Aufgabenbearbeitung deutlich?
- Welche weiteren Kompetenzen würden Sie bei Julia überprüfen?

4.4 Besondere Begabung

4.4.1 Was ist mathematische Begabung?

Neben Kindern mit besonderen Schwierigkeiten beim Mathematiklernen gibt es ebenso besonders leistungsstarke Kinder, die durch besonders gute Lernvoraussetzungen oder ein besonderes Talent oder eine besondere Begabung beim Mathematiktreiben (nicht nur beim Rechnen!) auffallen. Was aber ist das, eine mathematische *Begabung*? Wo beginnt eine *besondere* mathematische Begabung, wo eine *Hochbegabung*? Was unterscheidet solche Kinder von mathematisch interessierten oder talentierten? Wenn hier »von mathematisch ›talentierten‹, ›interessierten‹ oder ›begabten‹ Kindern gesprochen wurde, so muss man berücksichtigen, dass diese Begriffe nicht nur unscharf, sondern auch mit Wertungen belastet sind. Dies gilt insbesondere für den Begabungsbegriff« (Hasemann und Gasteiger 2014, S. 163; Lack 2009). Das lässt sich zunehmend auch im außerschulischen Bereich feststellen:

In der Tagespresse oder Magazinen liest man von Eltern, die ihre Kinder für kleine Genies halten oder zumindest dazu machen möchten. Die FAZ meint eine Hochbegabtenhysterie festzustellen (Rost und Westhoff 2008). »Mein Kind ist hochbegabt« ist offenbar ein Satz mit erhöhter Auftretenswahrscheinlichkeit in gesellschaftlichen Kreisen geworden. Und die o. g. Wertungen werden nicht selten gleich mitgeliefert: Sie betonen das Besondere, das Herausragende *und* die daraus abgeleiteten *Erwartungen* – an das Kind und an die Schule, denn »die Biografie von Kindern ist heute eine soziale Währung«, sagt der Hamburger Kinderpsychiater Schulte-Markwort (Schulte-Markwort und Thimm 2016, S. 58). Das erklärt hohe Ansprüche an das eigene Kind, an die Schule sowie den Optimierungszwang von sog. Helikopter-Eltern. »Sie verwechseln Einzigartigkeit mit Genie. Die Einzigartigkeit eines Kindes lässt ein Scheitern zu. Das Genie scheitert nicht, dem Genie gelingt Einzigartiges. Und wenn nicht, dann wird das Kind – aus Sicht seiner Eltern – durch äußere Einflüsse daran gehindert« (Hardinghaus und Neufeld 2015, S. 42). Der Chefjustiziar der Hamburger Schulbehörde berichtet von verdoppelten Fallzahlen in den letzten zehn Jahren, weil Eltern gegen die Noten ihrer Kinder zunehmend gerichtlich vorgehen. Sie sind überzeugt, ihr Kind sei hochbegabt, und die Lehrer würden das nur nicht erkennen (Hardinghaus und Neufeld 2015, S. 40). Die Kriterien, an denen solche Einschätzungen festgemacht werden, sind nicht nur in diesen Alltagsfällen vage. Auch in der Wissenschaft sind die Begrifflichkeiten unscharf.

> »In der einschlägigen (psychologischen und pädagogischen) Literatur trifft man auf eine große terminologische Vielfalt bezüglich der Begriffe ›Begabung‹ und ›Hochbegabung‹ und findet z. B. zum Konstrukt ›Hochbegabung‹ keine einheitliche, (von der Mehrzahl der Hochbegabungsforscher) allgemein akzeptierte Definition« (Bardy 2007, S. 10; vgl. auch Käpnick 2002; Lack 2009; Fuchs 2006).

Die Zugänge sind vielfältig[16], und zur näheren Beschäftigung sei auf die umfassenden Darstellungen bei Bardy (2007) verwiesen. Er erwähnt in Anlehnung an Sternberg u. a. »fünf notwendige und in der Gesamtheit hinreichende Merkmale (Kriterien) für das Vorliegen einer (Hoch-)Begabung (Bardy (2007, S. 10 f.):

1. *Exzellenz*: Das Individuum ragt in einer bestimmten Hinsicht im Vergleich zu Gleichaltrigen hervor.
2. *Seltenheit*: Das Merkmal auf hohem Niveau kommt als solches bei Gleichaltrigen seltener vor.

---

[16] Einen guten Überblick vermittelt Fritzlar (2013).

3. *Produktivität*: In dem herausragenden Bereich muss das Individuum produktiv sein.
4. *Nachweis*: In dem herausragenden Bereich muss die Ausnahmestellung durch valide Tests nachgewiesen sein.
5. *Wert*: Der herausragende Bereich muss gesellschaftlich wertgeschätzt sein.

Bardy formuliert des Weiteren in Anlehnung an Heller (s)ein Verständnis von *Begabung*, das er seinen Ausführungen zugrunde legt. Im vorliegenden Rahmen ist das große Spektrum der Theorien, Begrifflichkeiten und Definitionsvarianten nicht aufzuspannen, sodass seine Fassung auch hier als *Arbeitsdefinition* dienen soll (vgl. auch Fritzlar 2013). Begabung lässt sich demnach ...

> »als individuelles, relativ stabiles und überdauerndes Fähigkeits- und Handlungspotenzial auffassen, bestehend aus kognitiven, emotionalen, kreativen und motivationalen Bestandteilen, die durch bestimmte Einflüsse weiter ausgeprägt werden können und so eine Person in die Lage versetzen, in einem mehr oder weniger eng umschriebenen Bereich besondere Leistungen zu erbringen« (Bardy 2007, S. 15).

Konsens besteht wohl einerseits darin, »dass die Aussagekraft des IQ für *fachspezifische* Anforderungen – beispielsweise Problemlösen im mathematischen Bereich – umstritten und beschränkt ist. [...] Intelligenztestergebnisse und mathematische Leistungsfähigkeit hängen über die Gesamtpopulation betrachtet zwar zusammen, allerdings kann eine besondere mathematische Begabung nicht aus dem IQ abgeleitet werden« (Fritzlar 2013, S. 12; Hervorh. GKr). Hier spielt die Tatsache eine Rolle, dass die meisten Intelligenztests inhaltsübergreifend angelegt sind, eine besondere mathematische Begabung sich aber *bereichsspezifisch* realisiert. Im Rahmen der Auswahlverfahren des Hamburger PriMa-Projekts (Nolte 2011) waren z. B. die meisten der als mathematisch besonders begabt getesteten Kinder auch als hochbegabt (lt. IQ) getestet. Es gab allerdings auch mathematisch Begabte, die laut IQ nicht als hochbegabt gelten. Und ebenso gab es Kinder, die keine besondere mathematische Begabung erwarten ließen, aber einen sehr hohen IQ aufwiesen. Hochbegabung bedeutet also nicht automatisch auch mathematische Begabung. »Ein Intelligenztest allein stellt nicht differenziert genug fest, ob bei diesen Kindern eine sehr hohe Leistung in anspruchsvollen mathematischen Problemlöseprozessen zu erwarten ist« (Nolte 2011, S. 614).

Weiterhin geht man davon aus, dass sich das Konstrukt ›mathematische Begabung‹ aus verschiedenen Quellen speist (»Einflussfaktorenmodell«; Nolte 2013). Hierbei geht man »von den Wechselwirkungen zwischen einem angeborenen Potenzial, den eigenen Aktivitäten des Kindes und den Angeboten der Umgebung aus. Diese Faktoren, die sehr weit ausdifferenziert werden konnten, führen zur Entwicklung von mathematischen Kompetenzen, zu einem mathematischen Talent« (Nolte 2013, S. 129; vgl. Abb. 4.16). Es geht demnach nicht darum, was Kinder zu einem bestimmten Zeitpunkt in der Grundschule bereits zeigen oder können, sondern wohin ihre potenzielle Entwicklung führen kann und weist.

Problemlösekompetenzen	Metakognitive Kompetenzen
• Handlungsmuster/kognitive Komponenten • Kreativität • Routinen • Hypothesenbildung & -überprüfung	• Kontrolle der eigenen Arbeitsweise • Aufmerksamkeitssteuerung • ...
Kommunikation & Interaktion	**Psychische Komponente**
• Darstellungsweisen • Sprache • Argumentieren • Zuhören & Verstehen • ...	• Motivation • Frustrationstoleranz • Volition • ...

Abb. 4.16 Schwerpunkte der Entwicklung zu einem mathematischen Talent. (Nach Nolte 2013, S. 129)

Begabung ist also ein multifaktorielles (nicht nur rein kognitives) Konstrukt, sie ist bereichsspezifisch und sie kann (und muss) gefördert werden. Wenn nach gängiger Konvention (IQ > 130) 2 % der Menschen als hochbegabt gelten (Rost und Westhoff 2008) und 10 % als mathematisch begabt (Bardy 2007, S. 15), dann »dürfte [es] nur wenige Grundschullehrerinnen/-lehrer geben, die noch nie ein solches Kind unterrichtet haben« (Bardy 2007). Das wiederum macht plausibel, warum man sich mit diesem Phänomen befassen und an einer entsprechenden Professionalisierung interessiert sein muss. Das führt zu mindestens zwei Fragen: Wie erkennt man die spezifische mathematische Begabung von Grundschulkindern? Und wie kann man sie angemessen fördern?

4.4.2 Identifikation besonders befähigter Kinder

Aus dem bisher Gesagten dürfte deutlich geworden sein, dass es nicht um nebenbei zu identifizierende schnelle und/oder sichere Rechner geht und dass nicht jede unerwartete Leistung bereits auf eine Hochbegabung schließen lässt. Aber wenn selbst die wissenschaftlichen Theorien zu (Hoch-)Begabung, wie gesehen, alles andere als einheitlich sind, dann wird es insbesondere für Lehrkräfte keine leichte Aufgabe sein, besonders begabte Kinder (im Sinne der o. g. Arbeitsdefinition) zu identifizieren.

Allerdings verfügen sie aufgrund ihrer Ausbildung über ein hilfreiches pädagogisch-psychologisches Basiswissen – im Hinblick darauf, wie Schulleistungen zustande kommen, wie Lernprozesse regulär ablaufen können, wie es um die Auffassungsgabe, den Wissensstand und die Motivation der Lernenden bestellt ist und wie diese sich in die Lerngruppe integrieren. Diese Wissensressourcen, ergänzend unterstützt durch Fortbildung und Diskurse mit Fachkollegen, können zu einer zyklisch fortschreitenden Qualitätsverbesserung des pädagogischen Handelns führen (vgl. BLK 2001).

Auf welche Merkmale und Merkmalsausprägungen wäre aber die Aufmerksamkeit zu lenken? Käpnick (1998) hat ein Merkmalssystem mit (a) mathematikspezifischen und (b) begabungsstützenden allgemeinen Persönlichkeitsmerkmalen[17] entwickelt, wobei das Niveau der jeweiligen Kriterien durch sog. Indikatoraufgaben gekennzeichnet werden kann (vgl. auch Käpnick et al. 2005, 2011).

(a) Mathematikspezifische Merkmale:
- *Speichern mathematischer Sachverhalte im Kurzzeitgedächtnis unter Nutzung erkannter mathematischer Strukturen,*
- *mathematische Fantasie,*
- *Strukturieren mathematischer Sachverhalte,*
- *selbstständiger Transfer erkannter Strukturen,*
- *selbstständiger Wechsel der Repräsentationsebenen,*
- *selbstständiges Umkehren von Gedankengängen beim Bearbeiten mathematischer Problemstellungen,*
- *mathematische Sensibilität (ausgeprägtes Gefühl für Zahlen und Muster).*

(b) Begabungsstützende allgemeine Persönlichkeitseigenschaften:
- *hohe geistige Aktivität,*
- *intellektuelle Neugier,*
- *Anstrengungsbereitschaft,*
- *Freude am Problemlösen,*
- *Konzentrationsfähigkeit,*
- *Ausdauer und Beharrlichkeit,*
- *Selbstständigkeit,*
- *Kooperationsfähigkeit.*

Was die Persönlichkeitseigenschaften betrifft, so ist das Erscheinungsbild mathematisch besonders befähigter Kinder aber keineswegs einheitlich. »Man kann durchaus neben einsamen Spitzenleistungen einem eigensinnigen Verweigern einzelner Aufgaben oder Themen begegnen, aber auch Tränenausbrüchen über vermeintliches Versagen usw. Neben den Auffälligen gibt es die stillen Eigenbrötler, die Resignierten und die hochreflektierenden Kinder, die selten etwas sagen, aber nicht übersehen werden sollten, wenn es um ihre Identifikation und die Förderung ihrer Möglichkeiten geht« (Bauersfeld 2006, S. 31). Neugier, Ausdauer und Anstrengungsbereitschaft können ebenso auftreten wie Ungeduld, Unruhe, Unangepasstheit (BLK 2001).

Nicht nur deshalb sind Zuschreibungen von Begabungsbereichen und -ausprägungen naturgemäß nur als grobe oder unscharfe Annäherungen zu verstehen. Hinzu kommt, dass Käpnicks Merkmalssystem und Indikationsaufgaben-Test sich zunächst auf die Jahrgangsstufen 3 und 4 bezieht und »dass nach dem gegenwärtigen Erkenntnisstand das Erkennen einer mathematischen Begabung bei Erst- und Zweitklässlern aufgrund entwicklungspsychologischer Besonderheiten, der oft noch fehlenden kognitiven, sprachlichen

---

[17] Vergleichen Sie einmal diese Merkmalsliste mit jener für *Lernschwierigkeiten* in Abschn. 4.3.2.

und mathematischen Grundkompetenzen, des sehr spontanen Denkens und Handelns, des schnellen und häufigen Wechsels von Interessen, des sehr großen Vorhersagezeitraumes bis zur Entfaltung des eigenen mathematischen Leistungspotenzials im Jugendalter u. a. m., aber auch aufgrund einer evtl. sehr intensiven Einflussnahme von Eltern im Vorschulalter oder individueller Probleme eines Kindes am Schulanfang generell noch äußerst problematisch ist« (Käpnick et al. 2011, S. 97).

Fuchs (2006) konnte allerdings die genannten Merkmale auch bereits bei Erst- und Zweitklässlern beobachten. Auch Lack (2009) untersuchte diese Altersgruppe, allerdings nicht im Hinblick auf das Merkmalssystem, sondern bzgl. der Frage, ob und welche heuristischen und aufgabenspezifischen Strategien mathematisch interessierte Kinder bereits nutzen; und demnach lasse sich in dieser Hinsicht eine mathematische Begabung auch bereits in diesem Alter in vergleichbarer Weise wie bei Dritt-/Viertklässlern identifizieren und Bezüge zu Käpnicks Merkmalssystem herstellen (Lack 2009, S. 360).

4.4.3 Förderung besonders befähigter Kinder

Wohl jede Lehrerin freut sich über leistungsstarke Kinder in der Klasse. Diese nehmen ihre Lernangebote dankbar und produktiv entgegen, geben ihr damit ein positives Feedback für ihre Planungsbemühungen, sie können die Lerngruppe mit guten Ideen inspirieren und den Unterricht dadurch voranbringen, sie erledigen die gestellten Aufgaben i. d. R. problemlos und sind nicht selten (wenn auch nicht immer; s. o.) ein Vorbild im Hinblick auf Arbeitstugenden (Ausdauer, Anstrengungsbereitschaft, Sorgfalt etc.). All dies kann dazu führen, dass das Zentrum der Aufmerksamkeit seitens der Lehrperson eher zu den Kindern mit Lernschwierigkeiten und den durchschnittlich Lernenden tendiert. Nicht selten wird angenommen, die Begabteren könnten sich schließlich selbst helfen und bedürften daher keiner besonderen Unterstützung oder Förderung (vgl. auch Van den Heuvel-Panhuizen und Bodin-Baarends 2004).

Das Gegenteil ist hingegen der Fall: Denn das bloße *Vorhandensein* oder gar nur temporäre Aufblitzen der von Käpnick oder anderen herausgearbeiteten Begabungsmerkmale führt nicht zwingend schon zu mathematischen Höchstleistungen oder zum Ausschöpfen des individuell möglichen Leistungsspektrums. Es geht ja (s. o.) nicht darum, was Kinder zu einem bestimmten Zeitpunkt einmal zeigen, sondern wohin ihre potenzielle Entwicklung führen kann oder sollte. »Durch ein günstiges ›Zusammenspiel‹ aller fördernden Katalysatoren *kann* sich eine sehr hohe mathematische Kompetenz zu einer weit überdurchschnittlichen mathematischen Performanz (Leistungsfähigkeit) weiterentwickeln« (Fuchs 2006, S. 68; Hervorh. im Orig.). Und im Einflussfaktorenmodell von Nolte (2013; s. Abb. 4.16) zählt zum Faktor ›Angebote der Umgebung‹ ja zweifelsohne auch der Unterricht. Insofern haben begabte Kinder ebenso ein Recht auf individuelle Förderung wie Kinder mit Lernschwierigkeiten. Im Prinzip »ist Talentförderung – richtig verstanden – nichts anderes als eine Variante der Inklusion: die Zuwendung für Kinder mit besonderen Bedürfnissen« (Spiewak 2015).

Wenn nun aber wie gesehen die Grenzen zwischen normal begabt, begabt und hochbegabt naturgemäß fließend sind (Käpnick et al. 2005, S. 94 f.), dann bietet das auch
Hinweise darauf, wie denn adäquate Förderangebote tunlichst aussehen sollten. So wie
sich traditionelle Konzepte der Förderung von Kindern mit Lernschwierigkeiten mit ihren kleinschrittigen, v. a. aber *separaten* Lernangeboten als wenig effektiv erwiesen haben
(vgl. Abschn. 3.3; Moser Opitz 2000; Scherer 1995a), so wenig sinnvoll erscheint ebenso
– v. a. auch unter einem ganzheitlichen Begabungsverständnis sowie dem Inklusionsge-
danken – ein separierendes Angebot für begabtere Kinder. Stattdessen spricht alles dafür,
(zunächst einmal) die Chancen und das Potenzial des *gemeinsamen* Lernens an *gemein-*
samen Inhalten im Klassenunterricht zu nutzen und auszuschöpfen. Diesbezügliche Konzepte liegen inzwischen vor und wurden breit erprobt (Näheres dazu im Abschn. 4.6.2).

Angesichts zunehmend heterogener Lerngruppen wurde auch generell – also unabhängig von (hoch-)begabten Schülerinnen und Schülern – erkannt, »dass man das Problem
der verschiedenen Begabungsausprägungen am besten ›in den Griff‹ bekommt, wenn man
den Kindern offene Aufgaben mit Möglichkeiten der natürlichen Differenzierung anbietet. Damit sind Aufgaben gemeint, die den Kindern jegliche Freiräume für das Nutzen
ihrer Vorkenntnisse, für das Ausprobieren eigener Wege und für das Entwickeln individueller Denk- und Arbeitsstile lassen« (Käpnick 2003, S. 170; vgl. auch Nolte 2013).
Bereits 2002 wies Bauersfeld darauf hin, dass mathematisch besonders befähigte Kinder statt des üblichen Aufgabenmaterials eher ›Problemfelder‹ bevorzugen würden, »d. h.
Aufgabensituationen mit wandelbaren Vorgaben und Fragen, die sie nach ihren eigenen
Einfällen und Fähigkeiten variieren und erweitern können« (Bauersfeld 2002, S. 9). Die
Nähe zum Konzept der substanziellen Lernumgebungen und einer veränderten Aufgaben-
kultur (Abschn. 4.2) sowie zu den Rahmenbedingungen einer natürlichen Differenzierung
(Abschn. 4.6.2) ist offensichtlich. Geeignete Lernangebote (Lernumgebungen, Problem-
felder) erfassen das gesamte Spektrum, sie sind »Lernumgebungen für Rechenschwache
bis Hochbegabte« (Hengartner et al. 2006; Hirt und Wälti 2010).

Fuchs (2006, S. 291 ff.) kommt auf der Grundlage ihrer umfangreichen Untersuchung
zu folgenden Schlussfolgerungen und Empfehlungen für die Förderung mathematisch begabter Grundschulkinder – sowohl im Unterricht als auch in Förderprojekten:

- Prinzipielle Akzeptanz und Ermöglichung unterschiedlicher Vorgehensweisen
- Konstruktive Nutzung dieser Vielfalt für das gemeinsame Lernen *aller* Kinder (u. a.
  durch Strategiediskussionen; vgl. u. a. Abschn. 6.1 zur Bedeutung des Plenums)
- Prozessorientiertes Diagnostizieren als Voraussetzung für eine individuell ausgerichte-
  te Förderung
- Aufgabenangebote mit reichhaltiger mathematischer Substanz (Muster und Strukturen;
  Anforderungsbereiche II & III, vgl. KMK 2005a)
- Offenheit in der Wahl von Hilfsmitteln, Darstellungen, Anschauungsmitteln
- Anregung zum Finden von Anschlussproblemen oder ähnlichen Aufgaben
- Rechenkonferenzen zur Thematisierung diverser Vorgehensweisen
- Strategiediskussionen zu heuristischen Problemlösemethoden

- Offenheit und Flexibilität bei der Wahl der Sozialformen
- Dezentes Beobachten und wenig regulierendes Eingreifen, auch bei kurzen Phasen des Abschweifens

Bemerkenswert ist, dass es – ganz unabhängig von Begabtenförderung – zahlreiche Übereinstimmungen[18] mit Forderungen gibt, die *generell* für einen guten, ›normalen‹ Unterricht – auch für Kinder mit Lernschwierigkeiten (vgl. Abschn. 4.3) –, also für *alle* Kinder reklamiert werden (vgl. PIK AS 2013).

Interessierte Lehrkräfte finden inzwischen reichhaltige Anregungen in der Literatur und in universitären Projekten für besonders begabte Schülerinnen und Schüler, die es inzwischen an zahlreichen Hochschulstandorten gibt, z. B.:

- Mathematische Lernwerkstatt für Schülerinnen und Schüler (TU Braunschweig)
- Mathe für kleine Asse (Westfälische Wilhelms-Universität Münster)
- PriMa – Kinder der Primarstufe auf verschiedenen Wegen zur Mathematik (Universität Hamburg)
- Mathe-Spürnasen – Grundschulklassen experimentieren an der Universität (Universität Duisburg-Essen)
- Die Matheforscher (Martin-Luther-Universität Halle-Wittenberg)
- Gauß JuniorClub (Leibniz Universität Hannover)

4.5 Motivation

Der Pädagoge John Holt (2003) beschreibt in seinem Buch *Wie kleine Kinder schlau werden* verschiedene natürliche Situationen mit Kindern im vorschulischen, außerschulischen, aber auch schulischen Bereich. Zu Beginn dieses Abschnitts betrachten Sie bitte eine ausführlichere dieser Szenen, die sich zwar *in der Schule* ereignet, jedoch keine direkte *unterrichtliche Situation* darstellt:

»Eines Tages war ich gerade im Raum der ersten Klasse und ging daran, einige halboffene Schachteln herzustellen. Ich bemaß sie so, dass mehrere verschiedene Größen von Cuisenaire-Stäben genau hineinpassten. Als Werkzeug hatte ich mir ein Zeichenbrett, eine Reißschiene, Dreiecke, einen Maßstab und ein scharfes Messer mitgebracht, um den Karton zu zerschneiden. Alle diese Dinge interessierten die Kinder. Immer wieder verließen einige ihre normalen Schularbeiten, um mir in meiner Ecke, in der ich arbeitete, einige Sekunden lang zuzuschauen und dann wieder auf ihren Platz zurückzugehen. Manchmal fragten sie mich, was ich denn da täte, worauf ich antwortete: ›Ach, ich mache nur etwas.‹

---

[18] Das ist natürlich nicht so gemeint, dass es *einen* Standardunterricht für alle gäbe! Aber offenkundig tun Umsetzungen grundlegender fachdidaktischer Konzepte, wie sie in den letzten Jahren entwickelt und erprobt wurden, allen Kindern gut (aktiv-entdeckende Zugänge; ganzheitliche und fachlich reichhaltige, substanzielle Lernumgebungen; natürliche Differenzierung; Orientierung an Mustern und Strukturen etc.). Das schließt gewisse Schwerpunktverschiebungen bei speziellen Zielgruppen nicht aus.

Als ich einige wenige Schachteln fertig hatte, sahen sie, worum es ging. Nun wollten sie selbst welche machen. Sobald der Stundenplan es zuließ, gab der Lehrer ihnen starkes Papier und Scheren und ließ sie anfangen. Gesagt, getan. Sei es, dass sie es bei mir abgeguckt hatten oder bei anderen oder durch Nachdenken oder Probieren darauf gekommen waren – sie alle fanden heraus, dass man, um eine rechteckige offene Schachtel zu machen, ein Stück Papier von der Form eines breiten Kreuzes ausschneiden musste. Die ersten Formen sahen sehr grob aus; die Seiten waren nicht sorgfältig genug ausgemessen, wenn überhaupt, und die Kanten nicht rechtwinklig. Aber Kinder haben einen Sinn für gute Handwerksarbeit. Wenn man sie nicht mit Belohnungen oder durch Gängeln bei der Arbeit hält, wollen sie immer das verbessern, was sie vorher getan haben. So machten auch diese Kinder ihre Schachteln immer sorgfältiger, versuchten herauszubringen, wie man sie schneiden musste, sodass die Kanten fugenlos aufeinander passten und dass die Öffnung eben wurde. Niemand bat mich um Hilfe. Hin und wieder schaute mir ein Kind eine Zeit lang zu, das war alles. Danach fuhren sie mit ihrer Arbeit fort.

Ich verfolgte ihre Arbeiten noch ein kleines Stück weiter – nicht so weit, wie ich gewollt hätte, denn ich hatte noch andere Klassen, außerdem musste ich einige besondere Unterrichtsstunden geben sowie Privatunterricht. Der letztere bestand darin, dass ich den Betreffenden die Hoffnung eintrichtern musste, sie könnten irgendwelche Tests bestehen. Ich hatte also nicht so viel Zeit, wie ich gerne gehabt hätte, um in Ruhe zu forschen oder einen vielversprechenden Ansatz zu verfolgen. Und der Lehrer der ersten Klasse meinte natürlich, er müsste den vorgesehenen Stoff durchnehmen, um jene Kinder für die Versetzung in die zweite Klasse vorzubereiten. So blieb ihnen nicht genug Zeit, um die mathematischen Möglichkeiten, die sich bei der Herstellung dieser Schachteln ergaben, zu ergründen und entwickeln. Sie hätten etwa dazu übergehen können, Schachteln mit exakten Abmessungen herzustellen oder Schachteln, die eine bestimmte Anzahl von Holzblöcken aufnehmen konnten, oder Schachteln mit nicht rechteckigen Formen.

Dennoch gelangen in der kurzen Zeit einem kleinen Jungen einige sehr beachtliche Leistungen, die vielleicht ihm und der ganzen Klasse bisher ungeahnte Möglichkeiten eröffneten. Er war übrigens einer der Störenfriede einer an sich schon recht unruhigen Klasse. Nachdem er mehrere offene Schachteln gemacht hatte, fing er an zu überlegen, wie man eine geschlossene Schachtel machen musste. Nach kurzer Zeit hatte er herausgefunden, welche Form er dazu ausschneiden musste. Dann betrachtete er seine geschlossene Schachtel und versuchte, sie sich als Haus vorzustellen, und zeichnete eine Türe und einige Fenster darauf. Das Ergebnis befriedigte ihn aber nicht so recht, weil es einem Hause nicht sehr ähnlich sah. Er überlegte nun, wie man ein Haus machen musste, das wirklich wie ein Haus aussah und ein spitzes Dach hatte. Ich sah ihn nicht, während er an diesem Problem arbeitete, und weiß auch nicht, welche Schritte ihn schließlich dahin führten, aber wenige Tage später zeigte mir sein Lehrer ein Kartonhaus mit einem spitzen Dach, das er aus einem Stück ausgeschnitten hatte. Es war außerdem gut gearbeitet; die Seiten und das Dach passten ziemlich gut aneinander. Und er hatte Türen und Fenster nicht aufgezeichnet, sondern vor dem Falten ausgeschnitten. Eine wirklich außergewöhnliche Leistung« (Holt 2003, S. 168 ff.).

Was kann diese Szene verdeutlichen? Vor allem dies:

- Man erkennt, dass Kinder durchaus von komplexen, anspruchsvollen Aufgaben, die eine Reihe mathematischer Anforderungen beinhalten (vgl. dazu auch in Abschn. 2.2.2 das Beispiel der Würfelnetze), motiviert werden.

- Man sieht auch, dass schwierige Dinge im ersten Versuch nur fehlerhaft bewältigt werden und Kinder dies durchaus *selbst* erkennen können und es sie darüber hinaus nicht *demotivieren* muss.
- Es besteht zwar nicht bei allen, so doch bei vielen Anforderungen die Chance, dass Kinder *selbst* beurteilen, ob etwas gut bzw. richtig ist, und dass die Beurteilung von außen, z. B. durch die Lehrerin, nicht unbedingt und auch nicht umgehend erforderlich ist.

An einem anderen Beispiel *natürlicher Motivation* eines Vorschulkindes erläutert Holt: »Man sieht leicht, dass vieles von dem, was wir in der Schule tun, falsch sein muss, wenn wir uns so sehr um das kümmern müssen, was man ›Motivation‹ nennt.[19] Ein Kind hat kein größeres Verlangen, als die Welt zu verstehen, sich frei in ihr zu bewegen und diejenigen Dinge zu tun, die es größere Leute tun sieht« (Holt 2003, S. 16; vgl. auch Whitney 1985, S. 230). Dabei ist weder die Leistungsorientierung noch ein überzogenes Konkurrenzstreben ein entscheidendes Motiv des Lernens. Vielmehr erwächst es aus einem Interesse *an den Lerngegenständen selbst* (vgl. Loch in Bruner 1970, S. 15). »In ihrer besten Form ist Erziehung Faszination, Begeisterung« (Leonard 1973, S. 26). In welcher Weise Kinder im Unterricht motiviert werden, kann dabei individuell natürlich sehr verschieden sein.

Nun mag mancher Leserin oder manchem Leser bei der Lektüre des letzten Absatzes der Gedanke gekommen sein, dass es sich bei der Motivbeschreibung der Kinder doch um eine allzu idealistische Grundschulidylle handle. Wer kennt schließlich nicht die konkreten Fälle von demotivierten, unkonzentrierten, wenig ausdauernden Kindern, die nur schwer den Eindruck zu erwecken vermögen, dass sie sich durch *die Sache selbst* zu einer ernsthaften und anhaltenden Befassung mit ihr bewegen lassen. Oder die auch nur die differenzierte Wahrnehmungsfähigkeit zu besitzen scheinen, damit eine an sich so wenig spektakuläre Sache wie eine einfache Pappschachtel ihre Aufmerksamkeit erregt.

Gewiss, betrachtet man das Motivationsgefüge der heutigen Schülerinnen und Schüler, dann sieht deren Kindheit mit Sicherheit anders aus als jene zu Zeiten von Holt oder Leonard. Die Motivation zum Lernen allgemein, zum (gemeinsamen) Lernen in der Schule, zur Hinwendung zur Mathematik und auch das Verständnis und die Akzeptanz der Rolle von Lehrpersonen entscheidet sich nicht vornehmlich im abgegrenzten ›Biotop Klassenzimmer‹. All dies wird inzwischen maßgeblich auch von außerschulischen Einflussfaktoren bestimmt. Die Klagen über Einstellungen, Haltungen und Verhaltensweisen von Kindern, die wünschenswertes Lernen in der Schule spürbar beeinträchtigen würden,

---

[19] Die einführende Szene zeigt in diesem Zusammenhang ganz deutlich, dass nicht unbedingt gewaltige Inszenierungen (›Motivationsakrobatik‹) notwendig sind, um Kinder zu motivieren: Die mitgebrachten Werkzeuge des Lehrers und sein Satz »Ach, ich mache nur etwas« können in ihrer Vagheit den erwünschten Effekt erzielen. Es ist an dieser Stelle nicht zu entscheiden, welches Motiv für die Kinder letztlich handlungsleitend ist. Möglich wäre das Anschlussmotiv (für den Lehrer etwas zu tun), der kognitive Trieb oder das Leistungsmotiv (s. u.).

können und sollen hier nicht im Detail analysiert und bewertet werden. Aber auch wenn man sie zunächst einmal als *Status quo* annimmt (was nicht gutheißen bedeuten muss), so gibt es doch eine Einordnung, die durchaus nicht naiv ist, weil es eben auch dafür zahlreiche Belege gibt. Zwar löst das nicht das Problem generell und für alle und jeden, aber einem Konzept oder einer Maßnahme, die mit dem Nimbus eines ›Zauberstabs‹ daherkäme, sollte man schon prinzipiell skeptisch gegenüber sein.

Angenommen Holt (2003) hat recht, wenn er sagt: »Vögel fliegen, die Fische schwimmen; der Mensch denkt und lernt. Deshalb brauchen wir Kinder nicht zum Lernen zu überreden, verführen oder drängen. Es ist nicht notwendig, daß wir ständig auf ihren Gedanken herumhacken, um sicher zu gehen, daß sie etwas lernen« (Holt 2003, S. 232). Dann bedeutet das doch, dass der Mensch als solcher grundsätzlich ein *lernendes Wesen* ist, dass Lernen somit seiner Natur entspricht. Und Lernen beginnt weit früher als mit dem Schuleintritt. Folglich kann der junge Mensch auch bereits lange Zeit vorher positive wie negative Erfahrungen mit Lernprozessen gemacht und u. U. recht tief verinnerlicht haben. Mit anderen Worten: Die Einstellung zum und das Verhalten beim Lernen im Unterricht ist etwas *Gelerntes*. Und alles Gelernte bleibt veränderbar, nichts davon ist immun gegen weitere Einflüsse, es kann also auch wieder *ver-lernt* werden.

Aufgabe der Schule wäre es also auch, den evtl. weniger wünschenswerten oder wirksamen Phänomenen andere Erfahrungen gegenüberzustellen, die erfahrbar machen, dass Lernen auch eine freudvolle, befriedigende weil bereichernde Angelegenheit sein kann. Oder um es noch einmal mit Holt zu sagen: »Was wir tun müssen und was ausreicht, ist, daß wir soviel wie möglich von unserer Welt in die Schule und in die Klassenräume hineintragen; daß wir Kindern die Hilfe und Führung geben, die sie benötigen und von uns verlangen, und daß wir ihnen mit Achtung zuhören« (Holt 2003). Die Welt in die Schule zu holen, schließt dann aus heutiger Sicht mit ein, dass dazu auch gehaltvolle Inhalte gehören, die zum Explorieren einladen und die Lernenden nicht nur mit Motivationstricks bei der Stange zu halten versuchen. – Damit führt dieser Exkurs zurück auf das Thema dieses Abschnitts ...

Bevor nun exemplarisch einige wesentliche Aspekte für den Mathematikunterricht ausgeführt werden, soll eine Zusammenstellung grundsätzlicher Motivationsarten eine Einordnung erleichtern. Zech (2002, S. 187) empfiehlt, zwischen *Motivation* einerseits und den zugrunde liegenden *Motiven* andererseits zu unterscheiden. Motive sind Einstellungen, die sich in wiederkehrenden Grundsituationen herausbilden, während es sich bei Motivation um ein situationsabhängiges und kurzfristiges Geschehen handelt (Heckhausen 1974, S. 142 f.). Motive sind in Verbindung mit situativen Bedingungen sozusagen die Grundkomponenten für das Entstehen von Motivation.

Folgende Motive sind zentral für die Motivationen im Mathematikunterricht (Zech 2002, S. 187 ff. und die dort angegebene Literatur):

- der kognitive Trieb (der Wunsch nach Wissen/Verstehen),
- das Lebenszweckmotiv (der Wunsch nach besserer Lebensbewältigung),
- das Leistungsmotiv (der Wunsch nach Steigerung des eigenen Leistungsniveaus),

Tab. 4.2 Motivationsarten. (In Anlehnung an Zech 2002, S. 206 f.)

Motivationsart	Mögliche Konkretisierung im Mathematikunterricht
Strukturelle Motivation, ästhetische Motivation	Zahlenmuster (vgl. Abschn. 1.3.1.2 ›Argumentieren‹)
Motivation durch dosierte Diskrepanzerlebnisse (z. B. Neuigkeit, Verfremdung, Provokation, Staunen, Komplizierung)	Schaffen von Neugier, v. a. durch innermathematische Problemstellungen
Motivation durch Nützlichkeitswert	Sachrechnen mit unmittelbarem Lebensbezug (vgl. Abschn. 2.3.2, das Beispiel ›Teekesselchen‹ zur Umwelterschließung)
Leistungsmotivation (z. B. Zielorientierung, Selbsttätigkeit, angemessener Schwierigkeitsgrad, Erfolg/Misserfolg)	Lernkontrollen, Tests (vgl. auch Abschn. 5.6), Lerntagebücher (Abschn. 3.2), natürliche Differenzierung (Abschn. 4.6)
Soziale Motivation (z. B. sachbezogenes Lob, Kooperation, Lehrer als Modell ⇒ durch eigene Begeisterung ›mitreißen‹)	Kooperatives Lernen bei Unterrichtsaktivitäten im Rahmen eines Projekts (vgl. Abschn. 2.3.3.8) oder anderer Lernumgebungen (vgl. das Einführungsbeispiel in Abschn. 3.2.1)

- das Selbstverwirklichungsmotiv (der Wunsch nach Selbstständigkeit/Eigenverantwortlichkeit),
- das Machtmotiv (der Wunsch, andere zu dominieren),
- das Anschlussmotiv (Sozialtrieb),
- das ästhetisch-ethische Motiv (das Bedürfnis nach Ordnung, Genauigkeit, Schönheit im weitesten Sinne; vgl. die Leitidee der Bildungsstandards *Muster und Strukturen*).

Aus diesen grundlegenden Motiven sind einige wesentliche Arten der Motivation herausgearbeitet worden, die hier ohne weitere Ausführung lediglich genannt und exemplarisch durch unterrichtliche Realisierung konkretisiert werden sollen (Tab. 4.2).

Alleine an diesen wenigen Beispielen wird deutlich, dass eine bestimmte Motivationsart nicht bei jedem Unterrichtsgegenstand zum Tragen kommt. So liegt die Motivation durch Nützlichkeitswert bspw. beim Erlernen der schriftlichen Division heutzutage wohl kaum mehr auf der Hand, da gerade dieser Algorithmus aus dem täglichen Leben nahezu verschwunden ist. Diesen Algorithmus dennoch ausführen zu lernen, ist dann möglicherweise weit eher durch eine anstehende Klassenarbeit motiviert (Leistungsmotivation). Beim Verstehen-Wollen der Funktionsweise von Algorithmen kann aber auch eine ästhetische Motivation zum Tragen kommen, die häufig mit Neugier verbunden ist, hier z. B. auf die dahinterstehenden arithmetischen Gesetze oder die Systematik, die den Algorithmus auch bei großen Zahlen mit dennoch geringem Rechenaufwand ›funktionieren‹ lässt. Dies zeigt, dass gut und gerne verschiedene Motivationsarten auch zusammenwirken können. Auf der anderen Seite laufen Lernprozesse, die ausschließlich durch *eine* Motivationsart motiviert sind (bspw. durch die Leistungsmotivation), Gefahr, weitere wesentliche

Bereiche zu vernachlässigen: Ein übertriebenes Leistungsstreben kann in ein übertriebenes Wettbewerbs- und Konkurrenzdenken münden (möglicherweise getragen von einem Machtmotiv, s. o.) und in der Folge die soziale Motivation völlig in den Hintergrund drängen.

> Formulieren Sie selbst konkrete Unterrichtsbeispiele/-aktivitäten für den Bereich der Geometrie, in denen sich die verschiedenen Motivationsarten widerspiegeln. Diskutieren Sie anschließend die Beispiele aus dem Abschn. 7.2 bei Zech (2002).

Intrinsische und extrinsische Motivation

Diese beiden Motivationsarten werden im Mathematikunterricht besonders für den Bereich der Übung diskutiert. Es steht außer Frage, dass im Mathematikunterricht das Üben einen großen Raum einnimmt. Je nachdem, wie das Übungsangebot aufgestellt ist (produktiv oder eher gemäß ›bunten Hunden und grauen Päckchen‹; vgl. Abschn. 3.1), kann Lernfreude resultieren oder aber auch Langeweile und Motivationsverlust entstehen. Schon beim traditionellen Üben bestand daher seit jeher die Forderung nach einer *abwechslungsreichen* Übungspraxis (vgl. Motivation durch dosierte Diskrepanzerlebnisse in Tab. 4.2). Bezogen auf die Art der Motivation gibt es dabei unterschiedliche Möglichkeiten (vgl. Krauthausen 1998c, S. 36 ff.): einerseits eine *intrinsische (primäre) Motivation*, eine Motivation aus der Sache heraus (vgl. Wittmann 1990, S. 161). Eine solche Motivation wird nicht nur für die sogenannten leistungsstarken Kinder, sondern auch für lernschwache Schülerinnen und Schüler für unabdingbar gehalten (vgl. Böhm et al. 1990; Scherer 1995a, S. 297; Scherer 2005a; Whitney 1985, S. 234; Wittoch 1985). Sie ist der *extrinsischen (sekundären) Motivation* vorzuziehen, die keine (wünschenswerten) längerfristigen Auswirkungen hat: Die Tätigkeiten bleiben i. d. R. aus, wenn die Belohnung ausbleibt (vgl. Bruner 1970; Dewey 1970; Donaldson 1991, S. 129)[20]. Kommt eine extrinsische Motivation ausufernd und auf lange Sicht zur Anwendung, wird die eher negative Konsequenz sein, dass die Beschäftigung mit Mathematik behindert wird (vgl. Baireuther 1996b, S. 67): »Für kurze Zeit Interesse zu erwecken, heißt nicht dasselbe wie den Grund zu legen für ein langanhaltendes Interesse im weiteren Sinne. Filme, audiovisuelle Unterrichtshilfen und dergleichen andere Hilfsmittel mögen den naheliegenden Effekt haben, Aufmerksamkeit auf sich zu ziehen. Auf weite Sicht dürften sie dahin führen, dass Menschen passiv werden und darauf warten, dass sich irgendeine Art von Vorhang auftut, um sie aufzurütteln« (Bruner 1970, S. 80).

Lepper et al. (1973) gingen der Frage nach, ob sich bei einer zuvor intrinsisch hoch motivierten Aktivität durch Zuführung extrinsischer Belohnungen Veränderungen ergäben.

---

[20] Die Erkenntnisse der Verhaltensforschung bestätigen diese eher negativen Effekte: »Die Fähigkeit, sich durch immer höhere Reize zu verwöhnen und dabei der Anstrengung aus dem Wege zu gehen, ist ein Charakteristikum des Menschen, sie ist Bestandteil seiner reflexiven Fähigkeit schlechthin« (Von Cube und Alshuth 1993, S. 12).

Vor der Durchführung des Experiments wurde folgende Gruppeneinteilung vorgenommen: Eine erste Gruppe erhielt keinerlei Belohnung, eine zweite Gruppe eine unerwartete Belohnung sowie eine dritte Gruppe eine erwartete Belohnung. In den ersten beiden Gruppen zeigte sich ein leichter (nicht signifikanter) Anstieg des Interesses im Verlauf des Experiments, während sich bei den Personen, die eine Belohnung erwarteten, ein signifikanter Abfall der Motivation manifestierte (Lepper et al. 1973, S. 135). Eine unangebrachte, im Sinne von nicht wirklich naheliegende Verabreichung von Sekundärmotivation ist, so Lepper et al., offensichtlich geeignet, eine zuvor vorhandene intrinsische Motivation zu zerstören. Nicht nur dieses Ergebnis legt in der Tat eine Zurückhaltung beim Einsatz extrinsischer Motivationen nahe.

Festzuhalten bleibt des Weiteren, dass die Einstellungen und damit die Motivation für Mathematik bzw. mathematische Probleme und Aufgaben bereits durch die Erfahrungen in der Grundschule für mehrere Jahre oder die gesamte Zukunft bestimmend sein werden (vgl. Baroody und Ginsburg 1992, S. 62), was die Verantwortung der Lehrkräfte gerade in der Grundschule verdeutlicht.

Extrinsische Motivation findet sich recht häufig in Form von Lernspielen (vgl. dazu Abschn. 3.1.3 oder das ›Spaß-Argument‹ im Zusammenhang mit digitalen Medien, Krauthausen 2012, S. 55 ff.) oder realisiert durch besondere Organisationsformen (vgl. z. B. Gruber und Wienholt 1994): »In der Frage, ob eine ›didaktische Verpackung‹ dazu führe, dass die Kinder den Lernstoff besser annähmen, steckt implizit die Überzeugung, dass der Lernstoff im Grunde langweilig und banal sei und dass man ihn daher ›aufwerten müsse‹« (Engelbrecht 1997, S. 66).

Als wesentliches Problem von Schule und Unterricht sehen Lepper et al. (1973) die Unfähigkeit, die intrinsische Motivation, die die Kinder bei Schuleintritt noch besitzen (zumindest noch mehr als zu späteren Zeitpunkten ihrer Schulkarriere), zu bewahren. Sie kommen zu dem Schluss, dass Unterricht dieses spontane Interesse und die Neugier – jedes frisch eingeschulte Kind will Lesen, Schreiben und Rechnen lernen und fiebert dem in aller Regel bereits Wochen vorher entgegen – sowie die entsprechenden Lernprozesse unterläuft (vgl. Lepper et al. 1973, S. 136). Natürlich ist auch nicht zu übersehen, dass die Lebenswelt der Kinder, ihre außerschulische Umwelt, weitgehend von extrinsischer Motivation dominiert ist. Es wäre daher realitätsfremd, *ausschließlich* auf primärer Motivation zu beharren, es ist jedoch mit Sicherheit eine Frage der Relationen (vgl. dazu auch Krauthausen 1998c, S. 36 ff.), und hier hätte Schule durchaus auch einen Erziehungsauftrag wahrzunehmen, der mit Sicherheit in der jüngeren Vergangenheit nicht einfacher geworden ist.

Interesse

Um eine intrinsische Motivation zu gewährleisten, müssen die Schülerinnen und Schüler Interesse für den zu erlernenden Stoff aufbringen. Dieses Interesse am Lernstoff kann bspw. durch dessen Ästhetik oder dessen Nützlichkeitswert motiviert sein (Tab. 4.2). In diesem Zusammenhang ist häufig die Tendenz zu beobachten, dass *zunächst* ein Thema, ein Lernstoff ausgewählt wird, das/der *anschließend* mit methodischen Tricks interessant gemacht werden soll (vgl. Dewey 1970, S. 163; s. o. die Ausführungen zur extrinsischen Motivation). »Wenn der Stoff so dargeboten wird, dass er einen passenden Platz innerhalb des sich weitenden Bewusstseins des Kindes hat, wenn er aus dem eigenen Tun, Denken und Fühlen des Kindes heraus- und in die weitere Entwicklung hineinwächst, dann braucht man keine Zuflucht zu methodischen Kunstgriffen oder Tricks zu nehmen, um ›Interesse‹ zu wecken. Substanzieller Stoff in psychologisierter Form *ist* interessant« (Dewey 1976; Hervorh. GKr; vgl. auch Brosch 1999, S. 32). Alles andere als unerheblich ist übrigens auch das Interesse der *Lehrperson* am Unterrichtsstoff!

> »Die Kunst des Lehrens ist dazu da, den Anspruch der Sache zu vermitteln. Unbestritten, daß wir auch über die Heranwachsenden etwas wissen müssen, über ihre Art, die Dinge zu sehen, über ihre Vorlieben und Neigungen, über ihr Vorwissen wie über ihren Horizont. Unbestritten auch, daß die Ordnung der Darstellung zu bedenken ist: Die Sequenz der Ausfaltung eines verwickelten Sachverhalts, das Hin und Her von Frage und Antwort, von Zeigen und Wiederholen, das Arrangement des Unterrichts. Aber beides – die Ordnung des Vorgehens und der Bezug zu den Personen – bliebe leer ohne die Liebe zur Sache, ohne das dauernde Bemühen, ihr gerecht zu werden und damit der Veranstaltung namens Unterricht zu entsprechen. [...] Die Verlagerung des pädagogischen Interesses weg von den Sachverhalten hin auf das Psychologische und das Methodisch-Didaktische erscheint mir bedenklich. Ich frage mich, wie Sachverhalte weitergegeben werden können von Menschen, die sich aufs Vermitteln verstehen, aber den Anspruch, um den es geht, womöglich kaum noch selber vernehmen: Wie soll jemand eine Sache für andere interessant machen, der an ihr kein Interesse hat?« (Schreier 1995, S. 14 f.)

Das Vorbildverhalten der Lehrerin (als ›Modell‹) ist hier also sehr bedeutsam, denn gerade Kinder im Grundschulalter orientieren sich noch vergleichsweise stark an ihr – ein Aspekt der auf die eigene Einstellung zum Fach Mathematik und auf die eigene diesbezügliche Lernbiografie verweist (vgl. Krauthausen und Scherer 2004). Die eigenen Schulzeit-Erfahrungen sollten also als eine berufsbildrelevante Notwendigkeit ausdrücklicher Bestandteil einer beginnenden Lehrerausbildung sein, damit negative oder wenig konstruktive Einstellungen und Haltungen bewusstgemacht und ggf. aufgearbeitet werden können (vgl. Krauthausen 2015).

Natürlich wird es kaum zu realisieren sein, dass *alle* Kinder zur *gleichen* Zeit am *gleichen* Unterrichtsgegenstand großes Interesse haben. Jedoch gibt es eine Reihe von Lernumgebungen, in denen *mit größerer Wahrscheinlichkeit* als bei anders gestalteten Lernumgebungen das individuelle Interesse mehrerer Kinder berücksichtigt werden kann: Zu nennen wären auch hier wiederum die substanziellen Lernumgebungen, weil sie i. d. R. ein breites Spektrum an Aktivitäten ermöglichen (vgl. Abschn. 3.1.2 und 4.2), oder aber die Arbeit an Projekten bspw. in arbeitsteiliger Form, in der durchaus unterschiedliche Interessen realisiert werden (vgl. Abschn. 2.3.3.8; auch das Erfinden von Rechengeschichten in Abschn. 2.3.3.4).

Anstrengungsbereitschaft

»Ein leistungsmotiviertes Handeln findet besonders dann statt, wenn die Tendenz ›Hoffnung auf Erfolg‹ die Tendenz ›Furcht vor Misserfolg‹ überwiegt. [...] Wünscht man, dass Lehrer oder Schüler vorwiegend *intrinsisch* motiviert sind, dann ist eine unverzichtbare Grundlage, dass sie bei ihren Aktivitäten häufig Erfolge erzielen. [...] Die *extrinsische* Motivation ist nicht unproblematisch. Wegen der häufig unerwünschten Nebenwirkungen (Erzeugen negativer Emotionen wie Angst und Scham) ist im Zweifelsfall die Belohnung dem Zwang vorzuziehen« (Edelmann 2000, S. 7, Hervorh. i. Orig.).

Implizit wird hieran deutlich, dass die Eigentätigkeit ein entscheidender Faktor ist: Jedes Kind hat das Recht zu erfahren, dass erfolgreiches Lernen auch immer an eigene Anstrengungen gebunden ist (vgl. MSJK 2003)[21]. Diese Mühe des Lernens kann und soll man den Kindern nicht abnehmen, wohl aber kann man ihnen Hilfen anbieten, dass sie Mühe als lohnenswert empfinden lernen. Die Erfahrungen des Gefordertseins und des Könnens sind ja nicht zuletzt auch von grundlegender Bedeutung für die Persönlichkeitsentwicklung des Kindes (Christiani 1994). So zu tun, als wäre Lernen ausschließlich freudvoll sowie frei von Hindernissen und Beurteilungen, ist eine Vorspiegelung falscher Tatsachen und hat keine Entsprechung in der Realität: »In vielen verschiedenen Theorien zur Entwicklung des Denkens wird darauf hingewiesen, dass uns derartige kognitive Konflikte unerträglich sind und wir uns deshalb stets darum bemühen, sie zu beseitigen. [...] Die Erziehung sollte das Ziel verfolgen, im Kind die Bereitschaft zu fördern, sich Widersprüchlichkeiten zu stellen beziehungsweise diese – aus Freude an der Herausforderung – sogar zu suchen. Zugleich sollte sie zu verhindern trachten, dass es zu Abwehrhaltungen oder zu innerem Rückzug kommt« (Donaldson 1991, S. 125). Die Leistungsbeurteilung im Sinne einer ermutigenden Rückmeldung (vgl. Sundermann und Selter 2006a), insbesondere der Umgang mit Fehlern, hat hierbei sicherlich auch entscheidende Auswirkungen auf die Motivation.

Anstrengungsbereitschaft zum Erbringen von Leistungen ist bei Kindern i. d. R. vorhanden (siehe Beispiele vorab). Gefordert sind im Weiteren die Lehrerinnen und Lehrer, »mit der Organisation sehr differenzierter und reichhaltiger Lernangebote und Lernmöglichkeiten den mitgebrachten Leistungswillen zu erhalten« (Brosch 1999, S. 33).

Überforderung und Unterforderung

Wie schon angedeutet, hat das Erleben von Erfolg und Misserfolg entscheidenden Einfluss auf die Motivation. Das Erleben von (ständigen) Misserfolgen und Versagenssituationen kann zu anhaltender *Überforderung* führen und möglicherweise an sich vorhandene Moti-

---

[21] Für ein Kind ist das übrigens keineswegs neu: In vorschulischen Lernprozessen hat es diese Erfahrungen bereits vielfach machen können und gemeistert (siehe auch das einführende Beispiel von Holt).

vation zerstören. Nicht selten kann in solchen Fällen die *natürliche* Motivation der Kinder versiegen (vgl. Holt 2003), und dann müssen zunächst einmal Angst und Druck (Zeit-druck, Ergebniszwang oder Wettbewerb) abgebaut werden (vgl. Wittoch 1985, S. 102). Diese Beschreibungen stellen natürlich Möglichkeitsaussagen dar, d. h., es kann durchaus sein, dass die Motivation trotz allem bestehen bleibt und ein Kind es in jedem Fall besser machen will.

Umgekehrt könnte man vorschnell meinen, dass erlebter Erfolg eine Art Garant für hohe Motivation darstellt. Tatsache ist jedoch, dass eine *Unterforderung* genauso zu man-gelnder Motivation führen kann, ein Kind »tritt [. . .] auf der Stelle, darf nicht ausgreifen und voranstürmen und lernen, lernen. Man muss abwarten, was der Lehrer für angemessen hält, muss längst Begriffenes wiederkäuen« (Andresen 1996, S. 58). Die Folgen sowohl der Über- als auch der Unterforderung machen es unabdingbar, die vorhandenen Fähigkei-ten der Kinder für den Unterricht ernst zu nehmen, d. h. Unterricht immer auch an ihrem Vorwissen zu orientieren (vgl. Abschn. 4.1; auch Baroody und Ginsburg 1992, S. 58): Es muss zu einer möglichst produktiven Passung zwischen dem vorhandenen und dem neu zu erwerbenden Wissen kommen.

Insgesamt wäre also dem Aspekt der Motivation bei der Organisation von Lernprozes-sen gezielt Beachtung zu schenken und dabei nicht nur extrinsische Motivationsmöglich-keiten im Blick zu haben. Festzustellen ist nämlich, dass die Bedeutung der Motivation für kognitive Leistungen generell noch unterschätzt wird (Edelmann 2000, S. 8).

Das Ende dieses Abschnitts greift nun noch einmal auf die einleitende Szene zurück. Es könnte der Eindruck entstanden sein, dass die Aufrechterhaltung der natürlichen (vor-handenen) Motivation der Kinder eher nur in *nicht* geplanten Situationen möglich sei. Aber das ist keineswegs der Fall. Vergleichbares Interesse von Grundschulkindern und überdauernde Motivation lässt sich recht häufig in Unterrichtsphasen erleben (vgl. u. a. Krauthausen und Scherer 2014). Ein kurzes Beispiel soll dies noch einmal illustrieren.

Das Unterrichtsbeispiel Zahlenketten haben Sie bereits in Abschn. 3.2.5 kennengelernt; es wird zudem in Abschn. 4.6 im Zusammenhang mit Differenzierungsmöglichkeiten sowie in Kap. 6 aus der Perspektive der erforderlichen Fachkompetenz der Lehrperson weiter beleuchtet. Bevor Sie weiterlesen und das Schülerdokument (Abb. 4.17) analysie-ren, versuchen Sie zunächst *selbst*, alle Lösungen für die Zielzahl 100 bei Zahlenketten mit fünf Zahlen zu finden (falls Sie dies nicht schon bei der Lektüre von Abschn. 3.2.5 getan haben).

Das Erreichen der Zielzahl 100 bzw. nahe an diese Zielzahl heranzukommen, war eine Problemstellung für Drittklässler. Die Abb. 4.17 zeigt Peters Versuche, der von Anfang an recht große Zahlen wählte, mit einem Stellenwertfehler im zweiten Beispiel. Das dritte und das vierte Beispiel beinhalten zwar die Zahl 100, allerdings nicht als Zielzahl. Peter traf dann im sechsten Beispiel die Zielzahl 100 und versuchte es anschließend mit iden-tischen Startzahlen. Später zeigte sich der Reiz der Zahlen: zunächst bei den Startzahlen 1 1 1 (die ›originalen‹ Startzahlen der berühmten Fibonacci-Folge) und anschließend die glatten 100er. Seine Zielzahlen führten dabei jeweils über den offiziell im Unterricht the-matisierten 1000er-Raum hinaus, und dies mit fehlerfreien Rechnungen. Durch operatives

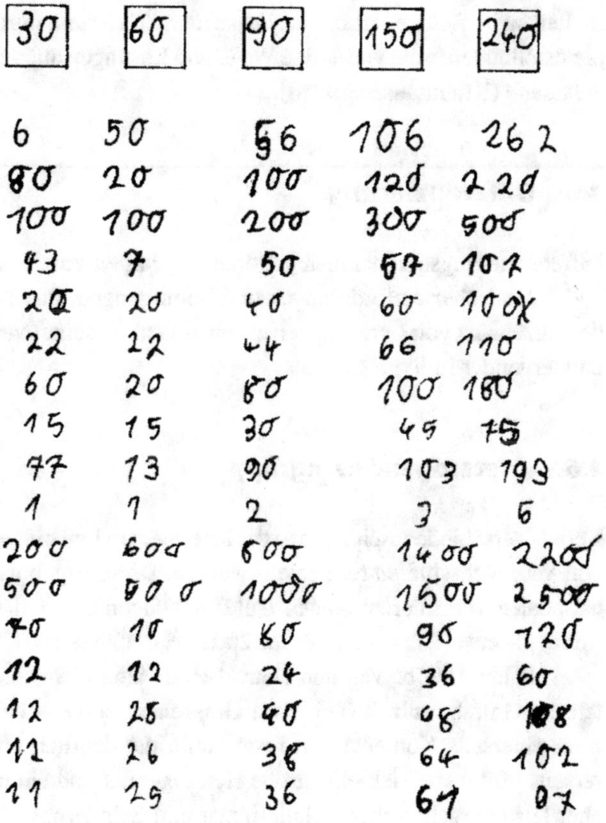

Abb. 4.17 Peters Zahlenketten. (© Scherer und Selter 1996, S. 24)

30	60	90	150	240
6	50	56	106	262
80	20	100	120	220
100	100	200	300	500
43	7	50	57	107
20	20	40	60	100
22	22	44	66	110
60	20	80	100	180
15	15	30	45	75
77	13	90	103	193
1	1	2	3	5
200	600	800	1400	2200
500	700	1000	1500	2500
70	10	80	90	120
12	12	24	36	60
12	28	40	68	108
11	26	38	64	102
11	25	36	61	87

Abändern der Startzahlen (z. B. Festhalten der ersten Startzahl und Erhöhen bzw. Erniedrigen der zweiten Zahl) versuchte er dann die Zielzahl 100 zu erreichen (vgl. Scherer und Selter 1996, S. 23 f.).

Dieses Beispiel dokumentiert zunächst eine überdauernde Motivation, sich mit dieser Aufgabenstellung zu beschäftigen, die auch dadurch nicht zerstört wird, dass Peter erst bei seinem sechsten Versuch – und nur bei diesem – die geforderte Zielzahl erhält. Das Beispiel zeigt auch, dass ein substanzieller Kontext dazu führen kann, die eigentliche Aufgabe zwar etwas aus dem Blick zu verlieren, und andere Dinge wie das Experimentieren mit großen Zahlen herausfordern kann. Die Motivation entsteht aus der Sache heraus! Nebenbei werden hier natürlich auch die Rechen*fertigkeiten* geschult: Peter berechnet 18 Zahlenketten, bei denen jeweils drei Rechnungen durchzuführen sind, also insgesamt 54 Additionen. Man vergleiche dies mit traditionellen Rechenpäckchen im Hinblick auf die dazu erforderliche Motivation.

Das geschilderte Beispiel ist kein Einzelfall, vielmehr häufen sich die positiven Erfahrungen mit substanziellen Lernumgebungen und die festgestellte »überdauernde Sachmotivation aller Kinder« (Krauthausen 1995d, S. 9). Das Entscheidende, dafür sprechen immer mehr Belege, ist die *mathematische Substanz* durch gehaltvolle Frage- und Problemstellungen, »die vielfältige Wege und Lösungen auf verschiedenen Anspruchsniveaus zulassen« (Krauthausen 1995d).

4.6 Differenzierung

Differenzierungsmaßnahmen gehören seit Jahren zum Standardrepertoire pädagogischer und didaktischer Anforderungen und Bemühungen. Ihre Notwendigkeit leitet sich ab aus der Akzeptanz von Lerngruppen als einer Gemeinschaft verschieden denkender, fühlender und lernender Individuen.

4.6.1 Heterogene Lerngruppen

Bereits verschiedentlich wurden die heterogenen Leistungen erwähnt, die z. B. im Rahmen von Vergleichsstudien festgestellt wurden. Diese Ergebnisse decken sich mit zahlreichen nationalen wie internationalen Untersuchungen zu Mathematikleistungen bei Schuleintritt (vgl. etwa Grassmann et al. 2002; Hasemann 2001; Hengartner und Röthlisberger 1994; Selter 1995b; Van den Heuvel-Panhuizen 1994), aber auch zu anderen Zeitpunkten der Grundschulzeit (vgl. etwa Grassmann 2000; Ratzka 2003, S. 221). Hier wurden zwar einerseits Kompetenzen festgestellt, die deutlich höher waren als erwartet. Andererseits offenbarte sich eine große Heterogenität und ein nicht unbeträchtlicher Anteil an eher leistungsschwachen Schülerinnen und Schülern. Gerade in den letzten Jahren wird immer wieder von der zunehmenden Heterogenität der Kinder gesprochen. Lorenz (2000) verweist auf eine Entwicklungsvarianz bei Schulanfängern gleichen Alters von bis zu fünf Jahren: »So reicht die Spanne von Kindern, die nicht bis fünf und kaum bis drei zählen können, zu Kindern, die im Zahlenraum bis 1000 rechnen« (Lorenz 2000, S. 22).

Aber: Eine eher niedrige Lernausgangslage muss noch keine Festlegung auf ein niedriges Leistungsniveau bedeuten: In einer Studie von Grassmann et al. (2003), in der sowohl zu Schulbeginn als auch am Ende des 1. Schuljahres mathematische Leistungen erhoben wurden, zeigte sich, dass die Klassen, die am Anfang durch besonders gute Vorkenntnisse auffielen, nicht identisch sein müssen mit denen, die am Ende der 1. Klasse die besten Leistungen zeigten.

Bei genauerer Betrachtung heterogener Leistungen im Mathematikunterricht lassen sich u. a. Abhängigkeiten von Geschlecht und Sozialstatus bzw. Migrationshintergrund erkennen (vgl. z. B. Pietsch und Krauthausen 2005), was an dieser Stelle jedoch nur kurz beleuchtet werden soll. Im Rahmen von IGLU/E, aber auch von PISA zeigte sich, dass der Anteil der Mädchen innerhalb der Risikogruppe größer ist als der der Jungen (vgl. Walther et al. 2004, S. 133; Frein und Möller 2005). Die Befunde der IGLU-Studie zeigten für die Schülerinnen und Schüler am Ende der 4. Klasse ein ausgeglicheneres Bild als im Sekundarstufenbereich, was sich mit verschiedenen Forschungsbefunden deckt, wonach zu Beginn der Schulzeit keine geschlechtsspezifischen Unterschiede hinsichtlich der

Mathematikleistungen (oder sogar Vorteile der Mädchen) festzustellen sind, sondern sich diese mit zunehmendem Alter vergrößern bzw. entwickeln (vgl. Grassmann et al. 2002; Hasemann 2001; Ratzka 2003; Tiedemann und Faber 1994). In der 2002er-Studie von Grassmann et al. waren lediglich bei einigen Aufgaben entweder Vorteile der Jungen oder aber auch der Mädchen festzustellen (vgl. Grassmann et al. 2002, S. 47 ff.). Dies deckt sich auch mit internationalen Studien, wonach es keine allgemeinen Vor- oder Nachteile eines der Geschlechter gibt, sondern dies immer auch aufgabenabhängig ist (vgl. Anderson 2002; Van den Heuvel-Panhuizen und Vermeer 1999). Auch der Einfluss der Erwartungshaltung und Einstellung der Lehrerinnen und Lehrer scheint dabei eine nicht unerhebliche Rolle zu spielen (vgl. z. B. Tiedemann 2000), allerdings konnte in einigen Studien kein genereller Effekt nachgewiesen werden (vgl. Grassmann et al. 2002, S. 48 f.).

Hinsichtlich der Abhängigkeiten der Leistungen von Sozialstatus und Migrationshintergrund konnte bei der IGLU/E-Studie gezeigt werden, dass diese vermutlich in der Grundschule schon angelegt sind, sich jedoch erst im Sekundarstufenbereich deutlich verstärken (Schwippert et al. 2003, S. 300).

Neben den genannten Faktoren, die heterogene Leistungen und damit heterogene Gruppen entstehen lassen, gibt es seit geraumer Zeit auch die gezielte Zusammensetzung heterogener Lerngruppen: So werden an zahlreichen Grundschulen vor dem Hintergrund der Flexibilisierung der Schuleingangsphase die Klassen 1 und 2 jahrgangsgemischt zusammengefasst und gemeinsam unterrichtet (vgl. Nührenbörger 2006, 2009, 2013; Nührenbörger und Pust 2006; Nührenbörger und Verboom 2011). Bei diesem Modell wird Heterogenität als besondere *Chance* zum selbsttätigen und individuellen Lernen gesehen, und dies sowohl für die älteren als auch die jüngeren Kinder.

Die vergangenen Jahre sind durch eine zunehmende Heterogenität der Lerngruppen gekennzeichnet, und das nicht erst durch das Postulat der inklusiven Schule. Insgesamt wird das Differenzierungsproblem dadurch nur noch dringlicher – und zwar für *alle* Schulstufen (vgl. Halász et al. 2004), will man den pädagogischen Anspruch nicht aufgeben, Lernprozesse so zu organisieren, dass ihre bildungsrelevanten Wirkungen auch tatsächlich *alle* Kinder und Jugendlichen erreichen. Nun gehört aber die Differenzierung auf der anderen Seite zu jenen Begriffen der Pädagogensprache, die von so großer (vielversprechender) Allgemeinheit und damit auch Vagheit sind, dass sie in der Gefahr stehen, zum Schlagwort zu verkommen und ein Patentrezept zur Lösung schwieriger und ›sperriger‹ Probleme zu suggerieren (vgl. von der Groeben 1997). Gleichwohl ist und bleibt es eine überzeugende Leitvorstellung, für jedes einzelne Kind möglichst günstige Lernbedingungen zu schaffen (vgl. Wielpütz 1998a, 1998b).

Wenn im Folgenden von Differenzierung die Rede ist, dann sind damit Maßnahmen der *inneren* Differenzierung gemeint. *Äußere* Differenzierung im Sinne separierender Lerngruppen (bspw. in der Sekundarstufe I und II, realisiert durch Grund- und Erweiterungskurse oder Grund- und Leistungskurse) findet sich in der Grundschule allenfalls in Form von Förderunterricht entweder für die leistungsschwachen oder aber für die leistungsstarken Kinder. Im Folgenden soll es aber um die an sich übliche lerngruppeninterne Unterrichtsorganisation gehen.

4.6.2 Traditionelle und natürliche Differenzierung

Wirft man einen Blick in die verschiedensten Grundschulklassen, so kann der Eindruck entstehen, dass der heutige Unterricht dem Differenzierungsgebot flächendeckend gerecht zu werden scheint, finden sich doch gewohnheitsmäßig zahlreiche unterstützende Materialien (vgl. Abschn. 4.7), Lernspiele, unterschiedlichste Arbeitsblätter usw. Und auch die Organisationsformen sind im Zuge der propagierten Öffnung des Unterrichts (ebenfalls ein Begriff mit potenziellem Schlagwortcharakter!) freier geworden und erlauben es den Kindern, sich zu unterschiedlichen Zeiten an unterschiedlichen Orten mit unterschiedlichen Inhalten auf unterschiedliche Weisen zu beschäftigen. Damit diese Praxis aber nicht der Gefahr erliegt, zur ›Beschäftigungstherapie‹ zu verkommen (Aktionismus statt Aktivität), müssen gewisse Kriterien erfüllt sein.

Differenzierung vorrangig durch äußere und organisatorische Maßnahmen bewältigen zu wollen, bedeutet eine Problemverkürzung (vgl. Wielpütz 1998b). Mancher »äußerlich offene Unterricht verläuft weitgehend in den inhaltlichen und methodisch geschlossenen Bahnen der herkömmlichen Aufgabendidaktik. Lehrerzentrierung, die man bei den Aktionsformen zu vermeiden trachtet, wird verlegt: ins Aufgabenmaterial und – vor allem – in die meist vorgeschriebenen Lösungswege. Überdies verführt der Markt mit Routineaufgaben, an denen so gut wie nichts offen ist« (Wielpütz 1998b, S. 10). Insofern müssen verschiedenfarbige Ablagekästen voller Kopiervorlagen (›leicht – mittel – schwer‹ symbolisierend; man kann das Ganze auch noch aufwendiger betreiben, ohne dass dem ein entsprechendes Verhältnis inhaltlicher Substanz entsprechen muss) nicht notwendigerweise schon auf gelungene Differenzierung im wünschenswerten Sinne schließen lassen. Außerdem wird auf diese Weise das *soziale Lernen* (vgl. Abschn. 3.2) oft in entscheidendem Maße vernachlässigt. Auch die tatsächliche Effizienz des so oft gepriesenen ›Helfer-Systems‹, bei dem schneller oder besser Lernende ihren Klassenkameraden helfen, ist an durchaus anspruchsvolle Voraussetzungen gebunden und nicht schon *per se* gut. Auch hier gilt es also genauer hinter eine vielleicht ›modern‹ anmutende Oberfläche zu schauen.

Vielfach erschweren auch gewisse Klischees des Berufsbildes die Umsetzung wünschenswerter Differenzierungsmaßnahmen. Meier (1997) spricht in dem Zusammenhang von einem Mentalitätsproblem: Die meisten Erwachsenen haben (nicht zuletzt aufgrund ihrer eigenen Lernbiografie) ein Bild von Schule und Unterrichten verinnerlicht, das geprägt ist durch die gleichschrittige Weitergabe passend vorgefertigten Lernstoffs. Langsamer Lernenden wird ggf. ein wenig mehr (nicht ›zu viel‹) Zeit zugestanden, die ausgefüllt ist mit gehäuftem Üben nach dem Prinzip ›viel hilft viel‹. Schneller Lernende werden, da ›Vorlernen‹ verpönt ist und das Problem ja auch nur verlagert, mit zusätzlichen Sternchenaufgaben versehen.[22] Diese Mentalität ist laut Meier – und seine Beobachtungen lassen sich aus eigenen Erfahrungen in Lehrveranstaltungen nur bestätigen – häufig so verfestigt,

---

[22] Wenn diese zudem lediglich in einer leichten Abwandlung des bisher Geübten bestehen und keine wirklich substanzielle Variation bereithalten, wird das Kind eigentlich sogar durch Mehrarbeit bestraft.

»dass es Studienanfängern zum Beispiel schwerfällt, sich als andauernde Situation andere Unterrichtsarbeit der Kinder und Lehrerinnen vorzustellen« (Meier (1997, S. 20 f.). Und auch bei Studierenden höherer Semester sind (sogar wider besseren Wissens; vgl. Wahl 2005) noch Rückfälle in solche tradierten Muster zu beobachten, z. B. wenn sie selbst eine Seminarsitzung moderieren oder im Praktikum selbst für eine Unterrichtssequenz verantwortlich sind.[23] Auf eine weitere Schwierigkeit differenzierenden Unterrichts, die der erforderlichen Fachkompetenz der Lehrenden, wird in Kap. 6 noch einzugehen sein.

Nicht zuletzt kommt bei einem Vorgehen wie eingangs beschrieben aber noch ein anderes, recht pragmatisches Problem hinzu: Aus der eigenen Ausbildungszeit sind dem Autor noch lebhaft die Bemühungen in Erinnerung, v. a. bei Unterrichtsbesuchen alle ›Regeln der Kunst‹ auszuschöpfen und zeigen zu wollen, was ›man‹ so alles machen kann. Nicht selten führen solche Motive zu eher unangemessenen Materialschlachten; diese mögen sich dazu eignen, in ausgewählten Situationen ein beeindruckendes ›didaktisches Feuerwerk‹ zu entfesseln, sie werden aber sogleich fragwürdig, wenn man an die Realität des Unterrichtsalltags denkt.[24] Dieser Alltag besteht weder aus der Konzentration auf ein Fach noch nur aus ›Stundenhalten‹, sondern er hält vielfältige Aufgaben auf verschiedenen Ebenen bereit, was ein entsprechendes Zeitmanagement erfordert. Insofern ist es ein durchaus legitimes Anliegen, auf eine gewisse Ökonomie der Vorgehensweisen zu achten – und dennoch die pädagogisch-didaktischen Ansprüche nicht aufzugeben.

Seit Ende der 1960er- bzw. Anfang der 1970er-Jahre lassen sich zahlreiche Publikationen zu Fragen der inneren Differenzierung finden. Sie beschreiben ganz konkrete Möglichkeiten zum unterrichtlichen Umgang mit dem heterogenen Leistungsvermögen von Lerngruppen. Auch in der heutigen Zeit wird Differenzierung gerne als ›Megathema‹ bezeichnet und man kann den Eindruck gewinnen, dass dies nicht nur der Tatsache geschuldet ist, dass sich das Spektrum an Heterogenität erweitert hat. An sich sollte man ja doch erwarten, dass es im Laufe von über 40 Jahren Befassung mit dem Thema signifikante(re) Fortschritte hätte geben müssen. Oder anders gefragt: Woran liegt es, dass diese offenbar ausbleiben?

Schaut man sich Empfehlungen aus der Vergangenheit an (z. B. Winkeler 1975) und vergleicht sie mit aktuelleren Veröffentlichungen (z. B. Roggatz 2012), dann fällt irritierend auf, dass *nach wie vor die gleichen klassischen Formen* einer Differenzierung propagiert werden, v. a.:

---

[23] Es sind dies v. a. Situationen, die ein ›Handeln unter Druck‹ bedeuten, sodass hier natürlich auch andere Effekte als nur eine traditionelle Lernbiografie hineinspielen (vgl. Wahl 1991).

[24] Damit wird hier die Meinung vertreten, dass Lehrerbildung danach trachten sollte, für diesen Unterrichtsalltag auszubilden und demzufolge den Vorführcharakter solcher ›Schaustunden‹ weitestmöglich zu reduzieren. Allerdings sei auch zugestanden, wie schwierig dies sowohl aufseiten von Studierenden, vor allem von Referendarinnen, als auch aufseiten ihrer Ausbilderinnen tatsächlich umzusetzen i. S. von glaubhaft zu machen ist, da die Beratungsfunktion in der zweiten Phase ja permanent von der Beurteilungsfunktion begleitet und z. T. überlagert werden kann (vgl. Krauthausen 1998c).

- Differenzierung durch Sozialformen (z. B. Einzel-, Partner-, Gruppenarbeit)
- Methodische Differenzierung (Lehrgang, Projektarbeit, Klassenunterricht, . . .)
- Mediale Differenzierung (Schulbuch, Arbeitsblätter, physische oder digitale Arbeits-mittel – PC und zukünftig vermutlich Tablets)
- Quantitative Differenzierung (gleiches Zeitdeputat für einen unterschiedlichen Inhalts-umfang oder unterschiedliche Zeitdeputate für den gleichen Inhaltsumfang)
- Qualitative Differenzierung (unterschiedliche Lernziele bzw. Schwierigkeitsstufen)
- Inhaltliche Differenzierung (selbstständige Auswahl der Inhalte und der Reihenfolge ihrer Bearbeitung)

Geht man (sicher zu Recht) davon aus, dass alle diese Möglichkeiten nicht per se wirkungslos oder unbrauchbar sind, dann würde sich für die vermissten Fortschritte ei-ne andere Deutungshypothese eröffnen: dass sie zwar (zumindest partiell) hilfreich, aber nicht hinreichend sein könnten; irgendetwas fehlt oder wird noch nicht konsequent genug berücksichtigt. In Krauthausen und Scherer (2014) werden die Hintergründe und Analysen ausführlicher entfaltet, sodass hier lediglich die identifizierten *Grenzen einer traditionel-len Differenzierung* zusammengefasst werden (Details dazu a. a. O.):

- Das *Prinzip der Passung* (Heckhausen 1969) fordert ein Aufgabenangebot ›mittleren‹ Schwierigkeitsgrades, damit Erfolgs- und Misserfolgsausgang annähernd gleich wahr-scheinlich wahrgenommen werden. Aufgabenschwierigkeit aber ist ein in hohem Maße subjektiver Begriff (vgl. die konkreten Beispiele in Abschn. 2.2.6 bei Krauthausen und Scherer 2014). Passung z. B. durch die Zuweisung (erst recht die Selbstauswahl) ›unter-schiedlich schwieriger‹ Arbeitsblätter erreichen zu wollen, ist daher eine Illusion und kann (naturgemäß) nur an der Oberfläche funktionierende Differenzierung suggerieren bzw. per *Zufall* partiell erreichen.
- Differenzierung bis hin zur manchmal sogenannten ›konsequenten Individualisierung‹ führt durch immer spezifischere, auf individuelle Bedarfe abgestellte zerlegte Lernan-gebote (eine Vielzahl von Arbeitsblättern) zur Vereinzelung/Isolation der Lernenden und damit potenziell zur Abschaffung des sozialen Lernens. Gemeinsame Erfahrun-gen am gemeinsam geteilten Lerngegenstand werden seltener bzw. unwahrscheinlicher oder abgeschafft.
- Die immer individueller zugeschnittenen Lernangebote führen zwangsläufig zu einer Materialflut und Vielfalt als Selbstzweck. Der organisatorische Aufwand eines solchen Vorgehens steht dabei in einem durchaus fragwürdigen Verhältnis zum erwartbaren Effekt.
- Im Verbund mit einem pädagogischen Credo des selbstständigen und selbstverantwort-lichen Lernens (welches eigentlich zunächst einmal gelernt werden müsste, und zwar nicht allein durch fortwährendes Hineingeworfensein in eine solche Situation) kön-nen die Lernenden selbst über zu bearbeitende Inhalte, Aufgaben und dafür investierte Zeitpunkte und -dauern entscheiden. Das birgt die Gefahr der Beliebigkeit und der un-genutzten inhaltlichen Substanz. Denn Kinder können nicht auf der Basis didaktischer Kriterien zwischen Lernlüsten und Lernbedarfen unterscheiden. Und es ist auch kaum

zu erwarten, dass sie von sich aus tiefer in die mathematische Substanz einer Lernumgebung eintauchen.

- Die Differenzierungsliteratur der letzten 40 Jahre wartet v. a. mit methodisch-organisatorischen Empfehlungen auf und ist zudem weitgehend allgemein-/schulpädagogisch geprägt. Das birgt die Gefahr in sich, das Fach aus den Augen zu verlieren zugunsten von – wie Weinert (1996, S. 2) es nennt – trivial-eklektischen Empfehlungen oder artifiziell-technologischen Anwendungen ohne nennenswerten pädagogischen Nutzen. Dabei geht man seit geraumer Zeit in der kognitiven Lernforschung davon aus, dass den spezifischen Fragestellungen des jeweiligen Faches sehr viel mehr Beachtung geschenkt werden muss (vgl. Doyle 1988; Schoenfeld 1988).

Wittmann (2001a) hat das Konzept der natürlichen Differenzierung in die Diskussion eingebracht. Die umgangssprachliche Konnotation des Begriffs *natürlich* birgt die Gefahr von Missverständnissen in sich, wenn er im Sinne von ungezwungen, locker, zwanglos, folgerichtig, automatisch, von Natur aus o. Ä. verstanden würde und der Eindruck entstünde, dass natürliche Differenzierung gleichsam *von selbst*, ohne weiteres Zutun aus sich oder aus der Sache/dem Unterricht heraus geschähe. Entsprechend wird der Begriff in manchen Praxisberichten auch schon inflationär behandelt und z. T. auch falsch verwendet als ein Etikett, das per se schon zeitgemäßen Unterricht suggerieren soll. Missverständlich sind auch die erläuternden Bezeichnungen *Differenzierung vom Kind aus* oder *Differenzierung aus der Sache*.»Im Sinne des aktiv-entdeckenden und sozialen Lernens bietet sich […] eine Differenzierung vom Kind aus an: Die gesamte Lerngruppe erhält einen Arbeitsauftrag, der den Kindern Wahlmöglichkeiten bietet. Da diese Form der Differenzierung beim ›natürlichen Lernen‹ außerhalb der Schule eine Selbstverständlichkeit ist, spricht man von ›natürlicher Differenzierung‹« (Wittmann und Müller 2004a, S. 15).

Beides sind zweifellos zutreffende Merkmale, so wie Wittmann und Müller sie *meinen*, aber sie können missverstanden werden: Wenn *Differenzierung vom Kind aus* dann konstatiert wird, wenn die Schülerinnen und Schüler sich selbst und völlig frei, ohne didaktische Rahmung durch eine Lehrperson, *irgendwelche* Lernangebote auswählen und/oder selbst entscheiden können/müssen, welchen Aktivitäten und wie lange sie sich diesen widmen wollen, dann handelt es sich eher um eine Verwechslung von Lernbedarfen mit situativen Lernlüsten und nicht um eine natürliche Differenzierung.

Ebenso wäre es eine Illusion zu glauben oder zu hoffen, dass es nur einer entsprechend ›guten Aufgabe‹ oder Fragestellung bedürfe, und schon würde sich aus dieser Sache heraus natürliche Differenzierung naturgemäß ereignen. Richtig ist vielmehr, dass die natürliche Differenzierung ein nichttriviales Konzept darstellt, in dessen Realisierung vielfältige Rahmenbedingungen und Anforderungen eingehen und das sich schon alleine deshalb keineswegs *von alleine* ergibt. Im Gegenteil: Es handelt sich um ein anspruchsvolles Unterfangen, das vielfältige Kompetenzen seitens der Lehrperson voraussetzt (vgl. u. a. Kap. 6), wenn sie adäquate Lernumgebungen für eine natürliche Differenzierung organisieren und offerieren will. Auch verglichen mit den Formen traditioneller innerer Differenzierung ist natürliche Differenzierung gewiss anspruchsvoller (Konkreteres und mehr dazu, inkl. ausführlicher Unterrichtsplanungen, finden Sie bei Krauthausen und Scherer 2014).

Was aber unterscheidet das Prinzip der *natürlichen Differenzierung* (als *einer* Art der inneren Differenzierung) von anderen, gängigen Vorgehensweisen der *traditionellen* inneren Differenzierung? Zunächst, so könnte man vorausschicken, dass das Differenzierungsproblem nicht als Problem aufgefasst wird, denn Heterogenität in Lerngruppen ist nicht problematisch, sondern normal! Vermutlich erinnern Sie sich von anderer Stelle her (Abschn. 3.2.5) noch an das folgende, hier erneut aufgegriffene Zitat:

> »Im Allgemeinen werden Lernende sich nebeneinander auf verschiedenen Stufen des Lernprozesses befinden, auch wenn sie am gleichen Stoffe arbeiten. Das ist eine Erfahrung, die man in jedem Klassenunterricht beobachten kann. Man betrachtet das als eine Not, und aus dieser Not will ich eine Tugend machen, jedoch mit dem Unterschied, dass die Schüler nicht neben-, sondern miteinander am *gleichen* Gegenstand auf *verschiedenen* Stufen tätig sind. [...] In einer Gruppe sollen die Schüler zusammen, aber jeder auf der ihm gemäßen Stufe, am gleichen Gegenstand arbeiten, und diese Zusammenarbeit soll es sowohl denen auf niedrigerer Stufe wie denen auf höherer Stufe ermöglichen, ihre Stufen zu erhöhen, denen auf niedrigerer Stufe, weil sie sich auf die höhere Stufe orientieren können, denen auf höherer Stufe, weil die Sicht auf die niedrigere Stufe ihnen neue Einsichten verschafft« (Freudenthal 1974, S. 166 f.; Hervorh. GKr).

Auf diesem Verständnis kann die Begriffsbestimmung der natürlichen Differenzierung aufbauen, deren konstituierende Merkmale sich stichpunktartig wie folgt zusammenfassen lassen:

- *Alle* Kinder der Klasse erhalten das *gleiche* Lernangebot (z. B. einen Aufgaben-/Problemkontext). Man benötigt hier also keine Unmenge an separat erstellten Materialien oder Arbeitsblättern.
- Dieses Angebot muss allerdings dem Kriterium der (inhaltlichen) *Ganzheitlichkeit* genügen (vgl. Abschn. 3.1.1) und darf damit auch eine gewisse Komplexität nicht *unter*schreiten (wie gesagt: Komplexität ist nicht zu verwechseln mit Kompliziertheit; s. nächsten Punkt!). Von solch – gemessen an gewohnten Aufgabenstellungen – anspruchsvollen und komplexeren Lernumgebungen profitieren auch keineswegs nur, wie man befürchten könnte, leistungsstärkere Schülerinnen und Schüler (vgl. Scherer 1995a, 1997b).
  Denn ganzheitliche Kontexte i. d. S. enthalten *naturgemäß* Fragestellungen unterschiedlichen Schwierigkeitsgrades. Das aus diesem Spektrum jeweils zu bearbeitende Niveau wird nun nicht mehr von der Lehrerin vorgegeben oder zugewiesen, sondern das *Kind* trifft eine selbst verantwortete Wahl des Schwierigkeitsgrades, dem es sich zu stellen versucht[25]. Dies dient zudem der Förderung zunehmend realistischerer Selbsteinschätzungen. Diese bilden sich allerdings auch nicht automatisch aus, sondern

---

[25] Manche Leserin oder mancher Leser wird sich fragen – und auch in diesem Band wurde es verschiedentlich schon angemerkt: Sind Kinder dazu wirklich in der Lage? Werden sie diese Freiheit nicht ausnutzen? Und führt das nicht zur Beliebigkeit? Diese Gefahr besteht in der Tat, wenn es im Sinne des o. g. Missverständnisses geschieht und die Kinder sich völlig frei, ohne didaktische

bedürfen zu ihrer Entwicklung adäquater Unterstützungsleistungen der Lehrerin sowie Metakommunikation zwecks Bewusstmachung.

- Neben dem Level der Bearbeitung sind den Kindern innerhalb der didaktischen Rahmung freigestellt: die Lösungswege, die Hilfsmittel, die Darstellungsweisen[26] und in bestimmten Fällen auch die Problemstellungen selbst (Problemlösefähigkeit impliziert auch Problemfindefähigkeit!).

- Das Postulat des sozialen Miteinander- und Voneinander-Lernens wird in ebenso natürlicher Weise erfüllt, da es *von der Sache* her naheliegend ist, unterschiedliche Zugangsweisen, Bearbeitungen, Lösungen und auch Hürden in einen interaktiven Austausch einzubringen (z. B. in Form von Rechenkonferenzen, Forscherheften o. Ä.), in dessen Verlauf Einsicht und Bedeutung hergestellt, umgearbeitet oder vertieft werden können. »Alle Schülerinnen und Schüler werden mit alternativen Denkweisen, anderen Techniken, unterschiedlichen Auffassungen konfrontiert, unabhängig von ihrem jeweiligen kognitiven Niveau. Bei strikter innerer Differenzierung wird gerade diese Chance der Begegnung eher erschwert. [...] Die verschiedenen, individuell auszugestaltenden Lösungsmöglichkeiten wirken also auch im affektiven Bereich. Sie lassen den Schülerinnen und Schülern kognitive Spielräume, die das Identifizieren mit den Anforderungen im Unterricht erleichtern können und damit – vorwiegend durch die direktere Erfahrung von Autonomie – zu Motivation und Interesse beitragen« (Neubrand und Neubrand 1999, S. 155; vgl. auch Laferi und Wessel 2015).

Im Folgenden soll ein Beispiel für eine natürliche Differenzierung exemplarisch dargestellt werden – erneut anhand des Aufgabenformats Zahlenketten, diesmal am Fall von *Vierer*ketten (vgl. Scherer 1996c, 1997a, 2005a; Scherer und Selter 1996; Selter und Scherer 1996).

Zur Erinnerung: Eine *Zahlenkette* wird wie folgt gebildet: Wähle zwei Zahlen (Startzahlen), schreibe sie nebeneinander hin, notiere rechts daneben deren Summe. Daneben addierst du die zweite und die dritte Zahl und schreibst das Ergebnis als *Zielzahl* rechts daneben, also z. B.:

2	10	12	22	oder	8	4	12	16

Rahmung durch eine Lehrperson, *irgendwelche* Lernangebote auswählen. Der entscheidende Punkt ist also die wohlüberlegte *didaktische Rahmung*, welche zweifellos in die Zuständigkeit und Verantwortlichkeit der Lehrerin fällt. Die Freiheitsgrade der Lernenden beschreibt hingegen das vierte Merkmal der Begriffsbeschreibung.

[26] Ebenso wie Mathematiker sich bei ersten Ansätzen eines Problemlösungsprozesses Notizen machen, die gewisse Verkürzungen beinhalten und noch nicht den Konventionen entsprechen, die sie bei der Publikation der gefundenen Ergebnisse selbstverständlich einhalten würden, so sollte man auch den Kindern eine situationsbezogene Sicht der Darstellungsformen einräumen: Vorläufiges auf dem Schmierpapier (das man in diesem Sinne als Medium durchaus kultivieren kann) darf eine andere, auch noch ›fehlerhafte‹ Form haben als jene Produkte, die man veröffentlichen und z. B. in Mathe-Konferenzen (vgl. Schütz 1994; Sundermann 1999) den Mitschülern unterbreiten und zur Diskussion stellen will.

Mögliche Aufgabenstellungen (diesmal für die 1. Klasse) sind die folgenden[27]:

Bevor Sie weiterlesen, versuchen Sie zunächst wieder selbst die Fragen zu bearbeiten (wenn möglich auf unterschiedlichen Wegen).

- Kannst du beide Startzahlen so wählen, dass du möglichst nahe an die Zielzahl 20 herankommst?
- Kannst du genau 20 erreichen?
- Findest du weitere Möglichkeiten, 20 zu erreichen?
- Finde *alle* Möglichkeiten, 20 zu erreichen!

Nachfolgend finden Sie zwei Schülerdokumente von Erstklässlern, die nach einer ersten Erkundungsphase mit der Wahl beliebiger Startzahlen versuchen sollten, möglichst nahe an die Zielzahl *20* heranzukommen oder diese Zahl genau zu erreichen (vgl. hierzu Scherer 1996c, 1997a).

Serkan begann mit den Startzahlen *5* und *5* (Abb. 4.18). Um näher an die *20* zu gelangen, erhöhte er die erste Startzahl um *1*, während er die zweite um *1* erniedrigte, was aber zu einer Verminderung der Zielzahl führte[28]. Im nächsten Beispiel wählte er weitaus größere Zahlen: Zunächst *7* (später radiert) und *8*, berechnete die dritte Zahl und stellte fest, dass die Zielzahl zu groß wurde. Die Differenz zur gewünschten Zielzahl betrug *3*, und er glich diese entweder bei der dritten Zahl oder der ersten Startzahl aus[29]. Leider unterlief ihm bei der Addition *8 + 12* ein Rechenfehler, und er erhielt die Zielzahl *18*. Auch im folgenden Schritt radierte er Zahlen, gelangte aber zur *20*. Er fand dann im Weiteren noch drei Lösungen und man hat den Eindruck, dass er sich an der zweiten und dritten Zahl orientierte und systematisch die Zerlegungen der *20* fand. Für diese Vermutung spricht, dass er sein vorletztes Beispiel schon früher gefunden hatte, aber jetzt nach einer bestimmten Strategie vorging und die bereits berechneten Beispiele nicht mehr beachtete.

Sirin (Abb. 4.18) fand mit den Startzahlen *4* und *8* eine korrekte Lösung. Mit Blick auf die erforderliche 20er-Zerlegung für die zweite und dritte Zahl fand sie sofort eine weitere durch gegensinniges Verändern der beiden Summanden: erste Startzahl +2, zweite Startzahl −1.[30] Als neue Strategie fand sich das Tauschen der Einer bei der zweiten und dritten Zahl (*7 | 13*, dann *3 | 17*; anschließend *2 | 18* aus dem ersten Beispiel *8 | 12*). Ein

---

[27] Die Vielfalt der zu diesem Aufgabenformat denkbaren Fragestellungen ist noch weit größer, wie Sie in den in Abschn. 3.2.5 herausgegriffenen Beispielen oder in der entsprechenden Fachliteratur sehen können (vgl. auch die ausgearbeitete Unterrichtsreihe dazu in Krauthausen und Scherer 2014).
[28] An dieser Stelle des Unterrichts wurde auf solche oder ähnliche Phänomene bewusst noch nicht eingegangen. Sie stellen allerdings substanzielle Gesprächsanlässe für eine Folgestunde dar, in der gewisse Strukturen gezielter ins Auge gefasst wurden.
[29] Serkan selbst konnte sein Vorgehen im Nachhinein nicht mehr genau erklären.
[30] Nicht wenige Kinder wenden hier – mehr oder weniger intuitiv – den Konstanzsatz der Addition an (eines der Rechengesetze, das in der Grundschule u. a. im Hinblick auf vorteilhaftes, geschicktes

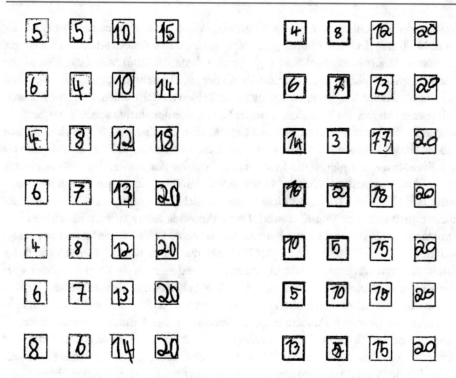

Abb. 4.18 Zahlenketten von Serkan (links) und Sirin (rechts). (© Scherer 1996c, S. 21 f.)

Fehler unterlief ihr beim sechsten Beispiel: Sie hatte einfach die Startzahlen getauscht (*10|5*, dann *5|10*). Im letzten Beispiel versuchte sie eine weitere Zahlenkette mit den Startzahlen *13* und *2* (später radiert) zu erhalten, was zur Addition *2 + 15* für die Zielzahl führte. Um die gewünschte Zielzahl zu erhalten, änderte sie kurzerhand die zweite Zahl in *5*.

An diesem Beispiel sollten einige der zuvor aufgelisteten Kriterien verdeutlicht werden: Alle Kinder dieser 1. Klasse erhielten das *gleiche* Lernangebot, das *ganzheitlich*, d. h. auch mit einer entsprechenden *Komplexität* präsentiert wurde. Die Möglichkeiten der Differenzierung ergaben sich hier in *natürlicher* Weise sowohl in *quantitativer* Hinsicht (Anzahl der berechneten Ketten) als auch in *qualitativer* Hinsicht: Die Differenzierung bestand einerseits in der Wahl der *Hilfsmittel*. Einige Kinder wählten Plättchen zum *Be-*

Rechnen thematisiert wird; vgl. Abschn. 2.1.6.3). Dieser Konstanzsatz erfordert aber zur Erhaltung der Summe zwingend eine *gegensinnige* und *betragsgleiche* Veränderung. Daher kann es für Kinder hier irritierend wirken, wenn das an sich verstandene Rechengesetz nun auf einmal nicht zum erwarteten Ergebnis führt. Die Lehrerin wird sich das leicht anhand des allgemeinen Terms der Zahlenketten-Zielzahl (a + 2b) erklären können: Sirin hat hier gewiss zufällig die gegensinnige, aber nicht betragsgleiche Veränderung (+2/−1) vorgenommen. Übrigens sollten solche Irritationen nicht als Problem verstanden, sondern wertgeschätzt werden, denn Irritationen können wertvolle Auslöser für produktive Lernprozesse sein!

rechnen der Zahlenketten. Aber auch operative Veränderungen oder das Erreichen der Zielzahl 20 mit der weiter unten genannten Strategie des ›Rückwärtsrechnens‹ ist gut am 20er-Feld zu veranschaulichen (vgl. Scherer 2005a, S. 196). Auch das Niveau der *arithmetischen Anforderungen* konnten die Kinder *selbst* bestimmen, z. B. durch die Wahl zunächst einfacher Aufgaben, etwa glatter 10er-Zahlen als Startzahlen o. Ä. Des Weiteren differenziert hierbei die Wahl der *Strategie*: Die Schülerdokumente zeigen ein operatives Verändern der Startzahlen, um weitere Möglichkeiten der Zielzahl 20 zu finden. Andere Kinder fanden korrekte Lösungen, ohne dass ganz klar wurde, welche Strategie sie verwendeten. Insgesamt gingen die Kinder bis auf wenige Ausnahmen keineswegs planlos an die Aufgabenstellung, sondern verwendeten vielfältige Strategien (vgl. auch Steinbring 1995; Walther 1978). Dass diese Strategien nicht immer sofort zum Ziel führen, ist nur natürlich und auch wünschenswert. Durch Probieren lassen sich Auffälligkeiten und Strukturen entdecken, und nicht selten werden erst durch Fehlversuche Erkenntnisprozesse initiiert. Für die Kinder sollte daher klar sein, dass nicht nur das *Ergebnis* (hier: das Erreichen der vorgegebenen Zielzahl) wichtig ist, sondern auch die *Versuche*. Daher wurden sie hier auch explizit darauf hingewiesen, ihre Fehlversuche nicht auszuradieren[31].

Um *alle* Möglichkeiten der Zielzahl 20 zu erreichen, sei hier eine weitere Strategie[32], u. a. auch von Grundschulkindern entdeckt, vorgestellt: das Ausnutzen operativer Beziehungen, wodurch sich anschließend Zahlenketten rückwärts berechnen lassen. Betrachtet man bspw. die Zahlenkette 8 | 6 | 14 | 20, so lässt sich erkennen, dass die Summe der zweiten und dritten Zahl *20* ergeben muss. Die erste Zahl lässt sich dann aus der Differenz der dritten und zweiten Zahl bestimmen. Bei der Wahl von natürlichen Zahlen (einschl. der Null) als Startzahlen ergeben sich dann insgesamt elf Lösungen.

Im inklusiven Unterricht einer anderen 2. Klasse als in Abb. 3.13 hatten die meisten Kinder durch eher zufälliges Probieren eine Reihe von Startzahl-Paaren für die Zielzahl 20 gefunden. Die Frage, ob dies denn *alle* Lösungen seien, war auch hier nicht leicht zu beantworten. Für Kinder ist es nicht selten ein Zustimmungsgrund, dass sie »gaaanz lange/viel probiert« haben. Das mag zwar die Wahrscheinlichkeit erhöhen, ein Argument im mathematischen Sinne ist es aber natürlich nicht. Die Lehrerin als ›Anwältin der Sache‹ äußerte daher auch Skepsis und ermunterte die Kinder zu weiteren Begründungsversuchen. Der Hinweis, die gefundenen Zahlenketten doch einmal zu *sortieren* (ein immer wieder effektives Werkzeug beim Problemlösen! Vgl. Abschn. 1.3.1.1), brachte dann den Durchbruch: Das Sortier-Kriterium (erste Startzahl; aber auch alle anderen Zahlen bis natürlich auf die Zielzahl eignen sich dazu) war schnell gefunden. Und der Blick auf die

---

[31] Das Radieren kann im Rahmen solcher Erkundungsprozesse zu einer wahren *Untugend* werden, da man sich selbst jener Spuren des Vorgehens beraubt, die sich oft später oder erst in der Gesamtheit der Versuche als ausgesprochen nützlich und manchmal sogar lösungsentscheidend herausstellen können.

[32] Die Lösung kann natürlich auch auf der formalen Ebene erfolgen, und dies sollte durchaus Inhalt von Lehrveranstaltungen für die Primarstufe sein: Es geht dabei um das Lösen einer diophantischen Gleichung (vgl. Selter und Scherer 1996), die aufgrund der Teilerfremdheit der Fibonacci-Glieder stets beliebig viele ganzzahlige Lösungen hat.

Abb. 4.19 Nachweislich alle Zahlenketten mit der Zielzahl 20 (2. Klasse)

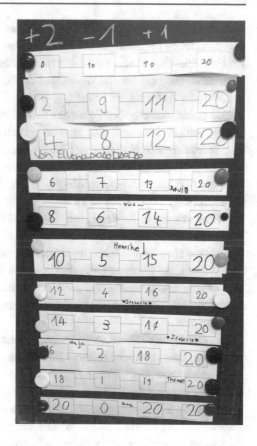

Muster in den Spalten (s. Notation in Abb. 4.19) offenbarte dann die noch fehlenden Ketten an den entsprechenden ›Bruchstellen‹.

Abschließend bleibt angesichts dieses Aufgabenbeispiels zu betonen, dass das Schwierigkeitsniveau nicht wie bei der traditionellen Differenzierung von vornherein durch die Lehrerin festgelegt, sondern von den Kindern *selbst* bestimmt wird. Lösungsstrategien und Entdeckungen sind auf verschiedenen Niveaus möglich. In Anbetracht der Tatsache, dass viele Erstklässler schon bei Schuleintritt eine Reihe der vorgesehenen Inhalte beherrschen (vgl. auch Abschn. 4.1), sich andererseits aber auch lernschwache Schüler finden (wie etwa in der oben erwähnten Inklusionsklasse, aus der das Dokument von Abb. 4.19 stammt), sind derartige Aufgabenformate in besonderem Maße bedeutsam: anspruchsvolle Aufgaben, die für *alle* Schüler Anreiz und Motivation bieten und vielfältige Lernprozesse in Gang setzen können.

Das Prinzip der natürlichen Differenzierung hält damit gleichermaßen *drei ausgesprochen gewichtige Vorteile* bereit: Es erlaubt den Kindern zum einen ein Lernen, das sowohl ihre individuellen Bedürfnisse und Vorerfahrungen wirklich ernst nimmt als auch sich weitestmöglich daran orientiert (weil es eben v. a. die Kinder selbst sind, die ihr Lernen in die Hand nehmen – eines der obersten Leitziele der Grundschule), zum anderen lassen sich berechtigte Forderungen auf der Grundlage zeitgemäßer Erkenntnisse des Faches und der Fachdidaktik erfüllen. Und nicht zuletzt dies alles in einer für die Lehrerin ausgesprochen ökonomischen Art und Weise, was die Organisation der Lernprozesse betrifft (nicht nur, weil der Aufwand zur Erstellung diverser Arbeitsblätter oder Angebote entfällt).

Die Potenz und die Vorteile für das Lernen, die dieses Prinzip der natürlichen Differenzierung mit sich bringt, sind so groß und gleichzeitig noch eher verhalten praktiziert, dass man ihm zum einen eine sehr viel stärkere und selbstverständlichere Beachtung im täglichen Unterrichtsgeschehen wünscht – Mut machende Vorschläge dazu finden sich in der Literatur (vgl. die Hinweise in Abschn. 3.1.2). Zum anderen muss, Müller und Wittmann (1984, S. 159) folgend, natürlich auch relativierend im Blick bleiben, dass nicht nur didaktische Prinzipien für den Erfolg und die Effizienz von Unterricht verantwortlich sind, sondern in nicht zu unterschätzendem Ausmaß auch das, was man mit Lern- und *Unterrichtsklima* einer Klasse bezeichnet. Diese Relativierung trifft für alle Unterrichtsbeispiele und -vorschläge (nicht nur des vorliegenden Buches) zu. Niemals sind sie voraussetzungslos zu realisieren. Schon gar nicht versteht sich die natürliche Differenzierung als Allzweckwaffe zur generellen Lösung gleich sämtlicher Probleme im Zusammenhang mit Heterogenität.

Insofern ist der Hinweis aus Lehrerfortbildungen oder die Skepsis von Lehramtsstudierenden, dass dieses oder jenes Beispiel in der Klasse A in B-Stadt überhaupt nicht funktioniert habe oder funktionieren würde (Wie kann man das im Vorhinein wissen, ohne es ausprobiert zu haben?), noch nicht gleich ein Argument gegen dieses Beispiel. Lehrerbildung hat i. S. ihres Innovationsauftrags die Aufgabe, zeitgemäße und auch (evtl. noch) ungewohnte Impulse und Konzepte zu vermitteln. Und eine veränderte Unterrichtspraxis zu etablieren, wird naturgemäß nur auf mehreren Ebenen vonstattengehen; kein Unterrichtsbeispiel, sei es noch so durchdacht und begründet, wirkt für sich alleine als Garant für ›guten Unterricht‹. Nichts und niemand wird Lernerfolg garantieren können, denn für ein so multifaktorielles Geschehen wie Unterricht kann es nicht *den* Zauberstab geben. Was aber, wie bereits erwähnt, durchaus möglich ist: *Wahrscheinlichkeiten* zu erhöhen, dass sich erfolgreiches Lernen bei mehr Kindern ereignet. Und dazu tragen die mathematikdidaktischen Konzepte der substanziellen Lernumgebung (vgl. Abschn. 4.2.2) und der natürlichen Differenzierung vermutlich in besonderer Weise bei.

Andererseits sei auch daran erinnert, dass die häufig beklagten Disziplinprobleme, die (angeblich) einem Arbeiten, wie es hier beschrieben und propagiert wurde, von vornherein entgegenstünden, durchaus auch in einem Zusammenhang mit Fragen der natürlichen Differenzierung zu sehen sind; und dieser Zusammenhang ist kein einseitiger, wie oft befürchtet. Probleme mit Disziplin, Aufmerksamkeit, Konzentration, Ausdauer oder Anstrengungsbereitschaft sind nicht selten auch Folge von *Über*forderung und (wohl mindestens so häufig) *Unter*forderung. Auch wir Erwachsene widmen uns doch im Fall systematischer Über- oder Unterforderung gerne Nebentätigkeiten, das ist nur allzu menschlich. Bieten wir den Kindern also hinreichend *abwechslungsreiche, gehaltvolle geistige Nahrung* und weniger ›didaktisch trockenes Knäckebrot‹? Diese Frage könnte ei-

Abb. 4.20 Arbeitsblatt zu
DIN-Formaten. (© Wittmann
und Müller 1992, Anhang
3/22)

Papier-
formate

Beispiele	DIN–Format	Breite	Länge
	A 0		
	A 1		
	A 2		
	A 3		
	A 4		
	A 5		
	A 6		
	A 7		
	A 8		
	A 9		
	A 10		

nem in den Sinn kommen, wenn Kinder formulieren, was sie am Mathematikunterricht am wenigsten mögen: »Wenn wir nur rechnen müssen!« Die Wahrscheinlichkeit, dass sich auch manches disziplinarische Problem *dadurch* (zumindest teilweise) miterledigt, ist durchaus nicht gering – dazu haben sowohl der Autor als auch zahlreiche Kolleginnen und Kollegen in solchen Situationen zu viele von der Lehrerin als ›auffällig‹ beschriebene Kinder zu intensiv und motiviert arbeiten sehen . . .

Zum Abschluss dieses Abschnitts nun ein Kontext, der es Ihnen selbst erlaubt, daran Möglichkeiten einer *natürlichen* Differenzierung zu erforschen: DIN-Formate (aus Wittmann und Müller 1992, S. 97 f.).

- Füllen Sie zunächst selbst die Tabelle aus (Abb. 4.20) und halten Sie Ausschau nach Auffälligkeiten und Mustern! Wo finden Sie in der Umwelt überall DIN-Formate?
- Überlegen Sie nun, auf welchen unterschiedlichen Niveaus bzw. mit welchen Strategien Grundschulkinder sich in einem solchen Kontext bewegen können!
- Welche konkreten Arbeitsaufträge könnten Sie den Kindern stellen?
- Welche weiteren Informationen bzw. welche Materialien sind Ihrer Meinung nach erforderlich oder könnten hilfreich sein? (Vgl. hierzu auch Eggenberg und Hollenstein 1998b, S. 35 ff.)

4.7 Arbeitsmittel und Veranschaulichungen

Arbeitsmittel, Lernmaterialien, Lernhilfen, Veranschaulichungen, Anschauungshilfen, Diagramme, Bilder – die Begriffe sind zahlreich, ebenso wie das damit umschriebene Angebot selbst: Weder in der Fachliteratur und in der Unterrichtsrealität noch in den Werbebroschüren der Anbieter kann von einem einheitlichen Sprachgebrauch und Begriffsverständnis gesprochen werden. Und die Zahl der am Markt befindlichen Materialien für das Mathematiklernen im Grundschulalter ist schier unüberschaubar geworden, v. a. seit der schulische Lehrmittelmarkt durch zahllose Angebote für den häuslichen oder Nachhilfe-Bereich erweitert wurde (vgl. die einschlägigen Abteilungen der Spielwarenbranche und Buchhandlungen) und beide zusätzlich noch durch den Einzug des Computers und der vor den Türen der Grundschule stehenden Tablet-Apps expandieren (vgl. Krauthausen 2012, 2014). Wittmann (1993) sprach schon damals von einer wachsenden Flut von Anschauungs- und Arbeitsmitteln, die die Grundschule überschwemme und die durch Eigenerzeugnisse der Lehrenden noch verstärkt würde: »Die Devise scheint dabei zu sein: ›Viel hilft viel‹« (Wittmann 1993, S. 394; vgl. auch Brosch 1991).

Umso mehr besteht ein Bedarf an wohlüberlegten Entscheidungen zur verantwortlichen Auswahl und zum begründeten Einsatz solcher Materialien bzw. Medien. Diese Entscheidungen müssen auf der Basis zeitgemäßer fachdidaktischer, lernpsychologischer und pädagogischer Erkenntnisse erfolgen, d. h., Lehrerinnen müssen über entsprechende Hintergrundinformationen und Gütekriterien im Hinblick auf Arbeitsmittel verfügen. Von daher ist es eine Aufgabe fachdidaktischer Ausbildung, dass angehende Lehrerinnen nicht nur verschiedene konkrete Materialien kennenlernen. Mindestens so bedeutsam ist in Anlehnung an Winter (1999b) der Erwerb systematischer Kenntnisse über die Bedeutung der Anschauung, der Visualisierung und der Wahrnehmung in Lehr-Lern-Kontexten, über die verschiedenen Funktionen, die solche Materialien übernehmen können, und wie »die Förderung der Anschauungsfähigkeit als ein übergeordnetes Lernziel legitimiert und der MU [Mathematikunterricht; GKr] entsprechend organisiert werden kann« (Winter 1999b, S. 254).

4.7.1 Das Qualitätsproblem

Die Notwendigkeit solcher Ausbildungsinhalte besteht einerseits, um aus früheren Fehlern zu lernen, von denen erfahrene Kolleginnen berichten: »Ich hatte zu Beginn meiner Umstellung auf Offenen Unterricht und Freiarbeit – vor nunmehr 10 Jahren – den Fehler gemacht, meine Kinder mit einer Angebots-Inflation von Materialien zu erschlagen« (Zehnpfennig und Zehnpfennig 1995, S. 7). Zum anderen sind zahlreiche und durchaus verbreitete Materialien »prinzipiell keine *Lernmaterialien* [. . .]. Rechnen lernen können die Kinder damit nicht, denn die bloße Zuordnung von Aufgaben und Ergebnissen, verbunden mit irgendeiner Form der Rückmeldung, hat mit *einsichtigem* Lernen nichts zu tun!« (Floer 1995, S. 21; Hervorh. im Orig.). Methodische Offenheit und Vielfalt gehen vielfach einher mit didaktischer Geschlossenheit und Einfalt (vgl. Lipowsky 1999).

Und so könnten die folgenden Beobachtungen aus dem Sprachunterricht ebenso aus dem Mathematikunterricht stammen: Arbeitskarteien fordern von Kindern Lerngehorsam, indem sie Schritt für Schritt nach vorgegebenem Muster vorzugehen haben. »Bei der propagierten individuellen Abarbeitung einer solchen Kartei werden dem Kind elementare lernfördernde Unterrichtselemente vorenthalten [...] das Herausarbeiten des Problems, das Vermitteln von Anregungen zur Konturierung der Aufgabenstellung, das Entwerfen von Lösungsideen – alles genuine Bestandteile von Unterricht – [werden] ganz einfach dem jeweiligen Kind überlassen. Es wird schon etwas anzufangen wissen mit den Karten« (Spitta 1991, S. 7 f.).

Auch Claussen (1994, S. 10) beschreibt dies als ein generelles Problem: »Es ist überraschend, wie wenig selbstständige Bewegung z. B. eine sogenannte Freiarbeits-Kartei (Fächer und Lernbereiche beliebig!) tatsächlich zulässt und wie viel Lenkung sie enthält. Besonders zeigt sich dies an kompletten Arbeitsmittelpaketen. Sie gelten als ›teacherproof‹, pflegeleicht, zudem handlungsarm und mit Blick auf die Kinder gut kalkulierbar. Müssten sie nicht eigentlich ›children-proof‹ gestaltet werden?«

Ebenso für den Sprach- wie Mathematikunterricht prangert Bartnitzky (2009) das ›didaktische Elend‹ von Arbeitsblatt-Werkstätten an, die einen ›Büro-Stil-Unterricht‹ schaffen würden, in dem die Kinder, gebeugt über diverse Arbeitsblätter, Aufgaben (zudem »Kinderverdummungsaufgaben«; Bartnitzky 2009, S. 208) abarbeiten, bis es klingelt. »Hier feiert dirigistischer Unterricht fröhliche Urständ', nur ist die frontale Belehrung durch die Lehrkraft an die Arbeitsblätter delegiert, die zudem anders als die Lehrkraft nicht einmal mit den Kindern kommunizieren können« (Bartnitzky 2009, S. 210).

Vor allem im Fahrwasser von Konzeptionen wie Freiarbeit, Öffnung von Unterricht, Wochenplan o. Ä. besteht die Gefahr (z. T. auch in Verfälschung dieser Konzeptionen), den *Sachanspruch* des Unterrichts aus dem Auge zu verlieren zugunsten einer übergebührlichen Konzentration auf äußere Aspekte einer offeneren Unterrichtsorganisation – in der aber die Strukturen des kleinschrittigen Lernens ungebrochen fortwirken (Wittmann 1996, S. 5). Darüber sollten auch wohlklingende Vokabeln nicht hinwegtäuschen. »Selbsttätiges Arbeiten mit Freiarbeitsmaterialien wie Arbeitsblättern, Stöpselkarten und anderen Arbeitsmitteln ist stärker als bisher auf seine Qualität zu befragen«, fordert Lipowsky (1999, S. 49), denn »viele Materialien und Arbeitsmittel für offene Lernsituationen lassen sich mit der postulierten Offenheit für das kindliche Denken und mit Individualität beim Lernen kaum vereinbaren« (Lipowsky 1999, S. 50). Sie sind vielfach so konstruiert (vgl. Neuhaus-Siemon 1996), dass sie das Problem als solches isolieren, scharf eingrenzen und das Kind gezielt nur auf das hinlenken, was es an diesem Material zu lernen gilt. Außerdem betreffen die Beurteilungskriterien für die Qualität von Arbeitsmitteln, so man sie denn überhaupt explizit macht, häufig v. a. erzieherische und pädagogische, seltener aber fachspezifische und/oder fachdidaktische Aspekte, also *inhaltliche* Qualitätsansprüche (vgl. Abschn. 4.7.7).

4.7.2 Begriffsklärung – ein Vorschlag

Im Folgenden wird keine verbindliche Definition angestrebt, sondern lediglich ein geteiltes Verständnis für den vorliegenden Rahmen. Wie bereits angedeutet, ist die Begrifflichkeit in der Literatur nicht einheitlich. Man könnte unterscheiden zwischen *Veranschaulichungs*mitteln und *Anschauungs*mitteln. Erstere würden (im traditionellen Sinne) hauptsächlich von der Lehrerin eingesetzt, um bestimmte (mathematische) Ideen oder Konzepte zu illustrieren oder zu visualisieren. Veranschaulichungsmittel dienen dann also z. B. dazu, arithmetische Zusammenhänge möglichst konkret darzustellen, um so das Lernen und Verstehen zu vereinfachen. Als Werkzeuge der Lehrerin unterliegen sie dem didaktischen (passivistischen) Grundverständnis, dass Wissen von Lehrenden an Lernende *übermittelt* werden könne (vgl. Wittmann 1998a, S. 155; Seeger und Steinbring 1992). Demgegenüber entspräche der Begriff der *Anschauungsmittel* eher dem aktivistischen Lernverständnis: Hier sind Arbeitsmittel oder Darstellungen mathematischer Ideen in der Hand der Lernenden zu sehen, als Werkzeuge ihres eigenen Mathematiktreibens, d. h. zur (Re-)Konstruktion mathematischen Verstehens.

Man kann von einem Perspektivwechsel in den letzten Jahren sprechen: von Werkzeugen des Lehrens zu Werkzeugen des Lernens. Das heißt, der Status der Werkzeuge ist nicht mehr ein vorrangig didaktischer, sondern ein epistemologischer (vgl. Wittmann 1998a; Becker und Selter 1996). Das bedeutet auch – entgegen traditionellem Verständnis –, dass sie Werkzeuge für *alle* Schüler sein müssen, denn »Anschauung ist nicht eine Konzession an angeblich theoretisch schwache Schüler, sondern fundamental für Erkenntnisprozesse überhaupt« (Winter 1996, S. 9).

Die Unterscheidung zwischen Veranschaulichungs- und Anschauungsmitteln soll allerdings nicht suggerieren, dass es sich dabei um eine wirklich trennscharfe Zuschreibung handeln würde. Selbstverständlich ist die Lehrerin weiterhin ganz besonders für ein entsprechend überlegtes Angebot verantwortlich. Auch muss sie in den sachgerechten Gebrauch einführen und Hilfen (zur Selbsthilfe) im Umgang mit Anschauungsmitteln gewähren. Entscheidend ist aber, dass sie nicht bei der Veranschaulichungsfunktion bspw. des Hunderterfeldes als *Demonstrations*material stehen bleibt, sondern ihre Kinder befähigt, dieses Arbeitsmittel auch für sich als ›Anschauungsmittel‹, als *Denkwerkzeug* zunehmend selbstständiger sachgerecht zu nutzen. Auch kommt es ganz entscheidend auf den Verwendungszusammenhang bzw. die jeweiligen Aktivitäten an: Wenn Kinder etwa die Ergebnisse ihrer Erkundungen, sei es ein Rechenweg oder ein Argumentationsgang, anderen Mitlernenden präsentieren wollen, so können sie gewisse Darstellungen zur Veranschaulichung nutzen, und dieser Vorgang wäre sehr wohl ein aktivistischer – und dies sogar für beide Seiten, wenn man von einem interaktiven Zugang zu Darstellungen ausgeht (vgl. Wittmann 1998a).

Der Begriff *Arbeitsmittel* ist so gesehen etwas neutraler. Arbeitsmittel können im o. g. Sinne sowohl als Veranschaulichungs- wie auch als Anschauungsmittel eingesetzt werden.

Es handelt sich dabei um *konkretes*, ›handgreifliches‹[33] Material, also z. B. Wendeplättchen, Cuisenaire-Stäbe, Mehrsystemblöcke usw. Diagramme und Veranschaulichungen wären dagegen eine Tabelle, der Rechenstrich, eine Einspluseinstafel, die Stellentafel[34] o. Ä.

Auch der *Anschauungsbegriff* als solcher wird nicht immer eindeutig gebraucht. So kann damit der Vorgang des Anschauens gemeint sein (nicht gleichbedeutend mit dem Verständnis des Anschauungs*objektes* oder der dadurch verkörperten Idee, s. u.) oder das sinnesmäßige Wahrnehmungs*ergebnis* (die neuronale Repräsentation im Gehirn bzw. an den Wahrnehmungsorganen wie z. B. der Retina) oder die kognitive Verarbeitung und Integration des so Wahrgenommenen in die bereits vorhandenen Denkkategorien und -strukturen. Wesentlich ist in diesem Zusammenhang ganz offensichtlich zweierlei:

a) Der Wahrnehmende, also der Lernende, muss sich das Wahrnehmungsobjekt in Form eines *aktiven kognitiven* Vorgangs aneignen. Es besteht keine direkte, zwingende Verbindung zwischen Wahrnehmungsobjekten oder Veranschaulichungen und dem Denken des Lernenden. Die jeweilige mathematische Struktur »muss durch einen geistigen Akt in die konkrete Situation hineingelesen werden« (Lorenz 1995a, S. 10). Das bloße Anschauen (oder Demonstrieren) einer konkreten Repräsentation von 7 + 5 am Zwanzigerfeld muss noch kein Verständnis in die dahinterliegende arithmetische Struktur oder die *Idee* der Addition bedeuten. Ein und dieselbe Darstellung z. B. einer Aufgabe kann ja durchaus unterschiedlich gesehen werden (vgl. Abschn. 2.1.6.1). Nicht das Arbeitsmittel oder die Darstellung ›zeigt‹ die mathematische Idee (weil es/sie diese Idee in sich trüge), »sondern Menschen denken Strukturen in die konkreten Gegenstände hinein« (Lorenz 2000, S. 20).

Anschauung ist auch zu unterscheiden von bloßer *Anschaulichkeit*. Wenn die Objekte des Lernens sehr anschaulich sind, wozu ja Arbeitsmittel auch eingesetzt werden, dann verspricht man sich davon – manchmal voreilig – die erwünschten Einsichten. Aber »Begriffsverwendung ohne Anschauung führt zum Verbalismus, Anschauung ohne die Anstrengung des Begriffs nur zur Anschaulichkeit« (Petersen 1994, S. 190) und bereits in Kants *Kritik der reinen Vernunft* heißt es: »Gedanken ohne Inhalt sind leer, Anschauung ohne Begriffe ist blind.« (Kant 1998, S. 114) Wenn also auch Anschaulichkeit als Postulat des Lernens in der Grundschule berechtigt sein mag, so darf

---

[33] *Digitale* Arbeitsmittel (für PC oder Tablets) – z. B. digitale Wendeplättchen (Wittmann und Müller 2016a), Apps zum Zwanzigerfeld (Urff 2014), zur Hundertertafel oder zum Geobrett (Ventura 2012a, 2012b) – sollen hier zunächst ausgeblendet werden. Zu ihrer ›Handgreiflichkeit‹ sowie zur Wirkung *virtuell-enaktiven* Materials vgl. Ladel 2009, 2010; Ladel und Kortenkamp 2009; Krauthausen 2012, S. 226 ff.

[34] Die Stellentafel kann als konkretes Material wie bspw. in Gestalt des ›Registerspiels‹, aber auch als Arbeitsmittel verstanden werden, da hier wiederum handgreiflich mit dem Arbeitsmittel gearbeitet werden kann.

Abb. 4.21 ›Genau‹ hinschauen? Man sieht nur das, was man weiß. (Illustration © A. Eicks)

gleichwohl bei ihr nicht stehen geblieben werden: ›Perfekte Anschaulichkeit‹ beinhaltet kaum mehr eine (notwendige) Herausforderung des Lernenden im Hinblick auf geistige Aktivitäten.

b) Ziel des Wahrnehmungsprozesses (bzw. des Einsatzes von Arbeitsmitteln) ist der Aufbau von Vorstellungs- oder Anschauungsbildern sowie das mentale Operieren mit ihnen (s. Abschn. 4.7.3). Diese *mentalen Bilder* sind kein bloßes Abbild der Sinneswahrnehmung; sie sind maßgeblich beeinflusst durch *zusätzliches Wissen* über das Wahrnehmungsobjekt sowie durch die individuellen Wahrnehmungsgewohnheiten und -erfahrungen. Das erklärt u. a., warum Kinder, die im Unterricht mit den gleichen Arbeitsmitteln und Veranschaulichungen arbeiten, nicht zwingend gleiche Vorstellungsbilder entwickeln müssen. Sie bringen nämlich zu den einzelnen Materialien oder Darstellungsformen ihre individuellen Vorerfahrungen mit ein. Das ist auch ein Grund, warum ein Satz wie »Schau doch mal *genau* hin« dem Kind kaum weiterhelfen *kann*, wenn es ratlos vor der mit Plättchen am Zwanzigerfeld gelegten Aufgabe 7 + 5 sitzt und das Ergebnis nicht nennen kann und es nicht sieht. Wahrnehmungspsychologisch betrachtet *kann* man nämlich im Grunde nicht ›genau‹ hinsehen, denn man sieht nur das, was man *weiß*. Ein einleuchtendes Beispiel dazu stammt von Jens Holger Lorenz (mündliche Mitteilung): Man stelle eine Kunsthistorikerin und einen diesbezüglichen Laien vor den Kölner Dom und bitte beide zu beschreiben, was sie sehen (Abb. 4.21).

Die Kunsthistorikerin wird erwartbar eine ganze Fülle von bau- und kunsthistorischen Merkmalen (Mustern) erkennen und benennen können, der Laie hingegen vermutlich sehr viel weniger und möglicherweise nicht das ›Entscheidende‹. Um ihm mehr Substanzielles zu entlocken, wird aber die Aufforderung, ›genauer‹ hinzuschauen, vermutlich wenig helfen; allenfalls wird er versuchen, Ihnen einen Gefallen zu tun, und *irgendetwas* erwähnen

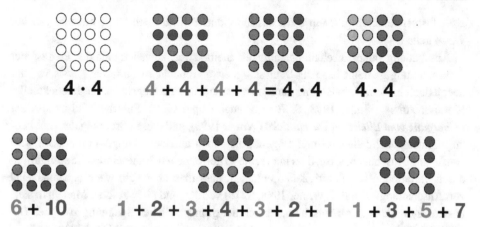

Abb. 4.22 Deutungsalternativen eines Punktfeldes

– so wie Kinder, die dann Lerngehorsam praktizieren und zu raten beginnen (Ähnliches gilt für weitere Beispiele bei Lorenz 1992a, S. 42).

> Sie können das gleiche Phänomen auch am eigenen Leib erleben: Betrachten Sie dazu die Quadratmuster in Abb. 4.22, und zwar jene in der zweiten Zeile der Abbildung. Welche mathematischen Ideen oder Zusammenhänge sind in diesen drei Beispielen visualisiert? – Einfach nur ›genau‹ hinschauen! (Die Auflösung werden Sie gelegentlich beim Weiterlesen finden ...)

Doch zurück zum Kind und der materialgestützt präsentierten Aufgabe: Die einzelnen Erfahrungsbereiche (vgl. Bauersfeld 1983a), z.B. unterschiedliche Arbeitsmittel, können aus Sicht des Individuums u. U. recht unverbunden nebeneinander existieren, obwohl sie aus Erwachsenensicht doch dasselbe zu sein scheinen. So »ist ein Addieren oder ein Subtrahieren mit Perlen, mit Steckwürfeln, mit Fingern oder mit Rechengeld jeweils ein Operieren in einer anderen ›Mikrowelt‹, zwischen denen nicht einfach eine abstrakte (mathematische) Beziehung besteht« (Radatz 1991, S. 49), deren Isomorphie (Strukturgleichheit) fraglos und selbstverständlich erkannt würde.

Zur kognitiven Verarbeitungsleistung und zum Wissen über die Wahrnehmungsobjekte kommt nicht zuletzt noch die *Aufmerksamkeit* als Selektionsfaktor hinzu. Der Wahrnehmungsprozess impliziert ein Sich-Abwenden von einigen Dingen zugunsten eines effektiveren Umgangs mit anderen (vgl. Treue 2015). »Kernaufgabe von Aufmerksamkeit [... ist] die selektive Konzentration von Verarbeitungsressourcen auf den kleinen Anteil der einströmenden Daten, die einem Organismus in der momentanen Situation relevant erscheinen, und der gleichzeitigen Reduktion (oder vollständigen Elimination) der Verarbeitung irrelevanter Daten« (Treue 2015). Und was der Lehrerin ›relevant‹ erscheint oder als selbstverständlich gilt, muss für das individuelle Kind noch lange nicht in gleicher Weise gelten.

Anschauung oder Anschauungsfähigkeit bleibt zwar, soweit damit der Prozess der Wahrnehmung gemeint ist, »als Sinnestätigkeit untrennbar mit unserer Physis verbunden, jedoch in ihrer Entwicklung dann mehr und mehr eine Angelegenheit intellektueller Einflussnahme« (Winter 1998, S. 76; vgl. auch Copei 1950). Entscheidend ist also der »*Übergang vom Blick zum Durchblick*« (Winter 1998), und diese Förderung der Anschauungsfähigkeit beinhaltet, Winter folgend, dass man auf mehr Dinge aufmerksam wird (*suchendes* Anschauen, s. o.), dass man seine so gewonnenen Sinneseindrücke strukturiert, durch Variationen Regelhaftigkeiten entdeckt, dass man über »ein wachsendes Arsenal von Anschauungsmitteln« (Winter 1998, S. 78) verfügt, und nicht zuletzt: Man »hält stets Distanz zum blanken Augenschein, ist sich der grundsätzlichen Spannung zwischen Begriff und Wahrnehmung bewusst und sucht beständig nach besseren Einsichten« (Winter 1998).

4.7.3 Mentale Bilder und mentales Operieren

Mit Arbeitsmitteln und Veranschaulichungen geht die Hoffnung einher, dass sich bei den Kindern das gewünschte Verstehen der mathematischen Idee einstellt. Diese Hoffnung jedoch kann trügerisch sein, zumindest wenn man die dahinterstehenden Prozesse unterschätzt (vgl. u. a. Lorenz 1987, 1992a, 1995b). Selbst wenn die Struktur des mathematischen Sachverhaltes adäquat in einem Arbeitsmittel repräsentiert ist (z. B. der dekadische Aufbau unseres Zahlsystems in Hunderterfeld oder Hundertertafel), dann gibt es keinen direkten und zwingenden Weg vom Anschauen des Arbeitsmittels zur gewünschten Verinnerlichung des mathematischen Begriffs. Da es sich hierbei, wie ausgeführt, um einen konstruktiven Akt des lernenden Individuums handelt, sind verschiedene Möglichkeiten denkbar:

a) Es ist dem Schüler nicht möglich, die intendierte Struktur hineinzudenken (im o. g. Sinne von kognitiv verarbeiten). Unterschiedliche Gründe sind dafür denkbar: Die angebotene Repräsentation passt wenig zu seinen bisherigen Wahrnehmungsgewohnheiten, seinem Vorwissen über den Sachverhalt oder den Möglichkeiten des benutzten Arbeitsmittels. Ebenso kann die Ursache in einem Bereich liegen, der häufig mit dieser Situation nicht gleich in Zusammenhang gebracht wird und auf die Radatz (1993b, S. 5) aufmerksam macht: »Bei den zahlreichen Ikonisierungen im arithmetischen Anfangsunterricht wird offensichtlich als selbstverständlich vorausgesetzt, dass die zum Verstehen der grafischen Darstellungen notwendigen *geometrischen* Kenntnisse und Fähigkeiten (geometrische Ordnungsbeziehungen, geometrische Qualitätsbegriffe, Eigenschaften ebener Figuren und Anordnungen, räumliches Vorstellenkönnen u. v. a. m.) bei allen Schulanfängern und Grundschülern gleichermaßen vorhanden und entwickelt sind. Das ist ein verhängnisvoller Irrtum« (Hervorh. GKr; vgl. Abschn. 2.2.1).

b) Ein anderer Schüler entwickelt zwar möglicherweise eine Vorstellung, allerdings eine fehlerhafte oder weniger tragfähige, bspw. dann, wenn sie zu eng an die empirische Anschaulichkeit eines konkreten Falles gekoppelt ist, nicht aber die notwendigen
   Abstraktionen und damit Transfers auf strukturgleiche Situationen erlaubt (vgl. Abschn. 4.7.4). Ein Beispiel wäre die Fähigkeit, Anzahlen in Gestalt von Würfelbildern
   simultan zu erfassen, dabei aber auf eben diese Würfelbilder festgelegt zu sein, d. h.,
   es gelingt nicht, die gleichen Anzahlen in anderen strukturierten Darstellungen schnell
   zu erfassen (vgl. Scherer 2005a, S. 21 und S. 28 f.).

c) Ein dritter Schüler entwickelt eine tragfähige Vorstellung, die sich aber durchaus von
   der ebensolchen eines Mitschülers unterscheiden kann.

Mit anderen Worten: Es gibt keine automatische Verinnerlichung mathematischer Ide-
en, Strukturen oder Begriffe, nur weil mit Arbeitsmitteln konkret gehandelt würde. Dies
ist unabhängig von der Qualität der Arbeitsmittel i. S. der Repräsentanz dieser Strukturen
in dem Material. Es ist auch keine Frage der Sehfähigkeit von Kindern oder ihres motori-
schen Geschicks bei der Handhabung der Arbeitsmittel, denn die relevanten Eigenschaften
können nicht einfach abgelesen und dann verstanden werden.

> »Der Satz, dass *Anschauung* das Fundament aller Erkenntnis sei, ist seit Pestalozzi ein Grund-
> axiom der Didaktik. Nur versteht man unter der Durchführung des Prinzips oft ein recht
> konkretes, sinnenhaftes Veranschaulichen, das dem Kinde den Gegenstand ›vor Augen führt‹
> und im Gegensatz zur abstrakten Darstellung steht. Aber was vor den Sinnen steht, ist im wah-
> ren Sinne des Wortes noch nicht zur Anschauung gebracht [...]. Man kommt auch dann nicht
> näher an den Gegenstand heran, wenn man die sinnlichen Reize des Objekts steigert, etwa
> so, dass man dem Kinde, das sich an Farben freut, recht bunte Bilder zeigt; unter Umständen
> zerstreut solche Vielfalt nur. Aus diesem Sehen wird erst echtes Sehen, echte Anschauung,
> wenn ein Gegenstand oder sein Bild unter einer Grundfrage betrachtet wird, immer ist die
> Anschauung eine eminent geistige Funktion. Es kommt darauf an, das bloße Hinsehen durch
> eine Frage zum echten Sehen und Erfassen zu machen. So sind Anschauung und Denken
> keine Gegensätze, beide unterstützen einander« (Copei 1950, S. 108 f.; Hervorh. im Orig.).

Um ein Arbeitsmittel unter einem bestimmten (von der Lehrerin intendierten und mathematisch konventionalisierten) Aspekt bzw. einer Grundfrage, wie Copei es nennt, zu
betrachten und nutzen zu können, bedarf es also eines selbstständigen konstruktiven Aktes, bei dem das Intendierte ›herausgesehen‹ und von anderem ›abgesehen‹ werden muss
(vgl. Lorenz 1992a, S. 170).

Ein quadratisches Punktefeld wie in Abb. 4.22 (1. Zeile links) ist zunächst einmal offen
für ein solches ›Heraussehen‹ und ›Absehen von . . . ‹. Man kann die Zahl 16 sehen, additiv
als vier Viererspalten oder -zeilen (1. Zeile Mitte), als vier Würfelbilder der 4 (1. Zeile
rechts) oder auch als $4 \cdot 4$-Feld bzw. als vierte Quadratzahl (1. Zeile links).

Man kann darin aber auch elementare zahlentheoretische Muster erkennen: In der
2. Zeile links wird das $4 \cdot 4$-Quadrat mental in zwei Teile (›Treppen‹) zerlegt mit der
Basis 3 bzw. 4, die Dreieckszahlen 6 und 10 repräsentierend – eine Visualisierung des
zahlentheoretischen Satzes, dass die Summe zweier benachbarter Dreieckszahlen stets

eine Quadratzahl liefert. Auch die Abbildung in der 2. Zeile Mitte stellt diesen Zusammenhang dar, allerdings mit der Notation der beiden Dreieckszahlen als Summe der (hier ersten drei bzw. vier) aufeinanderfolgenden natürlichen Zahlen. Wie diese Muster für ein 2. Schuljahr umgesetzt werden können, zeigen Wittmann und Müller (2012b, S. 116).

Auch kann man aus der gleichen quadratischen Felddarstellung den Satz heraussehen: »Eine Quadratzahl ist stets die Summe fortlaufender ungerader Zahlen« (2. Zeile rechts), wobei auf die sogenannte Winkelhakenstruktur zurückgegriffen wird (beginnend mit der rot dargestellten 1 wird jeweils rechts ein solcher Winkel angelegt) (vgl. auch Nelsen 2016, S. 85, 86, 88; außerdem Nelsen 1993, 2000).

Ziel des Einsatzes von Arbeitsmitteln und Veranschaulichungen ist nicht eine schlichte ›Vereinfachung‹ der Zugänge zu mathematischen Sachverhalten, sondern die Konstruktion und der Ausbau klarer, tragfähiger mentaler Vorstellungsbilder, »an denen die arithmetischen *Operationen in der Vorstellung ausgeführt* und die Rechenergebnisse ›abgelesen‹ werden können« (Gerster 1994, S. 41; Hervorh. im Orig.). Der Aufbau solcher mentaler Bilder wie der Fähigkeit des mentalen Operierens braucht sowohl seine *Zeit* als auch ausdrückliche und *planvolle Aktivitäten*, die dem förderlich sind. Ein Beispiel soll illustrieren, wie viel umfassender die eigentlichen Anforderungen sind:

> »Die Hunderter-Tafel verkörpert in prägnanter Weise die dezimale Struktur unseres Zahlensystems und hilft Einsichten zu gewinnen in Analogien, die auf dieser Struktur beruhen. [...] Das konkrete Modell der Hunderter-Tafel muss zu einem mentalen Modell, gleichsam einer ›Hunderter-Tafel im Kopf‹ werden. Diese darf man sich nun nicht als eine Kopie des konkreten Materials vorstellen, sie ist vielmehr das verinnerlichte Wissen über die strukturellen Eigenschaften der Zahlen bis 100, insbesondere das Wissen über Stellenwerte, Nachbarschaftsbeziehungen, über Zehnernachbarschaften und über Analogien« (Radatz et al. 1998, S. 35).

Von daher sollte man sich nicht von (noch vordergründigen) ›Lernerfolgen‹ blenden lassen. Daraus nämlich die (fatale) Konsequenz zu ziehen, den Einsatz von Arbeitsmitteln und Veranschaulichungen zurückzunehmen[35], nicht zuletzt um dadurch (*vermeintlich!*) Zeit sparen zu wollen, ist kontraproduktiv und untergräbt den Aufbau langfristig tragfähiger und flexibler Rechenstrategien/-fertigkeiten.

Die wesentlichen mentalen Vorstellungsbilder und Operationen werden im 1. Schuljahr ausgebildet, vor allem während der Arbeit im Zahlenraum bis 20 (vgl. Lorenz 1992a, S. 186). Aufgrund der fundamentalen Bedeutung des Vorstellens und mentalen Operierens für spätere Lernprozesse liegt hier also eine sehr entscheidende Stelle der Unterrichtspraxis vor. Eine verfrühte Abkehr von anschaulichen Darstellungen, bevor *wirklich tragfähige* mentale Bilder vom Kind konstruiert und genutzt werden können, kann daher als *der Kardinalfehler des Anfangsunterrichts* bezeichnet werden.

---

[35] Das ›Zurückfahren‹, die Ablösung von Arbeitsmitteln ist auch grundsätzlich nicht das vorrangige Ziel, da auch weiterhin *jederzeit* der Rückbezug möglich bleiben muss und weil v. a. unterschiedliche Funktionen von Arbeitsmitteln (vgl. Abschn. 4.7.6) vorliegen, die auch zu einem späteren Zeitpunkt keine endgültige Ablösung sinnvoll erscheinen lassen.

4.7.4 Konkretheit, Symbolcharakter und theoretische Begriffe

Es mag zunächst widersprüchlich erscheinen, im Zusammenhang mit Arbeitsmitteln und Veranschaulichungen, die doch gemeinhin zur *Konkretisierung* und Vereinfachung an sich schwieriger mathematischer Zusammenhänge dienen sollen, von *Symbol*charakter und *theoretischen* Begriffen zu sprechen. Soll in der Grundschule nicht gerade das Symbolhafte durch geeignete Konkretisierungen veranschaulicht, gar ersetzt, zumindest aber hinausgeschoben werden?

Im arithmetischen Anfangsunterricht werden sicher zu Recht die Zahlen ganz selbstverständlich durch vielfältige empirische Bezüge zu konkreten Dingen begründet, und nach wie vor bleiben konkrete Erfahrungssituationen, damit verbundene Handlungen an konkreten Materialien, die Übersetzung in ikonische Darstellungsweisen (Diagramme) eine unverzichtbare Grundlage (Steinbring 1994a, 1997c). Insofern legen Arbeitsmittel und Veranschaulichungen eine gegenständliche Deutung der zu erlernenden Begriffe und Konzepte nahe. Tatsache ist aber ebenso, dass der Unterricht hierbei (bloße Anschaulichkeit; vgl. Abschn. 4.7.3) nicht stehen bleiben darf, und das aus mehreren Gründen:

Zum einen wurde ja oben bereits gesagt, dass es keinen direkten Weg vom Arbeitsmittel zum mathematischen Begriff gibt (vgl. Steinbring 1997c und Abschn. 4.7.2). Durch einen konstruktiven Akt muss aus den konkreten Repräsentationen der Begriff ›heraus- bzw. hineingesehen‹ und herausgearbeitet werden. Und dieser Begriff ist, wie weiter unten deutlich werden kann, mehr als seine singuläre, konkret-empirische Realisierung in einer Veranschaulichung. Zum anderen darf das Postulat der Veranschaulichung nicht darüber hinwegtäuschen, dass den Kindern bereits im Mathematikunterricht der Grundschule *abstrakte (theoretische) Begriffe* zugemutet werden, und zwar *unvermeidbarerweise*, denn »sie können nicht durch methodische Tricks und unterrichtliche Maßnahmen umgangen oder in scheinbar konkrete und direkt begreifbare Deutungen umgewandelt werden« (Steinbring 1997c, S. 16; vgl. etwa Abschn. 2.1.6.2 zum Zusammenhang zwischen Multiplikation und Division; vgl. auch Söbbeke 2005, 2007). Bereits das Erkennen und Ausnutzen wirkungsvoller Strategien des geschickten Rechnens auf der Grundlage und unter Ausnutzung von Rechengesetzen und funktionalen Beziehungen im 2. oder 3. Schuljahr sprengt die Grenzen der bloß konkreten Bezüge.[36]

Betrachten Sie das folgende Beispiel, entnommen einer Unterrichtsepisode aus einem 4. Schuljahr (vgl. Scherer und Steinbring 2001). Zur Aufgabe $623 - 289$ sollten verschiedene *günstige* Strategien am Rechenstrich (Zahlenstrahl ohne Skalierung) gefunden werden. Marcel schlug vor, die Aufgabe zu vereinfachen ($623 - 300 + 11$) und zeichnete dazu wie in der Abb. 4.23 zu sehen.

---

[36] An anderer Stelle hat Steinbring (1994b) am Beispiel der Einführung negativer Zahlen gezeigt, wie eine empirische Begründung und Herleitung, die an konkrete und unmittelbar inhaltliche Vorstellungen und Anwendungskontexte anzuknüpfen versucht, zu Brüchen, Künstlichkeiten und Ungereimtheiten für die Lernenden führt, da der Begriff der negativen Zahlen »nur in Grenzen entsprechend den gewohnten Ansichten auf konkrete Sachsituationen und reale Umweltbezüge anwendbar« (Steinbring (1994b, S. 277) ist.

Abb. 4.23 Marcels Strategie
am Rechenstrich. (© Scherer
und Steinbring 2001, S. 195)

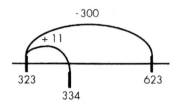

Dann stellte er Überlegungen an, wie mit der 11, die zu viel subtrahiert wurde, verfahren werden müsste:»Ja, also, durch das, also, *danach* wird ja noch die *Elf* abgez ...', also, dazu wieder gerechnet, also ... abgezogen von der Dreihundert ... da kommt man ja auf Zweihundertneunundachtzig« (Scherer und Steinbring 2001). Marcel gelang es, die Gültigkeit der arithmetischen Beziehung $623 - 289 = 623 - 300 + 11$ sprachlich zu begründen. Er merkte auch an, dass eigentlich die 11 von der 300 abgezogen werden muss. Übersetzt man seine Argumentation in die Term-Schreibweise mit Klammern, dann sähe das wie folgt aus: $623 - 289 = 623 - (300 - 11) = 623 - 300 + 11$. Diese schwierige Beziehung (Von einem zu großen Subtrahenden etwas zu subtrahieren bedeutet, diesen Betrag zum Minuenden zu addieren bzw. die Regel von der Umkehrung des Rechenzeichens bei einem Minus vor der Klammer.) wird am Rechenstrich (s. o.) mit seiner geometrischen Beziehungsstruktur sichtbar und verstehbar.

Wie Scherer und Steinbring (2001) zeigen, lässt sich dieses Diagramm am Rechenstrich einerseits als Ablauf des Rechenweges deuten (»grafisches Verlaufsdiagramm«; Scherer und Steinbring 2001, S. 195). »[M]an kann andererseits aber auch den Blick auf die strukturellen *Beziehungen* im Diagramm richten und diese Struktur zur Erklärung der Rechenstrategie benutzen, so wie es auch Marcel versucht hat. Auf diese Weise wird das Diagramm zu einer ›*symbolischen Struktur*‹, mit der man verschiedene Rechnungen [gleicher Kategorie, damit eine allgemeingültige Regel; GKr] begründen kann« (Scherer und Steinbring 2001). Zwar *ausgehend* von konkreten Erfahrungssituationen oder Darstellungen zeigt sich hier doch bereits ein Ansatz für den Erwerb *theoretischer* Begriffe: Durch die aktive und bewusste Deutung von Veranschaulichungen wird die Grenze der konkreten Bezüge überschritten und in ein theoretisches Konzept übergeleitet[37]. »Bei Divisionsaufgaben, die in Sachkontexte eingebettet sind, können die Kinder auf der Basis konkreter Handlungen und Vorstellungen operieren, indem sie z. B. mit eigenen Strategien nach und nach 24 Bonbons gerecht auf 3 Kinder verteilen. Dies kann man dann mathematisch mit der Operation $24 : 3 = 8$ abkürzend beschreiben (Kann man überhaupt Bonbons durch Kinder ›teilen‹?), aber die mathematische Bedeutung der symbolischen Division – was bedeutet ›geteilt durch‹? – ist damit nicht vollständig erfasst« (Steinbring 1997c, S. 17). Was darüber hinaus dazugehört, wurde im Abschn. 2.1.6.2 im Rahmen der Abschnitte ›Modellvorstellungen der Division‹ und ›Zum Zusammenhang zwischen Multiplikation und Division‹ erläutert.

---

[37] So betrachtet sind auch operative Beweise (vgl. Abschn. 4.7.6/3. Funktion) nicht nur Ikonisierungen eines konkreten Sachverhaltes, sondern Diagramme, symbolische Diagramme.

Abb. 4.24 Sonja zeichnet die Aufgabe 12 + 7 in den Zahlenstrahl. (© Steenpaß 2014, S. 1)

Konkrete und anschauliche Repräsentationen mathematischen Wissens sind also in der Grundschule einerseits unverzichtbar. Problematisch wäre aber die »*Dominanz* empirischer Begründungen des elementaren mathematischen Wissens im Unterricht der Grundschule« (Steinbring 1994a, S. 7; Hervorh. GKr), da empirische Deutungen bereits hier durch »eine relationale Sichtweise auf die Zahlbeziehungen« (Steinbring 1994a) ersetzt werden müssen, um zu wirklich trag- und ausbaufähigen Grundlagen des Mathematiklernens werden zu können.

Diagramme wie der Rechenstrich sind, wie auch andere Veranschaulichungen, nicht nur Bilder, sondern *symbolische*[38] Repräsentationen, in denen *Beziehungen* enthalten sind. Diese in der Darstellung enthaltenen mathematischen Strukturen müssen vom Schüler immer aktiv wahrgenommen und interpretiert werden (vgl. Scherer und Steinbring 2001 sowie das Analyseraster ›Rabatz‹ bei Steenpaß 2014). Und »dass Grundschulkinder *von Anfang an* eine spontane Rahmung und somit Deutung von Anschauungsmitteln vornehmen« (Steenpaß 2014, S. 279), macht es von außen betrachtet nicht leichter, ihre Sichtweisen und Deutungen zu verstehen, wie das Beispiel von Sonja in Abb. 4.24 deutlich macht (zur Deutung von Sonjas Sichtweise vgl. a. a. O., S. 154 ff.).

Die aktive Wahrnehmung und Deutung erfordert (u. a.) visuelle Strukturierungsfähigkeit (Söbbeke 2005), die weit über das bloße Anschauen oder Hantieren mit Material, Arbeitsmitteln oder Darstellungen hinausgeht. Sie muss bewusst gefördert werden, weshalb es für die Lehrerin auch wichtig ist, die Spanne der entsprechenden Entwicklungs- oder Fähigkeitsstufen zu kennen (vgl. Söbbeke 2005 sowie Söbbeke und Steinbring 2007, S. 65; Steenpaß 2014):

- *Ebene I*: Konkret empirische Deutungen; es dominiert eine Sicht auf Einzelelemente und konkrete Objekte, die weitgehend isoliert nebeneinanderstehen.
- *Ebene II*: Zusammenspiel von partiell empirischen Deutungen mit ersten strukturorientierten Deutungen oder mehrteilig relationalen Nutzungsweisen.
- *Ebene III*: Strukturorientierte Deutungen mit zunehmender flexibler Nutzung von Beziehungen und Umdeutungen.

---

[38] Die strikte Unterscheidung zwischen der ikonischen und der symbolischen Repräsentationsebene wäre von daher für visuelle Vorstellungsbilder in einem anderen Licht zu sehen (vgl. Lorenz 1992a, S. 52).

- *Ebene IV*: Strukturorientierte, relationale Deutungen mit umfassender Nutzung von Beziehungen und flexiblen Umdeutungen, indem komplexe und umfassende Beziehungen aufgebaut und flexible, umfassende Umdeutungen vorgenommen werden.

Veranschaulichungen sind also nicht nur Bilder, sondern auch Symbole (»eigene Denkgegenstände«, Steinbring 1994b, S. 286), das Verstehen von Vorstellungsbildern »beinhaltet also immer einen symbolischen Akt« (Jahnke 1984, S. 35), denn man kann mit ihnen (mental) operieren (vgl. Lorenz 1992a, S. 51). In einem geometrischen Diagramm können die vorkommenden Strecken mit *a*, *b* und *c* bezeichnet werden (vgl. auch den Rechenstrich im o. g. Beispiel), sie haben also keine spezifische Länge und besitzen damit Variablencharakter, vergleichbar mit jenem von Buchstaben in algebraischen Termen (vgl. Jahnke 1984, S. 35).

Insofern können Arbeitsmittel und Veranschaulichungen zwischen der mathematisch-relationalen Struktur der Symbole einerseits und der inhaltsbezogenen Struktur von konkreten Elementen (Rechenstäbe, Wendeplättchen o. Ä.) und Sachsituationen andererseits *vermitteln*. Und eben diese Funktion ist mit ein Grund für die oben bereits angedeutete Aussage, dass Arbeitsmittel und Veranschaulichungen nicht umso besser sind, je konkreter sie sind. Hilfreich ist vielmehr eine gewisse Merkmalsarmut und *Vagheit*, die sie zu Repräsentanten für alle mögliche Dinge machen können (Personen, Tiere, Gegenstände usw.). Wittmann spricht von der *Doppelnatur* z. B. von Wendeplättchen: Wie Amphibien auf dem Land und im Wasser leben könnten, so seien die Plättchen »gleichzeitig konkret und abstrakt und daher ideale Vermittler zwischen Realität und mathematischer Theorie« (Wittmann 1994, S. 44)[39]. Arbeitsmittel und Veranschaulichungen haben so gesehen eher einen *epistemologischen* als einen didaktischen Status (Wittmann 1993). Dieser epistemologische Charakter zeigt sich nicht zuletzt bereits in der Geschichte der Mathematik: Wittmann (1998a, S. 158) erinnert daran, dass einerseits bereits die Griechen die ersten Theoreme über gerade und ungerade Zahlen sowie figurierte Zahlen (Quadratzahlen, Dreieckszahlen, Rechteckszahlen, ...) durch das entsprechende Legen von Mustern aus kleinen Steinen (unseren heutigen Rechenplättchen vergleichbar) entdeckt und bewiesen haben (vgl. das o. g. Beispiel mit den Quadraten sowie Wittmann und Müller 2012b, S. 116) und andererseits auch heutige herausragende Mathematiker die explorative Kraft solcher Muster zur Erforschung der Arithmetik nutzen (Penrose 1994; vgl. auch Nelsen 1993, 2000, 2016 sowie Abschn. 4.7.6 zum anschaulichen Beweisen). Der amphibische, epistemologische Charakter von Arbeitsmitteln und Veranschaulichungen ermöglicht es also zu erleben, wie mathematisches Wissen *entsteht*: »In diesem Sinne sind Rechensteinchen und figurierte Zahlen mehr als bloße Veranschaulichungen. Sie stehen nicht nur historisch, sondern auch epistemologisch am Übergang zwischen gegenstandsbezogenem und symbolischem Rechnen. Sie fördern das *theoretische Sehen*« (Hefendehl-Hebeker 1999, S. 108).

---

[39] Becker und Selter (1996, S. 11) sprechen von »semi-konkret« und »semi-abstrakt«.

Abb. 4.25 Affe und Wärter
– eine eindeutige Aufgabenstellung? (© Rieger et al. 1985,
S. 38; vgl. auch Voigt 1993;
Steinbring 1994a)

Aus den skizzierten Erkenntnissen ergeben sich mehrere Konsequenzen (vgl. Steinbring 1994a, 1997c; Lorenz 1992a): *Erstens* können Arbeitsmittel und Veranschaulichungen die beschriebene Vermittlungsfunktion nur dann wahrnehmen, wenn man sie als relationale Strukturen nutzt, d. h. die enthaltenen strukturellen Beziehungen bewusst in den
Blick nimmt.

Dies wiederum setzt *zweitens* ihre potenzielle Offenheit voraus: Das meint keine Beliebigkeit oder Willkür, aber es sollten *mehrdeutige* Interpretationen möglich, zugelassen,
wertgeschätzt, aufgesucht und verschiedene Beziehungen erkundet und genutzt werden
(vgl. Steenpaß 2014). Das mag ein ungewohntes Postulat sein, zeigen doch Unterrichts-
analysen (z. B. Voigt 1993), dass im alltäglichen Unterricht üblicherweise eher alles dafür
getan wird, um *Eindeutigkeit* interaktiv herzustellen und Mehrdeutigkeiten möglichst zu
eliminieren (Voigt 1993; vgl. auch Steinbring 1994a). Sachbilder etwa werden im Unterricht gerne in standardisierter und eindeutiger Weise gelesen (vgl. auch Abschn. 2.3.3.1);
ggf. versucht man, die Kinder i. S. des Trichtermusters (vgl. Bauersfeld 1983b) auf das
Gemeinte hinzulenken: In diesem Prozess der didaktisch (und weniger sachlich) motivierten ›Vermathematisierung‹ fragt die Lehrerin dann in suggestiver Weise einzelne Elemente
des Bildes und ihre Beziehungen so ab, dass schrittweise der von ihr intendierte Zahlensatz zum Vorschein kommt (vgl. Voigt 1993, S. 155).

In dem schon klassischen Bild vom Wärter und Affen (Abb. 4.25) gilt es, die intendierte
Aufgabenstellung $5 - 2 = 3$ abzulesen. Auf der Schulbuchseite hilft dazu manchmal der
Blick in die Kopfzeile der jeweiligen Seite, und schon wissen die Kinder, dass es hier um
die Subtraktion geht, woraufhin sie i. S. der sozialen Erwünschtheit auch den ›richtigen‹
Zahlensatz produzieren. Gegenüber einer derartigen Rigidität des ›korrekten‹ Lesens von
Bildern und dem Erlernen (vermeintlich) eindeutiger Indikatoren zu ihrer Interpretation

plädiert Voigt hingegen für eine *gezielte Nutzung von Mehrdeutigkeiten*, die in solchen Bildern stecken.

Zum Sachbild aus Abb. 4.25 finden Kinder etwa folgende empirische Deutungen bzw. Gleichungen auf der Ebene der mathematischen Zeichen und Operationen:

$5 - 3 = 2$ Der Wärter hat fünf Bananen und gibt davon zwei weg (dem Affen).

$3 + 2 = 5$ Der Affe gibt dem Wärter, der drei Bananen hat, zwei Bananen dazu.[40] (Summe der Bananen, die Wärter und Affe in Händen halten)

$3 - 2 = 1$ Der Wärter hat eine Banane mehr als der Affe.

$1 + 1 = 2$ Man sieht einen Wärter und einen Affen. (Dass auf die Bananen und dabei ausgerechnet auf deren Anzahlaspekt fokussiert werden soll, ist für Kinder nicht selbstverständlich!)

$5 - 4 = 1$ Es gibt eine Banane mehr als Hände, und daher fällt (wie man sieht?) dem Wärter gleich eine Banane herunter.

Und bei der Kreativität der Kinder kann durchaus mit weiteren Deutungen gerechnet werden … Es ist potenziell vorteilhafter für den Unterricht, solche Mehrdeutigkeiten wertzuschätzen, zuzulassen und produktiv für das Lernen zu nutzen, als sie bereits im Vorfeld zu unterbinden.

Neben dieser *empirischen Mehrdeutigkeit*, bei der ein Sachkontext in vielfältiger Weise interpretiert werden kann, gibt es beim Gebrauch von Diagrammen und Arbeitsmitteln auch eine sogenannte *theoretische (strukturelle) Mehrdeutigkeit*, die sich gezielt die mehrdeutige, vom Lernenden selbst vorzunehmende Interpretation zunutze macht. Der dabei zu vollziehende Perspektivwechsel z. B. an ein und demselben Diagramm fördert den aktiventdeckenden Umgang mit Arbeitsmitteln und Veranschaulichungen und ihr konstruktives Verstehen, z. B. beim Zahlenstrahl (Steinbring 1994a):

Der vollständig beschriftete Zahlenstrahl (für den Zahlenraum bis 100) trägt eine Skalierung mit 100 Strichen, die *alle* mit Zahlen (von 1 bis 100) beschriftet sind; jede Zahl kann abgelesen werden, jeder Strich ist eindeutig benannt, Mehrdeutigkeit weitestgehend ausgeschlossen. Der *teilweise* beschriftete Zahlenstrahl trägt ebenfalls eine Skalierung mit 100 Strichen (meist mit hervorgehobenen Fünfer- und Zehnerstrichen), aber nur einige Stützpunkte (Zehner) sind mit Zahlen benannt. Damit sind erste strukturelle Beziehungen (z. B. Abstände) zwischen den Zahlen zu deuten. Mehrdeutigkeit kommt dann ins Spiel, wenn am ansonsten völlig identischen Zahlenstrahl eine andere Beschriftung gewählt wird (vgl. Abb. 4.26).

Der gleiche Abstand kann einmal für eine 1 stehen, dann aber auch für eine 10, und was im ersten Fall ein Zehnerintervall war, muss nun als Hunderterintervall gedeutet werden. Diese Darstellung und Beschreibung stellt eigentlich auch eine Zahlen*gerade* dar,

---

[40] Dieses spielerisch verstandene Motiv ist für Kinder nicht abwegig, da solche vermenschlichten Praktiken zu ihren Fernseherfahrungen mit Tieren gehören (vgl. etwa die ehemalige ZDF-Serie ›Unser Charly‹ u. Ä.).

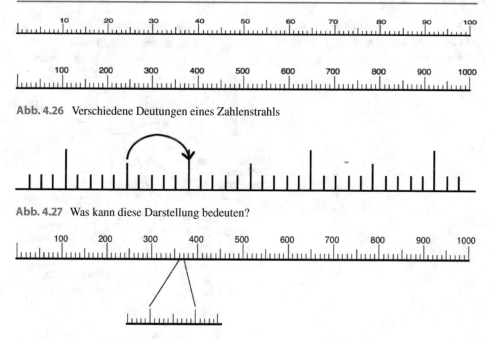

Abb. 4.26 Verschiedene Deutungen eines Zahlenstrahls

Abb. 4.27 Was kann diese Darstellung bedeuten?

Abb. 4.28 Vergrößern von Zahlenstrahlausschnitten mit der Lupenfunktion

obwohl sich der Begriff Zahlen*strahl* eingebürgert hat. Im nächsten Schritt werden nun unbeschriftete Zahlenstrahlausschnitte betrachtet (Abb. 4.27).

Hier werden mehrdeutige Interpretationen ganz ausdrücklich nahegelegt; möglich sind etwa: $15 + 5 = 20$ oder $65 + 5 = 70$ oder $155 + 5 = 160$ oder $450 + 50 = 500$ oder $1,5 + 0,5$. Ähnliches erlaubt die ›Lupenfunktion‹ (Abb. 4.28), bei der gezielt Ausschnitte herausvergrößert und dann gedeutet werden:

Die Kinder müssen passende Deutungen (mögliche Beschriftungen) suchen, und dabei steht die erwünschte Vielfalt der Interpretationen explizit im Vordergrund (Abb. 4.29).

Einen weiteren Schritt erlaubt der sogenannte Zahlenstrich oder Rechenstrich (vgl. Treffers 1991). Dabei handelt es sich um einen einfachen Strich, der weder beschriftet ist, noch irgendeine Art von Skalierung trägt. Er eröffnet damit gute Möglichkeiten zum *selbstständigen* Strukturieren und Darstellen arithmetischer Aufgaben und Rechenoperationen; auch eignet er sich als Kommunikationsmittel i. S. des Argumentierens und Begründens (vgl. Abschn. 4.7.6). Beim Zahlen- oder Rechenstrich spielt wegen der fehlenden Skalierung die maßgetreue Anordnung der Zahlen eine untergeordnete Rolle (*ungefähre* oder angedeutete Größenverhältnisse werden als hinreichend akzeptiert), daher kann man auch auf die o. g. Lupenfunktion verzichten. Ein Lösungsweg für die Aufgabe $623 - 287$ sähe dann beispielsweise wie in Abb. 4.30 aus (vgl. Abb. 4.23).

Die geforderte Offenheit von Arbeitsmitteln und Veranschaulichungen ist erst dann möglich, wenn Kinder die Gelegenheit erhalten, sich diese Mittel und ihre Möglichkei-

Abb. 4.29 Strukturelle Mehrdeutigkeit. (© Steinbring
1994a, S. 18)

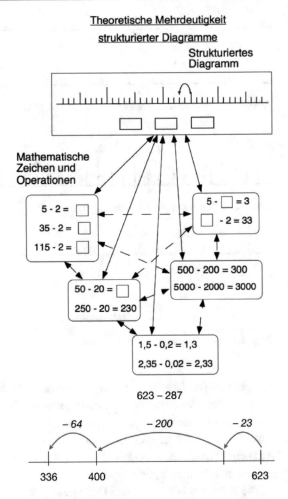

Abb. 4.30 Subtraktion am
Rechenstrich

ten selbstständig zu erschließen. Das bedeutet, dass den Kindern bei der Einführung eines neuen Arbeitsmittels zunächst eine Phase der freien Exploration eingeräumt wird, denn der Wunsch nach selbstbestimmten Aktivitäten ist stärker als die Bereitschaft, sogleich gemäß den didaktischen Intentionen der Lehrerin vorzugehen. Offenheit heißt aber auch z. B. einerseits »Koordinierung *verschiedener* Veranschaulichungen zu *einer* arithmetischen Aufgabe und andererseits [...] Konstruktion von Strukturen zu *verschiedenen* arithmetischen Aufgaben in *einem* Veranschaulichungsmittel« (Steinbring 1997c, S. 18; Hervorh. GKr). Und nicht zuletzt beinhaltet die Offenheit auch, dass die Kinder jede Entscheidungsfreiheit haben, welche Arbeitsmittel und Veranschaulichungen sie benutzen und wie sie das jeweils tun, bis hin zu der Freiheit, sie auch gar nicht zur Hand zu nehmen (vgl. Wittmann 1998a, S. 171), und dies gilt ausdrücklich auch für lernschwache Schüler (vgl. Scherer 1995a) – eine Aussage, die zum nächsten Abschnitt überleitet ...

4.7.5 Ablehnung und Ablösung von Arbeitsmitteln und Veranschaulichungen

Der soziale Kontext, in dem Arbeitsmittel und Veranschaulichungen genutzt werden, kann u. U. das Verständnis der Lernenden auch *erschweren*, z. B. dann, wenn Kinder dazu angehalten werden, für sie bedeutungslose Handlungen und bloße Verfahrensregeln auszuführen. So hat der Autor Kinder rasch und vermeintlich souverän mit Plättchen in Stellentafeln hantieren gesehen, auf Nachfrage jedoch war ihnen kaum transparent, was diese Handlungen bedeuteten, wozu sie hilfreich waren oder was man dabei lernen konnte; sie folgten lediglich einem Handlungsalgorithmus. Unterschwellig kann sich dadurch ein Bild von Mathematik entwickeln, das aus dem Anlernen begrenzter Ideen und rigider Regeln besteht (vgl. Aubrey 1997, S. 26 f.). Ist es dann nicht verständlich, dass Kinder den Gebrauch von Arbeitsmitteln verweigern?

Es gilt daher stets darauf zu achten, ob in einer Situation das Handeln mit konkretem Material auch sachlich geboten ist. Eine Überinterpretation und formalistische Handhabung des E-I-S-Prinzips (enaktiv – ikonisch – symbolisch; Bruner 1974, S. 16 f. und 49) kann dazu führen, dass das Arbeiten am konkreten Material zum Selbstzweck wird. Handlungsaufforderungen können dann z. B. sehr aufwendig werden, und auch dann sollte es nicht verwundern, dass Kinder unter solchen Umständen z. B. das Rechnen mit konkretem Material als schwierig einstufen und stattdessen auf andere Methoden zurückgreifen, die durchaus fehleranfälliger sein können. Mit anderen Worten: Eine wünschenswerte Einstellung der Kinder gegenüber Arbeitsmitteln und Veranschaulichungen kann sich nur dann entwickeln, wenn die eingesetzten Materialien das Ausnutzen effektiver Strategien auch wirklich nahelegen (vgl. Scherer 1996a).

Eine solche positive Einstellung lässt sich nicht verordnen. Man muss es den Kindern ermöglichen, Arbeitsmittel als solche selbst auszuwählen und auch selbst zu entscheiden, wann sie diese nutzen wollen und wann nicht. Die Befürchtung, dass dann aber womöglich auch Kinder das konkrete Handeln verweigern werden, die es aus Sicht der Lehrerin durchaus noch nötig hätten, muss ernst genommen werden. Allerdings wird dabei manchmal Folgendes vergessen: Kinder sind nicht von Natur aus Verweigerer, und so ist auch die Ablehnung konkreter Materialien i. d. R. im Vorfeld, oft unterschwellig, gelernt worden. Manchmal sind es nur kleine Bemerkungen, die im Unterricht situativ fallen können und von Kindern (häufig unbewusst) wahrgenommen und interpretiert werden, obwohl es so nicht gemeint war: Eine Bemerkung wie etwa:»Versuch mal, ob du es *auch schon ohne* Plättchen kannst ...«, kann eine implizite Wertung suggerieren (»*schon*«) und sich beim Kind zu dem Eindruck verfestigen, dass diese Plättchen lediglich eine ›Krücke‹ für die Schwächeren seien und es mithin ein Ziel ist, sie möglichst schnell nicht mehr zur Hand zu nehmen.

Nun wird man es als Lehrerin, so sehr man sich auch bemühen mag, wohl nie ganz vermeiden können, dass einem einmal solch ein Satz entfährt. Aber auch eigenes Vorbildverhalten kann zu einer veränderten Sicht bei Kindern führen (vgl. die Episode von

Holt eingangs Abschn. 4.5): etwa indem man Kindern zeigt, dass und wie man *selbst* mit (epistemologischen) Materialien umgeht. Eine solche Situation muss keineswegs künstlich wirken, denn es gibt zahlreiche Fälle, in denen es auch für Erwachsene sehr hilfreich sein kann, sich konkreter Arbeitsmittel zu bedienen. Der nächste Abschnitt wird im Rahmen der möglichen Funktionen konkreten Materialeinsatzes oder grafischer Darstellungen noch zeigen, dass hier insbesondere der Bereich des *Argumentierens* und *Beweisens* sehr geeignet ist[41]. Die Lehrerin kann also den Gebrauch von Arbeitsmitteln und Veranschaulichungen als Modell vorleben. Wenn die Kinder ihre Lehrerin dabei beobachten, sind sie eher bereit, diese Mittel wertzuschätzen und sie auch für eigene Erkundungen zu nutzen (vgl. Joyner 1990, S. 7).

Es spricht nichts dagegen, dass sich eine gelernte Aversion gegen Arbeitsmittel auch wieder verlernen lässt. In jedem Fall sollte ein Kind, das sich dem Einsatz von Arbeitsmitteln systematisch zu entziehen versucht, Anlass sein, die Ursachen hinter diesem Verhalten zu erkunden. Es ist eine Frage der pädagogischen Verantwortung, mit dem Kind zu sprechen, sein Verhalten verstehen zu wollen und zu einer Verständigung zu kommen – dies ist eine Stufe auf dem Weg zu dem übergeordneten Ziel (auch des Mathematiklernens), Kinder zu zunehmender Selbstverantwortung für ihren Lernprozess zu erziehen.

Ein anderes Problem – neben der *Verweigerung* der Arbeitsmittelnutzung – ist die Befürchtung, dass sich der Ablösungsprozess von den konkreten Materialien, der ja ab einer bestimmten Stelle im Lernprozess auch geboten ist[42], nur sehr schwer oder gar nicht vollziehen könnte, dass also die Kinder *abhängig bleiben* von der Nutzung konkreter Materialien. Manchmal ist diese Befürchtung eine Frage noch unzureichender Geduld der Lehrerin: Es kann nämlich sehr unterschiedlich und manchmal auch recht lange dauern, bis verschiedene Kinder einen sinnvollen Ablösungsprozess vollziehen; sie können ihn aber *selbst* vollziehen (vgl. Scherer 1996a).

Konkrete Materialien hingegen zu versagen, um damit die Ablösung zu beschleunigen, ist oft genug kontraproduktiv. Vergleichen Sie das mit anderen Situationen, in denen Hilfsmittel sinnvoll sein können, weil man sich auf noch unsicherem Terrain bewegt: Wer einen fremdsprachigen Text verfassen soll, wobei ihm ein Wörterbuch aber vorenthalten wird, der kann in dieser Lage unterschiedliche Konsequenzen ziehen (vgl. Scherer 1996a, S. 55): Man könnte es in Kauf nehmen, Fehler zu machen. (Diese werden ja anschließend von einer externen Autorität korrigiert.) Wenn aber (und v. a. bei Kindern mit Lernschwierigkeiten ist das häufig der Fall!) ein negatives Selbstkonzept mit Versagensängsten vorliegt, liegt es auch nahe, nur einfache, sichere Wörter zu verwenden (wodurch kaum ein Weiterlernen stattfände!). Bestünde nun andererseits die Freiheit,

---

[41] Manche Studierenden haben die irgendwann einmal auswendig gelernten binomischen Formeln nach eigenen Aussagen erst wirklich verstanden, nachdem sie Gelegenheit hatten, sie in den Lehrveranstaltungen aus dem konkreten Umgang mit Arbeitsmitteln selbst zu entwickeln.

[42] Es sei noch einmal betont, dass die an manchen Stellen sinnvolle Fähigkeit zur Ablösung von Arbeitsmitteln nicht als vollständige oder endgültige Ablösung verstanden werden darf. Ein jederzeitiger Rückgriff auf Aktivitäten mit Arbeitsmitteln sollte möglich bleiben und auch vom Lernenden als normal akzeptiert werden können (intermodale Transfers).

jederzeit ein Hilfsmittel zu verwenden, dann würde das sicher nicht unmittelbar auch bedeuten, z. B. das Wörterbuch ständig, auch für einfache, eigentlich sicher verfügbare Wörter zu verwenden. Auch Kinder streben nach Autonomie und nach effizienten und letztlich ökonomischen Methoden.

Hilfreicher als erzwungene Ablösungsbemühungen sind sicher gezielte und (auch für die Kinder *bewusste*) Übungen, die zum Aufbau tragfähiger mentaler Bilder und des mentalen Operierens beitragen, denn je verlässlicher die Vorstellungsbilder verinnerlicht sind, umso eher kann auf ihre konkreten Realisate verzichtet werden.

4.7.6 Funktionen von Arbeitsmitteln und Veranschaulichungen

Arbeitsmittel und Veranschaulichungen lassen sich in unterschiedlichen Funktionen, an unterschiedlichen didaktischen Orten und mit unterschiedlichen Zielen nutzen. Sie lediglich als Hilfe für lernschwache Kinder zu verstehen, ist vorrangig durch die Fokussierung auf Funktionen bestimmt, die als solche bereits eine lange Tradition im Grundschulunterricht haben. Eine weitere Funktion blieb dabei meist unberücksichtigt, die aber im zeitgemäßen Mathematikunterricht zunehmend bedeutsam geworden ist, insbesondere vor dem Hintergrund der allgemeinen mathematischen Kompetenzen des Mathematikunterrichts (z. B. Argumentieren, Darstellen; vgl. Abschn. 1.3.1.3 und 1.3.1.5). Die drei zentralen Funktionen des Einsatzes von Arbeitsmitteln und Veranschaulichungen sind folgende:

1. Mittel zur Zahldarstellung
Konkrete Materialien und ikonische Darstellungen werden genutzt, um Zahlen darzustellen. Zahlverständnis und Zahlbeziehungen sollen an konkrete, empirische Objekte anknüpfen (was, wie gezeigt wurde, noch nicht gleichbedeutend ist mit dem Verständnis des theoretischen Begriffs der Zahl).

Diese Objekte können didaktische Materialien sein wie bspw. Cuisenaire-Stäbe, Zwanzigerfeld, Wendeplättchen (Abb. 4.31), aber auch Umweltgegenstände wie Bälle, Äpfel, Tiere etc. Im 2. und 3. Schuljahr dienen z. B. Hunderterfeld oder Tausenderbuch diesem Zweck. Vielfältige Übungen sollen zu einer flexiblen und tragfähigen Orientierung im jeweiligen Zahlenraum beitragen: »Zeige mit dem Zahl-Winkel die Zahl 78 in der Hundertertafel! Wo im Tausenderbuch steht die Zahl 538? (Auf welcher Seite, in welcher Zeile, in welcher Spalte?)« Mit zunehmender Größe der Zahlen werden solche Darstellungen naturgemäß aufwendiger, und so wird dann die Stellentafel als Darstellungsmittel zunehmend geeigneter. Mit ihr lassen sich auch große Zahlen recht ökonomisch darstellen – und zudem die Bedeutung des Stellenwertprinzips, der Stufenzahlen (= Potenzen zur Basis des Stellenwertsystems) durchdringen (vgl. Abschn. 2.1.5):

Wichtige Aktivitäten sind in diesem Zusammenhang sogenannte Lege- und Schiebeübungen: Vorgegebene Zahlen müssen durch Legen von Plättchen in die Stellentafel dargestellt und umgekehrt solche Darstellungen in Zahlen übersetzt werden (Abb. 4.32 links). Durch Verschieben, Hinzulegen oder Wegnehmen von Plättchen lassen sich neue

2 Lege und male. Immer 4.   **3** Lege und male. Immer 5.

Abb. 4.31 Zahldarstellungen. (© Wittmann und Müller 2012a, S. 18)

ZT	T	H	Z	E		HT	ZT	T	H	Z	E

Welche Zahl ist hier dargestellt?   Wie viele Tausender (Zehner, Hunderter) hat diese Zahl?

Abb. 4.32 Aktivitäten an der Stellentafel

Zahlen generieren (vgl. die Aufgabe *Operative Übungen an der Stellentafel* in Abschn. 3.3 und dort Fußnote 29).

Ein weiteres Beispiel für die Darstellung und gedankliche Durchdringung großer Zahlen zeigt der rechte Teil der Abb. 4.32. Antworten auf die dort angedeuteten Fragestellungen lassen sich finden, indem man entsprechende Stellenwerte nach rechts hin abdeckt.

Im Zusammenhang mit der Funktion als Mittel zur Zahldarstellung sind auch Übungen wichtig, die ein und dieselbe Zahl in unterschiedlichen Darstellungen zeigen. Zwischen diesen Darstellungen müssen wechselseitige Übersetzungen durchgeführt werden. Solche *Koordinierungs- oder Verzahnungsübungen* sind nicht nur, aber insbesondere für lernschwache Kinder von grundlegender Bedeutung, da es häufig zu Transferschwierigkeiten kommen kann bzw. zu Problemen, die Strukturgleichheit der Darstellungen zu erkennen (Scherer 2005a, S. 18). »Erst eine thematisierte Verzahnung, bei der Beziehungen genutzt werden müssen, schafft eine tiefere Einsicht. Anzahlen sollten daher in Orientierungsphasen an allen verwendeten Veranschaulichungen dargestellt werden, um so strukturelle Gemeinsamkeiten herauszustellen« (Scherer 2005a; vgl. auch den Vorschlag für Verzahnungsübungen bei Wittmann und Müller 1992, S. 18 f.).

2. Mittel zum Rechnen

Mithilfe von Arbeitsmitteln und Veranschaulichungen lassen sich Rechenoperationen veranschaulichen (vgl. Barmby et al. 2009). Hierzu sei auf die Beispiele in Abschn. 2.1.6 sowie die entsprechenden Seiten in allen gängigen Schulbüchern verwiesen. Wichtig dabei ist: Es geht nicht darum, über eine ganz bestimmte Darstellungsweise einen ganz bestimmten Rechenweg festzuschreiben und einzuüben. Die verwendeten Arbeitsmittel und Veranschaulichungen sollten so ausgewählt werden (vgl. Abschn. 4.7.7), dass sie den Kindern *unterschiedliche* Zugänge und Lösungswege offenlassen und ermöglichen. Verschiedene Wege an ein und demselben und auch an verschiedenen Arbeitsmitteln im

Unterricht bewusst zu vergleichen, ist nicht zuletzt wichtig, um ein Gefühl dafür entwickeln zu können, welcher Lösungsweg und welche Darstellungsweise situativ, d. h. unter Berücksichtigung einer spezifisch vorliegenden Rechenanforderung oder konkreter Zahlenwerte, naheliegt, geschickter oder einfacher ist als ein anderer (und was die Kriterien für Attribute wie ›geschickt‹, ›einfach‹, ›schwierig‹ etc. sind!).

3. Argumentations- und Beweismittel

So selbstverständlich (im Prinzip) die bisherigen beiden Funktionen auch sein mögen, so sehr wird diese dritte Funktion von Arbeitsmitteln und Veranschaulichungen bislang unterschätzt und wohl auch noch (zu) wenig realisiert. Die Gründe dafür sind sicherlich vielfältig: Entsprechende Anregungen finden sich zahlreicher und ausdrücklicher zwar bereits seit einigen Jahren in der fachdidaktischen Literatur (z. B. Müller 1997; Scherer und Steinbring 2001; Wittmann 1997c)[43], aber das ist naturgemäß noch nicht gleichbedeutend mit einer flächendeckenden Etablierung in der Unterrichtspraxis. Denn erstens braucht ein solcher ›Transfer‹ von der Forschung in die Praxis seine Zeit. Und zweitens kann man sich diese dritte Funktion weder einfach ›anlesen‹, noch reicht es aus, von ihr beeindruckt zu sein. Es bedarf vielmehr einer gewissen eigenen Übung, bevor man dergleichen im Unterricht anwenden und den Kindern nahebringen kann, denn für die meisten angehenden oder praktizierenden Lehrkräfte gehören solche Beweis-Aktivitäten nicht zu ihrer eigenen Lernbiografie. Auch in der Lehrerbildung wird erst seit einigen Jahren – und auch dies noch wenig flächendeckend und selbstverständlich – explizit auf diese dritte Funktion abgehoben. Eine angemessene Realisierung der Möglichkeiten (in der Grundschule wie in der Lehrerbildung) ist angewiesen auf eine entsprechende *Fachkompetenz* der Lehrerinnen (vgl. Kap. 6).

So sehr also der Gebrauch als Argumentations- und Beweismittel noch deutlich unterrepräsentiert ist, so geeignet ist gerade diese Funktion, um zu belegen, dass Arbeitsmittel und Veranschaulichungen keineswegs nur eine ›Stützfunktion‹, sondern eine eigenständige Bedeutung haben. Zudem ist sie in hohem Maße als ›Gefäß‹ für die fundamentalen *allgemeinen mathematischen Kompetenzen* des Mathematikunterrichts geeignet (vgl. Abschn. 1.3.1). Dazu zählen das Argumentieren und Beweisen, das Darstellen oder auch die mündliche und schriftliche Ausdrucksfähigkeit (vgl. MSJK 2003). Wenn Letztere im Mathematikunterricht in der Grundschule durchgängig geschult werden sollte, so gibt es doch zahlreiche Situationen, in denen manche Kinder bestimmte Einsichten zwar durchaus gewonnen, d. h. bestimmte Regelhaftigkeiten oder Muster adäquat erkannt haben mögen, ihre derzeitige (schrift-)sprachliche Ausdrucksfähigkeit aber (noch) nicht so weit entwickelt sein mag, um sie anderen sachgerecht mitzuteilen. Mündliche und schriftliche Ausdrucksfähigkeit jedoch muss nicht nur (schrift-)sprachliche Kompetenz bedeuten.

---

[43] Natürlich gibt es auch ältere Publikationen, die hierzu wertvolle Anregungen geben können: Besuden (1978) etwa bietet Beispiele zum Einsatz von Cuisenaire-Stäben; und Winter (1983) macht deutlich, wie die Stellentafel für präformale Beweise von Teilbarkeitsregeln genutzt werden kann.

Erklärungen des Gemeinten und sogar Argumentationen und Beweise können (nicht nur für Grundschüler) alternativ auch z. B. ikonisch, durch Skizzen, durch konkrete Handlungen oder durch Fortsetzen einer Handlungs- oder Aufgabenfolge bewerkstelligt werden. Besonders geeignet und vielfach hierzu verwendet sind die Wendeplättchen:

»Plättchen sind im Bereich der Grundschule ein fundamentales Darstellungsmittel. [...] Tatsächlich [...] ist dieses Material von seinem Ursprung her nicht didaktischer, sondern epistemologischer Natur: Die griechische Mathematik durchlief in den Zeiten der Pythagoreer eine Phase, die als ψηφοι-Arithmetik (ψηφοι, gr. Steinchen) bezeichnet wird und als Wiege der Zahlentheorie und der Mathematik als beweisender Wissenschaft gilt [...]. Pythagoras und seine Schüler haben beim Legen von Steinchen allgemeingültige zahlentheoretische Muster entdeckt und bewiesen« (Wittmann 2014b, S. 214 f.).

Wittmann (2014b) formuliert für derartige Aktivitäten den Begriff des ›operativen Beweises‹ und charakterisiert ihn wie folgt:

»Operative Beweise

- ergeben sich aus der Erforschung eines mathematischen Problems, insbesondere im Rahmen eines Übungskontextes, und klären einen Sachverhalt,
- gründen auf Operationen mit ›quasi-realen‹ mathematischen Objekten,
- nutzen dazu die Darstellungsmittel, mit denen die Schüler auf der entsprechenden Stufe vertraut sind, und
- lassen sich in einer schlichten, symbolarmen Sprache führen« (Wittmann 2014b, S. 226).

Plättchen als Argumentations- oder Beweismittel sind also kein didaktisches Zugeständnis an ›kleine Kinder‹, sondern ein direkter, unmittelbarer Link zur Genese[44] der Zahlentheorie und der Mathematik als Wissenschaft; und diese Beziehung lässt sich harmonisch in curriculare Kontexte und Absichten des Unterrichts integrieren.

Dies kann bereits auf sehr einfachem Niveau geschehen (vgl. Wittmann und Ziegenbalg 2004): Ein *allgemeingültiger* Nachweis des Satzes, dass die Summe zweier (un-)gerader Zahlen stets eine gerade Zahl ergeben muss (vgl. Abb. 4.32 und 4.33), liegt bereits in Reichweite von Grundschulkindern. Denn es gehört zum üblichen Repertoire des Anfangsunterrichts, Zahlen in verschiedener Art und Weise darzustellen (1. Funktion; vgl. Wittmann und Müller 2012a, S. 98). *Gerade* Zahlen lassen sich (weil halbierbar) stets als *Doppelreihe* darstellen (ihre allgemeine Form lautet daher *2n*: zwei Mal eine Plättchen-Reihe, eine Doppelreihe der Länge *n*).

Formal, d. h. auf algebraischem Niveau, ist es selbstverständlich, dass die Addition zweier gerader Zahlen mit $2n + 2m$ wieder eine gerade Zahl $2 \cdot (n + m)$ ergibt, mithin wieder eine gerade Zahl (zwei gleich lange Reihen der Länge $n + m$) – unabhängig davon, wie

---

[44] Hier (wie auch an anderen Stellen des Curriculums!) kann es durchaus eine große motivationale Wirkung entfalten, wenn man mit den Kindern einmal einen *historischen Exkurs* realisiert und dabei u. a. entdeckt, dass die ›Erfinder‹ der Mathematik damals vergleichbare Werkzeuge benutzten wie wir heute. ›Forscher spielen‹ ist dann kein ›anbiedernder Spruch‹, sondern kann als *authentisch* im Sinne des Wortes erlebt werden, da hier Schein und Sein übereinstimmen.

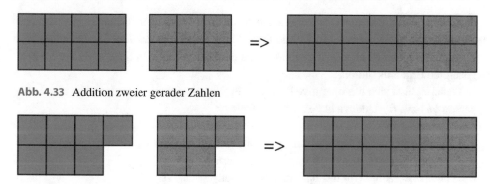

Abb. 4.33 Addition zweier gerader Zahlen

Abb. 4.34 Addition zweier ungerader Zahlen

n und *m* beschaffen sein mögen. Diese algebraische Argumentationsweise ist natürlich für Grundschulkinder weder beabsichtigt noch erforderlich. Gleichwohl ist der Gehalt dieses elementaren zahlentheoretischen Satzes, wie Abb. 4.33 zeigt, auch auf dieser Stufe einsehbar und beweisbar, nämlich in ikonischer Weise (die natürlich entsprechende Handlungen repräsentiert).

Eine *ungerade* Zahl lässt sich nicht als Doppelreihe darstellen, es bleibt stets eine ›Nase‹ übrig (allgemein: *2n ± 1*; vgl. Abb. 4.34 sowie Wittmann und Müller 2012a, S. 98). Bei der Addition zweier ungerader Zahlen ergibt sich dann durch geschicktes (verdrehtes) Zusammenfügen: *(2n + 1) + (2m + 1) = 2n + 2m + 2 = 2 · (m + n + 1)*, also eine gerade Zahl, unabhängig von *n* und *m*.

Im Unterricht kann man häufig beobachten, dass Veranschaulichungen den Schülern am Anfang weniger als eigentliches Mittel zur Erläuterung und Begründung dienen, sondern als *Verifikation* einer zuvor an Symbolen durchgeführten Strategie – eine Rechenaufgabe, welche eine Hypothese offensichtlich zu belegen scheint, wird nachträglich ›belegt‹ durch ein entsprechendes Bild. Der Sachverhalt wird hier an *einem Beispiel* (exemplarisch) konkretisiert. Ein oder mehrere Beispiele sind für Kinder auf dieser Stufe häufig plausibel genug und damit aus ihrer Sicht völlig ausreichend, um daraus eine Allaussage abzuleiten (»Das ist immer so. Wir haben schließlich ganz oft probiert.«). Mathematisch betrachtet handelt es sich dabei noch um keinen vollständigen Beweis, der ja *allgemeingültig* sein muss. »Dies macht aber lediglich einen Teil anschaulichen Beweisens oder allgemeinen Verstehens aus. Wie gezeigt, können Veranschaulichungen auch eine ›symbolische Struktur‹ erhalten, d. h., sie können nicht nur *exemplarische* Beispiele, sondern *allgemeingültige* Begründungen liefern. Nicht schon die Kenntnis eines Rechen*wegs*, sondern erst die Wahrnehmung der *Struktur* der Rechnung ermöglicht *mathematisches Verstehen*« (Scherer und Steinbring 2001, S. 200; Hervorh. im Orig.).

Bei operativen Beweisen bleibt der Gültigkeitsbereich der Argumentation nicht auf einige konkrete Beispielfälle eingeschränkt. Damit gehen sie über begrenzt beispielgebundene Verifikationen hinaus und erlauben eine plausible Begründung der *Allgemeingültigkeit*: Welche gerade Zahl auch immer, sie lässt sich *prinzipiell* als Doppelreihe darstellen (weil die beiden Doppelreihen nach außen *beliebig weit* verlängert gedacht werden können), und Gleiches gilt für die Darstellung ungerader Zahlen. Die Handlung des Zusammenfügens ist ebenfalls gleich für alle denkbaren Fälle, und sie *kann* nur zu dem gezeigten Ergebnis führen.

Generell lässt sich das operative Beweisen in jene ›Sprachen‹ einordnen, die eine Lehrperson *im* bzw. *für* Unterricht beherrschen sollte:

- Umgangssprache (Ausgangspunkt und naturgemäß von den Kindern mitgebracht)
- Fachsprache (im Laufe des Lehrgangs zu erlernen)
- ›Plättchensprache‹ (für das operative Beweisen)
- formalisierte Sprache der Algebra (nur für die Lehrerin, aber als Werkzeug einer gleichermaßen ökonomischen wie fachlich fundierten Unterrichtsvorbereitung ausgesprochen hilfreich und erwartbar)

»Zwischen operativen und formalen Beweisen besteht bei genauerer Betrachtung kein grundsätzlicher Unterschied, sondern nur ein Unterschied in den eingesetzten Mitteln. Formale Beweise stützen sich auf *symbolische Beschreibungen* mathematischer Objekte und symbolische Operationen im Rahmen systematisch-deduktiver Theorien, operative Beweise direkt auf *Darstellungen* dieser Objekte und *Operationen* an ihnen« (Wittmann 2014b, S. 226).

Dass der Unterschied zwischen operativen und formalen Beweisen keine Frage der Wertigkeit ist, zeigen das kürzlich auch in einer deutschsprachigen Ausgabe erschienene Buch von Nelsen (2016; Originalausgaben 1993/2000) sowie die Beiträge in Müller et al. 2004.

Operatives Beweisen erfordert von Lehrerinnen und Lehrern, wie gesagt, zunächst auch *selbst* hinreichend Erfahrung damit zu sammeln. In den meisten Fällen liegen derartige Vorerfahrungen aus der eigenen Lernbiografie jedoch nicht vor. Erforderlich ist also ein Um- oder Neulernen, das naturgemäß mit gewissen Anstrengungen und auch mit einem erhöhten Übungsbedarf verbunden ist. Insofern sollten Sie sich ermutigt fühlen, vielfältige Gelegenheiten zum operativen Beweisen gezielt aufzusuchen, dadurch einen Blick für geeignete Situationen oder Inhalte im grundschulmathematischen Curriculum zu gewinnen (vgl. etwa die Begründung der Rechengesetze; Abschn. 2.1.6.3) und geeignete Gelegenheiten wahrzunehmen, um eine tragfähige Handlungserfahrung mit anschaulichen operativen Beweisen zu erwerben (Anregungen z. B. in Wittmann und Müller 1992, 2017; Krauthausen 1998c, S. 130 ff.).

Beweisen Sie in ähnlicher Weise wie im o. g. Beispiel die Gültigkeit der folgenden Aussagen in $\mathbb{N}$ jeweils anschaulich (*auf Grundschulniveau*) und formal (*algebraisch*):

- Die Differenz zweier ungerader Zahlen ist stets gerade.
- Die Summe dreier aufeinanderfolgender Zahlen ist stets durch 3 teilbar.
- Das Produkt zweier gerader Zahlen ist stets gerade.
- Das Produkt zweier ungerader Zahlen ist stets ungerade. (Weitere Beispiele finden Sie bei Wittmann 2014b, S. 216 f.)

4.7.7 Beurteilung von Arbeitsmitteln und Veranschaulichungen

Aus dem bisher Gesagten lässt sich die wichtige Konsequenz ziehen, dass es im Unterricht nicht auf die Vielzahl der Materialien und Darstellungen ankommt, sondern auf ein *bewusstes Auswählen einiger weniger, didaktisch wohlüberlegter* und sinnvoller Arbeitsmittel und Veranschaulichungen (vgl. Radatz 1989; Wittmann 1993). »Sparsamkeit ist insbesondere für schwächere Schülerinnen und Schüler hilfreich, da jedes neue Material eine eigene Fremdsprache darstellt, in die die arithmetischen Operationen übertragen, übersetzt werden müssen. Materialvielfalt ist eher ein Ausdruck von Hilflosigkeit, bestenfalls einer theoretischen Hoffnung« (Lorenz 2000, S. 21).[45]

Für eine Auswahlentscheidung lassen sich zahlreiche Kriterien heranziehen, die verschiedene Aspekte betreffen (z. B. didaktische, unterrichtspraktische/-organisatorische, ästhetische, ökologische, ökonomische) und die unterschiedlichen Gewichtungen unterliegen. Es gibt nicht *das* allein richtige Rezept; vielmehr muss die Lehrerin selbst entscheiden, was sie für ihre Klassensituation für sinnvoll und verantwortbar hält. Von daher gibt es auch nicht *das* Arbeitsmittel, welches alle Kriterien umfassend erfüllen würde. Und selbst wenn es existieren würde: »Auch der Einsatz des besten Materials gibt keine Erfolgsgarantie« (Hasemann und Gasteiger 2014, S. 110). Wohl wissend um die naturgemäß einzugehenden Kompromisse ist es daher Aufgabe der Lehrerin, zum einen im Rahmen eines ›Arbeitsmittel-Checks‹ zu prüfen, *welche* und *wie viele* Gütekriterien bei den ins Auge gefassten Materialien erfüllt sind, und sich zum anderen die *Gewichtungen* der einzelnen Kriterien bewusst zu machen. In der Literatur finden sich diverse Kriteri-

---

[45] Widerspricht das nicht andererseits dem sogenannten Prinzip der Variation der Veranschaulichungsmittel? Nun, zum einen ist dieses von Dienes in den 1960er-Jahren propagierte didaktische Prinzip (vgl. auch Abschn. 3.3) im Lichte neuerer Erkenntnisse relativiert zu betrachten. Und zum anderen sollte die berechtigte Forderung nach Variabilität nicht isoliert auf die verwendeten Arbeits- und Anschauungsmittel projiziert werden. »Es ist durchaus richtig, dass der Unterricht in der Regel methodisch zu wenig variabel ist. Falsch war an den didaktischen Vorstellungen, fehlende Vielfalt allein auf das Schulbuch und das eingesetzte Material zu beziehen, nicht hingegen auf die Sozialformen, das Verhalten von Lehrenden, die verschiedenen Lösungswege etc., die das Denken an einer Sache flexibel machen« (Lorenz 2000, S. 21).

enlisten oder Argumente, die im Sinne einer Checkliste genutzt werden können (z. B. bei Hasemann und Gasteiger 2014, S. 109 ff.; Käpnick 2014; Lorenz 1995a; Radatz 1991; Radatz et al. 1996; Wittmann 1993, 1998a). Die folgende Synopse versteht sich nicht als eine ›Metaliste‹; beabsichtigt ist lediglich, für die Komplexität und Differenziertheit der Entscheidungsfindung zu sensibilisieren; in jedem Fall sei auf die o. g. Originalquellen verwiesen.

Untersuchen Sie mithilfe der folgenden ›Checkliste‹ verschiedene[46] Arbeitsmittel und Veranschaulichungen. Schreiben Sie jeweils einen ›Prüfbericht‹, der für Lehrerinnen und Lehrer pointierte Informationen bereitstellt und eine Entscheidungshilfe sein kann.

Einige wesentliche Gütekriterien zur Beurteilung von Arbeitsmitteln und Veranschaulichungen[47]

1. Wird die jeweilige mathematische Grundidee angemessen verkörpert?
2. Wird die Simultanerfassung von Anzahlen bis fünf bzw. die strukturierte (Quasi-Simultan-)Erfassung von größeren Anzahlen unterstützt?
3. Ist eine Übersetzung in grafische (auch von Kindern leicht zu zeichnende) Bilder möglich (Ikonisierung)?
4. Werden die Ausbildung von Vorstellungsbildern und das mentale Operieren unterstützt?
5. Wird die Verfestigung des zählenden Rechnens vermieden bzw. die Ablösung vom zählenden und der Übergang zum denkenden Rechnen unterstützt?
6. Werden verschiedene individuelle Bearbeitungs- und Lösungswege zu ein und derselben Aufgabe ermöglicht?
7. Wird die Ausbildung heuristischer Rechenstrategien unterstützt?
8. Wird der kommunikative und argumentative Austausch über verschiedene Lösungswege unterstützt?
9. Ist eine strukturgleiche Fortsetzbarkeit gewährleistet?
10. Ist ein Einsatz in unterschiedlichen Inhaltsbereichen (anstatt nur für sehr begrenzte Unterrichtsinhalte) möglich?
11. Ist ein Einsatz im Rahmen unterschiedlicher Arbeits- und Sozialformen möglich?
12. Ist eine ästhetische Qualität gegeben?

---

[46] Sie können anschließend Ihre Einschätzungen und Überlegungen mit jenen von Käpnick (2014; S. 158 ff.) abgleichen, der sich zu folgenden Anschauungsmitteln äußert: Situationsbilder, Darstellungen unstrukturierter Mengen, Darstellungen strukturierter Mengen/Zahlbilder, Zehner- und Zwanzigerfeld, Stellenwerttafeln, Zahlenstrahl und Zahlenstrich, Mehr-System-Blöcke (Dienes-Blöcke), Cuisenaire-Stäbe, Hundertertafel und -feld, Diagramme/Schaubilder.

[47] Die Reihenfolge bedeutet keine Priorisierung oder Hierarchisierung.

13. Gibt es neben der Variante für Kinderhände auch eine größere Demonstrationsversion?
14. Ist die Handhabbarkeit auch für Kinderhände und ihre Motorik angemessen?
15. Ist eine angemessene Haltbarkeit auch unter Alltagsbedingungen gegeben?
16. Ist die organisatorische Handhabung alltagstauglich (schnell bereitzustellen bzw. geordnet wegzuräumen)?
17. Sind ökologische Aspekte angemessen berücksichtigt?
18. Stimmt das Preis-Leistungs-Verhältnis?

4.7.8 Digitale Medien im Mathematikunterricht

4.7.8.1 Computer, Tablets & Co.

In der 3. Auflage dieses Bandes gab es eine rund 25-seitige Auseinandersetzung unter der Überschrift *Computer*. Inzwischen (zehn Jahre später) sind digitale Medien auch schon für Grundschulkinder zunehmend zu einem Alltagsgegenstand geworden. Und auch generell hat die technische Entwicklung ein atemberaubendes Tempo vorgelegt.

- Smartphones und Tablets haben den Computer ergänzt und sind teilweise bereits dabei, ihn zu ersetzen.
- Jugendliche und viele Studierende schauen irritiert, wenn man ihnen eine 5 ¼- oder 3 ½-Zoll-Diskette zeigt (80er/90er-Jahre). Und wie erst reagieren Kinder und Jugendliche auf eine *mechanische* Schreibmaschine[48]?!
- Der erste Macintosh SE (1987; inflationsbereinigt nach heutigem Kurs 7500,– €) hatte eine Festplatte von wahlweise 20 oder 40 MB – das *M* ist kein Druckfehler! –, der für den professionelleren Einsatz gedachte Macintosh II (1987; inflationsbereinigt nach heutigem Kurs 10.500,– €) von 40 bzw. 80 MB.
- SSD-Festplatten ersetzen zunehmend die mechanischen Versionen, Speicherkapazitäten und Preise befinden sich in einem gegenläufigen Trend (immer mehr Speicher für immer weniger Geld).
- Die CD-ROM als Datenträger wird heutzutage bereits zum Auslaufmodell erklärt (manche Laptops verfügen nicht mal mehr über ein entsprechendes internes Laufwerk). Als die heute noch aktuelle Software *Blitzrechnen* 1997 kurz vor der Markteinführung stand, ernteten die Autoren Kopfschütteln ob der Tatsache, dass sie auf CD-ROM erscheinen sollte (»Welche Schule hat denn schon einen Rechner mit CD-ROM-Laufwerk!?«).[49]

---

[48] Gönnen Sie sich den Clip *Typewriter* aus Video-Serie ›*Kids react to ...*‹ (FBE 2014). Die Überraschung wird vermutlich nicht nur *im* Video vorliegen.

[49] Nicht der einzige Beleg dafür, dass man beim Nachdenken über die Zukunft digitaler Medien im Grundschulunterricht *nicht den jeweils aktuellen* Stand der schulischen Instrumentierung zugrunde legen sollte, da sich die *technischen* Rahmenbedingungen wesentlich schneller ändern als die didaktisch-konzeptionellen. Und das sollte man durchaus als Vorteil verstehen.

- Der Commodore C 64, Anfang 1983 auf den deutschen Consumer-Markt gebracht und u. a. als die Revolution des Lernens vermarktet, kostete damals (in heutiger Kaufkraft) knapp 1500,– €, ein aktuelles iPad/iPad Mini kostet zurzeit je nach Ausstattung rund 500 €/300 €.

- Die Rechenleistung eines iPad 2 von 2011 hätte sich bis 1994 in der Liste der weltweit schnellsten Supercomputer wiedergefunden, und ein handelsüblicher Taschenrechner von heute kann die vierfache Datenmenge des Apollo Mondlande-Computers verarbeiten.

So beeindruckend solche Zahlenspiele sein mögen: Sie dokumentieren die *technische* Entwicklung. Diese hat zwar, auch aufgrund gefallener Preise, dazu beigetragen, dass Computer und Internet heutzutage in jeder Grundschule zum Alltag geworden sind. Aktuell sind massive Bemühungen der Anbieter zu verzeichnen, bald auch Tablets zu einem selbstverständlichen Arbeitsmittel zu machen. Hardware alleine reicht aber natürlich nicht. Software, Apps oder Internet müssen die entsprechenden *Inhalte* liefern. Und deren *Qualität* hat in den vergangenen zehn Jahren weder mit der technischen noch mit der (fach-)didaktischen Entwicklung mithalten können. Die in der letzten Auflage dieses Bandes beklagten Mängel könnten hier also mit *copy and paste* gut und gerne übernommen werden (zumal sie auch größtenteils für heutige Tablet-Apps gelten). Zum Beleg ein Zitat aus der 3. Auflage von 2007, das heute nach wie vor uneingeschränkte Gültigkeit beanspruchen kann:

»Zu finden ist eher – v. a. aus fachdidaktischer Perspektive – ein Konglomerat aus verklärender, vordergründiger, ja oft inkompetenter Praxis, die den potenziellen Abnehmern (Eltern, Lehrerinnen, Schülerinnen und Schülern) etwas vorzumachen versucht. Und obwohl die Naivität des Vorgehens manchmal schon fast rührend ist, entfalten diese Praktiken z. T. auf recht subtile Weise ihre Wirkung. In der Diskussion und den einschlägigen Publikationen ist zudem Klartext zu sehr unterrepräsentiert – und das halten wir für einen nicht unerheblichen Teil des Problems. Mit unseren kritischen Einwürfen verfechten wir gleichwohl keine irrationalen, technikfeindlichen, ideologischen Ressentiments. Computer-Phobie nach Art historischer Maschinenstürmerei ist ebenso fehl am Platze wie ein euphorisches ›Chip-Chip-Hurra‹ (Brunnstein 1985). Wir möchten aber an Dinge erinnern, die auch durch den erreichten Stand der Technik alles andere als bedeutungslos geworden sind« (Krauthausen und Scherer 2007, S. 275 f.).

Gleichwohl kann und sollte man die Entwicklung der vergangenen zehn Jahre nicht mit einem Fingerstreich wegwischen – so sehr auch heutzutage das *Wischen* zur gewohnten Geste geworden sein mag. Veränderte Rahmenbedingungen und neue Produkte bedeuten neue Möglichkeiten, neue Vorteile und Nachteile. Und in jedem Fall erfordern sie neues Nachdenken (vgl. AWARE-Strategie; Krauthausen 1991). Da dies aber weitaus mehr Raum einnimmt, als im vorliegenden Rahmen zur Verfügung steht, wurden diese Überlegungen und Diskussionen aus der vorliegenden 4. Auflage dieses Buches in einen eigenständigen Band ausgelagert (Krauthausen 2012; vgl. auch Krauthausen 2014). Verblieben sind jedoch die folgenden Überlegungen zum Taschenrechner.

4.7.8.2 Taschenrechner

> Beantworten Sie die folgende Frage *möglichst spontan* und mit den Ihnen am nahe-
> liegendsten erscheinenden Mitteln: Wie viel ist $25 \cdot 36$?

Hatten Sie das Bedürfnis, am liebsten einen Taschenrechner zu benutzen? Sie würden
damit gewiss nicht zu einer Minderheit gehören, wie weiter unten noch deutlich werden
wird. Was einen *unterrichtlichen* Gebrauch dieses Rechenwerkzeugs betrifft, lässt sich immer noch in der Grundschule (und vielleicht noch stärker in der Öffentlichkeit) eine gewisse Skepsis beobachten, und dies in einer Zeit, da Taschenrechner ganz selbstverständlich
allerorten benutzt werden und verfügbar sind. Kinder tragen sie ebenso wie Erwachsene
gewohnheitsmäßig mit sich herum, implementiert in Uhren oder Smartphones. Einfache
Taschenrechner sind für Bagatellbeträge oder als Werbegeschenk erhältlich, denn selbst
ausgesprochen leistungsfähige wissenschaftliche (grafische) Taschenrechner kosten heute nur noch Bruchteile dessen, was vor wenigen Jahren noch Standardpreise waren – als
Smartphone-App sind sie sogar kostenlos oder für maximal 2–3 € zu haben.

Die Skepsis gegenüber einem Taschenrechnereinsatz in der *Grundschule* beruht v. a.
auf der Befürchtung, sein Einsatz könne zu einer Verkümmerung der Rechenfertigkeiten führen (vgl. Spiegel 1988a). Und dies mag man bestätigt sehen, wenn der Griff zum
Taschenrechner die erste und spontane Reaktion (auch vieler Erwachsener) angesichts gewisser Rechenanforderungen darstellt, bei denen die Zahlen über das kleine Einmaleins
oder Einspluseins hinausgehen. In einer fachdidaktischen Veranstaltung des Hauptstudi-
ums wurde u. a. die Aufgabe gestellt, aus einer ungeordneten Sammlung von zehn zwei-
oder dreistelligen Zahlen *mittels Überschlagen* möglichst viele Zahlenpaare zu finden,
deren Produkt zwischen 1000 und 2000 liegt. *Anschließend* sollten die gefundenen Fälle durch exaktes Berechnen kontrolliert werden. Auffällig war die o. g. Aufgabe $25 \cdot 36$
insofern, als die meisten Studierenden hier spontan zum Taschenrechner griffen – ein
Phänomen, das sich in anderen Veranstaltungen mit dieser Aufgabe wiederholt (immer zuverlässiger?) reproduzieren lässt. Wird diese Beobachtung zur Diskussion gestellt, lauten
die Erklärungen häufig wie folgt: »Ab zweistellig nehm' ich immer den Taschenrechner«,
oder: »Ich könnte es ja *vielleicht* auch im Kopf, aber der Taschenrechner ist mir doch
sicherer.« Ein großer Anteil der Studierenden war auch der Meinung, dass der Taschenrechner hier außerdem *schneller* sei. Auch der Hinweis, sich doch die beiden Faktoren
einmal genau anzusehen und auf evtl. Rechenvorteile zu achten, führte nur wenige weiter.
In die gleiche Richtung geht die folgende, mehrfach erlebte Beobachtung: Die Information, dass für eine anstehende Klausur ein Taschenrechner von den Rechenanforderungen
her mit Sicherheit nicht erforderlich, aber eben auch als Hilfsmittel nicht gestattet sei
(weil es im Fall des Falles gerade um den Nachweis angemessener Rechenfertigkeiten mit
anderen Methoden gehen sollte), kann regelmäßig Verunsicherung auslösen.

Die obige Episode illustriert, was Menninger (1992, S. 17; Hervorh. im Orig.) bereits
Anfang der 60er-Jahre geraten hat: »Die Zahlen *vor* dem Rechnen *anzuschauen*, [...] das
ist das Wichtigste, wenn du ein guter Rechner werden willst!« Denn: »Nur der lernt vorteilhaft rechnen, der diesen *Zahlenblick* entwickelt« (Menninger (1992, S. 18; Hervorh. im
Orig.). Was bedeutet das konkret für das o. g. Beispiel? Schaut man sich die beiden Faktoren an, dann erkennt man mit dem besagten Zahlenblick: 25 ist ein Viertel von 100, und
36 ist eine durch 4 (ohne Rest) teilbare Zahl, sodass sich – unter Ausnutzung von Kommutativität und Assoziativität (oder stellen Sie sich das Ganze in der Bruchschreibweise
vor) – die folgende geschickte Rechnung ergibt:

$$25 \cdot 36 = (100 : 4) \cdot 36 = (100 \cdot 36) : 4 = 100 \cdot (36 : 4) = 100 \cdot 9 = 900$$

Oder noch kürzer – unter Ausnutzung des Konstanzsatzes der Multiplikation:

$$25 \cdot 36 = (25 \cdot 4) \cdot (36 : 4) = 100 \cdot 9 = 900$$

So lang diese ausführliche Notation im Schriftbild wirken mag, so schnell sind die dargestellten Schritte für einen geübten Rechner im Kopf auszurechnen – schneller auch als
das Eintippen der Aufgabe in den Taschenrechner benötigen würde. Der Weg zum Zahlenblick kann und sollte bereits in der Grundschule angelegt werden, zumal seine Grundlagen
immer wieder zum Alltag des Arithmetikunterrichts gehören, weil geschicktes Rechnen,
das Rechnen mit Rechenvorteil (auf der Grundlage von Rechengesetzen), zum Kern der
Rechen*fähigkeit* gehört:

Die Interpretation der 25 als einem Viertel von 100 (= einem Quadranten des Hunderterfeldes, vgl. Abb. 4.35) gehört nämlich bereits im 2. Schuljahr zu den Standarddarstel-
lungen im Rahmen der Orientierungsübungen bei der Erschließung des Hunderterraums.
Und die 36 als Zahl der Viererreihe wird ebenfalls in Klasse 2 verfügbar. Gleichwohl lös-
te dieser Weg in der o. g. Seminarsitzung große Überraschung, ja fast Bewunderung aus:
»Das ist ja trickreich! Darauf wär' ich nie gekommen ...!«

Zusammenfassend betrachtet ist der Taschenrechner in den Augen mancher Lehrerinnen (und wohl eher noch mancher Eltern) in vielen Klassen noch nicht *konzeptionell
integrierter* Bestandteil des Mathematikunterrichts. Dabei kann die Forschungslandschaft
durchaus Ermutigendes berichten.

4.7.8.3 Zum Forschungsstand

Diverse Untersuchungen und Metaanalysen kommen zu dem Schluss, dass sich der Taschenrechnereinsatz *per se* nicht schädlich oder kontraproduktiv auf die allgemeinen Rechenfähigkeiten, die Problemlösefähigkeiten und die Konzeptentwicklung auswirkt (Becker und Selter 1996; Dick 1988; Hembree 1986; Hembree und Dessart 1986). Das National Council of Teachers of Mathematics positionierte sich 2015 mit folgendem Grund-
satzstatement:

Abb. 4.35 Geschicktes Rechnen – mentale Bilder und mentales Operieren am Hunderterfeld

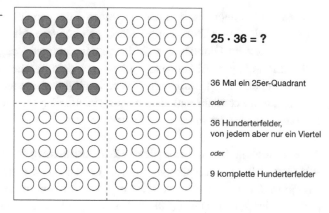

25 · 36 = ?

36 Mal ein 25er-Quadrant

oder

36 Hunderterfelder, von jedem aber nur ein Viertel

oder

9 komplette Hunderterfelder

»Taschenrechner dienen in der Grundschule dem besseren Verständnis der Schülerinnen und Schüler, ohne die Notwendigkeit anderer Rechenmethoden zu ersetzen. Der Taschenrechnereinsatz kann höherwertiges und logisches Denken fördern, das für Problemlöseanforderungen in unserer Informations- und technikbasierten Gesellschaft benötigt wird. Der Taschenrechner kann helfen, das Verständnis und den geläufigen Umgang der Schülerinnen und Schüler mit Rechenoperationen, Algorithmen und Zahlbeziehungen zu erhöhen sowie die Motivation zu stärken. Der strategische Einsatz des Taschenrechners kann unterstützend wirken beim Erkennen und Erweitern von nummerischen, algebraischen und geometrischen Mustern und Strukturen« (NCTM 2015; Übers. GKr).

Bis auf den ersten Satz formuliert dieses Statement Möglichkeiten und Hoffnungen (»*kann*«), was daran erinnern sollte, dass sich die wünschenswerten Optionen keineswegs von alleine einstellen, also schon dann, wenn man einen Taschenrechner *irgendwie* bzw. für *irgendetwas* einsetzt. Vielmehr ist ein *strategischer*, also konzeptionell wohlüberlegter Einsatz erforderlich. Ruthven (2007) hat herausgearbeitet, dass ein effektiver Taschenrechnereinsatz sowohl eine Expertise bzgl. der operativen Prozeduren des Taschenrechners als auch bzgl. der mathematischen Ideen erfordert, die einer zu bearbeitenden Problemstellung unterliegen. Dies erreicht man weder nach dem Motto ›konventionelles Curriculum + Taschenrechner‹ (»*bolted-on*«, Ruthven 2007, S. 20) noch mit einem vollständig Taschenrechner-basierten Curriculum.

»Wenn Taschenrechner als Mittel zur eigenen Rückversicherung auch schriftliche Algorithmen ersetzen können, so bleiben doch Kopfrechen- und (halb-)schriftliche Strategien wichtige Fähigkeiten zur Entwicklung von Zahlvorstellungen. Ebenso sollten unterschiedliche Formen des Taschenrechner-Einsatzes zur Anwendung kommen, um die Erkundung von Zahleigenschaften durch die Schülerinnen und Schüler anzuregen und zu unterstützen. Und das erfordert einmal mehr sorgfältige Planung, v. a. von entsprechenden Lernumgebungen, um Kontinuität und Fortschritt der Lernprozesse zu gewährleisten; das kann nicht einfach um ein konventionelles Curriculum herum improvisiert werden« (Ruthven 2007, S. 20 f.; Übers. GKr).

Insgesamt können die Befunde also einen Taschenrechnereinsatz in der Grundschule *grundsätzlich* stützen. Forschungsbedarf, insbesondere mit Langzeitstudien, wird hingegen formuliert im Hinblick auf die Frage des richtigen Zeitpunktes (Becker und Selter 1996). Empfohlen wird heutzutage meist, *vor* dem Taschenrechnereinsatz zunächst die arithmetischen Basisqualifikationen verlässlich grundzulegen (Becker und Selter 1996), d. h. ihn im 4. Schuljahr und dann gezielt einzubinden (vgl. die fundamentale Bedeutung der Tausenderstruktur in unserem Zahlsystem).

4.7.8.4 Mögliche Gründe für die Zurückhaltung in den Schulen

Wie lässt sich die Zurückhaltung im real existierenden Unterricht erklären? Ist es noch das *diffuse Image* als Rechenvermeidungsgerät im Verbund der anderen Rechenmethoden (vgl. Abschn. 2.1.7)? Dick (1988, S. 37) sah noch keinen Grund zu der Hoffnung, dass die Widerstände gegen einen Taschenrechnereinsatz in der Grundschule aufbrechen würden, und zwar weil die Resistenz eher auf *Vorurteilen* basiere denn auf inhaltlichen Argumenten.

Sind es die *Schulbücher* als heimlicher Lehrplan, die den Taschenrechnereinsatz manchmal nur verschämt (wenn überhaupt) an unauffälliger Stelle erwähnen oder die potenziellen Möglichkeiten durch ihr Aufgabenangebot nur ansatzweise ausschöpfen? Neuere Lehrwerke haben inzwischen durchaus begonnen, den Taschenrechner bewusst zu präsentieren.

Ist es die *Unsicherheit der Lehrenden*, die zu wenig konzeptionelle Ankerpunkte für einen verantwortlichen Taschenrechnereinsatz vorfinden? Grundlegend im deutschsprachigen Raum sind nach wie vor die Beiträge von Floer (1990b), Spiegel (1988a) und Meißner (2006), in denen Grundsätzliches zu didaktischen Prinzipien nachzulesen ist. Weitere hin und wieder erscheinende neuere Publikationen greifen die dort im Prinzip bereits angebotenen Beispiele meist erneut auf oder liefern weitere (Franke et al. 1994; Grassmann 1999b; Hoffmann und Spiegel 2006a, 2006b; Hölzel 2007; Lorenz 1998).

4.7.8.5 Entweder – oder?

Aus Großbritannien, wo vor Jahren ein viel beachtetes Experiment unternommen worden war, bei dem der Taschenrechner den Kindern vom ersten Schultag an die Hand gegeben wurde (die schriftlichen Normalverfahren wurden nicht unterrichtet, dafür mehr Wert auf Kopfrechnen und halbschriftliches Rechnen gelegt; vgl. Shuard et al. 1991), gab es 1997 Folgendes zu lesen. Das Wochenmagazin DIE ZEIT zitierte in seiner Ausgabe vom 6. Juni den (blinden) britischen Erziehungsminister und bezeichnete ihn ob seiner Aussagen in einem wenig gelungenen Wortspiel als ›Seher‹ i. S. eines Weisen: »Gleich in der ersten Woche nach seinem Amtsantritt schlachtete Erziehungsminister Blunkett eine heilige Kuh der modernen, kindorientierten Erziehungstheorie – die ›zur spielerischen Erforschung von Zahlenkonzepten und als Mittel zum Umgang mit realistischen Daten, z. B. mehrstelligen Zahlen‹ im Rechenunterricht der Grundschulen eingeführten Taschenrechner. Kinder, so Blunkett, ›müssen wieder Kopfrechnen anstatt Knöpfedrücken lernen‹« (Luyken 1997, S. 36). Auch aus unserem Land hörte man Ähnliches: »Und was das reine

Rechnen angeht, also die praktische Anwendung von Mathematik, so glaube ich, gibt es wirklich erhebliche Schwächen. Die Schüler lernen ja auch nicht mehr richtig rechnen, sie haben immer gleich einen Taschenrechner zur Hand« (Hintze 1999, Vorsitzende der Rheinischen Direktorenvereinigung[50]).

Aber müssen dies sich einander ausschließende Alternativen sein? Und bedeutet Taschenrechnereinsatz nicht mehr als nur ›Knöpfedrücken‹? Taschenrechner können in sehr unterschiedlicher Weise benutzt werden – in schlechter wie in guter (vgl. Spiegel 1988a). Um aber auch vor unangemessener Euphorie zu warnen, ist es hilfreich, sich zu überlegen, was der Taschenrechner denn in der Tat kann und was nicht – und zwar bezogen auf Dinge, die allgemein für zentrale Aspekte des Mathematiklernens erachtet werden (vgl. auch die Stufen bei Polya 1995 sowie Floer 1990b):

1. Verstehen: Kann er nicht! (z. B. Aufbau von Zahlvorstellungen)
2. Einen Plan entwerfen: Kann er nicht!
3. Den Plan ausführen: Kann er!
4. Den Lösungsprozess reflektieren: Kann er nicht!
5. Ergebnisse interpretieren: Kann er nicht!
6. Ergebnisse präsentieren: Kann er (jedenfalls für grundschulrelevante Fälle) nicht!

4.7.8.6   Perspektiven

Die Frage sollte weniger lauten, *ob* der Taschenrechner eingesetzt werden soll, sondern *wie*.[51] Gültige Lehrpläne lassen ihn jedenfalls ausdrücklich zu, allerdings nicht – wie bisweilen geschehen oder zumindest befürchtet – als Rechenvermeidungs- oder Rechenverdrängungsgerät, sondern (als Regelanforderung am Ende der Klasse 4) »zur Durchführung von Experimenten, zur Entdeckung von Gesetzmäßigkeiten und zur gelegentlichen Kontrolle« (BSB 2011, S. 19) oder als geeignetes Werkzeug der Wahl im Rahmen der prozessbezogenen Kompetenz Problemlösen/Kreativ sein (MSW 2008, S. 59) bzw. als Rechenwerkzeug beim Erforschen von Zusammenhängen im Rahmen des Bereichs *Zahlen und Operationen* mit dem Schwerpunkt *Flexibles Rechnen* (MSW 2008, S. 63).

Seine Funktionen gehen also erklärtermaßen weit darüber hinaus, fortgefallene Rechenanlässe zu kompensieren oder diese gar erst zu verursachen. Mit Nachdruck muss aber darauf hingewiesen werden, dass die Betonung der Kopfrechenpraxis und die Entwicklung eines Gefühls für Größenordnungen (Zahlvorstellungen) die unbedingten Voraussetzungen für einen sinnvollen Taschenrechnereinsatz sind, soll es nicht beim blinden ›Einhacken‹ von Ergebnissen ohne Kontrollmöglichkeiten bleiben.

Ein begründeter Taschenrechnereinsatz erfordert daher eine Reihe didaktischer Überlegungen (vgl. Ruthven 2007), denn wie jedes andere Medium auch kann er natürlich miss-

---

[50] Aus Platzgründen soll hier nicht näher auf die Fragwürdigkeit der Gleichsetzung des ›reinen Rechnens‹ mit ›praktischer Anwendung von Mathematik‹ eingegangen werden (vgl. auch Abschn. 5.1).

[51] Hier unterscheidet sich die Situation von jener beim Computer (vgl. Krauthausen 2012), und zwar weil zum Taschenrechnereinsatz fundierte didaktische Konzepte vorliegen.

braucht werden. Es wäre also nachdrücklich auf seine didaktischen Funktionen zu pochen. Und dazu wäre eine weiter *ausgearbeitete didaktische Konzeption*, integriert in andere Bereiche des Mathematikunterrichts, hilfreich. Ein effektiver Einsatz des Taschenrechners wird ermöglicht durch seine *erweiterten Funktionen* unter dem *Primat der Didaktik*. Spiegel (1988a) hat hier Möglichkeiten aufgezeigt: Statt Routinerechnen mit großen Zahlen geht es mehr um die Betonung

- der Erfassung von Zahlbeziehungen,
- des Überschlagsrechnens und generell
- der Sensibilität für Zahlen.

Ein Einsatz des Taschenrechners kann also didaktisch überzeugend gestaltet und im Dienste zeitgemäßer Lernziele des Mathematikunterrichts durchgeführt werden. Aus dieser Prämisse entwickelt Spiegel (1988a) unterschiedliche Funktionen, die der Taschenrechner somit übernehmen könnte:

Instrument zur (indirekten) Ergebniskontrolle
Diese Form der Überprüfung kann Kindern u. U. auch einen angstfreieren Umgang mit Fehlern ermöglichen, da sie nur ihm selbst mitgeteilt und nicht durch Außenstehende sanktioniert werden (vgl. Lörcher und Rümmele 1986). Dabei ist es sinnvoll, die Möglichkeit des Taschenrechners zu nutzen, dass er nur eine *indirekte* Kontrolle von Ergebnissen, die ohne ihn ermittelt wurden, liefert. Das heißt, dem Kind wird zwar die Rückmeldung gegeben, *dass* etwas falsch gerechnet wurde (unmittelbares Feedback), ohne dass jedoch das korrekte Ergebnis gleich mitgeliefert wird (Beispiele bei Spiegel 1988a, S. 180). Diese Praxis erlaubt und veranlasst ein erneutes Nachdenken, Überprüfen und Eindringen in die strukturellen Zusammenhänge, ein allmähliches Annähern an die Lösung.

Unaufwendige Produktion von Beispielmaterial bzw. Aufgaben zum Entdecken von Gesetzmäßigkeiten
Im Zusammenhang z. B. mit operativen Aufgabenserien (Was geschieht mit . . . , wenn . . . ?) oder anderen produktiven Übungsformen ist es oft recht mühsam, zeitintensiv und dennoch notwendig, eine angemessene Fülle von Beispielen (auf schriftlichem oder halbschriftlichem Wege) zu produzieren, um dann eine Erkundung zugrunde liegender Regelhaftigkeiten zu beginnen.[52] Wenn daher Lernziele wie Kreativität oder Argumentationsfähigkeit im Vordergrund stehen, kann der Taschenrechner von der (in *diesem* Fall sekundären) reinen Rechenarbeit entlasten und damit geistige Kräfte freisetzen für einen verständigen und begründenden Umgang mit den Gesetzmäßigkeiten, Mustern und Strukturen.

---

[52] Diese Situation ist eine andere als die Bearbeitung operativer Aufgabenserien zur Förderung des denkenden Rechnens (vgl. Abschn. 3.1.2).

Anlass für neuartige Problemstellungen

Manche Aufgabenstellungen werden auch erst durch den Taschenrechner als solchen möglich, z. B. durch Tastenbeschränkungen: Man nimmt an, dass eine oder mehrere Tasten defekt sind[53]. Mit den so eingeschränkten Bedingungen sollen dennoch bestimmte Zahlen erzeugt oder Operationen ausgeführt werden (vgl. Spiegel 1988a, S. 183 f.; De Moor und Treffers 2001; Hoffmann und Spiegel 2006a, 2006b):

- Es funktionieren lediglich die Tasten ON/C, 1, 0, +, −, =. Erzeuge damit die Zahlen 99, 109, 890, 55.555.
- Erzeuge 1000 mit den Tasten 2, 7, ×, −, =
- Nur eine Zifferntaste funktioniert, aber alle Operationstasten: Erzeuge die 24, und zwar auf *viele verschiedene* Weisen.
- Eine Zifferntaste (oder eine Operationstaste) ist ausgefallen. Erzeuge ...
- Tasten verschiedener Sorten sind ausgefallen. Erzeuge ...

Auch als Bestandteil mathematischer Spiele, etwa zum Training von Grundfertigkeiten und kognitiver Strategien, kann der Taschenrechner sinnvoll eingesetzt werden (vgl. z. B. Spiegel 1988a, S. 185 f.; Judd 2007; Hölzel 2007).

Ergebnisermittlung von (meist Anwendungs-)Aufgaben

In solchen Fällen liegt der Schwerpunkt eher auf anderen Aspekten als auf dem bloßen Rechnen. Hier fördert der Einsatz des Taschenrechners die Konzentration auf die Sachsituation, auf die Fähigkeit, sie angemessen in arithmetische Operationen umzusetzen, und allgemein auf strategische Aspekte von Problemlöseprozessen. Zudem eröffnen sich durch den Taschenrechner auch Aufgaben mit realistischeren Situationen: Die Realität pflegt ja – ganz anders als die oft für Unterricht ›zurecht-didaktisierten‹ Sachsituationen – keine Rücksicht auf bislang offiziell thematisierte Zahlenräume zu nehmen. Man kann es vielmehr mit Dezimalzahlen oder gleichzeitig sehr großen/kleinen Zahlen zu tun bekommen, die nicht unbedingt mit dem arithmetischen Rüstzeug des jeweiligen Kindes in vertretbarer Zeit und mit annehmbarem Aufwand zu lösen sein werden (vgl. Müller 1991).

Anlass zur Auseinandersetzung mit eher metakognitiven Fragestellungen

Was macht man und warum besser mit einem Taschenrechner? Wie schützt man sich vor falschen Ergebnissen und was muss man dazu gut können? Wo sind die Grenzen des Taschenrechners?

Zusammengefasst: Dem Taschenrechner seinen didaktischen Wert zuzubilligen, heißt nicht zwangsläufig, ihn vom ersten Tag der Grundschule an einzusetzen. Stellt man aber folgende Rahmenbedingungen sicher (vgl. Wittmann und Müller 1992, S. 3 f.) ...

---

[53] Die App *Broken Calculator* (für Smartphones, Tablets und Browser) simuliert die defekten Tasten, indem diese aus dem Taschenrechner hinausfallen und tatsächlich nicht mehr verfügbar sind.

- Vorrang vor einem Taschenrechnereinsatz hat die Ausbildung sicherer Zahlvorstellungen;
- ein fest umrissener Bestand an zuverlässig verfügbaren Kopfrechenfertigkeiten ist sichergestellt;
- eine flexible Nutzung halbschriftlicher Strategien ist gewährleistet;
- ein tragfähiges Gefühl für Größenordnungen liegt vor;

... dann ist allerdings auch nicht zu befürchten, dass der Taschenrechner überflüssig oder gar kontraproduktiv für den Mathematikunterricht sein wird. Da Kopfrechenmethoden und das Überschlagsrechnen von so eminenter Bedeutung sind (vgl. Abschn. 2.1.7), sollten sie stets in die Taschenrechnernutzung integriert werden und bleiben (vgl. Dick 1988). Denn es ist wichtig, das Selbstvertrauen der Kinder in ihre eigenen Kopfrechenfähigkeiten zu stärken. Es empfiehlt sich auch im Hinblick auf Schnelligkeit oder Fehleranfälligkeit, stets einen bewussten Vergleich zwischen Taschenrechner und dem Kopfrechnen oder schriftlichen Rechnen durchzuführen und für die Kinder erfahrbar werden zu lassen (vgl. Padberg und Benz 2011, S. 315). Dies trägt zu einem überlegten Einsatz des Taschenrechners bei, denn die Kinder werden dann in der Lage sein, zu entscheiden, wann ein Taschenrechner wirklich Sinn macht (vgl. Duffin 1997, S. 138 und das eingangs erwähnte Beispiel zu 25 · 36). Insgesamt bleibt aber auch heute wohl noch ein entsprechender Fortbildungsbedarf bei Lehrerinnen und Lehrern bestehen; ausgewiesene Angebote speziell zum Taschenrechnereinsatz in der Grundschule sind insgesamt selten.

4.7.8.7   Beispiele für einen sinnvollen Taschenrechnereinsatz

Obwohl viele Kinder i. d. R. schon über Erfahrungen mit dem Taschenrechner verfügen, ist die Einführungsphase im Unterricht von zentraler Bedeutung. Hier sollten die Kinder das ihnen verfügbare Gerät erkunden: Welche Tasten gibt es? Wie verhält sich der jeweilige Taschenrechner bei Tastenwiederholungen (z. B.: + 3 = = = ...) und wie bei der Lösung bestimmter Aufgaben? Und wie kommen möglicherweise unterschiedliche Ergebnisse bei ein und derselben Aufgabe zustande (vgl. Suggate et al. 1998, S. 36)?

- Berechnen Sie das Ergebnis von *6 + 3 · (4 − 2) + 8 · 3 − 14 : 2 = ?* mit Ihrem und anderen Taschenrechnern. Welchen Wert haben Sie erhalten?
- Alle drei folgenden Ergebnisse sind mit handelsüblichen Taschenrechnern zu erzielen: 56, 33, 29. Erläutern Sie, wie diese Ergebnisse jeweils zustande gekommen sein müssen! Welche mathematischen Regeln beherrscht der Taschenrechner und welche offensichtlich nicht?
- Was lernen Sie daraus für den Taschenrechnereinsatz in der Grundschule?

Diese Aufgabe zeigt die Bedeutung der Vertrautheit mit Funktionen bzw. der sogenannten *Logik* des Taschenrechners, mit seinen technischen Besonderheiten – wie jedes

Medium oder Arbeitsmittel ist er als solcher zunächst einmal *Lernstoff*: Arbeitet der vorliegende Taschenrechner mit einer *arithmetischen* Logik (Verarbeitung der Zahlen strikt
in der Reihenfolge der Eingabe) oder liegt ihm eine *algebraische* Logik zugrunde, bei der
algebraische Regeln intern und automatisch Berücksichtigung finden (Punktrechnung vor
Strichrechnung, Klammerregeln)? Hilfreiche Anregungen und Aktivitäten hierzu finden
sich bei Floer 1990b; Shuard et al. 1991; Spiegel 1988a; Van den Brink 1984. Es empfiehlt sich auch eine bewusste Thematisierung der Verschiedenheit der Rechner, z. B. bzgl.
der Anzahl angezeigter Stellen im Display, damit kein Schematismus oder unorganisier-
tes Herumprobieren eintritt, sondern die jeweilige Aktion des Rechners nachvollziehbar
bleibt. Dies kann insbesondere durch das Schreiben von Gebrauchsanweisungen in Form
von Tippanweisungen geschehen (vgl. Van den Brink 1984, S. 20).

Im Folgenden sollen exemplarisch noch Einsatzmöglichkeiten für den Bereich des
Sachrechnens aufgezeigt werden. Hier kann der Taschenrechner u. a. dort didaktisch sinnvoll sein, wo relevante Probleme den Kindern – insbesondere den leistungsschwächeren –
sonst verschlossen blieben, weil der erforderliche Rechenaufwand die Kinder möglicherweise überfordert. Die Entlastung vom mühevollen Rechnen durch den Taschenrechner
kann der Konzentration auf das Wesentliche zugutekommen (vgl. Spiegel 1988a, S. 22),
nämlich dem Blick auf die *Sache*. Insbesondere ermöglicht der Taschenrechner die Verwendung realistischer Zahlen (s. o.). Es soll natürlich nicht darum gehen, dass Schüler
ohne jegliches Verständnis Aufgaben lösen und etwa rein mechanisch Zahlen eintippen.
Notwendig sind, wie beim Sachrechnen generell (vgl. Abschn. 2.3), hier aber mit noch
größerem Gewicht ...

- das Verstehen der Aufgabe und die Auswahl der angemessenen Operation,
- das Verständnis der relevanten Größenbereiche und entsprechende Zahlvorstellungen,
- ggf. die Abschätzung des Ergebnisses des Taschenrechners *vor* der Bearbeitung,
- die Interpretation der mithilfe des Taschenrechners ermittelten Ergebnisse.

Geeignete Unterrichtsbeispiele für den Einsatz des Taschenrechners sind häufig Zahlen aus der Umwelt. Entsprechende Anlässe oder Sachsituationen finden sich sowohl in
Schulbüchern, Sachtexten als auch Zeitungsmeldungen (s. Abb. 4.36; vgl. auch Hengartner et al. 1999, S. 82 ff.: Wie oft schlägt das Herz in einem Jahr/im Leben? Wie viele
Tage bin ich alt? Weitere Beispiele in Spiegel 1988a, S. 187 f. und 1988b). Der Einsatz
des Taschenrechners ist darüber hinaus sinnvoll bei der Durchführung aufwendiger Rechnungen (z. B. Durchschnittsberechnungen) oder aber, wie gesagt, wenn ein Fundus an
Beispielmaterial produziert werden soll, um daran dann Zusammenhänge zu entdecken.
Einige der folgenden Beispiele sind mit anderer Schwerpunktsetzung durchaus auch als
Rechenübung denkbar und sinnvoll, aber eben auch für den Einsatz des Taschenrechners
geeignet.

Das war's: Das Jahr 1995 als gemischter Zahlensalat

Mit Knallfröschen, Obst, Robotern, Dieben und TV-Geräten

Von Wilfried Beiersdorf

Ein Jahr – was ist das? 365 Tage. Klar. Aber hinter jedem Jahr stecken viel mehr Zahlen. Wir haben einige davon zusammengetragen. Herausgekommen ist ein gemischter Zahlensalat zum Jahresende.

Bleiben wir gleich beim Salat, besser beim Gemüse: **80 Kilo** davon verputzt jeder Deutsche im Jahr. Bei Frischobst sind es sogar **90 Kilo**. Trockenobst hat dagegen kaum Fans: Schlappe **1,4 Kilo** knabbert der Durchschnitts-Deutsche im Jahr. Heiß begehrt ist dagegen Tiefkühlkost. **61 Päckchen** der gängigen 300-Gramm-Klasse taut jeder deutsche Esser im Jahr auf.

Damit das Essen gut rutscht, wird eifrig getrunken. **57 Flaschen** mit Saft leert jeder Deutsche im Jahr. Europameister.

Doch das ist nichts gegen den Bierverbrauch: Der Inhalt von **16 Kästen** oder **320 Halbliterflaschen** werden von jedem potentiellen Biertrinker (für die Statistiker ist das jeder über 15-jährige) geschluckt.

Lieb und teuer ist den Deutschen nach wie vor das Auto. **40 Millionen Pkw** rollen inzwischen über unsere Straßen. Ein Wagen für zwei Leute – statistisch gesehen. Jedes Auto fährt im Jahresdurchschnitt **12.400** km. Und wenn es steht, lockt es oft Diebe an. Jede **2. Minute** wird ein Auto gestohlen. **Fahrräder** sind bei Ganoven noch beliebter: Jede Minute verschwindet ein Rad.

Noch intensiver wird in den Geschäften geklaut. Alle **54 Sekunden** fliegt in Deutschland ein Ladendiebstahl auf. Kaum zu glauben? Nun, immerhin gibt es allein in NRW **113.000 Geschäfte**. Sie geben **800.000 Leuten** Arbeit – so vielen Menschen wie in Essen und Mülheim wohnen.

Es wird immer kräftiger geworben. **336 DM** pro Kopf fließen inzwischen in jedem Jahr in die Werbung. Eine Summe, die die umworbenen Kunden über den Preis natürlich selbst aufbringen müssen.

Andere würden etwas dafür geben, umworben zu sein. Jugendliche zum Beispiel. In NRW sind im Sommer 1995 **12 von 100 jungen Leuten** unter 20 Jahren arbeitslos. Und warum? Neben der schwierigen wirtschaftlichen Lage und dem fehlenden Bedarf an neuen Fachkräften sagen von 100 befragten Betriebsleitern 31 schlicht, daß ihnen die Ausbildung junger Leute zu teuer ist.

Doch auch wer im Jahr 1995 Arbeit hat, muß immer öfter um seinen Job bangen. In diesen Tagen sind bundesweit **3,5 Millionen Menschen** ohne Arbeit. **150.000 mehr** als vor einem Jahr. Bei den Industrierobotern ist der Trend umgekehrt. **6.000** dieser Maschinen sind 1995 installiert worden. Vor allem in der Montagetechnik werkeln in

deutschen Fabrikhallen inzwischen **55.000 Industrieroboter** vor sich hin. Fast doppelt soviel wie 1990.

Diese Maschinen haben dazu beigetragen, daß z. B. die Produktion eines TV-Gerätes jetzt nur noch **20 Minuten** dauert. 1990 waren es noch fast **50 Minuten**. Minuten spielen auch im Fernsehen eine Rolle. Und zwar die Minuten-Kosten fürs Programm. Beispiel ARD: 1 Minute TV-Film verschlingt **17.000 DM**, 1 Minute Tagesschau kommt auf **7.000 DM** und die Minute Wetterbericht kostet immerhin noch **2.100 DM**.

Was die Wetterkarte für Silvester vorhersagt, wird vor allem auch die Fans von Knallfröschen, Raketen und Co. interessieren. **2 DM** pro Einwohner werden für die lautstarke Begrüßung des neuen Jahres ausgegeben.

Womit unser Jahreszahlen-Salat angerichtet ist. Wir hoffen, er hat gemundet.

Abb. 4.36 Zeitungsmeldung. (© WAZ vom 30.12.1995)

a) Zahlen aus der Zeitung/dem Internet

Ein Text wie in Abb. 4.36, zu dem sich immer wieder vergleichbares aktuelles Material finden lässt, enthält eine Fülle an Sachinformationen und wirft daneben auch weitere Fragestellungen auf, die zu einer produktiven Auseinandersetzung mit dem Text anregen können. Beispiele:

Der Jahresverbrauch pro Kopf an Gemüse beträgt 80 kg. Was bedeutet das? $80\,kg : 365 = 0{,}219178\,kg$; das entspricht $0{,}219\,kg = 219\,g$ Gemüse pro Person pro Tag. Das wiederum entspricht ungefähr 1,5 Paprika oder aber 4 bis 5 Tomaten pro Tag (1 Paprika ca. 150 g; 1 Tomate ca. 50 g; gerechnet wird dazu u. a. auch verarbeitetes Gemüse).

Oder Obst: Der Jahresverbrauch beträgt 90 kg pro Person pro Jahr. Das entspricht $0{,}247\,kg = 247\,g$ Obst pro Person pro Tag. Das wiederum entspricht 2 Äpfeln oder Bananen (1 Banane bzw. Apfel ca. 125 g).

Oder Saft: Der Jahresverbrauch beträgt 57 Flaschen pro Person pro Jahr; hierbei wäre es interessant zu überlegen, ob 0,7- oder 1-Liter-Flaschen zugrunde gelegt wurden.

Oder Bier: Der Jahresverbrauch beträgt 16 Kästen oder 320 Halbliterflaschen (160 l Bier); die Anzahl der Flaschen pro Kasten sollte man aber wohl *ohne* Taschenrechner herausfinden! Hierbei wurden offenbar Standardkästen zugrunde gelegt; wie sähe es bei außergewöhnlichen Kästen z. B. mit 12 Flaschen aus, die es ja ebenfalls gibt?

Oder: Was kosten Tagesschau und Wetterkarte in einem Jahr? Die Nähe zu sog. Fermi-Aufgaben liegt auf der Hand (vgl. Abschn. 2.3.4).

Bei diesen wie vielen ähnlichen Unterrichtsbeispielen geht es also auch darum: Welche *Fragen* könnte ich stellen? Welche Informationen muss ich mir zu ihrer Beantwortung ggf. noch beschaffen (und wo)?

Wie würden Sie folgende Fragen aus dem Kontext des Zeitungsartikels aus Abb. 4.36 bearbeiten?

- Stellen Sie sich die 40 Mio. Pkws hintereinander geparkt vor. Wie lang wird diese Schlange (bezogen auf die Nord-Süd-Ausdehnung Deutschlands oder bezogen auf den Erdumfang)? (vgl. Peter-Koop 2003)
- Wie viele Kilometer fahren diese 40 Mio. Pkws zusammen in einem Jahr? Wie zeigt der Taschenrechner das Ergebnis an und wie muss man das lesen/interpretieren?

Und auch dies ist eine wichtige Frage: Welche Lösungen kann und sollte ich *ohne* den Taschenrechner ermitteln können? Und wie sind die entstehenden Ergebnisse zu interpretieren? In der o. g. Aufgabe etwa zeigt ein Taschenrechner als Ergebnis »4.96E11« an, ein anderer meldet auch ein ›falsches‹ Ergebnis (»49.60000000 ERROR«).

b) Ratenzahlungen

Beim Größenbereich Geld kommen die Kinder schon früh mit Dezimalzahlen in Berührung. Wie bei vielen Sachproblemen hat dort das angemessene Abschätzen eine besondere Bedeutung: Man denke an die einfache Situation des Einkaufens, bei der es häufig auf das Runden und Abschätzen ankommt (Reicht das Geld wohl für die Waren im Einkaufskorb?) und der genaue Betrag zunächst einmal weniger interessiert. Ein weiteres Unterrichtsbeispiel im Bereich Geld sind *Ratenzahlungen* (vgl. Wittmann und Müller 1992, S. 163): Kredite und Ratenkäufe finden sich in z. T. sehr unterschiedlichen oder undurchsichtigen Varianten. Eine Relevanz bereits für Kinder und Jugendliche wird zurzeit besonders häufig in der Presse diskutiert, nämlich die versteckten Kosten beim Handygebrauch, die zunehmend viele Kinder mit Schulden in Berührung kommen lassen.

Die Beispiele zeigen: Der Taschenrechner *muss* keine Gefahr für das Rechnen darstellen, sollte allerdings auch nicht zu früh eingesetzt werden (s. o.). Bei realistischen Aufgaben wie den oben skizzierten treten auch u. U. Probleme auf, die üblicherweise noch nicht Thema der Grundschulmathematik sind (z. B. Dezimalzahlen in unterschiedlichen

Größenbereichen und häufig mit weitaus mehr Dezimalstellen als offiziell thematisiert). Andererseits sollte man bedenken, dass Kinder auch in ihrem außerschulischen Umfeld mit diversen Dezimalzahlen in Kontakt kommen, seien es Geldbeträge, Längen oder Gewichte. Hier reicht häufig ein naiver Zugang, dass es sich bei den Nachkommastellen nur um einen Teil, also keine ganze Zahl handelt. Shuard et al. (1991) berichten hierzu von Beispielen, in denen Kinder ihre vorhandenen Zahlvorstellungen sinnvoll mit der Schreibweise des Taschenrechners in Verbindung bringen (z. B. 0,5 als Entsprechung für ½).

Beim Einsatz des Taschenrechners im Bereich des Sachrechnens gilt es also zum einen spezifische Aspekte dieses Arbeitsmittels zu bedenken, andererseits spielen aber auch allgemein wünschenswerte Prinzipien des Sachrechnens eine große Rolle. Der Taschenrechner verlangt also keine neue Unterrichtspraxis, sondern kann und sollte – bei wohlüberlegtem Einsatz – *gute* Sachrechenpraxis unterstützen (vgl. Abschn. 2.3).

Spannungsfelder des Mathematikunterrichts

5

Im Mathematikunterricht hat es seit jeher Spannungsfelder gegeben, die zunächst als unvereinbare Gegensätze angesehen wurden. Mittlerweile sind einige von ihnen relativiert, wie bereits in den vorangegangenen Kapiteln ausgeführt wurde. Zusammenfassend ein Rückblick darauf:

- Im Bereich der Arithmetik (Abschn. 2.1) wurde u. a. das früher vorgeschriebene Teilschrittverfahren für die Zehnerüberschreitung angesprochen und den heute verwendeten flexiblen Strategien gegenübergestellt (vgl. auch Abschn. 5.4). Das traditionelle Verfahren ist dabei immer noch in Gebrauch – und zweifellos auch wichtig; gleichwohl ist es eine Strategie unter mehreren.
- Bei den Ausführungen zur Geometrie (Abschn. 2.2) wurde das Spannungsfeld zwischen einem festen Lehrgang und eher beliebigen, voneinander losgelösten Unterrichtsbeispielen angesprochen. Hier wird man sicherlich für die eigene Unterrichtsgestaltung um begründete Kompromisslösungen bemüht sein, solange noch kein Lehrgang entwickelt wurde.
- Abschn. 2.3 (Sachrechnen i. w. S.) hat das Spektrum an Aufgaben und damit der Sachrechenpraxis beleuchtet. Die Gegensätze zwischen realistischen und unrealistischen/künstlichen Kontexten lassen sich für den Unterricht produktiv nutzen. Beide haben ihre Berechtigung, jeweils mit unterschiedlichen Zielsetzungen.
- In Abschn. 3.1 wurden aktuelle und traditionelle Positionen zum Verständnis von Lernen und Üben dargestellt: die Konzeption des Lernens auf eigenen Wegen und produktiven Übens einerseits, die des Lernens auf vorgegebenen Wegen und des reproduktiven Übens andererseits sowie der vermeintliche Gegensatz zwischen Lernen und Üben. Real existierender Unterricht wird sich i. d. R. zwischen diesen beiden Polen bewegen (vgl. auch Winter 1984a, S. 5).
- Des Weiteren fanden sich vermeintliche Gegensätze wie etwa die scheinbare Unvereinbarkeit inhaltlicher und allgemeiner Kompetenzen (vgl. Abschn. 1.3.1 und 1.3.3), der Balance zwischen Vorkenntnissen von Kindern und Vorgaben der Lehrwerke (Ab-

© Springer-Verlag GmbH Deutschland 2018

G. Krauthausen, *Einführung in die Mathematikdidaktik – Grundschule*,
Mathematik Primarstufe und Sekundarstufe I + II,
https://doi.org/10.1007/978-3-662-54692-5_5

schn. 4.1) oder die Realisierung selbstverantworteten Lernens und dem Vermögen leistungsschwächerer Schülerinnen und Schüler (Abschn. 4.3).

Einige weitere Spannungsfelder sollen im folgenden Abschnitt kurz beleuchtet werden.

5.1 Anwendungs- und Strukturorientierung

Betrachtet man die Geschichte des Mathematikunterrichts, so wurde Anwendungsorientierung häufig verstanden als die postulierte Orientierung an der Lebenswirklichkeit, also zum Nutzen solcher lebenspraktischen Bezüge für das Lernen von Inhalten des Mathematikunterrichts. Auf der anderen Seite entsprach dem Verständnis von Strukturorientierung eine Orientierung an der ›reinen‹ Mathematik. Bei der Entwicklung des Mathematikunterrichts konnte man eine immer wieder wechselnde Polarisierung zwischen diesen beiden Richtungen feststellen, mit Extremformen der einen wie auch der anderen Seite: z. B. die Abkehr von formalen, abstrakten Methoden und die ›Herrschaft der praktischen Lebensbedürfnisse‹ (Eisenlohr 1854, zit. in Radatz und Schipper 1983, S. 34 f.) oder die ›Neue Mathematik‹ in den 70er-Jahren als Extrem der Strukturorientierung. In der Folgezeit hat man jedoch realisiert, dass ein wechselseitiger Bezug zwischen mathematischer Ebene und Sachebene erforderlich ist (vgl. z. B. Oehl 1962, S. 15 ff.).

Überhaupt ist an diesem Beispiel auch zu sehen, wie sich naturgemäß im Laufe der Zeit formale Vorgaben für den Unterricht ändern, u. a. weil sie zwei Tatsachen Rechnung tragen: zum einen der Weiterentwicklung fachdidaktischer Forschung und der Unterrichtspraxis, zum anderen der zunehmend selbstverständlichen Verbreitung dieser Entwicklungen. Ein zeitlicher Verzug liegt dabei in der Natur der Sache: Fortschritte in der fachdidaktischen Forschung setzen sich nicht ad hoc, von heute auf morgen und flächendeckend in der Praxis um. Selbst formale Vorgaben wie Bildungsstandards oder Lehrpläne können dies nicht determinieren. Denn Quantität und Qualität der Umsetzung sind abhängig von Lehrerinnen und Lehrern, von ihrer Erfahrung, ihrer Offenheit für neue Ideen, ihrem vielfältigen Kompetenzspektrum und Professionalisierungsgrad (vgl. Kap. 6). Daher kommt der Lehreraus- und -fortbildung eine entscheidende Bedeutung zu.

Greifbarer Ausdruck derartiger Zeitläufte sind nicht nur veränderte Begrifflichkeiten – von Stoffplänen über Lehrpläne zu z. B. Bildungsplänen oder Kerncurricula. So lässt sich am Beispiel der Anwendungs- und Strukturorientierung auch erkennen, dass dieses seinerzeit neue Begriffspaar im NRW-Lehrplan (KM 1985) noch eine eigene Kapitelüberschrift auf der ersten Gliederungsebene bekam, worunter die Begriffsinhalte dann umfassend erläutert wurden. In der Weiterentwicklung (MSJK 2003) rangieren Anwendungs- und Strukturorientierung nur noch auf der zweiten Gliederungsebene unter den »Prinzipien der Unterrichtsgestaltung« (MSJK 2003, S. 74 f.), und bereits deutlich kürzer expliziert.

> »Anwendungsorientierung meint einerseits, dass mathematische Vorerfahrungen in lebensweltlichen Situationen aufgegriffen und weiterentwickelt werden. Andererseits werden

Einsichten über die Realität mithilfe mathematischer Methoden neu gewonnen, erweitert oder vertieft. Anwendungsorientierter Mathematikunterricht verbindet mathematische Begriffe und Operationen mit echten oder simulierten, für die Schülerinnen und Schüler bedeutsamen Situationen. Das Prinzip der Strukturorientierung unterstreicht, dass mathematische Aktivität häufig im Finden, Beschreiben und Begründen von Mustern besteht. Dazu werden die Gesetze und Beziehungen aufgedeckt, die Phänomene aus der Welt der Zahlen, der Formen und der Größen strukturieren. So werden auch Vorgehensweisen wie Ordnen, Verallgemeinern, Spezifizieren oder Übertragen entwickelt und geschult« (MSJK 2003, S. 74 f.).

Und im aktuellen Lehrplan (MSW 2008) findet sich lediglich noch ein Siebenzeiler als eine von fünf Leitideen neben entdeckendem Lernen, beziehungsreichem Üben, Einsatz ergiebiger Aufgaben und Vernetzung verschiedener Darstellungsformen (MSW 2008, S. 55).

Diese Entwicklungslinien würden nun gewiss missverstanden, würde man sie als zurückgefahrene Bedeutung der Anwendungs- und Strukturorientierung deuten, zumal ja durch die Leitidee ›Muster und Strukturen‹ in den Bildungsstandards (KMK 2005a) eine unübersehbare und herausgehobene Betonung der Strukturorientierung stattgefunden hat. Zu berücksichtigen ist auch, dass – anders etwa als bei der spürbar tiefer greifenden Reform weg von der ›Neuen Mathematik‹ (verkürzend als ›Mengenlehrezeit‹ bekannt) und hin zum Paradigma des aktiv-entdeckenden Lernens – Lehr- und Bildungspläne seit den 1980er-Jahren sich nur moderat weiterentwickelt, Bewährtes betont und bestätigt haben. Dies hat zur Folge, dass Konzepte, ihre Begrifflichkeiten und Bedeutungen sich inzwischen in den Köpfen der Lehrkräfte etablieren konnten – man muss eben über manches nicht mehr viele Worte verlieren. Dass Bildungspläne/Curricula dadurch auch spürbar schlanker wurden, ist ein weiterer Begleiteffekt.

Prägnante, pointierte Texte wie die modernen Bildungspläne sind natürlich besonders auf kompetente Lehrkräfte angewiesen, um die unterliegenden Konzepte und Implikationen sachgerecht zu verstehen, umzusetzen und beispielsweise zu erkennen, dass sich das folgende wichtige Postulat im Hamburger Bildungsplan nur vergleichsweise versteckt im einleitenden Text wiederfindet: »Es ist das Ziel, dass die Schülerinnen und Schüler sowohl mathematische Begriffe und Operationen als Denkobjekte erfahren als auch mit ihrem mathematischen Wissen und Können in Anwendungssituationen umgehen« (BSB 2011, S. 10).

Insofern ist es wichtig, nicht nur mit dem *aktuellen* Stand der Diskussion und der Erkenntnisse gut vertraut zu sein, sondern diese in übergeordnete, d. h. auch die geschichtlichen Kontexte ihrer Genese einordnen zu können, nicht zuletzt, um bereits einmal begangene Irrtümer nicht zu wiederholen. So werden sich erfahrene (i. S. von ältere) Kolleginnen und Kollegen, die jene Zeit der Lernzieloperationalisierung (Möller 1969, 1974) miterlebt haben, heute verwundert die Augen reiben, wenn sie frappierende Ähnlichkeiten zu aktuellen Trends des Messens, Testens und Operationalisierens von ›Kompetenzen‹ erkennen (vgl. die kritische Position von Wittmann 2011 und 2014a).

Doch zurück zu dem fälschlichen Eindruck eines Gegensatzes: Strukturen und Gesetzmäßigkeiten gilt es zum einen in der *Welt der Zahlen* und *Formen* aufzudecken, zum anderen und insbesondere aber auch in der *Lebenswelt*. Diese enge Verknüpfung von Anwendungs- und Strukturorientierung ist fundamental notwendig. Die einseitige Betonung einer der beiden Seiten hätte unerwünschte Beschränkungen zur Folge. Dazu einige Beispiele:

- Bezogen auf den Bereich des Sachrechnens müsste man bei einem einseitigen Verständnis von Anwendungsorientierung auf die Kategorie der ›Denkaufgaben‹ verzichten (Abschn. 2.3.3.3), die (bewusst) z. T. *völlig* unrealistische Situationen enthalten, was angesichts ihrer spezifischen Ziele eine Verarmung des Mathematikcurriculums bedeuten würde. Inhalte wie etwa Primzahlen (eine bedeutsame Zahleigenschaft im Zusammenhang mit Teilbarkeit) würden aus dem Curriculum herausfallen, da sich dazu kaum wirklich kindgemäße Anwendungssituationen finden lassen.
- Beim Begriff der *Authentizität* (Erichson 1998, 1999, 2003b), der für anwendungsorientierte Aufgaben die Verwendung realistischer Daten oder authentisches Handeln bedeutet, wird ausdrücklich betont, dass es sich bei authentischen Problemen auch um *innermathematische* Probleme handeln kann, denn »das mathematische System selbst [ist] die authentische Materialgrundlage schlechthin. Die Entdeckung von Mustern, Strukturen, operationaler Logik in der Zahlenwelt oder der Geometrie bedarf eher keiner lebensweltlichen (›Über-)Rechtfertigung‹. Diese ist vielmehr dazu geeignet, den Blick dafür zu verstellen« (Erichson 1999, S. 164).
- Auch bei der niederländischen Konzeption der *realistic mathematics education*[1] sind nicht ausschließlich anwendungsbezogene Aufgaben gefordert: Zentrale Problemstellungen *können* aus realen Kontexten erwachsen, aber dies ist nicht zwingend notwendig. Genauso passend sind bspw. Märchen oder die Welt der reinen Mathematik, sofern sie von Kindern verstanden und vorstellbar (›realisierbar‹) sind (vgl. u. a. Van den Heuvel-Panhuizen 1998, S. 12).
- In einer Studie zur Förderung des mathematischen Verständnisses gerade von schwächeren Kindern anhand von Textaufgaben haben Hasemann und Stern (2002) in neun 2. Klassen unterschiedliche Trainingsprogramme erprobt: eines mit alltagsnaher Handlungsorientierung, eines mit abstrakt-symbolischen Aktivitäten und eines mit konventionellem Unterricht. »Die Auswertung der Tests ergab, dass bei den schwächeren Kindern das alltagsnahe Programm eindeutig am wenigsten bewirkte, während bei den Kindern, die das abstrakte Programm durchlaufen haben, der größte Leistungszuwachs zu beobachten war« (Hasemann und Stern 2002, S. 222; zu Erklärungen und Konsequenzen siehe dort).

---

[1] Dieses Konzept wird häufig als ›realistischer Mathematikunterricht‹ übersetzt und dann im Sinne von ausschließlich realitätsbezogener Mathematik missverstanden: Der niederländische Ausdruck ›realisieren‹ bedeutet aber *erkennen/verstehen*.

Dass das gezielte Ausblenden der Realität und der Fokus auf die Struktur manchmal sogar für das Lösen von Sachaufgaben besonders hilfreich sein können, soll die folgende Aufgabe illustrieren. Bevor Sie die sich anschließenden Lösungshinweise lesen, versuchen Sie zunächst *eigene* Strategien zu entwickeln.

> *Die Kinoaufgabe*: Ein Kino hat zwei Ausgänge. Die komplette Leerung des vollen Kinos durch diese beiden Ausgänge dauert fünf Minuten. Nun werden zwei zusätzliche, neue Ausgänge dazugebaut. Die komplette Leerung des vollen Kinos dauert nur allein mit diesen beiden neuen Ausgängen drei Minuten. In welcher Zeit ist das Kino leer, wenn alle vier Ausgänge gleichzeitig geöffnet werden?

Die Lösung könnte folgendermaßen aussehen: Man variiert die Sache dergestalt, dass sie, gemessen an der Realität, zwar ziemlich abstrus wirken muss, dafür aber einen recht einfachen Lösungsweg eröffnet: Bei diesem Gedankenexperiment lässt man selbst dann noch Kinogäste das Kino durch die vier Ausgänge verlassen, wenn eigentlich schon niemand mehr im Kino ist. Dann ließe sich wie folgt argumentieren:

- Nach *fünf* Minuten ist das Kino zweimal (und etwas mehr) geleert worden: einmal durch die beiden alten und einmal (und etwas mehr) durch die beiden neuen Ausgänge.
- Nach *zehn* Minuten ist das Kino fünfmal (und etwas mehr) geleert worden: zweimal durch die beiden alten und dreimal (und etwas mehr) durch die beiden neuen Ausgänge.
- Nach *15* min ist das Kino *genau* achtmal geleert worden: dreimal durch die beiden alten und fünfmal durch die beiden neuen Ausgänge.
- In 15 min genau achtmal geleert, bedeutet einmal geleert in $15/8 = 1{,}875$ min (1 min und 52,5 Sek.).

Das Beispiel zeigt, wie wichtig die *strukturelle* Variation der hier beteiligten Daten sein kann (vgl. operatives Sachrechnen) – selbst wenn dabei zwischenzeitlich absurde Sachverhalte entstehen.

Muster und Strukturen werden in allen zentralen Bereichen Arithmetik, Geometrie und Sachrechnen erkennbar (MSJK 2003, S. 74 f.), wie jeweils ein Beispiel für jeden der drei Bereiche zeigen soll, wobei auch die Anwendungsorientierung deutlich wird.

Strukturen in der Arithmetik: Muster bei Zahlenfolgen, hier der *Fibonacci-Folge* (vgl. Abschn. 3.2.5 und das daraus entwickelte Aufgabenformat *Zahlenketten*; als Schulbuchaufgabe zu finden bei Wittmann und Müller 2013, S. 23):

$$1 \mid 1 \mid 2 \mid 3 \mid 5 \mid 8 \mid 13 \mid 21 \mid \dots$$

Diese Struktur lässt sich z. B. bei der Anordnung (dem Blattfolgewinkel) der Schuppen einer Ananas oder bei Tannenzapfen und vielen anderen Pflanzen wiederfinden – für diese

Abb. 5.1 Rote Krabbe und Winkerkrabbe. (© iStock by Getty Images)

Pflanzen aus existenziell durchaus wichtigen Gründen (vgl. Ziegenbalg und Wittmann 2004, S. 226 ff.; googeln Sie einmal nach *Fibonacci-Folge in der Natur* ...).

Um dem oben angedeuteten möglichen Missverständnis noch einmal zu begegnen, sei festgehalten, dass selbstverständlich auch Zahlenfolgen, die *keinerlei* Anwendung haben, für den Unterricht relevant sind. Das Erkennen und Fortführen von Zahlenmustern hat durchaus einen Eigenwert (vgl. auch Abschn. 1.3.1.3 ›Argumentieren‹ als allgemeine mathematische Kompetenz)!

Strukturen in der Geometrie: Bestimmen von Symmetrien und Symmetrieachsen (vgl. Abschn. 2.2.2)

Bei der Thematisierung des mathematischen Symmetriebegriffs sollte es im Unterricht u. a. auch darum gehen, achsensymmetrische Figuren in der Umwelt zu entdecken und die Zweckmäßigkeit der Symmetrie zu erkennen. Dies ist kontrastierend auch anhand asymmetrischer Objekte zu verdeutlichen (z. B. bei der Winkerkrabbe mit einer ausgeprägten großen Schere, vgl. Abb. 5.1; vgl. auch die Beispiele in Abschn. 2.2.2).

Strukturen im Bereich des Sachrechnens: Hier werden insbesondere im Bereich der *Größen* Strukturen sichtbar, z. B. die dekadische Struktur im Größenbereich Längen[2]: 1 m = 10 dm = 100 cm = 1000 mm = ... Die Anwendungsorientierung dieser Struktur ist offenkundig.

Bezogen auf die genannten *Anwendungen* der jeweiligen Struktur sei noch einmal betont, dass i. d. R. eine Diskrepanz besteht zwischen der mathematischen Definition und dem realen Objekt[3]: So genügt bspw. die Symmetrie der Roten Krabbe (Abb. 5.1) sicherlich nicht immer der exakten mathematischen Definition, aber genau das sollte bei der Anwendungsorientierung bzw. allgemein dem Sachrechnen bedacht werden (vgl. hierzu auch Abschn. 2.3.1). Auch beim letzten Beispiel ist keine Eins-zu-eins-Übersetzung

---

[2] Die dekadische Struktur ist aber nicht immer so einfach in den unterschiedlichen Größenbereichen wiederzufinden: So kann im Größenbereich *Zeit* sowohl das dekadische als auch das 60er-System auftauchen (vgl. die Ergebnisbestimmung bei der obigen Kinoaufgabe).
[3] Vgl. Fußnote 44 in Abschn. 2.2.3 (Idealisierungen im Zusammenhang mit geometrischen Begriffen).

vorhanden: Der Größenbereich *Längen* bietet mehr als die dekadische Struktur (vgl. Abschn. 2.3.5.1 und das Beispiel des Größenbereichs *Geld* aus Steinbring 1997a).

5.2 Fertigkeiten und Fähigkeiten

Bezogen auf diese beiden Begriffe herrscht häufiger Unsicherheit, als man annehmen mag. Als wichtigste mathematische *Fertigkeit* von Grundschulkindern ist das Rechnen, speziell das sachgerechte Ausführen der vier Grundrechenarten in mündlicher und schriftlicher Form zu sehen (MSJK 2003, S. 71). Eine wichtige von Grundschulkindern zu erwerbende *Fähigkeit* ist bspw. das Problemlösen (MSJK 2003). Welche Beziehung besteht zwischen diesen beiden Begriffen? Oehl konkretisiert dies bezogen auf das Sachrechnen wie folgt:

»Unter dem Begriff der *Rechenfertigkeit* verstehen wir die Gesamtheit der elementaren Fertigkeiten des mündlichen und schriftlichen Rechnens mit ganzen und gebrochenen Zahlen; sie bezeichnet die mehr technische Seite des Mathematischen, eben den Umgang mit Zahlen. Unter Rechenfähigkeit dagegen wollen wir die Fähigkeit verstehen, Sachaufgaben in ihrer Sachsituation zu erfassen und daraus die notwendigen Operationsschritte abzuleiten; in diesem Sinne können wir auch von Anwendungsfähigkeit sprechen. Eine gute Rechenfertigkeit ist zwar eine *notwendige*, aber noch keine *hinreichende* Voraussetzung für die Rechenfähigkeit. Die beste Einmaleins-Kenntnis sichert allein noch nicht die Lösung einer Sachaufgabe, auch wenn hierbei nur die Multiplikation anzuwenden ist. Entscheidend für die Lösung einer Sachaufgabe ist vielmehr das Erschließen der Sachsituation, das Auffinden des Ansatzpunktes der mathematischen Erkenntnis, die das Herauslösen der notwendigen Operationsschritte aus dem Sachzusammenhang ermöglicht« (Oehl 1962, S. 18 f., Hervorh. GKr; vgl. auch Modellbildung in Abschn. 2.3.1).

Verdeutlichen kann man sich diesen Zusammenhang an der *Kinoaufgabe* aus Abschn. 5.1: Alle Leserinnen und Leser verfügen mit Sicherheit über die für diese Aufgabe notwendigen Rechen*fertigkeiten*. Dennoch können evtl. die *Fähigkeiten* fehlen (eine Idee, ein Ansatz, ein mathematisches Modell), um diese Aufgabe zu lösen.

Die Begriffe *Fertigkeiten und Fähigkeiten* sind aber nicht ausschließlich auf den Bereich des Sachrechnens zu beziehen und meinen bspw. bezogen auf die schriftlichen Rechenverfahren Folgendes: Über die *Fertigkeit* des schriftlichen Addierens zu verfügen bedeutet, eine Aufgabe wie $395 + 218$ schriftlich lösen zu können. Über *Fähigkeiten* in diesem Bereich zu verfügen, bedeutet bspw. auch zu verstehen, *warum* dieser (oder auch ein anders gelagerter) Algorithmus funktioniert, seine Funktionsweisen und strukturellen Gegebenheiten zur Analyse von Fehlern, zur Argumentation und Begründung – auch anderer Inhalte und Strukturen – ausnutzen zu können, für *geschicktes* Rechnen zu nutzen (flexibles Umbauen von Aufgabenstellungen; hier z. B. $395 + 218 = 400 + 213$) etc.

Versuchen Sie (im Sinne von Menninger 1992) die Fähigkeit des ›Zahlenblicks‹ zu entwickeln, d. h. *geschickte* Optionen sehen zu lernen und auf die folgenden Aufgaben anzuwenden[4]: a) $23 \cdot 27$, b) $25 \cdot 36$, c) $3000 : 125$, d) $750 : 15$

Diesen Fähigkeiten im Unterricht einen breiteren Raum zu geben, wird häufig als Gefahr für den Erwerb der *Fertigkeiten* gesehen. Beide Aspekte stehen jedoch nicht in Konkurrenz zueinander:»Wenn man versteht, wie und warum ein Algorithmus funktioniert, wird man ihn vermutlich besser erinnern und fähig sein, ihn für die Lösung eines neuen Problems anzupassen. Wenn man einen Algorithmus erinnert, aber keine Ahnung hat, wie er funktioniert, wird man ihn kaum flexibel einsetzen« (Hiebert 2000, S. 437; Übers. GKr). Auch für den wichtigen Fertigkeitsbereich der *automatisierten* Wissenselemente ist keineswegs von einer Unvereinbarkeit mit den Fähigkeiten auszugehen:»Die Automatisierung steht [...] nicht etwa im Gegensatz zum aktiv-entdeckenden Lernen, sondern ist vielmehr komplementär dazu: Durch aktiv-entdeckendes Lernen wird die Verständnisgrundlage für die Automatisierung geschaffen. Umgekehrt machen automatisiert verfügbare Fertigkeiten den Lerner frei für weiterführende aktiv-entdeckende Lernprozesse« (Wittmann 1997a, S. 135; vgl. Abschn. 2.1.7.1).

5.3 Schülerorientierung und Fachorientierung

Der in Abschn. 3.1 beschriebene Paradigmenwechsel im Verständnis von Lernen und Lehren hat auch bezogen auf Schüler- und Fachorientierung entscheidende unterrichtliche Konsequenzen bewirkt. So ist einerseits ein schülerorientiertes Vorgehen aus mehreren Gründen erforderlich, wie etwa der *Eigentätigkeit* der Schülerinnen und Schüler, des Ernstnehmens von *Vorkenntnissen* oder auch der seit Langem allgemein zunehmenden *Heterogenität* der Schülerschaft der Grundschule (vgl. z. B. Radatz 1995b sowie Abschn. 4.1).

Mit der Forderung nach Schülerorientierung dürfen natürlich andere Aspekte wie etwa das soziale Lernen nicht vernachlässigt werden (vgl. Hawkins 1969; Radatz 1995b). Auch Wallrabenstein (1991) spricht von einer notwendigen Balance zwischen Individualisierung, sozialem Lernen und dem Lerngegenstand, denn häufig sei – abhängig vom Schultyp – eine Dominanz jeweils eines Aspektes vorzufinden, was durchaus Gefahren in sich berge. Beispielsweise kann eine übermäßige Individualisierung in der Grundschule dazu führen, dass jedes Kind isoliert für sich Arbeitsblätter bearbeitet – ein Phänomen, das Bartnitzky (2009) scharf kritisiert, wenn er von »Kinderverdummungsaufgaben« oder dem »didaktischen Elend von Arbeitsblatt-Werkstätten« schreibt, in denen dirigistischer

---

[4] Erkennt Ihr Zahlenblick den Rechenvorteil für Aufgabe a), wenn man die 3. binomische Formel nutzen würde? Mit ihr ließe sich das Ergebnis *im Kopf* ausrechnen und u. U. sogar *schneller* als mit dem Taschenrechner!

Unterricht fröhliche Urstände feiere und Etikettenschwindel mit dem Begriff der freien Arbeit betrieben werde. Man hält häufig die Schülerorientierung bereits *allein* durch die *methodische* Öffnung in Form von Frei- oder Wochenplanarbeit für gegeben. Das Fach spielt in dieser Sichtweise lediglich eine untergeordnete Rolle.

Der Pädagoge John Dewey hat schon in den 1920er-Jahren das Verhältnis von Kindorientierung und Wissenschaftsorientierung treffend beschrieben und den vermeintlichen Gegensatz relativiert: die zunächst dominierende fachliche Orientierung mit dem Belehrungsgedanken – weitestgehend ohne Berücksichtigung individueller Unterschiede; später dann eine Kindorientierung, bei der man vom Kind erwartete, »dass es diese oder jene Tatsache oder Wahrheit aus seinem eigenen Geiste heraus ›entwickelt‹ [...], ohne ihm Rahmenbedingungen zu geben, die es als Anregung und zur Selbstkontrolle braucht. [...] Entwicklung heißt nicht, dass dem kindlichen Geist *irgendetwas* entspringt, sondern, dass *substanzielle* Fortschritte gemacht werden, und das ist nicht möglich, wenn nicht eine geeignete Lernumgebung zur Verfügung steht« (Dewey 1976, S. 282 f.; Hervorh. u. Übers. E. Ch. Wittmann).

Von daher wären manche ›modern‹ anmutenden Unterrichtspraktiken daraufhin kritisch zu hinterfragen, ob sie nicht die legitime Forderung nach Schülerorientierung überstrapazieren und im Gegenzug die fachliche Verantwortung von Lehrerinnen und Lehrern aus dem Blick verlieren; auch davor hat Dewey bereits in den 1920er-Jahren gewarnt:

»Die Befürworter individueller Lernprozesse argumentieren oft folgendermaßen: Gebt den Kindern gewisse Materialien, Werkzeuge, Hilfsmittel und lasst sie damit nach ihren ganz individuellen Wünschen umgehen und sich frei entwickeln. Setzt den Kindern keine Ziele, gebt ihnen keine Verfahren vor. Sagt ihnen nicht, was sie tun sollen. All dies wäre ein ungerechtfertigter Eingriff in ihre heilige Individualität, denn das Wesen der Individualität ist es gerade, selbst die Zwecke und Ziele zu bestimmen. Ein solcher Standpunkt ist töricht. Denn wenn man ihn einnimmt, versucht man etwas Unmögliches, was immer töricht ist, und man missversteht die Bedingungen für selbständiges Denken. Es gibt viele Möglichkeiten, offene Angebote wahrzunehmen und irgendetwas zu machen, und es ist so gut wie sicher, dass diese eigenen Versuche ohne Anleitung erfahrener Erzieher und Lehrer zufällig, sporadisch und ineffektiv sein werden« (Dewey 1988, S. 58 f.; Übers. E. Ch. Wittmann).

Wie kann nun im Fach Mathematik eine geeignete Lernumgebung aussehen, wenn schülerorientierter Unterricht insbesondere auch *inhaltliche Öffnung* heißen soll? Sicher nicht durch eine Beliebigkeit der Inhaltsangebote. Andererseits darf es nicht lediglich um *gelehrte* Verfahren und Inhalte gehen, denn ein derartiges Vorgehen hat nur wenig mit Offenheit und Lebendigkeit zu tun (vgl. Hawkins 1969; Wittmann 1996). Durch die Konzentration auf *fundamentale Ideen des Faches* (vgl. Abschn. 2.2.2 und 3.3) ist zwar der Rahmen abgesteckt, aber innerhalb dieses Rahmens ist Offenheit gegeben. Im Unterricht muss den Kindern eine lebendige Begegnung mit dem Lernstoff ermöglicht werden, und dies geschieht umso besser, je mehr der Unterricht an die kindlichen Erfahrungen anknüpfen kann.

Möglichkeiten dafür bieten sich bspw. im Rahmen von Projekten, aber eben auch bei innermathematischen Fragestellungen. Besonders geeignet sind die mehrfach erwähnten substanziellen Lernumgebungen (vgl. Abschn. 3.1.2 und 4.2). Auch hier verfügen die Kinder über Erfahrungen, und viele Übungsformen beinhalten mathematische Gesetzmäßigkeiten, die von den Kindern entdeckt und genutzt werden und zum Weiterdenken anregen können. Dabei werden die fachlichen Strukturen den Kindern aber nicht fest vorgeschrieben, sondern ergeben sich aus der Sache heraus. So wird die 10er-Strukturierung, die Grundlage unseres Zahlsystems, in ganz natürlicher Weise und zwangsläufig verwendet (z. B. bei Anzahlerfassungen und Rechenoperationen). Wie Verbindungen zwischen individuellen und konventionellen Wegen im konkreten Fall aussehen können, soll im folgenden Abschn. 5.4 beleuchtet werden.

Auch Schülerorientierung und Fachorientierung sind also nur *vermeintliche* Gegensätze: Ausgehend vom Fach können substanzielle Lernumgebungen und geeignete Aufgabenkontexte in natürlicher Weise den Fähigkeiten *aller* Schülerinnen und Schüler gerecht werden und diese individuell angemessen fördern. Dewey hat herausgearbeitet, dass Individuen die Wechselwirkung, d. h. das wechselseitige Spiel von geistigem Bedürfnis und inhaltlichem Angebot benötigen. Er betont die fachliche Kompetenz aufseiten der Lehrkräfte, denn »wenn der Lehrer die Erkenntnisse der Menschheit, die in den Inhalten der Fächer verkörpert sind, nicht wohlweislich und gründlich kennt, kann er die momentanen Kräfte, Fähigkeiten und Einstellungen [...] und ihre Möglichkeiten nicht einschätzen. Noch weniger weiß er, wie sie zu stärken, zu üben und weiterzuentwickeln sind« (Dewey 1976, S. 291; Übers. E. Ch. Wittmann; vgl. auch Abschn. 6.1). Die Vereinbarung von Schülerorientierung und Fachorientierung ist *möglich*, und sie ist *notwendig*, wenn Schülerorientierung als Förderung und Hilfe zur individuellen Weiterentwicklung verstanden werden soll (vgl. Scherer 1997b).

5.4 Eigene Wege und Konventionen

In Abschn. 3.1.1 wurde herausgearbeitet, dass eigene Wege, d. h. die Entwicklung eigener Lösungsstrategien erforderlich sind, und auch Abschn. 5.3 hat die gebotene Verbindung zwischen den individuellen Vorgehensweisen und dem Fach aufgezeigt. Die Frage und häufig auch die Unsicherheit besteht darin, wie sich dann der Erwerb der *konventionellen* Wege vollzieht und ob sich hier etwa ein Widerspruch auftut.

Man bedenke aber zunächst, dass das Lernen auf eigenen Wegen für die Lernenden keine völlige Beliebigkeit bedeutet. Ihre Strategien, und seien sie auch noch so unkonventionell, beinhalten in der Regel mathematische Ideen und Gesetzmäßigkeiten. Aufgabe der Lehrerin ist es daher, diese mathematischen Ideen herauszuarbeiten und offenzulegen (vgl. Ginsburg und Seo 1999, S. 113) sowie den Grad der Konventionsnähe zu erkennen. Das wiederum setzt eine hinreichende fachliche Kompetenz voraus (vgl. Kap. 6). Fest steht, dass Schülerinnen und Schüler (ab einem bestimmten Zeitpunkt) letztlich auch die

Abb. 5.2 a, b Sandrinas und
Bettinas Strategie. (© Scherer
1997b, S. 39)

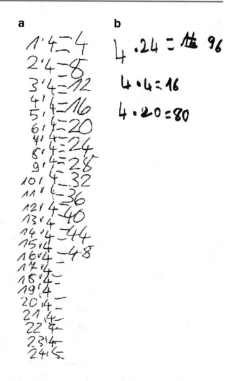

konventionellen Wege verstehen müssen (vgl. Abschn. 2.1.7). Dabei ist das Optimieren
eigener Strategien kein Widerspruch zum konstruktivistischen Verständnis (vgl. Ginsburg
und Seo 1999, S. 127).

Betrachten Sie anhand des folgenden Beispiels zunächst individuelle Wege von Schülerinnen und Schülern zur Aufgabe 24 · 4, um anschließend Verbindungen zu den Konventionen, hier bspw. zu Hauptstrategien der halbschriftlichen Multiplikation, aufzuzeigen. Die
Schülerdokumente stammen von Fünftklässlern einer Schule für Lernbehinderte, also von
Schülern, denen man eigene Strategien häufig in wohlgemeinter Absicht nicht zugesteht
(vgl. auch Abschn. 4.3). Diese Gruppe hatte Aufgaben wie 24 · 4 noch nicht behandelt (zur
ausführlichen Darstellung vgl. Scherer 1997b).

> Überlegen Sie zunächst selbst, wie Sie die Aufgabe 24 · 4 im Kopf berechnen,
> und versuchen Sie vor dem Weiterlesen die individuellen Wege der drei Kinder
> (Abb. 5.2a/b und 5.3) zu verstehen!

Sandrina notierte die Aufgaben von 1 · 4 bis 24 · 4, ohne diese zunächst auszurechnen
(Abb. 5.2a). Sie begann bei der leichtesten Aufgabe und berechnete nach und nach die

Abb. 5.3 Jans Strategie.
(© Scherer 1997b, S. 40)

weiteren Ergebnisse, wobei sie in den Zeilen verrutschte und irgendwann diesen mühse-
ligen Weg aufgab. Bettina rechnete *halbschriftlich* nach der Strategie ›Schrittweise‹[5]. Sie
rechnete zunächst im Kopf und notierte nur das Ergebnis. Auf Ermunterung der Lehrerin
konnte sie ihren Weg auch verschriftlichen (Abb. 5.2b). Auch Jan berechnete zunächst die
Ergebnisse des kleinen Einmaleins (Abb. 5.3). Leider unterlief ihm bei der Tabelle ein
Fehler, der sich dann weiter durchzog (9 | 34, zwar später korrigiert, dann aber 10 | 38).
Seiner Tabelle entnahm Jan dann die Zwischenergebnisse, um halbschriftlich das Ergebnis zu ermitteln: Er wollte die Aufgabe aufspalten in $10 \cdot 4 + 10 \cdot 4 + 4 \cdot 4$, notierte jedoch
$38 + 38 + 4$. Zusätzlich unterlief ihm ein Rechenfehler. Vom Ansatz her war sein Vorgehen
recht geschickt. Hier zeigte sich, dass Rechenfertigkeiten häufig eingeschränkt sind, gute
Fähigkeiten zur Strategieentwicklung und Problemlösung hingegen durchaus vorhanden
sein können.

Man mag geneigt sein, den Kindern sofort eine halbschriftliche Strategie oder gar
den schriftlichen Algorithmus zu *erklären*, zumal einige Lösungen fehlerhaft waren. So
könnten die Kinder den Algorithmus wenigstens fehlerfrei durchführen und der Rechenaufwand wäre viel geringer. Zweierlei spricht jedoch für den vorgeschlagenen Weg, den
Kindern individuelle Strategien zu ermöglichen: Man erhält Informationen über Fähigkeiten und auch Schwierigkeiten, die frühzeitig erkannt und behoben werden können (vgl.
Abschn. 4.1). Noch wesentlicher erscheint es, dass das Selbstvertrauen der Kinder hinsichtlich ihrer eigenen Leistungen gefördert werden kann, wie generell, wenn sie mit
Problemen konfrontiert werden.

Die Entwicklung eigener Strategien sollte also ermöglicht und wertgeschätzt werden,
durchaus mit dem Ziel der Optimierung, der Verwendung effektiver Strategien. An dieser Stelle kommt also auch die Fachorientierung zum Tragen: Konventionelle Verfahren
werden umso erfolgreicher verwendet, wenn sie mit den individuellen Strategien, dem

---

[5] Bei diesem Aufgabentyp (Multiplikation einer zweistelligen mit einer einstelligen Zahl) ist nicht
zu unterscheiden, ob Bettinas eigentliche Intention das Aufsplitten der Faktoren in ihre Stellenwerte
war, entsprechend der bekannten Strategie ›Stellenwerte extra‹ bzgl. der Addition. Die Struktur
des Malkreuzes war ihr nicht bekannt, sodass unklar bleibt, ob die Komplexität der stellenweisen
Multiplikation (vgl. auch Abb. 2.22) bewältigt worden wäre.

Abb. 5.4 Veranschaulichung
verschiedener Strategien für
24 · 4 am Punktfeld

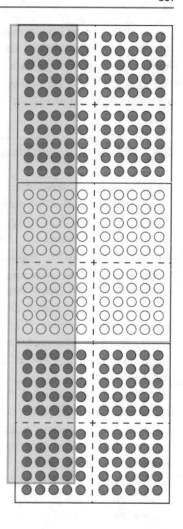

Wissen und den Erfahrungen der Kinder verbunden werden. Im Sinne der Fachorientierung sollten die verschiedenen Wege zunächst verglichen werden, um diese dann im Zuge fortschreitender Schematisierung (Treffers 1983; vgl. Abschn. 3.3) zu optimieren: So entdeckten bspw. Sandrina und Jan im anschließenden Gespräch, dass sie Aufgaben mit glatten 10er-Zahlen eigentlich auch im Kopf rechnen könnten – wie Bettina. Jans Fehler beim Zusammenfassen der Teilergebnisse konnte durch die Veranschaulichung am Punktfeld verdeutlicht werden (Abb. 5.4).

Deutlich wurde hierbei auch für Jan die weitere Schematisierung seiner Strategie: Seine Zerlegung 10 · 4 (oberes rotes Punktfeld) + 10 · 4 (weißes Punktfeld) + 4 · 4 (unteres rotes Punktfeld) kann zusammengefasst werden als 20 · 4 + 4 · 4, der Endform der halbschriftlichen Strategie ›Schrittweise‹ (vgl. z. B. Wittmann und Müller 1992, S. 60 f.; Abschn. 2.1.7.2).

Für all dies ist die Fachkompetenz aufseiten der Lehrerin von zentraler Bedeutung (vgl. Abschn. 6.1), denn wie will sie ohne hinreichende fachliche Souveränität den Kindern individuelle Wege ermöglichen, ohne diese zunächst einmal selbst zu kennen? Und wie soll sie ihnen helfen, Strategien zu optimieren und mit den konventionellen Verfahren zu verbinden (vgl. Lampert 1990)?

5.5 Offene und geschlossene Aufgaben

Aufgaben und Aufgabenformate wurden bereits unter verschiedenen Perspektiven analysiert, wobei die Bedeutung offenerer Aufgabenstellungen thematisiert wurde (vgl. z. B. Abschn. 2.3 oder 4.2). Diese repräsentieren sicherlich im Sinne eines offenen Unterrichts das aktuelle Verständnis von Lernen und Lehren und bieten vielfältige Möglichkeiten für eine konkrete unterrichtliche Gestaltung von Lernprozessen.

In Abschn. 4.6 wurde in diesem Zusammenhang auch das Problem heterogener Lerngruppen beleuchtet: Offene Aufgaben, etwa das *Erfinden* von Aufgaben, können hier in *quantitativer* Hinsicht durch die Anzahl der gefundenen Zahlensätze differenzieren. Das unterschiedliche Lerntempo der Schülerinnen und Schüler einer Klasse, auch in jahrgangsgemischten Klassen, kann bei einer solchen Aktivität in natürlicher Weise berücksichtigt werden. In *qualitativer* Hinsicht bieten sich Differenzierungsmöglichkeiten durch den Schwierigkeitsgrad der gefundenen Aufgaben, etwa beim Erfinden von Rechengeschichten, oder auch durch die gewählte Lösungsstrategie, wobei prinzipiell für einen Inhalt kein objektiver Schwierigkeitsgrad festgelegt werden kann (vgl. Bromme 1992). Verschiedene Faktoren sind für den Schwierigkeitsgrad verantwortlich und werden subjektiv von den Lernenden unterschiedlich wahrgenommen (Krauthausen und Scherer 2014, S. 24 f.). Die subjektive Einschätzung der Schülerinnen und Schüler selbst kann dabei erheblich vom Schwierigkeitsgrad abweichen, den die Lehrerin angenommen hat.

Das erfolgreiche Bewältigen offener Aufgabenstellungen erfolgt nicht automatisch. Viele Kinder (und auch Lehrerinnen) müssen den sachgerechten Umgang mit Offenheit zunächst erst erlernen: Manche Schülerinnen und Schüler versuchen bei offenen Problemstellungen, etwa beim Erfinden von Aufgaben zu einem vorgegebenen Ergebnis (vgl. das einführende Beispiel in Abschn. 4.3), die Anforderungen mehr oder weniger bewusst minimal zu halten oder diesen auszuweichen. Da dies aber – wenn es dann bei einzelnen Schülern wiederholt vorzufinden ist – langfristig keine substanziellen Lernprozesse fördert, empfiehlt sich das ausdrückliche Thematisieren (Metakommunikation), Unterscheiden und Finden von leichten und schwierigen Aufgaben (Van den Heuvel-Panhuizen 1996, S. 144 f.). Variationen zum einführenden Beispiel in Abschn. 4.3 wären dann »Finde leichte Aufgaben mit dem Ergebnis 100!« und gleichzeitig »Finde schwierige Aufgaben mit dem Ergebnis 100!«. Es ist verständlich und kein Problem, wenn es den Schülerinnen und Schülern anfangs schwerfallen mag, diese Entscheidung selbst zu treffen. Hier gilt es deswegen explizit über den (individuell) eingestuften Schwierigkeitsgrad zu reflektieren und zu begründen, warum man bestimmte Aufgaben der einen oder anderen Kategorie zuordnen könnte. Eine solche Einordnung kann für ein Kind selbst bei ein und derselben Aufgabe variieren (vgl. das Beispiel von *Julius* in Krauthausen und Scherer 2014, S. 148). Die selbstständige Wahl eines eigenen Bearbeitungsniveaus kann langfristig zum Ziel der Selbstorganisation eigener Lernprozesse beitragen (vgl. Böhm et al. 1990, S. 144) und den Umgang mit offeneren Situationen, wie sie nun einmal typisch für die Lebenswelt sind, erleichtern und fördern (vgl. auch Scherer 2006a).

Neben dem Nutzen für den alltäglichen Unterricht stellt sich auch die Frage, ob und wie offene Aufgaben auch zur Leistungsbewertung eingesetzt werden können. In nationalen und internationalen Vergleichsstudien werden sie häufig vermieden, da der erhöhte Auswertungsaufwand gescheut wird und oftmals auch nicht zu leisten ist. Daher werden hier meist geschlossene Aufgaben mit (vermeintlich) eindeutigen Antworten bevorzugt. Dass man dadurch aber dem Denken und den Leistungen der Kinder nicht gerecht werden kann, zeigen verschiedene kritische Beiträge, die nicht selten auch den »Autoritätsanspruch solcher Studien« beklagen (Brügelmann 2016, S. 38). Dabei liegt es an vielen Stellen am Auswertungsverfahren bzw. der jeweiligen Codierung. So forderte eine der VERA-Aufgaben zur Geometrie das Einzeichnen der verschiedenen Spiegelachsen eines Rechtecks. In den Auswertungshinweisen gab es jedoch keine Möglichkeit, Teillösungen zu bewerten: Das Einzeichnen nur einer Spiegelachse oder einer/zwei korrekten zusammen mit einer/zwei falschen Achsen wurde genauso bewertet wie ein Nichtbearbeiten der Aufgabe (vgl. Selter 2005). Van den Heuvel-Panhuizen (2006) betont, dass für das Erreichen von Bildungszielen wie bspw. den Bildungsstandards entscheidend ist, »dass die Aufgaben zur Leistungsmessung den Standards gerecht werden« (Van den Heuvel-Panhuizen 2006, S. 14). Sie gibt hierzu konkrete Beispiele (Van den Heuvel-Panhuizen (2006, S. 15 f.), u. a. die in Abb. 5.5 gezeigten für den Bereich *Größen und Messen* in Form einer eher geschlossenen und einer offenen Problemstellung.

Während die linke Aufgabe im Multiple-Choice-Format lediglich überprüft, ob der Flächeninhalt korrekt berechnet und etwa von der Umfangsberechnung unterschieden wird, geht die rechte Aufgabe wesentlich weiter: Neben den erforderlichen Berechnungen müssen sich die Schülerinnen und Schüler (plausible!) Maße und Einheiten über Alltagswissen oder Schätzen selbst beschaffen (vgl. auch Abschn. 2.3.4). »Insgesamt enthält [die] Aufgabe [...] viele Elemente, die wir Kindern im Bereich von Größen und Messen beibringen möchten. Darüber hinaus kann diese Aufgabe uns viel über den Entwicklungsstand der Kinder sagen. Das liegt hauptsächlich daran, dass es sich um eine offene Aufgabe handelt. Die Kinder sind gezwungen, ihren eigenen Lösungsweg zu finden und aus dem ihnen zur Verfügung stehenden Repertoire mathematischer Werkzeuge selbstständig eines auszuwählen« (Van den Heuvel-Panhuizen 2006, S. 15).

Diese Beispiele sollen verdeutlichen, dass verschiedene Aufgabentypen im Spektrum zwischen offenen und geschlossenen Aufgaben sowohl für den Unterricht als auch für die Leistungsmessungen ihre Berechtigung haben: Nicht alle Ziele des Mathematikunterrichts, etwa die Förderung von (automatisierten) Basisfertigkeiten auf Schnelligkeit, können durch offene Aufgaben erreicht werden; und auch bei manchen Lernstandserhebungen ist eher das Überprüfen von Faktenwissen (wie bspw. in Abb. 5.5 links) sinnvoll.

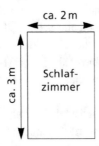

Wie viel Teppichboden wird
für dieses Schlafzimmer ungefähr benötigt?

A 5 m²   C 6 m²

B 8 m²   D 10 m²

Wie viel Teppichboden wird
für dieses Schlafzimmer ungefähr
benötigt?

Abb. 5.5 Zwei unterschiedliche Problemstellungen zum Flächeninhalt. (© Van den Heuvel-Panhuizen 2006, S. 15)

Entscheidend ist generell die *didaktische Reflexion* durch die Lehrperson im Hinblick auf die Frage, was eine bestimmte Aufgabe leisten und überprüfen kann und was eher nicht.

5.6 Individuelles Lernen und Leistungsbewertung

»Schüler sollen in der Schule lernen und sie sollen etwas leisten. Sie sollen motiviert sein, Leistung zu erbringen. Der Lehrer hat die Aufgabe, sie dabei zu unterstützen und ihnen beim Lernen zu helfen. Die Grundlage dafür bildet das pädagogische Verständnis von Leistung« (Voßmeier 2012, S. 6). So selbstverständlich dies zunächst klingen mag, so schwierig kann sich die Realisierung dieser so konsensfähigen Aussage in der Praxis darstellen. Voßmeier (2012) thematisiert das Dilemma der Grundschule zwischen Auslese und Förderung, die unterschiedlichen Auslegungen des Leistungsbegriffs sowie die sorgfältige Unterscheidung zwischen Leistungsfeststellung und Leistungsbewertung.

Es ist allgemeiner Konsens, dass Kindern im Unterricht grundsätzlich und hinreichend Freiräume für Eigentätigkeiten ermöglicht werden müssen. Ein möglicher Hinderungsgrund ergibt sich aber für viele Lehrerinnen und Lehrer dann, wenn dieses individuelle Lernen mit seinen z. T. recht unterschiedlichen, weil individuellen Wegen beurteilt und bewertet werden muss.[6] »Immer weniger finden wir in Grundschulen einen Unterricht, der für alle Kinder zur gleichen Zeit das Gleiche anbietet [...] Dennoch ist die Leis-

---

[6] Ein ähnliches Spannungsfeld sei an dieser Stelle lediglich genannt, aber nicht weiter ausgeführt: »Angesichts verstärkter Forderungen nach sozialem Lernen, angesichts der Forderungen der Wirtschaft, in den Schulen Teamfähigkeit auszubilden, gewinnt Gruppenarbeit an Bedeutung. Wie kann gemeinsam erbrachte Leistung verstanden, beschrieben und bewertet werden?« (Winter 1999a, S. 70)

tungsbewertung nicht im gleichen Maße in den Veränderungsprozess einbezogen worden« (Brosch 1999, S. 31).

Festzuhalten bleibt aber zunächst einmal, dass die Lehrerin zu individueller und differenzierter Leistungsbeurteilung verpflichtet ist, denn: »Individuelle Kompetenzen und Defizite werden kontinuierlich und differenziert festgestellt. Flexible Zeitvorgaben bei Leistungsfeststellungen unterstützen die Schülerinnen und Schüler dabei, ihre Kompetenzen zu zeigen« (MSJK 2003, S. 87). Des Weiteren sollen Formen der *ermutigenden Rückmeldung* praktiziert werden (MSJK 2003, S. 88), um die persönliche Leistungsentwicklung zu fördern. Es wird schnell klar, dass es bei Beurteilungen, die individuelle Leistungen berücksichtigen wollen, nicht mehr um *inter*individuelle, sondern eher um *intra*individuelle Beurteilungen, d. h. eher um die Lern*entwicklung* geht. Gleichzeitig wechselt auch die Orientierung vom Produkt zum Prozess (vgl. auch Schipper 1998; MSJK 2003; Sundermann und Selter 2006a).

Damit einher geht die aktuelle Diskussion um die Abschaffung von Zensuren, die viele Grundschullehrerinnen wünschen: Noten geben ihrer Meinung nach zu wenig Informationen über individuelle Leistungen und für individuelle Förderung, vielmehr können sie zum konkurrierenden Leistungsvergleich der Kinder untereinander beitragen (vgl. Brügelmann 2015; Grundschulverband 2014; Schaub 1999, S. 47). Diese Diskussion läuft jedoch Gefahr, sich lediglich auf den Wechsel der Mitteilungsform zu konzentrieren und andere, wesentliche Aufgaben aus dem Blick zu verlieren, nämlich »die Verbesserung der pädagogischen Diagnostik und die Klärung einer pädagogisch wirkungsvollen Lern- und Leistungsbeurteilung« (Demmer 1999, S. 141). Es sollte also um vielschichtigere Aspekte wie z. B. förderungsdiagnostisches Handeln, Erhöhen der diagnostischen Kompetenz der Lehrerinnen und Lehrer, informative Rückmeldungen an das Kind (und auch an die Eltern) und andere Formen der Information gehen (vgl. z. B. Schaub 1999, S. 48; Moser Opitz 2006).

Die Erfahrungen mit veränderten, mehr individualisierenden Beurteilungen sind positiv: Festzustellen ist eine Reduktion der Versagensängste der Kinder, des Konkurrenzdenkens in der Klasse und ein erhöhtes Lernen um der Sache willen, eine Steigerung des Selbstvertrauens der Kinder und der Freude am Lernen (vgl. Wiemer 1999, S. 65). Auch die Formen der alltäglichen Leistungsfeststellung werden insgesamt vielfältiger (vgl. z. B. Bartnitzky 2012; Bartnitzky und Speck-Hamdan 2004; Brügelmann 2011; Forthaus und Schnitzler 2004; Gubler-Beck 2007; Hilf und Lack 2004; Jundt und Wälti 2010; Kauder 2015; Leuders 2009; Neufeld und Herbert 2007; Ruwisch 2004; Selter 2007a, 2009; Sundermann und Selter 2006a, 2006b; Wälti 2007). Einerseits wird versucht, bestehende Formen konstruktiv zu verändern (Beispiel Klassenarbeiten oder Umgang mit Parallelarbeiten), andererseits aber auch neue Formen zu etablieren, wie etwa Formen der Selbsteinschätzung durch die Kinder.

Die positiven Effekte scheinen eindeutig. Was häufig als Hinderungsgrund angeführt wird, ist der erhöhte Zeitaufwand bei der Beurteilung sowie die Durchführung und Realisierung entsprechender Test- und Prüfungsaufgaben. Der geschilderte Wechsel im Verständnis von Leistungsbeurteilung spiegelt sich aber schon in einigen Forschungen zu

Tests bzw. allgemein zu Bewertungen wider, in denen einige der folgenden Tabus infrage gestellt wurden:

»1. Es gibt nur eine korrekte Antwort, aber verschiedene Lösungsstrategien.
2. Es gibt mehrere korrekte Antworten und auch verschiedene Lösungsstrategien.
3. Es gibt mehrere mögliche Antworten, die nicht immer eindeutig korrekt oder nichtkorrekt sind, und auch verschiedene Lösungsstrategien« (Van den Heuvel-Panhuizen 1992; Übers. GKr).

Als Beispiel für eine derartige Testaufgabe sei auf das Eisbärproblem in Abschn. 4.1 sowie das Teppichproblem in Abb. 5.5 verwiesen. Die unterschiedlichen Lösungsstrategien und Ergebnisse können trotz ihrer Verschiedenheit *alle* korrekt sein.

Nachfolgend soll exemplarisch aufgezeigt werden, dass selbst in einem Modell des Mathematikunterrichts, das fast *ausschließlich* von individuellem Lernen geprägt ist, Leistungsbeurteilung möglich ist, und zwar am Beispiel der Reisetagbücher (vgl. Gallin und Ruf 1990, 1993 sowie Abschn. 1.3.2 und 3.2.4): »Das Reisetagebuch ist [...] mit einer Werkstatt vergleichbar, in welcher der Lernende in schriftlicher Auseinandersetzung mit dem Schulstoff am Aufbau seiner Fachkompetenz arbeitet. Nicht die Fachsprache, sondern die je individuelle, singuläre Sprache des Lernenden ist das Medium, in dem sich der Lernende im Reisetagebuch bewegt« (Gallin und Ruf 1993, S. 14). Zentrale Voraussetzung ist die Auswahl geeigneter Probleme durch die Lehrerin, zu denen die Schülerinnen und Schüler zunächst individuelle Lösungsstrategien entwickeln und im Reisetagebuch niederschreiben. Im zweiten Schritt werden die unterschiedlichen Ideen und Lösungswege in der Gesamtgruppe ausgetauscht, um dann im dritten Schritt von der Lehrerin mit dem regulären Mathematikunterricht verbunden zu werden (vgl. Gallin und Ruf 1990).

Gibt es aber für solche offeneren Formen des Lernens auch offenere Formen der Beurteilung? »Lassen sich die individuellen Leistungen [...] in ein Bewertungssystem übersetzen, das sich traditionsgemäß fast ausschließlich auf Prüfungen abstützt, bei denen alle am gleichen Maßstab gemessen werden sollen?« (Gallin und Ruf 1993, S. 29) Hier könnte natürlich die Gefahr bestehen, ›das Kind mit dem Bade auszuschütten‹: Vor lauter Individualisierung und intrapersonaler Entwicklung könnte die Zielorientierung völlig aus dem Blick geraten. Es muss sicherlich ein Übergang von einer *individualbezogenen* zur *lernzielorientierten* Norm erfolgen, denn ein Schüler, der zwar an sich selbst gemessen gute Fortschritte macht, jedoch signifikant weit von den Zielen der Klasse entfernt ist, muss *beide* Bewertungsmaßstäbe erkennen. Gallin und Ruf (1993, S. 31) schlagen daher das Modell einer nichtlinearen, *zweidimensionalen* Leistungsbewertung vor, in dem es einerseits um *lernwegorientiertes* Generieren des Wissens und andererseits um *lernzielorientiertes* Herstellen von Produkten geht. Sie verteilen für die Lern*wege* einen oder zwei ›Haken‹, entsprechend der Bewertung ›erfüllt‹ oder ›gut‹. Daneben gibt es auch die Wertung drei Haken für einen ›Wurf‹ (das sind originelle und ungewöhnliche Leistungen). Dabei kann es sich durchaus auch um einen fruchtbaren Irrtum handeln (s. u.). Die

Tab. 5.1 Tabelle zum Ablesen der Zeugnisnote. (© Gallin und Ruf 1993, S. 32)

		Mittelwert der Hakenzahl (Weg)						
		0	**0.5**	**1**	**1.5**	**2**	**2.5**	**3**
	1	1.0	2.0	2.5	3.0	4.0	4.5	5.0
	1.5	1.5	2.0	2.5	3.5	4.0	4.5	5.0
	2	1.5	2.0	3.0	3.5	4.0	4.5	5.0
	2.5	2.0	2.5	3.0	3.5	4.0	4.5	5.5
Mittelwert der	**3**	2.0	2.5	3.5	4.0	4.5	5.0	5.5
Produktnoten	**3.5**	2.5	3.0	3.5	4.0	4.5	5.0	5.5
	4	3.0	3.5	4.0	4.0	4.5	5.0	5.5
	4.5	3.5	3.5	4.0	4.5	5.0	5.0	5.5
	5	4.0	4.0	4.5	4.5	5.0	5.5	6.0
	5.5	4.5	4.5	5.0	5.0	5.5	5.5	6.0
	6	5.0	5.5	5.5	5.5	6.0	6.0	6.0

Verrechnung der beiden Noten[7] zeigt die Tab. 5.1. Die Berechnung der Notenwerte in den einzelnen Zellen der Tabelle erfolgt nicht willkürlich, sondern auf der Grundlage eines mathematischen Verteilungsschlüssels (vgl. Gallin und Ruf 1993).

Ohne auf die Tabelle im Detail einzugehen sei aber festgehalten, dass die beiden Noten stark voneinander abweichen können und der Ausgleich einer schlechten Note in einem Bereich durch den jeweils anderen Bereich möglich ist.

Im Rahmen ihres Konzepts *Dialogischer Mathematikunterricht* (Ruf und Gallin 1998a, 1998b) gibt es bis zu vier Häkchen für Bearbeitungen im Reisetagebuch (vgl. DMU o.J.):

- *4 Häkchen: Ein großer Wurf!* – Diese Arbeit muss überraschen: durch eine außergewöhnliche Idee, ein neues Problem, eine besonders gelungene Erklärung oder einen tollen Fehler.
- *3 Häkchen: Eine tolle Idee!* – Diese Arbeit enthält einen vielversprechenden Ansatz oder einen mutigen Versuch, in jedem Fall aber eine ausführliche Bearbeitung des Arbeitsauftrags.
- *2 Häkchen: Das Prinzip ist erkannt.* – Die zentrale Frage wurde verstanden; es gibt eine sinnvolle und selbstständige Auseinandersetzung mit dem Thema.

---

[7] Anders als im deutschen Notensystem handelt es sich in der Schweiz bei der *6* um die beste Note und entsprechend bei der *1* um die schlechteste.

- *1 Häkchen: Die Arbeit wurde erledigt.* – Das wird mindestens erwartet. Die Bearbeitung wird vermutlich für eine Vier in der nächsten Klassenarbeit ausreichen; für mehr wäre eine Überarbeitung sinnvoll.
- *Kein Häkchen: Das reicht noch nicht.* – Diese Arbeit reicht nicht aus, um im Unterricht mitzukommen und in der nächsten Klassenarbeit noch eine Vier zu bekommen.

Mit ihrem Modell versuchen die Autoren »der individuellen Leistungsentwicklung gerecht zu werden, ohne überindividuelle Maßstäbe aus den Augen zu verlieren. Dass schließlich die Bewertung der Schülerleistung im Zeugnis auf eine einzige Zahl verkürzt wird, mag unter verschiedenen Gesichtspunkten unbefriedigend erscheinen. Wir sehen darin keine abschließende Lösung der Notenproblematik, wohl aber eine deutliche Verbesserung gegenüber dem linearen, eindimensionalen Bewertungssystem, das nur ungenügende Anreize für singuläres Gestalten und individuelle Leistungsfortschritte schafft« (Gallin und Ruf 1993, S. 32).

Aufgaben- und Kompetenzspektrum der Lehrperson

6

Der vorliegende Band ist eine Einführung in die *Mathematikdidaktik*. Und wenn auch die seitenmäßig größte Aufmerksamkeit relevantem fachdidaktischem Wissen gewidmet wurde (und auch dies konnte naturgemäß nur einen Ausschnitt darstellen), so sollte doch auch immer wieder durchgeklungen sein, dass fachdidaktische Kompetenzen nur einen Teil eines weitaus größeren Kompetenz*spektrums* darstellen, welches ein professionelles und verantwortliches Unterrichten von Mathematik in der Grundschule erfordert.

Dieses Spektrum soll im letzten Kapitel aufgespannt und begründet werden, wobei diverse Fäden aus vorherigen Kapiteln schließlich zusammenlaufen. Gängige Klischeevorstellungen lassen sich damit gewiss plausibel widerlegen. Klischeehaft wird das Unterrichten von Mathematik in der Grundschule ja als nahezu jedem zugänglich, ja trivial verstanden; manche fragen sich gar, wieso man dazu überhaupt studieren müsse. Denn wenn jemand den ›Stoff‹ der ersten vier Schuljahre beherrsche – und wer täte dies nicht (so glaubt man zumindest?!) – und vielleicht auch noch ›ganz gut erklären‹ könne, dann sollte es wohl klappen, den Kindern die Dinge beizubringen. Und mancher, dessen selbst erlebter früherer Mathematikunterricht nach eigenen Bekundungen weitaus ›anspruchsloser‹ gewesen sein soll, sagt dann den berühmten Satz: »Und aus mir ist ja auch etwas geworden, ich habe das Einmaleins ja schließlich auch gelernt.«

Das Problem dabei ist nur: Es geht um sehr viel mehr als ›Beibringen‹, weil es erstens für eine produktive Teilhabe an unserer heutigen Zeit bei Weitem nicht mehr ausreicht, Fakten auswendig zu lernen (daher die Bedeutung der allgemeinen mathematischen Kompetenzen; vgl. Abschn. 1.3.1 und 1.3.2). Und zweitens sei die Frage erlaubt, wie sich denn die behaupteten Lernerfolge heute konkret darstellen? Das angeblich ausreichende Alltagswissen muss nämlich allzu oft auf Fragen, die immerhin in der Grundschule anstehen, eine Antwort schuldig bleiben: Warum kann man beim Verzehnfachen einfach eine Null anhängen? Das soll ja nicht als Eselsbrücke behalten, sondern eingesehen und *verstanden* werden! Warum kann man nicht durch null dividieren? (Spiegel 1995) Warum kann man sich $7 \cdot 8$ aus $5 \cdot 8$ und $2 \cdot 8$ ›zusammenbauen‹? Als Antwort reicht nicht das Schlagwort Distributivgesetz, erst recht nicht die Notation $7 \cdot 8 = (5 + 2) \cdot 8 = 5 \cdot 8 + 2 \cdot 8$, denn das kann

© Springer-Verlag GmbH Deutschland 2018
G. Krauthausen, *Einführung in die Mathematikdidaktik – Grundschule*,
Mathematik Primarstufe und Sekundarstufe I + II,
https://doi.org/10.1007/978-3-662-54692-5_6

ein Grundschulkind höchstens *glauben*. Wenn das alles zu lange zurückliegen sollte, dann nehme man klassische Inhalte, die man in der Sekundarstufe gelernt(?) hat: Viele Erstsemester können die 1. Binomische Formel ›aufsagen‹: $(a+b)^2 = a^2 + 2ab + b^2$. Aber sie können weder erklären, was diese Formel bedeutet, noch warum sie so und nicht anders aussehen *muss*, noch wie sie entsteht, noch wozu man sie braucht. Man hat sie auswendig gelernt wie ein Gedicht; und als ein solches kann sie (nur) rezitiert werden (vgl. Abschn. 1.1). Gelernt oder für eine Klassenarbeit/Klausur nur temporär ›draufgeschafft‹? Wie kurz die Halbwertzeit solchen ›Lernens‹ sein kann, lässt sich immer wieder dokumentieren.

Und auch den ›Stoff‹ zu beherrschen, ist zunächst einmal nur *eine* Facette des Erforderlichen. ›Gut in Mathe‹ zu sein, ist zwar notwendig, aber bei Weitem nicht hinreichend, um einen guten Mathematikunterricht in der Grundschule zu erteilen. Grundschullehrerin zu sein, mag – gängigen Klischees zufolge – recht einfach sein; aber es ist zweifelsohne anspruchsvoll, eine *gute* Grundschullehrerin zu sein (vgl. Ma 1999). Das *enorme Kompetenzspektrum* ist der Grund, warum der Beruf der Grundschullehrerin ein so überaus anspruchs- und verantwortungsvoller ist – was leider überhaupt nicht korreliert mit seinem gesellschaftlichen Image und mit seiner finanziellen Honorierung. Wie also sieht das breite Spektrum der Anforderungen aus (vgl. Bromme 1992, S. 96; Shulman 1986)?

> »Die erste Regel des Lehrens ist, zu wissen, *was* man lehren muss. Die zweite Regel des Lehrens ist, *mehr* zu wissen als das, was man lehren muss. [...] es sollte nicht vergessen werden, dass ein Lehrer der Mathematik auch wirklich *Mathematik* können muss, und dass ein Lehrer, der seinen Schülern die richtige *Geisteshaltung* gegenüber Aufgaben eingeben möchte, diese Haltung selbst erworben haben muss« (Polya 1995, S. 198; Hervorh. GKr).

6.1 Fachkompetenz

6.1.1 Berufsbildspezifische Fachkompetenz

Die »Kompetenz der Lehrer ist der wichtigste Faktor für den Unterrichtserfolg. Ihre fachwissenschaftliche und fachdidaktische Ausbildung braucht eine solide Grundlage und muss ständig gepflegt werden« (Revuz 1980, S. 143). Anspruchsvolle Bildungspläne/ -standards und steigende Heterogenität der Schülerschaft erfordern entsprechende mathematische Kompetenzen. Festgestellt wurde demgegenüber in der Vergangenheit immer wieder ein mangelndes Fachwissen angehender Lehrerinnen und Lehrer für die Primarstufe und die Sekundarstufe I (vgl. De Jong und Brinkmann 1997, S. 121 und die dort angegebene Literatur; Ma 1999; Blömeke et al. 2010; Stanat et al. 2012).

Wie viel und welche Mathematik aber sollte eine Grundschullehrerin kennen, um 6- bis 10-Jährige in diesem Fach zu unterrichten? Die Bedeutung der Fachwissenschaft für diese Aufgabe wird gemeinhin unterschätzt. Studierende der Primarstufe sind häufig der Meinung, dass sie den Stoff der Grundschule – was immer sie darunter verstehen – doch recht gut beherrschen (»Es geht doch nur um Grundschulmathematik. Das kleine Einspluseins bzw. Einmaleins und die Rechenverfahren beherrscht man doch nun wirklich«; vgl. das Oehl-Zitat eingangs Kap. 2). Verstärkt findet sich diese Einstellung auch, wenn es um lernschwache Kinder geht, die möglicherweise noch nicht einmal auf Grundschulniveau arbeiten. Gerade bei diesen Kindern ist jedoch die fachliche Kompetenz außerordentlich wichtig, um auf mögliche Schwierigkeiten (kompetent und sachgerecht) eingehen zu können, und hier sei die These vertreten: Je schwächer die Kinder sind, desto größer muss die fachliche Kompetenz[1] der Lehrerin sein.

Und so erwarten manche Lehramtsstudierenden vorrangig methodisch orientierte Lehrveranstaltungen – das bekannte Gegensatzpaar *Lehrlingsmodell* versus *Laborkonzeption* sowie auf Ausbildungsveranstaltungen angewendet: *Handlungsrezepte*[2] versus *theoriegeleitete Unterrichtspraxis* (vgl. Krauthausen 1998c, S. 52 ff.). Ursache mag dabei manchmal auch ein noch diffuses Berufsbild und entsprechende Erwartungen an das Lehramtsstudium sein, wie ein Fall an der Berliner FU zeigte (Gohr 2016; Mühlberger 2016): Hier war nach einer Reform der Lehrerausbildung das Fach Mathematik im Bachelor-Studiengang für angehende Grundschullehrkräfte verpflichtend, und damit auch eine entsprechende Klausur im Fach. Zum Eklat kam es, als ein beträchtlicher Anteil der Studierenden durch diese Klausur gefallen war. Es soll hier gar nicht um eine umfassende Aufklärung der Vorfälle gehen (hierzu müsste u. a. auch die konkrete Klausur als mitverursachender Faktor vorliegen), sondern um die Einlassungen einiger Studierender, die stellvertretend für ein in der Tat revisionsbedürftiges Bild der relevanten Inhalte der Grundschulmathematik verstanden werden können, auch wenn das folgende Zitat mit einer (an sich selbstverständlichen Einsicht) beginnt: »›Man braucht natürlich ein tieferes Wissen als ein Grundschulkind‹, sagt R.[3] ›Aber es geht ums Ausmaß‹ – viele der Inhalte seien weit weg vom Grundschulalltag. Statt zu rechnen, müssten die angehenden Pädagogen vor allem Beweise führen, klagt R. Auch der Praxisbezug fehle bei den meisten Aufgaben völlig. Unterrichtsinhalte wie das schriftliche Multiplizieren im Dezimalsystem – wesentlicher Stoff des Mathematikunterrichts an der Grundschule – würden nur kurz angeschnitten« (Mühlberger 2016[4]). Im Video zum Beitrag empören sich Studierende darüber, dass von ihnen Begriffe wie *Kongruenzabbildungen* erwartet worden seien, die sie ›nicht mal in der Oberstufe gehört‹ hätten.

Wird hier also im Rahmen eines akademischen Studiums erwartet, dass mehr *gerechnet* wird, und dies auf dem Niveau der 4. Klasse? Denn das schriftliche Multiplizieren im Zehnersystem ist dort angesiedelt (vgl. Abschn. 2.1.7). Oder ist die Erwartung gemeint, gezeigt zu bekommen, ›wie es im Unterricht geht‹ (s. o. Handlungsrezepte)? Auch das *Beweisen* scheint in dieser Vorstellung von Mathematikunterricht in der Grundschule keinen Platz zu haben (vgl. dagegen die Ausführungen zum Argumentieren, Begründen

---

[1] Das gilt ebenso für die fachdidaktische Kompetenz – und vermutlich für das gesamte, hier aufgespannte Kompetenzspektrum.

[2] Diese werden nicht selten und fälschlicherweise mit dem Begriff *Praxisbezug* gleichgesetzt (s. u.).

[3] Der in der Quelle genannte Name wurde hier anonymisiert.

[4] Die im Literaturverzeichnis angegebene URL »existiert nicht mehr« (Mühlberger 2016), der Beitrag wurde aber am Sichtungsdatum heruntergeladen und liegt daher als Referenz vor.

und den operativen Beweisen in Abschn. 1.3.2 und in Abschn. 4.7.6, 3. Funktion, oder zum realistischen Bild des Faches in Abschn. 6.4). Und wenn im Geometrieunterricht der Grundschule standardmäßig Achsensymmetrie und Drehsymmetrie und Verschiebungen thematisiert werden (vgl. Abschn. 2.2), dann ist es nicht vermessen zu erwarten, dass Lehrerinnen und Lehrer nicht nur deren fachlichen Oberbegriff (Kongruenzabbildungen) kennen, sondern sich im Rahmen ihres Studiums damit auseinandergesetzt haben.

Solche diskussionswürdigen Vor- und Einstellungen können v. a. in Ausbildungskonzeptionen entstehen, in denen primär Aspekte der Pädagogik, Psychologie etc. dominieren:»Fachliche Anforderungen werden hier einerseits trivialisiert und andererseits, sobald sie über ein bestimmtes Niveau hinausgehen, verteufelt, als wenn die Unterrichtstätigkeit überhaupt keine fachlichen, sondern nur erziehungswissenschaftliche oder allenfalls noch methodische Anforderungen stellen würde« (Wittmann 1996, S. 3; vgl. auch Jablonka 1998). Hinzu kommt häufig die Annahme,»dass mangelhaftes Fachwissen und Unkenntnis entweder bereits in der Ausbildung auffallen und zu entsprechenden Korrekturen oder andern [sic!] Konsequenzen führen oder dass eben fehlendes fachliches Wissen auch im Beruf leichter zu kompensieren ist als andere Mängel« (Schwarz 1997, S. 191).

Eine aktuelle Langzeitstudie (*Study of Instructional Improvement*) legt aber nahe, dass derartige Einschätzungen sehr fragwürdig sind: Jerald (2006) berichtet von einer Untersuchung, die das mathematische Wissen von Lehrkräften der 1. und 3. Klasse erhoben hatte. Alsdann wurden jene Effekte erhoben, die dieses Wissen auf den Lernfortschritt der Schüler im Mathematikunterricht im Laufe des Schuljahres hatte. Es zeigte sich erneut (s. o. Revuz 1980), dass das Lehrerwissen einen erheblichen Einfluss auf das Mathematiklernen der Kinder hatte (vgl. Stanat et al. 2012). Und selbst wenn das standardmäßig noch erinnerte mathematische Wissen Erwachsener bzgl. der Lerninhalte der Grundschule bei den (angehenden) Lehrerinnen noch vorhanden wäre: Die Studie hat herausgearbeitet, dass insbesondere das ›spezifische Wissen‹ oftmals nicht zum Repertoire von Erwachsenen gehört. Dieses aber wird gebraucht, um die oft ungewöhnlichen, jedenfalls nicht standardmäßigen Wege der Kinder verstehen, einschätzen, wertschätzen, auswerten und unterstützen zu können (vgl. Abschn. 1.1). Das *hierzu* nötige Wissen aber ist ein genuin *mathematisches*, kein pädagogisches (Jerald 2006, S. 5).

Es soll hier weder der Eindruck erweckt werden, dass innerhalb des Lehramtsstudiums im Fach Mathematik ausschließlich *fachwissenschaftliche Angebote* zu machen sind, noch dass es sich dabei um die gleichen handeln könnte, wie sie in der Mathematikausbildung für Fachstudiengänge an der Tagesordnung sind. Es gilt stattdessen, (a) ein *angemessenes Verhältnis* der verschiedenen Bereiche zu realisieren und (b) ein *spezifisches* Lernangebot zu gewährleisten (s. u.) – gerade für die Ausbildung in der Primarstufe.

Die *fachspezifischen* Besonderheiten der Mathematik sind in jedem Fall von Bedeutung: So selbstverständlich und zwingend die fächerübergreifenden und pädagogischen Aspekte mit einbezogen werden müssen, so sehr läuft eine einseitige ›Verpädagogisierung‹ des Unterrichts aktuellen Erkenntnissen sowohl der Fachdidaktiken als auch der Lernpsychologie entgegen, die gleichermaßen erkannt haben, dass die Spezifika des Faches in der Vergangenheit zu sehr vernachlässigt wurden und die angenommene Bereichsunabhängigkeit der Lerntheorien oder didaktischen Prinzipien nicht tragfähig ist (vgl.

Schoenfeld 1988). So ist bspw. auch soziales Lernen bzw. Sozialkompetenz kein von Fachkompetenz losgelöstes Konstrukt, vielmehr sind beide grundsätzlich aufeinander zu beziehen (vgl. Abschn. 3.2: ›kognitiv orientiertes soziales Lernen‹; Hollenstein 1997a, 1997b).

Aber die fachlichen Angebote sind nicht zu verstehen als eine – gemessen am Lehrangebot für Hauptfachstudiengänge (Mathematik-Master) – ›ausgedünnte‹ mathematische Fachausbildung. Auch die medizinische Ausbildung für Kinderärzte wird niemand am Alter der späteren Patienten bemessend auf ›schlichterem‹ Niveau rechtfertigen wollen. Notwendig ist vielmehr eine gleichermaßen solide, aber *berufsbildspezifische* Fachausbildung. Diese naturgemäße Andersartigkeit ist nicht mit Begrifflichkeiten weniger anspruchsvoller Niveaustufen beschreibbar. Zugleich aber kann die Fachausbildung für Lehramtsstudierende nicht unabhängig und isoliert von jenen Fähigkeiten geschehen, über die sie zukünftig als Lehrerinnen und Lehrer verfügen müssen. Und diese fachlichen Angebote sind auch nicht im Sinne isolierter Wissensvermittlung zu verstehen, sondern schließen die möglichst eigenständige Erarbeitung zentraler Inhalte ein sowie das Transparent-Machen ihrer unterrichtlichen Relevanz: Für die Lehrperson ist es nicht nur erforderlich zu wissen, *dass* etwas gilt, vor allem muss sie wissen, *warum* dies so ist (Shulman 1986, S. 9; vgl. auch Bender et al. 1997, 1999) und inwiefern das eine Relevanz *für* (jedoch nicht immer zwingend auch *im*) Unterricht hat.

Für die angehende Grundschullehrerin gehört dazu bspw. auch der routinierte Umgang mit *formalen Darstellungen* (vgl. hierzu Krauthausen 1998c, S. 106 ff.). Auch diese werden bspw. in der Form algebraischer Terme nie *im* Unterricht relevant, aber *für* Unterricht: Denn sie erlauben bei der Unterrichtsvorbereitung, gewisse Problemstellungen in *zeitökonomischer* Weise anzugehen anstatt zahllose Beispiele durchprobieren zu müssen und selbst dann noch nicht wirklich sicher sein zu können, ob ein Muster allgemeine Gültigkeit hat oder ob eine Lösungsmenge vollständig ist. Und Zeitökonomie sollte nicht unterschätzt werden; man hat nicht immer die Zeit, sich anhaltend über mehrere Stunden einer Aufgabenstellung wie der folgenden zu widmen.

Ein Beispiel: In Abschn. 3.2.5 wurden Fragestellungen rund um das Aufgabenformat Zahlenketten vorgeschlagen (vgl. auch Krauthausen und Scherer 2014, S. 119 ff.; Krauthausen 1998c, S. 125 f.). Reines Probieren (erst recht das unsystematische) wird in solchen Fällen meist (zu) zeitaufwendig sein und möglicherweise die Ungewissheit zurücklassen, ob man tatsächlich *alle* Lösungen gefunden hat (es gibt Fragestellungen mit 10, 20, ja über 150 Lösungen, z. B. bei Krauthausen 2009b). Ein Aufgabenformat oder eine Fragestellung aber (a) zu *algebraisieren* und das erhaltene Ergebnis – i. d. R. einen Term – (b) zu *deuten*, ist nach entsprechender Übung und (*wieder-*)erlangter Routine[5] weitaus schneller und sicherer:

---

[5] Alles, was dazu benötigt wird, ist jedem in der Sekundarstufe I verlässlich einmal begegnet, wenn auch möglicherweise inzwischen vergessen. Aber das wäre noch insofern kein Problem, als das menschliche Gehirn länger nicht benötigte Inhalte gerne ›auslagert‹, um Speicherplatz für Aktuelles frei zu machen. Zum Problem wird es nur dann, wenn man einen Beruf ergreifen möchte, in dem diese Kompetenzen relevant sind, und man nicht bereit wäre, sie wieder zu reaktivieren.

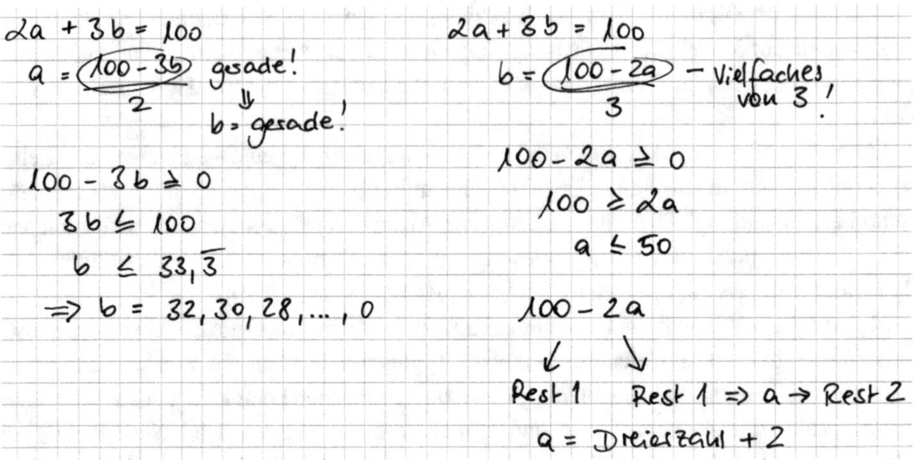

$$2a + 3b = 100$$
$$a = \frac{(100 - 3b)}{2} \text{ gerade!}$$
$$b = \text{gerade!}$$

$$100 - 3b \geq 0$$
$$3b \leq 100$$
$$b \leq 33,\overline{3}$$
$$\Rightarrow b = 32, 30, 28, \ldots, 0$$

$$2a + 3b = 100$$
$$b = \frac{(100 - 2a)}{3} - \text{Vielfaches von 3!}$$

$$100 - 2a \geq 0$$
$$100 \geq 2a$$
$$a \leq 50$$

$$100 - 2a$$

Rest 1   Rest 1 $\Rightarrow$ a $\rightarrow$ Rest 2

$$a = \text{Dreierzahl} + 2$$

Abb. 6.1 Zwei Möglichkeiten der Algebraisierung (studentische Bearbeitung)

Die folgende Aufgabe soll für eine 5er-Zahlenkette bearbeitet werden:

- Wie viele Startzahl-Pärchen gibt es, die zur Zielzahl 100 führen?
- Algebraisieren Sie diese Fragestellung und deuten Sie den erhaltenen Term im Hinblick auf Informationen, die er Ihnen zur Beantwortung der Frage liefert.
- Nutzen Sie ggf. danach die Abb. 6.1 zum Abgleich oder als Hilfe.

Den Gegebenheiten des Unterrichtsalltags entspricht es in hohem Maße, wenn die Lehrerin in der Lage ist, die Ergebnisse eigener Erkundungen eines potenziellen Unterrichtsbeispiels zu verallgemeinern, d. h., wie in der Aufgabenstellung angeregt, in einen formalen Ausdruck zu überführen. Und der kann dann gleich in mehrerlei Hinsicht hilfreich sein: als Grundlage für die schülergemäße Auswahl und Formulierung von Arbeitsaufträgen, von Aufgabenvariationen oder -fortführungen sowie zur fundierten und flexibleren Einschätzung von und Reaktion auf Schülerbeiträge und -lösungen während des Unterrichts.

6.1.2 Folgen mangelnder Fachkompetenz

Wer sich im zu unterrichtenden Fach selbst unsicher fühlt, neigt zu verstärkter, auch entsprechend unkritischer Anlehnung an oder gar Abhängigkeit von Vorgaben wie Schulbüchern, vorgefertigten Arbeitsblättern oder (vielleicht fragwürdigen) ›Mathe-Spielen‹. Und selbst beim Versuch, ›gute‹ Vorschläge/Vorgaben umzusetzen, ist noch nicht garantiert, dass dies intentionsgemäß geschehen muss. Eine solche Überforderung der Lehrperson kann durchaus verschiedene Ursachen haben. Ein vergleichsweise hoher Anteil kann aber in mangelnden Eigenerfahrungen mit einem aktiv-entdeckenden Mathematiktreiben anhand substanzieller Aufgaben- oder Problemkontexte vermutet werden (vgl. Krauthausen 1998c) sowie eben – damit zusammenhängend – in dem Grad der Fachkompetenz angehender Grundschullehrerinnen (vgl. Strehl 2000; Ma 1999; Blömeke et al. 2010). Auch wenn das eigene Verständnis bzw. eine hohe Fachkompetenz alleine noch kein Garant für guten Mathematikunterricht ist (vgl. Hefendehl-Hebeker 1998; Schweiger 1992b), so sollten aber die möglichen Folgen mangelnder Fachkompetenz bewusst reflektiert werden, die sich u. a. in folgender Hinsicht zeigen:

Differenzierung
Differenzierende Angebote bereitzustellen, insbesondere auch die Realisierung einer *natürlichen* Differenzierung (vgl. Abschn. 4.6), setzt eine hinreichende Fachkompetenz voraus, da die fachliche Substanz eines Themas oder einer Problemstellung erst einmal identifiziert und überblickt werden muss. Fehlt diese Fachkompetenz, wird sich dies bspw. in einem wenig differenzierenden Unterricht äußern: »Überforderte Lehrerinnen und Lehrer werden zu egalisierendem Unterricht neigen. Und damit wächst potenziell die Zahl der besonderen Kinder im unteren Leistungsbereich« (Wielpütz 1998a, S. 54).

Eigene Wege
Wem die notwendige fachliche Kompetenz fehlt, der wird Kindern im Unterricht nur wenig Freiraum für individuelle Strategien lassen und lieber ›die Zügel in der Hand behalten‹ wollen. So sind bei einer Reihe halbschriftlicher Strategien – insbesondere wenn Kinder Mischformen nutzen – verschiedene mathematische Gesetze im Spiel. Um schnell und sicher zu überprüfen, ob eine solche entdeckte Strategie vielleicht nur rein zufällig das korrekte Ergebnis liefert oder allgemeingültig ist, sind fachliche Grundlagen unverzichtbar. Viele eigene Wege von Kindern sind nicht vorauszusehen und planbar (vgl. Selter und Spiegel 1997). Das heißt, die Lehrperson muss im Unterricht situativ, spontan reagieren – natürlich möglichst sinnvoll und v. a. fachlich richtig.

Mathematisch substanzielle Fragestellungen
Auch für die Thematisierung der meisten Aufgabenformate mit eigentlich interessante(re)n Fragestellungen ist Fachwissen unabdingbar. In der Regel gibt es hier unterschiedliche Lösungsstrategien und Argumentationen sowie vielfältige Entdeckungen, und diese muss die Lehrerin zunächst einmal *selbst* kennen. Das schließt ganz bewusst auch die Kenntnis verschiedener Ebenen ein, d. h. bspw. Lösungen auf algebraischem (s. Abb. 6.1) und auch auf inhaltlich-anschaulichem Niveau.

In einer Stunde über Rechendreiecke sollte begründet werden, warum es keine solchen mit drei ungeraden Außenzahlen geben könne (vgl. Krauthausen und Scherer 2014, S. 155 ff.). An verschiedenen konkreten Innenzahlen zeigten die Kinder, dass eine erste ungerade Außenzahl herstellbar sei durch eine gerade und eine benachbarte ungerade

Innenzahl; auch eine zweite ungerade Außenzahl ließ sich herstellen, indem entweder
die gerade Innenzahl eine ungerade als Nachbarn bekäme oder die gerade eine ungerade
Nachbarin. Wie auch immer man vorgeht, für die dritte Außenzahl kommt es immer zur
›Kollision‹, weil sich zwangsläufig eine gerade Außenzahl ergibt, entweder als Summe
zweier gerader Innenzahlen oder als Summe zweier ungerader Innenzahlen. Also schien
der Beweis erbracht – bis ein Schüler alle drei Innenfelder jeweils mit 1,5 belegte, was
natürlich für alle drei Außenzahlen 3 ergab, also drei ungerade Zahlen!

Was bedeutet diese Situation für die Lehrperson? Sie könnte das Problem ›wegdefi-
nieren‹ und darauf bestehen (verordnen), nur natürliche Zahlen[6] zu benutzen. Nicht sehr
souverän, ohne plausible Begründung *ex cathedra* zu entscheiden! In jener Stunde war
vorab auch über die Definition der Begriffe *gerade/ungerade Zahlen* gesprochen worden,
und die Kinder hatten als Kriterium für eine gerade Zahl benannt, dass man sie ohne
Rest durch zwei teilen könne. Und der Schüler mit dem Vorschlag 1,5 für die Innenzahlen
meinte dann, man könne ja die 3 auch durch zwei teilen, das gäbe eben 1,5. Wäre demnach
die 3 nicht eine *gerade* Zahl?! Hier muss nun die Fachkompetenz der Lehrerin greifen: Ist
etwa das Merkmal ›ohne Rest durch zwei teilbar‹, was wohl jedem plausibel erscheinen
wird, *doch* keine angemessene Definition für eine gerade Zahl? Und 3 ist doch nun wahrlich nicht gerade! Wie löst man diesen Widerspruch auf? Mit dem Fachwissen darüber,
dass die Zahleigenschaft *gerade/ungerade* nur im Zahlbereich der ganzen Zahlen definiert
ist (vgl. Abschn. 2.1.1). Das heißt, nicht die Lehrerin gebietet (willkürlich) die Begrenzung auf natürliche Zahlen, sondern die Widerspruchsfreiheit des systematischen Aufbaus
der Mathematik begrenzt die Definition von *gerade/ungerade* auf die ganzen Zahlen.

Manchmal wird zu relativieren versucht, dass der Einsatz substanzieller Mathematik
ja nicht notwendig wäre – insbesondere wenn man es mit leistungsschwächeren Schü-
lern/Klassen zu tun hat. Verwiesen sei daher noch einmal auf die vielfältigen Vorteile, die
solche Lernumgebungen haben (vgl. Wittmann 1995b; Scherer 1997a), u. a. in Bezug auf
die Motivation (Abschn. 4.5), die Möglichkeiten einer natürlichen Differenzierung (Abschn. 4.6) oder für die Realisierung allgemeiner Lernziele (Abschn. 1.3.1) – auch und
gerade für lernschwache Kinder.

Missverständnisse und Fehlvorstellungen

Nicht selten entsteht bei Schülern mangelndes Verständnis mathematischer Sachverhalte
durch unzureichende didaktische Arrangements seitens der Lehrperson. Im Falle schriftlicher Algorithmen wird bspw. ein Verfahren Schritt für Schritt (im Sinne eines Rezeptes)
erklärt, die Thematisierung zugrunde liegender mathematischer Gesetze und Beziehungen
bleibt aber häufig aus und gehört möglicherweise auch bei den Lehrern nicht zum eigenen
Wissensrepertoire (vgl. z. B. Leinhardt und Smith 1985, S. 255). Insgesamt ist damit zu

---

[6] Im Prinzip bewegt sich der Mathematikunterricht in der Grundschule natürlich (unausgesprochen)
im Bereich der natürlichen Zahlen. Aber Kinder bringen durchaus Vorkenntnisse und Erfahrungen
mit negativen Zahlen und Bruchzahlen mit in den Unterricht. Dies kann man nicht einfach igno-
rieren (s. Abschn. 2.1.1 und 4.1 oder Abb. 3.17), zumal ja einfache Bruchzahlen auch offiziell im
Curriculum aufgegriffen werden. Zu negativen Zahlen vgl. Rütten (2016).

rechnen, dass unzureichende Erklärungen der Lehrperson eine nur unzureichende Verstehensbasis der Schüler entstehen lassen. Wenn nun eine Verstehensbasis nicht ausreichend ausgebildet ist, dann werden sich Fehlvorstellungen, Missverständnisse und Fehllösungen häufiger zeigen (vgl. Leinhardt und Smith 1985, S. 269).

Zur Aufgabe 53 − 28 werden verschiedene Rechenwege thematisiert. Dazu erklären Kinder die Vorgehensweise anderer Kinder (vgl. KIRA o.J.), z. B. diese:

$$\underline{53 - 28 = 35}$$
$$50 - 20 = 30$$
$$8 - 3 = 5$$

Erklärt wird dieser Rechenweg von einem Kind wie folgt:

(1) »Das Kind hat 53 minus 28 gerechnet. Es hat zuerst 50 minus 20 gerechnet, gleich 30.
(2) Dann hat es 8 minus 3 gerechnet, gleich 5.
(3) Es hat aber nicht minus gerechnet, sondern plus.
(4) Es sollte 25 ergeben, nicht 35.«

- Welche der halbschriftlichen Hauptstrategien will das Kind in Zeile (1) und (2) anwenden? (vgl. Wittmann und Müller 2017)
- Erklären Sie zunächst auf *fachlicher* Ebene, dann mit Mitteln von *Grundschulkindern*, warum die Rechnung nicht richtig sein kann.
- Erläutern Sie, warum in Zeile (3) *minus* gerechnet werden soll, obwohl bei der halbschriftlichen Strategie doch die Teilergebnisse *addiert* werden müssen.

Auch dieses Beispiel steht stellvertretend für Fälle, die gleichsam nicht planbar sind, situativ im Unterricht auftreten und die Fach- wie fachdidaktische Kompetenz der Lehrerin fordern können. Den Rechenweg nur zu *verbessern*, hilft dem Kind wenig. Auch den korrekten Weg lediglich noch einmal (langsam) zu *erklären* (vorzumachen, wie ›man‹ es macht), lässt Lernchancen ungenutzt, solange die Fehlermuster nicht in ihrer (häufig vorhandenen) Logik aufgedeckt und aufgearbeitet werden können, wie auch der folgende Absatz bezeugt.

Umgang mit Fehlern
Eine Lehrerin, die ihr Fach nicht ausreichend beherrscht, wird Fehler zwar erkennen und auch anstreichen. Sie wird aber, wie gesagt, vermutlich dazu tendieren, eher die korrekte Lösung vorzugeben, als mit den Kindern die entsprechenden Fehlermuster aufzuarbeiten (sofern sie diese selbst rekonstruieren kann). Ohne das fachliche Hintergrundwissen kann

sie eigentlich keine konstruktive Hilfe bei Schwierigkeiten bieten, da sie i. d. R. die fehlerhaften Strategien der Kinder nicht verstehen kann (zur Bedeutung der diagnostischen Kompetenz vgl. Abschn. 4.3.3). Ein Beispiel ist Martins Fehler. Er unterlief ihm bei seiner Berechnung zu der Frage:»Wie viele Stunden hat ein Jahr?« Diese Berechnung sah wie folgt aus:

$$\frac{3 \quad 6 \quad 5 \quad \cdot \quad 2 \quad 4}{7 \quad 3 \quad 4 \quad 5 \quad 2 \quad 0}$$

Erkennen Sie Martins Fehlerstrategie?
Beschreiben Sie die Strategie in einem kurzen, prägnanten Text:

- Was macht Martin richtig, was macht er falsch?
- Wie würde man sich als Lehrperson die Vorgehensweise fachlich erschließen?
- Wie kann man Martin helfen? (Hilfe zur Selbsthilfe, also nicht zeigen, wie's geht!)

Der Fehler, dies zur Orientierung, ist weder ein Zufalls- noch ein ›dummer‹ Fehler. Ihm liegt eine systematische und ganz konsequent angewandte Strategie zugrunde.

Konsistentes Bild vom Fach und der weiteren Entwicklung des Mathematiklernens
Besitzt die Lehrerin eine unzureichende Fachkompetenz, so kann sie möglicherweise keine Interdependenzen zwischen verschiedenen Fachinhalten erkennen und nutzen und eben auch bestimmte Unterrichtsthemen nicht in übergeordnete (fachliche) Zusammenhänge einbetten. In der Folge muss es ihr zwangsläufig schwerfallen, das Mathematiklernen ihrer Schülerinnen und Schüler *perspektivisch* auf später folgende Inhalte auszurichten. Sie kann diese auch nicht für sich als Hintergrundwissen zur adäquaten Organisation der Lernprozesse nutzen.

Insgesamt wird die Qualität von Unterricht also in entscheidendem Maße von der Qualität, sprich den fachlichen Kompetenzen der Lehrperson abhängen, und hier ist natürlich die Lehreraus- und -fortbildung gefragt (vgl. Weinert 1999, S. 31).

Berufszufriedenheit
Last, not least sei bei allem Engagement für die Kinder und ihre Lernprozesse auch darauf hingewiesen, dass die eigene persönliche ›Psychohygiene‹ deutlich mehr davon profitiert, wenn auch die Lehrerin selbst das Unterrichten als inhaltlich gewinnbringend, spannend und interessant empfindet, anstatt auf Handlungsrezepte angewiesen und begrenzt zu sein, die sich erfahrungsgemäß in wenigen Jahren in ›blutleere‹ Routinen verwandeln können. Auch *fachlich* wach und interessiert zu sein, ist für den Lehrberuf ein nicht zu unterschätzender Baustein und (Gesundheits-)Faktor für ein befriedigendes Berufsleben. Und nicht

zuletzt spüren dies – und sei es nur unbewusst und zwischen allen Zeilen – auch die Kinder.

6.2 Fachdidaktische Kompetenz

Der Umfang sowie der Titel des vorliegenden Bandes kann Folgendes verdeutlichen:

1. *Fachkompetenz* alleine ist nicht ausreichend, um guten Mathematikunterricht in der Grundschule zu gewährleisten. Es bedarf (neben anderem, s. u.) auch fachdidaktischer Kompetenz. Beide Kompetenzbereiche sind natürlich nicht überschneidungsfrei, sondern greifen vielfältig ineinander, wie nicht zuletzt die Beispiele des vorherigen Abschnitts zeigen konnten.
2. *Fachdidaktische* Kompetenz ist nicht ›selbsterklärend‹ oder in natürlicher Weise jedem verfügbar (ansonsten wäre dieses Buch gänzlich überflüssig, weil seine Leserinnen und Leser dies alles schon wissen), sie muss und kann *erworben* werden.
3. Offenbar ist das Wissen, das diese fachdidaktische Kompetenz ausmacht und erfordert, recht *umfangreich*, sonst wäre dieser Band deutlich schlanker.
4. Und da der Titel des Buches von einer *Einführung* spricht, muss davon ausgegangen werden, dass bei Weitem nicht alles, was von Relevanz für guten Mathematikunterricht wäre, hierin enthalten sein kann (und soll).

Diese Voraussetzungen stets im Hinterkopf zu haben, mag eine gute Voraussetzung sein, um diesen Band als ›Arbeitsbuch‹ zu verstehen und zu nutzen. Was in diesem Sinne zur fachdidaktischen Kompetenz gehört, muss daher hier nicht erneut oder weiter erläutert werden, weil dies ja in diesem Band dargelegt wird.

6.3 Methodische Kompetenz

Über diesen Kompetenzbereich ließe sich ebenfalls leicht ein eigenes Buch schreiben (und solche gibt es ja auch nicht wenige). Hier sollen nur einige Facetten in Erinnerung gebracht oder herausgestellt werden. Und zwar solche, die durch einen zeitgemäßen Unterricht, wie er in diesem Band nahegelegt wird, besonders relevant werden.

Moderationskompetenz

Insbesondere angesichts der von den KMK-Bildungsstandards hervorgehobenen Bedeutung der allgemeinen mathematischen Kompetenzen muss der Unterricht Situationen schaffen, in denen dem Kommunizieren, Argumentieren, Problemlösen, Darstellen und Modellieren hinreichend Raum zugebilligt wird. Einer der auffälligen Unterschiede zum traditionellen Unterricht kann etwa in jener Phase gesehen werden, die im Anschluss an die eigenständigen Aktivitäten der Kinder eingeplant wurde und wird:

Als Planungshilfen im traditionellen Unterricht galten lange Zeit sogenannte Artikulationsschemata oder Formalstufen (vgl. Wittmann 1992). *Motivation | Schwierigkeit und ihre Überwindung | Sicherung und Lernkontrolle* war etwa eine solche pragmatische Strukturierungsmöglichkeit für eine Unterrichtsstunde, die nicht zuletzt als Tabellenanhang – inklusive penibler Zeitangaben – allen schriftlichen Unterrichtsvorbereitungen im Vorbereitungsdienst/Referendariat bei Unterrichtsbesuchen beigelegt werden mussten. Inhaltlich verlief die mittlere Phase häufig gleich ab: gemeinsames Erarbeiten/Vorführen einer Musteraufgabe, anschließend wurden gleichartige Aufgaben, meist in Einzelarbeit bearbeitet. Die Phase der Sicherung und Lernkontrolle bestand oft in wenig mehr als dem Abgleich der Ergebnisse; die Kinder markierten jeweils richtig/falsch, was recht zügig möglich war, da die Aufgaben selbst i. d. R. nur eine Lösung hatten. Entsprechend waren in der Zeitspalte für diese Phase selten mehr als 5–10 min vorgesehen.

Heute nutzt man weniger die traditionellen Formalstufen, sondern Etappen oder Phasen, die durch die *Eigendynamik der Sache* strukturiert sind (vgl. die entsprechenden Tabellen für die Unterrichtsreihen in Krauthausen und Scherer 2014). Wittmann und Müller (2017) haben jüngst mit Rückgriff auf Brousseau fünf Unterrichtssituationen oder Phasen vorgeschlagen (vgl. Abschn. 4.2.1): *Einführung | Bearbeitung | Bericht | Begründung/Reflexion | Zusammenfassung.*

Die zentrale Phase der *Bearbeitung* besteht aus differenzierten Aktivitäten der Kinder zu einer gemeinsamen Problemfrage. Da hier auf verschiedenen Anspruchsniveaus agiert wird, aber gleichwohl alle an der gleichen Fragestellung arbeiten, kann es sowohl verschiedene Wege als auch mehrere Lösungen geben und so besteht die Möglichkeit und Notwendigkeit, darüber zu *berichten*, d. h. mit anderen in einen fachlichen Austausch einzutreten (s. soziales Lernen in Abschn. 3.2). Dieser braucht natürlich mehr Zeit als ein eindimensionaler Ergebnisabgleich. Aber nicht nur zeitlich (quantitativ) gewinnt dadurch die letzte Phase an Bedeutung, sondern auch qualitativ. Das gemeinsame Plenum im Anschluss an die individuellen Aktivitäten wird zum Ort, an dem im Beisein aller und unter Moderation der Lehrperson tiefer in den mathematischen Kern der Sache eingedrungen wird, indem *reflektiert und begründet* wird (vgl. Abschn. 3.2.2 und 3.2.3). Diese Phase ist nicht zu verwechseln mit einem klassischen, belehrenden Frontalunterricht! Vielmehr handelt es sich um eine Plenumsphase neuen Zuschnitts – mit veränderten Zielen und neuen Rollen und Aufgaben, gleichermaßen für die Lernenden wie für die Lehrperson.

Das *Eindringen in den mathematischen Kern* geschieht nämlich nicht automatisch durch die Kinder. Selbst Schülerinnen und Schüler mit einer ausgeprägten Fragehaltung brauchen dazu die professionelle Begleitung und Unterstützung der Lehrperson. Denn nur sie kann von ihrem höheren fachlichen und fachdidaktischen Standpunkt aus die Geschehnisse aus der Aktivitätsphase einordnen und durch sachgerechte Moderation der Plenumsphase dazu beitragen, dass die Lernenden im kommunikativen Austausch neues Wissen aufbauen und ihre individuellen Grenzen zur Zone der nächsten Entwicklung sukzessive weiter hinausschieben können. Eine solche Moderation gehört vermutlich zu den anspruchsvollsten Phasen des Unterrichtens und allgemein zu den anforderungsreichsten Aufgaben des Berufs – wenn ein solches Plenum nicht in frontales, vermeintlich ›geschicktes‹, gleichwohl suggestives Belehren abgleiten soll (vgl. Voigt 1984; Bauersfeld 1983b).

In Krauthausen und Scherer (2014, S. 196 ff.) werden Facetten der sogenannten *Moderationskompetenz* zusammengestellt und näher erläutert, weshalb hier nur die zentralen Stichworte zusammengefasst werden (zu möglichen Bedenken s. ebenfalls Krauthausen und Scherer 2014, S. 203 f.):

- *Gebot der Einflussnahme*: Es geht für die Lehrperson nicht strikt darum, ›sich rauszuhalten‹, weil die Lernenden ja angeblich alles selbst entdecken sollen. Gefragt ist Vorbildverhalten (Modelllernen ermöglichen!): immer wieder nach Erklärungen oder Begründungen fragen, hilfreiche Ansätze aufgreifen, zum Weiterdenken ermuntern, kurz: der Verantwortung gerecht werden, Kommunikations- und Lernprozesse anzuregen und aufrechtzuerhalten.
- *Zurückhaltung*: nicht i. S. unterlassener Hilfeleistung, sondern den eigenen missionarischen Eifer des Mitteilens und vorschnellen Helfens unterdrücken. Auch Umwege zulassen und begleiten.
- *Lernprozessbeobachtung und analytisches Zuhören*: Der diagnostische Blick ist auf die individuellen Prozesse gerichtet, denen gezielte Aufmerksamkeit zu widmen ist.
- *Authentische Neugier*: Echtes Interesse am Denken des Kindes zeigen, nicht theatralisch überhöht und gespielt. Vorschnelle Bewertungen oder Verbesserungen tragen nicht zur Glaubwürdigkeit der Neugier auf die individuellen Lernwege des Kindes bei.
- *Ermutigung, sich auszudrücken und sich anderen zuzuwenden*: Ermunterung zur Kommunikation mit anderen (nicht nur mit der Lehrperson), auch wenn Ausdrucksweise oder Sachrichtigkeit noch vorläufig sein mögen.
- *Vielfältiges Fragenrepertoire*: Fragen und Impulse ›höherer Ordnung‹, die andersartiges, variables, begründendes Denken und selbstständiges Weiterdenken fördern (vgl. Schütte 2002, S. 18).
- *Nachhaken und Denkpausen*: Nicht das erstbeste Ergebnis als abschließend akzeptieren. Kritisches Nachfragen bedeutet nicht zwangsläufig, dass etwas falsch gewesen sein muss (auch wenn dies leider oft das Image des Nachfragens ist), sondern eine sich lohnende Einladung zum Weiterdenken. Und Denkpausen sind keine Pausen *vom* Denken, sondern *zum* Denken! Sie sind also sachlich notwendig, nicht jeder stille Moment muss sogleich ›gefüllt‹ werden.

Gesprächsregeln

Plenumsphasen sind Kommunikationssituationen *par excellence*, um sowohl inhaltliche als auch allgemeine mathematische Kompetenzen gleichzeitig und integriert zu fördern. Über Inhalte und Methoden des gemeinsamen Aushandelns von Bedeutungen hinaus ist aber die Sprache auch selbst hierbei Inhalt und nicht nur Träger von Informationen. Und in der heutigen Zeit der schnell gezwitscherten On-the-Fly-Mitteilungen (Twitter & Co.) mag es ein besonders wichtiger Anlass sein, an Gesprächsregeln zum Nutzen eines respektvollen sozialen Miteinanders zu erinnern (vgl. Hinske 1996; Krauthausen und Scherer 2014, S. 72 f.):

- Frage dich stets, *bevor* du reagierst: Habe ich den anderen richtig verstanden?
- Nimm *Bezug* auf den anderen und stelle nicht einfach (d)ein *Statement* daneben oder dagegen.
- Bleibe beim Kern und verliere dich nicht in Belanglosigkeiten, die davon wegführen.
- Versuche eine andere, abweichende Meinung empathisch nachzuvollziehen, indem du nach Gründen suchst, die diese Meinung hervorgebracht haben könnten (mentaler Rollenwechsel: Versetze dich in die Lage/Rolle des anderen.).
- So klar und plausibel du deiner Meinung nach auch formulierst: Erwarte und erzwinge von anderen keine abrupten Meinungs- oder Sichtwechsel, sondern gewähre Zeit zum Überdenken.
- Gib keine voreiligen Bewertungen ab.

Eine produktive rhetorische Strategie, die auch schon mit Grundschulkindern eingeübt werden kann, ist die Funktion eines Advocatus Diaboli: Jeder übernimmt einmal diese Rolle, in der er möglichst jeder geäußerten Meinung *aus Prinzip* widerspricht, um dadurch die anderen Diskutanten herauszufordern, ihre Argumente zu prüfen, zu präzisieren, noch überzeugender zu formulieren usw. Diese Rolle muss vorab für alle bewusstgemacht und klar definiert sein (vgl. das Orchestermodell in Abschn. 3.2.4). Das heißt, jedem muss klar sein, dass diese Person nicht zwingend ihre tatsächliche Meinung wiedergeben muss, sondern *aus Prinzip* dagegenhalten soll. Mit einer solchen Transparenz kann diese rhetorische Strategie ihre produktive Wirkung entfalten und der so Handelnde nicht als Querulant missverstanden werden.

6.4 Pädagogische Kompetenz

Grundschullehrkräfte sind auch *Modelle für Lernen*. Das gilt unabhängig davon, ob sie – noch in Stellvertreterfunktion – gewisse Verhaltensweisen und Überzeugungen den Schülerinnen und Schülern vorleben, die noch nicht ganz in deren Reichweite liegen, oder ob sie bereits auf Einsichtsprozesse und Verstehen bauen können, wenn sie Erwartungen an die Kinder formulieren. Gerade junge Grundschulkinder orientieren sich oft und gerne am Vorbild ihrer Lehrerin, wollen ihr nacheifern, so sein wie sie oder das können, was sie kann. Daraus erwächst einerseits die große Verantwortung, ein möglichst vorbildliches Modell zu sein. Andererseits bieten sich dadurch aber auch motivationale Möglichkeiten und Lernchancen für die Kinder in verschiedener Hinsicht, insbesondere im Bereich der *Haltungen und Einstellungen*. Einige wenige Beispiele:

Wertschätzung für (Mit-)Lernende
Soziales Lernen (Abschn. 3.2) und Lernen überhaupt sollte selbstredend darauf bauen können, dass jede(r) das Vertrauen und die Grundsicherheit hat, sich frei äußern zu dürfen, auch Fehler machen zu dürfen und diese als natürliche Begleiterscheinung von Lernprozessen zu verstehen. Akzeptanz, Toleranz und Hilfsbereitschaft gegenüber anders, schneller, langsamer Lernenden gehört zum pädagogischen Grundethos (nicht nur) in der Grundschule. Diese ergeben sich aber nicht von selbst. Es bedarf einer kompetenten Lehrperson, die Wege und Methoden kennt, um Kindern auf altersgerechte Weise eine förderliche Lernkultur aufzuzeigen, zu erläutern, zu begründen und diese auch alters- wie sachgerecht zu etablieren.

Wertschätzung für das Fach
Mathematik hat in der Öffentlichkeit ein Image, das nicht selten klischeegesättigt ist. Im günstigen Fall wird sie als »eine recht spröde Dame [verstanden], die ihre Reize (sprich: Anwendungen) erst nach langen, zermürbenden Flirts (sprich: Lernen) vorzeigt« (Meyer 1984, S. 359). Nicht selten ist die Abneigung gegen das Fach aber drastischer (»Mathe ist ein Arschloch«[7]). Bereits Grundschulkinder kommen mit solchen Vorurteilen in Kontakt, z. B. über ältere Geschwister, über Eltern (»Ich war auch schon immer schlecht in Mathe.«). Vielleicht hat es das Image der Mathematik auch umso schwerer, je selbstverständlicher die sofortige und sprunghafte Bedürfnisbefriedigung einer *Zapping*-Mentalität in der Gesellschaft wird? Denn Tatsache ist nun mal, »dass Matheprobleme nicht gleich im ersten Anlauf zu lösen sind, vielleicht sogar ›zurückschlagen‹, dass Mathematik zuweilen schwierig, ärgerlich und unnachgiebig sein kann« (Ziegler 2013, S. 192).

Nun muss man das aber nicht zwingend negativ werten; für viele Mathematiker wie Ziegler ist gerade diese Widerständigkeit von mathematischen Problemen willkommen, denn anderenfalls wäre es ja einfach langweilig (vgl. Problemlösen in Abschn. 1.3.1.1). Widerständigkeit macht ein Problem erst interessant: »Ein Problem ist nur des Angriffs wert, wenn es sich dagegen wehrt« (Hein, zit. in Ziegler 2013, S. 193). Der Reiz des Faches kann also gerade darin liegen, dass es Irritationen und Probleme bereithält, die sich nicht gleich von selbst erklären. Denn Irritationen gehören gleichsam zur DNA des menschlichen Lernens, sie sind die besten Auslöser für Lernprozesse. Man kann davor flüchten oder man kann sie wertschätzen. Beides können Lehrpersonen durch ihr Verhalten vor der Klasse suggerieren. Wertschätzung von Wissen-Wollen und Anstrengungsbereitschaft (s. u.) signalisieren zwei Schulbuchautoren den Nutzern ihres Werkes, den Schülerinnen und Schülern, wie folgt: »Um den Druck einer Aufgabe genießen zu können, musst du ihr einen *Gegendruck* entgegensetzen. Du musst sie nach deinem eigenen Geschmack umstellen, abändern, zerlegen – anstatt verzweifelt die Lösung herbeizuseh-

---

[7] Falls Sie die Geschichte hinter dieser bekannten Postkarte interessiert: Ziegler (2013), S. 192–197.

nen. Ist dein Gegendruck stark genug, beginnst du mit der Aufgabe zu spielen. So wird sie
für dich spannend« (Gallin und Ruf 1999, S. 53; Hervorh. im Orig.; vgl. Abschn. 1.3.1.1).

Realistisches Bild des Faches
Damit zusammenhängend ist es auch Aufgabe der Lehrkräfte, den Schülerinnen und Schülern im und durch den Unterricht ein realistisches Bild des Faches zu ermöglichen. Mathematik ist mehr als Rechnen. Und wenn eine Klasse nach einer Geometrieeinheit fragt,
wann man denn wieder ›richtig Mathe‹ machen würde, dann wäre an diesem Bild vom
Fach gewiss noch zu arbeiten.

In der jüngeren Vergangenheit ist z. B. die Bedeutung des *Verschriftlichens* zunehmend
betont und herausgestellt worden. Zahlreiche Arbeitsblätter oder Schulbuchaufgaben ermuntern: *Schreibe auf, wie du vorgegangen bist.* Oder: *Begründe das gefundene Muster in
einem kurzen Text.* Das fällt Grundschulkindern erfahrungsgemäß nicht leicht, und nicht
selten formulieren sie es recht klar, dass gerade dieses Niederschreiben sehr viel schwieriger gewesen sei als das Rechnen oder das Erkennen eines Musters. Auch bei mathematisch
talentierten Kindern »fiel auf, dass die meisten zwar bereit waren, die Lösung eines Problems anderen zu erläutern, dass sie aber nur widerwillig Lösungswege aufschreiben,
aufzeichnen oder in anderer Weise darstellen wollten. Sie hielten dies schlicht für überflüssig: Die Lösung ist da und fertig« (Hasemann und Gasteiger 2014, S. 164). Die Gründe
können vielfältig sein, z. B.:

- Es wird als solches nicht wertgeschätzt und nicht regelmäßig (selbstverständlich und
  konsequent) eingefordert.
- Das Verschriftlichen wird zu selten oder nicht bewusst genug geübt (vgl. Link 2013).
- Es wird vom Kind nicht für nötig erachtet oder ist aus Sicht des Wissenden entbehrlich
  (»Sieht man doch!«; »*Ich* weiß doch, wie ich es gemacht habe!«; s. o. Gesprächsregeln;
  vgl. dazu auch die Du-Perspektive bei Pörksen 2016).
- Vorläufiges Reden und Schreiben ›ins Unreine‹ sind eher tabuisiert als hoffähig (vgl.
  Spiegel 2004).
- Die Kinder haben implizit durch Unterricht gelernt: Geschrieben wird in Sprache,
  vielleicht noch im Sachunterricht, aber nicht in Mathe, da geht's nur um Zahlen. Tat-
  sächlich gehört aber für Mathematikerinnen und Mathematiker das Aufschreiben von
  Ideen ganz selbstverständlich zu ihrer Berufsrealität (vgl. Borasi und Rose 1989; Bur-
  ton und Morgan 2000).

Die Fähigkeit zum sachgerechten Verschriftlichen stellt sich nicht ein, so sehr man das
auch erhoffen mag, wenn man den Satz sagt: »Schreib das einfach mal auf.« Hier ist also
die pädagogische Kompetenz der Lehrperson gefragt und gefordert, denn ebenso vielfältig
wie die Gründe einer Vernachlässigung sind die Gründe für eine gezielte und bewusste
Förderung der Textproduktion im Mathematikunterricht (vgl. Fuchs et al. 2014):

- Das Verschriftlichen führt zu eingehenderer, intensiverer Befassung mit dem Inhalt.
- Es schafft Zeit und Gelegenheit zum Nachdenken, Prüfen, Korrigieren.
- Es führt zu neuen Eindrücken und Ideen (vgl. Von Kleist 1978).
- Es eröffnet Einblicke in die Gedanken des Kindes.
- Es ermöglicht eine Rückmeldung über den Unterricht.
- Es beugt dem Vergessen vor.
- Es eröffnet eine Metaebene für das (nachträgliche) Reflektieren.

Methoden und Erfahrungen zur Anregung des Schreibens und zur Unterstützung entsprechender Lernprozesse finden sich u. a. bei Fuchs et al. 2014 oder Fetzer 2007, 2009, 2011a.

Haltungen und Einstellungen

Auch diese gehören zum Mathematiktreiben und zum Lernen generell dazu. Die o. g. Widerständigkeit von Problemstellungen erfordert *Ausdauer und Anstrengungsbereitschaft*, auch als alternative Erfahrung zu sofortiger Bedürfnisbefriedigung und allseitiger Erleichterung. Der Mathematikunterricht muss in erster Linie so ausgerichtet sein, dass er das Denken *ermöglicht* und es nicht nur (ohne Weiteres) *erleichtert* (vgl. Winter 1983, S. 71).

Hinzu kommt die Entwicklung einer eigenen Fragehaltung, eines Begründungsbedürfnisses – auch ohne dass die Lehrperson danach verlangt. Vorschulkinder fragen noch allenthalben »Warum ...?«. Diese Neugier, das *Einfach-Wissen-Wollen* ist es wert, gepflegt zu werden. Auch dafür können Lehrpersonen einiges tun, und sei es nur, gewohnheitsmäßig selbst immer wieder die Warum-Frage zu stellen. Nicht lange wird es dauern (Modelllernen!), bis die Kinder wissen: Ergebnisse sind schön und gut, sollten auch sein, aber dann gehört eine Erklärung, eine Begründung ganz selbstverständlich dazu.

Und nicht zuletzt gehört die als selbstverständlich etablierte Einstellung in eine Lerngruppe, dass der Schwierigkeitsbegriff ein subjektiver Begriff ist. Das wird man den Kindern in dieser Formulierung natürlich nicht sagen. Es muss aber erfahrbar werden, dass ein und dieselbe Aufgabe oder Anforderung für ein Kind A sehr einfach und für ein Kind B sehr schwierig sein kann und dass das völlig normal ist: In einer Stunde zu Rechendreiecken beispielsweise sollten die Kinder jeweils drei *ihrer Meinung nach* leichte, drei schwere und drei ›besondere‹ Rechendreiecke notieren (Krauthausen und Scherer 2014, S. 148). Das Dreieck mit den drei gleichen Innenzahlen 999 mag für manche schwierig sein (weil mit $999 + 999$ große und ›krumme‹ Zahlen zu addieren sind), für andere einfach (weil man $1000 + 1000 - 2$ rechnen könnte); Julius aber fand dieses Dreieck besonders ... weil die Summe sein Geburtsjahr ergab. Wenn erfahrbar wird, dass für jeden etwas anderes leicht oder schwer ist, dann macht es keinerlei Sinn, andere z. B. auszulachen, wenn sie länger brauchen, Fehler machen, unsicher wirken. Erziehung zur Toleranz steckt manchmal auch an solchen zunächst unvermuteten Orten.

Zusammenfassend

Lehrpersonen sind Anwälte der Schülerinnen und Schüler *und* Anwälte der fachlichen Inhalte (vgl. Scherer 1997b). Sie haben darauf zu achten, dass keiner der beiden Pole den anderen dominiert oder verdrängt. Lehrerinnen und Lehrer können diese Aufgabe nur dann erfüllen, wenn sie sich in *beiden* Welten hinreichend gut auskennen. Und in beiden Welten müssen sie sowohl die Position der Rückschau als auch die Position der Vorausschau einnehmen können (Gallin und Ruf 1990, S. 46). Für eine detailliertere Beschäftigung mit den vielfältigen Anforderungen an Schülerinnen und Schüler, an die Unterrichtskultur und an die Lehrperson sei verwiesen auf Krauthausen und Scherer (2014, S. 57 ff.).

6.5　Angebote und Anforderungen der Lehrerbildung

Die Lehrerbildung muss folglich in allen drei Phasen Angebote im Hinblick auf die verschiedenen Kompetenzbereiche machen (vgl. Krauthausen 1998c, S. 113 ff.; auch Selter 1995a):

- Das Verständnis fachlicher Konzepte (»Elementarmathematik vom höheren Standpunkt«; Freudenthal 1978, S. 73);
- die Bewusstmachung und das reflektierte Verständnis eigener Lernprozesse;
- das Verständnis potenzieller Lernprozesse von Kindern;
- das Verständnis von konzeptionell fundiertem Mathematikunterricht.

Zudem gibt es analog zu den Lehr- oder Bildungsplänen für den Grundschulunterricht auch formelle Vorgaben für die Lehrerbildung seitens der Kultusministerkonferenz. Die zentralen Aspekte sollen in diesem abschließenden Kapitel vorgestellt werden und einer realistischen Orientierung und Einordnung der Anforderungen des Studiengangs dienen.

Standards für die Lehrerbildung: Bildungswissenschaften (KMK 2014)

Das in diesem Papier veröffentlichte Berufsbild beschreibt folgende Kompetenzbereiche:

1. Kompetenzbereich *Unterrichten*: Lehrerinnen und Lehrer sind Fachleute für das Lehren und Lernen.
2. Kompetenzbereich *Erziehen*: Lehrerinnen und Lehrer üben ihre Erziehungsaufgabe aus.
3. Kompetenzbereich *Beurteilen*: Lehrerinnen und Lehrer beraten sach- und adressatenorientiert und üben ihre Beurteilungsaufgabe gerecht und verantwortungsbewusst aus.
4. Kompetenzbereich *Innovieren*: Lehrerinnen und Lehrer entwickeln ihre Kompetenzen ständig weiter.

Über diese Kompetenzbereiche verteilt werden insgesamt elf Kompetenzen ausformuliert, die jeweils durch Standards für die theoretischen und die praktischen Ausbildungsabschnitte ergänzt sind. Diese sind noch vergleichsweise allgemein formuliert, wie folgendes Beispiel zum Kompetenzbereich *Unterrichten, Kompetenz 1* zeigt: »Lehrerinnen und Lehrer planen Unterricht unter Berücksichtigung unterschiedlicher Lernvoraussetzungen und Entwicklungsprozesse fach- und sachgerecht und führen ihn sachlich und fachlich korrekt durch« (KMK 2014, S. 7). Einer der fünf Standards für die theoretischen Ausbildungsabschnitte zu diesem Kompetenzbereich lautet: »Die Absolventinnen und Absolventen [...] kennen allgemeine und fachbezogene Didaktiken und wissen, was bei der Planung von Unterrichtseinheiten auch in leistungsheterogenen Gruppen beachtet werden muss« (KMK 2014). Und für die praktischen Ausbildungsanteile heißt es: »Die Absolventinnen und Absolventen [...] verknüpfen fachwissenschaftliche und fachdidaktische Argumente und planen und gestalten Unterricht auch unter Berücksichtigung der Leistungsheterogenität« (KMK 2014).

Ländergemeinsame inhaltliche Anforderungen für die Fachwissenschaften und Fachdidaktiken in der Lehrerbildung (KMK 2008)
Die dort niedergelegten Beschlüsse sind weitaus konkreter formuliert. »Die inhaltlichen Anforderungen an das fachwissenschaftliche und fachdidaktische Studium für ein Lehramt leiten sich aus den *Anforderungen im Berufsfeld von Lehrkräften* ab; sie beziehen sich auf die Kompetenzen und somit auf Kenntnisse, Fähigkeiten, Fertigkeiten und Einstellungen, über die eine Lehrkraft zur Bewältigung ihrer Aufgaben im Hinblick auf das jeweilige Lehramt verfügen muss« (KMK 2008, S. 2). Für jedes zu studierende Unterrichtsfach wird ein ›Fachspezifisches Kompetenzprofil‹ vorangestellt, das für Mathematik wie folgt aussieht und hier vollständig zitiert wird:

»Die Studienabsolventinnen und -absolventen verfügen über anschlussfähiges mathematisches und mathematikdidaktisches Wissen, das es ihnen ermöglicht, gezielte Vermittlungs-, Lern- und Bildungsprozesse im Fach Mathematik zu gestalten und neue fachliche und fächerverbindende Entwicklungen selbstständig in den Unterricht und in die Schulentwicklung einzubringen. Sie

- können mathematische Sachverhalte in adäquater mündlicher und schriftlicher Ausdrucksfähigkeit darstellen, mathematische Gebiete durch Angabe treibender Fragestellungen strukturieren, durch Querverbindungen vernetzen und Bezüge zur Schulmathematik und ihrer Entwicklung herstellen,
- können beim Vermuten und Beweisen mathematischer Aussagen fremde Argumente überprüfen und eigene Argumentationsketten aufbauen sowie mathematische Denkmuster auf praktische Probleme anwenden (mathematisieren) und Problemlösungen unter Verwendung geeigneter Medien erzeugen, reflektieren und kommunizieren,
- können den allgemeinbildenden Gehalt mathematischer Inhalte und Methoden und die gesellschaftliche Bedeutung der Mathematik begründen und in den Zusammenhang mit Zielen und Inhalten des Mathematikunterrichts stellen,
- können fachdidaktische Konzepte und empirische Befunde mathematikbezogener Lehr-Lern-Forschung nutzen, um Denkwege und Vorstellungen von Schülerinnen und Schülern zu analysieren, Schülerinnen und Schüler für das Lernen von Mathematik zu motivieren sowie individuelle Lernfortschritte zu fördern und zu bewerten,

- können Mathematikunterricht auch mit heterogenen Lerngruppen auf der Basis fachdidaktischer Konzepte analysieren und planen und auf der Basis erster reflektierter Erfahrungen exemplarisch durchführen« (KMK 2008, S. 22).

Alsdann werden Studieninhalte für die Lehrämter der Sekundarstufe I sowie erweiterte Studieninhalte für das Gymnasium/Sekundarstufe II benannt, und zwar zu den Bereichen Arithmetik und Algebra, Geometrie, Lineare Algebra, Analysis, Stochastik, Angewandte Mathematik und mathematische Technologie, Mathematikdidaktik.

Die Inhalte des Kompetenzprofils für die *Grundschulbildung* verstehen sich als Mindestanforderungen angesichts der Tatsache, dass das primarstufenspezifische Lehramt in den Bundesländern unterschiedlich strukturiert sein kann (z. B. auch 4- oder 6-jährig). Auch hier wieder das Primarstufen-spezifische Kompetenzprofil in Gänze zitiert:

»Die Studienabsolventinnen und -absolventen haben den Auftrag der Grundschule, Bildung grundzulegen, theoretisch-systematisch und forschungsorientiert erschlossen, anwendungsorientiert erprobt und wissenschaftsbasiert reflektiert. Sie verstehen sich als Vermittler zwischen den Bildungsansprüchen des Kindes und den gesellschaftlich geltenden Bildungsanforderungen. Grundlage dafür ist der respektvolle, wertschätzende Umgang mit den Kindern, der aus einer differenzierten Wahrnehmung und der Erschließung kindlicher Weltzugänge resultiert. Die Studienabsolventinnen und -absolventen

- können den Bildungs- und Erziehungsauftrag der Grundschule wissenschaftlich reflektiert erläutern,
- haben ein differenziertes professionstheoretisches Verständnis von der Bedeutung und den Anforderungen des Berufs einer Grundschullehrerin/eines Grundschullehrers,
- verstehen grundlegende fachwissenschaftliche Prinzipien und Strukturen grundschulrelevanter Fächer und können die Bedeutung von anschlussfähigem Wissen und Können für kompetentes Handeln erläutern,
- können kind- und sachgerechte Entscheidungen für die Auswahl und Gestaltung von Lernangeboten treffen, kennen grundlegende Methoden und können unter Berücksichtigung fachlicher und pädagogischer Überlegungen Unterricht ziel-, inhalts- und methodenadäquat reflektieren,
- sind in der Lage, Möglichkeiten für einen förderlichen Umgang mit Heterogenität in der Grundschule bei der Gestaltung integrativer Erziehungs- und Unterrichtsarbeit zu begründen;
- haben einen differenzierten Einblick in die Entwicklung und Förderung kognitiver, sozialer und emotionaler Fähigkeiten sowie der Sprachkompetenz und der Kommunikationsfähigkeit von Kindern,
- können Leistungen von Grundschülerinnen und -schülern angemessen beurteilen und bewerten und ihr Urteil im Hinblick auf eine kindgerechte Rückmeldung, Beratung und Förderung nutzen,
- können Ergebnisse von Leistungsvergleichen in der Grundschule und Erkenntnisse grundschulbezogener Schulforschung reflektiert nutzen,
- kennen die Anforderungen beim Übergang in die Grundschule und auf weiterführende Schulen und Lernbereiche sowie Möglichkeiten der Kooperation und Verzahnung der beteiligten Institutionen« (KMK 2008, S. 40).

Die formulierten Studieninhalte für den ›Studienbereich Mathematik‹ differenzieren sich in fachwissenschaftliche und fachdidaktische Grundlagen:

- »*Fachwissenschaftliche Grundlagen*: Zahlensystem, Zahldarstellung und Zahlenmuster in ihrer kulturellen Entwicklung und ihrer strukturellen Bedeutung für die elementare Arithmetik und Zahlentheorie; elementare Geometrie in Ebene und Raum einschließlich Messen; Funktionen als universelles Werkzeug in verschiedenen Kontexten und unterschiedlichen Darstellungen; Datenanalyse und Zufallsmodellierung.
- *Fachdidaktische Grundlagen*: Konzepte zu zentralen mathematischen Denkhandlungen wie Begriffsbilden, Argumentieren, Modellieren, Problemlösen; Theorien der mathematischen Wissensentwicklung im Vor- und Grundschulalter;

Mathematikunterrichtsbezogene Handlungskompetenzen: Konstruktion von Lernumgebungen, Interventionsstrategien, Differenzieren und Fördern im Mathematikunterricht, Lernprozessdiagnostik und Leistungsbeurteilung, Förderung besonders begabter Grundschulkinder und von Kindern mit speziellen Leistungsschwächen« (KMK 2014, S. 41)

Für das analoge Vorgehen im Hinblick auf die ›Sonderpädagogik‹ (fachspezifisches Kompetenzprofil und Studieninhalte zu den einzelnen Förderschwerpunkten mit ihren pädagogischen, psychologischen, diagnostischen und didaktischen Dimensionen) sei auf die Seiten 43–47 in KMK (2008) verwiesen.

Fachfremder Mathematikunterricht

Abschließend sei dieses Problem noch kurz angesprochen, das in der Vergangenheit maßgeblich für Abstriche an der Qualität des Mathematikunterrichts verantwortlich gemacht wurde. Die oben bereits angedeuteten Unterschiede der Grundschule und der Grundschullehrerausbildung in den einzelnen Bundesländern haben auch zu sehr unterschiedlichen Ausformungen der Lehrangebote an den Universitäten oder Pädagogischen Hochschulen geführt.

Die IQB-Ländervergleichsstudie (Stanat et al. 2012) hat die Kompetenzen von Kindern am Ende der 4. Klasse untersucht und dabei auch unterschieden, ob der Unterricht fachfremd oder von einer Fachlehrkraft erteilt wurde. In der Leistungsdifferenz der Kinder machte dies 18 Punkte aus, was einem Lernvorsprung von einem Viertelschuljahr entspricht. Bei den leistungsschwächsten Kindern macht die Differenz von 58 Punkten gar ein Dreivierteljahr aus.

»Es gibt eine Reihe weiterer Untersuchungen, die in ähnlicher Weise aufzeigen: Mit dem Grad der fachdidaktischen, diagnostischen und fachlichen Kompetenz der Lehrpersonen steigen die Kompetenzen der Schülerinnen und Schüler. Zudem: Aus anderer Forschung weiß man um die Bedeutsamkeit stabiler mathematikbezogener (Mathematik ist keine Ansammlung von Formeln, sondern bietet viele Gelegenheiten zum Erforschen und Entdecken) und mathematikunterrichtsbezogener Überzeugungen (Kinder lernen Mathematik nicht, indem sie etwas beigebracht bekommen, sondern indem sie Gelegenheiten erhalten, sich Mathematik ausgehend von ihren individuellen Vorerfahrungen selbst anzueignen). Und man weiß,

dass fachfremd Unterrichtende häufig andere Überzeugungen haben, so dass die Wahrscheinlichkeit steigt, dass sie diese Überzeugungen an ihre Schülerinnen und Schüler ›weiter geben‹« (Selter 2015, S. 2).

Mathematik nicht als Unterrichtsfach zu studieren sowie die Struktur eines stufenübergreifenden Lehramtes (Grund-/Mittelschule; Primar-/Sekundarstufe I) sind nachweislich
keine guten Voraussetzungen und einem qualitativ guten Mathematikunterricht in der
Grundschule nicht zuträglich (vgl. auch TEDS-M bei Blömeke et al. 2010). Das Problem
jedenfalls scheint als solches von der Bildungspolitik erkannt: In der Rahmenvereinbarung der KMK vom Oktober 2013 wird für die Ausbildung und Prüfung ein eigenständiges Lehramt der Grundschule bzw. Primarstufe (Lehramtstyp 1) vorgeschrieben; noch
existierende stufenübergreifende Lehrämter (Grund-/Mittelstufe) laufen aus. Ebenso wird
festgeschrieben, dass das entsprechende Studium »fachwissenschaftliche und -didaktische
Studieninhalte aus den Fächern Deutsch *und* Mathematik sowie *einem weiteren* Fach oder
Lernbereich für die Grundschule bzw. Primarstufe« enthalten muss (Blömeke et al. 2010,
S. 2; Hervorh. GKr). Bei der detaillierten Aufteilung der Leistungspunkte gibt es Spielräume, aber eines dieser Fächer bzw. Lernbereiche soll mit einem Mindestumfang von
50 Leistungspunkten (inkl. Fachdidaktik) studiert werden.

Und so bleibt zu hoffen, dass die bereits auf den Weg gebrachten sowie ins Auge gefassten Veränderungen zukünftig zu einem qualitativ (noch) besseren Mathematikunterricht in
der Grundschule beitragen werden …

Bisher erschienene Bände der Reihe Mathematik Primarstufe und Sekundarstufe I + II

Herausgegeben von

Prof. Dr. Friedhelm Padberg, Universität Bielefeld

Prof. Dr. Andreas Büchter, Universität Duisburg-Essen

Bisher erschienene Bände (Auswahl):

Didaktik der Mathematik

P. Bardy: Mathematisch begabte Grundschulkinder – Diagnostik und Förderung (P)

C. Benz/A. Peter-Koop/M. Grüßing: Frühe mathematische Bildung (P)

M. Franke/S. Reinhold: Didaktik der Geometrie (P)

M. Franke/S. Ruwisch: Didaktik des Sachrechnens in der Grundschule (P)

K. Hasemann/H. Gasteiger: Anfangsunterricht Mathematik (P)

K. Heckmann/F. Padberg: Unterrichtsentwürfe Mathematik Primarstufe, Band 1 (P)

K. Heckmann/F. Padberg: Unterrichtsentwürfe Mathematik Primarstufe, Band 2 (P)

F. Käpnick: Mathematiklernen in der Grundschule (P)

G. Krauthausen: Digitale Medien im Mathematikunterricht der Grundschule (P)

G. Krauthausen: Einführung in die Mathematikdidaktik (P)

K. Krüger/H.-D. Sill/C. Sikora: Didaktik der Stochastik in der Sekundarstufe (S)

G. Krummheuer/M. Fetzer: Der Alltag im Mathematikunterricht (P)

F. Padberg/C. Benz: Didaktik der Arithmetik (P)

A. Pallack: Digitale Medien im Mathematikunterricht der Sekundarstufen I + II (P/S)

P. Scherer/E. Moser Opitz: Fördern im Mathematikunterricht der Primarstufe (P)

A.-S. Steinweg: Algebra in der Grundschule (P)

G. Hinrichs: Modellierung im Mathematikunterricht (P/S)

© Springer-Verlag GmbH Deutschland 2018
G. Krauthausen, *Einführung in die Mathematikdidaktik – Grundschule*,
Mathematik Primarstufe und Sekundarstufe I + II,
https://doi.org/10.1007/978-3-662-54692-5

R. Danckwerts/D. Vogel: Analysis verständlich unterrichten (S)

C. Geldermann/F. Padberg/U. Sprekelmeyer: Unterrichtsentwürfe Mathematik Sekundarstufe II (S)

G. Greefrath: Didaktik des Sachrechnens in der Sekundarstufe (S)

G. Greefrath/R. Oldenburg/H.-S. Siller/V. Ulm/H.-G. Weigand: Didaktik der Analysis für die Sekundarstufe II (S)

K. Heckmann/F. Padberg: Unterrichtsentwürfe Mathematik Sekundarstufe I (S)

F. Padberg/S. Wartha: Didaktik der Bruchrechnung (S)

H.-J. Vollrath/H.-G. Weigand: Algebra in der Sekundarstufe (S)

H.-J. Vollrath/J. Roth: Grundlagen des Mathematikunterrichts in der Sekundarstufe (S)

H.-G. Weigand/T. Weth: Computer im Mathematikunterricht (S)

H.-G. Weigand et al.: Didaktik der Geometrie für die Sekundarstufe I (S)

Mathematik

M. Helmerich/K. Lengnink: Einführung Mathematik Primarstufe – Geometrie (P)

F. Padberg/A. Büchter: Einführung Mathematik Primarstufe – Arithmetik (P)

F. Padberg/A. Büchter: Vertiefung Mathematik Primarstufe – Arithmetik/Zahlentheorie (P)

K. Appell/J. Appell: Mengen – Zahlen – Zahlbereiche (P/S)

A. Filler: Elementare Lineare Algebra (P/S)

S. Krauter/C. Bescherer: Erlebnis Elementargeometrie (P/S)

H. Kütting/M. Sauer: Elementare Stochastik (P/S)

T. Leuders: Erlebnis Algebra (P/S)

T. Leuders: Erlebnis Arithmetik (P/S)

F. Padberg: Elementare Zahlentheorie (P/S)

F. Padberg/R. Danckwerts/M. Stein: Zahlbereiche (P/S)

A. Büchter/H.-W. Henn: Elementare Analysis (S)

B. Schuppar: Geometrie auf der Kugel – Alltägliche Phänomene rund um Erde und Himmel (S)

B. Schuppar/H. Humenberger: Elementare Numerik für die Sekundarstufe (S)

G. Wittmann: Elementare Funktionen und ihre Anwendungen (S)

P: Schwerpunkt Primarstufe

S: Schwerpunkt Sekundarstufe

Literatur

Abele, A. et al. (1970): Überlegungen und Materialien zu einem neuen Lehrplan für den Mathematikunterricht in der Grundschule. Die Schulwarte, H. 9/10, S. 117–156

Abele, A. (1988): Kommunikationsprozesse im Mathematikunterricht. Mathematische Unterrichtspraxis, H. II, S. 23–30

Abele, A. (1991): Argumentationsfähigkeit von Grundschülern. In: Beiträge zum Mathematikunterricht, S. 121–124. Bad Salzdetfurth

Abels, L. et al. (2010): Mathepilot 2. Stuttgart

Van Ackeren, I./Klemm, K. (2000): TIMSS, PISA, LAU, MARKUS und so weiter – Ein aktueller Überblick über Typen und Varianten von Schulleistungsstudien. Pädagogik, H. 12, S. 10–15

Aebli, H. (1966): Psychologische Didaktik. Stuttgart

Aebli, H. (1968): Über die geistige Entwicklung des Kindes. Stuttgart

Aebli, H. (1976): Grundformen des Lehrens. Eine allgemeine Didaktik auf kognitionspsychologischer Grundlage. Stuttgart

Aebli, H. (1981): Denken: das Ordnen des Tuns. Stuttgart

Aebli, H. (1985): Das operative Prinzip. mathematik lehren, H. 11, S. 4–6

Ahmed, A. (1987): Better Mathematics. A Curriculum Development Study. London

Ahmed, A. (1999): Children's activities and play: Connecting with and transforming into mathematical learning. In: M. Hejny/J. Novotná (Hg.), Proceedings of the International Symposium Elementary Maths Teaching (SEMT), S. 179–180. Prague

Ahmed, A./Williams, H. (1997): Numbers & Measures. Oxfordshire

Anders, K./Laurenz, Ch. (2013): Rücken an Rücken. Zweitklässler beschreiben Steckwürfelgebäude immer präziser. Grundschule Mathematik, H. 39, S. 10–13

Anderson, J. (2002): Gender-related differences on open and closed assessment tasks. International Journal of Mathematical Education in Science and Technology, H. 4, S. 495–503

Andresen, U. (1996): So dumm sind sie nicht: Von der Würde der Kinder in der Schule. 8. Aufl. Weinheim

Anghileri, J. (1997): Uses of counting in multiplication and division. In: I. Thompson (Ed.), Teaching and learning early number, S. 41–51. Buckingham

Anthony, G. J./Walshaw, M. A. (2004): Zero: A ›None‹ Number? Teaching Children Mathematics, S. 38–42

Artelt, C. et al. (2001): Lesekompetenz: Testkonzeption und Ergebnisse. In: J. Baumert et al. (Hg.), PISA 2000. Basiskompetenzen von Schülerinnen und Schülern im internationalen Vergleich, S. 69–137. Opladen

Aubrey, C. (1997): Children's early learning of number in school and out. In: I. Thompson (Ed.), Teaching and learning early number, S. 20–29. Buckingham

Bach, A. et al. (2006): Mit Zahlen lügen. Script zur WDR-Sendereihe Quarks & Co. Köln

Backe-Neuwald, D. (1998): Über den Geometrieunterricht in der Grundschule. Ergebnisse einer schriftlichen Befragung von LehrerInnen und LehramtsanwärterInnen. Mathematische Unterrichtspraxis, H. I, S. 1–12

Backe-Neuwald, D. (2000): Bedeutsame Geometrie in der Grundschule – aus der Sicht der Lehrerinnen und Lehrer, des Faches, des Bildungsauftrages und des Kindes. Dissertation/Paderborn

Baer, M. et al. (1994): Diagnose des metakognitiven Wissens des Textverfassens (Diagnose und Förderung der Textproduktionskompetenz von Schülerinnen und Schülern, unter Berücksichtigung kognitiver und metakognitiver Prozesse). Forschungsbericht No. 10. Universität Bern, Abteilung Pädagogische Psychologie, Bern

Baireuther, P. (1996a): Wie können Lehrer, die selbst nur totes Mathematikwissen (gelernt) haben, lebendigen Mathematikunterricht geben? In: R. Biehler et al. (Hg.), Mathematik allgemeinbildend unterrichten: Impulse für Lehrerbildung und Schule, S. 166–181. Köln

Baireuther, P. (1996b): Subjektive Erfahrungsbereiche in der Grundschulmathematik. In: K. P. Müller (Hg.), Beiträge zum Mathematikunterricht, S. 67–70. Hildesheim

Baireuther, P. (1997): Zahl und Form. Der Formzahlaspekt – ein Beitrag zur Verbindung von arithmetischen und geometrischen Erfahrungen. Mathematische Unterrichtspraxis, H. I, S. 3–16

Bardy, P. (2002): Eine Aufgabe – viele Lösungswege. Grundschule, H. 3, S. 28–30

Bardy, P. (2007): Mathematisch begabte Grundschulkinder. Heidelberg

Barmby, P. et al. (2009): The array representation and primary children's understanding and reasoning in multiplication. Educational Studies in Mathematics, 70. Jg., S. 217–241

Baroody, A. J. (1987): Children's Mathematical Thinking. A Developmental Framework for Preschool, Primary and Special Education Teachers. New York

Baroody, A. J./Ginsburg, H. P. (1992): Children's Mathematical Learning: A Cognitive View. In: R. B. Davis et al. (Ed.), Constructivist Views on the Teaching and Learning of Mathematics, S. 51–64. Reston

Bartnitzky, H. et al. (2003): Bildungsansprüche von Grundschulkindern – Standards zeitgemäßer Grundschularbeit. Grundschulverband aktuell, H. 81, S. 1–24

Bartnitzky, H. (2009): Wie Kinder selbstständiger werden können ... und wie ›modernistischer‹ Unterricht dies verhindert. In: H. Bartnitzky/U. Hecker (Hg.), Allen Kindern gerecht werden. Aufgaben und Wege, S. 206–221. Frankfurt/M.

Bartnitzky, H. (2012): Fördern heißt Teilhabe. In: H. Bartnitzky et al. (Hg.), Individuell fördern – Kompetenzen stärken in der Eingangsstufe. Heft 1: Fördern – warum, wer, wie, wann?, S. 6–36. Frankfurt/M.

Bartnitzky, H./Speck-Hamdan, A. (2004, Hg.): Leistungen der Kinder wahrnehmen – würdigen – fördern. Frankfurt/M.

Bauer, L. (1998): Schriftliches Rechnen nach Normalverfahren – wertloses Auslaufmodell oder überdauernde Relevanz? Journal für Mathematik-Didaktik, H. 2/3, S. 179–200

Bauersfeld, H. (1983a): Subjektive Erfahrungsbereiche als Grundlage einer Interaktionstheorie des Mathematiklernens und -lehrens. In: H. Bauersfeld et al. (Hg.), Lehren und Lernen von Mathematik. Analysen zum Unterrichtshandeln II, S. 1–56. Köln

Bauersfeld, H. (1983b): Kommunikationsverläufe im Mathematikunterricht. Diskutiert am Beispiel des ›Trichtermusters‹. In: K. Ehlich/J. Rehbein (Hg.), Kommunikation in Schule und Hochschule, S. 21–28. Tübingen

Bauersfeld, H. (1993): Mathematische Lehr-Lern-Prozesse bei Hochbegabten – Bemerkungen zu Theorie, Erfahrungen und möglicher Förderung. Journal für Mathematik-Didaktik. H. 3/4, S. 243–267

Bauersfeld, H. (2002): Das Anderssein der Hochbegabten. Merkmale, frühe Förderstrategien und geeignete Aufgaben. mathematica didactica, H. 1, S. 5–16

Bauersfeld, H. (2006): Die Probleme mathematisch besonders befähigter Kinder und ihrer Tutoren. mathematica didactica, H. 1, S. 26–40

Bauersfeld, H./Voigt, J. (1986): Den Schüler abholen, wo er steht! Friedrich Jahresheft, H. IV: Lernen, Ereignis und Routine, S. 18–20

Baumann, R. (1998): Projekte im Mathematikunterricht – geht denn das? LOGIN, H. 2, S. 33–45

Baumert, J. et al. (2000, Hg.): TIMSS/III. Dritte Internationale Mathematik- und Naturwissenschaftsstudie. Mathematische und naturwissenschaftliche Bildung am Ende der Schullaufbahn. Band 1. Opladen

Baumert, J. et al. (2001, Hg.): PISA 2000. Basiskompetenzen von Schülerinnen und Schülern im internationalen Vergleich. Opladen

BBS (2003) – Freie und Hansestadt Hamburg, Behörde für Bildung und Sport (Hg.): Bildungsplan Grundschule. Rahmenplan Mathematik. Hamburg

Becker, J.-C. (2017): Tangram – analog und digital. Spielende Förderung geometrischer Kompetenzen. Grundschulunterricht Mathematik, H. 1, S. 25–28

Becker, J./Selter, Ch. (1996): Elementary School Practices. In: A. Bishop et al. (Ed.), International Handbook on Mathematics Education, S. 511–564, Dordrecht

Becker, J. M./Probst, H. (Hg., 1996): Ansichten vom Fahrrad. Marburg

Bedürftig, Th./Koepsell, A. (1995): Ergänzen beim schriftlichen Abziehen. Erfahrungen, Versuche, Ansichten (1./2. Teil). Grundschule, H. 11 & 12, S. 53–55 & 50–52

Bedürftig, Th./Koepsell, A. (1998): Schriftliche Subtraktion ohne ministerielle Vorschrift. Beitrag zur Renaturierung eines Unterrichtsabschnittes. Mathematische Unterrichtspraxis, H. I, S. 13–26

Bender, P. (1980): Analyse der Ergebnisse eines Sachrechentests am Ende des 4. Schuljahres. Teil 1–3. Sachunterricht und Mathematik in der Primarstufe, H. 4, 5 & 6, S. 141–147, 191–198, 226–233

Bender, P. et al. (1997): Empfehlungen zur fachmathematischen Ausbildung der angehenden Primarstufen-Lehrerinnen und -Lehrer. In: P. Bardy (Hg.), Mathematische und mathematikdidaktische Ausbildung von Grundschullehrerinnen/-lehrern, S. 208–225. Weinheim

Bender, P. et al. (1999): Überlegungen zur fachmathematischen Ausbildung der angehenden Grundschullehrerinnen und -lehrer. Journal für Mathematik-Didaktik, H. 4, S. 301–310

Bender, P. (2004): Die etwas andere Sicht auf den mathematischen Teil der internationalen Vergleichsuntersuchungen PISA sowie TIMSS und IGLU. GDM-Mitteilungen, H. 78, S. 101–108

Benz, Ch. et al. (2015): Frühe mathematische Bildung. Mathematiklernen der Drei- bis Achtjährigen. Berlin

Berg, S. (2016): Die Lüge hat kurze Beine, die Wahrheit braucht lange Sätze. Ein Plädoyer wider die Verhappungsverknappungsmaschinerie. DER SPIEGEL, H. 52, S. 54–55

Besuden, H. (1978): Cuisenaire-Stäbe als Hilfsmittel zur Förderung des induktiven Schließens. Der Mathematikunterricht, H. 4, S. 26–37

Besuden, H. (1985a): Motivierung im Mathematikunterricht durch problemhaltige Unterrichtsgestaltung. Der Mathematikunterricht, H. 3, S. 75–81

Besuden, H. (1985b): Kippfolgen mit einer Streichholzschachtel. mathematik lehren, H. 11, S. 46–49

Besuden, H. (1998): Arbeitsmappe. Verwendung von Arbeitsmitteln für die anschauliche Bruchrechnung. Osnabrück

Besuden, H. (2004): Drehsymmetrie mit Winkelplättchen. Grundschule Mathematik, H. 3, S. 32–35

Besuden, H. (2005a): Geometrie mit Winkelplättchen. Seelze

Besuden, H. (2005b): Bandornamente aus Winkelplättchen. Grundschule Mathematik, H. 6, S. 24–27

Beutelspacher, A. (1993): Kann man mit Kindern Mathematik machen, bevor sie rechnen können? Didaktik der Mathematik, H. 4, S. 265–278

Beutelspacher, A. (1996): »In Mathe war ich immer schlecht...«. Braunschweig

Bierach, B./Stelzer, J. (1992): Slalom nach oben. Forbes, H. 9, S. 31–32

Bird, M. (1991): Mathematics for young children. An active thinking approach. London

Blankenagel, J. (1999): Vereinfachen von Zahlen. mathematik lehren, H. 93, S. 10–14

BLK (2001) – Bund-Länder-Kommission für Bildungsplanung und Forschungsförderung (Hg.): Begabtenförderung – ein Beitrag zur Förderung von Chancengleichheit in Schulen. Bonn

Blömeke, S. et al. (2010, Hg.): TEDS-M 2008. Professionelle Kompetenz und Lerngelegenheiten angehender Primarstufenlehrkräfte im internationalen Vergleich. Münster

Blum, W. (1999): Die Grammatik der Logik. Einführung in die Mathematik. München

Bobrowski, S./Forthaus, R. (1998): Lernspiele im Mathematikunterricht. Berlin

Böhm, O. et al. (1990): Die Übung im Unterricht bei lernschwachen Schülern. Heidelberg

Bönig, D. (1995): Multiplikation und Division. Empirische Untersuchungen zum Operationsverständnis bei Grundschülern. Münster

Bönig, D. (2003): Schätzen – der Anfang guter Aufgaben. In: S. Ruwisch/A. Peter-Koop (Hg.), Gute Aufgaben im Mathematikunterricht der Grundschule, S. 102–110. Offenburg

Borasi, R./Rose, B. J. (1989): Journal Writing and Mathematics Instruction. Educational Studies in Mathematics, H. 4, S. 347–365

Borovcnik, M. (1996): Fundamentale Ideen als Organisationsprinzip in der Mathematik-Didaktik. In: K. P. Müller (Hg.), Beiträge zum Mathematikunterricht, S. 106–109. Hildesheim

Bos, W. et al. (2012, Hg.): TIMSS 2011. Mathematische und naturwissenschaftliche Kompetenzen von Grundschulkindern in Deutschland im internationalen Vergleich. Münster

Bos, W./Pietsch, M. (2005): KESS 4. Kompetenzen und Einstellungen von Schülerinnen und Schülern Jahrgangsstufe 4. Hamburg

Bräuning, K. (2016): Mathematische Gespräche mit Kindern führen – individuelle Diagnose und Förderung (MathKiD). Ideen und Materialien für mathematische Gespräche mit Kindern in den Klassen 1 und 2. Berlin

Brayer Ebby, C. (2000): Learning to teach mathematics differently: the interaction between coursework and fieldwork for preservice teachers. Journal of Mathematics Teacher Education, H. 1, S. 69–97

Van den Brink, J. (1984): Kinder experimentieren mit dem Taschenrechner. mathematik lehren, H. 7, S. 20–21

Bromme, R. (1990): Aufgaben, Fehler und Aufgabensysteme. In: R. Bromme et al. (Hg.), Aufgaben als Anforderungen an Lehrer und Schüler, S. 1–30. Köln

Bromme, R. (1992): Der Lehrer als Experte. Zur Psychologie des professionellen Wissens. Bern

Brosch, U. (1991): Shopping-Pädagogik: Liegt der Offene Unterricht im Zeitgeist-Trend oder bietet er noch immer eine Perspektive zur Veränderung von Schule? Päd-extra, H. 10, S. 38–40

Brosch, U. (1999): Schulen verändern sich. In: W. Böttcher et al. (Hg.), Leistungsbewertung in der Grundschule, S. 30–34. Weinheim

Brousseau, G. (1997): Theory of Didactical Situations in Mathematics. Dordrecht

Bruder, R. (1999): Möglichkeiten und Grenzen von Kreativitätsentwicklung im gegenwärtigen Mathematikunterricht. In: M. Neubrand (Hg.), Beiträge zum Mathematikunterricht, S. 117–120. Hildesheim

Brügelmann, H. (2011): Den Einzelnen gerecht werden – in der inklusiven Schule. Mit einer Öffnung des Unterrichts raus aus der Individualisierungsfalle! Zeitschrift für Heilpädagogik, H. 9, S. 355–361

Brügelmann, H. (2015): Die Not mit den Noten. Lernbeobachtung und Leistungsbeurteilung in der inklusiven Grundschule. GS aktuell, H. 129, S. 6–10

Brügelmann, H. (2016): Nicht standardisieren. Individualisieren! GS aktuell, H. 133, S. 37–39

Brügelmann, H. (2017): »Erster, Zweiter, Dritter – Letzter«. Grundschule aktuell, H. 137, S. 36–40

Bruner, J. S. (1970): Der Prozeß der Erziehung. Düsseldorf

Bruner, J. S. (1974): Entwurf einer Unterrichtstheorie. Berlin

Brunnstein, K. (1985): Was kann der Computer? Friedrich Jahresheft III: Bildschirm: Faszination oder Information, H. S. 88–91

BSB (2011) – Freie und Hansestadt Hamburg Behörde für Schule und Berufsbildung (Hg.): Bildungsplan Grundschule – Mathematik. Hamburg

BSB/IfBQ (2012) – Behörde für Schule und Berufsbildung/Institut für Bildungsmonitoring und Qualitätsentwicklung (Hg.): Jahresbericht der Schulinspektion. Schuljahr 2010/2011. Hamburg

BST (2014) – Bayerisches Staatsministerium für Bildung und Kultus, Wissenschaft und Kunst (Hg.): LehrplanPLUS Grundschule. Lehrplan für die bayerische Grundschule. München

BSUK (2000) – Bayerisches Staatsministerium für Unterricht und Kultus (Hg.): Fachlehrpläne für die Grundschule. Zugriff am: 2.12.2006. http://www.stmuk.bayern.de/km/schule/lehrplaene/

Büchter, A. et al. (2007): Die Fermi-Box. Lehrerkommentar. Seelze

Büchter, A./Leuders, T. (2005): Mathematikaufgaben selbst entwickeln. Lernen fördern – Leistung überprüfen. Berlin

Burton, L./Morgan, C. (2000): Mathematicians Writing. Journal for Research in Mathematics Education, H. 4, S. 429–453

Buschmeier, G. et al. (2013): Denken und Rechnen 2. Braunschweig

Campbell, P. F. (1981): What Do Children See in Mathematics Textbook Pictures? Arithmetic Teacher, H. 5, S. 12–16

Carniel, D. et al. (2002): Räumliches Denken fördern. Erprobte Unterrichtseinheiten und Werkstätten zur Symmetrie und Raumgeometrie. Donauwörth

Christiani, R. (Hg., 1994): Auch die leistungsstarken Kinder fördern. Frankfurt/M.

Claaßen, Ch. (2014): In welchen Raum passen alle rein? Problemorientierte Bestimmung von Flächeninhalten. Praxis Grundschule, H. 3, S. 28–31

Claussen, C. (1994): Arbeitsmittel ›auf dem Prüfstand‹. Grundschule, H. 11, S. 8–11

Clements, D. H. (1999): Teaching Length Measurement: Research Challenges. School Science and Mathematics, H. 1, S. 5–11

Clements, D. H./Sarama, J. (2000): Young Children's Ideas about Geometric Shapes. Teaching Children Mathematics, H. 8, S. 482–488

Cooney, T. J. (1999): Conceptualizing Teachers' Ways of Knowing. Educational Studies in Mathematics 38. Jg., S. 163–187

Copei, F. (1950): Der fruchtbare Moment im Bildungsprozeß, 9. Aufl. (1930). Heidelberg

Cottmann, K. (2005a): »Fünf Stockwerke sind ungefähr 1000 Meter hoch … «. Grundschule Mathematik, H. 5, S. 24–27

Cottmann, K. (2005b): Säulendiagramme. Grundschule Mathematik, H. 5, S. 28–30

Cottmann, K. (2009): »Und wer im Januar geboren ist … «. Grundschule Mathematik, H. 21, S. 6–9

Cottmann, K. (2010): Zahlen und Größen in Diagrammen veranschaulichen. Grundschule Mathematik, H. 24, S. 28–31

Von Cube, F./Alshuth, D. (1993): Fordern statt Verwöhnen. München

Dabell, J. (2002): Raising Mathematical Achievement in the Teaching and learning of Multiplikation. Mathematics in School, H. 1, S. 22–27

Van Delft, P./Botermans, J. (1998): Denkspiele der Welt. München

Demmer, M. (1999): Lernentwicklungsberichte. In: W. Böttcher et al. (Hg.), Leistungsbewertung in der Grundschule, S. 139–142. Weinheim

Demuth, R. et al. (2011, Hg.): Unterricht entwickeln mit SINUS. 10 Module für den Mathematik- und Sachunterricht in der Grundschule. Seelze

DER SPIEGEL (1997): Immer geradeaus. DER SPIEGEL, H. 13, S. 196 u. 198

Deschauer, S. (1992): Das zweite Rechenbuch von Adam Ries. Braunschweig

Deseniss, A. (2015): Schulmathematik im Kontext von Migration. Mathematikbezogene Vorstellungen und Umgangsweisen mit Aufgaben unter sprachlich-kultureller Perspektive. Wiesbaden

Deutscher, Th. (2012): Arithmetische und geometrische Fähigkeiten von Schulanfängern. Eine empirische Untersuchung unter besonderer Berücksichtigung des Bereichs Muster und Strukturen. Wiesbaden

Devlin, K. (1998): Muster der Mathematik. Ordnungsgesetze des Geistes und der Natur. Heidelberg

Dewey, J. (1933): How we think. A restatement of the relation of reflective thinking to the educative process. Lexington

Dewey, J. (1970 (1913)): Interest and effort in education. New York

Dewey, J. (1976): Das Kind und die Fächer. Leicht gekürzte Übersetzung v. E. Ch. Wittmann (Orig.: ›The child and the curriculum‹. John Dewey, The Middle Works 1899–1924, vol. 2, ed. by J. A. Boydston, Carbondale, Ill. S. 272–291)

Dewey, J. (1988): Individuality and Experience. In: J. A. Boydston (Ed.), The Later Works 1925–1927, Carbondale, Ill. S. 55–61

Dick, Th. (1988): The Continuing Calculator Controversy. Arithmetic Teacher, H. 8, S. 37–41

Dienes, Z. P. (1970): Methodik der modernen Mathematik. Freiburg

DMU – Arbeitsgruppe Dialogischer Mathematikunterricht (o. J.): Dialogischer Mathematikunterricht: Wegbewertung mit Häkchen. Zugriff am: 15.03.2017. http://www.dialogischer-mathematikunterricht.de/haekchen.html

Doebeli, M./Kobel, L. (1999): Der Einstieg ins kleine 1x1. Multiplikative Strukturen anschaulich machen. Die Grundschulzeitschrift, H. 121, S. 41–43

Donaldson, M. (1991): Wie Kinder denken – Intelligenz und Schulversagen. München

Dörner, D. (1979): Problemlösen als Informationsverarbeitung. Stuttgart

Doyle, W. (1988): Work in Mathematics Classes: The Context of Students' Thinking During Instruction. Educational Psychologist, H. 2, S. 167–180

Drews, C./Weininger, A. (2016): Kleiner MATHE-Sprachführer. Erste Hilfe für DaZ im Mathematikunterricht. Berlin

Dröge, R. (1985): Was trägt das Schulbuch zur Ausbildung der Sachrechenkompetenz von Grundschülern bei? mathematica didactica, H. 4, S. 195–216

Dröge, R. (1995): Zehn Gebote für einen schülerorientierten Sachrechenunterricht. Sachunterricht und Mathematik in der Primarstufe, H. 9, S. 413–423

Duffin, J. (1997): The role of calculators. In: I. Thompson (Ed.), Teaching and learning early number, S. 133–141. Buckingham

Edelmann, W. (2000): Erfolgreicher Unterricht. Was wissen wir aus der Lernpsychologie? Pädagogik, H. 3, S. 6–9

Eggenberg, F., Hollenstein, A.: Materialien für offene Situationen im Mathematikunterricht. mosima 1. Zürich (1998a)

Eggenberg, F., Hollenstein, A.: Materialien für offene Situationen im Mathematikunterricht. mosima 2. Zürich (1998b)

Eggenberg, F., Hollenstein, A.: Materialien für offene Situationen im Mathematikunterricht. mosima 3. Zürich (1998c)

Eichenberger, N./Stalder, M. (1999): Multiplikative Situationen im 1. Schuljahr: Eine Standortbestimmung. In: E. Hengartner (Hg.), Mit Kindern lernen. Standorte und Denkwege im Mathematikunterricht, S. 29–33. Zug

Eichler, K.-P. (2006): Stein, Schere, Papier. Grundschule Mathematik, H. 9, S. 16–19

Eichler, K.-P. (2010): Wie die Würfel fallen. Zufall und Wahrscheinlichkeit: Fakten und Anregungen. Grundschule, H. 5, S. 10–13

Eichler, K.-P. (2015): Skizzen als Werkzeug zum Lösen von Sachaufgaben – planmäßig entwickeln und erfolgreich nutzen. In: R. Rink (Hg.), Von Guten Aufgaben bis Skizzen Zeichnen, S. 49–70. Hohengehren

Eichler, A./Vogel, M. (2009): Leitidee Daten und Zufall. Von konkreten Beispielen zur Didaktik der Stochastik. Wiesbaden

Eidt, H. et al. (1996): Denken und Rechnen 2. Ausgabe Nord. Braunschweig

Elffers, J. (1978): Tangram. Das alte chinesische Formenspiel. Köln

Emmrich, A. (2004): Die Größe Gewicht – eine spezielle Problematik. In: P. Scherer/D. Bönig (Hg.), Mathematik für Kinder – Mathematik von Kindern, S. 50–62. Frankfurt/M.

Engelbrecht, A. (1997): Die didaktische Verpackung als überflüssige Unterrichtsbeilage. Grundschule, H. 7/8, S. 66

Enzensberger, H. M. (1997): Der Zahlenteufel. Ein Kopfkissenbuch für alle, die Angst vor der Mathematik haben. München

Erichson, Ch. (1991): Sachtexte lesen, mit denen man rechnen kann. Die Grundschulzeitschrift, H. 48, S. 22–25

Erichson, Ch. (1992): Von Lichtjahren, Pyramiden und einem regen Wurm. Hamburg

Erichson, Ch. (1998): Zum Umgang mit authentischen Texten beim Sachrechnen. Grundschulunterricht, H. 9, S. 5–8

Erichson, Ch. (1999): Authentizität als handlungsleitendes Prinzip. In: M. Neubrand (Hg.), Beiträge zum Mathematikunterricht, S. 161–164. Hildesheim

Erichson, Ch. (2003a): Von Giganten, Medaillen und einem regen Wurm. Geschichten, mit denen man rechnen muss. Hamburg

Erichson, Ch. (2003b): Simulation und Authentizität. Wie viel Realität braucht das Sachrechnen? In: M. Baum/H. Wielpütz (Hg.), Mathematik in der Grundschule. Ein Arbeitsbuch, S. 185–194. Seelze

Erichson, Ch. (2006): Authentische Schnappschüsse zum Sachrechnen. Grundschulunterricht, H. 2, S. 4–7

Ernst, H. (1996): Psychotrends. Das Ich im 21. Jahrhundert. München

Etzold, H. (2015): Klötzchen. Version 2.0. Zugriff am 15.03.2017. https://itunes.apple.com/de/app/klotzchen/id1027746349?mt=8

Faulstich-Wieland, H. (2016): MäGs – Männer und Grundschule. Zugriff am: 15.03.2017. http://www.epb.uni-hamburg.de/erzwiss/faulstich-wieland/Maenner%20und%20Grundschule.htm

Fayol, M. (2006): Jetzt schlägt's zehn-drei! Sprache und Mathematik. Gehirn & Geist, H. 11, S. 64–68

FBE – Fine Brothers Entertainment (2014): Kids react to … Typewriters. Zugriff am: 15.03.2017. https://www.youtube.com/watch?v=vfxRfkZdiAQ

Feiks, D. et al. (1988): Leitlinien einer Didaktik und Methodik des Kopfrechnens. mathematik lehren, H. 27, S. 4–10

Fetzer, M. (2007): Interaktion am Werk: Eine Interaktionstheorie fachlichen Lernens, entwickelt am Beispiel von Schreibanlässen im Mathematikunterricht der Grundschule. Bad Heilbrunn

Fetzer, M. (2009): Schreibe Mathe und sprich darüber. Schreibanlässe als Möglichkeit, Argumentationskompetenzen zu fördern. Praxis der Mathematik, H. 30, S. 21–25

Fetzer, M. (2011a): Schreiben, um Mathematik zu lernen. Die Grundschulzeitschrift, H. 244, S. 24–29

Fetzer, M. (2011b): Wie argumentieren Grundschulkinder im Mathemathematikunterricht? Eine argumentationstheoretische Perspektive. Journal für Mathematik-Didaktik, H. 1, S. 27–51

Fetzer, M. (2015): Argumentieren – Prozesse verstehen und Fähigkeiten fördern. In: A. S. Steinweg (Hg.), Entwicklung mathematischer Fähigkeiten von Kindern im Grundschulalter. Tagungsband des AK Grundschule in der GDM 2015, S. 9–24. Bamberg

Filler, A./Nordheimer, S. (2015): Sinn oder Unsinn eingekleideter Aufgaben. In: R. Rink (Hg.), Von Guten Aufgaben bis Skizzen Zeichnen, S. 85–103. Hohengehren

Fiore, G. (1999): Math-Abused Students: Are We Prepared to Teach Them? The Mathematics Teacher, H. 5, S. 403–406

Flexer, R. J (1986): The power of five: the step before the power of ten. Arithmetic Teacher, H. 2, S. 5–9

Flindt, R. (2000): Biologie in Zahlen. Stuttgart

Floer, J. (1985a, Hg.): Arithmetik für Kinder. Materialien – Spiele – Übungsformen. Frankfurt/M.

Floer, J. (1985b): Spielen und Lernen im Mathematikunterricht – Zur möglichen Bedeutung des Spiels im mathematischen Lernprozeß. Der Mathematikunterricht, H. 3, S. 28–37

Floer, J. (1989/1990a): Formenpuzzle – Tangram (Teil 1/2). Die Grundschulzeitschrift, H. 29/36

Floer, J. (1990b): Taschenrechner in der Grundschule? Die Grundschulzeitschrift, H. 31, S. 26–28

Floer, J. (1995): Wie kommt das Rechnen in den Kopf? Veranschaulichen und Handeln im Mathematikunterricht. Die Grundschulzeitschrift, H. 82, S. 20–22 & 39

Floer, J. (1996): Mathematik-Werkstatt. Lernmaterialien zum Rechnen und Entdecken für Klassen 1 bis 4. Weinheim

Forthaus, R./Schnitzler, D. (2004): Parallelarbeiten – Einblicke in einem Schulbezirk. In: P. Scherer/D. Bönig (Hg.), Mathematik für Kinder – Mathematik von Kindern, S. 263–278. Frankfurt/M.

Fragnière, N. et al. (1999): Arithmetische Fähigkeiten im Kindergartenalter. In: E. Hengartner (Hg.), Mit Kindern lernen. Standorte und Denkwege im Mathematikunterricht, S. 133–146. Zug

Franke, M. et al. (1994): Taschenrechner für Grundschulkinder – Meinungen, Möglichkeiten, Grenzen (I & II). Sachunterricht und Mathematik in der Primarstufe, H. 3 & 4, S. 114–132 & 174–182

Franke, M. (1995/1996): Auch das ist Mathe! Vorschläge für projektorientiertes Unterrichten. Bd. 1/2. Köln

Franke, M. et al. (1998): Kinder bearbeiten Sachsituationen in Bild-Text-Darstellung. Journal für Mathematik-Didaktik, H. 2/3, S. 89–122

Franke, M. (1999): What children know about geometric figures. In: M. Hejny/J. Novotná (Ed.), Proceedings of the International Symposium Elementary Maths Teaching (SEMT), S. 88–91. Prague

Franke, M./Reinhold, S. (2016): Didaktik der Geometrie in der Grundschule. 3. Aufl. Heidelberg

Franke, M./Ruwisch, S. (2010): Didaktik des Sachrechnens in der Grundschule. 2. Aufl. Heidelberg

Frein, T./Möller, G. (2005): Nach PISA: weniger »Sitzenbleiben« in Deutschland und in NRW? SchulVerwaltung NRW, H. 1, S. 17–19

French, D. (2008): Estimate, Calculate, Check and Round. Mathematics In School, Sept., S. 15–18

Freudenthal, H. (1973): Mathematik als pädagogische Aufgabe. Bd. 1. Stuttgart

Freudenthal, H. (1974): Die Stufen im Lernprozeß und die heterogene Lerngruppe im Hinblick auf die Middenschool. Neue Sammlung, H. 14, S. 161–172

Freudenthal, H. (1978): Vorrede zu einer Wissenschaft vom Mathematikunterricht. München

Freudenthal, H. (1981): Didaktik des Entdeckens und ›Nacherfindens‹. Grundschule, H. 3, S. 103

Fritz, A. et al. (2017, Hg.): Handbuch Rechenschwäche. 3. Aufl. (2003),Weinheim

Fritzlar, T. (2013): Mathematische Begabungen im Grundschulalter. Ein Überblick zu aktuellen mathematikdidaktischen Forschungsarbeiten. mathematica didactica, 36. Jg., S. 5–27

Fromm, A. (1995): Der Einfluß des Kontextes bei Divisionsaufgaben. In: K. P. Müller (Hg.), Beiträge zum Mathematikunterricht, S. 178–181. Hildesheim

Fuchs, E. et al. (2014): Sprachsensibler Unterricht in der Grundschule. Fokus Mathematik. Graz

Fuchs, M. (2006): Vorgehensweisen mathematisch potentiell begabter Dritt- und Viertklässler beim Problemlösen – Empirische Untersuchungen zur Typisierung spezifischer Problembearbeitungssstile. Münster

Fuson, K. C./Kwon, Y. (1992): Korean's children's single-digit addition ans subtraction: numbers structured by ten. Journal for Research in Mathematics Education, H. 2, S. 148–165

Gächter, A. A. (2004): Miniaturen und mehrschichtige Probleme. In: A. Heinze/S. Kuntze (Hg.), Beiträge zum Mathematikunterricht, S. 185–188. Hildesheim

Gaidoschik, M. (2009): Didaktogene Faktoren bei der Verfestigung des »zählenden Rechnens«. In: A. Fritz et al. (Hg.), Handbuch Rechenschwäche. Lernwege, Schwierigkeiten und Hilfen bei Dyskalkulie, 2. Aufl. (2003), S. 166–180. Weinheim

Gaidoschik, M. (2014): Einmaleins verstehen, vernetzen, merken: Strategien gegen Lernschwierigkeiten. Seelze

Gaidoschik, M. (2015): Vermeidbare und unvermeidbare Hürden beim Erlernen des Rechnens bis 100. In: A. S. Steinweg (Hg.), Entwicklung mathematischer Fähigkeiten von Kindern im Grundschulalter, S. 25–38. Bamberg

Gallin, P./Ruf, U. (1990): Sprache und Mathematik in der Schule. Zürich

Gallin, P./Ruf, U. (1993): Sprache und Mathematik in der Schule. Ein Bericht aus der Praxis. Journal für Mathematik-Didaktik, H. 1, S. 3–33

Gallin, P./Ruf, U. (1999): Ich mache das so! Wie machst du es? Das machen wir ab. Sprache und Mathematik 4.–5. Schuljahr. Zürich

Geering, P. (2004): Zugänge zum Einmaleins. Grundschule Mathematik, H. 2, S. 42–45

Geering, P./Kunath, M. (2006): Ich kann Mathematik. Lernbuch zum Atlas Mathematik. Band 1: Zählen, rechnen, erzählen, gestalten. Seelze

Geissler, K. A. (1998): Alles nur ein Spiel. Spiele zum Lernen – eine Beleidigung für das Spiel. Pädagogik, H. 1, S. 29–30

Gellert, U. (2000): Verfremdung als Methode der Lehrerausbildung – Ein Beispiel zum mathematischen Anfangsunterricht. mathematica didactica, H. 1, S. 72–82

Gelman, R./Gallistel, C. R. (1978): The Child's Understanding of Numbers. Cambridge

Gerdiken, K. (2000): Das Pascal'sche Dreieck. Eine reichhaltige Zahlenstruktur. Die Grundschulzeitschrift, H. 133, S. 11–13

Gerecke, W. (1984): Fußball-Geometrie. mathematik lehren, H. 4, S. 58–61

Gerster, H.-D. (1982): Schülerfehler bei schriftlichen Rechenverfahren – Diagnose und Therapie. Freiburg

Gerster, H.-D. (1994): Arithmetik im Anfangsunterricht. In: A. Abele/H. Kalmbach (Hg.), Handbuch zur Grundschulmathematik. 1. und 2. Schuljahr, S. 35–102. Bd. 1. Stuttgart

Gerster, H.-D. (2017): Schriftliche Rechenverfahren verstehen – Methodik und Fehlerprävention. In: A. Fritz et al. (Hg.) Handbuch Rechenschwäche. 3. Aufl., S. 244–265. Weinheim

Gimpel, M. (1992): Was ist und was soll Kopfgeometrie? Mathematik in der Schule, H. 5, S. 257–265

Ginsburg, H./Opper, S. (1991): Piagets Theorie der geistigen Entwicklung. Stuttgart

Ginsburg, H. P./Seo, K.-H. (1999): Mathematics in Children's Thinking. Mathematical Thinking and Learning, H. 2, S. 113–129

Von Glasersfeld, E. (1991, Hg.): Radical Constructivism in Mathematics Education. Dordrecht

Gloor, R./Peter, M. (1999): Aufgaben zur Multiplikation und Division (3. Klasse): Vorwissen und Denkwege erkunden. In: E. Hengartner (Hg.), Mit Kindern lernen. Standorte und Denkwege im Mathematikunterricht, S. 41–49. Zug

Glumpler, E. (1986): Irfan rechnet anders: Ein Vergleich der schriftlichen Multiplikation und Division in türkischen und bundesdeutschen Mathematiklehrgängen. Sachunterricht und Mathematik in der Primarstufe, H. 8, S. 304–312

Gnirk, H. et al. (1970): Strategiespiele für die Grundschule. Hannover

Gnirk, H. (1999): »2463millionenmal« oder: Drei Variationen zum Dividieren durch Null. Mathematische Unterrichtspraxis, H. IV, S. 20.21

Gogolin, I. et al. (2011): Durchgängige Sprachbildung. Qualitätsmerkmale für den Unterricht. Münster

Gohr, L. (2016): Angehende Grundschullehrer wütend über Matheklausur. Zugriff am: 24.08.2016. http://www.morgenpost.de/berlin/article208118063/Angehende-Grundschullehrer-wuetend-ueber-Matheklausur.html?service=mobile&google_editors_picks=true#

Götze, D. (2015): Sprachförderung im Mathematikunterricht. Berlin

Götze, D./Spiegel, H. (2006a): Umspannwerk. Velber

Götze, D./Spiegel, H. (2006b): PotzKlotz. Grundschule Mathematik, H. 10, S. 6–9

Götze, D./Hang, E. (2017): Das Zahlenbuch. Förderkommentar Sprache zum 2. Schuljahr. Stuttgart

Graeber, A. O. (1999): Forms of Knowing Mathematics: What Preservice Teachers Should Learn. Educational Studies in Mathematics, 39. Jg., S. 189–208

Grassmann, M. (1999a): Nicht nur Zahlen – auch im Mathematikunterricht der Klasse 1 geometrische Inhalte berücksichtigen. Grundschulunterricht, H. 5, S. 26–29

Grassmann, M. (1999b): Taschenrechner – ein Arbeitsmittel für die Grundschule? Grundschulunterricht, H. 2, S. 8–11

Grassmann, M. (2000): Kinder wissen viel – zusammenfassende Ergebnisse einer mehrjährigen Untersuchung zu mathematischen Vorkenntnissen von Grundschulkindern. Hannover

Grassmann, M. et al. (1995): Arithmetische Kompetenz von Schulanfängern – Schlußfolgerungen für die Gestaltung des Anfangsunterrichts. Sachunterricht und Mathematik in der Primarstufe, H. 7, S. 302–303 & 314–321

Grassmann, M. et al. (1996): Untersuchungen zu informellen Lösungsstrategien von Grundschulkindern zu zentralen Inhalten des Mathematikunterrichts der Klasse 2 am Beginn des 2. Schuljahres. Sache – Wort – Zahl, H. 5, S. 44–49

Grassmann, M. et al. (2002): Mathematische Kompetenzen von Schulanfängern. Teil 1: Kinderleistungen – Lehrererwartungen. Potsdamer Studien zur Grundschulforschung, Vol. 30. Potsdam

Grassmann, M. et al. (2003): Mathematische Kompetenzen von Schulanfängern. Teil 2: Was können Kinder am Ende der Klasse 1? Potsdamer Studien zur Grundschulforschung, Vol. 31. Potsdam

Grassmann, M. et al. (2005): Kinder wissen viel – auch über die Größe Geld? Teil 1. Potsdamer Studien zur Grundschulforschung, Vol. 32. Potsdam

Grassmann, M. (2008): Wie gerade ist die 1? Sprache im Mathematikunterricht der Grundschule. Grundschule, H. 2, S. 20–25

Grassmann, M. (2010): Wahrscheinlich? Zufall? Eine neue Leitidee hält Einzug in den Mathematikunterricht. Grundschule, H. 5, S. 6–8

Graumann, G. (2002): Mathematikunterricht in der Grundschule. Bad Heilbrunn

Gravemeijer, K. (1997): Instructional design for reform in mathematics education. In: Beishuizen, M. et al. (Hg.), The Role of Contexts and Models in the Development of Mathematical Strategies and Procedures, S. 13–34. Utrecht

Gravemeijer, K. (1999): How Emergent Models May Foster the Constitution of Formal Mathematics. Mathematical Thinking and Learning, H. 2, S. 155–177

Gravemeijer, K./Doorman, M. (1999): Context problems in realistic mathematics education: A calculus course as an example. Educational Studies in Mathematics, 39. Jg., S. 111–129

Von der Groeben, A. (1997): Binnendifferenzierung. Die große Illusion, die große Überforderung oder die große Chance? Pädagogik, H. 12, S. 6–10

Gross, J. (2011): Tangram – ein Legespiel für den Geometrieunterricht der Grundschule. MNU PRIMAR, H. 3, S. 95–101

Groves, S. (1999): Calculators, Budgerigars and Milk Cartons: Linking School Mathematics to Young Children's Reality. In: M. Hejny/J. Novotná (Ed.), Proceedings of the International Symposium Elementary Maths Teaching (SEMT), S. 7–12. Prague

Gruber, G./Wienholt, H. (1994): Circletraining zum Einmaleins. Grundschule, H. 5, S. 34–41

Grund, K.-H. (1992): Größenvorstellungen – eine wesentliche Voraussetzung beim Anwenden von Mathematik. Grundschule, H. 24, S. 42–44

Grundschulverband (2014, Hg.): Sind Noten nützlich und nötig? Eine wissenschaftliche Expertise, erstellt von der Arbeitsgruppe Primarstufe an der Universität Siegen. Frankfurt/M.

Grüßing, M. et al. (2007): Von diagnostischen Befunden zu Förderkonzepten. Mathematische Frühförderung im Übergang vom Kindergarten zur Grundschule. Sache – Wort – Zahl, H. 83, S. 50–55

Grüssing, M. (2009): Mathematische Kompetenz im Übergang vom Kindergarten zur Grundschule: Erste Befunde einer Längsschnittstudie. In: M. Neubrand (Hg.), Beiträge zum Mathematikunterricht 2009, S. 415–418. Münster

Gubler-Beck, A. (2007): Portfolio – ein im Mathematikunterricht noch wenig bekanntes Instrument. Grundschulunterricht, H. 7–8, S. 9–12

Gudjons, H. (2008): Projektunterricht. Ein Thema zwischen Ignoranz und Inflation. Pädagogik, H. 1, S. 6–10

Guth, Ch./Mues, R. (2006): VERA – Zwang oder Chance? SchulVerwaltung NRW, H. 2, S. 47–48

Gutiérrez, A./Jaime, A. (1999): Primary Teachers' Understanding of the Concept of Altitude of a Triangle. Journal of Mathematics Teacher Education, H. 3, S. 253–275

Gysin, B. (2010): Würfelgebäude und Baupläne. Ein jahrgangsgemischtes Lernangebot. Grundschulunterricht, H. 3, S. 10–15

Hack, S./Ruwisch, S. (2004): Der Mensch in Zahlen. Die Grundschulzeitschrift, H. 172, S. 38–51

Halász, G. et al. (2004): OECD-Lehrerstudie: Anwerbung, berufliche Entwicklung und Verbleib von qualifizierten Lehrerinnen und Lehrern. Länderbericht: Deutschland.

Hameyer, U./Heckt, D. H. (2005): Standards – kontrovers. Grundschule, H. 3, S. 8–9

Hancock, C. (1995): Das Erlernen der Datenanalyse durch anderweitige Beschäftigungen. Grundlagen von Datenkompetenz (»Data Literacy«) bei Schülerinnen und Schülern in den Klassen 1 bis 7. Computer und Unterricht, H. 17, S. 33–39

Hardinghaus, B./Neufeld, D. (2015): Du bist Mozart! DER SPIEGEL, H. 41, S. 40–46

Hartmann, M./Loska, R. (2004): Übungsformate ausloten – Strukturen erkennen. Das Zauberdreieck erneut betrachtet. In: G. Krauthausen/P. Scherer (Hg.), Mit Kindern auf dem Weg zur Mathematik – Ein Arbeitsbuch zur Lehrerbildung. S. 57–66. Donauwörth

Hartmann, M./Loska, R. (2006): Rechenfiguren erkunden. In: E. Rathgeb-Schnierer/U. Roos (Hg.), Wie rechnen Matheprofis? Ideen und Erfahrungen zum offenen Mathematikunterricht, S. 101–112. München

Häsel-Weide, U./Kray, C. G. (2015): »Zahlen klatschen«. Produktives Spielen im inklusiven Anfangsunterricht. Grundschule aktuell, H. 130, S. 11–13

Hasemann, K. (2001): »Zähl' doch mal!« – Die nummerische Kompetenz von Schulanfängern. Sache – Wort – Zahl, H. 35, S. 53–58

Hasemann, K. et al. (2008): Daten, Häufigkeit, Wahrscheinlichkeit. In: G. Walther et al. (Hg.), Bildungsstandards für die Grundschule: Mathematik konkret, S. 141–161. Frankfurt/M.

Hasemann, K. (2009): Meilensteine bei der Kompetenzentwicklung im Bereich ›Daten‹. Grundschule Mathematik, H. 21, S. 14–17

Hasemann, K./Gasteiger, H. (2014): Anfangsunterricht Mathematik, 3. Aufl. Berlin

Hasemann, K./Mirwald, E. (2008): Wie sicher ist wahrscheinlich? Kompetenzerwerb im Bereich Daten, Häufigkeit, Wahrscheinlichkeit. Grundschule, H. 4, S. 24–27

Hasemann, K./Stern, E. (2002): Die Förderung des mathematischen Verständnisses anhand von Textaufgaben – Ergebnisse einer Interventionsstudie in Klassen des 2. Schuljahres. Journal für Mathematik-Didaktik, H. 3/4, S. 222–242

Haupt, S. (2014): Würfel und Co. Das Geheimnis der platonischen Körper. Grundschulunterricht, H. 2, S. 40–45

Hawkins, D. (1969): I-Thou-It. Mathematics Teaching, H. 46, S. 22–28

Hecker, U. (2008): VERA 2008 – Realität in Deutschland: »… ein immer hektischeres Teaching to the Test«. GS aktuell, H. 103, S. 3

Hecker, U. (2010): Vergleichsarbeiten (VERA 2010): Wenig Erfolg, hoher Aufwand, unerfreuliche Nebenwirkung. Grundschule aktuell, H. 111, S. 20

Heckhausen, H. (1969): Förderung der Lernmotivierung und der intellektuellen Tüchtigkeiten. In: Roth, H. (Hg.), Begabung und Lernen, S. 193–228. Stuttgart

Heckhausen, H. (1974): Motive und ihre Entstehung. In: F. E. Weinert et al. (Hg.), Pädagogische Psychologie. Band 1, S. 133–171. Frankfurt/M.

Heckmann, K. (2005): Von Euro und Cent zu Stellenwerten. Zur Entwicklung des Dezimalbruchverständnisses. mathematica didactica, H. 2, S. 71–87

Hefendehl-Hebeker, L. (1982): Zur Einteilung des Teilens in Aufteilen und Verteilen. Mathematische Unterrichtspraxis, H. IV, S. 37–39

Hefendehl-Hebeker, L. (1998): Was gehört zu einem didaktisch sensiblen Mathematikverständnis? In: M. Neubrand (Hg.), Beiträge zum Mathematikunterricht, S. 267–270. Hildesheim

Hefendehl-Hebeker, L. (1999): Erleben, wie arithmetisches Wissen entsteht. In: C. Selter/G. Walther (Hg.), Mathematikdidaktik als design science, S. 105–111. Leipzig

Heinze, A./Rechner, M. (2004): Die Klassifikation der Vierecke. Ist ein Quadrat ein Rechteck? lernchancen, H. 37, S. 14–23

Hellmich, F. (2007): Lehren und Lernen im Geometrieunterricht. In: U. Heimlich/F. B. Wember (Hg.), Didaktik des Unterrichts im Förderschwerpunkt Lernen. Ein Handbuch für Studium und Praxis, S. 294–306. Stuttgart

Helmerich, M./Lengnink, K. (2016): Einführung Mathematik Primarstufe – Geometrie. Berlin

Helmerich, M. A./Tiedemann, K. (2015): »Kann ich das Spiel gewinnen?« Zufall und Wahrscheinlichkeit im Mathematikunterricht der Grundschule. Grundschule aktuell, H. 130, S. 26–28

Hembree, R. (1986): Research Gives Calculators a Green Light. Arithmetic Teacher, 34. Jg., S. 18–21

Hembree, R./Dessart, D. J. (1986): Effects of Hand-held Calculators in Precollage Mathematics Education: A Meta-Analysis. Journal for Research in Mathematics Education, 17. Jg., S. 83–89

Hengartner, E. (1992): Für ein Recht der Kinder auf eigenes Denken. Die neue Schulpraxis, H. 7/8, S. 15–27

Hengartner, E. (1999): Standorte und Denkwege erkunden: Beispiele forschenden Lernens im Fachdidaktikstudium. In: E. Hengartner (Hg.), Mit Kindern lernen. Standorte und Denkwege im Mathematikunterricht, S. 12–19. Zug

Hengartner, E. (Hg., 1999): Mit Kindern lernen. Standorte und Denkwege im Mathematikunterricht. Zug

Hengartner, E. et al. (1999): Zu zweit und auf eigenem Weg: »Wie oft schlägt mein Herz im Jahr?« (4. Klasse). In: E. Hengartner (Hg.), Mit Kindern lernen. Standorte und Denkwege im Mathematikunterricht, S. 82–84. Zug

Hengartner, E. et al. (2006): Lernumgebungen für Rechenschwache bis Hochbegabte. Natürliche Differenzierung im Mathematikunterricht. Zug

Hengartner, E./Röthlisberger, H. (1994): Rechenfähigkeit von Schulanfängern. In: H. Brügelmann et al. (Hg.), Am Rande der Schrift. Zwischen Sprachenvielfalt und Analphabetismus, S. 66–86. Konstanz

Hengartner, E./Röthlisberger, H. (1999): Standortbestimmung zum Einmaleins (2. Klasse): Die Suche nach geeigneten Aufgaben. In: E. Hengartner (Hg.), Mit Kindern lernen. Standorte und Denkwege im Mathematikunterricht, S. 36–40. Zug

Hengartner, E./Wieland, G. (2001): Eigene Versuche der Kinder fördern und verstehen lernen: Übungsbeispiele zum Sachrechnen. In: Ch. Selter/G. Walther (Hg.), Mathematik lernen und gesunder Menschenverstand, S. 83–90. Leipzig

Von Hentig, H. (1998): Kreativität. Hohe Erwartungen an einen schwachen Begriff. München

Herfort, P. (1986): Geometrische Studien an Polyedern. mathematik lehren, H. 14, S. 56–60

Herget, W. (1998): Ganz genau und ungefähr – Eines der Spannungsfelder im Mathematikunterricht. In: M. Neubrand (Hg.), Beiträge zum Mathematikunterricht, S. 295–298. Hildesheim

Herget, W. (2003): Riesenschuhe und barttragende Biertrinker. Mathematische Aufgaben aus der Zeitung. In: H. Ball et al. (Hg.), Aufgaben. Lernen fördern – Selbstständigkeit entwickeln. Friedrich Jahresheft XXI, S. 26–29. Seelze

Herget, W. (2009): Foto-Fermi-Fragen – fast ohne Worte. In: A. Fritz/S. Schmidt (Hg.), Fördernder Mathematikunterricht in der Sek. 1. Rechenschwierigkeiten erkennen und überwinden, S. 257–269. Weinheim

Herget, W./Scholz, D. (1998): Die etwas andere Aufgabe – aus der Zeitung. Seelze

Herzog, R. (1999): Das Leben ist der Ernstfall. Die Jugend ist bereit, Verantwortung zu übernehmen – wenn man sie lässt. DIE ZEIT v. 10.6.99 (Nr. 24). S. 17

Van den Heuevel-Panhuizen, M./Bodin-Baarends, C. (2004): All or Nothing: Problem Solving by High Achievers in Mathematics. Journal of the Korea Society of Mathematical Education Series D, H. 3, S. 115–121

Van den Heuvel-Panhuizen, M. (1990): Realistic Arithmetic/Mathematics Instruction and Tests. In: K. Gravemeijer et al. (Ed.), Contexts Free Productions Tests and Geometry in Realistic Mathematics Education, S. 53–78. Utrecht

Van den Heuvel-Panhuizen, M. (1992): Three Taboos. Vortragshandout. Freudenthal Institute, Utrecht

Van den Heuvel-Panhuizen, M. (1994): Leistungsmessung im aktiv-entdeckenden Mathematikunterricht. In: H. Brügelmann et al. (Hg.), Am Rande der Schrift. Zwischen Sprachenvielfalt und Analphabetismus, S. 87–107. Konstanz

Van den Heuvel-Panhuizen, M. (1996): Assessment and realistic mathematics education. Utrecht

Van den Heuvel-Panhuizen, M. (1998): Realistic Mathematics Education: Work in progress. In: T. Breiteig/G. Brekke (Ed.), Theory into practice in mathematics Education, S. 10–35. Kristiansand

Van den Heuvel-Panhuizen, M. (2006): Wie groß muss der Teppich sein? Erfahrungen mit Bildungsstandards und Leistungsmessung aus den Niederlanden. Grundschule, H. 5, S. 14–17

Van den Heuvel-Panhuizen, M./Gravemeijer, K. P. E. (1991): Tests are not all bad. An attempt to change the appearance of written tests in mathematics instruction at primary school level. In: L. Streefland (Ed.), Realistic Mathematics Education in Primary School: On the occasion of the opening of the Freudenthal Institute, S. 139–155. Utrecht

Van den Heuvel-Panhuizen, M./Vermeer, H. J. (1999): Verschillen tussen meisjes en jongens bij het valk rekenen-wiskunde op de basisschool. Eindrapport MOOJ-onderzoek. Utrecht

Heymann, H. W. (1996): Was Anstoß erregte... Zur aktuellen Diskussion um den Mathematikunterricht – Hintergründe und persönliche Eindrücke. nds, H. 3, S. 29–31

Hiebert, J. (2000): In my opinion: What can we expect from research. Teaching Children Mathematics, H. 7, S. 436–437

Hilf, S./Lack, C. (2004): Leistungsbewertung als gemeinsamer Prozess von Kindern und LehrerInnen. In: P. Scherer/D. Bönig (Hg.), Mathematik für Kinder – Mathematik von Kindern, S. 279–293. Frankfurt/M.

Hinske, N. (1996): Eine Saat, die langsam wächst. Gesprächskultur und ihre Regeln. Forschung & Lehre, H. 4, S. 178–179

Hintze, B. (1999): Abiturienten heute? Selbstbewußt, aber für viele ist das Vergnügen zu wichtig. Rheinische Post v. 12.6.99. Düsseldorf

Hirt, U./Wälti, B. (2010): Lernumgebungen im Mathematikunterricht. Natürliche Differenzierung für Rechenschwache bis Hochbegabte. 2. Aufl. Seelze

Hoffmann, A. (2009): Leben große Menschen immer auch auf großem Fuß? Grundschule Mathematik, H. 21, S. 23–27

Hoffmann, S./Spiegel, H. (2006a): Ein ›defekter‹ Taschenrechner. Grundschule, H. 1, S. 44–46

Hoffmann, S./Spiegel, H. (2006b): »Defekte« Tasten am Taschenrechner. Lösungswege von Kindern. Praxis Grundschule, H. 1, S. 10–14

Hollenstein, A. (1996a): Schreibanlässe im Mathematikunterricht – Eine Unterrichtsform für den anwendungsorientierten Mathematikunterricht auf der Sekundarstufe. Bern

Hollenstein, A. (1996b): Kognitive Aspekte sozialen Lernens. Arbeitspapier. Arbeitspapier zur Tagung »Lernkultur im Wandel«/St. Gallen

Hollenstein, A. (1997a): Kognitive Aspekte sozialen Lernens. In: K. P. Müller (Hg.), Beiträge zum Mathematikunterricht, S. 243–246. Hildesheim

Hollenstein, A. (1997b): Kognitive Aspekte sozialen Lernens. Arbeitspapier zur Tagung »Lernkultur im Wandel«/St. Gallen. Manuskript, Universität Bern

Hollenstein, A./Eggenberg, F. (1998): mosima – Grundlagen. Einführung, didaktischer Hintergrund, Erfahrungsberichte. Zürich

Holt, J. (2003): Wie kleine Kinder schlau werden. Selbständiges Lernen im Alltag. 4. Aufl. Weinheim

Hölzel, B. (2007): Kopfrechnen mit dem Taschenrechner? – Na klar! Grundschule Mathematik, H. 15, S. 26–29

Homann, G. (Hg., 1991): Mathematik – Lernspiele. Braunschweig

Hubacher, E. et al. (1999): Erstklässler können anderes als die Schule erwartet: »Dein Götti gibt dir 30 Franken«. In: E. Hengartner (Hg.), Mit Kindern lernen. Standorte und Denkwege im Mathematikunterricht, S. 66–68. Zug

Hunke, S. (2012): Überschlagsrechnen in der Grundschule. Lösungsverhalten von Kindern bei direkten und indirekten Überschlagsfragen. Wiesbaden

Hunting, R. P. (1997): Clinical Interview Methods in Mathematics Education Research and Practice. Journal of Mathematical Behavior, H. 2, S. 145–165

Ifrah, G. (1991): Universalgeschichte der Zahlen. Frankfurt/M.

Igl, J./Senftleben, H.-G. (1999): Projekte im Mathematikunterricht, Klassenstufe 3/4 – Ich löse Sachaufgaben. Berlin

IPN (o. J.) – Leibniz-Institut für die Pädagogik der Naturwissenschaften und Mathematik: SINUS an Grundschulen. Zugriff am: 24.08.2016. http://www.sinus-an-grundschulen.de

Isaacs, A. C./Carroll, W. M. (1999): Strategies for Basic-Facts Instruction. Teaching Children Mathematics, H. 5, S. 508–515

Jablonka, E. (1998): Die Integration von Wissen als ein zentrales Problem in der Ausbildung von Primarstufenlehrerinnen. In: M. Neubrand (Hg.), Beiträge zum Mathematikunterricht, S. 327–330. Hildesheim

Jäger, J. (1985): Algebraische und kombinatorische Entdeckungen am Galton-Brett und Pascal-Dreieck. mathematik lehren, H. 12, S. 16–21

Jahnke, H. N. (1984): Anschauung und Begründung in der Schulmathematik. Beiträge zum Mathematikunterricht, S. 32–41. Bad Salzdetfurth

Jahnke, Th (2008): Tests bilden? Die PISA und Co. KG und die Schulentwicklung. Grundschule, H. 7/8, S. 40–42

Jahnke, T./Meyerhöfer, W. (Hg., 2006): PISA & Co. Kritik eines Programms. Hildesheim

Jandl, E./Junge, N. (1999). fünfter sein. Weinheim

Jencks, S. M. et al. (1980): Why blame the kids? We teach mistakes! Arithmetic Teacher, H. 2, S. 38–42

Jerald, C. D. (2006): Love and Math. Center for Comprehensive School Reform and Improvement, Issue Brief, March 2006, 1–6

Jones, G. et al. (2000): Assessing and Fostering Children's Statistical Thinking (Paper at IC-ME 9/Tokio). Zugriff am: 06.09.2016. https://www.researchgate.net/publication/245507779_Assessing_and_Fostering_Children%27s_Statistical_Thinking

De Jong, O./Brinkmann, F. (1997): Guest Editorial: Teacher Thinking and Conceptual Change in Science and Mathematics Education. European Journal of Teacher Education, H. 2, S. 121–124

Joyner, J. M. (1990): Using Manipulatives Successfully. Arithmetic Teacher, Okt., S. 6–7

Judd, W. (2007): Instructional Games with Calculators. Mathematics Teaching in the Middle School, H. 6, S. 312–314

Jundt, W./Wälti, B. (2010): Erwartungen transparent machen. Arbeiten in mathematischen Beurteilungsumgebungen. mathematik lehren, H. 162, S. 56–60

Junker, B. (1999): Räumliches Denken bei lernbeeinträchtigten Schülern. Die Grundschulzeitschrift, H. 121, S. 22–24

Kant, I. (1998): Kritik der reinen Vernunft. Hamburg

Käpnick, F. (1998): Mathematisch begabte Kinder. Frankfurt/M.

Käpnick, F. (2002): Die Förderung hoch begabter Kinder. Eine Herausforderung an die Grundschule. Grundschulunterricht, H. 7, S. 2–7

Käpnick, F. (2003): Aufgabenformate für die Förderung mathematisch interessierter und begabter Grundschulkinder. In: S. Ruwisch/A. Peter-Koop (Hg.), Gute Aufgaben im Mathematikunterricht der Grundschule, S. 169–181. Offenburg

Käpnick, F. et al. (2005): Talente entdecken und unterstützen. Modul G 5, SINUS-Transfer Grundschule. Kiel

Käpnick, F. et al. (2011): Mathematische Talente entdecken und unterstützen. Der Würfel-Rechen-Trick. In: R. Demuth et al. (Hrsg.), Unterricht entwickeln mit SINUS: 10 Module für den Mathematik- und Sachunterricht in der Grundschule, S. 91–100. Seelze

Käpnick, F. (2014): Mathematiklernen in der Grundschule. Berlin

Kauder, S. (2015): Eigenständiges Lernen befördern durch alternative Leistungsrückmeldungen. Kontinuierliche Reflexion des Lernens an einer inklusiven Schule. GS aktuell, H. 129, S. 22–24

Kaufmann, S. (2006): Umgang mit unvollständigen Aufgaben. Fermi-Aufgaben in der Grundschule. Die Grundschulzeitschrift, H. 191, S. 16–19

KIRA (o. J.): Kinder rechnen anders. Zugriff am: 12.5.2011. http://kira.dzlm.de

Kirsch, A. (1976): Über Ziele der ›neuen Mathematik‹ in der Schule. Westermanns Pädagogische Beiträge, S. 155–164

Klauer, K. J. (1994): Diagnose- und Förderblätter 2, Rechenfertigkeiten 2. Schuljahr. Berlin

Kleine, M./Fischer, E. (2005): Welche Aufgaben passen zu dem Term? Möglichkeiten für den Einsatz von Rechengeschichten am Beispiel der Subtraktion und Division von Brüchen. mathematica didactica, H. 2, S. 88–103

Von Kleist, H. (1978): Über die allmähliche Verfertigung der Gedanken beim Reden. In: H. Sembdner (Hg.), Heinrich von Kleist – Werke in einem Band, S. 810–814. München

Klett Verlag (2015): Die neuen Titel zum Fördern und zur Inklusion. Zahlenbuch aktuell, H. 1, S. 2

Klieme, E. et al. (2001): Mathematische Grundbildung: Testkonzeption und Ergebnisse. In: J. Baumert et al. (Hg.), PISA 2000. Basiskompetenzen von Schülerinnen und Schülern im internationalen Vergleich, S. 139–190. Opladen

Klieme, E. et al. (2003): Zur Entwicklung nationaler Bildungsstandards. Eine Expertise. Frankfurt/M.

Klieme, E. et al. (2010, Hg.): PISA 2009. Bilanz nach einem Jahrzehnt. Münster

Klix, F. (1976): Information und Verhalten. Kybernetische Aspekte der organismischen Informationsverarbeitung. Stuttgart

Klunter, M./Raudies, M. (2010): »Das ist doch unmöglich!« Vorstellungen von Kindern zu Zufall und Wahrscheinlichkeit. Grundschule, H. 5, S. 18–20

KM (1955) – Kultusminister des Landes Nordrhein-Westfalen (Hg.): Stoffpläne für Volksschulen des Landes NRW mit Auszügen aus den Richtlinien vom 8.3.1955. Düsseldorf

KM (1985) – Kultusminister des Landes NRW (Hg.): Richtlinien und Lehrpläne für die Grundschule in Nordrhein-Westfalen: Mathematik. Köln

KMK (o. J.) – Sekretariat der Ständigen Konferenz der Kultusminister der Länder in der Bundesrepublik Deutschland Bildungsstandards der Kultusministerkonferenz (Hg.). Zugriff am 14.09.2016. https://www.kmk.org/themen/qualitaetssicherung-in-schulen/bildungsstandards.html

KMK (2005a) – Sekretariat der Ständigen Konferenz der Kultusminister der Länder in der Bundesrepublik Deutschland (Hg.): Bildungsstandards im Fach Mathematik für den Primarbereich. Beschluss vom 15.10.2004. München

KMK (2005b) – Sekretariat der Ständigen Konferenz der Kultusminister der Länder in der Bundesrepublik Deutschland (Hg.): Bildungsstandards der Kultusministerkonferenz. Erläuterungen zur Konzeption und Entwicklung. München

KMK (2008) – Sekretariat der Ständigen Konferenz der Kultusminister der Länder in der Bundesrepublik Deutschland (Hg.): Ländergemeinsame inhaltliche Anforderungen für die Fachwissenschaften und Fachdidaktiken in der Lehrerbildung. Beschluss der Kultusministerkonferenz vom 16.10.2008 i. d. F. vom 08.12.2008. Berlin

KMK (2010) – Sekretariat der Ständigen Konferenz der Kultusminister der Länder in der Bundesrepublik Deutschland (Hg.): Konzeption der Kultusministerkonferenz zur Nutzung der Bildungsstandards für die Unterrichtsentwicklung. Köln

KMK (2013) – Sekretariat der Ständigen Konferenz der Kultusminister der Länder in der Bundesrepublik Deutschland (Hg.): Rahmenvereinbarung über die Ausbildung und Prüfung für ein Lehramt der Grundschule bzw. Primarstufe (Lehramtstyp 1). (Beschluss der Kultusministerkonferenz vom 28.02.1997 i. d. F. vom 10.10.2013). Berlin

KMK (2014) – Sekretariat der Ständigen Konferenz der Kultusminister der Länder in der Bundesrepublik Deutschland (Hg.): Standards für die Lehrerbildung: Bildungswissenschaften. Beschluss der Kultusministerkonferenz vom 16.12.2004 i. d. F. vom 12.06.2014. Berlin

Knapstein, K. et al. (2005): Spiegel-Tangram. Velber

Knoll, M. (2011): Dewey, Kilpatrick und ›progressive‹ Erziehung – kritische Studien zur Projektpädagogik. Bad Heilbrunn

Knollmann, K./Spiegel, H. (1999): Voneinander lernen. Erfahrungsbericht über die mathematische Einzelförderung eines lernbehinderten Schülers. Die Grundschulzeitschrift, H. 121, S. 14–17

Koch, U. et al. (2006): Das Projekt VERA: von der Evaluation zur Schul- und Unterrichtsentwicklung. SchulVerwaltung NRW, H. 10, S. 276–279

Köhler, E. (1999): Vom Fliesenlegen zu Pentominopuzzles. Grundschule, H. 6, S. 50–54

Köhler, S. (1998): Das Tangram. Geschichte – Arten – Didaktische Aspekte – Fallstudien. Mathematische Unterrichtspraxis, H. II, S. 3–12

Kolkmann, J. (2012): Wie Qualität einer Schule weiterentwickeln – wie die Schulinspektion dafür genutzt werden kann. Kiel

Krämer, W. (2015): So lügt man mit Statistik. Frankfurt/Main

Krauß, N./Marxen, A. (2009): Einen Rückmeldungsbogen gemeinsam erarbeiten. Grundschule Mathematik, H. 21, S. 36–39

Krauter, S./Bescherer, Ch. (2013): Erlebnis Elementargeometrie. Ein Arbeitsbuch zum selbstständigen und aktiven Entdecken. Berlin

Krauthausen, G. (1985): Nichtdezimale Positionssysteme – handlungsorientierte Einsichten. Lehrer Journal, H. 2, S. 65–68

Krauthausen, G. (1991): Software im Mathematikunterricht: Eine Betrachtung aus fachdidaktischer Sicht. Computer Bildung/Schulpraxis, H. 5/6, S. 36–41

Krauthausen, G. (1993): Kopfrechnen, halbschriftliches Rechnen, schriftliche Normalverfahren, Taschenrechner: Für eine Neubestimmung des Stellenwertes der vier Rechenmethoden. Journal für Mathematik-Didaktik, H. 3/4, S. 189–219

Krauthausen, G. (1994): Arithmetische Fähigkeiten von Schulanfängern: Eine Computersimulation als Forschungsinstrument und als Baustein eines Softwarekonzeptes für die Grundschule. Wiesbaden

Krauthausen, G. (1995b): Die ›Kraft der Fünf‹ und das denkende Rechnen – Zur Bedeutung tragfähiger Vorstellungsbilder im mathematischen Anfangsunterricht. In: G. N. Müller/E. C. Wittmann (Hg.), Mit Kindern rechnen, S. 87–108. Frankfurt/M.

Krauthausen, G. (1995c): Für die stärkere Betonung des halbschriftlichen Rechnens. Eine Chance zur Integration inhaltlicher und allgemeiner Lernziele. Grundschule, H. 5, S. 14–18

Krauthausen, G. (1995d): Zahlenmauern im 2. Schuljahr – ein substantielles Übungsformat. Grundschulunterricht, H. 10, S. 5–9

Krauthausen, G. (1998c): Lernen – Lehren – Lehren lernen. Zur mathematik-didaktischen Lehrerbildung am Beispiel der Primarstufe. Leipzig

Krauthausen, G. (1998d): Allgemeine Lernziele im Mathematikunterricht. Die Grundschulzeitschrift, H. 119, S. 54–61

Krauthausen, G. (2001): »Wann fängt das Beweisen an? Jedenfalls, ehe es einen Namen hat.«. In: W. Weiser/B. Wollring (Hg.), Beiträge zur Didaktik der Mathematik für die Primarstufe, S. 99–113. Hamburg

Krauthausen, G. (2004b): Zwischen Invention und Konvention – Überlegungen zur Rolle der Lehrerin. In: P. Scherer/D. Bönig (Hg.), Mathematik für Kinder – Mathematik von Kindern, S. 142–151. Frankfurt

Krauthausen, G. (2006): »Darf man auch sagen, wenn man Tricke 'rausgefunden hat?« Eine dritte Klasse erforscht Nullmauern. In: E. Rathgeb-Schnierer/U. Roos (Hg.), Wie rechnen Matheprofis? Ideen und Erfahrungen zum offenen Mathematikunterricht, S. 87–100. München

Krauthausen, G. (2007): Sprache und sprachliche Anforderungen im Mathematikunterricht der Grundschule. In: H. Schöler/A. Welling (Hg.), Handbuch Sonderpädagogik. Band 1: Sonderpädagogik der Sprache, S. 1022–1034. Göttingen

Krauthausen, G. (2009a): »... weil Van der Vahrt die Nummer 23 hat«. In: G. Wefer (Hg.), Kopf und Zahl. Der Hochschulwettbewerb im Jahr der Mathematik 2008, S. 36–37. Bremen

Krauthausen, G. (2009b): Kinder machen mathematische Entdeckungen mit Minusmauern. In: T. Leuders et al. (Hg.), Mathemagische Momente. Situationen fruchtbaren Lernens und Lehrens von Mathematik – und was hinter ihnen steckt, S. 88–103. Berlin

Krauthausen, G. (2012): Digitale Medien im Mathematikunterricht der Grundschule. Berlin

Krauthausen, G. (2014): Digitale Medien im Mathematikunterricht der Grundschule – Innovation auf dem Tablet serviert? In: S. Ladel/C. Schreiber (Hg.), Von Audiopodcast bis Zahlensinn, S. 7–29. Münster

Krauthausen, G. (2015): Metaphern als Mittel zur Bewusstmachung von Einstellungen und Haltungen. In: Rink, R. (Hg.), Von Guten Aufgaben bis Skizzen Zeichnen. Zum Sachrechnen im Mathematikunterricht der Grundschule, S. 141–153. Hohengehren

Krauthausen, G. (2016): Mit dem Aufgabenformat Zahlenmauern arbeiten. Kumulatives Lernen im Spiralcurriculum. Grundschule Mathematik, H. 48, S. 32–35

Krauthausen, G. (2017): Entwicklung arithmetischer Fertigkeiten und Strategien – Kopfrechnen und halbschriftliches Rechnen. In: A. Fritz et al. (Hg.), Handbuch Rechenschwäche. Lernwege, Schwierigkeiten und Hilfen bei Dyskalkulie, S. 190–205. 3. Aufl. Weinheim

Krauthausen, G./Scherer, P. (2004): Lernbiografien von Studierenden im Fach Mathematik und Folgerungen für die Lehrerbildung. In: G. Krauthausen/P. Scherer (Hg.), Mit Kindern auf dem Weg zur Mathematik. Ein Arbeitsbuch zur Lehrerbildung, S. 74–82. Donauwörth

Krauthausen, G./Scherer, P. (2007): Einführung in die Mathematikdidaktik. 3. Aufl. (2001). Heidelberg

Krauthausen, G./Scherer, P. (2014): Natürliche Differenzierung im Mathematikunterricht – Konzepte und Praxisbeispiele aus der Grundschule. Seelze

Krauthausen, G./Winkler, A. (2004): Geometrische Lösungen von Grundschulkindern zu einer anspruchsvollen Textaufgabe. In: P. Scherer/D. Bönig (Hg.), Mathematik für Kinder – Mathematik von Kindern, S. 294–304. Frankfurt/M.

Kroll, W. (1996): Würfel: Bausteine der Raumgeometrie. mathematik lehren, H. 77, S. 23–46

Kruckenberg, A./Oehl, W. (1959, Hg.): Die Welt der Zahl 2. Rechenbuch für Volksschulen. Hannover

Krug, I. (2006): Zwei Einser sind genauso gut wie zwei Sechser. Grundschule Mathematik, H. 9, S. 22–25

Krummheuer, G. (1995): Argumentieren und Lernen: argumentationstheoretische Analyse einer mathematischen Partnerarbeit im 2. Schuljahr. In: H.-G. Steiner/H.-J. Vollrath (Hg.), Neue problem- und praxisbezogene Forschungsansätze, S. 85–90. Köln

Krummheuer, G. (1997): Zum Begriff der ›Argumentation‹ im Rahmen einer Interaktionstheorie des Lernens und Lehrens von Mathematik. Zentralblatt für Didaktik der Mathematik, H. 1, S. 1–10

Kühnel, J. (1925): Neubau des Rechenunterrichts. Bd. 1. Leipzig

Kunsch, K./Kunsch, S. (2000): Der Mensch in Zahlen. Heidelberg

Kurina, F. et al. (1999): On children's everyday experience and geometrical imagination. In: M. Hejny/J. Novotná (Ed.), Proceedings of the International Symposium Elementary Maths Teaching (SEMT), S. 72–76. Prague

Kurzweil, P. (1999): Das Vieweg Einheiten-Lexikon. Braunschweig

Kütting, H./Sauer, M. J. (2011): Elementare Stochastik. Mathematische Grundlagen und didaktische Konzepte. Heidelberg

Kutzer, R. (1983, Hg.): Mathematik entdecken und verstehen, Lehrerband 1. Frankfurt

Lack, C. (2009): Aufdecken mathematischer Begabung bei Kindern im 1. und 2. Schuljahr. Wiesbaden

Ladel, S. (2009): Multiple externe Repräsentationen (MERs) und deren Verknüpfung durch Computereinsatz. Zur Bedeutung für das Mathematiklernen im Anfangsunterricht. Hamburg

Ladel, S. (2010): Realisation of MERS (Multiple Extern Representations) and MELRS (Multiple Equivalent Linked Representations) in elemetary mathematics software. In: INRP (Hg.), Proceedings of CERME 6, S. 1050–1059. Lyon

Ladel, S./Kortenkamp, U. (2009): Virtuell-enaktives Arbeiten mit der ›Kraft der Fünf‹. MNU PRIMAR, H. 3, S. 91–95

Laferi, M./Wessel, J. (2015): Zieldifferent und doch gemeinsam. Erste Schritte zu einem inklusiven Mathematikunterricht. Grundschule aktuell, H. 130, S. 22–25

Lafforgue, L. (2007): Der Wissenschaftler und die Schule. Original: Lafforgue, L. & Lurçat, L. (Hg.): La débâcle de l'école. Une tragédie incomprise. Paris: F.X. Guibert 2007, chapitre X, 177–201. Übersetzung E. Ch. Wittmann mit freundlicher Unterstützung von Armin Volkmar Wernsing und Ute Andresen

Lafrentz, H./Eichler, K.-P. (2004): Vorerfahrungen von Schulanfängern zum Vergleichen und Messen von Längen und Flächen. Grundschulunterricht, H. 7/8, S. 42–47

Lampert, M. (1990): Connecting Inventions with Conventions. In: L. P. Steffe/T. Wood (Ed.), Transforming Children's Mathematics Education, S. 253–265. Hillsdale

Lassek, M. (2012): VERgleichsArbeiten – und sie bewegen sich doch? VERA weiter in der Diskussion. Grundschule aktuell, H. 119, S. 29–31

Leatham, K. R. et al. (2005): Getting Started with Open-Ended Assessment. Teaching Children Mathematics, H. 8, S. 413–419

Lehmann, E. (1999): Grundlagen von Projektarbeit. Der Mathematikunterricht, H. 6, S. 4–22

Leinhardt, G./Smith, D. A. (1985): Expertise in mathematics instruction: subject matter knowledge. Journal of Educational Psychology, H. 3, S. 247–271

Leonard, G. B. (1973): Erziehung durch Faszination. Anschlag auf die ordentliche Schule. Reinbek

Lepper, M. R. et al. (1973): Undermining children's intrinsic interest with extrinsic rewards. Journal of Personality and Social Psychology, H. 1, S. 129–137

Leuders, T. (2008): Kompetenzorientierung im Mathematikunterricht. Teil 1: Überstrapazierter Begriff oder echte Chance? Schulverwaltung NRW, H. 12, S. 333–336

Leuders, T. (2009): Kompetenzorientierung im Mathematikunterricht. Teil II: Wege für den Unterrichtsalltag. SchulVerwaltung NRW, H. 1, S. 12–13

Link, M. (2012): Grundschulkinder beschreiben operative Zahlenmuster. Entwurf, Erprobung und Überarbeitung von Unterrichtsaktivitäten als ein Beispiel für Entwicklungsforschung. Wiesbaden

Link, M. (2013): Zahlenmuster beschreiben. Reflexionen über Beschreibungen anregen. In: Götze, D. (Hg.), Zahlenmusterforscher. Das Muster- und Strukturverständnis fördern. Materialheft zu Die Grundschulzeitschrift H. 268/269, S. 19–27

Lipowsky, F. (1999): Methodik der Vielfalt – Didaktik der Einfalt? Für eine qualitative Weiterentwicklung offener Lernsituationen. Grundschule, H. 7–8, S. 49–53

Lompscher, J. (1997): Selbständiges Lernen anleiten. Ein Widerspruch in sich? Friedrich Jahresheft: Lernmethoden, Lehrmethoden. Wege zur Selbständigkeit, H. S. 46–49

Lörcher, G. A./Rümmele, H. (1986): Mit Taschenrechnern rechnen, üben und spielen. Grundschule, H. 4, S. 36–39

Lorenz, J. H. (1987): Zahlenraumprobleme bei Schülern. Sachunterricht und Mathematik in der Primarstufe, H. 4, S. 171–177

Lorenz, J. H. (1992a): Anschauung und Veranschaulichungsmittel im Mathematikunterricht. Mentales visuelles Operieren und Rechenleistung. Göttingen

Lorenz, J. H. (1992b): Größen und Maße in der Grundschule. Grundschule, H. 11, S. 12–14

Lorenz, J. H. (1995a): Arithmetischen Strukturen auf der Spur. Funktion und Wirkungsweise von Veranschaulichungsmitteln. Die Grundschulzeitschrift, H. 82, S. 8–12

Lorenz, J. H. (1995b): Die mentale Repräsentation arithmetischer Beziehungen und das Problem des Zusammenhangs zwischen Anschauung und Mathematiklernen. In: H.-G. Steiner/H.-J. Vollrath (Hg.), Neue problem- und praxisbezogene Forschungsansätze, S. 91–96. Köln

Lorenz, J. H. (1995c): Probleme der schriftlichen Subtraktion. Grundschule, H. 5, S. 22–23

Lorenz, J. H. (1996): Ursachen für gestörte mathematische Lernprozesse. In: G. Eberle/R. Kornmann (Hg.), Lernschwierigkeiten und Vermittlungsprobleme im Mathematikunterricht an Grund- und Sonderschulen. Möglichkeiten der Vermeidung und Überwindung, S. 19–35. Weinheim

Lorenz, J. H. (1998): Arithmetische Entdeckungen mit dem Taschenrechner. Grundschule, H. 3, S. 22–29

Lorenz, J. H. (1999): Ein neuer Anfang auch mit Jugendlichen. Lernchancen, H. 7, S. 24–30

Lorenz, J. H. (2000): Aus Fehlern wird man … Irrtümer in der Mathematikdidaktik des 20. Jahrhunderts. Grundschule, H. 1, S. 19–22

Lorenz, J. H. (2003): Lernschwache Rechner fördern. Berlin

Lorenz, J. H. (2005): Zentrale Lernstandsmessung in der Primarstufe – Vergleichsarbeiten Klasse 4 (VERA) in sieben Bundesländern. ZDM, H. 4, S. 317–323

Lorenz, J. H. (2006): Dämonen und Geister. Grundschule Mathematik, H. 9, S. 20–21

Lorenz, J. H. (2012): Kinder begreifen Mathematik. Stuttgart

Lorenz, J. H./Radatz, H. (1993): Handbuch des Förderns im Mathematikunterricht. Hannover

Loska, R./Hartmann, M. (2006): Erste Schritte in die Algebra mit dem Rechendreieck. Grundschule, H. 1, S. 36–38

Lübke, S./Selter, Ch. (2015): »So wichtig ist genau auch nicht« – Überlegungen zum Überschlagsrechnen. In: R. Rink (Hg.), Von Guten Aufgaben bis Skizzen Zeichnen, S. 155–166. Hohengehren

Ludwig, M. (2014): Fußballmathematik für Kleine. Wie Fußball und Mathematik kombiniert und die Kinder zum Mathematiklernen motiviert werden können. Grundschulunterricht, H. 2, S. 4–10

Van Luit, H. et al. (2001): Osnabrücker Test zur Zahlbegriffsentwicklung (OTZ). Göttingen

Lüken, M. M. (2012a): Muster und Strukturen im mathematischen Anfangsunterricht. Grundlegung und empirische Forschung zum Struktursinn von Schulanfängern. Münster

Lüken, M. M. (2012b): Young Children's Structure Sense. Journal für Mathematik-Didaktik, H. 2, S. 263–285

Luyken, R. (1997): Der Blinde als Seher. Tony Blairs sozialistischer Bildungsminister David Blunkett verlangt von den Schülern mehr Disziplin und solides Kopfrechnen. DIE ZEIT v. 6.6.97 (Nr. 24). S. 36

Ma, L. (1999): Knowing and teaching elementary mathematics: teachers' understanding of fundamental mathematics in China and the United States. Mahwah

Maag Merki, K./Kotthoff, H.-G. (2010): Schulinspektion international. Englische und schweizerische Erfahrungen im Vergleich. Schule NRW, H. 1, S. 15–17

Maclellan, E. (1997): The importance of counting. In: I. Thompson (Ed.), Teaching and learning early number, S. 33–40. Buckingham

Maier, P. H. (1999): Das effekt-System – Herstellung und didaktische Einsatzmöglichkeiten. Der Mathematikunterricht, H. 3, S. 32–49

Malle, G. (1993): Didaktische Probleme der elementaren Algebra. Braunschweig

Mayer, C. (2015): Argumentativ geprägte Lernsituationen zur Erkundung arithmetischer Gleichheiten. In: A. S. Steinweg (Hg.), Entwicklung mathematischer Fähigkeiten von Kindern im Grundschulalter, S. 87–90. Bamberg

Meier, R. (1997): Grundschullehrerin werden zwischen Ausbildung und Studium. In: P. Bardy (Hg.), Mathematische und mathematikdidaktische Ausbildung von Grundschullehrerinnen/-lehrern, S. 15–37. Weinheim

Meiers, K. (2009): »Lesen und Lösen« – Sprachkompetenz und Mathematik. Sache-Wort-Zahl, H. 105, S. 29–30 & 35–42

Meißner, H. (2006): Taschenrechner im Mathematikunterricht der Grundschule. mathematica didactica, H. 1, S. 5–25

Menne, J. (1999): Effektiv üben mit rechenschwachen Kindern. Die Grundschulzeitschrift, H. 121, S. 18–21

Menninger, K. (1990): Zahlwort und Ziffer. Eine Kulturgeschichte der Zahl. Göttingen

Menninger, K. (1992): Rechenkniffe: lustiges und vorteilhaftes Rechnen. Göttingen

Meyer, H. L. (1984): Leitfaden zur Unterrichtsvorbereitung. Frankfurt/M.

Meyer, S. (2015): Blitzrechenoffensive an der Burgschule Frechen gestartet! Mit vereinten Kräften Rechenschwäche vorbeugen und überwinden. Zahlenbuch aktuell, H. 4, S. 6

Milbrandt, U. (1997): Schülerfreundlich üben. Grundschulunterricht, H. 4, S. 34–35

Miller, M. (2006): Dissens. Zur Theorie diskursiven und systemischen Lernens. Bielefeld

Mirwald, E./Nitsch, B. (2015): Kann es stimmen, dass du in einer Minute 100000 mm weit gehen kannst? In: R. Rink (Hg.), Von Guten Aufgaben bis Skizzen Zeichnen, S. 167–178. Hohengehren

MLC – The Math Learning Center (2015): Geoboard. Zugriff am: 31.08.2016. https://itunes.apple.com/de/app/geoboard-by-math-learning/id519896952?mt=8

Möller, A. (2000): Lernen mit Tangram. Anregung zur sprachlich logischen Schulung und zur Entwicklung strategischen Denkens. Mathematik in der Schule, H. 1, S. 10–17

Möller, Ch. (1969): Technik der Lernplanung. Weinheim

Möller, Ch. (1974, Hg.): Praxis der Lernplanung. Weinheim

Möller, A./Woita, S. (2012): Raumvorstellungen. Drittklässler entdecken Zusammenhänge zwischen Würfelbauten, Bauplänen und Schrägbilddarstellungen. Grundschulunterricht, H. 1, S. 32–36

De Moor, E. (1991): Geometry-instruction (age 4–14) in The Netherlands – the realistic approach –. In: L. Streefland (Ed.), Realistic Mathematics Education in Primary School: On the occasion of the opening of the Freudenthal Institute, S. 119–138. Utrecht

De Moor, E./Van den Brink, J. (1997): Geometrie vom Kind und von der Umwelt aus. mathematik lehren, H. 83, S. 14–17

De Moor, E./Treffers, A. (2001): Der beste Taschenrechner steckt im Kopf. In: Ch. Selter/G. Walther (Hg.), Mathematik lernen und gesunder Menschenverstand, S. 124–136. Leipzig

Mosel-Göbel, D. (1988): Algorithmusverständnis am Beispiel ausgewählter Verfahren der schriftlichen Subtraktion. Eine Fallstudienanalyse bei Grundschülern. Sachunterricht und Mathematik in der Primarstufe, H. 12, S. 554–559

Moser Opitz, E. (1999): Mathematischer Erstunterricht im heilpädagogischen Bereich: Anfragen und Überlegungen. Vierteljahresschrift für Heilpädgogik und ihre Nachbargebiete, H. 3, S. 293–307

Moser Opitz, E. (2000): Zählen – Zahlbegriff – Rechnen. Theoretische Grundlagen und eine empirische Untersuchung zum mathematischen Erstunterricht in Sonderklassen. Bern

Moser Opitz, E. (2006): Assessment, Förderplanung, Förderdoagnostik – messen und/oder fördern? Schweizerische Zeitschrift für Heilpädagogik, H. 9, S. 5–11

MSJK (2003) – Ministerium für Schule, Jugend und Kinder des Landes Nordrhein-Westfalen (Hg.): Richtlinien und Lehrpläne zur Erprobung für die Grundschule in NRW. Düsseldorf

MSW (2008) – Ministerium für Schule und Weiterbildung des Landes Nordrhein-Westfalen – (Hg.): Richtlinien und Lehrpläne für die Grundschulen in Landes Nordrhein-Westfalen. Düsseldorf

MSW (2009) – Ministerium für Schule und Weiterbildung des Landes Nordrhein-Westfalen – (Hg.): Qualitätsanalyse in Nordrhein-Westfalen. Impulse für die Weiterentwicklung von Schulen. Düsseldorf

Mühlberger, S. (2016): Angehende Grundschullehrer fallen reihenweise durch Klausur. Zugriff am: 26.08.2016. http://www.rbb-online.de/politik/beitrag/2016/08/angehende-grundsc...llen-reihenweise-durch-matheklausur.htm/listall=on/print=true.html

Müller, A. (1995): Sprache und Lernen: Zur Rolle der Sprache beim Lernen der Naturwissenschaften. Sachunterricht und Mathematik in der Primarstufe, H. 7, S. 286–290

Müller, G. N. (1990): Das kleine 1·1. Die Grundschulzeitschrift, H. 31, S. 13–16

Müller, G. N. (1991): Mit der Umwelt muß man rechnen. In: H. Gesing/R. E. Lob (Hg.), Umwelterziehung in der Primarstufe, S. 225–40. Heinsberg

Müller, G. N. (1997): Vom Einspluseins und Einmaleins zum pythagoreischen Zahlenfeld. mathematik lehren, H. 83, S. 10–13

Müller, G. N. et al. (1997): Schauen und Bauen. Geometrische Spiele mit Quadern. Leipzig

Müller, G. N. et al. (2004, Hg.): Arithmetik als Prozess. Seelze

Müller, G./Wittmann, E. Ch. (1984): Der Mathematikunterricht in der Primarstufe. Braunschweig

Müller, G. N./Wittmann, E. Ch. (1995, Hg.): Mit Kindern rechnen. Frankfurt/M.

Müller, G. N./Wittmann, E. Ch. (1997/1998): Die Denkschule – Teil 1/2. Leipzig

Müller, J. H. (2005): Entdeckend lernen mit Zahlenmauern in der Sekundarstufe. Praxis Mathematik, H. 2, S. 32–38

Müller, R. (2001): Fermiprobleme als Beitrag zu einer neuen Aufgabenkultur. Praxis der Naturwissenschaften – Physik in der Schule, H. 8, S. 2–7

Müller-Merbach, H. (1996): Gesprächskultur und Führungserfolg. Forschung & Lehre, H. 4, S. 184–186

Mynewsdesk (2016): Kulturcheck No. 10: Eins, zwei, drei, viele – Zählen und Zahlen in anderen Kulturen. Zugriff am: 29.08.2016. http://www.mynewsdesk.com/de/nimirum/blog_posts/kulturcheck-no10-eins-zwei-drei-viele-zaehlen-und-zahlen-in-anderen-kulturen-27380

NCTM (2015) – National Council of Teachers of Mathematics. Commission on Standards of School Mathematics: Calculator Use in Elementary Grades. A Position of the National Council of Teachers of Mathematics. Zugriff am: 13.08.2016. http://www.nctm.org/Standards-and-Positions/Position-Statements/Calculator-Use-in-Elementary-Grades/

Nelsen, R. B. (1993): Proofs without words. Exercises in visual thinking. Washington

Nelsen, R. B. (2000): Proofs without words II. More Exercises in visual thinking. Washington

Nelsen, R. B. (2016): Beweise ohne Worte. Deutschsprachige Ausgabe hrsg. von Nicola Oswald. Berlin

Nestle, W. (1999): Auf die Beziehung kommt es an. Rechnen in Sachzusammenhängen. Lernchancen, H. 7, S. 48–54

Neubert, B. (2009): Daten erfassen und darstellen in der Grundschule – Versuch einer Konzeption. In: M. Neubrand (Hg.), Beiträge zum Mathematikunterricht, S. 771–774. Münster

Neubert, B. (2011): Welcher Zufallsgenerator ist der Beste? – Überlegungen zu ›Zufall und Wahrscheinlichkeit‹ in der Grundschule. In: A. S. Steinweg (Hg.), Medien und Materialien, S. 55–70. Bamberg

Neubert, B. (2012): Leitidee: Daten, Häufigkeit und Wahrscheinlichkeit. Aufgabenbeispiele und Impulse für die Grundschule. Offenburg

Neubrand, J./Neubrand, M. (1999): Effekte multipler Lösungsmöglichkeiten: Beispiele aus einer japanischen Mathematikstunde. In: C. Selter/G. Walther (Hg.), Mathematikdidaktik als design science, S. 148–158. Leipzig

Neubrand, M./Möller, M. (1999): Einführung in die Arithmetik: ein Arbeitsbuch für Studierende des Lehramts der Primarstufe. Hildesheim

Neufeld, D./Herbert, G. (2007): Anregungen zu einer erweiterten Leistungsmessung im Mathematikunterricht. Grundschulunterricht, H. 7–8, S. 40–42

Neuhaus, K. (1995): Die Grundlagen der Kreativitätsuntersuchungen bei Dewey und Wallas. In: K. P. Müller (Hg.), Beiträge zum Mathematikunterricht, S. 348–351. Hildesheim

Neuhaus-Siemon, E. (1996): Reformpädagogik und offener Unterricht. Reformpädagogische Modelle als Vorbilder für die heutige Grundschule? Grundschule, H. 6, S. 19–23

Nitsch, B. (2010): 1, 2, 3 Wackelzähne. Daten erfassen und auswerten – von Anfang an. Grundschule, H. 5, S. 14–17

Nolte, M. (2011): »Ein hoher IQ garantiert eine hohe mathematische Begabung! Stimmt das?« – Ergebnisse aus neun Jahren Talentsuche im PriMa-Projekt Hamburg. In: R. Haug/L. Holzäpfel (Hg.), Beiträge zum Mathematikunterricht, S. 611–614. Münster

Nolte, M. (2013): »Du Papa, die interessieren sich für das, was ich denke!« Zur Arbeit mit mathematisch besonders begabten Grundschulkindern. In: T. Trautmann/W. Manke (Hg.), Begabung – Individuum – Gesellschaft. Begabtenförderung als pädagogische und gesellschaftliche Herausforderung, S. 128–143. Weinheim

Nührenbörger, M. (2002): »Auch messen will gelernt sein ... « – Ansichten von Kindern der zweiten Klasse zum Messen mit dem Lineal. Sache – Wort – Zahl, H. 44, S. 48–54

Nührenbörger, M. (2006): Anfangsunterricht Mathematik in jahrgangsgemischten Lerngruppen. In: M. Grüßing/A. Peter-Koop (Hg.), Die Entwicklung mathematischen Denkens in Kindergarten und Grundschule: Beobachten – Fördern – Dokumentieren, S. 133–149. Offenbach

Nührenbörger, M. (2009): Interaktive Konstruktionen mathematischen Wissens – Epistemologische Analysen zum Diskurs von Kindern im jahrgangsgemischten Anfangsunterricht. Journal für Mathematik-Didaktik, H. 2, S. 147–172

Nührenbörger, M. (2013): Mathematische Zusammenhänge vorausschauend deuten und rückblickend betrachten. Anregungen zum jahrgangsgemischten Mathematikunterricht in der Schuleingangsphase. Handreichungen des Programms *SINUS an Grundschulen*. Kiel

Nührenbörger, M./Pust, S. (2006): Mit Unterschieden rechnen. Lernumgebungen und Materialien für einen differenzierten Anfangsunterricht. Seelze

Nührenbörger, M./Schwarzkopf, R. (2015): Spiele im Anfangsunterricht. Zahlenbuch aktuell, H. 3, S. 2

Nührenbörger, M./Verboom, L. (2011): Selbstgesteuertes und sozial-interaktives Mathematiklernen in heterogenen Klassen im Kontext gemeinsamer Lernsituationen. In: R. Demuth et al. (Hg.), Unterricht entwickeln mit SINUS. 10 Module für den Mathematik- und Sachunterricht in der Grundschule, S. 149–155. Seelze

Nuñes, T. et al. (1993): Street mathematics and school mathematics. Cambridge

O'Daffer, Ph. G./Clemens, S. R. (1992): Geometry. An Investigative Approach. Reading

Oehl, W. (1962): Der Rechenunterricht in der Grundschule. Hannover

Oehl, W. (1965): Der Rechenunterricht in der Hauptschule. Hannover

Ohl, S. (2014): Wer wird Fußball-Weltmeister? Können wir das berechnen? Grundschulunterricht, H. 2, S. 22–26

Otto, G. (1998): Ästhetik als Performance – Unterricht als performance? Hamburg

Padberg, F. (1994): Schriftliche Subtraktion – Änderungen erforderlich! Mathematische Unterrichtspraxis, H. II., S. 24–34

Padberg, F. et al. (1995): Zahlbereiche. Eine elementare Einführung. Heidelberg

Padberg, F. (1998): Freigabe des Verfahrens der schriftlichen Subtraktion: Pro. Die Grundschulzeitschrift, H. 119, S. 9

Padberg, F./Benz, Ch. (2011): Didaktik der Arithmetik für Lehrerausbildung und Lehrerfortbildung. 4. Aufl. Heidelberg

Padberg, F./Büchter, A. (2015): Einführung Mathematik Primarstufe – Arithmetik. 2. Aufl. Berlin

Penrose, R. (1994): Shadows of the mind. Oxford

Peter-Koop, A. (2000): »Sachaufgaben ohne Zahlen«. Grundschulunterricht, H. 3, S. 32–36

Peter-Koop, A. (2001): Authentische Zugänge zum Umgang mit Größen. Die Grundschulzeitschrift, H. 141, S. 6–11

Peter-Koop, A. (2003): »Wie viele Autos stehen in einem 3 km Stau?« – Modellbildungsprozesse beim Bearbeiten von Fermi-Problemen in Kleingruppen. In: S. Ruwisch/A. Peter-Koop (Hg.), Gute Aufgaben im Mathematikunterricht der Grundschule, S. 111–130. Offenburg

Peter-Koop, A. (2006): Grundschulkinder bearbeiten Fermi-Aufgaben in Kleingruppen. Empirische Befunde zu Interaktionsmustern. In: E. Rathgeb-Schnierer/U. Roos (Hg.), Wie rechnen Matheprofis? Ideen und Erfahrungen zum offenen Mathematikunterricht, S. 41–56. München

Peter-Koop, A. (2008): Eine unbekannte Größe? Entwicklung von Kompetenzen im Bereich Größen und Messen. Grundschule, H. 4, S. 20–22

Peter-Koop, A./Nührenbörger, M. (2008): Größen und Messen. In: G. Walther et al. (Hg.), Bildungs-standards für die Grundschule: Mathematik konkret, S. 89–117. Frankfurt/M.

Petersen, J. (1994): Computer-Based-Training und Interaktives Video. Chancen und Risiken eines neuen Lernmediums. In: J. Petersen/G.-B. Reinert (Hg.), Lehren und Lernen im Umfeld neuer Technologien – Reflexionen vor Ort, S. 184–206. Frankfurt/M.

Petersen, K. (1987): Probleme mit der Größe Gewicht. Mathematische Unterrichtspraxis, H. 4, S. 15–30

Piaget, J. (1969): Das Erwachen der Intelligenz beim Kinde. Stuttgart

Piaget, J. (1972): Psychologie der Intelligenz. Olten

Piaget, J./Inhelder, B. (1975): Die Entwicklung der physikalischen Mengenbegriffe beim Kinde. Stuttgart

Piechotta, G. (1995): Entdeckungsreise ins Land der Zahlenhäuser und Zahlenmauern. In: G. N. Müller/E. Ch. Wittmann (Hg.), Mit Kindern rechnen, S. 74–80. Frankfurt/M.

Pietsch, M./Krauthausen, G. (2005): Mathematisches Grundverständnis von Kindern am Ende der vierten Jahrgangsstufe. In: Freie und Hansestadt Hamburg (Hg.), KESS 4. Kompetenzen und Einstellungen von Schülerinnen und Schülern Jahrgangsstufe 4, S. 149–168. Hamburg

PIK AS (2013): Merkmale guten Mathematik-Unterrichts. Informationsplakat. Poster. Zu-griff am: 28.12.2016. http://pikas.dzlm.de/material-pik/herausfordernde-lernangebote/haus-8-informations-material/informationsplakat

Deutsches PISA-Konsortium (2000, Hg.): Schülerleistungen im internationalen Vergleich. Eine neue Rahmenkonzeption für die Erfassung von Wissen und Fähigkeiten. Berlin

Plunkett, S. (1987): Wie weit müssen Schüler heute noch die schriftlichen Rechenverfahren beherr-schen? mathematik lehren, H. 21, S. 43–46

Polya, G. (1995): Schule des Denkens. Vom Lösen mathematischer Probleme. Tübingen

Pörksen, B. (2016): Hört doch mal zu! In: DIE ZEIT v. 11.08.2016 (Nr. 34). S. 49–50

Price, G. et al. (1991): Good Ideas for … Algebra. Southampton

Probst, H. (1997): Unterrichtsstunden zum Thema Fahrrad. Manuskript, Universität Marburg

Radatz, H. (1980): Fehleranalysen im Mathematikunterricht. Braunschweig

Radatz, H. (1983): Untersuchungen zum Lösen eingekleideter Aufgaben. Journal für Mathematik-didaktik, H. 3, S. 205–217

Radatz, H. (1989): Lernschwierigkeiten und Fördermöglichkeiten im Mathematikunterricht. Die Grundschulzeitschrift, H. 24, S. 4–8

Radatz, H. (1991): Hilfreiche und weniger hilfreiche Arbeitsmittel im mathematischen Anfangsun-terricht. Grundschule, H. 9, S. 46–49

Radatz, H. (1993a): »38 +7 = 7 jeger schiesen auf 50 Hasen, 2 sint schon tot …« Kinder erfinden Rechengeschichten. In: H. Balhorn/H. Brügelmann (Hg.), Bedeutungen erfinden – im Kopf, mit Schrift und miteinander, S. 32–36. Faude

Radatz, H. (1993b): Ikonomanie. Oder: Wie sinnvoll sind die vielen Veranschaulichungen im Ma-thematikunterricht? Grundschulmagazin, H. 3, S. 4–6

Radatz, H. (1995a): »Sag mir, was soll es bedeuten?« Wie Schülerinnen und Schüler Veranschauli-chungen verstehen. Die Grundschulzeitschrift, H. 82, S. 50–51

Radatz, H. (1995b): Leistungsstarke Grundschüler im Mathematikunterricht fördern. In: K. P. Müller (Hg.), Beiträge zum Mathematikunterricht, S. 376–379. Hildesheim

Radatz, H. et al. (1996/1998/1999): Handbuch für den Mathematikunterricht – 1./2./3. Schuljahr. Hannover

Radatz, H./Rickmeyer, K. (1991): Handbuch für den Geometrieunterricht an Grundschulen. Hannover

Radatz, H./Schipper, W. (1983): Handbuch für den Mathematikunterricht an Grundschulen. Hannover

Radatz, H./Schipper, W. (1997): Methodische Öffnung des Mathematikunterrichts. Der Fall der schriftlichen Subtraktion. Die Grundschulzeitschrift, H. 102, S. 52–53

Rasch, R. (2003): 42 Denk- und Sachaufgaben. Wie Kinder mathematische Aufgaben lösen und diskutieren. Seelze

Rasch, R. (2015): Problemhaltige Textaufgaben im Mathematikunterrichts der Grundschule. In: Rink, R. (Hg.), Von Guten Aufgaben bis Skizzen Zeichnen, S. 203–216. Hohengehren

Rathgeb-Schnierer, E. (2006): Kinder auf dem Weg zum flexiblen Rechnen. Eine Untersuchung zur Entwicklung von Rechenwegen bei Grundschulkindern auf der Grundlage offener Lernangebote und eigenständiger Lösungsansätze. Hildesheim

Rathgeb-Schnierer, E. (2010): Entwicklung flexibler Rechenkompetenzen bei Grundschulkindern des 2. Schuljahres. Journal für Mathematik-Didaktik, H. 2, S. 257–283

Rathgeb-Schnierer, E. (2011): Warum noch rechnen, wenn ich die Lösung sehen kann? Hintergründe zur Förderung flexibler Rechenkompetenzen bei Grundschulkindern. In: Haug, R./L. Holzäpfel (Hg.), Beiträge zum Mathematikunterricht 2011, S. 15–22. Münster

Ratzka, N. (2003): Mathematische Fähigkeiten und Fertigkeiten am Ende der Grundschulzeit. Empirische Studien im Anschluss an TIMSS. Hildesheim

Raudies, M. (1999): Jana hat Geburtstag. Grundschulunterricht, H. 7/8, S. 39–41

Reemer, A./Eichler, K.-P. (2005): Vorkenntnisse von Schulanfängern zu geometrischen Begriffen. Grundschulunterricht, H. 11, S. 37–42

Rehfus, W. D. (1995): Bildungsnot. Hat die Pädagogik versagt? Stuttgart

Reiss, K. et al. (2016, Hg.): PISA 2015. Eine Studie zwischen Kontinuität und Innovation. Münster

Revuz, A. (1980): Est-il impossible d'enseigner les mathématiques? Paris

Ricken, G./Fritz, A. (2009): Überblick über Ansätze zur Diagnostik arithmetischer Kompetenzen. In: Fritz, A. et al. (Hg.), Handbuch Rechenschwäche. Lernwege, Schwierigkeiten und Hilfen bei Dyskalkulie, 2. Aufl., S. 308–331. Weinheim

Rickmeyer, K. (1997): Flächeninhalt und Geobrett. Praxis Grundschule, H. 2, S. 18–23

Rickmeyer, K. (2000): Dreiecke auf dem Geobrett. Mathematische Unterrichtspraxis, H. I, S. 20–30

Rieger, H. et al. (1985): Denken und Rechnen 1. Ausgabe Nord. Braunschweig

Roggatz, C. (2012): Individualisierender Unterricht. Von »Haufen«, Heidi und Zauberformeln. Hamburg macht Schule, H. 3, S. 8–11

Röhr, M. (1992): »Alle Teller sind 4x6« – Ein Bericht über die ganzheitliche Einführung des Einmaleins. Die Grundschulzeitschrift, H. 6, S. 26–28

Röhr, M. (1995): Kooperatives Lernen im Mathematikunterricht der Primarstufe: Entwicklung und Evaluation eines fachdidaktischen Konzepts zur Förderung der Kooperationsfähigkeit von Schülern. Wiesbaden

Röhrkasten, K. (2010): Spiele mit dem Zufall. Spielend mit Wahrscheinlichkeiten im Mathematikunterricht umgehen. Grundschule, H. 5, S. 22–25

Rost, D./Westhoff, A. (2008): Vom Recht der Hochbegabten, nicht ständig gefördert zu werden. FAZ.NET Forschung und Lehre. Zugriff am 26.06.2008

Ruf, U./Gallin, P. (1996): Ich mache das so! Wie machst du es? Das machen wir ab. Sprache und Mathematik 1.–3. Schuljahr. Zürich

Ruf, U./Gallin, P. (1998a): Dialogisches Lernen in Sprache und Mathematik. Band 1: Austausch unter Ungleichen. Grundzüge einer interaktiven und fächerübergreifenden Didaktik. Seelze

Ruf, U./Gallin, P. (1998b): Dialogisches Lernen in Sprache und Mathematik. Band 2: Spuren legen – Spuren lesen. Unterricht mit Kernindeen und Reisetagebüchern. Seelze

Rumpf, H. (1971): Zum Problem der didaktischen Vereinfachung (1968). In: H. Rumpf (Hg.), Schulwissen – Probleme der Analyse von Unterrichtsinhalten, S. 68–82. Göttingen

Runesson, U. (1997): Learning by Exploration in Mathematics Courses: a programme for student teachers. European Journal of Teacher Education, H. 2, S. 161–169

Ruthven, K. (2007): Towards a Calculator-Aware Number Curriculum. In: Novotná, J./H. Moraová (Hg.), Proceedings of the International Symposium Elementary Maths Teaching (SEMT), S. 9–22. Prague

Rütten, Ch. (2016): Sichtweisen von Grundschulkindern auf negative Zahlen. Metaphernanalytisch orientierte Erkundungen im Rahmen didaktischer Rekonstruktion. Wiesbaden

Ruwisch, S. (2000): Alltägliche Situationen im Mathematikunterricht problematisieren. Mathematische Unterrichtspraxis, H. 2, S. 10–19

Ruwisch, S. (2004): Professionelle Lernbegleitung: Leistungen herausfordern, erkennen und bewerten. In: Scherer, P./D. Bönig (Hg.), Mathematik für Kinder – Mathematik von Kindern, S. 254–262. Frankfurt/M.

Ruwisch, S. (2009a): Fragenbox Mathematik: Kann das stimmen? Seelze

Ruwisch, S. (2009b): Daten frühzeitig thematisieren. Grundschule Mathematik, H. 21, S. 4–5

Ruwisch, S. (2009c): Beschreibende Statistik. Grundschule Mathematik, H. 21, S. 40–43

Ruwisch, S./Peter-Koop, A. (2003, Hg.): Gute Aufgaben im Mathematikunterricht der Grundschule. Offenburg

SBW (2001) – Der Senator für Bildung und Wissenschaft (Hg.): Rahmenplan Primarstufe. Bremen

Schaffrath, S./Leuchter, A. (2004): Wir gestalten unsere Klassenbücherei neu. Statistik in einem 3. Schuljahr. Die Grundschulzeitschrift, H. 172, S. 16–19

Schaub, H. (1999): Weder Noten- noch Berichtszeugnisse: Lernentwicklungsberichte. In: W. Böttcher et al. (Hg.), Leistungsbewertung in der Grundschule, S. 45–55. Weinheim

Scherer, P. (1995a): Entdeckendes Lernen im Mathematikunterricht der Schule für Lernbehinderte – Theoretische Grundlegung und evaluierte unterrichtspraktische Erprobung. Heidelberg

Scherer, P. (1995b): Ganzheitlicher Einstieg in neue Zahlenräume – auch für lernschwache Schüler?! In: G. N. Müller/E. Ch. Wittmann (Hg.), Mit Kindern rechnen, S. 151–164. Frankfurt/M.

Scherer, P. (1996a): »Das kann ich schon im Kopf« – Zum Einsatz von Arbeitsmitteln und Veranschaulichungen im Unterricht mit lernschwachen Schülern. Grundschulunterricht, H. 3, S. 24 & 53–56

Scherer, P. (1996b): Evaluation entdeckenden Lernens im Mathematikunterricht der Schule für Lernbehinderte: Quantitative oder qualitative Forschungsmethoden? Heilpädagogische Forschung, H. 2, S. 76–88

Scherer, P. (1996c): Zahlenketten – Entdeckendes Lernen im ersten Schuljahr. Die Grundschulzeitschrift, H. 96, S. 20–23

Scherer, P. (1996d): Das NIM-Spiel – Mathematisches Denken auch für Lernbehinderte? In: W.
Baudisch/D. Schmetz (Hg.), Mathematik und Sachunterricht im Primar- und Sekundarbereich
– Beispiele sonderpädagogischer Förderung, S. 88–98. Frankfurt/M.

Scherer, P. (1997a): Substantielle Aufgabenformate – jahrgangsübergreifende Beispiele für den Mathematikunterricht, Teil I–III. Grundschulunterricht, H. 1, 4 & 6, S. 34–38 & 36–38 & 54–56

Scherer, P. (1997b): Schülerorientierung UND Fachorientierung – notwendig und möglich! Mathematische Unterrichtspraxis, H. 1, S. 37–48

Scherer, P. (1998): Kinder mit Lernschwierigkeiten – »besondere« Kinder, »besonderer« Unterricht?
In: A. Peter-Koop (Hg.), Das besondere Kind im Mathematikunterricht der Grundschule, S. 99–
118. Offenburg

Scherer, P. (1999a): Lernschwierigkeiten im Mathematikunterricht. Schwierigkeiten mit der Mathematik oder mit dem Unterricht? Die Grundschulzeitschrift, H. 121, S. 8–12

Scherer, P. (1999b): Vorkenntnisse, Kompetenzen und Schwierigkeiten im 20er-Raum – Aufgaben
für ein diagnostisches Interview. Die Grundschulzeitschrift, H. 121, S. 54–57

Scherer, P. (2002): »10 plus 10 ist auch 5 mal 4«. Flexibles Multiplizieren von Anfang an. Grundschulunterricht, H. 10, S. 37–39

Scherer, P. (2003a): Produktives Lernen für Kinder mit Lernschwächen: Fördern durch Fordern.
Band 2: Addition und Subtraktion im Hunderterraum. Hamburg

Scherer, P. (2003b): Different students solving the same problems – the same students solving different problems. Tijdschrift voor nascholing en onderzoek van het reken-wiskundeonderwijs, H.
2, S. 11–20

Scherer, P. (2004): Was »messen« Mathematikaufgaben? – Kritische Anmerkungen zu Aufgaben
in den Vergleichsstudien. In: H. Bartnitzky/A. Speck-Hamdan (Hg.), Leistungen der Kinder
wahrnehmen – würdigen – fördern, S. 270–280. Frankfurt/M.

Scherer, P.: Produktives Lernen für Kinder mit Lernschwächen: Fördern durch Fordern Bd. 1. Horneburg (2005a)

Scherer, P.: Produktives Lernen für Kinder mit Lernschwächen: Fördern durch Fordern Bd. 3. Horneburg (2005b)

Scherer, P. (2006a): Offene Aufgaben im Mathematikunterricht – Differenzierte Lernangebote und
diagnostische Möglichkeiten. In: E. Rathgeb-Schnierer/U. Roos (Hg.), Wie rechnen Matheprofis? Erfahrungsberichte und Ideen zum offenen Unterricht, S. 159–166. München

Scherer, P. (2006b): Rechendreiecke – Vertiefende Übungen zum Einmaleins. Grundschule, H. 1,
S. 40–43

Scherer, P. (2007): »Unschaffbar«. Unlösbare Aufgaben im Mathematikunterricht der Grundschule.
Grundschulunterricht, H. 2, S. 20–23

Scherer, P./Hoffrogge, B. (2004): Informelle Rechenstrategien im Tausenderraum – Entwicklungen
während eines Schuljahres. In: P. Scherer/D. Bönig (Hg.), Mathematik für Kinder – Mathematik
von Kindern, S. 152–162. Frankfurt/M.

Scherer, P./Moser Opitz, E. (2010): Fördern im Mathematikunterricht der Primarstufe. Heidelberg

Scherer, P./Scheiding, M. (2006): Produktives Sachrechnen – Zum Umgang mit geöffneten Textaufgaben. Praxis Grundschule, H. 1, S. 28–31

Scherer, P./Selter, Ch. (1996): Zahlenketten – ein Unterrichtsbeispiel für natürliche Differenzierung. Mathematische Unterrichtspraxis, H. II, S. 21–28

Scherer, P./Steinbring, H. (2001): Strategien und Begründungen an Veranschaulichungen – Statische und dynamische Deutungen. In: W. Weiser/B. Wollring (Hg.), Beiträge zur Didaktik der Mathematik für die Primarstufe, S. 188–201. Hamburg

Scherer, P./Steinbring, H. (2004a): Zahlen geschickt addieren. In: G. N. Müller et al. (Hg.), Arithmetik als Prozess, S. 55–69. Seelze

Scherer, P./Steinbring, H. (2004b): Übergang von halbschriftlichen Rechenstrategien zu schriftlichen Algorithmen – Addition im Tausenderraum. In: P. Scherer/D. Bönig (Hg.), Mathematik für Kinder – Mathematik von Kindern, S. 163–173. Frankfurt/M.

Scherer, P./Wellensiek, N. (2012): Ein Würfelbauwerk: verschiedene Ansichten – verschiedene Materialien. Aufgabentypen zum Umgang mit Würfelbauwerken. Grundschulunterricht, H. 1, S. 8–11

Schipper, W. (1982): Stoffauswahl und Stoffanordnung im mathematischen Anfangsunterricht. Journal für Mathematikdidaktik, H. 2, S. 91–120

Schipper, W. (1990): Kopfrechnen: Mathematik im Kopf. Die Grundschulzeitschrift, H. 31, S. 22–25

Schipper, W. (1998): Prozeßorientierte Leistungsbewertung im Mathematikunterricht der Grundschule. Grundschulunterricht, H. 11, S. 21–24

Schipper, W. et al. (2000): Handbuch für den Mathematikunterricht. 4. Schuljahr. Hannover

Schipper, W. (2004): Leistungsheterogenität und Bildungsstandards. Grundschule, H. 10, S. 16–18 & 20

Schipper, W. (2005): Lernschwierigkeiten erkennen – verständnisvolles Lernen fördern. Modul G 4, SINUS-Transfer Grundschule, Kiel

Schipper, W. (2011): Rechenschwierigkeiten erkennen – verständnisvolles Lernen fördern. In: Demuth, R. et al. (Hg.), Unterricht entwickeln mit SINUS. 10 Module für den Mathematik- und Sachunterricht in der Grundschule, S. 75–82. Seelze

Schipper, W./Depenbrock, K. (1997): Förderung der rechnerischen Flexibilität mit Hilfe von Spielen. Grundschule, H. 10, S. 43–45

Schmidt, R. (1982a): Die Zählfähigkeit der Schulanfänger. Sachunterricht und Mathematik in der Primarstufe, H. 10, S. 371–376

Schmidt, R. (1982b): Ziffernkenntnis und Ziffernverständnis der Schulanfänger. Grundschule, H. 4, S. 166–167

Schmidt, S. (1992): Was sollte den Grundschullehrerinnen und -lehrern an fachdidaktischem Wissen zum arithmetischen Anfangsunterricht vermittelt werden? Zentralblatt für Didaktik der Mathematik, H. 2, S. 50–62

Schmidt, S./Weiser, W. (1982): Zählen und Zahlverständnis von Schulanfängern. Journal für Mathematik-Didaktik, H. 3/4, S. 227–263

Schmidt, S. (1993): Von den ›Zahl-Engrammen‹ zum ›number sense‹ – ein Rückblick auf empirische Untersuchungen wie Theorieentwürfe zur Zahlbegriffsentwicklung bei Vor- und Grundschulkindern (1923–1991). Vortrags-Manuskript 10.11.1993, Universität Dortmund.

Schoemaker, G. (1984): Sieh dich ganz im Spiegel! Eine Anregung zum forschenden Unterrichten. mathematik lehren, H. 3, S. 18–24

Schoenfeld, A. H. (1988): When Good Teaching Leads to Bad Results: The Disasters of »Well Taught« Mathematics Courses. Educational Psychologist, H. 2, S. 145–166

Schoenfeld, A. H. (1991): On Mathematics as Sense-Making: An Informal Attack on the Unfortunate Divorce of Formal and Informal Mathematics. In: J. F. Voss et al. (Ed.), Informal Reasoning and Education, S. 311–343. Hillsdale

Schönwald, H. G. (1986): Das Pascal-Dreieck im 1. Schuljahr. Sachunterricht und Mathematik in der Primarstufe, H. 11, S. 421–425

Schor, B. J. (2002): PISA – Herausforderung und Chance zu schulischer Selbsterneuerung. Donauwörth

Schrader, F.-W./Helmke, A. (2001): Alltägliche Leistungsbeurteilung durch Lehrer. In: F. E. Weinert (Hg.), Leistungsmessungen in Schulen, S. 45–58. Weinheim

Schreier, H. (1995): Unterricht ohne Liebe zur Sache ist leer. Grundschule, H. 6, S. 14–15

Schreier, H. (2008): Forschen im Sachunterricht. Sachverhalte durch mathematische Muster erhellen. Praxis Grundschule, H. 5, S. 15–17

Schülke, C. (2013): Mathematische Reflexion in der Interaktion von Grundschulkindern. Theoretische Grundlegung und empirisch-interpretative Evaluation. Münster

Schülke, C./Söbbeke, E. (2010): Die Entwicklung mathematischer Begriffe im Unterricht. In: C. Böttinger et al. (Hg.), Mathematik im Denken der Kinder. Anregungen zur mathematikdidaktischen Reflexion, S. 18–28. Seelze

Schulte-Markwort, M./Thimm, K. (2016): »Superkids hoch zwei«. DER SPIEGEL, H. 8, S. 58–60

Schupp, H. (1985): Das Galton-Brett im stochastischen Anfangsunterricht. mathematik lehren, H. 12, S. 12–16

Schuppar, B. et al. (2004): Stellenwertsysteme. In: G. N. Müller et al. (Hg.), Arithmetik als Prozess, S. 185–206. Seelze

Schütte, M. (2009): Sprache und Interaktion im Mathematikunterricht der Grundschule. Zur Problematik einer Impliziten Pädagogik für schulisches Lernen im Kontext sprachlich-kultureller Pluralität. Münster

Schütte, S. (1989): Was lernt man im Rechenunterricht (außer Rechnen)? mathematik lehren, H. 33, S. 10–14

Schütte, S. (2002): Das Lernpotenzial mathematischer Gespräche nutzen. Grundschule, H. 3, S. 16–18

Schütte, S. (2004, Hg.): Die Matheprofis 2. Ausgabe D. München

Schütz, P. (1994): Forscherhefte und mathematische Konferenzen. Die Grundschulzeitschrift, H. 74, S. 20–22

Schwarz, B. (1997): Formen und Ursachen des Mißerfolgs und beruflichen Scheiterns von Lehrern. In: B. Schwarz/K. Prange (Hg.), Schlechte Lehrer/innen. Zu einem vernachlässigten Aspekt des Lehrberufs, S. 179–218. Weinheim

Schwarzkopf, R. (1999): Argumentationsprozesse im Mathematikunterricht. In: M. Neubrand (Hg.), Beiträge zum Mathematikunterricht, S. 461–464. Hildesheim

Schwarzkopf, R. (2000): Argumentationsprozesse im Mathematikunterricht. Theoretische Grundlagen und Fallstudien. Hildesheim

Schwätzer, U./Selter, Ch. (1998): Summen von Reihenfolgenzahlen – Vorgehensweisen von Viertklässlern bei einer arithmetisch substantiellen Aufgabenstellung. Journal für Mathematik-Didaktik, H. 2/3, S. 123–148

Schweiger, F. (1992a): Fundamentale Ideen. Eine geistesgeschichtliche Studie zur Mathematikdidaktik. Journal für Mathematik-Didaktik, H. 2/3, S. 199–214

Schweiger, F. (1992b): Zur mathematischen Ausbildung der Mathematiklehrer. Zentralblatt für Didaktik der Mathematik, H. 4, S. 161–164

Schweiger, F. (1996): Die Sprache der Mathematik aus linguistischer Sicht. In: K. P. Müller (Hg.), Beiträge zum Mathematikunterricht, S. 44–51. Hildesheim

Schwippert, K. et al. (2003): Heterogenität und Chancengleichheit am Ende der vierten Jahrgangsstufe im internationalen Vergleich. In: W. Bos et al. (Hg.), Erste Ergebnisse aus IGLU. Schülerleistungen am Ende der vierten Jahrgangsstufe im internationalen Vergleich, S. 265–302. Münster

Schwirtz, W./Begenat, J. (2000): Sind größere Kinder auch schwerer? Ein Statistikprojekt in Klasse 3. Sache-Wort-Zahl, H. 33, S. 45–51

Seeger, F./Steinbring, H. (1992, Ed.): The Dialogue between Theory and Practice in Mathematics Education: Overcoming the Broadcast Metaphor. IDM Bielefeld

Seeger, F./Steinbring, H. (1994): The Myth of Mathematics. In: P. Ernest (Ed.), Constructing Mathematical Knowledge: Epistemology and Mathematics Education, S. 151–169. London

Seleschnikow, S. I. (1981): Wieviel Monde hat ein Jahr? Köln

Selter, Ch. (1985): Warum wird die Mitte bevorzugt? Ein Unterrichtsversuch mit dem Galton-Brett im 4. Schuljahr. mathematik lehren, H. 12, S. 10–11

Selter, Ch. (1994): Eigenproduktionen im Arithmetikunterricht der Primarstufe: Grundsätzliche Überlegungen und Realisierungen in einem Unterrichtsversuch zum multiplikativen Rechnen im zweiten Schuljahr. Wiesbaden

Selter, Ch. (1995a): Entwicklung von Bewußtheit – eine zentrale Aufgaben der Grundschullehrerbildung. Journal für Mathematik-Didaktik, H. 1/2, S. 115–144

Selter, Ch. (1995b): Zur Fiktivität der ›Stunde Null‹ im arithmetischen Anfangsunterricht. Mathematische Unterrichtspraxis, H. 2, S. 11–19

Selter, Ch. (1996): Schreiben im Mathematikunterricht. Die Grundschulzeitschrift, H. 92, S. 16–19

Selter, Ch. (1997a): Editorial zum Themenheft »Genetischer Mathematikunterricht: Offenheit mit Konzept«. mathematik lehren, H. 83, S. 3

Selter, Ch. (1997b): Genetischer Mathematikunterricht: Offenheit mit Konzept. mathematik lehren, H. 83, S. 4–8

Selter, Ch. (1997c): Entdecken und Üben mit Rechendreiecken. Eine substantielle Übungsform für den Mathematikunterricht. Friedrich Jahresheft: Lernmethoden, Lehrmethoden. Wege zur Selbständigkeit, S. 88–90

Selter, Ch. (1999): Allgemeine Lernziele für die Lehrerbildung. In: C. Selter/G. Walther (Hg.), Mathematikdidaktik als design science, S. 206–216. Leipzig

Selter, Ch. (2005): VERA Mathematik 2004. VERbesserungsbedürftige Aufgaben! VERKapptes Auseleseinstrument? Grundschulverband aktuell, H. 89, S. 17–20

Selter, Ch. (2007a): Leistungsfeststellung als Grundlage individueller Förderung. Grundschulunterricht, H. 7–8, S. 3–8

Selter, Ch. (2007b): Runden – Schätzen – Überschlagen. In: A. Filler/S. Kaufmann (Hg.), Kinder fördern – Kinder fordern. S. 151–160. Hildesheim

Selter, Ch. (2009): Der Mathebriefkasten – Instrument für die ›alltägliche‹ Leistungsfeststellung. In: A. Peter-Koop et al. (Hg.), Lernumgebungen – Ein Weg zum kompetenzorientierten Mathematikunterricht in der Grundschule, S. 212–225. Offenburg

Selter, Ch. (2015): Stellungnahme anlässlich der Öffentlichen Anhörung am 26. August 2015 zum Thema »Landesregierung muss die Anstrengungen für eine qualitative Lehrerversorgung im MINT-Bereich massiv verstärken«. Dortmund

Selter, Ch./Scherer, P. (1996): Zahlenketten – Ein Unterrichtsbeispiel für Grundschüler und für Lehrerstudenten. mathematica didactica, H. 1, S. 54–66

Selter, Ch./Spiegel, H. (1997): Wie Kinder rechnen. Leipzig

Semmerling, R. (1993): Projektunterricht. In: D. H. Heckt/U. Sandfuchs (Hg.), Grundschule von A bis Z, S. 200–202. Braunschweig

Senftleben, H.-G. (1995): Kopfgeometrie im Mathematikunterricht der Grundschule. In: K. P. Müller (Hg.), Beiträge zum Mathematikunterricht, S. 440–444. Hildesheim

Senftleben, H.-G. (1996a): Das kleine Geobrett – ein nützliches Arbeitsmittel auch für einen offenen Geometrieunterricht. Grundschulunterricht, H. 7–8, S. 34–36

Senftleben, H.-G. (1996b): Erkundungen zur Kopfgeometrie (unter besonderer Beachtung der Einbeziehung kopfgeometrischer Aufgaben in den Mathematikunterricht der Grundschule). Journal für Mathematik-Didaktik, H. 1, S. 49–72

Senftleben, H.-G. (1996c): Grundschulkinder lösen kopfgeometrische Aufgaben. Grundschulunterricht, H. 1, S. 24–28

Senftleben, H.-G. (1996d): Kopfgeometrische Aufgaben in der Grundschule. In: K. P. Müller (Hg.), Beiträge zum Mathematikunterricht, S. 409–412. Hildesheim

Senftleben, H.-G. (2001a): Aufgabensammlung für das kleine Geobrett. Hamburg

Senftleben, H.-G. (2001b): Aufgabensammlung für das große Geobrett. Hamburg

Senftleben, H.-G. (2008a): Stell dir einen Würfel vor.... Grundschule Mathematik, H. 18, S. 30–33

Senftleben, H.-G. (2008b): Geometrische Figuren exakt beschreiben. Grundschule Mathematik, H. 18, S. 36–39

Senftleben, H.-G. (2008c): Kein Geometrieunterricht ohne Kopfgeometrie. Grundschule Mathematik, H. 18, S. 40–43

Shuard, H. et al. (1991): Calculators, Children, and Mathematics. The Calculator-Aware Number Curriculum. London

Shulmann, L. S. (1986): Those who understand: Knowledge growth in teaching. Educational Researcher, H. 2, S. 4–14

Sill, H.-D. (2006): PISA und die Bildungsstandards. In: T. Jahnke/W. Meyerhöfer (Hg.), PISA & Co. Kritik eines Programms, S. 293–330. Hildesheim

Söbbeke, E. (2005): Zur visuellen Strukturierungsfähigkeit von Grundschulkindern – Epistemologische Grundlagen und empirische Fallstudien zu kindlichen Strukturierungsprozessen mathematischer Anschauungsmittel. Hildesheim

Söbbeke, E. (2007): ›Strukturwandel‹ im Umgang mit Anschauungsmitteln. Kinder erkunden mathematische Strukturen in Anschauungsmitteln. Die Grundschulzeitschrift, H. 201, S. 4–13

Söbbeke, E./Steinbring, H. (2007): Anschauung und Sehverstehen – Grundschulkinder lernen im Konkreten das Abstrakte zu sehen und zu verstehen. In: J. H. Lorenz/W. Schipper (Hg.), Hendrik Radatz. Impulse für den Mathematikunterricht, S. 62–68. Braunschweig

Sorger, P. (1984): Die Schreibweise der schriftlichen Division mit Rest – ein so vertracktes und ach so typisch deutsches Problem! Grundschule, H. 4, S. 50–51

Spiegel, H. (1978): Das ›Würfelzahlenquadrat‹ – Ein Problemfeld für arithmetische und kombinatorische Aktivitäten im Grundschulmathematikunterricht. Didaktik der Mathematik, H. 4, S. 296–306

Spiegel, H. (1979): Zahlenkenntnisse von Kindern bei Schuleintritt (1) & (2). Sachunterricht und Mathematik in der Primarstufe, H. 6 & 7, S. 227–244 bzw. 275–278

Spiegel, H. (1985): Der Mittelwertabakus. mathematik lehren, H. 8, S. 16–18

Spiegel, H. (1988a): Vom Nutzen des Taschenrechners im Arithmetikunterricht der Grundschule. In: P. Bender (Hg.), Mathematikdidaktik. Theorie und Praxis, S. 177–189. Berlin

Spiegel, H. (1988b): ›Intercity-Tempo‹ beim Tunnelbau – Sachmathematik mit dem Taschenrechner in Klasse 4. mathematik lehren, H. 30, S. 20–23

Spiegel, H. (1989): Vom Numerieren und Rechnen mit Nummern – Brief an eine Lehrerin. Sachunterricht und Mathematik in der Primarstufe, H. 7, S. 319–323

Spiegel, H. (1993): Rechnen auf eigenen Wegen – Addition dreistelliger Zahlen zu Beginn des 3. Schuljahres. Grundschulunterricht, H. 10, S. 5–7

Spiegel, H. (1995): Ist 1:0=1? Ein Brief und eine Antwort. Grundschule, H. 5, S. 8–9

Spiegel, H. (1996): Kinder in der Welt der Zahlen. Video, Reihe »Elternschule an der Uni«. Seelze

Spiegel, H. (2003): Mut zum Nachdenken haben. Ein Plädoyer für Knobelaufgaben im Mathematikunterricht der Grundschule. Die Grundschulzeitschrift, H. 163, S. 19–21

Spiegel, H. (2004): Umgang mit Eigenproduktionen der Kinder. In: P. Scherer/D. Bönig (Hg.), Mathematik für Kinder – Mathematik von Kindern, S. 198–206. Frankfurt/M.

Spiegel, H./Fromm, A. (1996): Eigene Wege beim Dividieren – Bericht über eine Untersuchung zu Beginn des 3. Schuljahres. Trends und Perspektiven, S. 353–360. Reihe »Schriftenreihe Didaktik der Mathematik«. Bd. 23. Wien

Spiegel, H./Selter, Ch. (2003): Kinder & Mathematik. Was Erwachsene wissen sollten. Velber

Spiegel, H./Spiegel, J. (2003): PotzKlotz. Ein raumgeometrisches Spiel. Die Grundschulzeitschrift, H. 163, S. 50–55

Spiegel, H. (o. J.): Was sind Zahlen: Aspekte des Zahlbegriffs. Universität Paderborn, Vorlesungspräsentation (unveröffentlicht)

Spiewak, M. (2015): Langweilt mich nicht! In: DIE ZEIT v. 16.04.2015 (Nr. 16), S. 67

Spitta, G. (1991): Sprachliches Lernen – Kommunikation miteinander oder Kommunikation mit der Kartei? Die Grundschulzeitschrift, H. 41, S. 7–12

Spitta, G. U. (1999): Aufsatzbeurteilung heute: Der Wechsel vom Defizitblick zur Könnensperspektive (I). Grundschulunterricht, H. 4, S. 23–27

Stammer, S. (2013): Mathe-Nachhilfe beim Bäcker. Hamburger Abendblatt v. 11.12.2013, S. 7

Stanat, P. et al. (2012, Hg.): Kompetenzen von Schülerinnen und Schülern am Ende der vierten Jahrgangsstufe in den Fächern Deutsch und Mathematik. Ergebnisse des IQB-Ländervergleichs 2011. Münster

Staub, F./Stern, E. (2002): The Nature of Teachers' Pedagogical Content Beliefs Matter for Students' Achievement Gains: Quasi-Experimental Evidence from Elementary Mathematics. Journal of Educational Psychology, H. 2, S. 344–355

Steele, D. F. (1999): Research into Practice: Learning Mathematical Language in the Zone of Proximal Development. Mathematics In School, H. 1, S. 38–42

Steenpaß, A. (2014): Grundschulkinder deuten Anschauungsmittel. Eine epistemologische Kontext- und Rahmenanalyse zu den Bedingungen der visuellen Strukturierungskompetenz. Universität Duisburg-Essen

Stehliková, N. (1999): Some observed phenomena of pupils' abilities to structure and restructure mathematical knowledge during specific mathematical tasks. In: M. Hejny/J. Novotná (Ed.), Proceedings of the International Symposium Elementary Maths Teaching (SEMT), S. 167–171. Prague

Steibl, H. (1997): Geometrie aus dem Zettelkasten. Das Faltquadrat als Arbeitsmittel für den Geometrieunterricht. Hildesheim

Steinau, B. (2011): Fachsprache aufbauen: Mit Wortspeichern arbeiten. Grundschule Mathematik, H. 31, S. 14–17

Steinbring, H. (1994a): Die Verwendung strukturierter Diagramme im Arithmetikunterricht der Grundschule: Zum Unterschied zwischen empirischer und theoretischer Mehrdeutigkeit mathematischer Zeichen. Mathematische Unterrichtspraxis, H. IV, S. 7–19

Steinbring, H. (1994b): Symbole, Referenzkontexte und die Konstruktion mathematischer Bedeutung – am Beispiel der negativen Zahlen im Unterricht. Journal für Mathematik-Didaktik, H. 3/4, S. 277–309

Steinbring, H. (1994c): Frosch, Känguruh und Zehnerübergang – epistemologische Probleme beim Verstehen von Rechenstrategien im Mathematikunterricht der Grundschule. In: H. Maier/J. Voigt (Hg.), Verstehen und Verständigung im Mathematikunterricht, S. 182–217. Köln

Steinbring, H. (1995): Zahlen sind nicht nur zum Rechnen da! Wie Kinder im Arithmetikunterricht strategisch-strukturelle Vorgehensweisen entwickeln. In: G. N. Müller/E. C. Wittmann (Hg.), Mit Kindern rechnen, S. 225–239. Frankfurt/M.

Steinbring, H. (1997a): »... zwei Fünfer sind ja Zehner...« – Kinder interpretieren Dezimalzahlen mit Hilfe von Rechengeld. In: E. Glumpler/S. Luchtenberg (Hg.), Jahrbuch Grundschulforschung. Band 1, S. 286–296. Weinheim

Steinbring, H. (1997b): Beziehungsreiches Üben – ein arithmetisches Problemfeld. mathematik lehren, H. 83, S. 59–63

Steinbring, H. (1997c): Kinder erschließen sich eigene Deutungen. Wie Veranschaulichungsmittel zum Verstehen mathematischer Begriffe führen können. Grundschule, H. 3, S. 16–18

Steinbring, H. (1999a): Offene Kommunikation mit geschlossener Mathematik? Grundschule, H. 3, S. 8–13

Steinbring, H. (2000): Mathematische Bedeutung als eine soziale Konstruktion – Grundzüge der epistemologisch orientierten mathematischen Interaktionsforschung. Journal für Mathematik-Didaktik, H. 1, S. 28–49

Steinmetz, B. (2010): Händeschütteln mit dem Zahlenteufel. Grundschule Mathematik, H. 27, S. 27–29

Steinweg, A. S. (1996): Wie reagieren Vorschulkinder auf die 1+1-Tafel? In: K. P. Müller (Hg.), Beiträge zum Mathematikunterricht 1996, S. 417–420. Hildesheim

Steinweg, A. S. et al. (2004): Mit Zahlen spielen. In: G. N. Müller et al. (Hg.), Arithmetik als Prozess, S. 21–34. Seelze

Stoye, N. (2012): »Ich steh' ganz vorne, dann kommt Niklas ...«. Grundschule Mathematik, H. 27, S. 6–9

Strehl, R. (2000): Qualifikationsdefizite bei Studienanfängern im Lehramtsstudiengang für die Grundschule. In: M. Neubrand (Hg.), Beiträge zum Mathematikunterricht, S. 647–650. Hildesheim

Strehl, R. (2002): Zahlen und Rechenaufgaben in Kinderbildern aus dem 1. Schuljahr. Grundschulunterricht, H. 10, S. 2–6

Stucki, B. et al. (1999): Zahlaufbau bis zu einer Million verstehen: Standortbestimmung anfangs 4. Klasse. In: E. Hengartner (Hg.), Mit Kindern lernen. Standorte und Denkwege im Mathematikunterricht, S. 50–58. Zug

Sugarman, I. (1997): Teaching for strategies. In: I. Thompson (Ed.), Teaching and learning early number, S. 142–154. Buckingham

Suggate, J. et al. (1998): Mathematical Knowledge for Primary Teachers. London

Sundermann, B. (1999): Rechentagebücher und Rechenkonferenzen. Für Strukturen im offenen Unterricht. Grundschule, H. 1, S. 48–50

Sundermann, B./Selter, Ch. (1995): Halbschriftliche Addition und Subtraktion im Tausenderraum (II): Auf dem Weg vom ›Singulären‹ zum ›Regulären‹. Grundschulunterricht, H. 2, S. 30–32

Sundermann, B./Selter, Ch. (2006a): Beurteilen und Fördern im Mathematikunterricht. Gute Aufgaben, differenzierte Arbeiten, ermutigende Rückmeldungen. Berlin

Sundermann, B./Selter, Ch. (2006b): Mathematik. In: Bartnitzky, H. et al. (Hg.), Pädagogische Leistungskultur: Materialien für Klasse 3 und 4, Heft 4. Frankfurt/M.

Tammet, D. (2014): Die Poesie der Primzahlen. München

Thiel, O. (2015): Geld – ein wichtiges Thema auch im Mathematikunterricht der Grundschule. In: R. Rink (Hg.), Von Guten Aufgaben bis Skizzen Zeichnen, S. 235–246. Hohengehren

Thompson, I. (2005): Division by ›Complementary Multiplication‹. Mathematics In School, November, S. 5–7

Thompson, Ch./Van de Walle, J. (1984a): Let's Do It: The Power of 10. Arithmetic Teacher, H. 3, S. 6–11

Thompson, Ch./Van de Walle, J. (1984b): Let's Do It: Modeling Subtraction Situations. Arithmetic Teacher, H. 10, S. 8–12

Thöne, B. (2006): Schrägbilder selbst legen und zeichnen. Grundschule Mathematik, H. 10, S. 32–35

Thöne, B./Spiegel, H. (2003): ›Kisten stapeln‹. Raumvorstellung spielerisch fördern. Die Grundschulzeitschrift, H. 167, S. 12–19

Thöne, B./Spiegel, H. (2005): CUBUS in der Schule. Seelze

Thöne, B./Spiegel, H. (2013): Spiegel-Tangram 2.0. Entdeckungen mit dem Spiegelbuch. Seelze

Thornton, C. A./Smith, P. J. (1988): Action Research: Strategies for Learning Subtraction Facts. Arithmetic Teacher, 35. Jg., S. 8–12

Threlfall, J. (2002): Flexible Mental Calculation. Educational Studies in Mathematics, 50. Jg., S. 29–47

Tiedemann, J. (2000): Gender-related beliefs of teachers in elementary school mathematics. Educational Studies in Mathematics, 41. Jg., S. 191–207

Tiedemann, J./Faber, G. (1994): Mädchen und Grundschulmathematik: Ergebnisse einer vierjährigen Längsschnittuntersuchung zu ausgewählten geschlechtsbezogenen Unterschieden in der Leistungsentwicklung. Zeitschrift für Entwicklungspsychologie und Pädagogische Psychologie, H. 2, S. 101–111

Toom, A. (1999): Communications. Word Problems: Applications or Mental Manipulatives. For the Learning of Mathematics, H. 1, S. 36–38

Trautmann, Th. (2010): Interviews mit Kindern. Grundlagen, Techniken, Besonderheiten, Beispiele. Wiesbaden

Trautmann, Th. (2015): Lebensweltliches Denken und mathematische Lösungskompetenz bei Sachaufgaben. In: R. Rink (Hg.), Von Guten Aufgaben bis Skizzen Zeichnen, S. 247–259. Hohengehren

Treffers, A. (1983): Fortschreitende Schematisierung, ein natürlicher Weg zur schriftlichen Multiplikation und Division im 3. und 4. Schuljahr. mathematik lehren, H. 1, S. 16–20

Treffers, A. (1987): Three Dimensions. A Model of Goal and Theory Description in Mathematics Instruction – The Wiskobas Project. Dordrecht

Treffers, A. (1991): Didactical background of a mathematics program for primary education. In: L. Streefland (Ed.), Realistic Mathematics Education in Primary School, S. 21–56. Utrecht

Treffers, A./De Moor, E. (1996): Realistischer Mathematikunterricht in den Niederlanden. Grundschulunterricht, H. 6, S. 16–19

Treue, S. (2015): Hirnforschung, was kannst du? Die Aufmerksamkeit, die wir verdienen. Manuskript einer Vortragsreihe. Zugriff am: 19.08.2016. http://www.faz.net/-gqz-85nvt

Troßbach-Neuner, E. (1998): Wie alt ist die Frau des Kapitäns? Sachrechnen bei Kindern mit Förderbedarf. Förderschulmagazin, H. 12, S. 15–18

Ullrich, W. (2016): Der kreative Mensch. Streit um eine Idee. Salzburg

Urff, Ch. (2014): Digitale Lernmedien zur Förderung grundlegender mathematischer Kompetenzen: theoretische Analysen, empirische Fallstudien und praktische Umsetzung anhand der Entwicklung virtueller Arbeitsmittel. Berlin

Valtin, R. (1996): Dem Kind in seinem Denken begegnen – Ein altes, kaum eingelöstes Postulat der Grundschuldidaktik. Zeitschrift für Pädagogik, H. S. 173–186

Ventura, M. (2012a): Hands-on Math: Geoboard. Instructor's Guide. Zugriff am: 31.08.2016. http://www.venturaes.com/iosapps/hom8.html

Ventura, M. (2012b): Hands-on Math Hundreds Chart. Instructor's Guide. Zugriff am: 20.10.2017. www.venturaes.com

Verboom, L. (1998a): Die »goldene Zahlenkette«. Grundschulunterricht, H. 9, S. 9–11

Verboom, L. (1998b): Produktives Üben mit ANNA-Zahlen und anderen Zahlenmustern. Die Grundschulzeitschrift, H. 119, S. 48–49

Verboom, L. (2002): Aufgabenformate zum multiplikativen Rechnen. Entdecken und Beschreiben von Auffälligkeiten und Lösungsstrategien. Praxis Grundschule, H. 2, S. 14–25

Verboom, L. (2007): »Lernt man heute in der Schule noch Kopfrechnen?«. Grundschule Mathematik, H. 15, S. 4–5

Verboom, L. (2008): Sprachbildung im Mathematikunterricht der Grundschule. In: C. Bainski/M. Krüger-Potratz (Hg.), Handbuch Sprachförderung, S. 95–112. Essen

Verboom, L. (2013): Sprachförderung im Fach mit Plan. Das WEGE-Konzept am Beispiel ›Orientierung auf der Hundertertafel‹. Grundschule Mathematik, H. 39, S. 16–19

Verboom, L. (2017): Fachbezogene Sprachförderung im Mathematikunterricht. Das WEGE-Konzept: ein übersichtlicher Weg durch den Sprachförder-Dschungel. Grundschule aktuell, H. 137, S. 25–28

Vogt, U. (2012): Der Würfel ist gefallen. 5000 Jahre rund um den Kubus. Hildesheim

Voigt, J. (1984): Interaktionsmuster und Routinen im Mathematikunterricht. Theoretische Grundlagen und mikroethnographische Falluntersuchungen. Weinheim

Voigt, J. (1993): Unterschiedliche Deutungen bildlicher Darstellungen zwischen Lehrerin und Schülern. In: J. H. Lorenz (Hg.), Mathematik und Anschauung, S. 147–166. Köln

Voigt, J. (1994): Entwicklung mathematischer Themen und Normen im Unterricht. In: H. Maier/J. Voigt (Hg.), Verstehen und Verständigung, S. 77–111. Köln

Voigt, J. (1996): Offener Mathematikunterricht – Eine theoretisch-kritische Auseinandersetzung. In: K. P. Müller (Hg.), Beiträge zum Mathematikunterricht, S. 437–440. Hildesheim

Volkert, C. (1996): Schriftliche Multiplikation – einmal anders. Grundschule, H. 12, S. 51–52

Volkert, K. (1999): Das Haus der Vierecke – aber welches? Der Mathematikunterricht, H. 5, S. 17–37

Voßmeier, J. (2012): Schriftliche Standortbestimmungen im Arithmetikunterricht. Eine Untersuchung am Beispiel inhaltsbezogener Kompetenzen. Wiesbaden

Wagner, H. J./Born, C. (1994): Diagnostikum: Basisfähigkeiten im Zahlenraum 0 bis 20. Weinheim

Wahl, D. (1991): Handeln unter Druck. Der weite Weg vom Wissen zum Handeln bei Lehrern, Hochschullehrern und Erwachsenenbildnern. Weinheim

Wahl, D. (2005): Lernumgebungen erfolgreich gestalten. Vom trägen Wissen zum kompetenten Handeln. Bad Heilbrunn

Van de Walle, J. (1994): Elementary School Mathematics: Teaching Developmentally. White Plains

Wallrabenstein, W. (1991): Offene Schule – Offener Unterricht. Ratgeber für Eltern und Lehrer. Reinbeck

Walther, G. (1978): Arithmogons – eine Anregung für den Rechenunterricht in der Primarstufe. Sachunterricht und Mathematik in der Primarstufe, H. 6, S. 325–328

Walther, G. (1982): Acquiring Mathematical Knowledge. Mathematics Teaching, H. 101, S. 10–12

Walther, G. (1985): Rechenketten als stufenübergreifendes Thema des Mathematikunterrichts. mathematik lehren, H. 11, S. 16–21

Walther, G. et al. (2003): Mathematische Kompetenzen am Ende der vierten Jahrgangsstufe. In: W. Bos et al. (Hg.), Erste Ergebnisse aus IGLU. Schülerleistungen am Ende der vierten Jahrgangsstufe im internationalen Vergleich, S. 189–226. Münster

Walther, G. et al. (2004): Mathematische Kompetenzen am Ende der vierten Jahrgangsstufe in einigen Ländern der Bunderepublik Deutschland. In: W. Bos et al. (Hg.), IGLU. Einige Länder der Bundesrepublik Deutschland im nationalen und internationalen Vergleich, S. 117–140. Münster

Walther, G. (2011): Die Entwicklung allgemeiner mathematischer Kompetenzen fördern. In: R. Demuth et al. (Hg.), Unterricht entwickeln mit SINUS. 10 Module für den Mathematik- und Sachunterricht in der Grundschule, S. 15–23. Seelze

Walther, G. et al. (2011, Hg.): Bildungsstandards für die Grundschule: Mathematik konkret. Frankfurt/M.

Walther, G./Wittmann, E. Ch. (2004): Begründung der Arithmetik: Rechengesetze und Zahlbegriff. In: G. N. Müller et al. (Hg.), Arithmetik als Prozess, S. 365–399. Seelze

Walther, G. (o. J.): Modul 1: Gute und andere Aufgaben (Arbeitsversion). Manuskriptfassung. o. O.

Wälti, B. (2007): Mathematik förderorientiert beurteilen. Grundschulunterricht, H. 7–8, S. 24–27

Wartha, S. et al. (2014): Rechenproblemen vorbeugen und Diagnosekompetenz erweitern. In: C. Fischer et al. (Hg.), Zusammenwirken – zusammen wirken. Unterrichtsentwicklung anstoßen, umsetzen, sichern, S. 76–84. Seelze

Watson, J. M. (2007): The Development of Statistical Understanding at the Elementary School Level. In: Novotná, J./H. Moraová (Hg.), Proceedings of the International Symposium Elementary Maths Teaching (SEMT), S. 33–45. Prag

WDR (2016) – Westdeutscher Rundfunk: Sendung mit der Maus. Japan-Spezial. Sendetermin 06.07.2016

Weinert, F. E. (1996): Für und Wider die »neuen Lerntheorien« als Grundlagen pädagogisch-psychologischer Forschung. Zeitschrift für Pädagogische Psychologie/German Journal of Educational Psychology, H. 1, S. 1–12

Weinert, F. E. (1999): Die fünf Irrtümer der Schulreformer. Psychologie Heute, H. 7, S. 28–34

Weis, I. (2013): Wie viel Sprache hat Mathematik in der Grundschule? Über die Notwendigkeit der Verbindung von sprachlichem und fachlichem Lernen im Mathematikunterricht der Grundschule. proDaZ. Deutsch als Zweitsprache in allen Fächern. Universität Duisburg-Essen. Zugriff am: 02.09.2016. https://www.uni-due.de/imperia/md/content/prodaz/wie_viel_sprache_mathematik_grundschule.pdf

Wember, F. B. (2005): Mathematik unterrichten – eine subsidiäre Aktivität, nicht nur bei Kindern mit Lernschwierigkeiten. In: P. Scherer (Hg.), Produktives Lernen für Kinder mit Lernschwächen: Fördern durch Fordern, Bd. 1, S. 230–247. Horneburg

Wenzel, K. et al. (2014): 10 Jahre VerA – das Ziel ist verfehlt. Schulen brauchen Unterstützung statt Testeritis. GS aktuell, H. 126, S. 25

Wertsch, J. V. (1991): Voices of the mind. A sociocultural approach to mediated action. London

Wesseling, A. (2010): Größen im Wandel der Zeit. Rechnen mit nicht dezimalen Umrechnungen der Maßeinheiten. Sache – Wort – Zahl, H. 111, S. 8–16

Wessolowski, S. (2006): Schulwege in Städten und Dörfern. Sache – Wort – Zahl, H. 76, S. 37–42

Wheeler, D. H. (Hg., 1970): Modelle für den Mathematikunterricht in der Grundschule. Stuttgart

White, P. et al. (2004): Professional Development: Mathematical Content versus Pedagogy. Mathematics Teacher Education and Development, 6. Jg., S. 41–51

Whitney, H. (1985): Taking Responsibility in School Mathematics Education. The Journal of Mathematical Behavior, H. 3, S. 219–235

Wiegard, A. F. (1977): Vergleichende Darstellung schriftlicher Subtraktionsverfahren in Deutschland und den USA. Sachunterricht und Mathematik in der Primarstufe, H. 12, S. 608–611

Wieland, G. (1997): Kinder sind fasziniert von grossen Zahlen. Ein neues Lehrwerk für das Rechnen. Freiburger Volkskalender, S. 57–60

Wielpütz, H. (1998a): Das besondere Kind im Mathematikunterricht – Anmerkungen aus der Sicht einer reflektierten Praxis, Beobachtung und Beratung. In: A. Peter-Koop (Hg.), Das besondere Kind im Mathematikunterricht der Grundschule, S. 41–58. Offenburg

Wielpütz, H. (1998b): Erst verstehen, dann verstanden werden. Grundschule, H. 3, S. 9–11

Wielpütz, H. (1999): Qualitätsentwicklung im Mathematikunterricht der Grundschule. SchulVerwaltung NRW, H. 1, S. 14–16

Wielpütz, H. (2010): Qualitätsanalyse und Lehrerbildung In: C. Böttinger et al. (Hg.), Mathematik im Denken der Kinder. Anregungen zur mathematikdidaktischen Reflexion, S. 109–114. Seelze

Wiemer, H. (1999): Leistungserziehung ohne Noten. In: W. Böttcher et al. (Hg.), Leistungsbewertung in der Grundschule, S. 56–67. Weinheim

Winkeler, R. (1975): Differenzierung: Funktionen, Formen und Probleme. Ravensburg

Winter, F. (1999a): Eine neue Lernkultur braucht neue Formen der Leistungsbewertung! In: W. Böttcher et al. (Hg.), Leistungsbewertung in der Grundschule, S. 68–79. Weinheim

Winter, H. (1971): Geometrisches Vorspiel im Mathematikunterricht der Grundschule. Der Mathematikunterricht, H. 5, S. 40–66

Winter, H. (1974): Steigerung arithmetischer Fähigkeiten im neuen Mathematikunterricht. Grundschule, H. 8 & 9, S. 416–427 & 470–477

Winter, H. (1975): Allgemeine Lernziele für den Mathematikunterricht? Zentralblatt für Didaktik der Mathematik, H. 3, S. 106–116

Winter, H. (1976): Was soll Geometrie in der Grundschule. Zentralblatt für Didaktik der Mathematik, H. 1, S. 14–18

Winter, H. (1977): Kreatives Denken im Sachrechnen. Grundschule, H. 3, S. 106–110

Winter, H. (1978): Zur Division mit Rest. Der Mathematikunterricht, H. 4, S. 38–65

Winter, H. (1982): Das Gleichheitszeichen im Mathematikunterricht der Primarstufe. mathematica didactica, H. 4, S. 185–211

Winter, H. (1983): Prämathematische Beweise der Teilbarkeitsregeln. mathematica didactica, H. 6, S. 177–187

Winter, H. (1984a): Begriff und Bedeutung des Übens im Mathematikunterricht. mathematik lehren, H. 2, S. 4–16

Winter, H. (1984b): Entdeckendes Lernen im Mathematikunterricht. Grundschule, H. 4, S. 26–29

Winter, H. (1985): Die Gauss-Aufgabe als Mittelwertaufgabe. mathematik lehren, H. 8, S. 20–24

Winter, H. (1985a): Sachrechnen in der Grundschule. Berlin

Winter, H. (1985b): Neunerregel und Abakus – schieben, denken, rechnen. mathematik lehren, H. 11, S. 22–26

Winter, H. (1985c): Mittelwerte – eine grundlegende mathematische Idee. mathematik lehren, H. 8, S. 4–6

Winter, H. (1986a): Zoll, Fuß und Elle – alte Körpermaße neu zu entdecken. mathematik lehren, H. 19, S. 6–9

Winter, H. (1986b): Von der Zeichenuhr zu den Platonischen Körpern. mathematik lehren, H. 17, S. 12–14

Winter, H. (1987): Mathematik entdecken. Frankfurt

Winter, H. (1989): Mein Lieblingstier. Grundschule, H. 12, S. 20–22

Winter, H. (1994): Modelle als Konstrukte zwischen lebensweltlichen Situationen und arithmetischen Begriffen. Grundschule, H. 3, S. 10–13

Winter, H. (1995): Mathematikunterricht und Allgemeinbildung. Mitteilungen der Gesellschaft für Didaktik der Mathematik, H. 61, S. 37–46

Winter, H. (1996): Praxishilfe Mathematik. Frankfurt

Winter, H. (1997): Problemorientierung des Sachrechnens in der Primarstufe als Möglichkeit, entdeckendes Lernen zu fördern. In: P. Bardy (Hg.), Mathematische und mathematikdidaktische Ausbildung von Grundschullehrerinnen/-lehrern, S. 57–92. Weinheim

Winter, H. (1998): Mathematik als unersetzbares Fach einer Allgemeinbildung. Mitteilungen der Mathematischen Gesellschaft Hamburg, S. 75–83

Winter, H. (1999b): Gestalt und Zahl – zur Anschauung im Mathematikunterricht, dargestellt am Beispiel der Pythagoreischen Zahlentripel. In: C. Selter/G. Walther (Hg.), Mathematikdidaktik als design science, S. 254–269. Leipzig

Winter, H. (2016): Entdeckendes Lernen im Mathematikunterricht. Einblicke in die Ideengeschichte und ihre Bedeutung für die Pädagogik. 3. Aufl. (1989) Wiesbaden

Winter, H. W. (2011): Mathematikunterricht in der Grundschule im Geiste Fröbels. Handreichungen des Programms *SINUS an Grundschulen*. Kiel

Wittmann, E. (1982): Mathematisches Denken bei Vor- und Grundschulkindern: eine Einführung in psychologisch-didaktische Experimente. Braunschweig

Wittmann, E. Ch. (1981): Grundfragen des Mathematikunterrichts. Braunschweig

Wittmann, E. Ch. (1985): Objekte – Operationen – Wirkungen: Das operative Prinzip in der Mathematikdidaktik. mathematik lehren, H. 11, S. 7–11

Wittmann, E. Ch. (1987): Elementargeometrie und Wirklichkeit. Einführung in geometrisches Denken. Braunschweig

Wittmann, E. Ch. (1990): Wider die Flut der ›bunten Hunde‹ und der ›grauen Päckchen‹: Die Konzeption des aktiv-entdeckenden Lernens und des produktiven Übens. In: E. Ch. Wittmann/G. N. Müller (Hg.), Handbuch produktiver Rechenübungen, Band 1, S. 152–166. Stuttgart

Wittmann, E. Ch. (1992): Üben im Lernprozeß. In: E. Ch. Wittmann/G. N. Müller (Hg.), Handbuch produktiver Rechenübungen, Band 2: Vom halbschriftlichen zum schriftlichen Rechnen, S. 175–182. Stuttgart

Wittmann, E. Ch. (1993): »Weniger ist mehr«: Anschauungsmittel im Mathematikunterricht der Grundschule. In: K. P. Müller (Hg.), Beiträge zum Mathematikunterricht, S. 394–397. Hildesheim

Wittmann, E. Ch. (1994): Legen und Überlegen. Wendeplättchen im aktiv-entdeckenden Rechenunterricht. Die Grundschulzeitschrift, H. 72, S. 44–46

Wittmann, E. Ch. et al. (1994): Das Zahlenbuch. Mathematik im 1. Schuljahr. Leipzig

Wittmann, E. Ch. (1995a): Aktiv-entdeckendes und soziales Lernen im Rechenunterricht – vom Kind und vom Fach aus. In: G. N. Müller/E. C. Wittmann (Hg.), Mit Kindern rechnen, S. 10–41. Frankfurt/M.

Wittmann, E. Ch. (1995b): Unterrichtsdesign und empirische Forschung. In: K. P. Müller (Hg.), Beiträge zum Mathematikunterricht, S. 528–531. Hildesheim

Wittmann, E. Ch. (1996): Offener Mathematikunterricht in der Grundschule – vom FACH aus. Grundschulunterricht, H. 6, S. 3–7

Wittmann, Erich Ch. et al. (1996): Das Zahlenbuch. Mathematik im 3. Schuljahr. Lehrerband. Leipzig: Klett Grundschulverlag

Wittmann, E. Ch. (1997a): Aktiv-entdeckendes und soziales Lernen als gesellschaftlicher Auftrag. Schulverwaltung NRW, H. 8, S. 133–136

Wittmann, E. Ch. (1997b): Vom Tangram zum Satz von Pythagoras. mathematik lehren, H. 83, S. 18–20

Wittmann, E. Ch. (1997c): Von Punktmustern zu quadratischen Gleichungen. mathematik lehren, H. 83, S. 50–53

Wittmann, E. Ch. (1997d): Zur schriftlichen Subtraktion. In: K. P. Müller (Hg.), Beiträge zum Mathematikunterricht, S. 553–556. Hildesheim

Wittmann, E. Ch. (1997e): Zur schriftlichen Subtraktion. Sache-Wort-Zahl, H. 10, S. 44–46

Wittmann, E. Ch. (1998a): Standard Number Representations in the Teaching of Arithmetic. Journal für Mathematik-Didaktik, H. 2/3, S. 149–178

Wittmann, E. Ch. (1998b): Freigabe des Verfahrens der schriftlichen Subtraktion: Contra. Die Grundschulzeitschrift, H. 119, S. 8–9

Wittmann, E. Ch. (1999a): Prozessziele als Invarianten des Mathematiklernens von der Grundschule bis zur Universität. Manuskript für einen Vortrag bei der Regionaltagung zur Stärkung des Mathematikunterrichts, Carl-Fuhlrott-Gymnasium, Wuppertal

Wittmann, E. Ch. (1999b): Konstruktion eines Geometriecurriculums ausgehend von Grundideen der Elementargeometrie. In: H. Henning (Hg.), Mathematik lernen durch Handeln und Erfahrung, S. 205–223. Oldenburg

Wittmann, E. Ch. (2001a): Ein alternativer Ansatz zur Förderung ›rechenschwacher‹ Kinder. In: G. Kaiser (Hg.), Beiträge zum Mathematikunterricht, S. 660–663. Hildesheim

Wittmann, E. Ch. (2001b): Developing Mathematics Education in a Systemic Process. Educational Studies in Mathematics, 46. Jg., H. 1, S. 1–20

Wittmann, E. Ch. (2005): Eine Leitlinie für die Unterrichtsentwicklung vom Fach aus: (Elementar-) Mathematik als Wissenschaft von Mustern. Vadidactiek Wiskunde voor Docenten. Zugriff am: 16.5.2010. http://www.dkss.nl/vakdidactiek/serendipity/uploads/WittmannLeitlinie-Muster.MU_Endf.pdf

Wittmann, E. Ch. (2008): Vom Sinn und Zweck des Kopfrechnens. Die Grundschulzeitschrift, H. 211, S. 30–33

Wittmann, E. Ch. (2009): Geometrische Frühförderung – mathematisch fundiert. In: Peter-Koop, A. et al. (Hg.), Lernumgebungen – Ein Weg zum kompetenzorientierten Mathematikunterricht in der Grundschule, S. 24–38. Offenburg

Wittmann, E. Ch. (2011): VerA & Co.: Qualitätsabsenkung durch »Qualitätssicherung«. GDM-Mitteilungen, H. 90, S. 11–13

Wittmann, E. Ch. (2014a): Von allen guten Geistern verlassen. Fehlentwicklungen des Bildungssystems am Beispiel Mathematik. PROFIL, Juni, S. 20–30

Wittmann, E. Ch. (2014b): Operative Beweise in der Schul- und Elementarmathematik. mathematica didactica, 37. Jg., S. 213–232

Wittmann, E. Ch. (2015): Strukturgenetische didaktische Analysen – empirische Forschung ›erster Art‹. mathematica didactica, 38. Jg., S. 239–255

Wittmann, E. Ch. (2015b): Kompetenzorientierung vs. solide mathematische Bildung: Wohin steuert der Mathematikunterricht? In: Caluori, F. et al. (Hg.), Beiträge zum Mathematikunterricht 2015, S. 1004–1007. Münster

Wittmann, E. Ch. (2016a): Geleitworte zur dritten Auflage. In: H. W. Winter (Hg.), Entdeckendes Lernen im Mathematikunterricht. Einblicke in die Ideengeschichte und ihre Bedeutung für die Pädagogik. 3. Aufl. (1989), S. X. Wiesbaden

Wittmann, E. Ch. (2016b): Das Konzept der Software ›Plättchen & Co. digital. 6x6 Module für die Grundschule. Beiträge zum Mathematikunterricht 2016. Zugriff am: 09.03.2017. https://eldorado.tu-dortmund.de/handle/2003/35711?mode=full

Wittmann, G. (2003): Ebene Geometrie mit Geobrett und Tangram. mathematik lehren, H. 119, S. 8–11

Wittmann, E. Ch./Müller, G. N. (1988): Wann ist ein Beweis ein Beweis? In: P. Bender (Hg.), Mathematikdidaktik. Theorie und Praxis, S. 237–257. Bielefeld

Wittmann, E. Ch./Müller, G. N. (1990): Handbuch produktiver Rechenübungen. Band 1. Stuttgart

Wittmann, E. Ch./Müller, G. N. (1992): Handbuch produktiver Rechenübungen. Band 2. Stuttgart

Wittmann, E. Ch./Müller, G. N. (2004c): Das Zahlenbuch 1. Lehrerband. Leipzig

Wittmann, E. Ch./Müller, G. N. (2004d): Das Zahlenbuch 2. Lehrerband. Leipzig

Wittmann, E. Ch./Müller, G. N. (2006): Blitzrechnen 1–4, Basiskurs Zahlen. Leipzig

Wittmann, E. Ch./Müller, G. N. (2007a): Blitzrechnen – Kopfrechnen Klasse 1+2 (CD-ROM). Stuttgart

Wittmann, E. Ch./Müller, G. N. (2007b): Blitzrechnen – Kopfrechnen Klasse 3+4 (CD-ROM). Stuttgart

Wittmann, E. Ch./Müller, G. N. (2007c): Basiskurs Formen: Geometrie im Kopf. Stuttgart

Wittmann, E. Ch./Müller, G. N. (2011a): Muster und Strukturen als fachliches Grundkonzept. In: G. Walther et al. (Hg.), Bildungsstandards für die Grundschule: Mathematik konkret, S. 42–65. Frankfurt/M.

Wittmann, E. Ch./Müller, G. N. (2011b): Blitzrechenoffensive! Anregungen für eine intensive Förderung mathematischer Basiskompetenzen. Stuttgart

Wittmann, E. Ch./Müller, G. N. (2012a): Das Zahlenbuch 1. Stuttgart

Wittmann, E. Ch./Müller, G. N. (2012b): Das Zahlenbuch 2. Stuttgart

Wittmann, E. Ch./Müller, G. N. (2012c): Das Zahlenbuch 2. Begleitband. Stuttgart

Wittmann, E. Ch./Müller, G. N. (2012d): Das Zahlenbuch 1. Begleitband. Stuttgart

Wittmann, E. Ch./Müller, G. N. (2012e): Das Zahlenbuch 3. Stuttgart

Wittmann, E. Ch./Müller, G. N. (2013): Das Zahlenbuch 4. Stuttgart

Wittmann, E. Ch./Müller, G. N. (2016a): Plättchen & Co. digital. 2. Aufl. Stuttgart

Wittmann, E. Ch./Müller, G. N. (2016b): Blitzrechnen 1–4. Apps-Bundle für iOS & Android

Wittmann, E. Ch./Müller, G. N. (2017): Handbuch produktiver Rechenübungen. Band 1. 2. Aufl. (1990). Stuttgart

Wittmann, E. Ch./Ziegenbalg, J. (2004): Sich Zahl um Zahl hochhangeln. In: G. N. Müller et al. (Hg.), Arithmetik als Prozess, S. 35–54. Seelze

Wittoch, M. (1985): Motivation im Mathematikunterricht lernschwacher Schüler. Der Mathematikunterricht, H. 3, S. 92–108

Wollring, B. (1994): Animistische Vorstellungen von Vor- und Grundschulkindern in stochastischen Situationen. Journal für Mathematik-Didaktik, H. 1/2, S. 3–34

Wollring, B. (2006): Transparentkopieren. Lernumgebungen für die Grundschule an der Schnittstelle von Mathematik und Kunst. In: E. Rathgeb-SchniererE./U. Roos (Hg.), Wie rechnen Matheprofis? Ideen und Erfahrungen zum offenen Mathematikunterricht, S. 57–70. München

Woodward, J./Baxter, J. (1997): The Effects of an Innovative Approach to Mathematics on Academically Low-Achieving Students in Inclusive Settings. Exceptional Children, H. 3, S. 373–388

Zech, F. (2002): Grundkurs Mathematikdidaktik. Theoretische und praktische Anleitungen für das Lehren und Lernen von Mathematik. 10. Aufl. (1977). Weinheim

Zehnpfennig, H./Zehnpfennig, H. (1995): ›Neue‹ Schule in ›alten‹ Strukturen? Grundschulunterricht, H. 6, S. 5–7

Ziegenbalg, J./Wittmann, E. Ch. (2004): Zahlenfolgen und vollständige Induktion. In: G. N. Müller et al. (Hg.), Arithmetik als Prozess, S. 207–235. Seelze

Ziegler, G. M. (2010): Darf ich Zahlen? Geschichten aus der Mathematik. München

Ziegler, G. M. (2013): Mathematik – Das ist doch keine Kunst! München

Zimbardo, Ph. G. (1992): Psychologie. 5. Aufl. (1974). Berlin

Sachverzeichnis

Printed in the United States
By Bookmasters